中国国家标准汇编

2011年修订-10

中国标准出版社 编

中国标准出版社

北 京

图书在版编目(CIP)数据

中国国家标准汇编:2011年修订.10/中国标准出版社编.—北京:中国标准出版社,2012
ISBN 978-7-5066-6924-5

Ⅰ.①中… Ⅱ.①中… Ⅲ.①国家标准-汇编-中国-2011 Ⅳ.①T-652.1

中国版本图书馆CIP数据核字(2012)第197049号

中国标准出版社出版发行
北京市朝阳区和平里西街甲2号(100013)
北京市西城区三里河北街16号(100045)

网址 www.spc.net.cn
总编室:(010)64275323 发行中心:(010)51780235
读者服务部:(010)68523946

中国标准出版社秦皇岛印刷厂印刷
各地新华书店经销

*

开本 880×1230 1/16 印张 42.25 字数 1 275 千字
2012年9月第一版 2012年9月第一次印刷

*

定价 220.00 元

出 版 说 明

1.《中国国家标准汇编》是一部大型综合性国家标准全集。自1983年起，按国家标准顺序号以精装本、平装本两种装帧形式陆续分册汇编出版。它在一定程度上反映了我国建国以来标准化事业发展的基本情况和主要成就，是各级标准化管理机构，工矿企事业单位，农林牧副渔系统，科研、设计、教学等部门必不可少的工具书。

2.《中国国家标准汇编》收入我国每年正式发布的全部国家标准，分为"制定"卷和"修订"卷两种编辑版本。

"制定"卷收入上一年度我国发布的、新制定的国家标准，顺延前年度标准编号分成若干分册，封面和书脊上注明"20××年制定"字样及分册号，分册号一直连续。各分册中的标准是按照标准编号顺序连续排列的，如有标准顺序号缺号的，除特殊情况注明外，暂为空号。

"修订"卷收入上一年度我国发布的、被修订的国家标准，视篇幅分设若干分册，但与"制定"卷分册号无关联，仅在封面和书脊上注明"20××年修订-1,-2,-3,……"字样。"修订"卷各分册中的标准，仍按标准编号顺序排列（但不连续）；如有遗漏的，均在当年最后一分册中补齐。需提请读者注意的是，个别非顺延前年度标准编号的新制定的国家标准没有收入在"制定"卷中，而是收入在"修订"卷中。

读者配套购买《中国国家标准汇编》"制定"卷和"修订"卷则可收齐由我社出版的上一年度我国制定和修订的全部国家标准。

3. 由于读者需求的变化，自1996年起，《中国国家标准汇编》仅出版精装本。

4. 2011年我国制修订国家标准共1 989项。本分册为"2011年修订-10"，收入新制修订的国家标准52项。

中国标准出版社
2012年8月

目　录

ICS 37.020
N 30

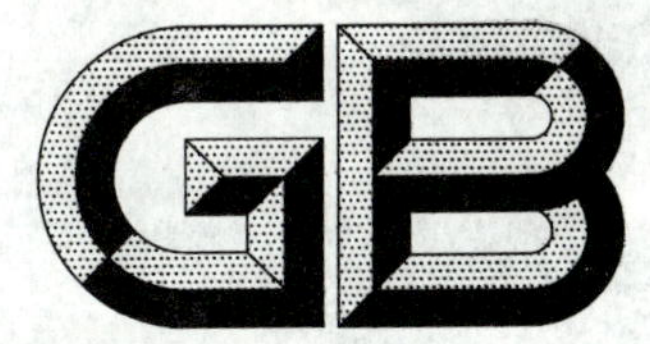

中华人民共和国国家标准

GB/T 12085.17—2011
代替 GB/T 12085.17—1995

光学和光学仪器　环境试验方法 第17部分：污染、太阳辐射综合试验

Optics and optical instruments—Environmental test methods—Part 17: Combined contamination, solar radiation

(ISO 9022-17:1994, MOD)

2011-06-16 发布　　　　2011-11-01 实施

中华人民共和国国家质量监督检验检疫总局
中国国家标准化管理委员会　发布

前　言

GB/T 12085《光学和光学仪器　环境试验方法》分为以下21个部分：

——第1部分：术语、试验范围；

——第2部分：低温、高温、湿热；

——第3部分：机械作用力；

——第4部分：盐雾；

——第5部分：低温、低气压综合试验；

——第6部分：砂尘；

——第7部分：滴水、淋雨；

——第8部分：高压、低压、浸没；

——第9部分：太阳辐射；

——第10部分：振动(正弦)与高温、低温综合试验；

——第11部分：长霉；

——第12部分：污染；

——第13部分：冲击、碰撞或自由跌落与高温、低温综合试验；

——第14部分：露、霜、冰；

——第15部分：宽带随机振动(数字控制)与高温、低温综合试验；

——第16部分：弹跳或恒加速度与高温、低温综合试验；

——第17部分：污染、太阳辐射综合试验；

——第18部分：湿热、低内压综合试验；

——第19部分：温度周期与正弦振动、随机振动综合试验；

——第20部分：含二氧化硫、硫化氢的湿空气；

——第21部分：低压与大气温度、高温综合试验。

本部分修改采用ISO 9022-17:1994《光学和光学仪器　环境试验方法　第17部分：污染、太阳辐射综合试验》。

本部分与ISO 9022-17:1994的主要差异为：

——删除国际标准的序言和前言；

——根据ISO 9022-17第1章及我国标准用语习惯对标准范围作了重新编写；

——"国际标准本部分"一词改为"本部分"；

——第2章中的规范性引用文件用现行国家标准替代；

——条件试验中悬置段加编号。

本部分代替GB/T 12085.17—1995《光学和光学仪器　环境试验方法　污染与太阳辐射综合试验》，与GB/T 12085.17—1995的主要差异为：

——修改了标准名称；

——删除了第2章(试验目的)；

——修改了试验条件的内容；

——增加了条件试验的总则；

——修改了条件试验方法90的循环次数；

——增加了试验程序的总则；

——增加了第 7 章(有关标准应包括的内容)。

本部分由中国机械工业联合会提出。

本部分由全国光学和光子学标准化技术委员会(SAC/TC 103)归口。

本部分起草单位:上海理工大学、宁波永新光学股份有限公司、江南永新光学有限公司、南京东利来光电实业有限公司、宁波市教学仪器有限公司、宁波华光精密仪器有限公司、梧州奥卡光学仪器公司、宁波舜宇仪器有限公司、广州粤显光学仪器有限责任公司、麦克奥迪实业集团有限公司、重庆光电仪器有限公司、贵阳新天光电科技有限公司。

本部分主要起草人:冯琼辉、章慧贤、曾丽珠、叶慧、李晞、杨广烈、王国瑞、徐利明、张景华、胡森虎、李弥高、肖倩、夏硕、胡清。

本部分所代替标准的历次版本发布情况为:

——GB/T 12085.17—1995。

光学和光学仪器　环境试验方法
第17部分:污染、太阳辐射综合试验

1　范围

本部分规定了污染、太阳辐射综合试验的试验条件、条件试验、试验程序及环境试验标记。

本部分适用于光学仪器、装有光学零部件的仪器和光学零部件。

2　规范性引用文件

下列文件中的条款通过GB/T 12085的本部分的引用而成为本部分的条款。凡是注日期的引用文件,其随后所有的修改单(不包括勘误的内容)或修订版均不适用于本部分,然而,鼓励根据本部分达成协议的各方研究是否可使用这些文件的最新版本。凡是不注日期的引用文件,其最新版本适用于本部分。

GB/T 12085.1　光学和光学仪器　环境试验方法　第1部分:术语、试验范围(GB/T 12085.1—2010,ISO 9022-1:1994,MOD)

GB/T 12085.9　光学和光学仪器　环境试验方法　第9部分:太阳辐射(GB/T 12085.9—2010,ISO 9022-9:1994,MOD)

GB/T 12085.12　光学和光学仪器　环境试验方法　第12部分:污染(GB/T 12085.12—2010,ISO 9022-12:1994,MOD)

3　试验条件

3.1　总则

综合试验条件下的严酷等级远高于任意单一试验条件下的严酷等级。

试验应在GB/T 12085.1规定的环境大气条件下进行。同时应按照GB/T 12085.9和GB/T 12085.12的相关要求进行。

表1和表3中列出的试剂选自GB/T 12085.12部分中的条件试验方法86和89。

试样表面应定向,以免试剂在试验中流失。若试验中采用液体试剂,则试剂使用量应能在试样表面形成直径约为10 mm的圆斑。在试验中,试剂不能互相污染。如果试剂为涂渍液,必要时应在多片试样上试验。如果是黏性或糊状试剂,应如前所述在试样表面形成一个薄薄的均匀分布的圆斑(厚度约为0.01 mm)。在试验中,应注意试剂可能会因受热扩散。在试验中蒸发的试剂不可替换。

如果仪器或部件在使用中可能整体被污染,而不仅仅是个别元件被污染,按相关规定,须将整台仪器作为试样进行条件试验。按GB/T 12085.12中规定对试样进行预处理后,应用雾化喷嘴将所规定试剂充分均匀地喷涂在试样表面。不可更换在试验过程中蒸发的试剂。

3.2　试样

试样按GB/T 12085.12的规定。

4　条件试验

4.1　总则

表1和表2的综合试验严酷等级选自GB/T 12085.9,试剂选自GB/T 12085.12,条件试验方法

86 及 89。

4.2 条件试验方法 90:基本润肤剂材料和人造手汗,太阳辐射综合试验

条件试验方法 90 基本润肤剂材料和人造手汗,太阳辐射综合试验按表 1。

表 1

严酷等级		01	02	03[a]	04[a]
试验箱内温度限制/℃	T_2	55±2	55±2	40±2	55±2
	T_1	25±2			
相对湿度/%		<40			
空气循环速度/(m/s)		1.5~3			
辐照度/(kW/m²)		1±0.1	0~1.0[b]	1±0.1	1±0.1
曝露时间[c]/天		3	5	4	10
辐射量[c]/(kW·h/m²)		24	45	96	240
试验顺序[c]		图 1	图 2	图 3	图 3
循环次数		5	5	1	
试剂		石蜡油,高纯度 甘油,高纯度 凡士林,白色 羊毛脂(软质软膏) 冷霜脂(软质软膏) 人造手汗[d]			
工作状态		1			

a 仅用于代表性样品的试验。

b 对于中等程度的辐照度允差不超过:±0.1 kW/m²。

c 按 GB/T 12085.9 中的图 1~图 3。

d 合成物(高纯度)

4.0 g 氯化钠

1.0 g 尿素

3.5 g 氯化铵

3 mL 乳酸

0.5 mL 醋酸

0.5 mL 丙酮酸

1.0 mL 酪酸

加足量的蒸馏水稀释配制 1 000 mL 混合液。

4.3 条件试验方法 91:飞行器、船舰和地面运输用的燃料和有关物质,太阳辐射综合试验

条件试验方法 91 飞行器、船舰和地面运输用的燃料和有关物质,太阳辐射综合试验按表 2。

表 2

严 酷 等 级		01[a]	02[a]
试验箱内温度限制/℃	T_2	40±2	55±2
	T_1	25±2	
相对湿度/%		<40	
空气循环速度/(m/s)		1.5～3	
辐照度/(kW/m²)		1±0.1	1±0.1
曝露时间[b]/天		4	10
辐射量[b]/(kW·h/m²)		96	240
试验顺序[b]		图 3	图 3
循环次数		1	
试剂[c]		汽油 柴油 飞行器涡轮燃料 涡轮用合成润滑油 内燃机润滑油 飞行器和仪器的润滑脂 矿基液压油 磷酸酯液压油 硅油基阻尼液 机动车刹车液 防冻和解冻液 抗凝剂 灭火剂(溴氯三氟甲烷) 通用洗涤剂 氢氧化钾(KOH)(碱性电池溶液中 KOH 含量 $W(KOH)=0.35$) 硫酸(H_2SO_4)(酸性电池溶液中 H_2SO_4 含量 $W(H_2SO_4)=0.34$) 二元酸酯混合物[d]	
工作状态		1	

[a] 仅用于代表性样品的试验。

[b] 按 GB/T 12085.9 中的图 3。
对于中等程度的辐照度允许偏差不超过:±0.1 kW/m²。

[c] 表中未注明试剂均为工业级的。

[d] 成分:液体石蜡,含量 $W_1=65\%$;
邻苯二甲酸二辛酯,含量 $W_2=20\%$;
磷酸三(对甲苯酯),含量 $W_1=15\%$。

5 试验程序

5.1 总则

试验应符合相关规定和相关文件的要求。

5.2 预处理、恢复、评价和等级验收

预处理、恢复、评价和等级验收按 GB/T 12085.12 的规定。

6 环境试验标记

环境试验标记应符合 GB/T 12085.1 的规定。

示例：光学仪器抗润肤剂材料、人造手汗、太阳辐射综合试验，条件试验方法 90、严酷等级 02、工作状态 1 的标记为：

环境试验 GB/T 12085-90-02-1

7 有关标准应包括的内容

a) 环境试验标记；

b) 试样类型和数量；

c) 不采用的试剂和(或)附加使用的试剂；

d) 整台仪器或组件试验所用试剂；条件试验方法 89 规定的商业用试剂的标记；

e) 最初检测的内容和范围；

f) 除 GB/T 12085.12 规定以外的预处理；

g) 除 GB/T 12085.12 规定以外的恢复；

h) 最后检测的内容和范围；

i) 按 GB/T 12085.12 规定的评价判据；

j) 试验报告的内容和范围。

ICS 37.020
N 30

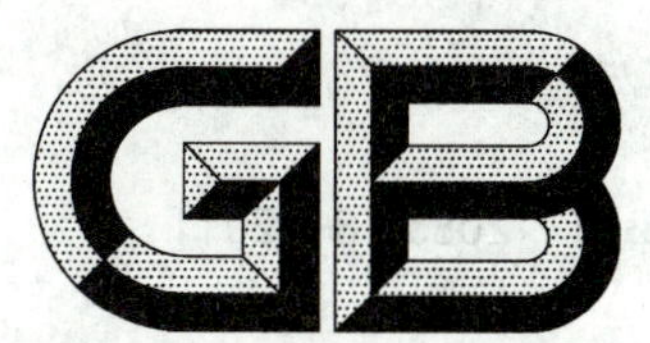

中华人民共和国国家标准

GB/T 12085.18—2011

光学和光学仪器 环境试验方法 第18部分:湿热、低内压综合试验

Optics and optical instruments—Environmental test methods—Part 18:Combined damp heat and low internal pressure

(ISO 9022-18:1994,MOD)

2011-06-16 发布 2011-11-01 实施

中华人民共和国国家质量监督检验检疫总局
中国国家标准化管理委员会 发布

前　言

GB/T 12085《光学和光学仪器　环境试验方法》分为以下21个部分：

——第1部分：术语、试验范围；

——第2部分：低温、高温、湿热；

——第3部分：机械作用力；

——第4部分：盐雾；

——第5部分：低温、低气压综合试验；

——第6部分：砂尘；

——第7部分：滴水、淋雨；

——第8部分：高压、低压、浸没；

——第9部分：太阳辐射；

——第10部分：振动（正弦）与高温、低温综合试验；

——第11部分：长霉；

——第12部分：污染；

——第13部分：冲击、碰撞或自由跌落与高温、低温综合试验；

——第14部分：露、霜、冰；

——第15部分：宽带随机振动（数字控制）与高温、低温综合试验；

——第16部分：弹跳或恒加速度与高温、低温综合试验；

——第17部分：污染、太阳辐射综合试验；

——第18部分：湿热、低内压综合试验；

——第19部分：温度周期与正弦振动、随机振动综合试验；

——第20部分：含二氧化硫、硫化氢的湿空气；

——第21部分：低压与大气温度、高温综合试验。

本部分修改采用ISO 9022-18:1994《光学和光学仪器　环境试验方法　第18部分：湿热、低内压综合试验》。

本部分与ISO 9022-18:1994的主要差异为：

——删除国际标准的序言和前言；

——根据ISO 9022-18第1章及我国标准用语习惯对标准范围作了重新编写；

——“国际标准本部分”一词改为“本部分”；

——第2章中的规范性引用文件用现行国家标准替代；

——条件试验中悬置段加编号。

本部分的附录A为资料性附录。

本部分由中国机械工业联合会提出。

本部分由全国光学和光子学标准化技术委员会（SAC/TC 103）归口。

本部分起草单位：上海理工大学、宁波永新光学股份有限公司、江南永新光学有限公司、南京东利来光电实业有限公司、广州粤显光学仪器有限责任公司、宁波市教学仪器有限公司、宁波华光精密仪器有限公司、梧州奥卡光学仪器公司、宁波舜宇仪器有限公司、贵阳新天光电科技有限公司、重庆光电仪器有限公司、麦克奥迪实业集团有限公司。

本部分主要起草人：章慧贤、冯琼辉、曾丽珠、叶慧、李晞、杨广烈、李弥高、王国瑞、徐利明、张景华、胡森虎、胡清、夏硕、肖倩。

光学和光学仪器　环境试验方法　第18部分：湿热、低内压综合试验

1　范围

本部分规定了湿热、低内压综合试验的试验条件、条件试验、试验程序及环境试验标记。

本部分适用于光学仪器、装有光学零部件的仪器和光学零部件。

2　规范性引用文件

下列文件中的条款通过GB/T 12085的本部分的引用而成为本部分的条款。凡是注日期的引用文件，其随后所有的修改单(不包括勘误的内容)或修订版均不适用于本部分，然而，鼓励根据本部分达成协议的各方研究是否可使用这些文件的最新版本。凡是不注日期的引用文件，其最新版本适用于本部分。

GB/T 12085.1　光学和光学仪器　环境试验方法　第1部分：术语、试验范围(GB/T 12085.1—2010,ISO 9022-1:1994,MOD)

GB/T 12085.8　光学和光学仪器　环境试验方法　第8部分：高压、低压、浸没(GB/T 12085.8—2010,ISO 9022-8:1994,MOD)

3　试验条件

在综合作用力条件下对暴露的试样进行的测试，要比任一种单一环境条件试验更为严酷。

光学仪器抗湿热和内低压综合试验采用三种不同方法。

4　条件试验

4.1　总则

试样的各个部分都达到与试验箱(室)的温差在3 K之内开始试验。试样上允许出现凝露。各试验步骤应按预定顺序依次进行。试验过程不允许中断。

4.2　条件试验方法47：湿热和内低压，压差低

条件试验方法47湿热和内低压，压差低按表1和图1。

条件试验方法47适用于密封性制造要求低(抗压性低)的光学仪器。例如：符合GB/T 12085.8条件试验方法81中严酷等级为01、02、07和08的仪器。

表1

严酷等级			01	02	03	04	05	06
试验条件1	步骤1	试验箱(室)温度/℃	55±2		63±2		70±2	
		相对湿度/%	<40					
		暴露时间	直到试样内部空气温度达到试验箱(室)温差3 K以内					
	步骤2	气候条件	40 ℃±2 ℃，相对湿度：90%～95%					
		暴露时间/h	≥1					
	循环次数		6	12	6	12	6	12

表 1(续)

试验条件 2	试验箱(室)温度/℃	−10±3
	暴露时间	直到试样温度达到试验箱(室)温差 3 K 以内
试验条件 3	试验箱(室)温度/℃	40±2
	相对湿度/%	<40
	暴露时间	直到试样温度达到试验箱(室)温差 3 K 以内
工作状态		1

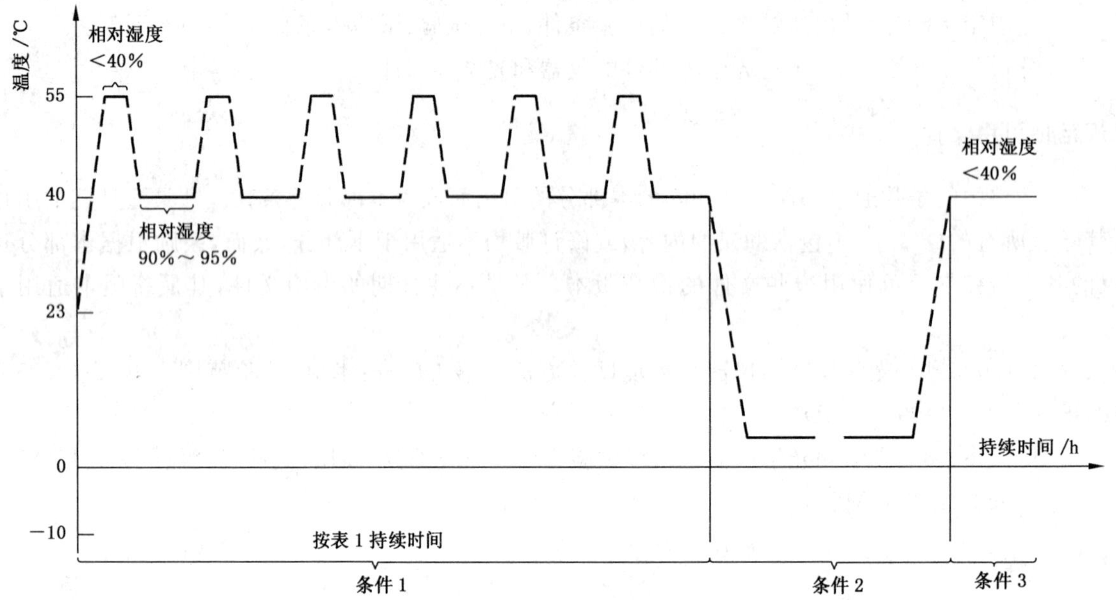

图 1　条件试验方法 47,严酷等级 01 的循环曲线

4.3　条件试验方法 48:湿热和内低压,压差中

条件试验方法 48 湿热和内低压,压差中按表 2。

条件试验方法 48 适用于密封性制造要求中等(抗压性低)的光学仪器。例如:符合 GB/T 12085.8 条件试验方法 81 中严酷等级为 03、04、09 和 10 要求的仪器。

表 2

严酷等级			01	02	03	04	05	06
试验条件 1	步骤 1	试验箱(室)温度/℃	40±2					
		试验箱气压/kPa	80		65		50	
		暴露时间/h	≥1					
	步骤 2	气候条件	40 ℃±2 ℃,相对湿度:90%～95%					
		暴露时间/h	≥1.5					
	循环次数		3	6	3	6	3	6
试验条件 2	试验箱(室)温度/℃		−10±3					
	暴露时间		直到试样温度达到试验箱(室)温差 3 K 以内					
试验条件 3	试验箱(室)温度/℃		40±2					
	相对湿度/%		<40					
	暴露时间		直到试样温度达到试验箱(室)温差 3 K 以内					
工作状态			1					

4.4 条件试验方法 49:湿热和内低压,压差高

条件试验方法 49 湿热和内低压,压差高按表 3。

条件试验方法 49 适用于密封性制造要求高(抗压性低)的光学仪器。例如:符合 GB/T 12085.8 条件试验方法 81 中严酷等级为 05、06、11、12 和 13 要求的仪器。

表 3

<table>
<tr><td colspan="2">严酷等级</td><td>01</td><td>02</td><td>03</td><td>04</td><td>05</td><td>06</td></tr>
<tr><td rowspan="3">试验条件 1</td><td>气候条件</td><td colspan="6">40 ℃±2 ℃,相对湿度:90%~95%</td></tr>
<tr><td>参考环境气压,试样内恒定压降/kPa</td><td colspan="2">20</td><td colspan="2">35</td><td colspan="2">50</td></tr>
<tr><td>暴露时间/h</td><td>≥2</td><td>≥4</td><td>≥2</td><td>≥4</td><td>≥2</td><td>≥6</td></tr>
<tr><td rowspan="2">试验条件 2</td><td>气候条件</td><td colspan="6">40 ℃±2 ℃,相对湿度:90%~95%</td></tr>
<tr><td>恒定压降终止后的暴露时间(真空泵断开)/h</td><td colspan="4">≥4</td><td colspan="2">≥6</td></tr>
<tr><td rowspan="2">试验条件 3</td><td>试验箱(室)温度/℃</td><td colspan="6">−10±3</td></tr>
<tr><td>暴露时间</td><td colspan="6">直到试样温度达到试验箱(室)温差 3 K 以内</td></tr>
<tr><td rowspan="3">试验条件 4</td><td>试验箱(室)温度/℃</td><td colspan="6">40±2</td></tr>
<tr><td>相对湿度/%</td><td colspan="6"><40</td></tr>
<tr><td>暴露时间</td><td colspan="6">直到试样温度达到试验箱(室)温差 3 K 以内</td></tr>
<tr><td colspan="2">工作状态</td><td colspan="6">1</td></tr>
</table>

5 试验设备

5.1 适用于条件试验方法 47

5.1.1 带空气环流的气候试验箱(室)。

5.1.2 带空气环流的加热或冷冻或类似试验箱(室)。

5.1.3 应选择试验箱的尺寸及试样的布局,以确保所有试样的试验条件一致。如果产生凝露,应避免水滴落到试样上。

5.2 适用于条件试验方法 48

除具备条件试验方法 47 的试验设备外(见 5.1.1),还需要一个低压容器。

5.3 适用于条件试验方法 49

除具备条件试验方法 47 的试验设备外(见 5.1.1),还需要一个连接器用于排气及压力测量,如 GB/T 12085.8 中的规定。

6 试验程序

6.1 总则

试验应符合相关标准和 GB/T 12085.1 的要求。

6.2 条件试验方法 47 的试验程序

6.2.1 初始试验 1

在试验开始前,应检查所有试样因装配时湿度过大导致的潮湿。

试样应在温度为−10 ℃的试验箱内充分冷却,试样各部分均应达到试验箱(室)温差 3 K 以内。然后,立即将试样放入预热过的温度约 40 ℃左右的试验箱内加热。在加热过程中,应仔细观察试样,如果

其内部出现任何水雾湿气，均应立即除去。

6.2.2 初始试验 2

为了建立内部空气循环期间的温升时间，需在试样内部空气间隔一定距离安装数量合适的传感器。这种测量的时间周期即加热试验箱的内部空气从步骤 2 到步骤 1 的按规定所达到试验箱温差 3K 以内。这一时间周期被认为是步骤 1 的暴露时间。如果用了几个传感器，则各测量的平均值为暴露时间。

6.2.3 试验条件 1

按初始试验 2 的步骤 1 规定的暴露时间应保持在±10%，以避免由于过度暴露时间使仪器烘干。

对于小于 20 min 的暴露时间，允许公差为±2 min。从步骤 1 到步骤 2 或反之的切换应足够迅速，以确保试样受到的温度变化不大于 3 K。在试验开始时，应记录从室温到 40 ℃所需的升温时间。

6.2.4 试验条件 2 和试验条件 3

在试验条件 1 结束后，应立即将试样置于试验条件 2 中，并切换到试验条件 3。在条件 3(中间检测)升温期间，应不断地观察试样，以便于确认仪器内部光学表面的湿气程度以及出现湿气所需时间。

6.3 条件试验方法 48 的试验程序

6.3.1 初始试验

按 6.2.1 所述进行初始试验。

6.3.2 试验条件 1

装有试样的低压容器应直接装于湿度箱内。将湿度箱设置到步骤 2 中所述气候条件。然后在低压容器内设置与所需严酷等级相应的低压值，并在步骤 1 所要求的暴露时间中维持这一低压。在切换到步骤 2 时，低压箱内的排气将用湿度箱内的空气循环实现。当低压箱打开时，应使试样维持在步骤 2 中所述气候条件下的规定暴露时间。以上步骤重复 2 次或 5 次(3 个或 6 个循环)。

6.3.3 试验条件 2 和试验条件 3

试验条件 2 和试验条件 3 应按 6.2.4 所述进行。

6.4 条件试验方法 49 的试验程序

6.4.1 初始试验

按 6.2.1 所述进行初始试验。

在达到试验条件 1 的试验温度后，对试样进行排气。在持续规定的暴露时间后，应将试样密封，并存放在与试验条件 2 所规定的暴露时间相同的气候条件下。

6.4.2 试验条件 3 和试验条件 4

按 6.2.4 中试验条件 2 和试验条件 3 所述进行。

6.5 初始和最后检测

将试样对着暗背景放大 6× 或 10× 目视检测。检测用的照明采用带反光镜及聚光镜的卤素灯(功率至少 100 W)组成的光源装置，或形成平行光的类似仪器。试样在室温下存放 24 h 以后，用放大率 150× 或更大倍率，采用合适的光源(如功率为 7.5 W 的氙灯)，在入射光暗场中对被拆光学元件的表面进行检测，观察在其光学表面出现的任何特性变化及变化程度。

7 环境试验标记

环境试验标记应符合 GB/T 12085.1 的有关规定。

示例：光学仪器抗湿热和内低压综合环境试验，压差高，条件试验方法 49、严酷等级 03、工作状态 1 的标记为：

环境试验 GB/T 12085-49-03-1

8 有关标准应包括的内容

a) 环境试验标记；

b) 试样数量；

c）温度传感器在试样上的位置；

d）预处理；

e）初始检测的内容和范围；

f）试样时间的确定；

g）恢复；

h）最后检测的内容和范围；

i）评价判据；

j）试验报告的内容和范围。

附 录 A
（资料性附录）
注 释

A.1 条件试验方法 47

条件试验方法 47 是用来形成试样经历的类似条件，例如，在强阳光与强降雨之间频繁变换的气候条件。密封性差的仪器特别遭受风险是由于湿气的渗透。内低压就是由于温度变化所致。

A.2 条件试验方法 48

条件试验方法 48 是用来模拟试样经历的环境条件，例如，试样在空运中的环境条件。在飞机飞行过程中，货物舱内的气压可低达 50 kPa，当飞机在高度潮湿环境着陆时，仪器内部气压平衡会引起湿气渗透，尤其会进入中等密封的仪器。

A.3 条件试验方法 49

条件试验方法 49 不是用于模拟自然界的环境条件，其主要用于确认在密封性要求很高的仪器中密封性与湿度的关系。

ICS 37.020
N 30

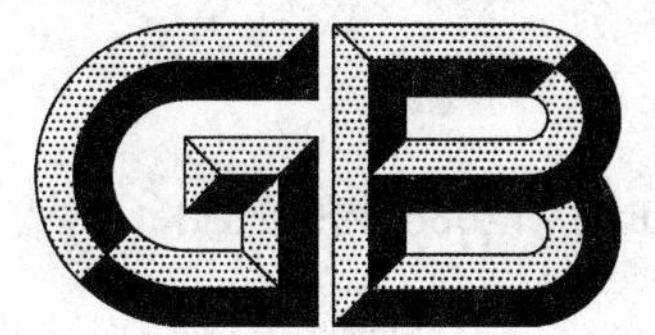

中华人民共和国国家标准

GB/T 12085.19—2011

光学和光学仪器　环境试验方法　第19部分：温度周期与正弦振动、随机振动综合试验

Optics and optical instruments—Environmental test methods—Part 19: Temperature cycles combined with sinusoidal or random vibration

(ISO 9022-19:1994, MOD)

2011-06-16 发布　　2011-11-01 实施

中华人民共和国国家质量监督检验检疫总局
中国国家标准化管理委员会　发布

前 言

GB/T 12085《光学和光学仪器　环境试验方法》分为以下 21 个部分：

——第 1 部分：术语、试验范围；

——第 2 部分：低温、高温、湿热；

——第 3 部分：机械作用力；

——第 4 部分：盐雾；

——第 5 部分：低温、低气压综合试验；

——第 6 部分：砂尘；

——第 7 部分：滴水、淋雨；

——第 8 部分：高压、低压、浸没；

——第 9 部分：太阳辐射；

——第 10 部分：振动(正弦)与高温、低温综合试验；

——第 11 部分：长霉；

——第 12 部分：污染；

——第 13 部分：冲击、碰撞或自由跌落与高温、低温综合试验；

——第 14 部分：露、霜、冰；

——第 15 部分：宽带随机振动(数字控制)与高温、低温综合试验；

——第 16 部分：弹跳或恒加速度与高温、低温综合试验；

——第 17 部分：污染、太阳辐射综合试验；

——第 18 部分：湿热、低内压综合试验；

——第 19 部分：温度周期与正弦振动、随机振动综合试验；

——第 20 部分：含二氧化硫、硫化氢的湿空气；

——第 21 部分：低压与大气温度、高温综合试验。

本部分修改采用 ISO 9022-19:1994《光学和光学仪器　环境试验方法　第 19 部分：温度周期与正弦振动、随机振动综合试验》。

本部分与 ISO 9022-19:1994 的主要差异为：

——删除国际标准的序言和前言；

——根据 ISO 9022-19 第 1 章及我国标准用语习惯对标准范围作了重新编写；

——第 2 章中的规范性引用文件用现行国家标准替代；

——条件试验中悬置段加编号。

本部分的附录 A 为资料性附录。

本部分由中国机械工业联合会提出。

本部分由全国光学和光子学标准化技术委员会(SAC/TC 103)归口。

本部分起草单位：上海理工大学、宁波永新光学股份有限公司、江南永新光学有限公司、南京东利来光电实业有限公司、宁波市教学仪器有限公司、宁波华光精密仪器有限公司、广州粤显光学仪器有限责任公司、梧州奥卡光学仪器公司、宁波舜宇仪器有限公司、麦克奥迪实业集团有限公司、贵阳新天光电科技有限公司、重庆光电仪器有限公司。

本部分主要起草人：章慧贤、冯琼辉、曾丽珠、叶慧、李晞、杨广烈、王国瑞、徐利明、李弥高、张景华、胡森虎、肖倩、胡清、夏硕。

光学和光学仪器 环境试验方法 第19部分:温度周期与正弦振动、随机振动综合试验

1 范围

本部分规定了温度周期与正弦振动、随机振动综合试验的试验条件、条件试验、试验程序及环境试验标记。

本部分适用于光学仪器、装有光学零部件的仪器和光学零部件。

2 规范性引用文件

下列文件中的条款通过GB/T 12085的本部分的引用而成为本部分的条款。凡是注日期的引用文件,其随后所有的修改单(不包括勘误的内容)或修订版均不适用于本部分,然而,鼓励根据本部分达成协议的各方研究是否可使用这些文件的最新版本。凡是不注日期的引用文件,其最新版本适用于本部分。

GB/T 2423.10 电工电子产品环境试验 第2部分:试验方法 试验Fc:振动(正弦)(GB/T 2423.10—2008,IEC 60068-2-6:1995,IDT)

GB/T 2423.43 电工电子产品环境试验 第2部分:试验方法 振动、冲击和类似动力学试验样品的安装(GB/T 2423.43—2008,IEC 60068-2-47:2005,IDT)

GB/T 2423.56 电工电子产品环境试验 第2部分:试验方法 试验Fh:宽带随机振动(数字控制)和导则(GB/T 2423.56—2006,IEC 60068-2-64:1993,IDT)

GB/T 12085.1 光学和光学仪器 环境试验方法 第1部分:术语、试验范围(GB/T 12085.1—2010,ISO 9022-1:1994,MOD)

3 试验条件

试验箱尺寸和试样的放置应能保证所有试样的所有点的温度一致。如果出现凝露,应避免其滴落到试样上。

试验装置与GB/T 2423.43要求一致。

本部分取值自由落体加速度 $g=9.81\ m/s^2$。

4 条件试验

4.1 总则

如果使用机械或其他不可控的振动加速器,条件试验方法53的加速度峰值或条件试验方法55的加速度rms均方值可用试样或标准样本的预先试验方法设置。不管试验中显示出任一加速度值,设定值在整个试验期间维持不变。

条件试验方法54中的加速度rms均方值设置应按GB/T 2423.56的相关规定。

如果条件试验方法55中使用控制振动加速器,则应按GB/T 2423.56的相关规定。

条件试验方法53使用控制振动发生器应按GB/T 2423.10的相关规定。

4.2 条件试验方法53:温度周期与正弦振动综合试验

条件试验方法53温度周期与正弦振动综合试验按表1。

表 1

严酷等级	01	02	03	04	05	06	07	08	09	10	11	12	13	14	15	16	17	18	19	20
试验箱(室)温度/℃ t_2	40±2				55±2				63±2				70±2				85±2			
试验箱(室)温度/℃ t_1	−10±3				−25±3				−35±3				−40±3				−65±3			
试验箱平均致热致冷速率	2 K/min~10 K/min																			
温度周期次数[a]	≥3																			
加速度 g 的倍数 ±10%	0.5	1	2	5	0.5	1	2	5	0.5	1	2	5	0.5	1	2	5	0.5	1	2	5
振动频率范围[b]	20 Hz~100 Hz																			
每次循环的振动持续时间	每一热或冷周期持续 30 min																			
工作状态	2																			

[a] 温度的循环次数(≥3)应在相关规定中说明。

[b] 选定低于试样第一阻抗频率的固定频率,并在相关规则中规定。

4.3 条件试验方法 54:温度周期与随机振动(窄带)综合试验

4.3.1 条件试验方法 54,频率范围 30 Hz~150 Hz 的温度周期与随机振动(窄带)综合试验的严酷等级按表 2。

表 2

严酷等级	01	02	03	04	05	06	07	08	09	10	11	12	13	14	15
试验箱(室)温度/℃ t_2	40±2			55±2			63±2			70±2			85±2		
试验箱(室)温度/℃ t_1	−10±3			−25±3			−35±3			−40±3			−65±3		
试验箱平均致热致冷速率	2 K/min~10 K/min														
温度周期次数[a]	≥3														
加速度 rms 均方值 g 的倍数	0.5	1	2	0.5	1	2	0.5	1	2	0.5	1	2	0.5	1	2
平均频率范围	30 Hz~150Hz														
振动频率带宽	31.6 Hz														
频率变化速率	1 oct/min														
每次循环的振动持续时间	每一热或冷周期持续 60 min														
工作状态	2														

[a] 温度的循环次数(≥3)应在相关规定中说明。

4.3.2 条件试验方法 54,频率范围 60 Hz~500 Hz 的温度周期与随机振动(窄带)综合试验的严酷等级按表 3。

表 3

严 酷 等 级	21	22	23	24	25	26	27	28	29	30	31	32	33	34	35
试验箱(室)温度/℃ t_2	40±2			55±2			63±2			70±2			85±2		
试验箱(室)温度/℃ t_1	−10±3			−25±3			−35±3			−40±3			−65±3		
试验箱平均致热致冷速率	2 K/min～10 K/min														
温度周期次数[a]	≥3														
加速度 rms 均方值 g 的倍数	0.5	1	2	0.5	1	2	0.5	1	2	0.5	1	2	0.5	1	2
平均频率范围	60 Hz～500 Hz														
振动频率带宽	100 Hz														
频率变化速率	1 oct/min														
每次循环的振动持续时间	每一热或冷周期持续 60 min														
工 作 状 态	2														

[a] 温度的循环次数(≥3)应在相关规定中说明。

4.3.3　条件试验方法 54,频率范围 60 Hz～2 000 Hz 的温度周期与随机振动(窄带)综合试验的严酷等级按表 4。

表 4

严 酷 等 级	41	42	43	44	45	46	47	48	49	50	51	52	53	54	55
试验箱(室)温度/℃ t_2	40±2			55±2			63±2			70±2			85±2		
试验箱(室)温度/℃ t_1	−10±3			−25±3			−35±3			−40±3			−65±3		
试验箱平均致热/冷速率	2 K/min～10 K/min														
温度周期次数[a]	≥3														
加速度 rms 均方值 g 的倍数	0.5	1	2	0.5	1	2	0.5	1	2	0.5	1	2	0.5	1	2
平均频率范围	60 Hz～2 000 Hz														
振动频率带宽	100 Hz														
频率变化速率	1 oct/min														
每次循环的振动持续时间	每一热或冷周期持续 60 min														
工 作 状 态	2														

[a] 温度的循环次数(≥3)应在相关规定中说明。

4.4　条件试验方法 55:温度周期与随机振动(宽带)综合试验

4.4.1　条件试验方法 55,频率范围 30 Hz～150 Hz 的温度周期与随机振动(宽带)综合试验的严酷等级按表 5。

表 5

严酷等级	01	02	03	04	05	06	07	08	09	10	11	12	13	14	15
试验箱(室)温度/℃ t_2	40±2			55±2			63±2			70±2			85±2		
试验箱(室)温度/℃ t_1	−10±3			−25±3			−35±3			−40±3			−65±3		
试验箱平均致热致冷速率	2 K/min～10 K/min														
温度周期次数[a]	≥3														
加速度 rms 均方值 g 的倍数[b]	1	2	5	1	2	5	1	2	5	1	2	5	1	2	5
频率范围	20 Hz～150 Hz														
每次循环的振动持续时间	每一热或冷周期持续 30 min														
工作状态	2														

[a] 温度的循环次数(≥3)应在相关规定中说明。

[b] 超出试验频率范围的,升高或降低应≥24 dB/oct。

4.4.2 条件试验方法 55,频率范围 60 Hz～500 Hz 的温度周期与随机振动(宽带)综合试验的严酷等级按表 6。

表 6

严酷等级	21	22	23	24	25	26	27	28	29	30	31	32	33	34	35
试验箱(室)温度/℃ t_2	40±2			55±2			63±2			70±2			85±2		
试验箱(室)温度/℃ t_1	−10±3			−25±3			−35±3			−40±3			−65±3		
试验箱平均致热致冷速率	2 K/min～10 K/min														
温度周期次数[a]	≥3														
加速度 rms 均方值 g 的倍数[b]	1	2	5	1	2	5	1	2	5	1	2	5	1	2	5
平均频率范围	20 Hz～500Hz														
频率变化速率	1 oct/min														
每次循环的振动持续时间	每一热或冷周期持续 30 min														
工作状态	2														

[a] 温度的循环次数(≥3)应在相关规定中说明。

[b] 超出试验频率范围的,升高或降低应≥24 dB/oct。

4.4.3 条件试验方法 55,频率范围 60 Hz～2 000 Hz 的温度周期与随机振动(宽带)综合试验的严酷等级按表 7。

表 7

严酷等级	41	42	43	44	45	46	47	48	49	50	51	52	53	54	55
试验箱(室)温度/℃ t_2	40±2			55±2			63±2			70±2			85±2		
试验箱(室)温度/℃ t_1	−10±3			−25±3			−35±3			−40±3			−65±3		
试验箱平均致热致冷速率	2 K/min～10 K/min														
温度周期次数[a]	≥3														
加速度 rms 均方值 g 的倍数[b]	1	2	5	1	2	5	1	2	5	1	2	5	1	2	5
频率范围	20 Hz～2 000 Hz														
每次循环的振动持续时间	每一热或冷周期持续 30 min														
工作状态	2														

[a] 温度的循环次数(≥3)应在相关规定中说明。

[b] 超出测试频率范围的,升高或降低应≥24 dB/oct。

5 试验程序

5.1 总则

试验应按相关规定，并按 GB/T 12085.1 所述进行。

5.2 温度周期过程

首次温度周期从环境大气温度开始。一个循环的持续时间 7 h～8 h，其取决于所需严酷等级，与循环过程中的温差无关。转换到要求的温度范围，应能保证致热、致冷周期持续时间大致相同(见图 1)。试验箱的平均致热、致冷速率应按相关规定，控制在 0.5 K/min～10 K/min。

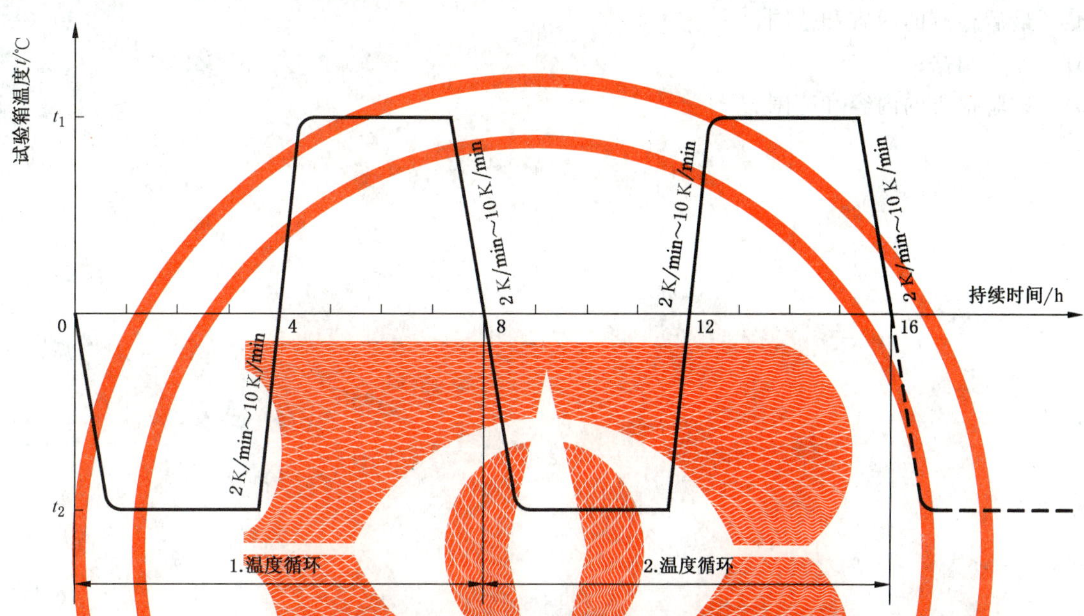

图 1　用于条件试验方法 53、54、55，每循环持续时间 8 h 的第一个 2 温度周期过程示意图

5.3 试样的工作规定

如果是电动操作的试样，应在相关规定中说明在每个温度周期期间电源接通或断开的次数及电源电压。

其他功能，如冷却、加热或各种荷载的开关次数，也应在相关规定中说明。

5.4 试样的机械调整

试样每个循环的机械调整应在致热或致冷的最后 1 h 进行，也就是转换到下一限定温度之前。如果试样是由电源控制操作的，则在机械调整持续时间应接通电源。

6 环境试验标记

环境试验标记应符合 GB/T 12085.1 的有关规定。

示例：光学仪器温度周期与正弦振动综合试验，条件试验方法 53、严酷等级 02、工作状态 2 的标记为：

环境试验　GB/T 12085-53-02-2

7 有关标准应包括的内容

a)　环境试验标记；
b)　试样的数量；
c)　温度周期的次数；
d)　机械振动所沿的轴线；
e)　在 2 K/min 和 10 K/min 之间范围内平均致热、致冷速率的说明；

f) 试样电源接通/断开次数说明(电源,冷却,加热或其他荷载);

g) 电源说明(高压和低压持续的时间);

h) 试验条件53中试验频率的说明;

i) 预处理;

j) 初始检测的内容和范围;

k) 试验中经验证的功能特性的说明;

l) 中间检测的数量,种类和范围;

m) 恢复;

n) 最后检测的内容和范围;

o) 评价判据;

p) 试验报告的内容和范围。

附 录 A
（资料性附录）
注 释

多年此类试验结果的统计数据表明，该类试验为评估仪器损坏几率提供了一个相对经济的方法。这些试验的特殊意义在于以下方面：

A.1 仪器研发阶段，有助于从仪器可靠性及维护方面优化材料、元件及组件选择，早期发现长期使用后可能存在的隐患。在该阶段，适合于对材料、元件及组件进行试验，而不是试验整台仪器。由于大量的试验，尤其在生产初期（小批试产）阶段，有助发现部件缺陷并消除。减少长期使用后预期的故障几率，提高仪器的质量和可靠性。

A.2 本试验也可用于生产的监控检测。同样，对于部件及整机装配，可及早发现与生产相关的缺陷或力学、电学及光学特性的误差，从而提高生产质量。选择试验严酷等级时，注意试验时不要损伤试样的光学、热学及力学特性的长期稳定性。但是，试验条件方法应选择对试样产生耐久性变化的临界条件。

从A.1和A.2的试验结果，可推断出仪器的特定耐久性条件，以消除早期故障及老化。

ICS 37.020
N 30

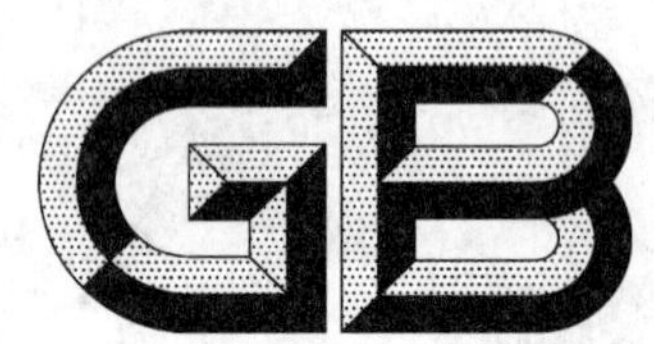

中华人民共和国国家标准

GB/T 12085.20—2011

光学和光学仪器　环境试验方法
第20部分：含二氧化硫、硫化氢的湿空气

**Optics and optical instruments—Environmental test methods—
Part 20：Humid atmosphere containing sulfur dioxide or hydrogen sulfide**

(ISO 9022-20：1997，MOD)

2011-06-16 发布　　2011-11-01 实施

中华人民共和国国家质量监督检验检疫总局
中国国家标准化管理委员会　发布

前　言

GB/T 12085《光学和光学仪器　环境试验方法》分为以下21个部分：

——第1部分：术语、试验范围；

——第2部分：低温、高温、湿热；

——第3部分：机械作用力；

——第4部分：盐雾；

——第5部分：低温、低气压综合试验；

——第6部分：砂尘；

——第7部分：滴水、淋雨；

——第8部分：高压、低压、浸没；

——第9部分：太阳辐射；

——第10部分：振动(正弦)与高温、低温综合试验；

——第11部分：长霉；

——第12部分：污染；

——第13部分：冲击、碰撞或自由跌落与高温、低温综合试验；

——第14部分：露、霜、冰；

——第15部分：宽带随机振动(数字控制)与高温、低温综合试验；

——第16部分：弹跳或恒加速度与高温、低温综合试验；

——第17部分：污染、太阳辐射综合试验；

——第18部分：湿热、低内压综合试验；

——第19部分：温度周期与正弦振动、随机振动综合试验；

——第20部分：含二氧化硫、硫化氢的湿空气；

——第21部分：低压与大气温度、高温综合试验。

本部分修改采用ISO 9022-20:1997《光学和光学仪器　环境试验方法　第20部分：含二氧化硫、硫化氢的湿空气》。

本部分与ISO 9022-20:1997的主要差异为：

——删除国际标准的序言和前言；

——根据ISO 9022-20第1章及我国标准用语习惯对标准范围作了重新编写；

——“国际标准本部分”一词改为“本部分”；

——第2章中的规范性引用文件用现行国家标准替代；

——条件试验中悬置段加编号；

——附录及参考文献中的IEC 721-3-4用GB/T 4798.4—2007《电工电子产品应用环境条件　第4部分：无气候防护场所固定使用》替代。

本部分的附录A为资料性附录。

本部分由中国机械工业联合会提出。

本部分由全国光学和光子学标准化技术委员会(SAC/TC 103)归口。

本部分起草单位：上海理工大学、宁波永新光学股份有限公司、江南永新光学有限公司、南京东利来光电实业有限公司、宁波市教学仪器有限公司、宁波华光精密仪器有限公司、梧州奥卡光学仪器公司、宁波舜宇仪器有限公司、广州粤显光学仪器有限责任公司、麦克奥迪实业集团有限公司、重庆光电仪器有限公司、贵阳新天光电科技有限公司。

本部分主要起草人:冯琼辉、黄卫佳、曾丽珠、叶慧、李晞、杨广烈、王国瑞、徐利明、张景华、胡森虎、李弥高、肖倩、夏硕、胡清。

光学和光学仪器　环境试验方法　第20部分：含二氧化硫、硫化氢的湿空气

1　范围

本部分规定了含二氧化硫、硫化氢的湿空气的试验条件、条件试验、试验程序及环境试验标记。

本部分适用于光学仪器、装有光学零部件的仪器和光学零部件。

2　规范性引用文件

下列文件中的条款通过 GB/T 12085 的本部分的引用而成为本部分的条款。凡是注日期的引用文件，其随后所有的修改单(不包括勘误的内容)或修订版均不适用于本部分，然而，鼓励根据本部分达成协议的各方研究是否可使用这些文件的最新版本。凡是不注日期的引用文件，其最新版本适用于本部分。

GB/T 12085.1　光学和光学仪器　环境试验方法　第1部分：术语、试验范围(GB/T 12085.1—2010，ISO 9022-1:1994，MOD)

3　一般要求

用于试验的二氧化硫和硫化氢应为化学纯气体，取自天然压缩气缸。附录A中描述了适宜的试验装置。试验过程中，试样不宜直接暴露于阳光下，测试箱或试样本身不能有凝露产生。因此，在放入试验箱之前，试样应加热到比事先设定的试验箱温度高2 K或3 K。如果多个试样同时试验，则试样之间或试样与试验箱壁不能相互接触。试样体积不能超过试验箱体积(暴露区)的50%。在试验开始后，试样应在2 h内达到要求的试验条件。在要求的暴露时间内，试验不可中断。当试验气体改变时，上次所用的试验气体应全部从测试箱中排尽。在测试箱中不可采用吸收二氧化硫和硫化氢的材料。

4　条件试验

4.1　总则

规定的暴露时间应从测试箱中达到所要求的试验条件开始。

4.2　条件试验方法41：含二氧化硫(SO_2)的湿空气

条件试验方法41含二氧化硫(SO_2)的湿空气按表1。

表 1

严酷等级	01	02	03	04	05	06	07	08
试验气体中二氧化硫含量/(cm^3/m^3)	1～2		20～30			10～15		
试验箱温度/℃	25±2					35±2		
相对湿度/%	70～80							
暴露时间/天	21	56	4	10	21	1	4	10
工作状态	1或2[a]							
[a] 主要用于电功能安全检验。								

4.3 条件试验方法42:含硫化氢(H_2S)的湿空气

条件试验方法42含硫化氢(H_2S)的湿空气按表2。

表2

严酷等级	01	02	03	04	05	06	07	08	09
试验气体中硫化氢含量/(cm^3/m^3)	0.5~1		10~15				4~6		
试验箱温度/℃	25±2						35±2		
相对湿度/%	70~80								
暴露时间/天	21	56	1	4	10	21	1	4	10
工作状态	1或2[a]								

[a] 主要用于电功能安全检验。

5 试验程序

5.1 总则

试验应按相关规定和GB/T 12085.1的要求进行。

5.2 预处理

如果相关规定中没有说明,则不需要进行如GB/T 12085.1规定的对潜在腐蚀面的润滑。

6 环境试验标记

环境试验标记应符合GB/T 12085.1的有关规定。

示例:光学仪器抗湿空气中的二氧化硫试验,条件试验方法41、严酷等级02、工作状态1的标记为:

环境试验 GB/T 12085-41-02-1

7 有关标准应包括的内容

a) 环境试验标记;
b) 试样数量;
c) 预处理;
d) 初始检测的内容和范围;
e) 工作状态2工作周期的确定;
f) 工作状态2中间检测的内容和范围;
g) 恢复;
h) 最后检测的内容和范围;
i) 评价判据;
j) 试验报告的内容和范围。

附 录 A
（资料性附录）
含二氧化硫和硫化氢湿空气中的试验装置

A.1 总则

许多标准都推荐只用代表性的试样来试验材料和涂层对含有二氧化硫和硫化氢的湿空气的抗腐蚀能力。同时，规定腐蚀性空气温度 40 ℃，相对湿度 100%，气体浓度（如二氧化硫）200 mg/m^3～300 mg/m^3。这一极端试验条件不适合于整台光学仪器或光学组件，也完全不可能在自然环境中遇到。该条件甚至和光学仪器或光学组件工作性能完全无关，而只是自然环境中被极度污染的空气。GB/T 4798.4规定在释放化学物质的工业设施周围，被极度污染的空气中二氧化硫的最大含量不可超过 40 mg/m^3（15 cm^3/m^3）。

如果用 GB/T 4798.4 规定的以上所述值试验，增加试验条件的严酷性以得到必要的促进，则能达到条件试验方法 41 中与自然环境条件相近的试验条件严酷等级，与 IEC 68-2-42 所规定的试验值完全保持一致。

按 IEC 68-2-42 对电子产品试验的实践经验很大程度上也适用于光学仪器。

A.2 试验装置

图 A.1 所示试验装置，推荐用于光学仪器与部件在含二氧化硫和硫化氢湿空气中的试验装置。

试验箱中的空气每小时应更换 2 次～4 次。可用图 A.1 所示隔板或 60 r/min 的排风扇使试验空气中二氧化硫和硫化氢浓度值保持稳定。当试验整台仪器时，与图 A.1 相反，空气最好从暴露区顶部进入，从底部排出。

与图 A.1 相反，也可在气候试验箱中安装一台不带自身空气调节系统的试验装置。通过连接试验装置的进风口内侧进行混杂试验气体的调节，并通过其将调节过的气体从气候试验箱排出。这一试验装置的体积不应超过气候试验箱体积的 30%。

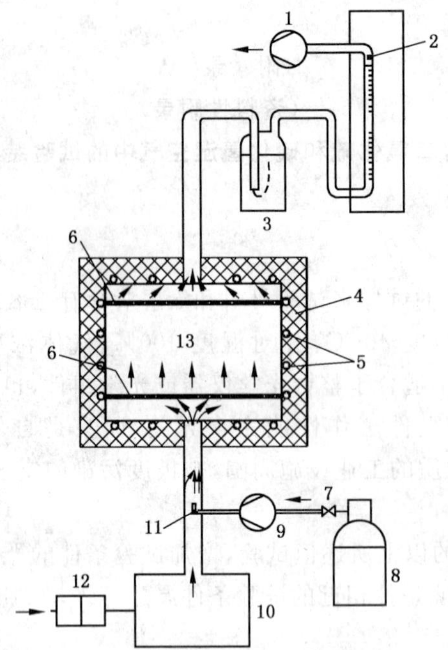

1——真空泵和冷凝器；

2——空气流量计；

3——空气清洗瓶或吸收剂；

4——保温体；

5——加热/冷却装置；

6——隔板；

7——减压阀；

8——气源；

9——配料泵；

10——空气调节区；

11——腐蚀性气体喷嘴；

12——清洁空气过滤器；

13——暴露区。

图 A.1 试验装置示意图

参 考 文 献

[1] GB/T 4798.4—2007 电工电子产品应用环境条件 第4部分:无气候防护场所固定使用

[2] IEC 68-2-42 电工电子产品环境试验 第2部分:试验方法试验Kc:接触点和连接件的二氧化硫试验方法

ICS 37.020
N 30

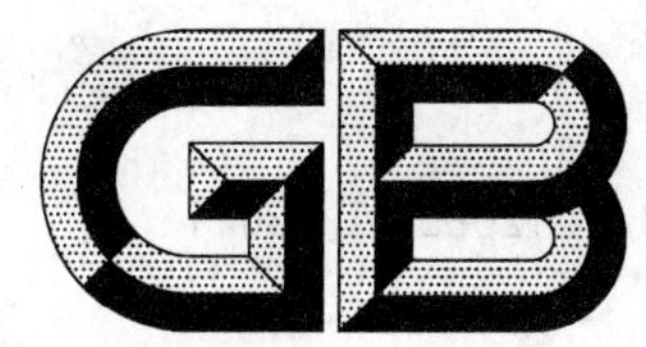

中华人民共和国国家标准

GB/T 12085.21—2011

光学和光学仪器 环境试验方法 第21部分:低压与大气温度、高温综合试验

Optics and optical instruments—Environmental test methods—Part 21:Combined low pressure and ambient temperature or dry heat

(ISO 9022-21:1998,MOD)

2011-06-16 发布 2011-11-01 实施

中华人民共和国国家质量监督检验检疫总局
中国国家标准化管理委员会 发布

前 言

GB/T 12085《光学和光学仪器 环境试验方法》分为以下21个部分：

——第1部分：术语、试验范围；

——第2部分：低温、高温、湿热；

——第3部分：机械作用力；

——第4部分：盐雾；

——第5部分：低温、低气压综合试验；

——第6部分：砂尘；

——第7部分：滴水、淋雨；

——第8部分：高压、低压、浸没；

——第9部分：太阳辐射；

——第10部分：振动(正弦)与高温、低温综合试验；

——第11部分：长霉；

——第12部分：污染；

——第13部分：冲击、碰撞或自由跌落与高温、低温综合试验；

——第14部分：露、霜、冰；

——第15部分：宽带随机振动(数字控制)与高温、低温综合试验；

——第16部分：弹跳或恒加速度与高温、低温综合试验；

——第17部分：污染、太阳辐射综合试验；

——第18部分：湿热、低内压综合试验；

——第19部分：温度周期与正弦振动、随机振动综合试验；

——第20部分：含二氧化硫、硫化氢的湿空气；

——第21部分：低压与大气温度、高温综合试验。

本部分修改采用ISO 9022-21:1998《光学和光学仪器 环境试验方法 第21部分：低压与大气温度、高温综合试验》。

本部分与ISO 9022-21:1998的主要差异为：

——删除国际标准的序言和前言；

——根据ISO 9022-21第1章及我国标准用语习惯对标准范围作了重新编写；

——“国际标准本部分”一词改为“本部分”；

——第2章中的规范性引用文件用现行国家标准替代。

本部分由中国机械工业联合会提出。

本部分由全国光学和光子学标准化技术委员会(SAC/TC 103)归口。

本部分起草单位：上海理工大学、宁波永新光学股份有限公司、宁波舜宇仪器有限公司、广州粤显光学仪器有限责任公司、江南永新光学有限公司、南京东利来光电实业有限公司、宁波市教学仪器有限公司、宁波华光精密仪器有限公司、梧州奥卡光学仪器公司、麦克奥迪实业集团有限公司、贵阳新天光电科技有限公司、重庆光电仪器有限公司。

本部分主要起草人：黄卫佳、章慧贤、曾丽珠、叶慧、李弥高、李晞、杨广烈、王国瑞、徐利明、张景华、胡森虎、肖倩、胡清、夏硕。

光学和光学仪器　环境试验方法 第21部分:低压与大气温度、高温综合试验

1　范围

本部分规定了低压与大气温度、高温综合试验的试验条件、条件试验、试验程序及环境试验标记。

本部分适用于光学仪器、装有光学零部件的仪器和光学零部件。

2　规范性引用文件

下列文件中的条款通过GB/T 12085的本部分的引用而成为本部分的条款。凡是注日期的引用文件,其随后所有的修改单(不包括勘误的内容)或修订版均不适用于本部分,然而,鼓励根据本部分达成协议的各方研究是否可使用这些文件的最新版本。凡是不注日期的引用文件,其最新版本适用于本部分。

GB/T 12085.1　光学和光学仪器　环境试验方法　第1部分:术语、试验范围(GB/T 12085.1—2010,ISO 9022-1:1994,MOD)

GB/T 12085.2　光学和光学仪器　环境试验方法　第2部分:低温、高温、湿热(GB/T 12085.2—2010,ISO 9022-2:1994,MOD)

3　一般试验条件

本部分规定的大气温度为(23±3)℃。

表2规定的温度值选自GB/T 12085.2中的条件试验方法11。

试验条件采用空气循环的低压箱(室)。低气压箱本身可作为温热箱,也可将其安装在温热箱中。试验箱(室)的大小及所选试样的布置状态,应能保证所有试样都处于均匀的温度下。

如需预热,应在降压之前开始加热,以达到试验箱(室)温度。试验气压设置宁肯最迟,也要先达到试验箱温度。

升压时,试样上不许有凝露。这可用高纯氮气或干燥空气为试验箱通风的方法实现。

温度变化应缓慢进行,以免引起试样的损坏。在改变箱内气压时,应避免气压的急剧变化,因为这样也不符合自然条件。

试样的各个部分都调整到试验箱(室)的温差在3 K之内并达到规定的气压值时,试验条件周期开始。发热的试样应置于试验温度下,直到试验箱(室)温度稳定期间试样的温度变化不超过1 K/h,然后开始降压。在降压过程中,允许试样自身发热,直到试验压力达到规定值时,试验条件周期就开始。整个试验条件结束后开始升压,试验箱(室)开始冷却。试验箱内和试样上的温度都应测量。在试样上温度测量的位置应在有关标准中规定。

根据条件试验方法45,如无特殊规定,在试验气压达到规定值后,热有效试样开始试验。试样应置于试验温度下,直至试样温度增加不超过1 K/h(温度的稳定状态)。

4　条件试验

4.1　条件试验方法45:低压与大气温度综合试验

条件试验方法45低压与大气温度综合试验按表1。

表 1

严酷等级	01	02	03	04
试验箱(室)温度/℃	23±3	23±3	23±3	23±3
气压/hPa	800±30	700±30	600±30	500±30
升压或降压所需时间/min	≤15			
试验条件周期/h	≥1[a]			
工作状态	2	2	2	2
[a] 试样的温度状态稳定后的热有效试样。				

4.2 条件试验方法 46:低压与高温综合试验

条件试验方法 46 低压与高温综合试验按表 2。

表 2

严酷等级	01	02	03	04	05	06	07	08	09	10	11	12
试验箱(室)温度/℃	40±3	40±3	55±3	55±3	63±3	63±3	85±3[a]	85±3[a]	40±3	55±3	63±3	85±3[a]
气压/hPa	100±5								10±1			
升压或降压所需时间/min	≤15								≤80			
升温或降温过程中的 平均温度变化/(K/min)	0.2～2											
暴露时间/h	24	72	24	72	24	72	24	72	24	24	24	24
工作状态	1 或 2											
[a] 只适用于工作状态 1。												

5 试验程序

试验应按相关规定及 GB/T 12085.1 进行。

6 环境试验标记

环境试验标记应符合 GB/T 12085.1 的有关规定。

示例:光学仪器抗低压、大气温度综合试验,环境试验条件方法 45、严酷等级 02、工作状态 2 的标记为:

环境试验 GB/T 12085-45-02-2

7 有关标准应包括的内容

a) 环境试验标记;

b) 试样数量;

c) 温度传感器的数量和位置;

d) 预处理;

e) 初始检测的内容和范围;

f) 工作状态 2 工作周期的确定;

g) 工作状态 2 中间检测的内容和范围;

h) 恢复；

i) 最后检测的内容和范围；

j) 评价判据；

k) 试验报告的内容和范围。

ICS 19.100
J 04

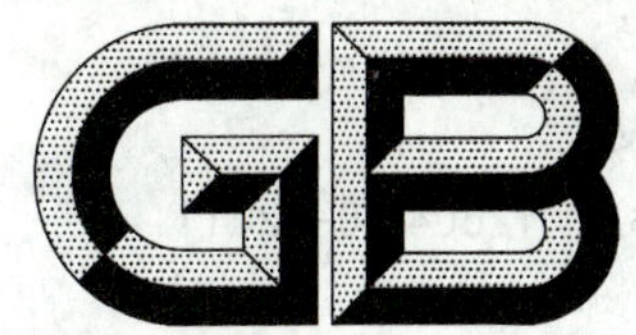

中华人民共和国国家标准

GB/T 12604.10—2011

无损检测 术语 磁记忆检测

Non-destructive testing—Terminology—Terms used in magnetic memory testing

2011-06-16 发布 2012-03-01 实施

中华人民共和国国家质量监督检验检疫总局
中国国家标准化管理委员会 发布

前　言

本标准按照 GB/T 1.1—2009 给出的规则起草。

本标准由全国无损检测标准化技术委员会(SAC/TC 56)归口。

本标准起草单位:爱德森(厦门)电子有限公司、中国特种设备检测研究院、北京航空材料研究院、北京航空航天大学、华北电力科学研究院、装甲兵工程学院、上海泰司检测科技有限公司。

本标准主要起草人:林俊明、陈钢、徐可北、沈功田、雷银照、胡先龙、董世运、胡斌。

无损检测 术语 磁记忆检测

1 范围

本标准界定了金属磁记忆检测的术语和定义。

本标准适用于磁记忆检测和无损检测及其他相关领域。

2 术语和定义

2.1

金属磁记忆 metal magnetic memory

MMM

在环境磁场中，铁磁性金属材料或焊缝由于制造、冷却或工作载荷形成的应力集中或损伤产生不可逆的残余磁性现象。

注：环境磁场包括地磁场和其他外部磁场。

2.2

自有漏磁场 self-magnetic leakage field

SMLF

由于工作应力或者残余应力的作用产生于铁磁性金属材料或焊缝表面的位错滑移稳定带或组织最大不均匀区域的磁场。

2.3

磁记忆检测 magnetic memory testing

MMT

以对铁磁性金属材料或焊缝表面的自有漏磁场进行分析为基础，确定金属和焊缝的应力集中或损伤区域为目的的一种无损检测方法。

注：自有漏磁场为磁记忆检测的表征。

2.4

磁记忆显示图 magnetic memory testing display;MMT display

磁记忆信号幅值与扫查时间或位移变化之间的轨迹图形。

2.5

磁记忆异常信号 abnormal magnetic memory signal

磁记忆检测仪在被检件表面扫查获取的随时间或空间突变的信号。

2.6

磁记忆检测通道 MMT channel

磁记忆检测仪器采集、处理磁记忆信号的物理通道。

2.7

多通道磁记忆检测仪 multichannel magnetic memory testing instrument

具有多个检测通道的磁记忆检测仪器。

2.8

磁记忆传感器 MMT sensor

具有拾取磁记忆信号并转化为电信号的检测元件或单元组件。

2.9

磁记忆阵列传感器 MMT array sensor

按直线、矩阵等方式规则排布的多单元集成的传感器。

2.10

磁位错磁滞回线 magneto-dislocation hysteresis

在弱磁环境中，由于位错团在磁畴壁的钉扎引起的磁滞回线。

2.11

局部稳定性破坏区的临界值 critical size of the local zones of instability of the shell of a component

l_{cr}

铁磁性金属工件在载荷作用下丧失稳定性而产生的金属层两个最近滑移稳定带之间的最小距离。

注：金属工件的临界值由两个最近的自有漏磁场极值之间的距离表示，该极值与壳体尺寸成倍数关系。

2.12

自有漏磁场的强度 SMLF intensity

用磁记忆检测方法在铁磁性金属材料或焊缝表面测得的漏磁场强度的参数。

2.13

自有漏磁场的梯度 SMLF gradient

在两个检测点测得的法向漏磁场强度的差值与两点间的距离之比的绝对值。

2.14

梯度因子 factor of SMLF gradient

自有漏磁场的最大梯度值与其平均值之比。

2.15

强屈评价因子 evaluating factor of the material deformation capability

相应于金属强度极限的自有漏磁场最大梯度值与相应于金属屈服极限的自有漏磁场平均梯度值之比。

2.16

两个检测通道之间的基准距离 base distance between two MMT channels

ΔL

调整传感器时设定的两个测量通道之间的距离。

2.17

磁记忆信号的记录间距 distance between two adjacent MMT signal recording points

记录磁记忆信号时两个相邻测量点之间的距离。

2.18

磁记忆检测仪的标定 calibration of the equipment used to measure the metal magnetic memory

磁记忆检测仪的标定包括对磁场强度测量的标定和测量距离的标定，对磁场强度的标定是在参考磁场中调整磁记忆仪器和传感器，使仪器显示与参考磁场一致的过程；对测量距离的标定是在参考长度上调整长度测量传感器使磁记忆仪器显示与参考长度一致的过程。

2.19

干扰因素 interfere factors

使被检测对象的磁记忆信号失真的因素。

注：干扰因素主要包括：

1) 检测对象附近存在的强磁场源和不均匀磁场源；

2) 检测对象上存在外来的铁磁制品；

3） 检测对象上存在的外部磁场和来自电焊的磁场；

4） 存在人工磁化等。

2.20

磁记忆信号平面显示图　MMT signal planar display

以被检对象表面 X(或 Y 或 Z)轴方向磁场强度为横坐标，Y(或 Z 或 X)轴方向磁场强度为纵坐标显示磁记忆信号随时间或位移变化的二维轨迹图形。如图 1。

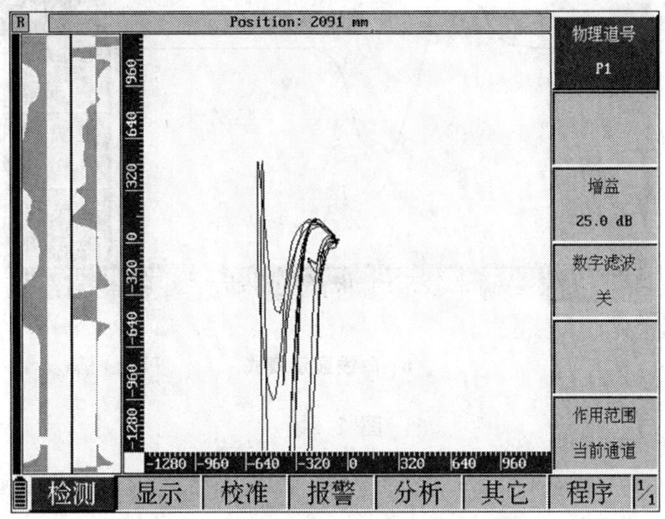

图 1　平面显示图(与时基扫描同屏显示)

2.21

磁记忆信号时基显示图　MMT signal time-base display

在仪器屏幕水平方向上连续标出随时间变化的磁记忆信号图形。如图 2。

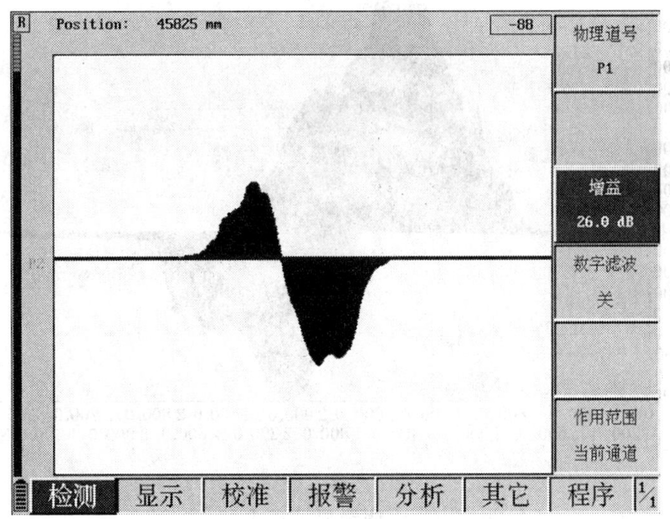

a）阴影显示模式

图 2　磁记忆信号时基显示图

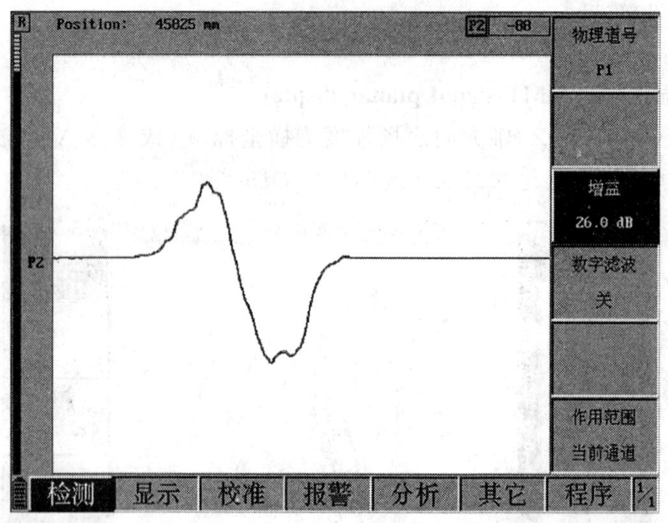

b）曲线显示模式

图 2（续）

2.22

磁记忆信号 A 扫描显示图　MMT signal A-scan display

用带有定位功能的磁传感器进行检测，并在仪器屏幕相应标尺上连续标出磁记忆信号的图形。如图 3。

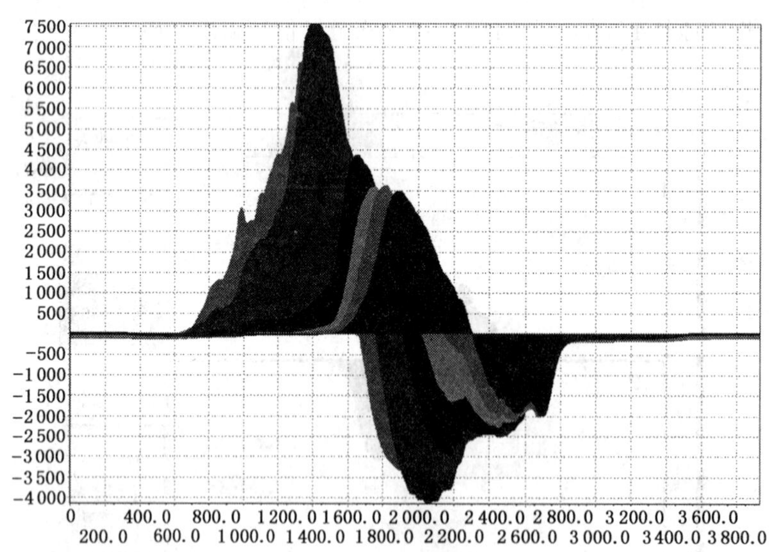

a）阴影显示模式

图 3　磁记忆信号 A 扫描显示图

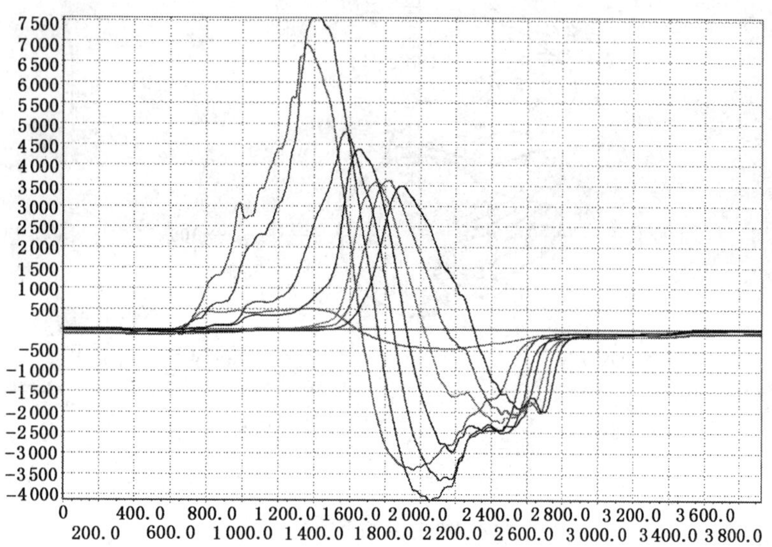

b）曲线显示模式

图 3（续）

2.23

磁记忆信号极坐标显示图　MMT signal polar coordinates display

用带有定位功能的磁传感器进行周向检测时，在仪器屏幕相应极坐标上标出自有漏磁场强度值的闭合曲线。如图 4。

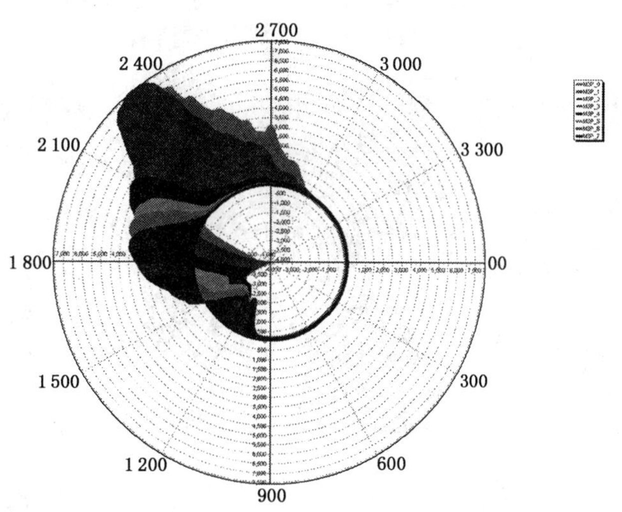

a）阴影显示模式

图 4　磁记忆信号极坐标显示图

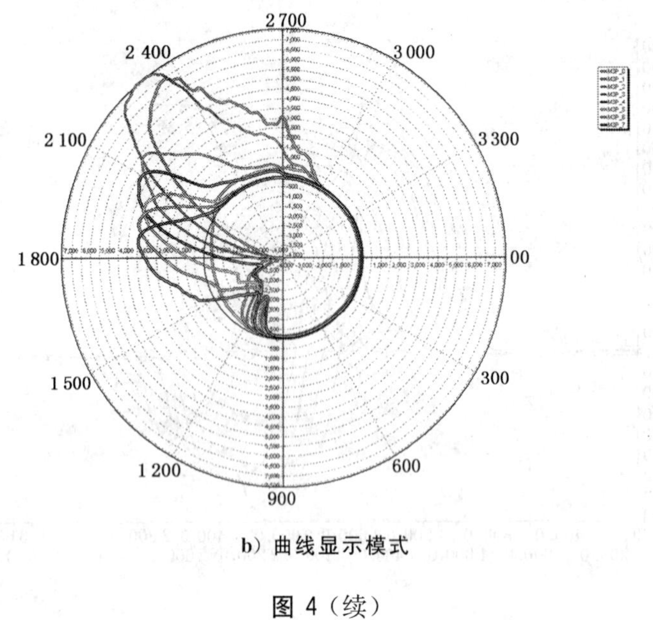

b）曲线显示模式

图 4（续）

2.24

磁记忆信号色斑显示图　MMT signal color and splash display

用带有定位功能的，同一方向的阵列磁传感器进行检测时，在仪器屏幕相应位置上连续标出以不同颜色代表的自有漏磁场强度值图形。

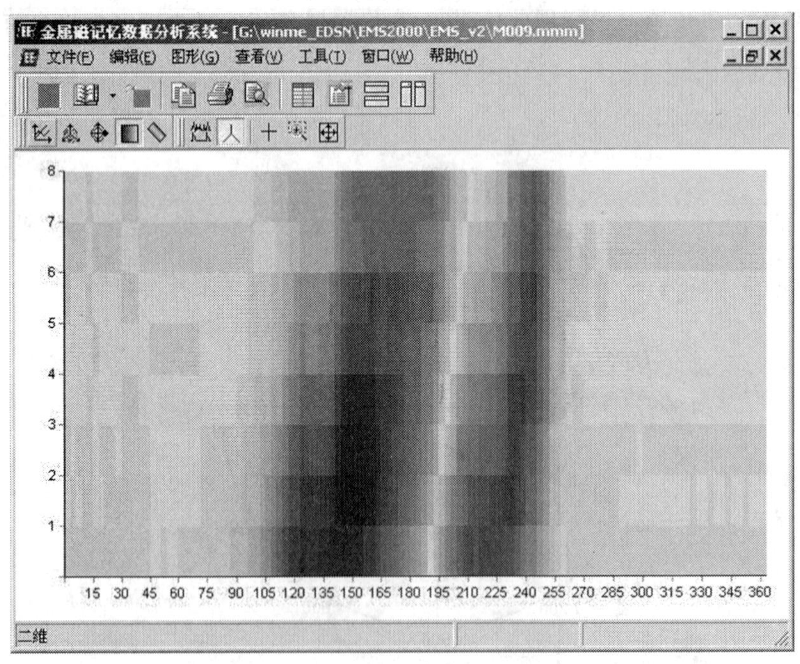

图 5　磁记忆信号色斑显示图

2.25

磁记忆信号三维显示图　MMT signal three dimensions display

用阵列磁传感器单次扫查或单个磁传感器多次扫查自有漏磁场强度值时，在空间平面（X-Y）上形成的关于自有漏磁场强度（B_X 或 B_Y 或 B_Z）的图像。

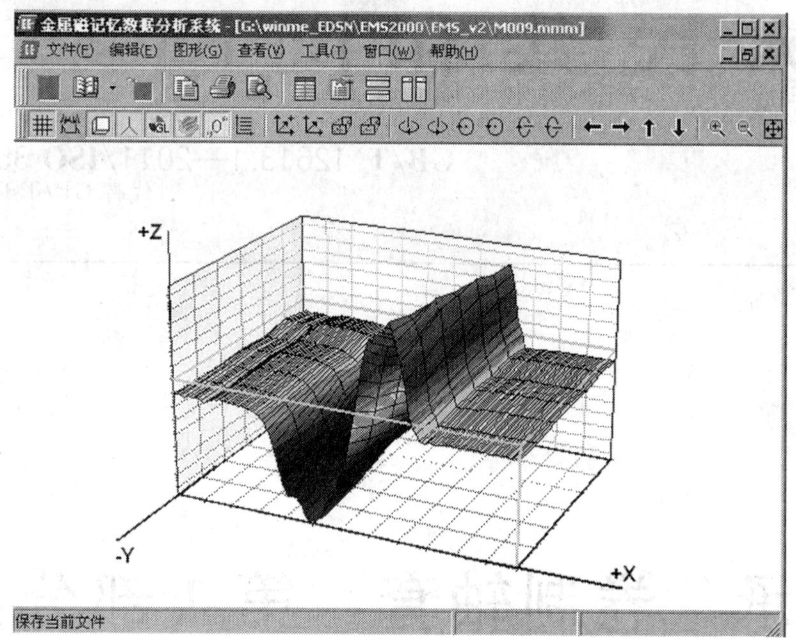

图 6　磁记忆信号三维显示图

ICS 21.100.10
J 12

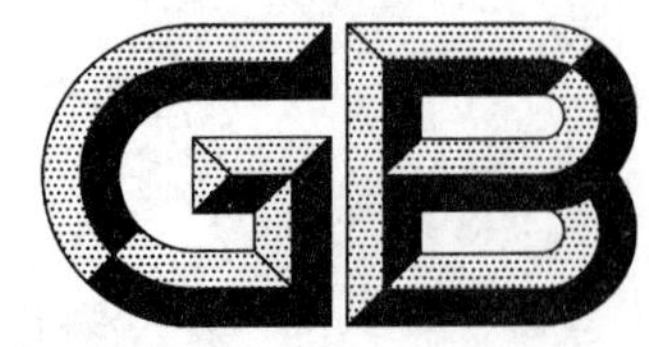

中华人民共和国国家标准

GB/T 12613.1—2011/ISO 3547-1:2006
代替 GB/T 12613.1—2002

滑动轴承　卷制轴套　第1部分:尺寸

Plain bearings—Wrapped bushes—Part 1:Dimensions

(ISO 3547-1:2006,IDT)

2011-12-30 发布　　2012-10-01 实施

中华人民共和国国家质量监督检验检疫总局
中国国家标准化管理委员会　发布

前　言

GB/T 12613《滑动轴承　卷制轴套》由以下七部分组成:

——第1部分:尺寸;

——第2部分:外径和内径的检测数据;

——第3部分:润滑油孔、油槽和油穴;

——第4部分:材料;

——第5部分:外径检验;

——第6部分:内径检验;

——第7部分:薄壁轴套壁厚测量。

本部分是GB/T 12613的第1部分。

本部分按照GB/T 1.1—2009给出的规则起草。

本部分代替GB/T 12613.1—2002《滑动轴承　卷制轴套　第1部分:尺寸》。与GB/T 12613.1—2002相比,主要修改如下:

——增加了第4章"符号和单位";

——增加了壁厚0.5 mm,并给出了其内倒角和外倒角的极限偏差;

——增加了内径尺寸2 mm、3 mm、5 mm、7 mm、17 mm、37 mm;

——增加轴套宽度3 mm、5 mm、7 mm、115 mm;

——增加了表3"法兰轴套的优选公称尺寸和极限偏差";

——增加了壁厚公差系列"系列E";

——删除了多层金属材料制造的轴套钢背厚度的极限偏差规定(2002版中表3,本版中表5);

——增加了外径尺寸大于180 mm时外径的极限偏差;

——增加了内径尺寸小于等于4 mm时,轴承孔公差等级为H6;

——调整了轴套标记规定。

本部分使用翻译法等同采用国际标准ISO 3547-1:2006《滑动轴承　卷制轴套　第1部分:尺寸》。

与本部分中规范性引用的国际文件有一致性对应关系的我国文件如下:

——GB/T 2889.1—2008　滑动轴承　术语、定义和分类　第1部分:设计、轴承材料及其性能(ISO 4378-1:1997,IDT)

——GB/T 10610—2009　产品几何技术规范(GPS)　表面结构　轮廓法　评定表面结构的规则和方法(ISO 4288:1996,IDT)

——GB/T 12613.4—2011　滑动轴承　卷制轴套　第4部分:材料(ISO 3547-4:2006,IDT)

——GB/T 19096—2003　技术制图　图样画法　未定义形状边的术语和注法(ISO 13715:2000 Technical drawings—Edges of undefined shape—Vocabulary and indication,IDT)

——GB/T 27939—2011　滑动轴承　几何和材料质量特性的质量控制技术和检验(ISO 12301:2007,IDT)

为便于使用,本部分做了如下编辑性修改:

——范围中增加"注:除特殊注明和指定的单位外,GB/T 12613的本部分所有尺寸单位均为毫米。",同时删除正文中表格上的"单位为毫米";

——将国际标准规范性引用的ISO 4288放入本部分的规范性引用文件清单;

——用等同采用国际标准的我国标准代替对应的国际标准;

——将第5章参见标准ISO 3547-6放入参考文献。

本部分由中国机械工业联合会提出。

本部分由全国滑动轴承标准化技术委员会(SAC/TC 236)归口。

本部分负责起草单位:中机生产力促进中心。

本部分参加起草单位:浙江长盛滑动轴承股份有限公司、浙江双飞无油轴承股份有限公司、浙江中达轴承有限公司、嘉善峰成三复轴承有限公司。

本部分所代替标准的历次版本发布情况为:

——GB/T 12613—1990;

——GB/T 12613.1—2002。

滑动轴承 卷制轴套 第1部分:尺寸

1 范围

GB/T 12613的本部分规定了单层和多层轴承材料卷制的圆柱和法兰轴套的尺寸和标记。

注:除特殊注明和指定的单位外,GB/T 12613的本部分所有尺寸单位均为毫米。

2 规范性引用文件

下列文件对于本文件的使用是必不可少的。凡是注日期的引用文件,仅注日期的版本适用于本文件。凡是不注日期的引用文件,其最新版本(包括所有的修改单)适用于本文件。

GB/T 12613.2—2011 滑动轴承 卷制轴套 第2部分:外径和内径的检测数据(ISO 3547-2:2006,IDT)

ISO 3547-4 滑动轴承 卷制轴套 第4部分:材料(Plain bearings—Wrapped bushes—Part 4:Materials)

ISO 4288 产品几何技术规范(GPS) 表面结构:轮廓法 评定表面结构的规则和方法(Geometrical Product Specifications (GPS)—Surface texture:Profile method—Rules and procedures for the assessment of surface texture)

ISO 4378-1 滑动轴承 术语、定义和分类 第1部分:设计、轴承材料及其性质(Plain bearings—Terms,definitions and classification—Part 1:Design,bearing materials and their properties)

ISO 12301 滑动轴承 几何和材料质量特性的质量控制技术和检验(Plain bearings—Quality control techniques and inspection of geometrical and material quality characteristics)

ISO 13715 技术制图 图样画法 未定义形状边的术语和注法(Technical drawings—Edges of undefined shape—Vocabulary and indications)

3 术语和定义

ISO 4378-1中界定的术语和定义适用于本文件。

4 符号和单位

本部分使用的符号和单位见表1。

表1 符号和单位

符号	描述	单位
B	轴套宽度	mm
C_i	内倒角	mm
C_o	外倒角	mm

表 1（续）

符号	描述	单位
D_i	轴套内径	mm
$D_{i,ch}$	压入环规后轴套内径	mm
D_{fl}	法兰直径	mm
D_H	轴承座孔直径	mm
D_o	轴套外径	mm
D_S	轴颈直径	mm
$d_{ch,1}$	检验座孔或环规直径	mm
r	法兰根部圆角半径	mm
Ra	表面粗糙度	μm
s_1	钢背层厚度[a]	mm
s_2	轴承材料层厚度[a]	mm
s_3	壁厚[a]	mm
s_{fl}	法兰厚度	mm
[a] 对于单层材料卷制的轴套，$s_1=s_3$ 或 $s_2=s_3$。		

5 尺寸

卷制轴套型式和尺寸见图 1 和表 2～表 4。

当轴套处于压入状态时，其内径的最大值为轴承座孔的最大值减去 2 倍壁厚(s_3)的最小值；压入状态下轴套内径的最小值为轴承座孔的最小值减去 2 倍壁厚(s_3)的最大值。此计算方法基于当压入轴套时，轴承座孔尺寸不产生膨胀。在实际情况中，膨胀由多种因素引起，例如：轴承座孔和轴套的刚度。计算示例见第 7 章。

壁厚的极限偏差取决于轴套内孔和 ISO 3547-4 中规定的轴承材料类型是否有机械加工余量。表 5 中规定了优选的极限偏差系列(系列 A 至系列 E)。

可对轴套的内径 $D_{i,ch}$ 作出规定，而不规定壁厚。$D_{i,ch}$ 是轴套压入环规时轴套的内径值(检验方法 C—用量规检验—按 GB/T 12613.2 规定，参见 ISO 3547-6)。

对于采用机加工孔的轴套(W 系列)，轴套内径 $D_{i,ch}$ 的极限偏差的量规检验法见表 6。

在任何情况下不能将壁厚和内径同时作为待检验的项目。

表 6 给出了压入环规中的轴套内径 $D_{i,ch}$ 的极限偏差。压入座孔的轴套内径的极限偏差由 $D_{i,ch}$ 的极限偏差和轴承座孔的极限偏差叠加得到。通过轴套的壁厚来计算内径时假设轴承座孔没有膨胀。

轴套外径 D_o 的尺寸见表 7。

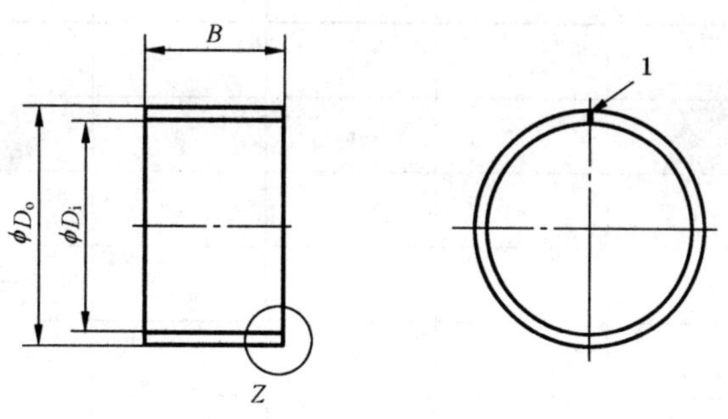

C型　圆柱轴套

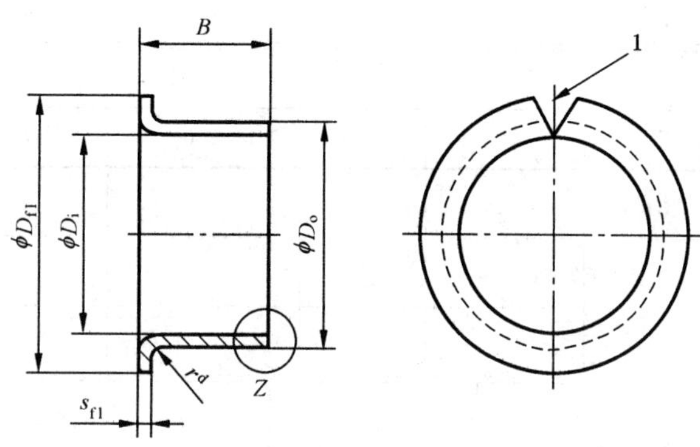

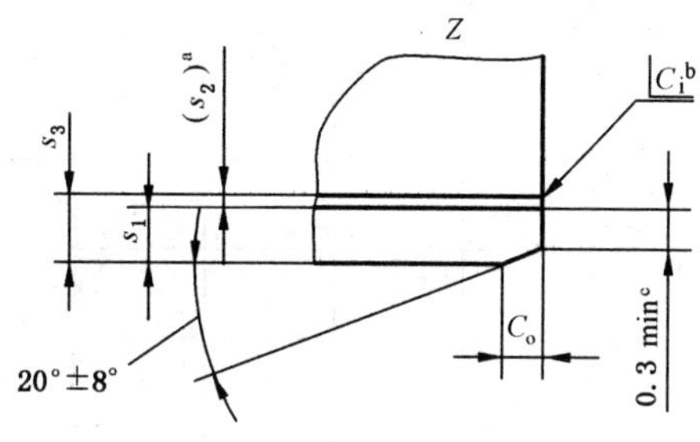

F型　法兰轴套

说明：

1——接缝。

[a] 轴承材料的厚度:仅适用于按 GB/T 12613.2 的规定计算。

[b] C_i可以是圆弧或倒角,按 ISO 13715 规定。

[c] 公称壁厚为 0.5 mm 时最小值为 0.2 mm。

[d] $r_{max}=s_3$。

图 1　圆柱及法兰轴套

表 2 内径 D_i、外径 D_o、壁厚 s_3 和宽度 B 的优选公称尺寸

D_i	D_o	s_3	B						
			3	4	5	6	8	10	12
2	3	0.5	a		a				
3	4	0.5	a		a	a			
4	5	0.5	a	a		a			
5	6	0.5			a		a	a	
6	7	0.5		a		a	a	a	
8	9	0.5				a	a	a	a
10	11	0.5					a	a	a

D_i	D_o	s_3	B						
			3	4	5	6	7	8	10
2	3.5	0.75	a		a				
3	4.5	0.75	a		a	a			
4	5.5	0.75	a	a		a			a

D_i	D_o	s_3	B										
			3	4	5	6	7	8	10	12	15	20	25
3	5	1.0	a	a	a	a							
4	6	1.0	a	a		a							
6	8	1.0			a	a	a	a	a				
7	9	1.0			a		a		a	a			
8	10	1.0			a	a	a	a	a	a			
9	11	1.0							a				
10	12	1.0				a	a	a	a	a	b	b	
12	14	1.0				a	a	a	a	a	b	b	b
13	15	1.0							a		b	b	
14	16	1.0							a	a	b	b	b
15	17	1.0							a	a	b	b	b
16	18	1.0							a	a	b	b	b
17	19	1.0									b	b	
18	20	1.0							a		b	b	b

表 2（续）

D_i	D_o	s_3	B							
			8	10	12	15	20	25	30	40
8	11	1.5		b	b					
10	13	1.5		a	a	a	a			
12	15	1.5		b	b	b				
13	16	1.5		b	b	b	b			
14	17	1.5		b	b	b	b			
15	18	1.5		a	a	a	a	a		
16	19	1.5		a	a	a	b	a		
18	21	1.5				a	b	b		
20	23	1.5			a	a	b	b	b	
22	25	1.5				a	b	b	b	
24	27	1.5				a	b	b	b	
25	28	1.5				a	b	b	b	
28	31	1.5					b	b	b	

D_i	D_o	s_3	B								
			15	20	25	30	40	50	60	70	80
28	32	2.0	a	a	a	b		b			
30	34	2.0	a	a	a	b	b				
32	36	2.0		a		b	b				
35	39	2.0		a		b	b	b			
37	41	2.0		a		b	b				
38	42	2.0		a		b	b				
40	44	2.0		a		b	b	b			

D_i	D_o	s_3	B									
			20	25	30	40	50	60	70	80	100	115
45	50	2.5	a		a	b	b					
50	55	2.5	a	a	a	b	b	b				
55	60	2.5	a		a	b		b				
60	65	2.5	a		a	b	b					

表 2（续）

D_i	D_o	s_3	B									
			20	25	30	40	50	60	70	80	100	115
65	70	2.5			a		b		c			
70	75	2.5			a		b		c			
75	80	2.5				b		b		c		
80	85	2.5				b		b		c	c	
85	90	2.5				b		b		c	c	
90	95	2.5				b		b			c	
95	100	2.5						b			c	
100	105	2.5					b	b			c	c
105	110	2.5						b			c	c
110	115	2.5						b			c	c
115	120	2.5					b	b	b		c	
120	125	2.5					b	b			c	
125	130	2.5						b			c	
130	135	2.5						b			c	
135	140	2.5						b		b	c	
140	145	2.5						b			c	
150	155	2.5						b		b	c	
160	165	2.5						b		b	c	
170	175	2.5									c	
180	185	2.5									c	
200	205	2.5									c	
220	225	2.5									c	
250	255	2.5									c	
300	305	2.5									c	

注：宽度 B 的极限偏差：

a 为±0.25；

b 为±0.5；

c 为±0.75。

轴套宽度的极限偏差超出 a、b 或 c 的范围时，制造者与用户应协商一致，并在公称尺寸的标注后面给出。

如需要使用非标准轴套宽度，则当 $D_i \leq 50$ mm 时，应使宽度尾数为 2、5 或者 8；当 $D_i > 50$ mm 时，应使宽度尾数为 5。轴套宽度 B 的检测应按 ISO 12301 规定。

表 3　法兰轴套的优选公称尺寸和极限偏差

D_i	D_o	s_3	D_{fl}		S_{fl}	r_{max}	B														
			公称	极限偏差			4	5.5	7	7.5	8	9	9.5	11.5	12	16	16.5	17	21.5	22	26
6	8	1	12	+0.5 −0.8	1.05 0.80	1	a				a										
8	10	1	15			1		a		a			a								
10	12	1	18			1			a			a			a			b			
12	14	1	20			1			a			a			a			b			
14	16	1	22			1									a			b			
15	17	1	23			1						a			a			b			
16	18	1	24			1									a			b			
18	20	1	26			1									a			b		b	
20	23	1.5	30	+1.0 −0.8	1.6 1.3	1.5								a			a		b		
25	28	1.5	35			1.5								a			a		b		
30	34	2	42		2.1 1.8	2										a					b
35	39	2	47	+2.0 −0.8		2										a					b
40	44	2	52			2										a					b
45	50	2.5	58		2.6 2.3	2.5										a					b

注：宽度 B 的极限偏差：
a 为±0.25；
b 为±0.5。

表 4　外倒角 C_o 和内倒角 C_i

壁厚 s_3 公称尺寸	倒角		
	C_o		C_i
	机加工	辗制	
0.5	0.2±0.1		−0.05 −0.30
0.75	0.5±0.3	0.5±0.3	−0.1 −0.4
1.0	0.6±0.4	0.6±0.4	−0.1 −0.6
1.5	0.6±0.4	0.6±0.4	−0.1 −0.7
2.0	1.2±0.4	1.0±0.4	−0.1 −0.7
2.5	1.8±0.6	1.2±0.4	−0.2 −1.0

注：对于那些必须机加工至轴承孔尺寸的轴套，C_i 必须相应增大。
外倒角 C_o 用机加工或辗制，由制造者选择。
C_i 可以是倒角或按 ISO 13715 的规定去毛边。

表 5 壁厚公称尺寸和极限偏差

<table>
<tr><th rowspan="3" colspan="2">公称尺寸</th><th colspan="5">壁厚 s_3 极限偏差</th></tr>
<tr><th colspan="3">轴承孔不留加工余量</th><th colspan="2">轴承孔预留加工余量</th></tr>
<tr><th>A 系列</th><th>B 系列</th><th>D 系列</th><th>C 系列</th><th>E 系列</th></tr>
<tr><td colspan="2">0.5</td><td>0
−0.015</td><td>0
−0.030</td><td>—</td><td>—</td><td>—</td></tr>
<tr><td colspan="2">0.75</td><td>0
−0.015</td><td>0
−0.020</td><td>—</td><td>+0.25
+0.15</td><td>—</td></tr>
<tr><td colspan="2">1.0</td><td>0
−0.015</td><td>+0.005
−0.020</td><td>−0.020
−0.045</td><td>+0.25
+0.15</td><td>+0.11
+0.07</td></tr>
<tr><td colspan="2">1.5</td><td>0
−0.015</td><td>+0.005
−0.025</td><td>−0.025
−0.055</td><td>+0.25
+0.15</td><td>+0.11
+0.07</td></tr>
<tr><td colspan="2">2.0</td><td>0
−0.015</td><td>+0.005
−0.030</td><td>−0.030
−0.065</td><td>+0.25
+0.15</td><td>+0.11
+0.07</td></tr>
<tr><td rowspan="3">2.5</td><td>$D_o \leqslant 80$</td><td>0
−0.020</td><td>+0.005
−0.040</td><td rowspan="3">−0.040
−0.085</td><td rowspan="3">+0.30
+0.15</td><td rowspan="3">+0.14
+0.07</td></tr>
<tr><td>$80 < D_o \leqslant 120$</td><td>0
−0.025</td><td>−0.010
−0.060</td></tr>
<tr><td>$D_o > 120$</td><td>0
−0.030</td><td>−0.035
−0.085</td></tr>
<tr><td colspan="7">注：根据所采用的制造工艺，通常轴套背部会出现分散的轻微凹陷。因此壁厚测量部位应避开这些凹陷部位。</td></tr>
</table>

表 6 W 系列—环规内轴套内径 $D_{i,ch}$ 的极限偏差（按 GB/T 12613.2 规定）

<table>
<tr><th colspan="2">D_i
公称尺寸</th><th>$D_{i,ch}$ 极限偏差</th></tr>
<tr><td></td><td>≤10</td><td>+0.036
0</td></tr>
<tr><td>>10</td><td>≤18</td><td>+0.043
0</td></tr>
<tr><td>>18</td><td>≤30</td><td>+0.052
0</td></tr>
<tr><td>>30</td><td>≤50</td><td>+0.062
0</td></tr>
<tr><td>>50</td><td>≤80</td><td>+0.074
0</td></tr>
<tr><td>>80</td><td>≤120</td><td>+0.087
0</td></tr>
<tr><td>>120</td><td>≤175</td><td>+0.100
0</td></tr>
<tr><td colspan="3">注：除非另有协议，轴套内径与外径的同轴度应为 0.05 mm。</td></tr>
</table>

表 7　外径 D_o 尺寸和极限偏差

D_o 公称尺寸		轴套极限偏差	
		钢，钢/衬层材料	铝合金，铜合金，铝合金轴承衬层材料，铜合金衬层材料
	≤10	+0.055 +0.025	+0.075 +0.045
>10	≤18	+0.065 +0.030	+0.080 +0.050
>18	≤30	+0.075 +0.035	+0.095 +0.055
>30	≤50	+0.085 +0.045	+0.110 +0.065
>50	≤80	+0.100 +0.055	+0.125 +0.075
>80	≤120	+0.120 +0.070	+0.140 +0.090
>120	≤180	+0.170 +0.100	+0.190 +0.120
>180	≤305	+0.255 +0.125	+0.245 +0.145

6　设计

在自由状态下，卷制轴套可能并不是精确的圆柱形，并且其接缝未闭合；当被压入轴承座后，通常会变成圆形且接缝闭合。卷制轴套可通过接缝的闭锁而闭合。接缝的设计由制造者决定。

卷制轴套可以以内孔留有加工余量或者无加工余量的形式交付。留有加工余量的轴套在压入轴承座后，由顾客自己精加工至所希望的尺寸。不是所有轴承材料都能以这种形式制造并交付。

符合 GB/T 12613 本部分的卷制轴套：A 系列～E 系列以表 5 中规定的极限偏差交付，W 系列以表 6中规定的极限偏差交付。

所设计的润滑油孔、润滑油槽或润滑油穴应易于冲压。由卷制加工产生的变形是允许的。所有边、角应去除易脱落毛刺。不影响安装和使用的毛刺是允许的。

GB/T 12613.2 中的检验方法 B 对外径 D_o 未规定任何数据。因此在采用检验方法 B 时，为了使卷制轴套在轴承座孔中获得足够的紧密配合，需要使用试验确定量规的内径。量规内径取决于制造方法，因此不适用于所有情况。规定最大和最小压入力可以增加这种检验方法的安全可靠性，对于每个个别的情况，检验细节应经供需双方同意。

轴承座直径的公差等级在表 8 中给出。

表 8 轴承座孔直径 D_H公差等级

D_i 公称尺寸		轴承座孔公差等级 D_H
	≤4	H6
>4	≤75	H7
>75		H7

轴颈直径公差等级的选择取决于轴承材料类型以及使用环境。

推荐轴承座孔表面粗糙度为 Ra1.6 μm～3.2 μm,轴颈表面粗糙度为 Ra0.2 μm～0.4 μm。

表 9 给出了轴套各表面的表面粗糙度值。

表 9 轴套表面粗糙度 Ra(符合 ISO 4288 规定)

表面	Ra/μm				
	系列				
	A	B	C/E	D	W
轴承孔	0.8	1.6[a]	6.3	1.6	1.6
轴承背	1.6	1.6	1.6	1.6	1.6
其他表面	25	25	25	25	25
[a] 按照 ISO 3547-4 中规定的 B1 和 P1 材料制成的轴套,轴承孔 Ra≤6.3 μm。					

7 内径 D_i计算示例

计算压入状态下,公称外径尺寸为 34 mm,公称壁厚为 2 mm 的轴套内径尺寸 D_i的极限值:

轴承座孔直径:$D_H=(34^{+0.025}_{0})$ mm

轴套外径:$D_o=(34^{+0.085}_{+0.045})$ mm

轴套壁厚 $s_3=(2^{0}_{-0.015})$ mm

$D_{i,max}=34.025-(2\times1.985)=30.055$ mm

$D_{i,min}=34.000-(2\times2.000)=30.000$ mm

由于是过盈配合,在轴套装配后,轴承座内径 D_H会有微小的膨胀,这取决于轴承座的刚度。

对于刚性轴承座孔(钢),压入轴套而产生的轴承座孔的膨胀值,可取轴套外径 D_o极限偏差中值和轴承座孔直径极限偏差中值之差的 1/6。

8 标记

以下给出了符合 GB/T 12613 系列标准的卷制轴套的产品标记示例。

示例 1:壁厚极限偏差为 A 系列、内径 D_i=30 mm、外径 D_o=34 mm、宽度 B=20 mm、用符合 ISO 3547-4 中材料代码为 S5 的多层材料制成、润滑油孔和环形油槽结构型式代号为 M1A、油穴结构型式代号为 N1B、外径测量方法采用 GB/T 12613.2 中的方法 A 的 C 型卷制圆柱轴套的标记示例如下:

轴套 GB/T 12613—C 30 A 34×20—S5—M1A N1B—AS

注:"S"表示壁厚检测按 GB/T 12613.7 的规定。

示例 2:壁厚极限偏差为 B 系列、内径 D_i=30 mm、外径 D_o=34 mm、宽度 B=16 mm、用符合 ISO 3547-4 中材料代码为 P1 的多层材料制成、内径和外径测量方法采用 GB/T 12613.2 中的方法 A 和方法 C 的 F 型卷制法兰轴套的标记示例如下:

轴套 GB/T 12613—F30 B 34×16—P1—AC

示例 3:壁厚极限偏差为 W 系列、内径 D_i=30 mm、外径 D_o=34 mm、宽度 B=20 mm、用符合 ISO 3547-4 中材料代码为 Y1 的单层材料制成、内径和外径测量方法采用 GB/T 12613.2 中的方法 A 和方法 C 的 C 型卷制圆柱轴套的标记示例如下:

轴套 GB/T 12613—C30 W 34×20—Y1—AC

参 考 文 献

［1］ ISO 3547-6:2007 滑动轴承 卷制轴套 第6部分:内径检验

ICS 21.100.10
J 12

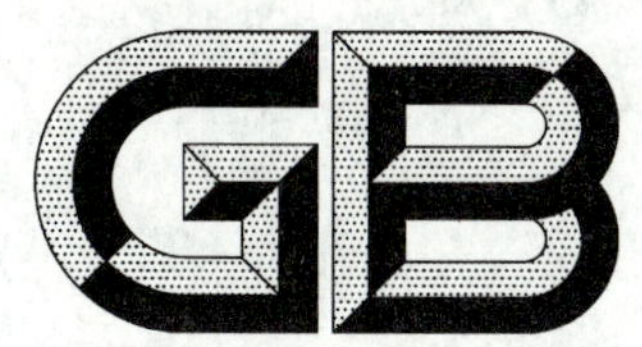

中华人民共和国国家标准

GB/T 12613.2—2011/ISO 3547-2:2006
代替 GB/T 12613.2—2002

滑动轴承 卷制轴套 第2部分:外径和内径的检测数据

Plain bearings—Wrapped bushes— Part 2: Test data for outside and inside diameters

(ISO 3547-2:2006,IDT)

2011-12-30 发布 2012-10-01 实施

中华人民共和国国家质量监督检验检疫总局
中国国家标准化管理委员会 发布

前　　言

GB/T 12613《滑动轴承　卷制轴套》由以下七部分组成：

——第1部分：尺寸；

——第2部分：外径和内径的检测数据；

——第3部分：润滑油孔、油槽和油穴；

——第4部分：材料；

——第5部分：外径检验；

——第6部分：内径检验；

——第7部分：薄壁轴套壁厚测量。

本部分是GB/T 12613的第2部分。

本部分按照GB/T 1.1—2009给出的规则起草。

本部分代替GB/T 12613.2—2002《滑动轴承　卷制轴套　第2部分：外径和内径的检测数据》。与GB/T 12613.2—2002相比，主要修改如下：

——第2章规范性引用文件中删除GB/T 18331.1—2001、ISO 12307-2；

——增加了法兰直径符号 D_{fl}、轴承座孔直径符号 D_H、法兰弯曲处半径符号 r、法兰厚度符号、外径 D_o 的极限偏差符号由"T"改为"ΔD_o"；

——增加了法兰轴套内径和外径图；

——图1注释中增加规定"公称壁厚为0.5 mm的钢背层厚度除去倒角部分最小值为0.2 mm。"和"$r_{max}=s_3$"；

——增加了表3"轴套壁厚 s_3、钢背厚度 s_1、轴承材料层 s_2 的公称尺寸"；

——细化并增加了有效截面积的计算公式适用的材料类型；

——修正了计算示例中检验模直径 $d_{ch,1}$ 的计算数据(2002版中为30.072 mm，本版中为34.072 mm)；

——增加规定检验方法B适用于外径120 mm以下的轴套；

——增加规定检验方法C适用于内径120 mm以下的轴套；

——增加了检验方法C通规与止规的尺寸计算公式；

——增加了检验方法C时环规内径计算公式(本版中表6)；

——修改了检验方法C的数据示例；

——修改了检验方法D数据表示示例图。

本部分使用翻译法等同采用国际标准ISO 3547-2:2006《滑动轴承　卷制轴套　第2部分：外径和内径的检测数据》。

与本部分中规范性引用的国际文件有一致性对应关系的我国文件如下：

GB/T 2889.1—2008　滑动轴承　术语、定义和分类　第1部分：设计、轴承材料及其性能(ISO 4378-1:1997,IDT)

GB/T 19096—2003　技术制图　图样画法　未定义形状边的术语和注法(ISO 13715:2000，Technical drawings—Edges of undefined shape—Vocabulary and indications,IDT)

GB/T 27939—2011　滑动轴承　几何和材料质量特性的质量控制技术和检验(ISO 12301:2007，IDT)

与ISO 3547-2:2006相比，本部分做了如下编辑性修改：

——范围中增加“注 2:除特殊注明和指定的单位外,GB/T 12613 的本部分所有尺寸单位均为毫米。”,同时删除正文中表格上的“单位为毫米”;

——用等同采用国际标准的我国标准代替对应的国际标准。

本部分由中国机械工业联合会提出。

本部分由全国滑动轴承标准化技术委员会(SAC/TC 236)归口。

本部分负责起草单位:中机生产力促进中心。

本部分参加起草单位:浙江长盛滑动轴承股份有限公司、浙江双飞无油轴承股份有限公司、浙江中达轴承有限公司、嘉善峰成三复轴承有限公司。

本部分所代替标准的历次版本发布情况为:

——GB/T 12613—1990;

——GB/T 12613.2—2002。

滑动轴承　卷制轴套
第2部分:外径和内径的检测数据

1　范围

GB/T 12613 的本部分规定了单层和多层材料卷制成的轴套外径和内径的测试数据,同时规定了检验方法、标记方法。

由于轴套壁厚的测量是在自由状态下进行,所以图中没有规定测试要求(根据 GB/T 12613.5 和 GB/T 12613.6)。

注 1:由于卷制轴套的制造方法,在轴套的外表面会出现轻微的凹陷;同样,有润滑油孔、油槽和油穴的轴套会出现变形。因此测量轴套壁厚是应避开这些位置。

注 2:除特殊注明和指定的单位外,GB/T 12613 的本部分所有尺寸单位均为毫米。

2　规范性引用文件

下列文件对于本文件的使用是必不可少的。凡是注日期的引用文件,仅注日期的版本适用于本文件。凡是不注日期的引用文件,其最新版本(包括所有的修改单)适用于本文件。

GB/T 12613.1—2011　滑动轴承　卷制轴套　第1部分:尺寸(ISO 3547-1:2006,IDT)

GB/T 12613.4—2011　滑动轴承　卷制轴套　第4部分:材料(ISO 3547-4:2006,IDT)

ISO 4378-1　滑动轴承　术语、定义和分类　第1部分:设计、轴承材料及其性质(Plain bearings—Terms, definitions and classification—Part 1:Design, bearing materials and their properties)

ISO 13715　技术制图　未定义形状边　未定义形状边的术语和注法(Technical drawing—Edges of undefined shape—Vocabulary and indications)

ISO 12301　滑动轴承　几何和材料质量特性的质量控制技术和检验(Plain bearings—Quality control techniques and inspection of geometrical and material quality characteristics)

3　术语和定义

ISO 4378-1 中界定的术语和定义适用于本文件。

4　符号和单位

本部分使用的符号和单位见表1。

表 1 符号和单位

符 号	描 述	单 位
A_{cal}	轴套有效截面积(计算值)	mm^2
B	轴套宽度	mm
C_i	内倒角	mm
C_o	外倒角	mm
D_{fl}	法兰直径	mm
D_H	轴承座孔直径	mm
D_i	轴套内径	mm
$D_{i,ch}$	压入环规后轴套内径	mm
D_o	轴套外径	mm
F_{ch}	检验载荷	N
$d_{ch,1}$	检验座孔或环规直径	mm
$d_{ch,2}$	定位塞规或塞规直径	mm
r	法兰弯曲处半径	mm
s_1	钢背层厚度[a]	mm
s_2	轴承材料层厚度[a]	mm
s_3	壁厚[a]	mm
s_{fl}	法兰厚度	mm
ΔD_o	D_o 的极限偏差	mm
ν	在检验载荷 F_{ch} 作用下外径的弹性减小量	mm
z	两半检验模之间的距离	mm
Δz	指示读数	mm
Δz_D	检验方法 D 的周长指示读数	mm
[a] 对于单层材料卷制的轴套,$s_1=s_3$ 或 $s_2=s_3$。		

5 图纸上有关数据的标注

图中应标示以下数据:

——外径 D_o 和壁厚 s_3;或

——外径 D_o 和内径 D_i。

在同一图中不能同时规定轴套的壁厚和内径的尺寸,见图 1。

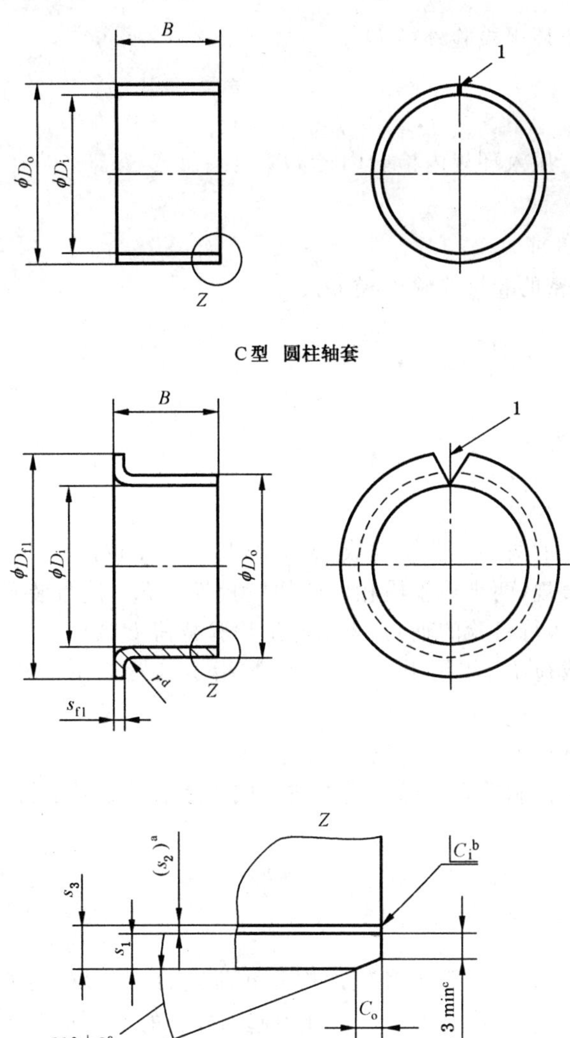

说明：

1——接缝。

[a] 轴承材料的厚度：仅适用于按照本部分7.2的计算。

[b] C_i 可以是圆弧或倒角，按照ISO 13715规定。

[c] 公称壁厚为0.5 mm的钢背层厚度除去倒角部分最小值为0.2 mm。

[d] $r_{max}=s_3$。

图1 圆柱及法兰轴套

6 检验类型

6.1 检验方法A

按第7章规定在带有定位塞规和检验模的检验装置检验外径 D_o。

6.2 检验方法 B

按第 8 章规定的用两个环规检验外径 D_o。

6.3 检验方法 C

按第 9 章的规定将轴套压入环规内检验内径 D_i。

6.4 检验方法 D

按第 10 章规定使用精密的卷尺检验外径 D_o。

7 检验方法 A

7.1 综述

本方法适用于 $2D_o$～180 mm。

检验台由安装在底座上的两半检验模组成(见 GB/T 12613.5)。

在检验模中塞入定位塞规,两半检验模相向施加检验载荷 F_{ch},读数装置显示距离。

然后移去定位塞规,放入待检验的轴套,重新施加检验载荷 F_{ch}。

轴套放入后,在检验载荷 F_{ch} 作用下,记录下读数指示装置显示的检验模之间的距离 z 和变化量 Δz。

通过此读数即可计算外径 D_o。

法兰轴套外径的检验可由制造者自己决定在法兰成型之前或之后进行。

7.2 计算依据

7.2.1 外径 D_o 的弹性减小量 ν

外径 D_o 的弹性减小量 ν 是零载荷下和施加检验载荷后的外径 D_o 的差值。为保证卷制轴套与检验模座孔表面充分接触,检验载荷应足够大。由此引起的外径的弹性减小量见表 2。

表 2 检验载荷作用下外径的弹性减小量

D_o 公称尺寸		ν
	≤6	0.003
>6	≤12	0.006
>12	≤80	0.013
>80	≤180	0.025

7.2.2 计算检验模直径 $d_{ch,1}$

检验模座孔直径可通过规定的轴套外径上极限尺寸利用式(1)计算:

$$d_{ch,1} = D_{o,max} - \nu \quad \cdots\cdots(1)$$

7.2.3 有效截面积

为计算检验载荷 F_{ch},需首先确定轴套有效截面积 A_{cal}。

有效截面积与轴承材料类型、轴套宽度、s_1 和 s_2 有关，见表 3。

表 3 轴套壁厚 s_3、钢背层厚度 s_1、轴承材料层 s_2 的公称尺寸

公称厚度		
壁厚(按 GB/T 12613.1)	多层材料卷制轴套的钢背层厚度	多层材料卷制轴套的轴承材料层厚度
s_3	s_1	s_2
0.5	0.3	0.2
0.75	0.53	0.22
1.0	0.68	0.32
1.5	1.1	0.40
2.0	1.55	0.45
2.5	2.05	0.45

然后将 B、s_1 和 s_2 的公称尺寸代入表 4 中对应的公式中。

表 4 有效截面积 A_{cal} 的计算

轴承材料代号 (根据 GB/T 12613.4)	有效截面积 A_{cal} 的计算
D1,D2,P1,P2,T2,Z1	$A_{cal}=B\times s_1$
B1,B2,D3,W1,W2,Y1,Y2	$A_{cal}=B\times \frac{s_1}{2}$
D4	$A_{cal}=B\times \frac{s_1}{3}$
R1,R2,R3,R4	$A_{cal}=B\times \left(s_1+\frac{s_2}{3}\right)$
S1,S2,S3,S4,S5,S6	$A_{cal}=B\times \left(s_1+\frac{s_2}{2}\right)$

7.2.4 计算检验载荷 F_{ch}

见表 5。

表 5 F_{ch} 的计算公式

D_o 公称尺寸		F_{ch}
	≤6	$1\ 500\times \frac{A_{cal}}{d_{ch,1}}$(舍入圆整至 100 N)
>6	≤12	$3\ 000\times \frac{A_{cal}}{d_{ch,1}}$(舍入圆整至 250 N)
>12	≤80	$6\ 000\times \frac{A_{cal}}{d_{ch,1}}$(舍入圆整至 500 N)
>80	≤180	$12\ 000\times \frac{A_{cal}}{d_{ch,1}}$(舍入圆整至 500 N)
注：计算 F_{ch} 时，因子 1 500、3 000、6 000、12 000 的单位为 N/mm。		

油槽造成的有效截面减少取决于它的形状、位置和加工方法。如果减少比例超过10%,则计算时应予以考虑。

对于不按GB/T 12613.1制造的轴套,应将B、s_1和s_2的两个极限尺寸的算术平均值圆整至最接近的0.1 mm再进行计算。

7.2.5 Δz的极限尺寸

上极限:0

下极限:$-\frac{\pi}{2}\times\Delta D_o$(圆整至最接近的0.005 mm)

7.3 计算数据——示例

已知:

轴套 GB/T 12613—30A　34×30—S3

外径:$D_o=(34^{+0.085}_{+0.045})$mm(根据GB/T 12613.1—2011,表7)

公称壁厚:$s_3=2$ mm

钢背层公称厚度:$s_1=1.55$ mm(见表3)

$$s_2=s_3-s_1=2\text{ mm}-1.55\text{ mm}$$

$$s_2=0.45\text{ mm}$$

公称宽度:$B=30$ mm

材料:钢背/铜合金　S3(按GB/T 12613.4—2011规定)

计算结果:

根据7.2.2:

$$d_{ch,1}=D_{o,max}-\nu=34.085\text{ mm}-0.013\text{ mm}$$

$$d_{ch,1}=34.072\text{ mm}$$

根据7.2.3:

$$A_{cal}=B\times\left(s_1+\frac{s_2}{2}\right)=30\times\left(1.55+\frac{0.45}{2}\right)$$

$$A_{cal}=53.25\text{ mm}^2$$

根据7.2.4:

$$F_{ch}=6\,000\times\frac{A_{cal}}{d_{ch,1}}=6\,000\times\frac{53.25}{34.072}=9\,377\text{ N}$$

$$F_{ch}=9\,500\text{ N}$$

根据7.2.5:

上极限:0

下极限:$-\frac{\pi}{2}\times\Delta D_o$

$-\frac{\pi}{2}\times0.040\text{ mm}=-0.062\,8\text{ mm}=-0.065\text{ mm}$(圆整至最接近的0.005 mm)

7.4 图纸上的数据标注示例

图2给出了7.3中计算所得的数据如何在图纸中表示的示例。

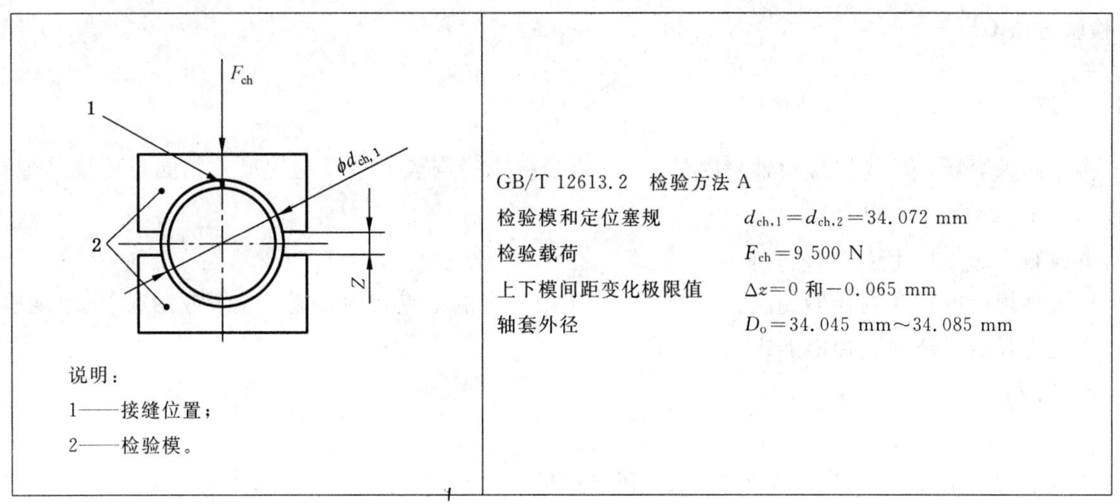

图 2 图纸上的数据标注示例

8 检验方法 B

8.1 综述

本检验方法适用于 $D_o \leqslant 120$ mm。

检验通过通、止环规进行。

环规直径应根据待检验轴套外径的最大值和最小值(见 GB/T 12613.1—2011，表 7)由经验值确定，并应经过制造者与用户协商一致。

合格情况下，用手(最大力 250 N)可将轴套推入并通过通环规；相同力情况下，不能通过止环规。

注：在某些情况下，检验精度可能会受到影响，例如：卷制轴套不圆或者对接接头没有闭合。因此，推荐优先选用检验方法 A。

8.2 计算数据——示例

已知：

轴套 GB/T 12613—30A 34×30—S3

外径：$D_o=(34^{+0.085}_{+0.045})$ mm

材料：钢背/铜合金 S3(符合 GB/T 12613.4—2011 规定)

通环规直径：=34.095 mm(由经验得到)

止环规直径：=34.045 mm(由经验得到)

8.3 图纸上的数据标注示例

GB/T 12613.2 检验方法 B

通环规直径=34.095 mm

止环规直径=34.045 mm

9 检验方法 C

9.1 综述

将卷制轴套压入环规以检验轴套内径 D_i，环规公称直径与表 6 中规定的尺寸相同。环规其他要求应按 GB/T 12613.6 的规定。

本检验方法适用于 $D_i \leqslant 120$ mm。

压入环规后的轴套内径 $D_{i,ch}$ 应使用 ISO 12301 中规定的三点式内径测量装置或用通、止塞规检验。

塞规直径通过环规直径由下式计算得到：

通规：$d_{ch,1}-2\times s_{3,max}$

止规：$d_{ch,1}-2\times s_{3,min}$

在最小力的情况下，通规应能顺利通过；在用手最大力 250 N 的情况下，止规不应通过。

当卷制轴套压入环规时，可能会引起外径的永久变形。

为使制造者和用户能比较相互的检测结果，检验方法应由供需双方协商一致。

表 6 测量压入环规时的轴套内径 $D_{i,ch}$ 所用的环规内径 $d_{ch,1}$

D_o 公称尺寸		$d_{ch,1}$ [a]
	≤10	D_o+0.008
>10	≤18	D_o+0.009
>18	≤30	D_o+0.011
>30	≤50	D_o+0.013
>50	≤80	D_o+0.015
>80	≤120	D_o+0.018
>120	≤175	D_o+0.020
[a] $d_{ch,1}$ 尺寸是轴套外径和公差等级 H7 的圆整值之和。		

9.2 计算数据——示例

已知：

轴套　GB/T 12613—30B　34×30

材料：钢背/铜合金　S3(符合 GB/T 12613.4—2011 规定)

环规内径：$d_{ch,1}=34.013$ mm(根据表 6)

壁厚：$s_3=(2^{+0.005}_{-0.030})$ mm(根据 GB/T 12613.1—2011，表 5，B 系列)

通规直径：$d_{ch,2,min}=d_{ch,1}-2\times s_{3,max}$

$=34.013\ \text{mm}-2\times 2.005\ \text{mm}$

$=30.003\ \text{mm}$

止规直径：$d_{ch,2,max}=d_{ch,1}-2\times s_{3,min}$

$=34.013\ \text{mm}-2\times 1.97\ \text{mm}$

$=30.073\ \text{mm}$

9.3 图纸上的数据标注示例

9.2 中计算所得的数据在图纸中表示的示例见图 3。

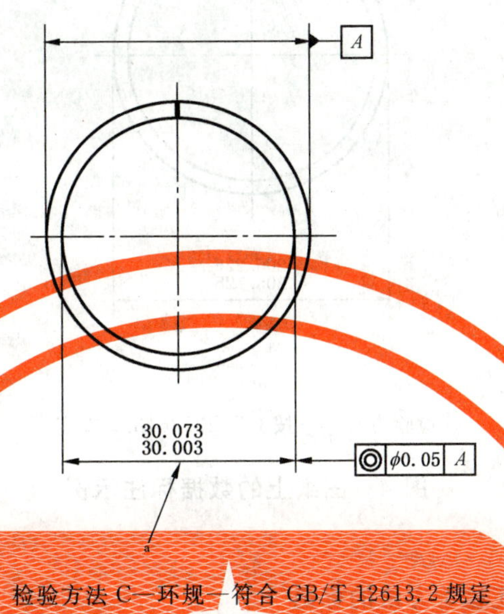

[a] 压入直径为 34.013 mm 的环规的卷制轴套。

图 3 图纸上的数据标注示例

10 检验方法 D

10.1 综述

本检验方法适用于外径大于 120 mm 的轴套。

本方法是用精确的测量带尺来测量轴套圆周长。

本检验方法的详细规定应由制造者和用户协商一致。

10.2 计算数据——示例

已知：

轴套 GB/T 12613—200A 205×100—S3

外径：$D_o = (205^{+0.225}_{+0.125})$ mm

材料：钢背/铜合金 S3(按 GB/T 12613.4—2011 规定)

10.3 图纸上的数据标注示例

图 4 给出了 10.2 中计算所得的数据如何在图纸中表示的示例。

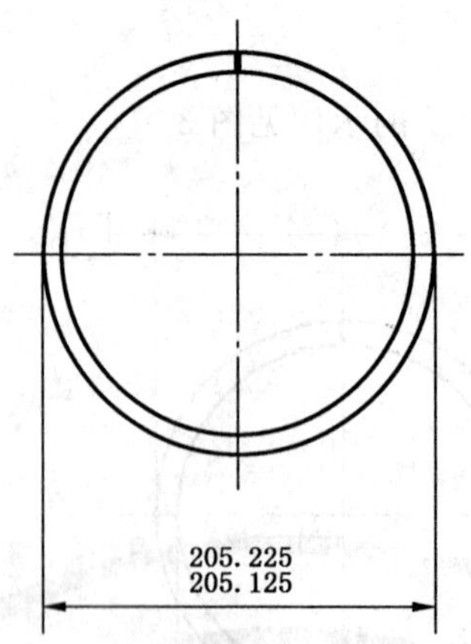

检验方法 D—按 GB/T 12613.2 规定

图 4 图纸上的数据标注示例

11 GB/T 12613 的本部分规定检验方法的标记

检验方法 A 标记为：
GB/T 12613.2—A
检验方法 B 标记为：
GB/T 12613.2—B
检验方法 C 标记为：
GB/T 12613.2—C
检验方法 D 标记为：
GB/T 12613.2—D

ICS 21.100.10
J 12

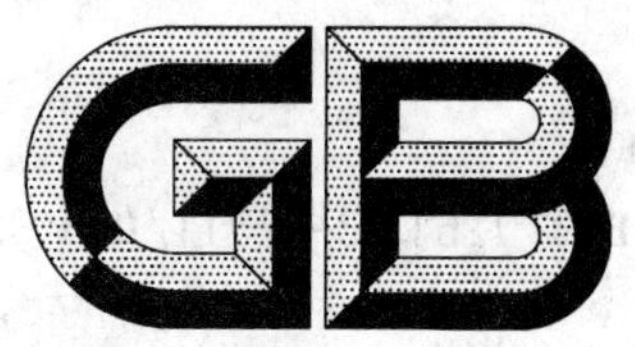

中华人民共和国国家标准

GB/T 12613.3—2011/ISO 3547-3:2006
代替 GB/T 12613.3—2002

滑动轴承　卷制轴套
第3部分:润滑油孔、油槽和油穴

Plain bearings—Wrapped bushes—
Part 3: Lubrication holes, grooves and indentations

(ISO 3547-3:2006, IDT)

2011-12-30 发布　　　　2012-10-01 实施

中华人民共和国国家质量监督检验检疫总局
中国国家标准化管理委员会　发布

前　　言

GB/T 12613《滑动轴承　卷制轴套》由以下七部分组成：

——第1部分：尺寸；

——第2部分：外径和内径的检测数据；

——第3部分：润滑油孔、油槽和油穴；

——第4部分：材料；

——第5部分：外径检验；

——第6部分：内径检验；

——第7部分：薄壁轴套壁厚测量。

本部分是GB/T 12613的第3部分。

本部分按照GB/T 1.1—2009给出的规则起草。

本部分代替GB/T 12613.3—2002《滑动轴承　卷制轴套　第3部分：润滑油孔、润滑油槽和润滑油穴》。与GB/T 12613.3—2002相比，主要修改如下：

——第2章中删除引用文件GB/T 12613.2—2002、GB/T 12613.4—2002；

——增加第4章“符号和单位”；

——增加第5章“概述”；

——增加了N1型油穴深度的极限偏差(见表7)；

——增加了N3型润滑油穴型式(见8.4)；

——增加了第9章“标记”。

本部分使用翻译法等同采用国际标准ISO 3547-3:2006《滑动轴承　卷制轴套　第3部分：润滑油孔、油槽和油穴》。

与本部分中规范性引用的国际文件有一致性对应关系的我国文件如下：

——GB/T 2889.1—2008　滑动轴承　术语、定义和分类　第1部分：设计、轴承材料及其性能(ISO 4378-1:1997,IDT)。

与ISO 3547-3:2006相比，本部分做了如下编辑性修改：

——范围中增加“注2：除特殊注明和指定的单位外，GB/T 12613的本部分所有尺寸单位均为毫米。”，同时删除正文中表格上的“单位为毫米”；

——用等同采用国际标准的我国标准代替对应的国际标准。

本部分由中国机械工业联合会提出。

本部分由全国滑动轴承标准化技术委员会(SAC/TC 236)归口。

本部分负责起草单位：中机生产力促进中心。

本部分参加起草单位：浙江长盛滑动轴承股份有限公司、浙江双飞无油轴承股份有限公司、浙江中达轴承有限公司、嘉善峰成三复轴承有限公司。

本部分所代替标准的历次版本发布情况为：

——GB/T 12613—1990；

——GB/T 12613.3—2002。

滑动轴承　卷制轴套
第3部分:润滑油孔、油槽和油穴

1　范围

GB/T 12613的本部分规定了单层与多层轴承材料制成的滑动轴承卷制轴套的润滑油孔、油槽和油穴的尺寸。

注1:润滑油孔、油槽和油穴符合本部分规定的卷制轴套,尺寸和材料应分别符合GB/T 12613.1和GB/T 12613.4中的规定。

注2:除特殊注明和指定的单位外,GB/T 12613的本部分所有尺寸单位均为毫米。

2　规范性引用文件

下列文件对于本文件的使用是必不可少的。凡是注日期的引用文件,仅注日期的版本适用于本文件。凡是不注日期的引用文件,其最新版本(包括所有的修改单)适用于本文件。

GB/T 12613.1—2011　滑动轴承　卷制轴套　第1部分:尺寸(ISO 3547-1:2006,IDT)

ISO 4378-1　滑动轴承　术语、定义和分类　第1部分:设计、轴承材料及其性质(Plain bearings—Terms,definitions and classification—Part 1:Design,bearing materials and their properties)

3　术语和定义

ISO 4378-1中界定的术语和定义适用于本文件。

4　符号和单位

本部分使用的符号和单位见表1。

表1　符号和单位

符号	描述	单位
B	轴套宽度	mm
c	菱形润滑油穴的边长	mm
D_i	轴套内径	mm
d_b	润滑油穴直径	mm
d_L	润滑油孔直径	mm
D_o	轴套外径	mm
e	润滑油槽间距	mm
n_1,n_2	润滑油槽宽度	mm
R	半径	mm

表 1（续）

符号	描述	单位
s_3	壁厚	mm
s_4	剩余壁厚	mm
t	润滑油穴深度	mm
α	润滑油槽夹角	°

5 概述

润滑油孔、油槽和油穴可在卷制成型之前在板材平带上辗制。卷制成型造成的板材尺寸变化是允许的。由于冲压油槽和油穴而产生的印痕会出现在轴套外表面。只要不出现脱落，润滑油槽和油穴中的轴承材料上的细微裂纹是允许的。

未注公差和未作规定的尺寸应由制造者和用户协商。

6 润滑油孔

润滑油孔示意图见图 1 和图 2，公称尺寸见表 2。

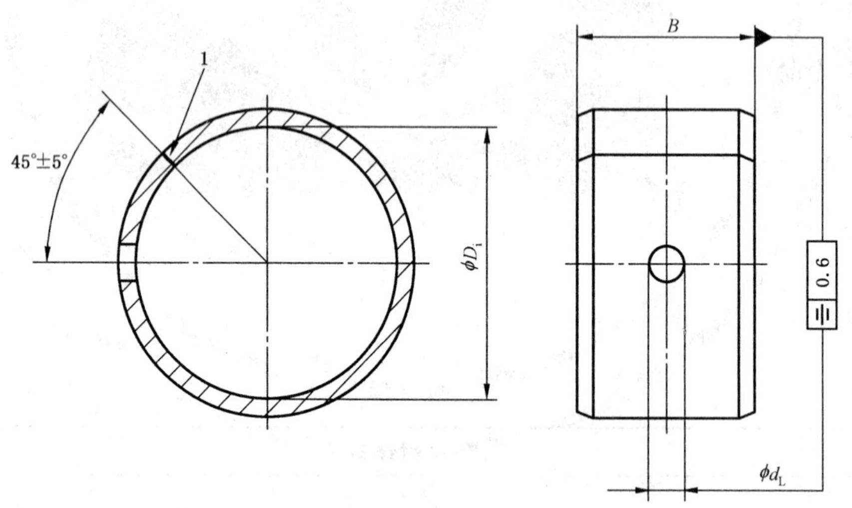

说明：

1——接缝。

图 1 润滑油孔（L 型）——尺寸（见表 2）

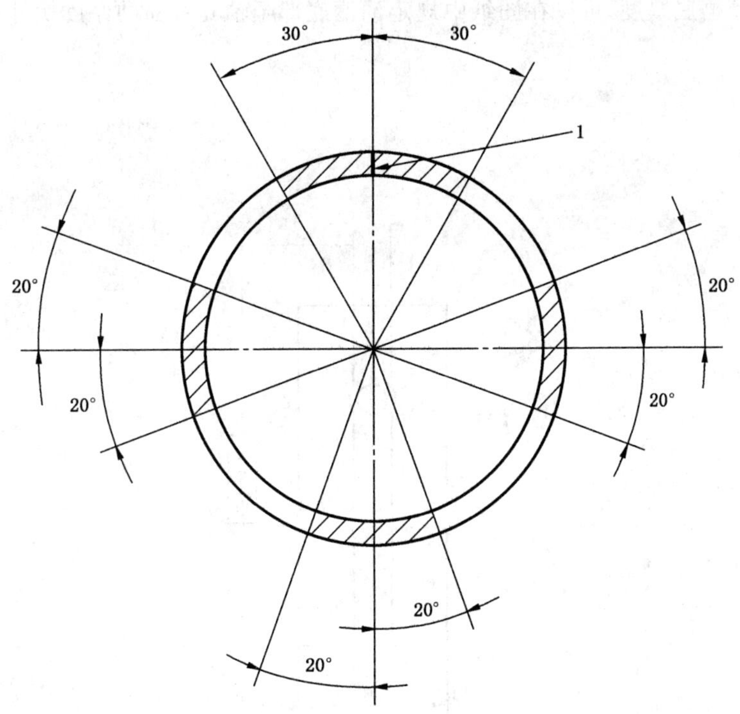

说明：
1——接缝。
注：润滑油孔位置应尽可能远的避开图中的阴影部分。

图 2 润滑油孔(L 型)——不推荐的润滑油孔区域

表 2 润滑油孔公称尺寸

D_i		d_L[a]
＞14	≤22	3
＞22	≤40	4
＞40	≤50	5
＞50	≤100	6
＞100		7
[a] 卷制成型之后的最小尺寸。		

7 润滑油槽

7.1 综述

M1 和 M2 型润滑油槽适用于液体润滑。见图 3～图 8 和表 3～表 6。

注：图 4、图 5、图 7 和图 8 为油槽横截面的放大图。

油槽在润滑油孔部位、接缝处和两端面的涨宽是允许的。

润滑油槽通常在轴套展开的图上表示。

机械加工可能会造成油槽变形。

为便于测量油槽槽底厚度，可以在图纸中规定油槽底部至轴套背面的厚度尺寸作为控制尺寸。

7.2 M1 型

7.2.1 概述

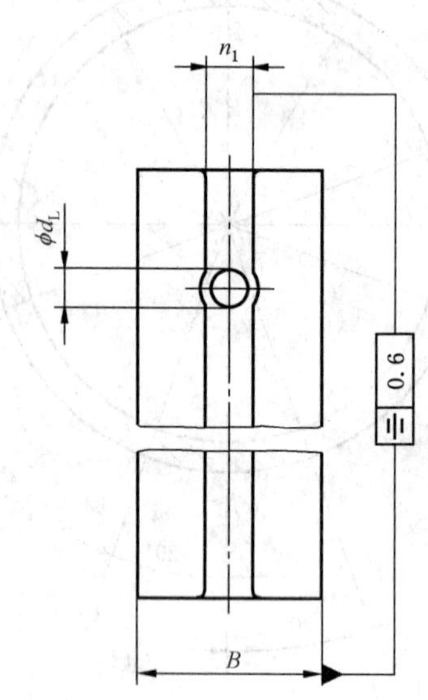

图 3 M1 型——尺寸(见表 3)

表 3 M1 型润滑油槽公称尺寸

D_i 公称尺寸		d_L[a]	d_b 极限偏差系列(根据 GB/T 12613.1)	
			A、B、D、W	C
>14	≤22	3	4	5
>22	≤40	4	5	6
>40	≤50	5	6	7
>50	≤100	6	7	8
>100		7	8	9

[a] 卷制成型之后的最小尺寸。

7.2.2 M1A 型

M1A 型油槽槽型与尺寸见图 4 和表 4。

7.2.3 M1B 型

M1B 型油槽槽型与尺寸见图 5 和表 4。

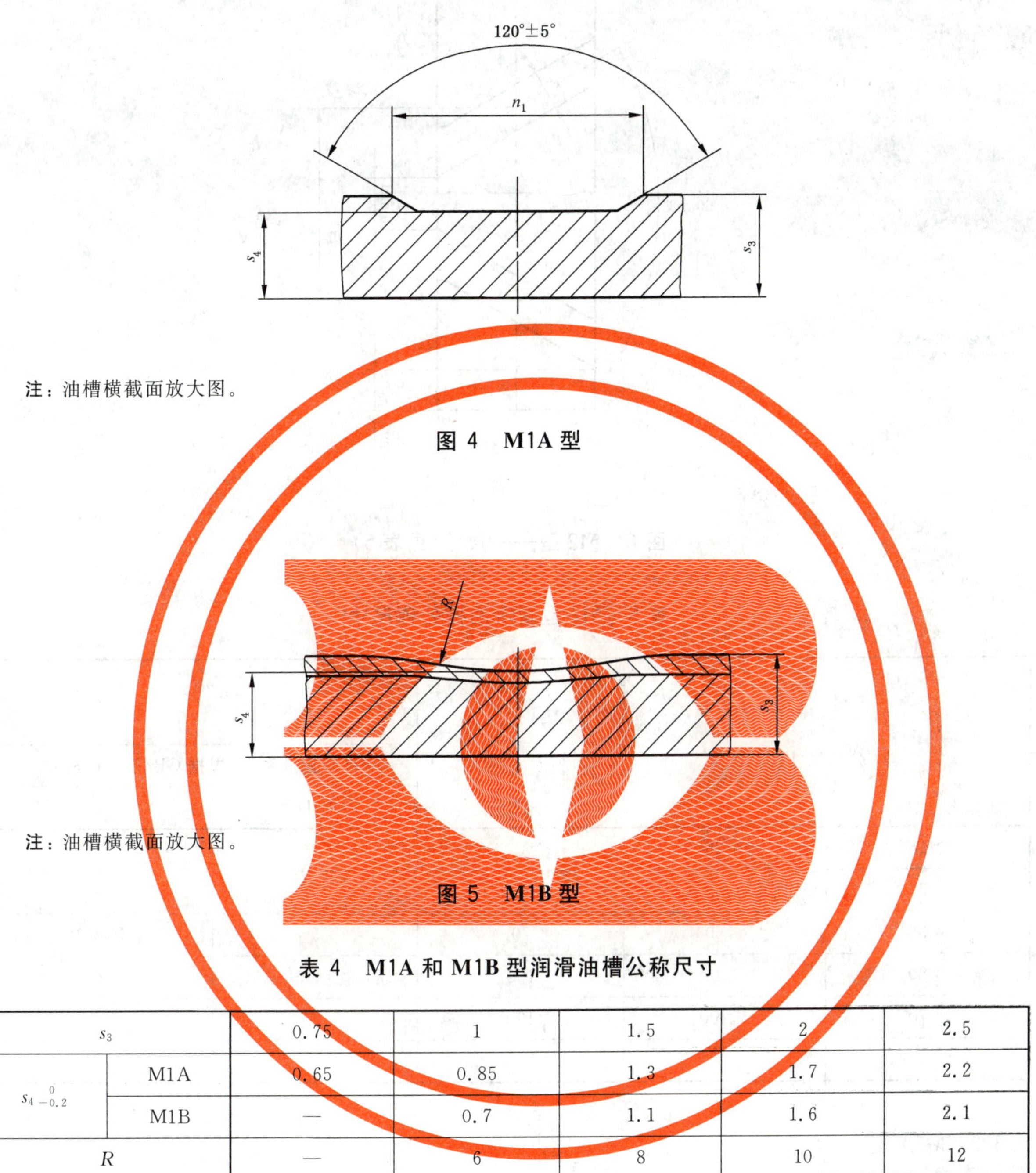

注：油槽横截面放大图。

图 4　M1A 型

注：油槽横截面放大图。

图 5　M1B 型

表 4　M1A 和 M1B 型润滑油槽公称尺寸

s_3		0.75	1	1.5	2	2.5
$s_{4\,-0.2}^{\;\;0}$	M1A	0.65	0.85	1.3	1.7	2.2
	M1B	—	0.7	1.1	1.6	2.1
R		—	6	8	10	12

7.3　M2 型

7.3.1　概述

M2 型油槽槽型与尺寸见图 6 和表 5。

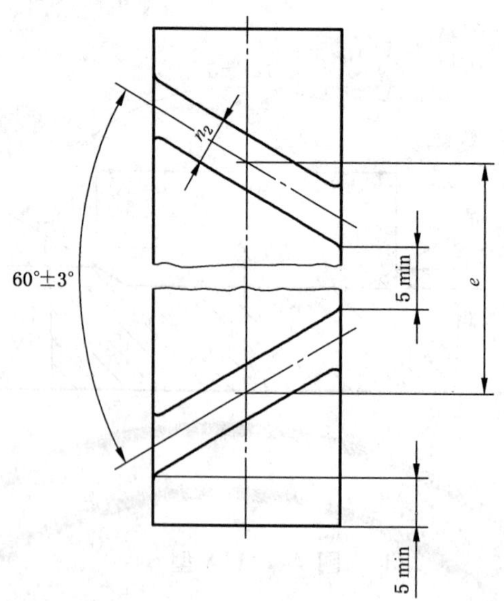

图 6 M2 型——尺寸(见表 5)

表 5 M2 型润滑油槽公称尺寸

D_i 公称尺寸		e	n_2 ±0.5 极限偏差系列(根据 GB/T 12613.1) A、B、D、W	C
>18	≤26	32	3	4
>26	≤36	45	3	4
>36	≤50	70	5	6
>50	≤70	100	5	6
>70	≤100	130	6	7
>100		140	7	8

7.3.2 **M2A 型**

M2A 型油槽槽型与尺寸见图 7 和表 6。

7.3.3 **M2B 型**

M2B 型油槽槽型与尺寸见图 8 和表 6。

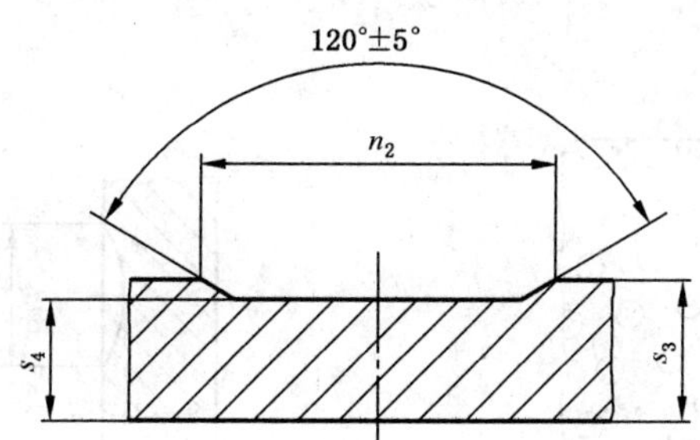

注：油槽横截面放大图。

图 7　M2A 型

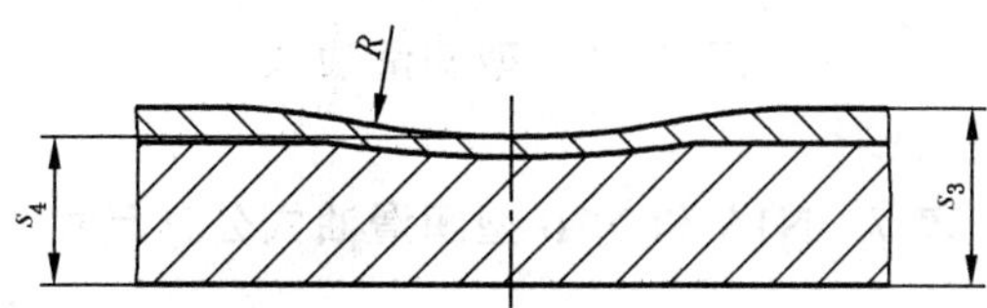

注：油槽横截面放大图。

图 8　M2B 型

表 6　M2A 和 M2B 型润滑油槽公称尺寸

s_3		0.75	1	1.5	2	2.5
$s_{4\ -0.2}^{\ \ 0}$	M2A	0.65	0.85	1.3	1.7	2.2
	M2B	—	0.7	1.1	1.6	2.1
R		—	6	8	10	12

8　润滑油穴

8.1　综述

油穴型式尺寸见图 9～图 11 和表 7～表 8。油穴仅适用于轴承材料层厚度 $s_3 \geqslant 1$ mm 的轴套。图 9、图 10 和图 11 给出的油穴型式仅为示例，油穴型式由制造者自己决定。

注：润滑油穴可单独使用，也可与润滑油孔和/或油槽共同使用。

8.2　N1 型

N1 型润滑油穴适用于油润滑或脂润滑。见图 9 和表 7。

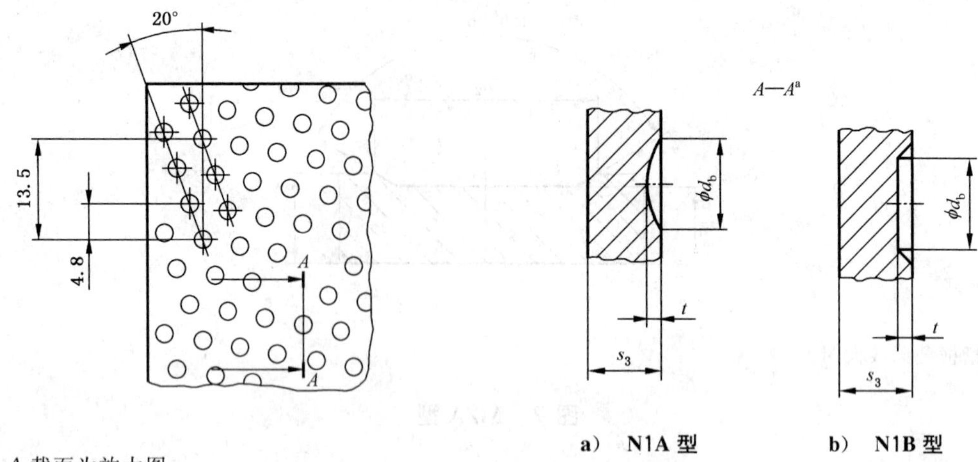

[a] A—A 截面为放大图。

图 9 N1 型润滑油穴

表 7 N1A 和 N1B 型润滑油穴公称尺寸

轴套 （符合 GB/T 12613.1）	d_b	t ±0.2
A、B、D、W 系列	1.5～3	0.4
C、E 系列		0.55

8.3 N2 型

N2 型润滑油穴适用于固体润滑剂润滑或脂润滑。

对于符合 GB/T 12613.1 中 A、B、D 和 W 系列极限偏差的轴套，由制造者决定是否使用椭圆形润滑油穴（代号 N2）。

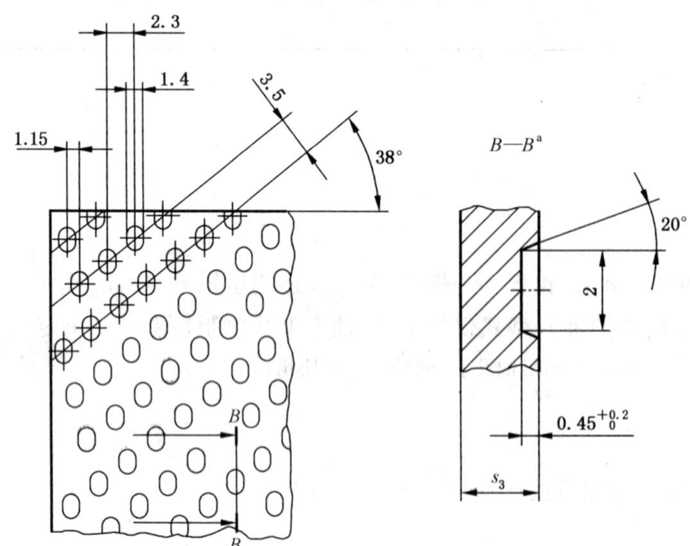

[a] B—B 截面为放大图。

图 10 N2 型润滑油穴

8.4 N3 型

N3 型润滑油穴适用于固体润滑剂润滑或脂润滑。

对于符合 GB/T 12613.1 中 A、B、D 和 W 系列极限偏差的轴套，由制造者决定是否使用菱形润滑油穴(代号 N3)。

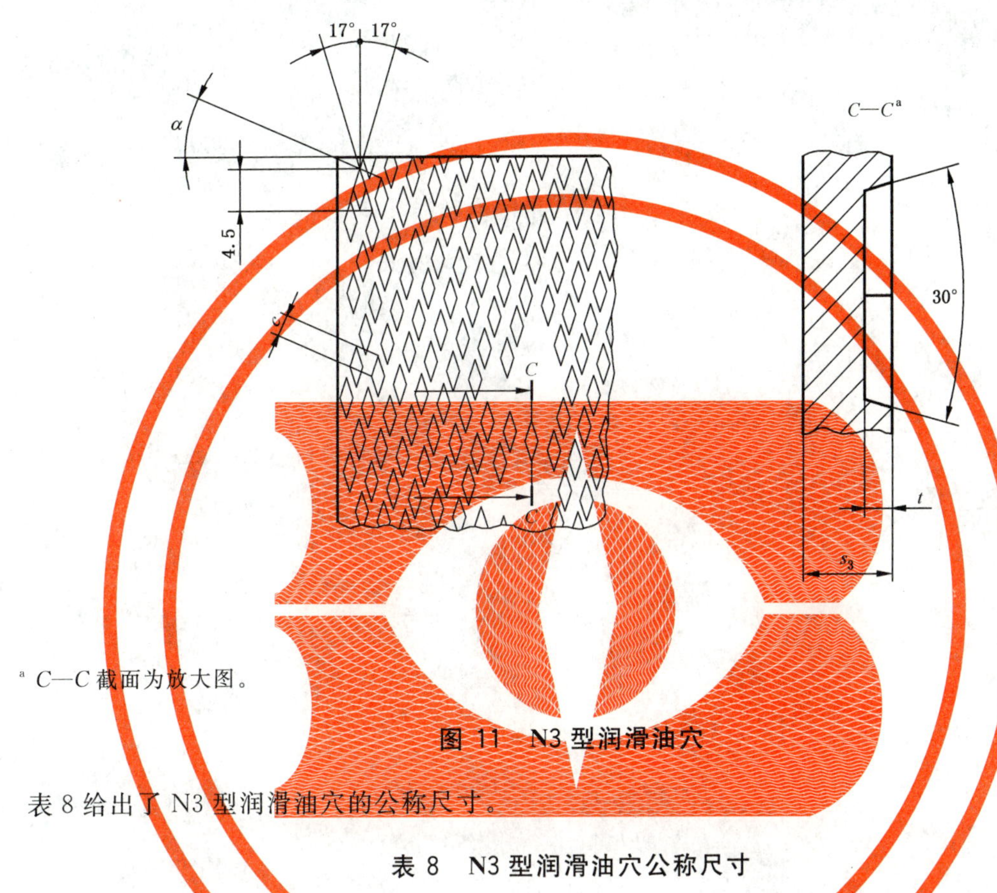

[a] C—C 截面为放大图。

图 11 N3 型润滑油穴

表 8 给出了 N3 型润滑油穴的公称尺寸。

表 8 N3 型润滑油穴公称尺寸

D_i 公称尺寸	c	t ±0.2	α
≤22	1.9	0.4	20°
>22	2.4	0.6	23°

9 标记

以下给出了符合 GB/T 12613 系列标准的卷制轴套的产品标记示例。

示例 1：壁厚极限偏差为 A 系列、内径 D_i=30 mm、外径 D_o=34 mm、宽度 B=20 mm、用符合 GB/T 12613.4 中材料代码为 S5 的多层材料制成、润滑油孔和环形油槽结构型式为 GB/T 12613.3 中的 M1A、油穴结构型式为 GB/T 12613.3 中的 N1B、外径测量方法采用 GB/T 12613.2 中的方法 A 的 C 型卷制圆柱轴套的标记示例如下：

轴套 GB/T 12613—C30 A 34×20—S5—M1A N1B—AS

注："S"表示壁厚检测按 GB/T 12613.7 的规定。

示例 2:壁厚极限偏差为 B 系列、内径 D_i=30 mm、外径 D_o=34 mm、宽度 B=16 mm、用符合 GB/T 12613.4 中材料代码为 P2 的多层材料制成、润滑油孔和油穴结构型式为 N1B、内径和外径测量方法采用 GB/T 12613.2 中的方法 A 和方法 C 的 C 型卷制法兰轴套的标记示例如下:

轴套 GB/T 12613—C30 W 34×16—P2—L N1B—AC

ICS 21.100.10
J 12

中华人民共和国国家标准

GB/T 12613.4—2011/ISO 3547-4:2006
代替 GB/T 12613.4—2002

滑动轴承　卷制轴套　第4部分:材料

Plain bearings—Wrapped bushes—Part 4:Materials

(ISO 3547-4:2006,IDT)

2011-12-30 发布　　　　2012-10-01 实施

中华人民共和国国家质量监督检验检疫总局
中国国家标准化管理委员会　发布

前　言

GB/T 12613《滑动轴承　卷制轴套》由以下七部分组成：

——第1部分：尺寸；

——第2部分：外径和内径的检测数据；

——第3部分：润滑油孔、油槽和油穴；

——第4部分：材料；

——第5部分：外径检验；

——第6部分：内径检验；

——第7部分：薄壁轴套壁厚测量。

本部分是 GB/T 12613 的第4部分。

本部分按照 GB/T 1.1—2009 给出的规则起草。

本部分代替 GB/T 12613.4—2002《滑动轴承　卷制轴套　第4部分：材料》。与 GB/T 12613.4—2002 相比，主要修改如下：

——第2章增加引用文件 ISO 4378-1；

——增加第3章"术语和定义"；

——表1增加所适用的壁厚极限偏差系列；

——表2删除材料牌号 PbSb15SnAs，增加材料牌号 AlSn12SiCu、AlZn5 及代号 B1、B2、D1、D2、D3、D4。

——表2增加各种牌号材料所适用的壁厚极限偏差系列；

——表2增加表注不同钢背材料所适用的布氏硬度试验方法。

本部分使用翻译法等同采用国际标准 ISO 3547-4:2006《滑动轴承　卷制轴套　第4部分：材料》。

与本部分中规范性引用的国际文件有一致性对应关系的我国文件如下：

——GB/T 2889.1—2008　滑动轴承　术语、定义和分类　第1部分：设计、轴承材料及其性能(ISO 4378-1:1997,IDT)

——GB/T 12613.2—2011　滑动轴承　卷制轴套　第2部分：外径和内径的检测数据(ISO 3547-2:2006,IDT)

——GB/T 12613.3—2011　滑动轴承　卷制轴套　第3部分：润滑油孔、油槽和油穴(ISO 3547-3:2006,IDT)

——GB/T 18326—2001　滑动轴承　薄壁滑动轴承用金属多层材料(eqv ISO 4383:2000)

与 ISO 3547-4:2006 相比，本部分做了如下编辑性修改：

——用等同采用国际标准的我国标准代替对应的国际标准。

本部分由中国机械工业联合会提出。

本部分由全国滑动轴承标准化技术委员会(SAC/TC 236)归口。

本部分负责起草单位：中机生产力促进中心。

本部分参加起草单位：浙江长盛滑动轴承股份有限公司、浙江双飞无油轴承股份有限公司、浙江中达轴承有限公司、嘉善峰成三复轴承有限公司。

本部分所代替标准的历次版本发布情况为：

——GB/T 12613—1990；

——GB/T 12613.4—2002。

滑动轴承　卷制轴套　第4部分:材料

1　范围

GB/T 12613的本部分规定了符合GB/T 12613其他部分规定的,用于制造卷制轴套的单层和多层滑动轴承材料。

2　规范性引用文件

下列文件对于本文件的使用是必不可少的。凡是注日期的引用文件,仅注日期的版本适用于本文件。凡是不注日期的引用文件,其最新版本(包括所有的修改单)适用于本文件。

GB/T 12613.1—2011　滑动轴承　卷制轴套　第1部分:尺寸(ISO 3547-1:2006,IDT)

ISO 3547-2　滑动轴承　卷制轴套　第2部分:外径和内径的检测数据(Plain bearings—Wrapped bushes—Part 2: Test data for outside and inside diameters)

ISO 3547-3　滑动轴承　卷制轴套　第3部分:润滑油孔、油槽和油穴(Plain bearings—Wrapped bushes—Part 3: Lubrication holes, grooves and indentations)

ISO 4378-1　滑动轴承　术语、定义、分类和符号　第1部分:设计、轴承材料及其性质(Plain bearings—Terms, definitions, classification and symbols—Part 1: Design, bearing materials and their properties)

ISO 4382-2　滑动轴承　铜合金　第2部分:单层滑动轴承用锻造铜合金(Plain bearings—Copper alloys—part 2: wrought copper alloys for solid plain bearings)

ISO 4383　滑动轴承　薄壁滑动轴承用金属多层材料(Plain bearings—Multilayer materials for thin-walled plain bearings)

ISO 4384-1　滑动轴承　轴承合金的硬度检验　第1部分:多层材料(Plain bearings—Hardness testing of bearing metals—Part 1: Compound materials)

ISO 4384-2　滑动轴承　轴承合金的硬度检验　第2部分:单层材料(Plain bearings—Hardness testing of bearing metals—Part 2: Solid materials)

3　术语和定义

ISO 4378-1中界定的术语和定义适用于本文件。

4　要求

4.1　化学分析

化学分析是滑动轴承合金的最终验收程序。仲裁检验或随机抽样测试应采用制造者和用户协商认可的方法进行。

4.2　硬度

表1和表2给出了每一种材料相关的平均硬度值。实际应用中,合金成分和材料加工工艺的变化对材料的硬度有很大的影响。硬度值要求应由制造者与用户协商。

表 1　单层材料

代号	牌号[a]	硬度[b](指导值) HB 2.5/62.5/10	使用说明	壁厚极限偏差系列[c]
Z1	钢(硬化)	—	适用于轻载荷、次要场合	A
Y1	CuSn8P	120	很高的负载,良好的减磨性。应用场合举例:车辆、传动系统、输送系统和农业机械	A、C、W
Y2		150		
W1	CuZn31Si	110	高承载能力,良好的减磨性。应用场合举例:纺织机械、发动机、农业机械和起重机械	
W2		140		

[a] 钢的化学成分应由制造者与用户协商一致。碳的含量一般小于0.25%,轴承材料的化学成分按ISO 4382-2。

[b] 硬度试验按ISO 4384-2。

[c] 根据GB/T 12613.1—2011,表5和表6。

表 2　多层材料

代号	牌号[a]		硬度[b](指导值)		使用说明	壁厚极限偏差系列[d]
	钢背材料	轴承材料	钢背材料[c]	轴承材料		
T2	钢	SnSb8Cu4	130	17 HV～24 HV	很好的瞬时启动特性,中等承载能力。应用场合举例:泵、压缩机、汽车传动系统、启动器和凸轮轴	A、C、W
S1	钢	CuPb24Sn (铸造)	125	55 HB～80 HB	高承载能力,通常需与淬火后的轴颈配合使用。应用场合举例:汽车传动系统、转向装置、凸轮轴和泵	
S2	钢	CuPb24Sn (烧结)	125	40 HB～60 HB		
S3	钢	CuPb24Sn4 (铸造)	125	60 HB～90 HB	具有S1和S2材料的性能,同时更适合于加工油槽;高承载能力,通常需与淬火后的轴颈配合使用。应用场合举例:轴销和摇臂轴承、传动轴、转向装置和泵;硬化后可以用于特殊用途	
S4	钢	CuPb24Sn4(烧结)	125	45 HB～90 HB		
S5	钢	CuPb10Sn10(铸造)	125	70 HB～130 HB		
S6	钢	CuPb10Sn10(烧结)	125	60 HB～90 HB		
R2	钢	AlSn20Cu	170	30 HB～40 HB	好的瞬时启动特性,中等承载能力。应用场合举例:冷藏车间、压缩机和泵	A、C、W

表 2(续)

<table>
<tr><th rowspan="2">代号</th><th colspan="2">牌号[a]</th><th colspan="2">硬度[b](指导值)</th><th rowspan="2">使用说明</th><th rowspan="2">壁厚极限偏差系列[d]</th></tr>
<tr><th>钢背材料</th><th>轴承材料</th><th>钢背材料[c]</th><th>轴承材料</th></tr>
<tr><td>R2</td><td>钢</td><td>AlSn20Cu</td><td>170</td><td>30 HB～40 HB</td><td>好的瞬时启动特性,中等承载能力。应用场合举例:冷藏车间、压缩机和泵</td><td rowspan="3">A、C、W</td></tr>
<tr><td>R3</td><td>钢</td><td>AlSn12SiCu</td><td>170</td><td>40 HB～60 HB</td><td>高承载能力,良好的抗咬合性。应用场合举例:传动凸轮轴和液压泵</td></tr>
<tr><td>R4</td><td>钢</td><td>AlZn5</td><td>185</td><td>60 HB～100 HB</td><td>更高的承载能力</td></tr>
<tr><td>P1</td><td>钢</td><td rowspan="2">烧结青铜、填充物以及加入添加剂的 PTFE 表面涂层(磨合层)</td><td>140</td><td rowspan="2">—</td><td rowspan="2">低摩擦;用于车辆悬挂支柱、齿轮控制杆、立式止推轴承、泵和磁力起重机;工作温度为－200 ℃～＋280 ℃,但轴承孔不能机加工;适合用作干摩擦轴承材料</td><td rowspan="2">B</td></tr>
<tr><td>B1</td><td>青铜</td><td>100</td></tr>
<tr><td>P2</td><td>钢</td><td rowspan="2">带热塑性聚合物的烧结青铜</td><td>140</td><td rowspan="2">—</td><td rowspan="2">高承载能力,装配时需加润滑脂。应用场合举例:起重机、卷扬机、电梯、包装机械和农业机械,有一定温度限制[e]</td><td rowspan="2">D、E</td></tr>
<tr><td>B2</td><td>青铜</td><td>100</td></tr>
<tr><td>D1</td><td>钢</td><td rowspan="4">直接与聚合物轴承衬层材料结合,如 PTFE</td><td>140</td><td rowspan="4">—</td><td rowspan="4">应用于某些需要特殊性能的场合,例如:空间限制、抗腐蚀</td><td rowspan="4">B</td></tr>
<tr><td>D2</td><td>不锈钢</td><td>140</td></tr>
<tr><td>D3</td><td>青铜</td><td>100</td></tr>
<tr><td>D4</td><td>铝合金</td><td>60</td></tr>
<tr><td colspan="7">对极限偏差为 A 系列和 W 系列的轴套,代号 S1～S6 和 R1 的材料,可与供应商协商增加磨合涂层。</td></tr>
</table>

[a] 钢的化学成分应由制造者与用户协商一致。碳的含量一般小于 0.25%,轴承材料的化学成分按 ISO 4383。

[b] 硬度试验按 ISO 4384-1。

[c] 钢和不锈钢硬度检验采用 HB 1/30/10。青铜和铝合金硬度检验采用 HB 1/5/30。

[d] 壁厚极限偏差系列(根据 GB/T 12613.1—2011,表 5 和表 6)。

[e] 连续工作的极限温度取决于热塑性聚合物的类型,如,POM:90 ℃;PVDF:110 ℃;PEEK:250 ℃。

参 考 文 献

[1] ISO 683-11 热处理钢 合金钢和易切钢 第11部分:压力加工表面硬化钢(Heat-treatable steels,alloy steels and free-cutting steels—Part 11:Wrought case-hardening steels)

[2] ISO 6932 最高含碳量为0.25%的冷轧碳素钢带(Cold-reduced carbon steel strip with a maximum carbon content of 0.25%)

ICS 21.100.10
J 12

中华人民共和国国家标准

GB/T 12613.5—2011/ISO 3547-5:2007
代替 GB/T 18331.1—2001

滑动轴承　卷制轴套 第5部分:外径检验

Plain bearings—Wrapped bushes— Part 5:Checking the outside diameter

(ISO 3547-5:2007,IDT)

2011-12-30 发布　　2012-10-01 实施

中华人民共和国国家质量监督检验检疫总局
中国国家标准化管理委员会　发布

前言

GB/T 12613《滑动轴承 卷制轴套》由以下七部分组成：

——第 1 部分：尺寸；

——第 2 部分：外径和内径的检测数据；

——第 3 部分：润滑油孔、油槽和油穴；

——第 4 部分：材料；

——第 5 部分：外径检验；

——第 6 部分：内径检验；

——第 7 部分：薄壁轴套壁厚测量。

本部分是 GB/T 12613 的第 5 部分。

本部分按照 GB/T 1.1—2009 给出的规则起草。

本部分代替 GB/T 18331.1—2001《滑动轴承 卷制轴套外径的检测》。与 GB/T 18331.1—2001 相比，主要修改如下：

——删除作废及错误的引用文件；

——符号中检验模及定位塞规下角标符号均由“c”改为“ch”；

——增加环规外径符号“d_o”，增加检验模长度、宽度和两半模之间距离符号“x”、“y”、“z”，增加外径公差符号“D_o”，增加刻度表读数“Δz”，增加周长千分表读数“Δz_D”；

——删除外径弹性衰减符号“E_{red}”，置信度符号“P_{zw}”，外径的公差符号“T”，测量不确定度符号“u”，测量设备的不确定度符号“u_E”，第一次与第二次测量值的读数之差符号“Δx”、“Δx”的平均值符号“$\overline{\Delta x}$”，标准偏差符号“σ”，Δx 的标准偏差符号“$\sigma_{\Delta x}$”；

——检验方法 A 中增加了检验模与定位塞规技术要求（本版中 8.2），增加了检验模座孔长度及宽度的要求，检验模座孔各表面粗糙度要求由 $Ra1.6$ 改为 $Ra0.2$；

——检验方法 B 中环规的尺寸要求改变，表面粗糙度要求由 $Ra1$ 改为 $Ra0.2$；

——增加了检验方法 D（对 GB/T 12613.2—2011 中的检验方法 D 进行了详细规定）。

本部分使用翻译法等同采用国际标准 ISO 3547-5:2007《滑动轴承 卷制轴套 第 5 部分：外径检验》。

与 ISO 3547-5:2007 相比，本部分做了如下编辑性修改：

——范围中增加“注 2：除特殊注明和指定的单位外，GB/T 12613 的本部分所有尺寸单位均为毫米。”，同时删除正文中表格上的“单位为毫米”；

——用等同采用国际标准的我国标准代替对应的国际标准。

本部分由中国机械工业联合会提出。

本部分由全国滑动轴承标准化技术委员会（SAC/TC 236）归口。

本部分负责起草单位：中机生产力促进中心。

本部分参加起草单位：浙江长盛滑动轴承股份有限公司、浙江中达轴承股份有限公司、浙江双飞无油轴承有限公司、嘉善峰成三复轴承有限公司、宁波轴瓦厂。

本部分所代替标准的历次版本发布情况为：

——GB/T 18331.1—2001。

滑动轴承　卷制轴套
第5部分:外径检验

1　范围

GB/T 12613 的本部分根据 GB/T 27939—2011,规定了卷制轴套外径检验(GB/T 12613.2 中的检验方法 A、B、D)的要求,同时规定了必要的检测方法和检测设备。

由于轴套外径在自由状态下是弹性的,但是安装后由于轴套外径和轴承座孔尺寸的差异,轴套将极大地适应座孔尺寸。因此,轴套外径的检测应在专用设备上施加恒定的载荷来进行。

注 1:卷制轴套尺寸和公差在 GB/T 12613.1 中给出,壁厚检验在 GB/T 12613.7 中规定。

注 2:除特殊注明和指定的单位外,GB/T 12613 的本部分所有尺寸单位均为毫米。

2　规范性引用文件

下列文件对于本文件的使用是必不可少的。凡是注日期的引用文件,仅注日期的版本适用于本文件。凡是不注日期的引用文件,其最新版本(包括所有的修改单)适用于本文件。

GB/T 12613.2—2011　滑动轴承　卷制轴套　第 2 部分:尺寸(ISO 3547-2:2006,IDT)

ISO 286-2:1988　ISO 极限与配合体系　第 2 部分:孔和轴的标准公差级和极限偏差表(ISO system of limits and fits—Part 2:Tables of standard tolerance grades and limit deviations for holes and shafts)

ISO/R 1938:1971　ISO 极限与配合体系　第 2 部分:光滑工件的检验(ISO system of limits and fits—Part Ⅱ:Inspection of plain workpieces)

3　符号和单位

见表 1。

表 1　符号和单位

符　号	参数描述	单　位
B	轴套宽度	mm
$b_{ch,1}$	检验模宽度	mm
$b_{ch,2}$	定位塞规宽度	mm
d_o	环规外径	mm
D_o	轴套外径	mm
$d_{ch,1}$	检验模座孔直径(见 GB/T 12613.2)	mm
$d_{ch,2}$	定位塞规直径(见 GB/T 12613.2)	mm
$d_{ch,a,1}$	检验模座孔实测直径	mm
$d_{ch,a,2}$	定位塞规实测直径	mm

表 1(续)

符　号	参数描述	单　位
F_{ch}	检验载荷	N
C	修正值	mm
n	试件个数	—
Ra	表面粗糙度	μm
$t_1 \cdots\cdots t_6$	形位公差	mm
x	检验模长度	mm
y	检验模宽度	mm
z	检验模两半模之间的距离	mm
ΔD_o	D_o的公差	mm
Δz	测量装置读数	mm
Δz_D	周长测量装置读数	mm

4 外径,D_o

卷制轴套的外径见图 1。

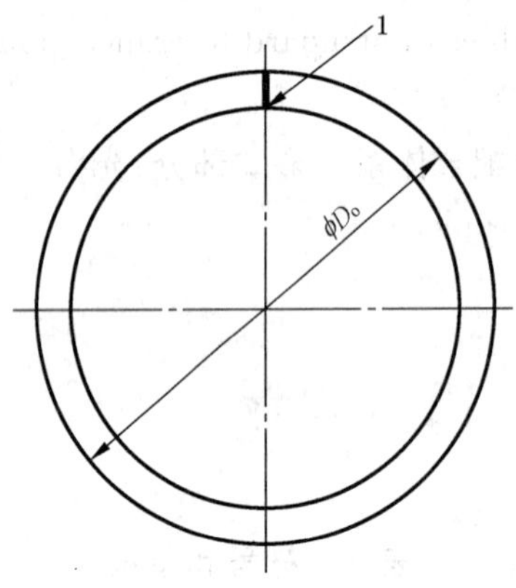

说明:

1——接缝。

注:由于其弹性属性,卷制轴套在自由状态下的直径不能直接测量。

图 1 卷制轴套的外径

5 检验目的

外径应进行检验,以保证卷制轴套在轴承座孔中具有规定的安装压力(过盈配合)。

6 检验方法

注:检验方法 C 适用于检验轴套内径,其方法在 GB/T 12613.6 中规定。

6.1 检验方法 A—外径 D_o 的测量

注：检验方法 A 见 GB/T 12613.2。

使用如图 2 所示的装置测量卷制轴套的外径，装上由上下半模组成的检验模(见图 3 和图 4)和定位塞规(见图 5 和图 6)，施加规定的检验载荷。

外径是通过检验模两半模之间的距离 z 和测量装置读数 Δz 之间的差值来间接测量。

计算的检验载荷是为了保证轴套的外径在测量过程中只是弹性减小而不产生永久变形。

6.2 检验方法 B——外径 D_o 的环规检验

注：检验方法 B 见 GB/T 12613.2。

用通和止环规检验卷制轴套外径。

6.3 检验方法 D——外径 D_o>120 mm 时的测量

注：检验方法 D 见 GB/T 12613.2。

用精确的测量带尺测量外径大于 120 mm 的卷制轴套。

7 外径检验方法的选择

方法 A 是一种精确的方法，需要复杂的装置。方法 B 是定性检验，使用简单的量具。方法 D 仅用于外径大于 120 mm 的卷制轴套的检验。三种方法都常用。方法 A 一般不适用于外径小于 10 mm 的小轴套，但对于外径大于 10 mm 的轴套应优先采用。

8 GB/T 12613.2，检验方法 A——外径 D_o 的检验装置和过程

8.1 测量装置

见表 2 和表 3。

典型的轴套外径测量设备由以下基本元件组成：

——对两半检验模进行定位和导向的底座；

——产生检验载荷的组件；

——载荷计量方法；

——上板；

——将两半模之间的距离 z 值传递到测量头的传递系统；

——带显示仪表的测量头；

——带定位塞规(见图 3 和图 4)的检验模(见图 5 和图 6)。

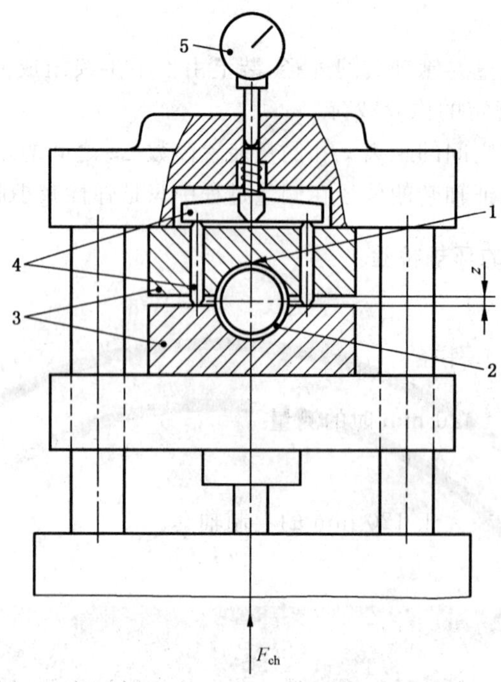

说明：

1——接缝；

2——轴套；

3——检验模；

4——测量头；

5——显示仪表。

图 2　典型的外径测量装置

图 2 为典型的外径测量装置。可使用液压、气动或机械操作。

可以自上而下或自下而上的施加检验载荷 F_{ch}。

轴套的接缝应处于竖直方向并指向上半检验模。

表 2　检验载荷及其极限偏差、进给速度和温度

检验载荷 F_{ch}/ N		允许的极限偏差/ %	施加检验载荷的最大速度/ (mm/s)	检验温度[a]/ ℃
—	≤2 000	±1.25	12	20～25
>2 000	≤5 000	±1		
>5 000	≤10 000	±0.75		
>10 000	≤50 000	±0.5		
[a] 检验模与被测轴套之间的温差不应超过 1 ℃。				

表 3 千分表和数显千分表的偏差

外径公差 ΔD_o	分辨率(刻度值)		总偏差[a]	
	千分表	数显千分表	千分表	数显千分表
≤0.1	0.001	0.001	0.001 2	量程的 0.5%
>0.1	0.005	0.005	0.006	
[a] 最大测量显示值(满量程±500 μm)。				

8.2 检验模和定位塞规技术要求

轴套外径 D_o 测量装置的技术要求见图 3～图 6 和表 4。制造公差和磨损极限见表 5。

表 4 检验模座孔直径 $d_{ch,1}$ 和定位塞规直径 $d_{ch,2}$ 可用组合的最大差值

D_o 公称值		$d_{ch,1}-d_{ch,2}$ 最大值
—	≤18	0.006
>18	≤50	0.008
>50	≤80	0.01
>80	≤120	0.012
>120	≤180	0.016

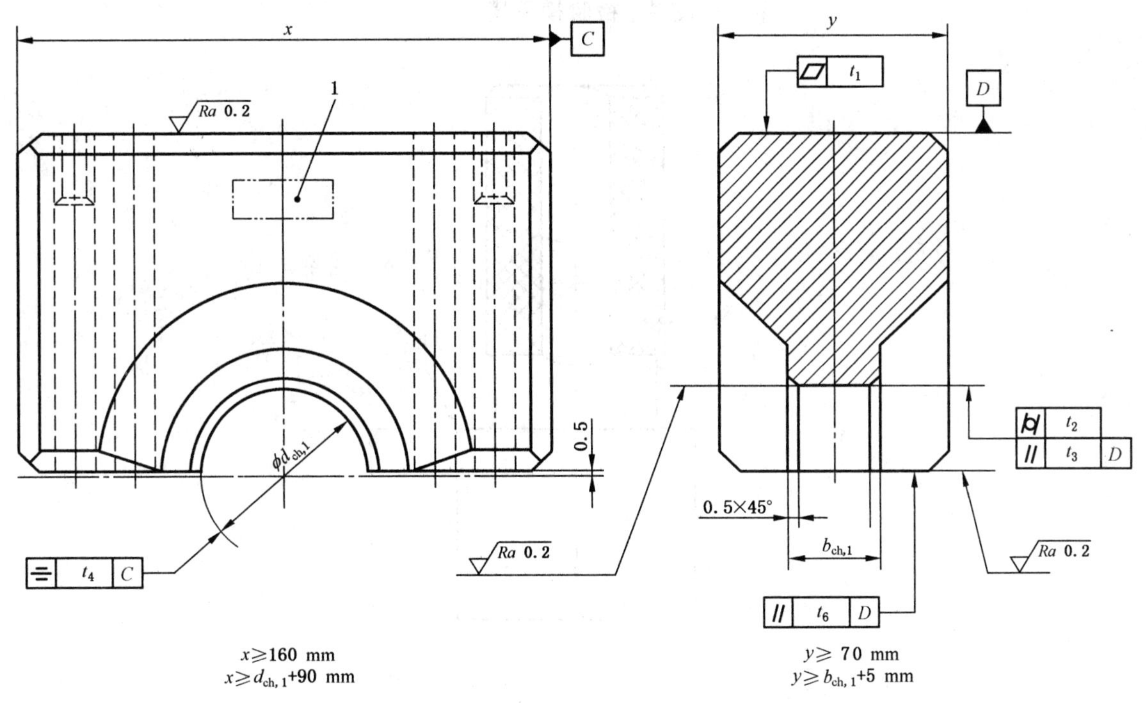

说明：

1——标志部位。

$b_{ch,1} \geq B+2$

图 3 检验模上模

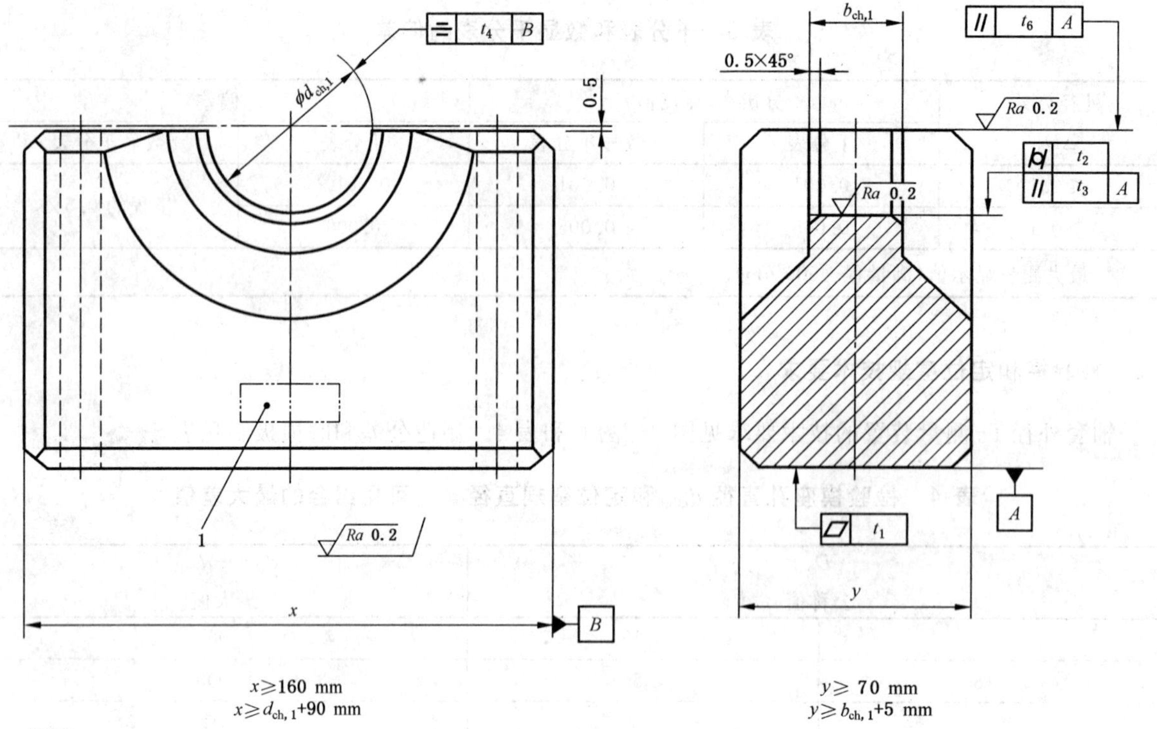

说明：

1——标志部位。

$b_{ch,1} \geqslant B+2$

图 4 检验模下模

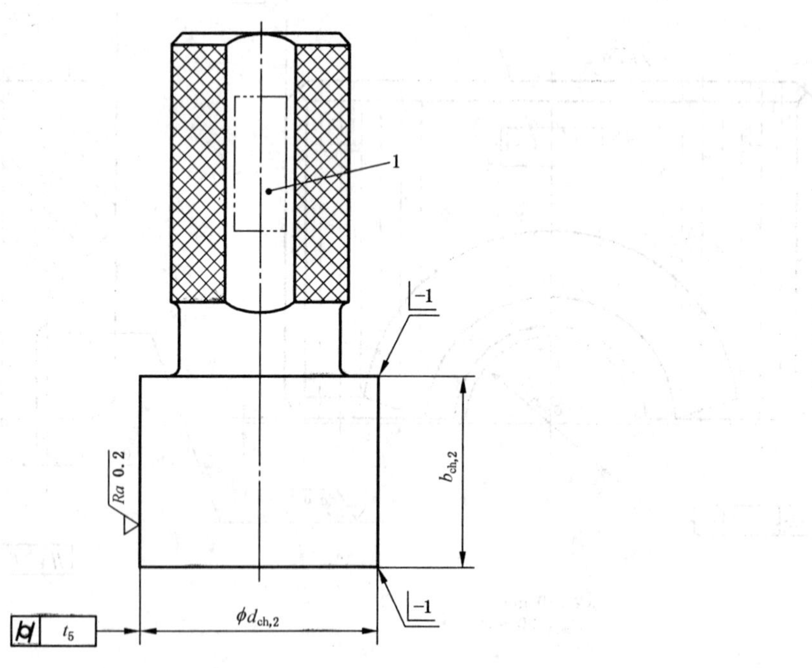

说明：

1——标志部位。

$b_{ch,2} \geqslant b_{ch,1}+5$

图 5 实心定位塞规，$d_{ch,2} \leqslant 80$ mm

单位为毫米

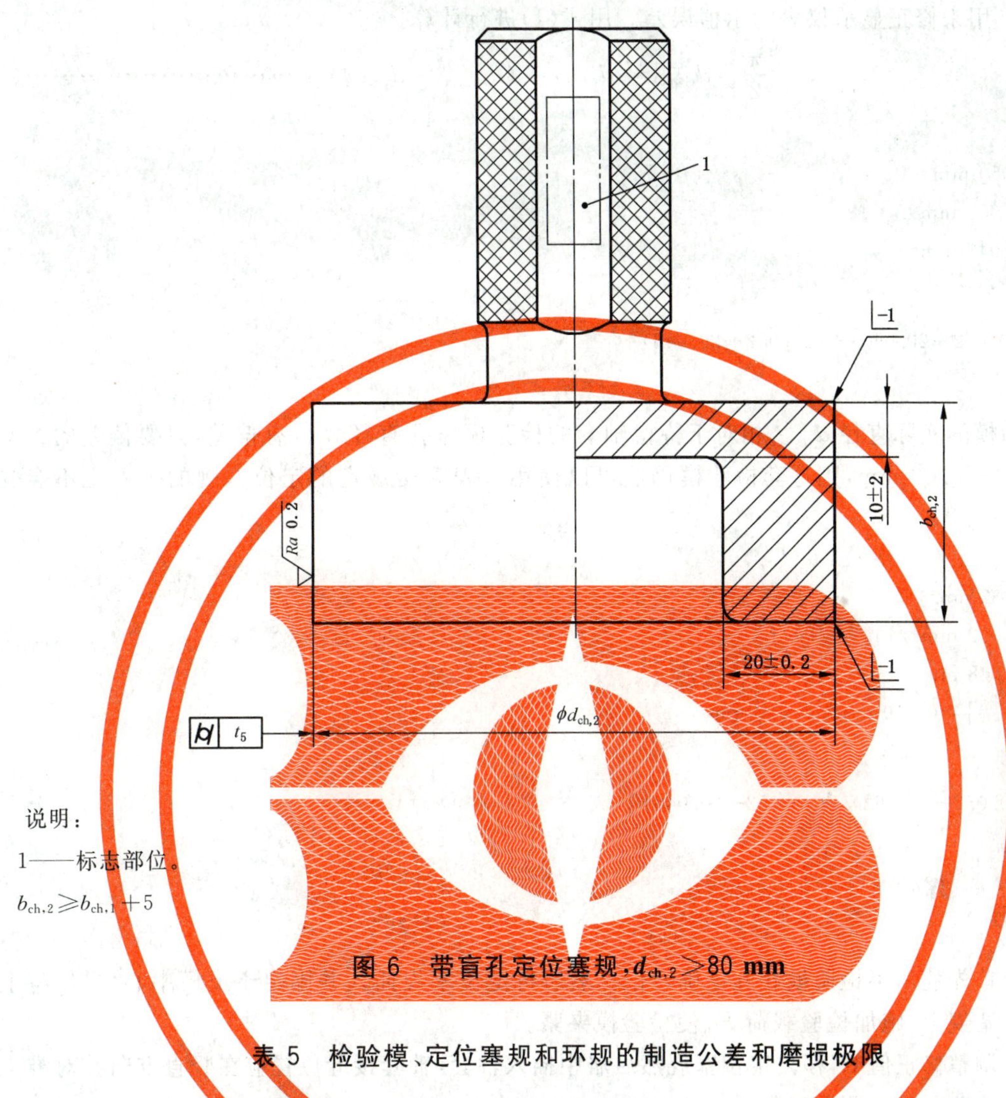

说明：

1——标志部位。

$b_{ch,2} \geqslant b_{ch,1}+5$

图 6　带盲孔定位塞规，$d_{ch,2}>80$ mm

表 5　检验模、定位塞规和环规的制造公差和磨损极限

D_o 公称尺寸		制造公差或磨损极限	$d_{ch,2}$	$d_{ch,1}$	t_1	t_2	t_3	t_4	t_5	t_6
	≤80	制造	0 −0.003	+0.003 0	0.002	0.002	0.003	0.05	0.002	0.03
		磨损	−0.005	+0.005	0.004	0.004	0.005	0.05	0.004	0.05
>80	≤150[a]	制造	0 −0.005	+0.005 0	0.003	0.003	0.004	0.05	0.003	0.03
		磨损	−0.007	+0.007	0.005	0.005	0.006	0.05	0.005	0.05
[a] $D_o>150$ mm 时，需制造者与用户协商一致。										

上、下检验模(见图 3 和图 4)和定位塞规(见图 5 和图 6)应由淬硬(60 HRC～64 HRC)和非时效钢制成。

上、下检验模应为刚性结构，从而确保在测量加载时，检验模仅产生可忽略不计的变形。

上、下检验模的座孔和定位塞规的测量表面不得镀铬。

检验模座孔直径和定位塞规直径可与公称尺寸一起标志出来。

8.3 修正值的计算

修正值 C 用来修正显示仪表的示值误差。用式(1)进行计算。

$$C=\frac{\pi}{2}\left[(d_{ch,a,1}-d_{ch,1})-(d_{ch,a,1}-d_{ch,a,2})\right] \quad \cdots\cdots\cdots\cdots(1)$$

示例 1：

$d_{ch,1}=20.050\ mm$

$d_{ch,a,1}=20.052\ mm$

$d_{ch,a,2}=20.048\ mm$

因此：

$C=\frac{\pi}{2}[(20.052-20.050)-(20.052-20.048)]$

$C=-0.001\ mm$

如果检验模的实际直径 $d_{ch,a,1}$ 相对于待检轴套的检验模座孔直径 $d_{ch,1}$ 有偏差，只要偏差的绝对值 $|d_{ch,a,1}-d_{ch,1}|\leqslant 0.03\ mm$，则这套检验模仍然可以使用。表 5 所规定的定位塞规的公差也不会受此影响。

示例 2：

$d_{ch,1}=20.062\ mm$

$d_{ch,a,1}=20.052\ mm$

$d_{ch,a,2}=20.048\ mm$

$|d_{ch,a,1}-d_{ch,1}|=0.010\ mm<0.030\ mm$

因此：

$C=\frac{\pi}{2}[(20.052-20.062)-(20.052-20.048)]$

$C=-0.020\ mm$

8.4 测量过程

测量前应首先使两半检验模相互准确定位。然后将定位塞规插入并固定于下模中心位置，将上半模安装于定位塞规上，施加检验载荷 F_{ch} 使检验模夹紧。

按照 8.3 调整修正值 C，移去定位塞规然后居中插入轴套，轴套接缝位置应在竖直方向并对准上半模。重新施加检验载荷并测取读数 Δz。

8.5 测量错误

最常见的错误见 8.5.1～8.5.3。

8.5.1 测量装置产生的错误

a) 上、下检验模没有对齐；

b) 检验模没有在测量装置中正确的固定；

c) 紧密性不正确(过大的间隙，传动系统、千分表等的损坏)；

d) 检验模或定位塞规损坏或磨损；

e) 检验模孔的宽度小于轴套的宽度；

f) 检验载荷与实际计算所需的载荷不符。

8.5.2 轴套引起的误差

在外径(轴套背面)和/或接缝上存在油脂、灰尘、毛刺等，外径表面和/或接缝出现损伤或变形。

8.5.3 人为因素造成的误差

a) 检验载荷设置错误;
b) 轴套在检验模中没有居中;
c) 轴套接缝没有竖直的对准上检验模;
d) 在测量实际直径 $d_{ch,a,1}$ 和 $d_{ch,a,2}$ 时,读数错误;
e) 计算和/或设置修正值错误;
f) 外径 D_o 计算错误。

8.6 轴套外径 D_o 测量相关因素综述

8.6.1 检验载荷,F_{ch}

检验载荷应按 GB/T 12613.2 中的规定计算。

8.6.2 检验模直径 $d_{ch,1}$ 和定位塞规直径 $d_{ch,2}$

检验模直径 $d_{ch,1}$ 和定位塞规直径 $d_{ch,2}$ 应按 GB/T 12613.2 中的规定计算。

8.6.3 Δz 的上限值和下限值

上限值=0;

下限值=$\Delta D_o\left(\frac{\pi}{2}\right)$,圆整到 0.005 mm。

其中:

$\Delta D_o = D_{o,max} - D_{o,min}$。

8.6.4 修正值 C

修正值按 8.3 计算。

8.6.5 外径测量显示值 Δz 到外径的换算

外径测量显示值 Δz 到外径的换算按 GB/T 12613.2 中的规定计算。

9 GB/T 12613.2,检验方法 B——外径 D_o 的检验装置和过程

9.1 检验环规

检验通过两个环规来进行。通环规与图纸上轴套外径 D_o 的最大极限值一致,止环规与最小极限值一致。为了避免损坏和失效,两个环规均应有小角度的导入倒角(见图 7)或圆弧。

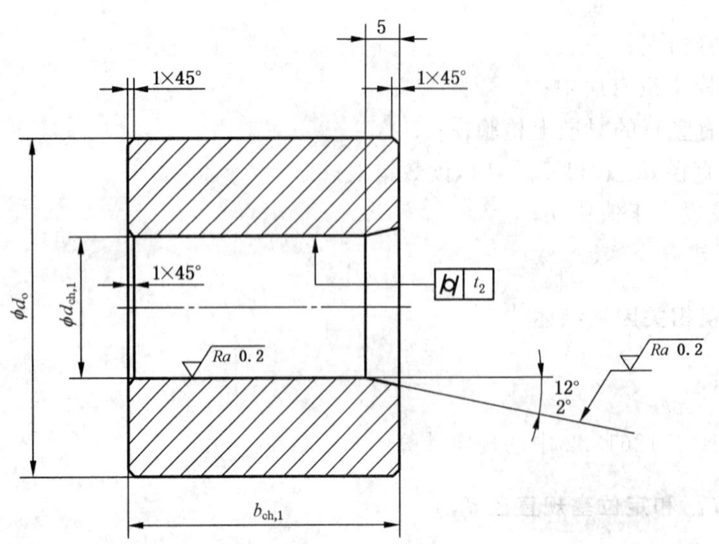

$b_{ch,1} \geqslant B+9$

$d_o \geqslant d_{ch,1}+50$

图 7 环规

9.2 检验环规的技术要求

环规应为淬硬(60 HRC～64 HRC)和非时效钢,环规的宽度(不含倒角)应至少与轴套的最大宽度一致。

通环规和止环规的内径极限值,应符合 ISO 286-2:1988 中的公差等级 J13。

对于符合 ISO/R 1938:1971 中的 IT8 级的工件,环规的磨损不应超出 y_1 值(磨损极限的参考值)。

9.3 检验过程

将轴套从环规的有导入倒角的一端插入,用手(最大力为 250 N)推动轴套,轴套应能通过通环规,但用同样的力不应通过止环规。

在某些情况下,如果轴套不圆或者接缝未闭合,则检验的精度可能会降低,所以应优先选用检验方法 A 来检验。

9.4 测量错误

最常见的测量错误如下:

a) 环规损坏或磨损;

b) 环规没有导入角;

c) 轴套与环规对中不齐;

d) 轴套插入环规用力太大;

e) 环规宽度小于轴套宽度;

f) 轴套不圆或接缝处于自由状态;

g) 在外径和/或接缝上存在油脂、灰尘、毛刺或损伤、变形。

10 GB/T 12613.2，检验方法 D——外径>120 mm 时 D_o 的检验装置和过程

10.1 测量带尺

测量使用精确的带尺来进行。

10.2 测量装置

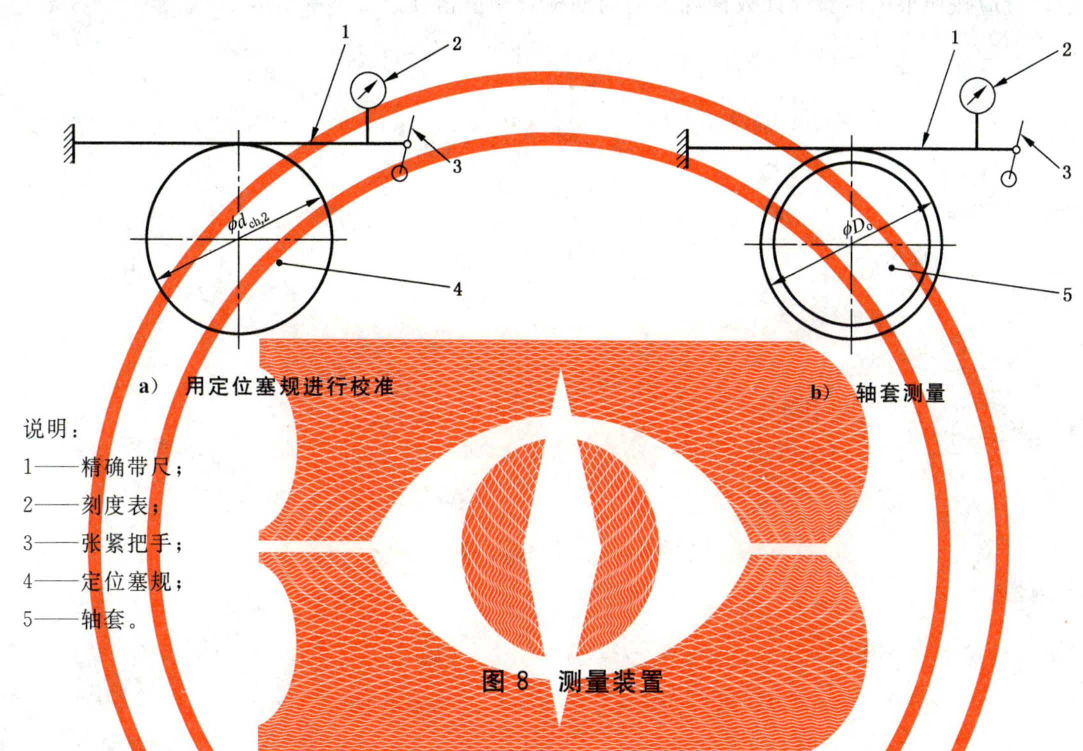

说明：

1——精确带尺；

2——刻度表；

3——张紧把手；

4——定位塞规；

5——轴套。

图 8 测量装置

10.3 检验过程

测量带尺绕外径等于轴套公称外径 D_o 的定位塞规进行校准。示值装置放置于测量带尺的自由端，并调至标定尺寸。

在轴套检验完成后，周长示值装置读数 Δz_D 应为轴套测量值与定位塞规标定值的差。由此，可通过式(2)计算轴套的外径：

$$D_o = d_{ch,2} + \frac{\Delta z_D}{\pi} \quad \cdots\cdots(2)$$

10.4 测量错误

a) 紧固力偏小，不足以使接缝闭合；

b) 测量尺未沿轴套中心线卷绕；

c) 在外径和/或接缝上存在油脂、灰尘、毛刺或损伤、变形。

11 轴套制图规范

优先的轴套外径检测方法规定见 GB/T 12613.2。

12 检验设备控制的技术条件

12.1 检验环规

检验环规应做定期检查，明显的损伤应做修复，检验环规的任何尺寸变化应记录。

12.2 测量装置

测量装置应按照根据检验统计数据规定的周期检查测量精度。

参 考 文 献

[1] GB/T 12613.1 滑动轴承 卷制轴套 第1部分:尺寸(GB/T 12613.1—2011,ISO 3547-1:2006,IDT)

[2] GB/T 12613.6 滑动轴承 卷制轴套 第6部分:内径检验(GB/T 12613.6—2011,ISO 3547-6:2007,IDT)

[3] GB/T 12613.7 滑动轴承 卷制轴套 第7部分:薄壁轴套壁厚测量(GB/T 12613.7—2011,ISO 3547-7:2007,IDT)

[4] GB/T 27939 滑动轴承 几何和材料质量特性的质量控制技术和检验(GB/T 27939—2011,ISO 12301:2007,IDT)

[5] ISO 286-1 产品几何技术规范 极限与配合 第1部分:公差、偏差和配合的基础(Geometrical product specifications (GPS)—ISO code system for tolerances on linear sizes—Part 1:Basis of tolerances,deviations and fits)

ICS 21.100.10
J 12

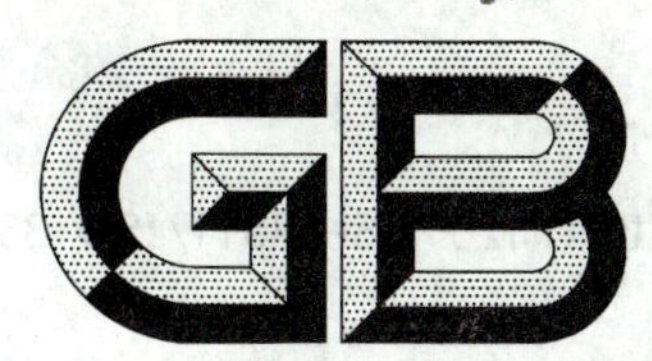

中华人民共和国国家标准

GB/T 12613.6—2011/ISO 3547-6:2007

滑动轴承 卷制轴套 第6部分:内径检验

Plain bearings—Wrapped bushes—Part 6:Checking the inside diameter

(ISO 3547-6:2007,IDT)

2011-12-30 发布 2012-10-01 实施

中华人民共和国国家质量监督检验检疫总局
中国国家标准化管理委员会 发布

前　言

GB/T 12613《滑动轴承　卷制轴套》由以下七部分组成：

——第1部分：尺寸；

——第2部分：外径和内径的检测数据；

——第3部分：润滑油孔、油槽和油穴；

——第4部分：材料；

——第5部分：外径检验；

——第6部分：内径检验；

——第7部分：薄壁轴套壁厚测量。

本部分是GB/T 12613的第6部分。

本部分按照GB/T 1.1—2009给出的规则起草。

本部分使用翻译法等同采用国际标准ISO 3547-6:2007《滑动轴承　卷制轴套　第6部分：内径检验》。

与ISO 3547-7:2007相比，本部分做了如下编辑性修改：

——用等同采用国际标准的我国标准代替对应的国际标准。

本部分由中国机械工业联合会提出。

本部分由全国滑动轴承标准化技术委员会(SAC/TC 236)归口。

本部分负责起草单位：中机生产力促进中心。

本部分参加起草单位：浙江长盛滑动轴承股份有限公司、浙江双飞无油轴承股份有限公司、浙江中达轴承有限公司、嘉善峰成三复轴承有限公司。

滑动轴承　卷制轴套
第6部分:内径检验

1　范围

GB/T 12613的本部分根据GB/T 27939—2011,规定了卷制轴套内径的检验(GB/T 12613.2中的方法C)要求,同时规定了必要的检验方法和检验设备。

由于轴套内径在自由状态下是柔性的,但是安装后由于轴套外径和轴承座孔尺寸的过盈配合,轴套将极大地适应座孔尺寸。

注1:除特殊注明和指定的单位外,GB/T 12613的本部分所有尺寸单位均为毫米。

注2:卷制轴套尺寸和公差在GB/T 12613.1中给出。

注3:壁厚检验在GB/T 12613.7中给出。

注4:卷制轴套外径检验在GB/T 12613.5中给出。

2　规范性引用文件

下列文件对于本文件的使用是必不可少的。凡是注日期的引用文件,仅注日期的版本适用于本文件。凡是不注日期的引用文件,其最新版本(包括所有的修改单)适用于本文件。

GB/T 12613.1—2011　滑动轴承　卷制轴套　第1部分:尺寸(ISO 3547-1:2006,IDT)

3　符号和单位

本部分使用的符号和单位见表1。

表1　符号和单位

符　号	参数描述	单　位
B	轴套宽度	mm
$b_{ch,1}$	环规宽度	mm
$b_{ch,2}$	校准塞规宽度	mm
d_o	环规外径	mm
D_i	轴套公称内径	mm
$D_{i,ch}$	压入环规后的轴套内径	mm
D_o	轴套公称外径	mm
Ra	表面粗糙度	μm
t_1	形状和位置公差	mm
$d_{ch,1}$	环规内径	mm
$d_{ch,2}$	塞规外径	mm

4 检验方法

由于卷制轴套在自由状态下是弹性的，因此无法直接测量其自由状态下的内径。

为检验轴套内径 $D_{i,ch}$，需将轴套压入公称尺寸与轴承座孔尺寸相对应的环规中。对于符合 GB/T 12613.1 的卷制轴套，其轴承座孔公差等级一般为 H7。

当轴套压入环规后，其外径可能会产生永久变形。

塞入环规后的轴套内径 $D_{i,ch}$ 应使用三点式内径测量装置或用通、止塞规检验。

为使制造者和用户能比较相互的检验结果，无论采用测量法或者通、止规法，检验方法应由供需双方协商一致。

5 检验设备

5.1 环规

除制造者和用户协商外，环规尺寸应符合图 1 和表 2 中的规定。

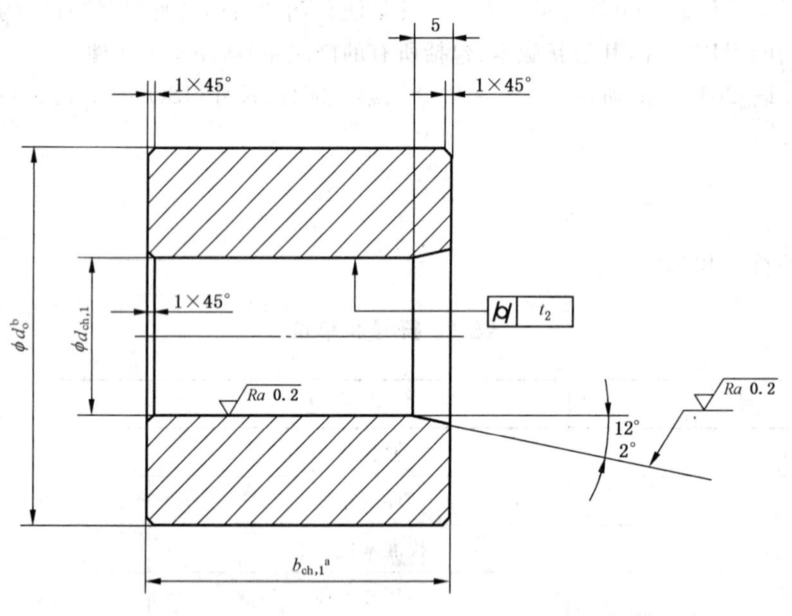

a $b_{ch,1} \geqslant B+9$。

b $d_o \geqslant d_{ch,1}+50$。

图 1 环规

表 2　环规和塞规的尺寸、制造公差和磨损极限

D_o[a] 公称尺寸			$d_{ch,1}$		$d_{ch,2}$		t_1	
		目标尺寸[b]	制造公差	磨损极限	制造公差	磨损极限	制造公差	磨损极限
	≤10	$D_o+0.008$	+0.003 0	+0.005 0	0 −0.003	−0.005	0.002	0.004
>10	≤18	$D_o+0.009$						
>18	≤30	$D_o+0.011$						
>30	≤50	$D_o+0.013$						
>50	≤80	$D_o+0.015$						
>80	≤120	$D_o+0.018$						
>120	≤180	$D_o+0.020$	+0.005 0	+0.007	0 −0.005	−0.007	0.003	0.005

[a] D_o>180 mm 时，制造者应与用户协商一致。

[b] 环规外径的目标尺寸是轴套外径 D_o 和公差等级 H7 的圆整值之和。在 GB/T 12613.1 中，H7 是推荐的轴承座孔公差等级。

按第 7 章规定在带有定位塞规和检验模的检验台上检验外径 D_o。

5.2　塞规

除制造者和用户协商外，塞规尺寸应符合以下规定(见图 2、图 3 和表 2)。

塞规直径公称尺寸可从 GB/T 12613.1 中表 4 获得。

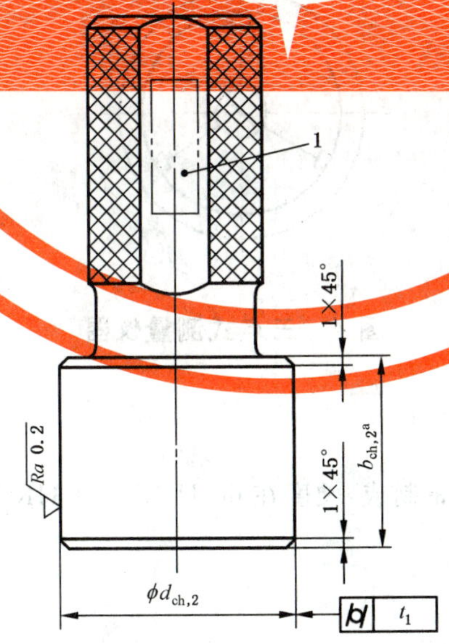

说明：

1——标志部位。

[a] $b_{ch,2} \geq B+5$。

图 2　整体塞规，适用于 $d_{ch,2} \leq 80$ mm

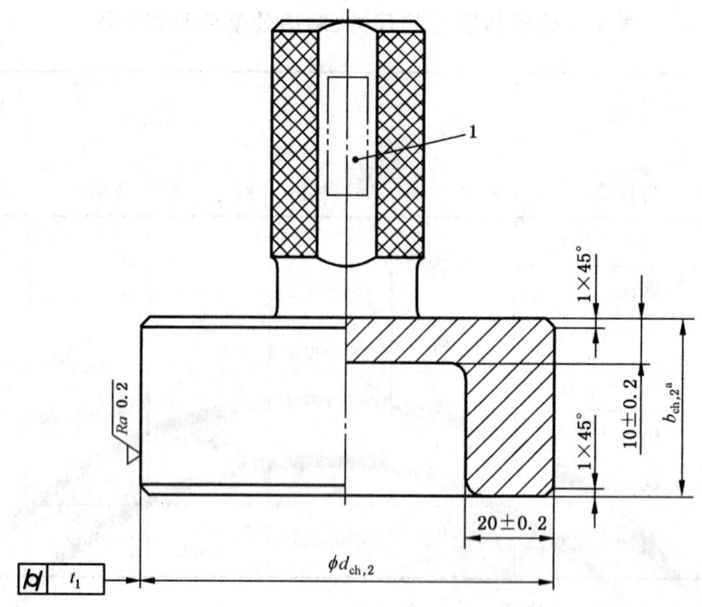

说明：

1——标志部位。

[a] $b_{ch,2} \geqslant B+5$。

图 3　带盲孔塞规，适用于 $d_{ch,2}>80$ mm

5.3　三点测量仪

用测头的球形表面在轴套径向方向测量，见图 4。

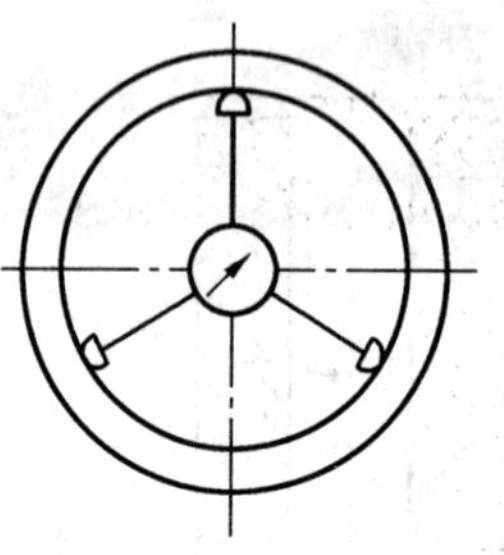

图 4　三点式测量仪器

5.4　检验器具的要求

环规和塞规应采用非时效硬化钢制成，硬度在 60 HRC～64 HRC 之间。

5.5　测量错误

常出现的测量错误有如下几种：

a）环规和塞规损伤或者磨损。

b）环规和塞规没有导入倒角。

c）轴套压入环规时方向偏离。

d）塞规塞入轴套时方向偏离。

e）环规宽度小于轴套宽度。

f） 轴套和测量设备上有油脂、灰尘、损伤、毛刺和膨胀。

6 测量过程

轴套应从环规有导入倒角的一面压入环规中。然后用以下方式检验轴套内径：

a） 三点式测量仪器。

b） 在较小力的情况下，通规可以通过；在用手最大力 250 N 的情况下，止规不应通过。当需要限定最大力值时，应由制造者与用户协商。

参 考 文 献

[1] GB/T 12613.2 滑动轴承 卷制轴套 第2部分:外径和内径的检测数据(GB/T 12613.2—2011,ISO 3547-2:2006,IDT)

[2] GB/T 12613.5 滑动轴承 卷制轴套 第5部分:外径检验(GB/T 12613.5—2011,ISO 3547-5:2007)

[3] GB/T 12613.7 滑动轴承 卷制轴套 第7部分:薄壁轴套壁厚测量(GB/T 12613.7—2011,ISO 3547-7:2007,IDT)

[4] GB/T 27939 滑动轴承 几何和材料质量特性的质量控制技术和检验(GB/T 27939—2011,ISO 12301:2007,IDT)

ICS 21.100.10
J 12

中华人民共和国国家标准

GB/T 12613.7—2011/ISO 3547-7:2007
代替 GB/T 18330—2001

滑动轴承 卷制轴套 第7部分:薄壁轴套壁厚测量

Plain bearings—Wrapped bushes—Part 7:Measurement of wall thickness of thin-walled bushes

(ISO 3547-7:2007,IDT)

2011-12-30 发布 2012-10-01 实施

中华人民共和国国家质量监督检验检疫总局
中国国家标准化管理委员会 发布

前　言

GB/T 12613《滑动轴承　卷制轴套》由以下七部分组成：

——第1部分：尺寸；

——第2部分：外径和内径的检测数据；

——第3部分：润滑油孔、油槽和油穴；

——第4部分：材料；

——第5部分：外径检验；

——第6部分：内径检验；

——第7部分：薄壁轴套壁厚测量。

本部分是GB/T 12613的第7部分。

本部分按照GB/T 1.1—2009给出的规则起草。

本部分代替GB/T 18330—2001《滑动轴承　薄壁轴瓦和薄壁轴套的壁厚测量》。与GB/T 18330—2001相比，主要修改如下：

——删除第2章作废引用文件。

——表1中删除试件数目符号n、测量不确定度符号u、测量设备的不确定度符号u_E、第一次与第二次测量值的读数之差符号Δx、Δx的平均值符号$\overline{\Delta x}$；修改部分符号：测量距离符号由“a_c”改为“a_{ch}”、壁厚符号由“s_{tot}”改为“s_3”。

——改变测量线选取规定：线测量时，轴套宽度大于50 mm时，测量线由3条改为2条；点测量时，轴套宽度＞50 mm，≤90 mm且外径≤150 mm时，测量线改为2条；轴套宽度＞90 mm且外径＞150 mm时，测量线的选取由制造者和用户协商一致。

——删除壁厚十点测量法。

——测量头载荷由“0.6 N～2 N”改为“0.8 N～2.5 N”。

——删除“准确度参数”条款(GB/T 18330—2001中7.3)。

——删除“测量不确定度u的计算”(GB/T 18330—2001中8.1)。

——删除GB/T 18330—2001中附录A和附录B。

本部分使用翻译法等同采用国际标准ISO 3547-7:2007《滑动轴承　卷制轴套　第7部分：薄壁轴套壁厚测量》。

与本部分中规范性引用的国际文件有一致性对应关系的我国文件如下：

——GB/T 12613.1—2011　滑动轴承　卷制轴套　第1部分：尺寸(ISO 3547-1:2006,IDT)

——GB/T 18324—2001　滑动轴承　铜合金轴套(idt ISO 4379:1993)

与ISO 3547-7:2007相比，本部分做了如下编辑性修改：

——用等同采用国际标准的我国标准代替对应的国际标准。

本部分由中国机械工业联合会提出。

本部分由全国滑动轴承标准化技术委员会(SAC/TC 236)归口。

本部分负责起草单位：中机生产力促进中心。

本部分参加起草单位：浙江长盛滑动轴承股份有限公司、浙江双飞无油轴承股份有限公司、浙江中达轴承有限公司、嘉善峰成三复轴承有限公司。

本部分所代替标准的历次版本发布情况为：

——GB/T 18330—2001。

滑动轴承　卷制轴套
第7部分:薄壁轴套壁厚测量

1　范围

GB/T 12613的本部分根据GB/T 27939—2011,规定了薄壁轴套成品总壁厚检测装置和测量方法。

2　规范性引用文件

下列文件对于本文件的使用是必不可少的。凡是注日期的引用文件,仅注日期的版本适用于本文件。凡是不注日期的引用文件,其最新版本(包括所有的修改单)适用于本文件。

ISO 3547-1　滑动轴承　卷制轴套　第1部分:尺寸(Plain bearings—Wrapped bushes—Part 1: Dimensions)

ISO 4379　滑动轴承　铜合金轴套(Plain bearings—Copper alloy bushes)

3　术语和定义

以下术语和定义适用于本文件。

3.1

壁厚　wall thickness,s_3

轴套内表面直径和外表面直径相对应的两个测量点之间的径向距离。见图1。

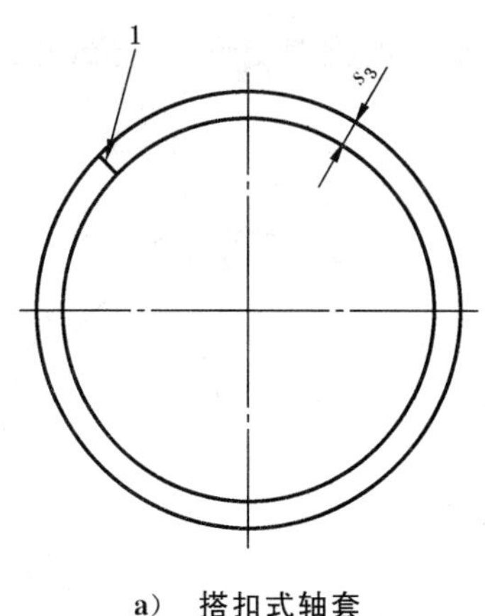

a)　搭扣式轴套

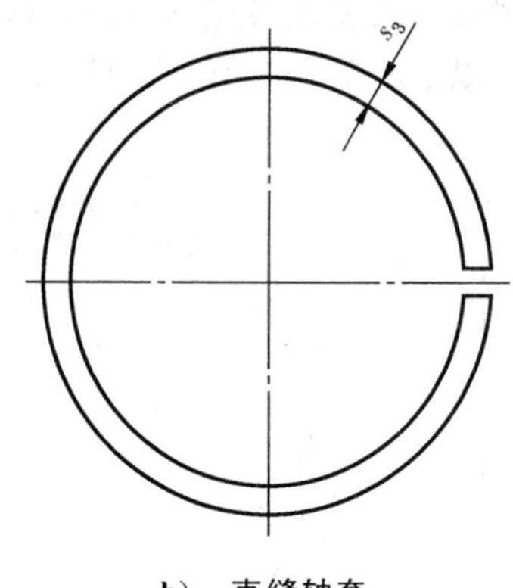

b)　直缝轴套

说明:

1——搭扣。

图1　壁厚,s_3

4 符号和单位

本部分使用的符号和单位见表 1。

表 1 符号和单位

符 号	参数描述	单位
a_{ch}	到测量位置的距离	mm
B	轴套宽度	mm
D_o	轴套外径	mm
F_{pin}	测头测量力	N
s_3	壁厚	mm

5 检验目的

本检验的目的是确保轴套壁厚和壁厚公差符合 ISO 3547-1 和 ISO 4379 的要求。如果需要采用本检验办法，产品标记中以 S 表示，见 ISO 3547-1。

6 检验方法

6.1 测量原理

为了找出壁厚的最小值，测量仪器的测量中心线应沿半径方向，并与试件的外表面垂直。单次测量或连续测量得到的测量值都可以作为记录，其示意图见图 2。

6.2 和 6.3 中规定的测量线和测量点应避开润滑油孔、油穴、油槽、产品标记或特殊的倒角。否则应双方协商。

由于制造工艺引起的在卷制轴套背部的标记区域或者非承载区的钢背变形，而导致在测量过程中产生不符合规定的壁厚数值，应分别作出说明。

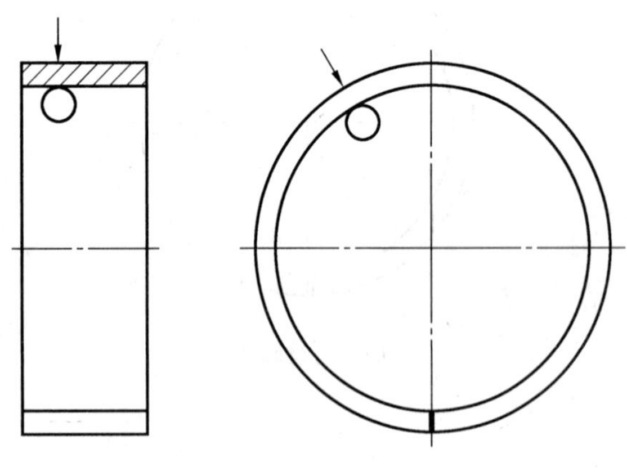

a） 接触式单次测量
（机械式/电子式测量仪）

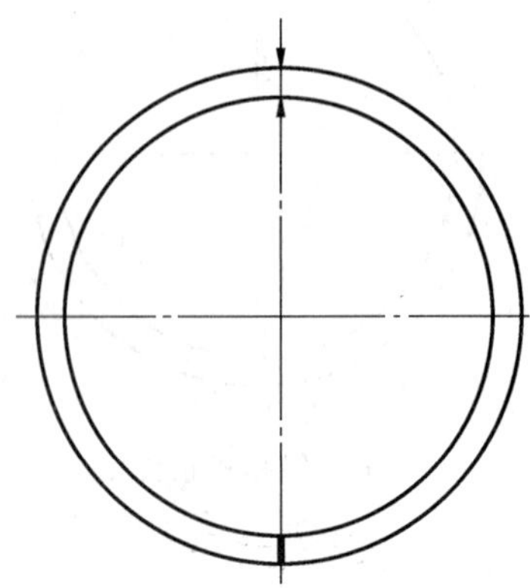

b） 接触式/非接触式连续测量
（电子式/气动式测量仪）

图 2 壁厚测量原理

6.2 周向线测量

沿周向方向的连续壁厚测量应在图 3 和表 2 中规定的测量线上进行。

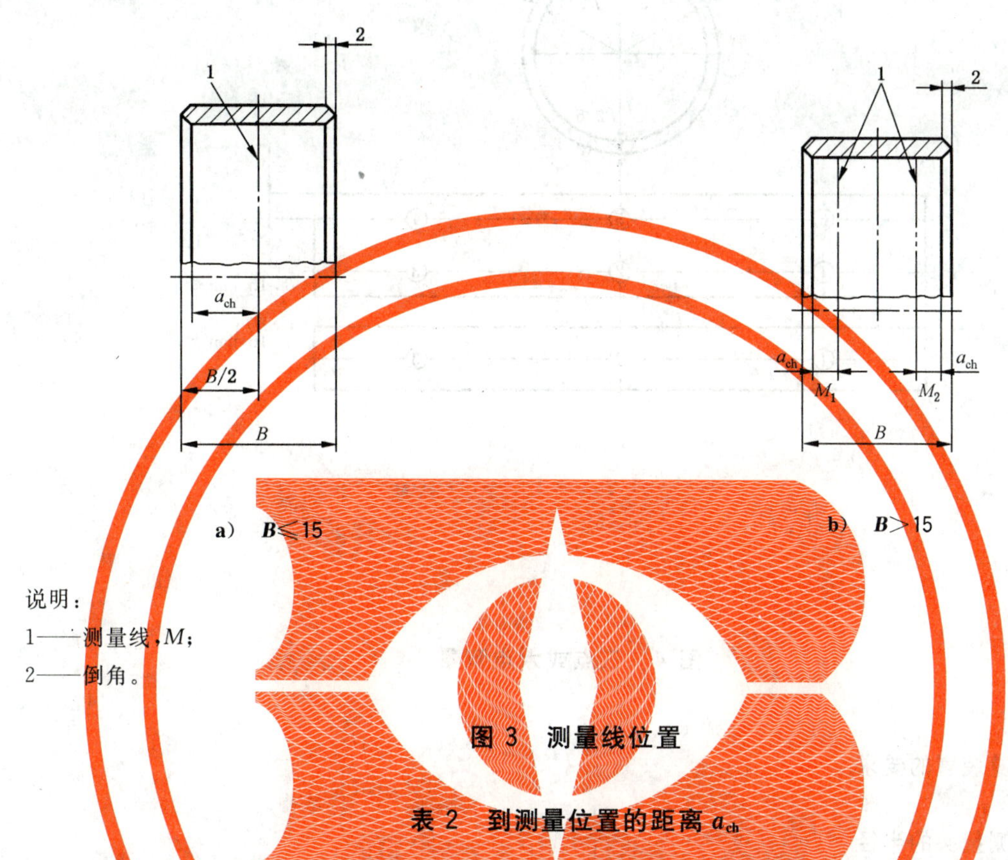

a) $B\leqslant 15$　　b) $B>15$

说明：

1——测量线，M；

2——倒角。

图 3 测量线位置

表 2 到测量位置的距离 a_{ch}

B		到测量位置的距离[a]	测量线条数 M
—	≤15	$B/2$	1
>15	≤50	4	2
>50	—	6	2

[a] 规定每条测量线距轴套边缘的距离 a_{ch} 是从滑动表面的起始端测量，或者从轴套端面开始测量。所得数值减去倒角公称宽度。

6.3 点测量

轴套宽度 $B\leqslant 90$ mm，外径 $D_o\leqslant 150$ mm，轴套的壁厚点测量方法应在图 4 中规定的测量点上进行。如果轴套宽度 $B>90$ mm，外径 $D_o>150$ mm，则壁厚测量方法应由制造者与用户协商。到测量位置的距离 a_{ch} 应从表 2 中选择。

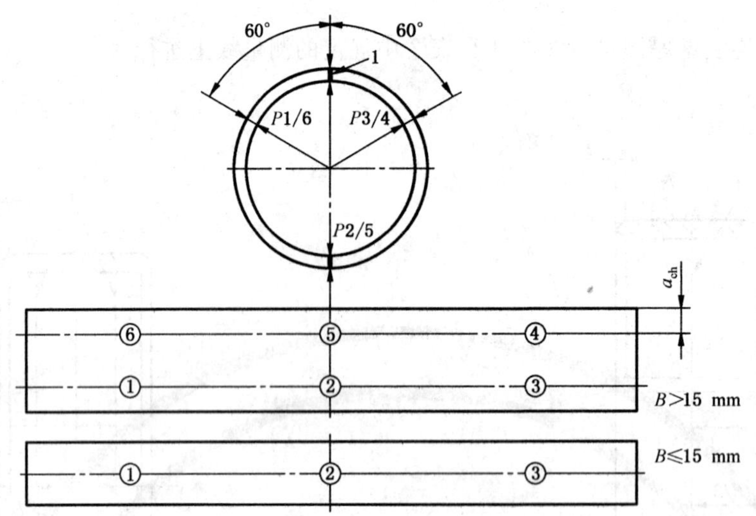

说明：
1——接缝位置；
P——测量点。

图 4 三点或六点测量

7 接触法测量装置的要求

7.1 外表面测量头的半径

与轴套外表面接触的测量头，其半径应为 1.5 mm±0.2 mm，如图 5 所示。

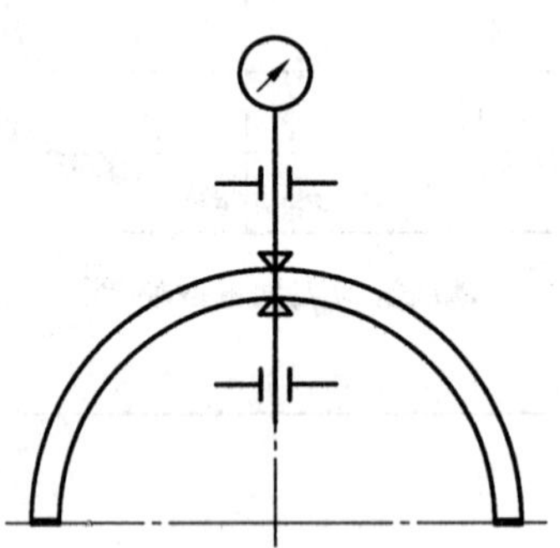

图 5 接触法测量装置

7.2 内表面测量头半径

与轴套内表面接触的测量头半径见表 3，它是随着轴套外径 D_o 不同和轴承材料不同而变化的。

表 3 内表面测量头半径

单位为毫米

D_o 公称尺寸		测头半径	
		金属轴套	塑料轴套
—	≤10	1.5±0.2	1.5±0.2
>10	≤25	3.0±0.2	3.0±0.2
>25	≤150	3.0±0.2	5.0±0.2
>150	—	5.0±0.2	5.0±0.2

7.3 测量头载荷

施加于滑动表面测量头的力值，应符合 GB/T 27939 中的规定，在 0.8 N～2.5 N 之间。

8 测量装置的检定

应定期检查测量设备的测量不确定度。其周期可以根据设备的类型和以前检定的经验由使用者来定。测量不确定度的极限值应符合最新的工业技术水平要求。

参 考 文 献

[1] GB/T 12613.2 滑动轴承 卷制轴套 第2部分:内径和外径的检测数据(GB/T 12613.2—2011,ISO 3547-2:2006,IDT)

[2] GB/T 27939 滑动轴承 几何和材料质量特性的质量控制技术和检验(GB/T 27939—2011,ISO 12301:2007,IDT)

ICS 29.160.30;29.020
K 62

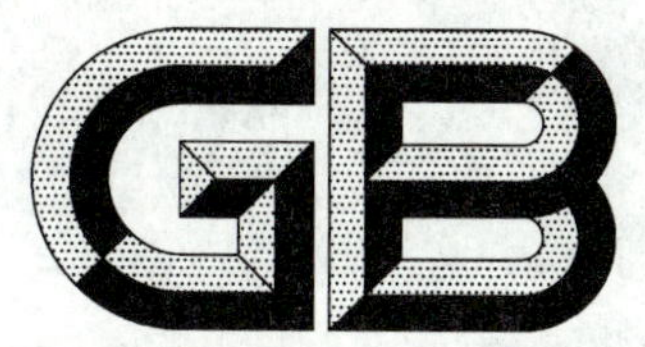

中华人民共和国国家标准

GB/T 12668.6—2011/IEC/TR 61800-6:2003
代替 GB/T 3886.1—2001

调速电气传动系统 第6部分：确定负载工作制类型和相应电流额定值的导则

Adjustable speed electrical power drive systems—Part 6:Guide for determination of types of load duty and corresponding current ratings

(IEC/TR 61800-6:2003,IDT)

2011-06-16 发布　　2011-12-01 实施

中华人民共和国国家质量监督检验检疫总局
中国国家标准化管理委员会　发布

前 言

GB/T 12688《调速电气传动系统》分为以下几部分：

——第 1 部分：低压直流调速电气传动系统额定值的规定；

——第 2 部分：低压交流变频电气传动系统额定值的规定；

——第 3 部分：电磁兼容性要求及其特定的试验方法；

——第 4 部分：交流电压 1 000 V 以上但不超过 35 kV 的交流调速电气传动系统额定值的规定；

——第 5 部分：安全要求；

——第 6 部分：确定负载工作制类型和相应电流额定值的导则；

——第 7 部分：通用接口和电气传动系统的使用规范；

——第 8 部分：电气界面电压的规范。

本部分为 GB/T 12688 的第 6 部分。

本部分按照 GB/T 1.1—2009 给出的规则起草。

本部分与 GB/T 3886.1—2001 相比主要技术变化如下：

——增加了"有空载期的间歇负载工作制"的术语和定义(见 2.1.6)；

——删除了"半导体变流设备"、"半导体变流器的分类"、"不可逆变流器"、"一象限变流器"、"单变流器"、"半导体变流器组"、"变流变压器"、"公共变流变压器"、"额定直流电流"、"额定直流电压"、"额定交流电压"的术语和定义(GB/T 3886.1—2001 的 2.1～2.2、2.4～2.6、2.8～2.10、2.12～2.14)；

——删除了使用条件(GB/T 3886.1—2001 的 3.8)；

——删除了晶闸管装置的试验(GB/T 3886.1—2001 的第 5 章)；

——删除了附录 A 和附录 B。

本部分使用翻译法等同采用 IEC/TR 61800-6:2003《调速电气传动系统　第 6 部分：确定负载工作制类型和相应电流额定值的导则》。

本部分中规范性引用的国际文件有一致性对应关系的我国文件如下：

——GB/T 3859.1—1993　半导体变流器　基本要求的规定(eqv IEC 60146-1-1:1991)；

——GB/T 12668.1—2002　调速电气传动系统　第 1 部分：一般要求　低压直流调速电气传动系统额定值的规定(IEC 61800-1:1997,IDT)；

——GB/T 12668.2—2002　调速电气传动系统　第 2 部分：一般要求　低压交流变频电气传动系统额定值的规定(IEC 61800-2:1998,IDT)。

本部分做下列编辑性修改：

——小数点符号用"."代替","；

——删除国际标准前言。

本部分代替 GB/T 3886.1—2001《半导体电力变流器　用于调速电气传动系统的一般要求　第 1 部分：关于直流电动机传动额定值的规定》。

本部分由中国电器工业协会提出。

本部分由全国电力电子学标准化技术委员会(SAC/TC 60)归口。

本部分起草单位：天津电气传动设计研究所、西门子电气传动有限公司、北京 ABB 电气传动系统有限公司、艾默生网络能源有限公司、北京利德华福电气技术有限公司、山东新风光电子科技发展有限公司、北京动力源科技股份有限公司、东方日立（成都）电控设备有限公司、深圳市英威腾电气股份有限公司、北京金自天正智能控制股份有限公司、安川电机（上海）有限公司、国家电控配电设备质量监督检验中心。

本部分主要起草人：赵相宾、董桂敏、师新利、伍丰林、温湘宁、孟辉、汤忠、倚鹏、李瑞来、刘瑞东、崔扬、吴建安、周亚宁、白志国、刘振东。

调速电气传动系统 第6部分：确定负载工作制类型和相应电流额定值的导则

1 总则

1.1 范围和目的

本部分为规定调速电气传动系统(PDS)特别是其基本传动模块(BDM)的额定值提供了可供选择的方法。

本部分不涵盖牵引用调速传动。

关于规定低压直流调速电气传动系统额定值的常规准则和规定低压交流变频电气传动系统额定值的常规准则,已分别在IEC 61800-1和IEC 61800-2中给出。

1.2 规范性引用文件

下列文件对于本文件的应用是必不可少的。凡是注日期的引用文件,仅注日期的版本适用于本文件。凡是不注日期的引用文件,其最新版本(包括所有的修改单)适用于本文件。

IEC 60146-1-1 半导体变流器 一般要求和电网换相变流器 第1-1部分:基本要求的规范(Semiconductor convertors—General requirements and line commutatedconvertors—Part 1-1:Specifications of basic requirements)

IEC 61800-1 调速电气传动系统 第1部分:一般要求 低压直流调速电气传动系统额定值的规定(Adjustable speed electrical power drive systems—Part 1:General requirements—Rating specifications for low voltage adjustable speed d. c. power drive systems)

IEC 61800-2 调速电气传动系统 第2部分:一般要求 低压交流变频电气传动系统额定值的规定(Adjustable speed electrical power drive systems—Part 2:General requirements—Rating specifications for low voltage adjustable frequency a. c. power drive systems)

2 术语和定义、符号

2.1 术语和定义

IEC 61800-1、IEC 61800-2和IEC 60146-1-1界定的以及下列术语和定义适用于本文件。

2.1.1

平衡温度 equilibrium temperature

在规定负载和冷却条件下,变流器部件所达到的稳态温度。

注:通常,不同部件的稳态温度各不相同,建立稳态所需的时间也不相同,且与其热时间常数成正比。

2.1.2

负载的电流-时间曲线图 current-time load chart

负载电流相对于时间的记录曲线。

2.1.3

均衡负载工作制　uniform load duty

这种类型负载工作制是变流设备承载某一固定电流值的时间间隔足够长，使变流器各部件达到与所述电流值对应的平衡温度。图 1 是这种类型的负载工作制的图解说明(符号见表 1)。

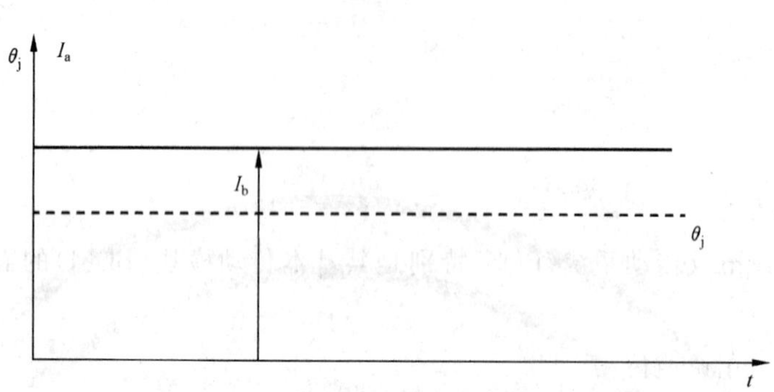

图 1　均衡负载工作制的典型电流-时间曲线图

2.1.4

间歇峰值负载工作制　intermittent peak load duty

这种类型负载工作制是施加高幅值及短持续时间的负载之后紧接空载期，在以后接连施加的负载之间达到热平衡。图 2 是这种类型负载工作制的图解说明。间歇负载无需是等间隔的，但制造商应规定施加下一负载之前，半导体达到空载温度所需的最短空载期 t_0。

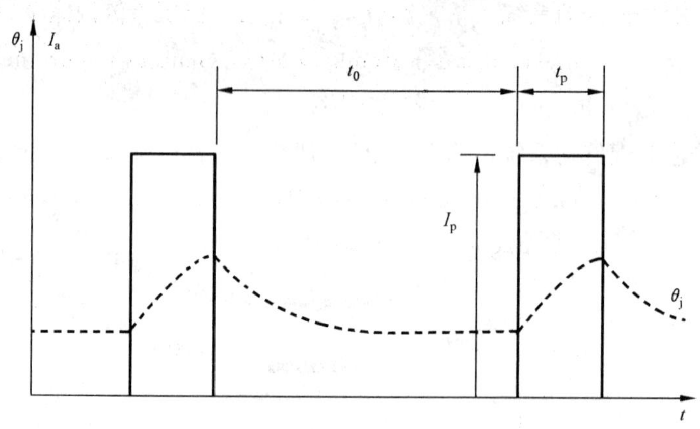

图 2　间歇峰值负载工作制的典型电流-时间曲线图

2.1.5

间歇负载工作制　intermittent load duty

这种类型负载工作制是在一个恒定的基本负载上叠加间歇负载，在以后接连施加的间歇负载之间达到热平衡。图 3 是这种负载工作制的图解说明。间歇负载无需是等间隔的，但制造商应规定施加下一间歇负载之前，半导体达到稳态温度所需的 t_b 最小值。

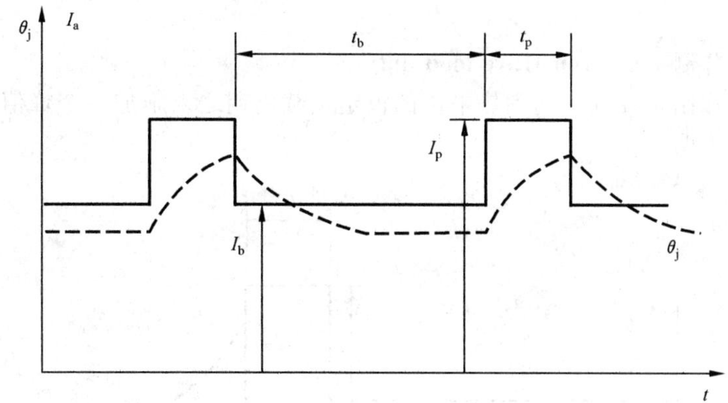

图 3　间歇负载工作制的典型电流-时间曲线图

2.1.6

有空载期的间歇负载工作制　intermittent load duty with no-load intervals

这种类型负载工作制是在间歇空载期之后有叠加在恒定的基本负载之上的高幅值负载期，在接连施加的间歇负载之间达到热平衡。图 4 是这种类型负载工作制的图解说明。间歇负载无需是等间隔的，但制造商应规定在施加下一间歇负载之前，半导体达到稳态温度所需的 t_b 最小值。

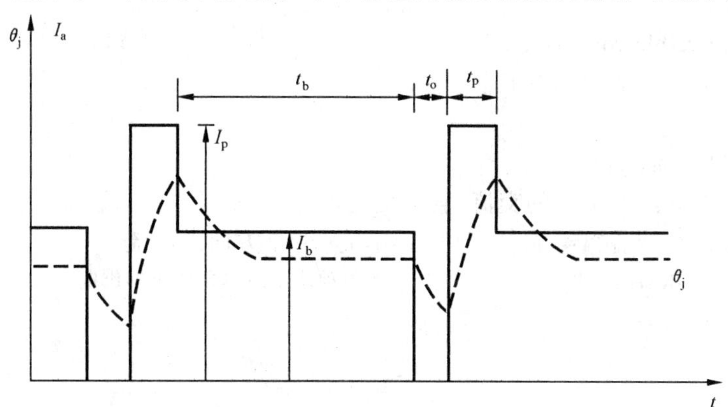

图 4　有空载期的间歇负载工作制的典型电流-时间曲线图

2.1.7

重复性负载工作制　repetitive load duty

这种类型负载工作制的负载是周期性变化的，在一个循环周期内达不到稳态温度，因此不能给出基本负载。当从一个负载循环到另一个负载循环的半导体平均温度 θ_j 不再变化时，则达到了热平衡。图 5 是这种类型负载工作制的图解说明。

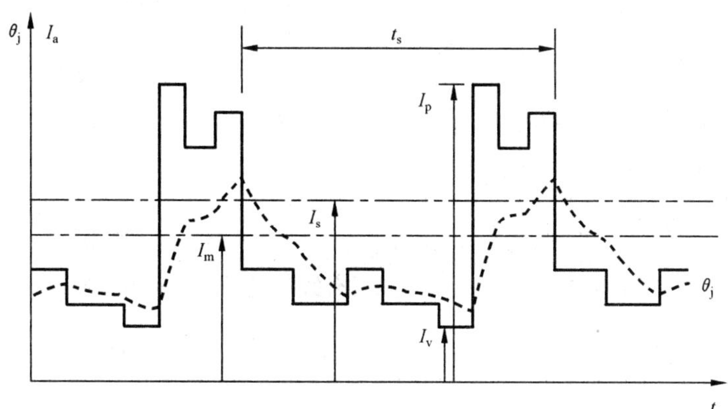

图 5　重复性负载工作制的电流-时间曲线图示例

2.1.8

非重复性负载工作制　non-repetitive load duty

这种类型负载工作制是在一个达到热平衡的恒定负载周期之末施加一个峰值负载。图6是这种类型负载工作制的图解说明。

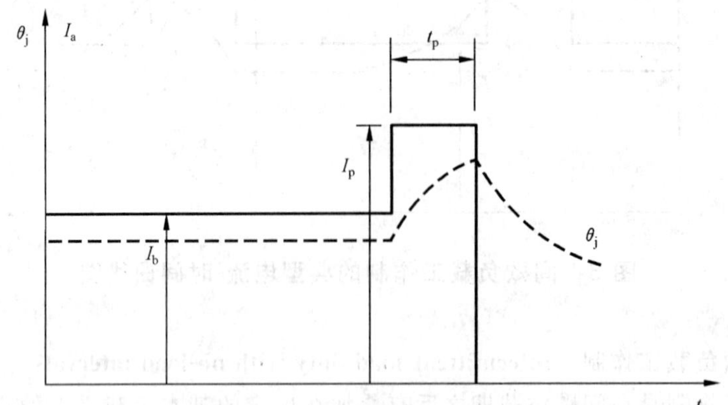

图6　非重复性负载工作制的典型电流-时间曲线图

2.1.9

可逆变流器　reversible converter

直流功率流动方向可逆的网侧变流器。

2.1.10

双变流器　double converter

直流电流在两个方向刚性可逆的交流/直流变流器。

双变流器通常由两个变流组组成，一个变流组流过一个方向的电流。

注：变流组可由公共变压器的公共绕组、公共变压器的单独绕组或单独变压器供电。

2.2　符号

见表1。

表1　符号一览表

符号	含义
t	时间
t_b	基本负载期
t_s	负载循环周期(持续时间)
t_0	空载期
t_p	峰值负载持续时间
I_a	变流器电流
I_b	基本负载电流值
I_p	峰值负载电流值
I_v	负载电流最小值
I_m	负载循环周期 t_s 的负载电流平均值
I_s	负载循环周期 t_s 的负载电流方均根值
I_{aN}	变流器的额定连续输出电流
I_{dN}	(电网换相变流器的)额定直流电流
θ_j	考虑中的变流器温度。通常将这个温度认为是半导体器件的结温。
r_N	计算系数，用来估算半导体结平均功率损耗的标幺值，是直流电流标幺值的函数。计算公式如下： $r_N = \frac{R_o \times I_{dN}}{V_o}$ 式中： R_o——半导体器件通态特性的电阻值； V_o——半导体器件通态特性的门槛电压值。

3 额定值

3.1 一般要求

本章额定值定义适用于成套传动模块(CDM),包括诸如 IEC 61800-1 和 IEC 61800-2 中定义的导体、开关、电抗器和变压器等类似的部件。

可逆变流器额定值规定的基础是:变流器作为整流器或逆变器运行,两种情况下都应能满足规定的全部负载条件。

半导体(包括其冷却装置)的热时间常数比变流变压器和传动电动机小得多。因此,在各种类型调速传动系统的正常负载工作制中,出现的短时高峰值电流对半导体变流器本身的影响远大于对变流变压器和电动机的影响。

短时峰值电流往往会使半导体的温升比变压器和电动机温升更快,且相对更高。但在某些情况下,其他部件,如电动机绕组,时间常数也可能同样短。

本部分定义的负载工作制周期应用来确定超过基本电流,或者在重复性负载工作制情况下超过方均根电流时的短时过载能力,且被简化仅仅用来说明短时过载能力。但重要的是,实际工作制周期的方均根电流值不超过那些时间常数较长的部件(例如变压器和电动机)的额定值的100%。

制造商对半导体器件规定的最高结温是临界温度。超过该温度,可能发生失控、故障或品质降低。

结温不能直接测量,但可以针对任何负载电流-时间曲线图计算出来。

如果用户能规定负载电流-时间曲线图,那么制造商就可计算出半导体的结温,以保证不超过允许的最高结温。

负载电流-时间曲线图始终可用作规定额定值的基础。

本部分考虑两种应用类别:一种是变流器负载工况在两次叠加的负载之间总能达到平衡温度;另一种是周期性变化的负载工况,在循环周期内达不到热平衡,但可在若干循环周期内达到平均值。

第1种应用类别由下列负载工作制类型定义:

a) 均衡负载工作制(图1);

b) 间歇峰值负载工作制(图2);

c) 间歇负载工作制(图3);

d) 有空载期的间歇负载工作制(图4);

第2种应用类别由下列负载工作制类型定义:

e) 重复性负载工作制(图5);

f) 非重复性负载工作制(图6)。

为了避免混淆,应仔细区别变流组额定值和设备额定值。因此,除额定连续输出电流 I_{aN} 外,所有额定值仅适用于包括诸如导体、开关、电抗器和变压器等部件在内的半导体变流组。注意:某些部件可能为一个以上变流组所共有,对于这样的部件应按变流组规定其额定值。当额定值规定的基础是设备(系统)而不是部件时,这种情况不产生影响。

额定电流适用于变流设备,并且用来作为适用于变流组所有额定值的标幺值基础。

3.2 确定半导体装置和设备额定电流-时间值的方法

3.2.1 一般要求

对于所有变流器,无论其是否带变压器,都应选定下列六种负载工作制中的一种规定额定值:

a) 均衡负载工作制(图1);

b) 间歇峰值负载工作制(图2);

c) 间歇负载工作制(图 3);

d) 有空载期的间歇负载工作制(图 4);

e) 重复性负载工作制(图 5);

f) 非重复性负载工作制(图 6)。

所有额定电流值都是针对规定的负载工作制而标定。如果半导体装置或设备设计成能在不同类型的负载工作制下使用,则应分别规定其电流和时间值。

应当注意,这些额定值也适用于作为成套系统用于某一给定用途的设备,而不适用于该系统的任何特定部分。

3.2.2 公共变流变压器的额定电流

为两个或两个以上变流装置(例如电气传动系统)供电的公共用变压器可根据额定电流规定,尽管独立的变流器可根据间歇工作制为基础规定。在适当的情况下,也可以 3.3.2、3.3.3、3.3.4、3.3.5、3.3.6 或3.3.7 中给出的额定值为基础规定。

3.2.3 双变流器的额定值

半导体双变流器单元中的每一变流组可规定不同的额定值,除非各变流组的工作制相同。

各变流组的额定值应与 3.3.2、3.3.3、3.3.4、3.3.5、3.3.6 或 3.3.7 相适应。

3.2.4 负载工作制类型的确定

调速传动应用的负载电流-时间曲线图常常是很复杂的,而且电流幅值、持续时间和重复频率也各不相同。但是,通过分析研究负载电流-时间曲线图,通常用于确定作为额定电流基础的最适合的负载工作制类型。

如果负载工作制改变,则应检查这种改变对系统所有部分的影响。还有可能需要对控制和保护元件进行调整。

3.3 设备和变流组的额定电流

3.3.1 一般要求

所有电流额定值均适用于规定环境条件(最高温度、海拔)下整个规定的调速范围。

3.3.2 均匀负载工作制的额定电流

这种工况的基本负载电流值通常规定为额定连续输出电流($I_b = I_{aN}$)。

其他基本值由供应商和用户协商确定。

见 2.1.3 和图 1。

3.3.3 间歇峰值负载工作制的额定电流

对于这种工况,额定电流不适用。间歇峰值负载工作制的电流额定值由供应商和用户协商确定。峰值电流的持续时间(t_p)和幅值(I_p)以及能重新施加峰值电流之前的最小空载时间(t_0)应由制造商规定。

见 2.1.4 和图 2。

3.3.4 间歇负载工作制的额定电流

这种工况的基本负载电流值通常规定为额定电流($I_b = I_{aN}$)。间歇负载工作制的电流额定值由供应商和用户协商确定。

峰值电流的持续时间(t_p)和幅值(I_p)、基本负载电流值(I_b)以及能重新施加峰值电流之前以基本负载运行的最短时间(t_b)均应由制造商规定。选择半导体时,必须保证在峰值电流(I_p)下及其最长持续时间(t_p)内,不超过其最高允许结温。见 2.1.5 和图 3。

间歇负载工作制能用图 8 所示的非重复性负载工作制的曲线族规定。其中,t_p表示这种工况下,间歇施加负载的持续时间。

3.3.5 有空载期的间歇负载工作制的额定电流

这种工况的基本负载电流值通常规定为额定电流($I_b=I_{aN}$)。间歇负载工作制的电流额定值由供应商和用户协商确定。

峰值电流的持续时间(t_p)和幅值(I_p)、基本负载电流值(I_b)和以基本负载运行的最短时间(t_b)以及能重新施加峰值电流之前的最小空载期(t_0)均应由制造商规定。选择半导体时,必须保证在峰值电流(I_p)下及其最长持续时间(t_p)内,不超过其最高允许结温。见 2.1.6 和图 4。

3.3.6 重复性负载工作制的额定电流

3.3.6.1 一般要求

按负载工作制循环周期估算的负载电流方均根值 I_s应不超过变流器额定电流 I_{aN}。变流器的额定电流 I_{aN}通常相当于由变流设备供电的电动机(一台或多台)的额定连续电流。

额定电流(1.0 p. u.)与变流设备有关。在双变流器的情况下,额定电流可大大超过任何一个变流组的方均根电流额定值。见 2.1.7 和图 5。

对于重复性负载工作制,除规定额定电流之外,还有另外两种定义额定值的方法。第 1 种方法在 3.3.6.2 中给出,第 2 种方法在 3.3.6.3 中给出。

3.3.6.2 重复性负载工作制的负载-时间曲线图

如可能,用户应根据一个或多个适用的电流-时间曲线图规定变流器的重复性工作制要求,这样可得到最经济的设计。于是,这些电流-时间曲线图可作为用户和供应商之间技术规范的组成部分。而事实上,对于给定用途的重复性负载工作制,这些电流-时间曲线图是变流组的电流额定值。在所有情况下,都应规定各电流的幅值及其持续时间以及负载工作制循环的持续时间(t_s)。

注:就负载-时间曲线图而言,无需考虑异常条件,因变流器设计能为这样的条件提供充分保护。

3.3.6.3 重复性负载工作制等效额定方法

此方法可用于没有详细负载-时间曲线图的场合。这种方法也可用来定义一种简单的重复性负载工作制,其产生的热应力与更为复杂的重复性负载工作制相当。用户只需按图 5 和表 1 定义的那样规定变流组的 I_p、I_s、I_m、I_v和 t_s值即可。于是,额定值的规定基础就改为图 7 所示的等效重复性负载-时间曲线图,图中的 I_p、I_v和 t_s值为规定值,而等效的 t_p由下式给出:

$$t_p=\frac{P_m-P_v}{P_p-P_v}\times t_s$$

式中:

P_m——与规定负载(I_s和 I_m)相关的半导体功耗;

P_p——与峰值负载(I_p)相关的半导体功耗;

P_v——与最小负载(I_v)相关的半导体功耗。

对电网换相变流器而言,在忽略开关损耗的情况下,上述关系式变为:

$$t_p = \left| \frac{(I_m - I_v) \times I_{dN} + r_N \times (I_s^2 - I_v^2)}{(I_p - I_v) \times I_{dN} + r_N \times (I_p^2 - I_v^2)} \right| \times t_s$$

式中，I_p、I_s、I_m、I_v和 t_s对应于规定值，r_N是与表 1 定义的 I_{dN}相关的半导体损耗因数。

变流器供应商通常是规定对应于变流器调节器电流极限设定值允许的 I_p和 t_p的最大值以及通常对应于 I_{aN}的 I_s的最大值。这些极限值比等效重复性负载工作制额定值所施加的限值更重要。

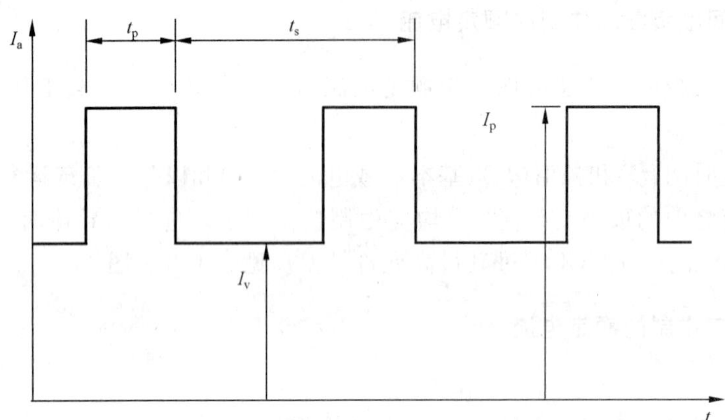

图 7　等效重复性负载工作制负载-时间曲线图

3.3.7　非重复性负载工作制的额定电流

这种工作制的额定电流通常规定为基本负载电流值 I_b。非重复性负载的额定值由供应商和用户协商确定(见 2.1.8 和图 6)。

制造商应用图 8 所示的以不同峰值负载持续时间 t_p值为参变量的曲线(I_p、I_b)族规定非重复性电流额定值。为其他类型的负载工作制定义出一种等效非重复性负载工作制通常是可能的。例如，如 3.3.4 所述，对于间歇负载工作制，等效是一对一的。

如果在非重复性工况所用的 I_p和 t_p值与重复性工况规定的值相同，而且等效非重复性工况所用的 I_b值由下式得到，那么等效非重复性负载工作制也能保守地近似为一种重复性负载工作制：

$$P_b = P_m$$

式中：

P_m——与重复性工作制的规定负载(I_s和 I_m)相关的半导体功耗；

P_b——与等效基本负载(I_b)相关的半导体功耗。

例如，对电网换相变流桥而言，在忽略开关损耗的情况下，上述关系式变为：

$$(I_b \times I_{dN}) + (r_N \times I_b^2) = (I_m \times I_{dN}) + (r_N \times I_s^2)$$

式中，I_m和 I_s分别是为重复性工况规定的平均值和方均根值，r_N是表 1 中定义的半导体损耗因数。如此参数未知，等效 I_b近似为：

$$I_b = \frac{2I_m + I_s}{3}$$

这种近似得到的等效 I_b一般是保守值，除非 I_s在半导体冷却效率极高场合，I_s的相关性影响可能会更大。

由于这样的考虑，这种额定值经常作为确定负载工作制类别的规定基础，或者作为验证变流设备负载工作制能力的基础。

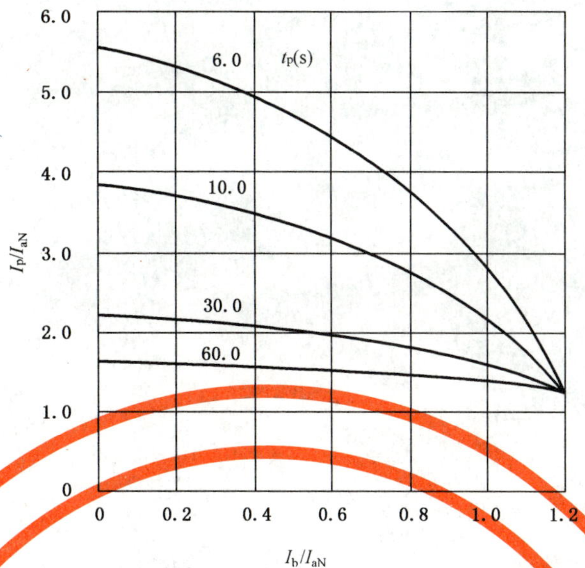

图 8 非重复性负载工作制的典型额定值曲线

3.4 过载能力和浪涌电流能力

半导体变流器单元应能耐受其保护设备预期动作所需幅值及持续时间的过载和浪涌电流。保护设备应允许变流器单元承受其规定额定值范围内的任何负载。

注：设备额定值可能取决于但不限于半导体器件结温的更多因素。例如，在变化负载条件下，应考虑到由温度波动引起的限流熔断器的热机械疲劳就可能是一种限制因素。

4 非重复性负载工作制的类别

当适用时，调速电气传动系统应用可选定表 2 给出的非重复性负载工作制的类别。符号“G”用于区分本部分的工作制类别等级与 IEC 60146-1-1 中的一般用途变流器的工作制类别等级。

表 2 非重复性工业用负载工作制的类别

负载工作制类别	I_b	I_p	t_p
ⅠG	100%	120%	10 s
ⅡG	100% 100%	120% 150%	60 s 10 s
ⅢG	100%	150%	60 s
ⅣG	100% 100%	150% 200%	60 s 10 s
ⅤG	100% 100%	200% 300%	60 s 10 s

对于 2.3.7 和图 6 中定义的非重复性负载工作制，表 2 给出了以额定直流电流的百分数表示的半导体变流器的额定电流值。

注：如果为某一负载工作制类别规定了两组值，则两组值都适用。

ICS 71.080.15
G 16

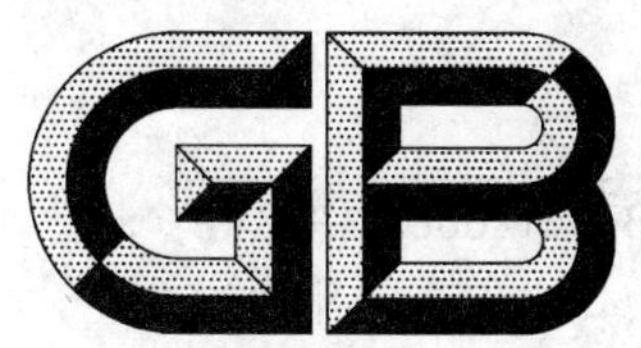

中华人民共和国国家标准

GB/T 12688.1—2011
代替 GB/T 12688.1—1998

工业用苯乙烯试验方法 第1部分:纯度和烃类杂质的测定 气相色谱法

Test method of styrene for industrial use—Part 1: Determination of purity and hydrocarbon impurities—Gas chromatography

2011-05-12 发布　　2011-11-01 实施

中华人民共和国国家质量监督检验检疫总局
中国国家标准化管理委员会　发布

前　言

GB/T 12688《工业用苯乙烯试验方法》分为以下部分：

——第 1 部分：纯度和烃类杂质的测定　气相色谱法；

——第 3 部分：聚合物含量的测定；

——第 4 部分：过氧化物含量的测定　滴定法；

——第 5 部分：总醛含量的测定　滴定法；

——第 6 部分：工业用苯乙烯中微量硫的测定　氧化微库仑法；

——第 8 部分：阻聚剂(对-叔丁基邻苯二酚)含量的测定　分光光度法；

——第 9 部分：微量苯的测定　气相色谱法。

本部分为 GB/T 12688 的第 1 部分。

本部分修改采用 ASTM D5135-07《毛细管气相色谱法测定苯乙烯纯度及杂质的标准试验方法》(英文版)。本部分与 ASTM D5135-07 的结构性差异见附录 A。

本部分与 ASTM D5135-07 相比主要技术内容变化如下：

——规范性引用文件中引用我国标准；

——增加 FFAP 柱及其典型色谱条件；

——增加了外标法和归一化法的定量方法；

——采用氮气为载气；

——重复性限采用我国的规定。

本部分代替 GB/T 12688.1—1998《工业用苯乙烯纯度的测定　毛细管气相色谱法》。

本部分与 GB/T 12688.1—1998 相比主要差异为：

——修改了标准名称；

——增加了外标法和归一化法的定量方法；

——范围中增加了杂质种类及测定范围。

本部分的附录 A 为资料性附录。

本部分由中国石油化工集团公司提出。

本部分由全国化学标准化技术委员会石油化学分技术委员会(SAC/TC 63/SC 4)归口。

本部分起草单位：中国石油化工股份有限公司北京燕山分公司。

本部分主要起草人：杨伟、陆慧丽、姜连成、田江南、车金凤、胡秀卓。

本部分所代替标准的历次版本发布情况为：

——GB/T 12688.1—1990、GB/T 12688.1—1998。

工业用苯乙烯试验方法
第1部分:纯度和烃类杂质的测定
气相色谱法

1 范围

本部分规定了用气相色谱法测定工业用苯乙烯的纯度和烃类杂质。

本部分适用于纯度(质量分数)不低于99%、烃类杂质浓度(质量分数)范围为(0.001～1.000)%的苯乙烯的测定。典型的烃类杂质包括:乙苯、对二甲苯、间二甲苯、邻二甲苯、异丙苯、正丙苯、间甲乙苯、对甲乙苯、α-甲基苯乙烯、苯乙炔、间甲基苯乙烯、对甲基苯乙烯。

虽然本方法也可应用于更低纯度的苯乙烯试样,但对全部杂质的定性和合适内标物的选定可能较为困难。

本部分并不是旨在说明与其使用有关的安全问题,使用者有责任采取适当的安全和健康措施,并保证符合国家有关法规的规定。

注意:苯乙烯为易燃物。在与过氧化物、无机酸和三氯化铝等接触时会发生放热聚合反应。高浓度的液态苯乙烯及其蒸气对眼睛和呼吸系统都有刺激性。

2 规范性引用文件

下列文件中的条款通过GB/T 12688的本部分的引用而成为本部分的条款。凡是注日期的引用文件,其随后所有的修改单(不包括勘误的内容)或修订版均不适用于本部分,然而,鼓励根据本部分达成协议的各方研究是否可使用这些文件的最新版本。凡是不注日期的引用文件,其最新版本适用于本部分。

GB/T 3723 工业用化学产品采样安全通则(GB/T 3723—1999,ISO 3165:1976,idt)

GB/T 6680 液体化工产品采样通则

GB/T 8170 数值修约规则与极限数值的表示和判定

3 方法原理

在本部分规定的条件下,将适量试样注入配置氢火焰离子化检测器(FID)的色谱仪。苯乙烯与烃类杂质组分在色谱柱上被有效分离,测量所有峰的峰面积,可采用内标法或外标法计算各烃类杂质的含量。用100.00减去烃类杂质的总量,以计算苯乙烯的纯度。也可采用归一化法直接得到苯乙烯纯度及烃类杂质含量。

注:如果有气相色谱法不能测得的其他杂质,该方法测得的不是绝对纯度。

4 试剂和材料

4.1 内标物:正庚烷,甲苯或其他合适的化合物,纯度(质量分数)应大于99%。

4.2 标准试剂:乙苯、对二甲苯、间二甲苯、邻二甲苯、异丙苯、正丙苯、间甲乙苯、对甲乙苯、α-甲基苯乙烯、苯乙炔、间甲基苯乙烯、对甲基苯乙烯,各标准试剂纯度(质量分数)不低于99%。

4.3 苯乙烯:用作测定校正因子的基液,纯度(质量分数)应不低于99.8%。

4.4 氮气:纯度(体积分数)大于99.995%。

4.5 氢气:纯度(体积分数)大于99.995%。

4.6 空气:无油,经硅胶、分子筛充分干燥和净化。

5 仪器和设备

5.1 气相色谱仪:应配置氢火焰离子化检测器及进样分流装置。在进样量不超过色谱柱允许负荷量的条件下,对最后流出的含量为 10 mg/kg 的被测杂质,其峰高至少应大于仪器噪声的 2 倍。

当采用归一化法分析样品时,仪器的动态线性范围必须满足定量要求。当采用外标法时,推荐使用自动进样器。

5.2 记录系统:积分仪或色谱工作站。

5.3 微量注射器。

5.4 色谱柱:色谱柱及典型操作条件见表 1。满足本部分所规定的分离效果和定量要求的其他色谱柱和条件均可采用。

5.5 电子天平:感量为 0.1 mg。

5.6 容量瓶:100 mL。

表 1 推荐的色谱柱及典型操作条件

色谱柱	A	B
柱管材料	弹性石英毛细管	弹性石英毛细管
固定液	键合 PEG20M[a]	键合 FFAP[b]
柱长/m	60	50
柱内径/mm	0.32	0.32
液膜厚度/μm	0.50	0.50
柱温/℃	110	100
检测器	FID	
载气	氮气	
载气流量/(mL/min)	1.0～1.6	
补充气	氮气	
补充气流量/(mL/min)	30	
进样体积/μL	0.5～1.0	0.5～1.0
分流比	80∶1	100∶1
检测器温度/℃	240	240
进样口温度/℃	230	230
氢气流量/(mL/min)	30	30
空气流量/(mL/min)	275	275

[a] PEG20M 为聚乙二醇 20M。

[b] FFAP 为聚乙二醇 20M 与 2-硝基对苯二甲酸的反应产物。

6 取样

按 GB/T 3723 和 GB/T 6680 的规定采取样品。

7 内标法

7.1 分析步骤

7.1.1 校正因子的测定

7.1.1.1 用苯乙烯基液配制适当含量的典型烃类杂质的校准混合物溶液 A。称量所有烃类杂质组分,称准至0.000 1 g。计算各自的含量(质量分数),精确至0.000 1%。配制的苯乙烯纯度和烃类杂质含量应与待测试样相近(可适当分步稀释)。

7.1.1.2 按表1的色谱条件分析苯乙烯基液,检查是否存在干扰内标物的烃类杂质,如果该苯乙烯中的烃类杂质与所选的内标物同时出峰,须改用其他合适的内标物。

7.1.1.3 在事先装有约75 mL的校准混合物溶液A的100 mL容量瓶中,准确加入50 μL(或适量)内标物,再用校准混合物溶液A稀释至刻度,得到校准混合物溶液B。若用正庚烷作内标,正庚烷的密度为0.684 g/cm^3,苯乙烯的密度为0.906 g/cm^3,则该溶液中内标物的浓度(质量分数)为0.037 7%。

7.1.1.4 另取苯乙烯基液,按7.1.1.3的方法加入内标物,配制成含内标物的苯乙烯基液,用于测定存在于该苯乙烯中的烃类杂质与内标物的色谱峰面积比率。

7.1.1.5 根据表1推荐的操作条件和各色谱仪的操作说明书调整色谱仪,并在仪器稳定运行后,把适量的校准混合物溶液B和配有内标物的苯乙烯基液(7.1.1.4)依次注入色谱仪,以获得2个色谱图。各重复测定3次,测量除苯乙烯以外的所有色谱峰的面积,包括内标峰。典型色谱图见图1、图2。

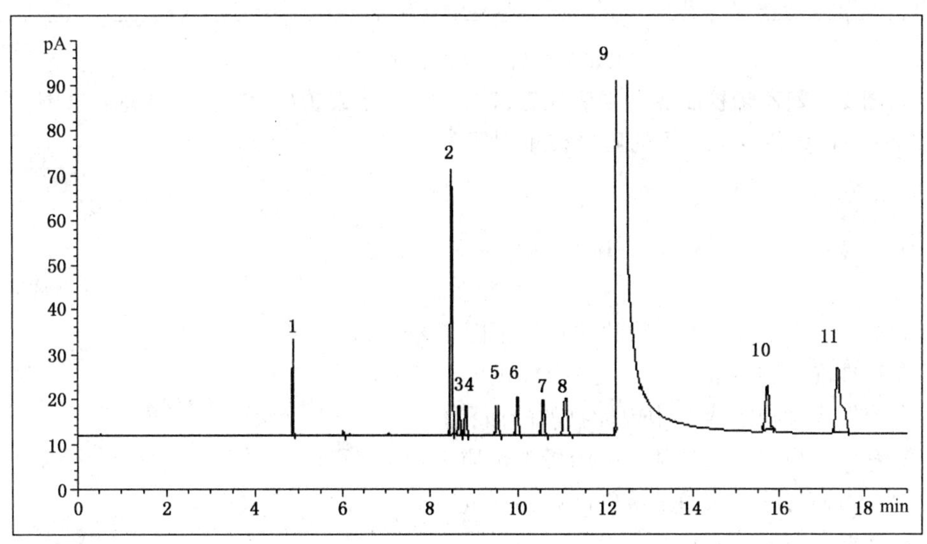

1——正庚烷;
2——乙苯;
3——对二甲苯;
4——间二甲苯;
5——异丙苯;
6——邻二甲苯;
7——正丙苯;
8——间甲乙苯、对甲乙苯;
9——苯乙烯;
10——α-甲基苯乙烯;
11——苯乙炔与间、对甲基苯乙烯。

图1 苯乙烯校准混合物溶液在键合PEG20M毛细管柱(A)上的典型色谱图

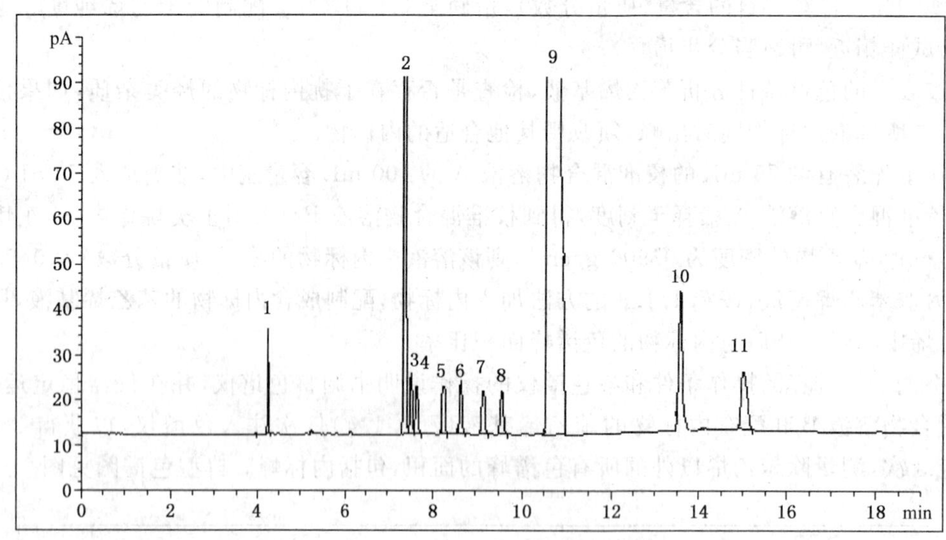

各色谱峰号所对应的物质名称同图 1

图 2 苯乙烯校准混合物溶液在键合 FFAP 毛细管柱(B)上的典型色谱图

7.1.1.6 按式(1)计算各烃类杂质的质量校正因子：

$$f_i' = \frac{w_{i1}}{w_s\left(\frac{A_{i1}}{A_s} - \frac{A_{ib}}{A_{sb}}\right)} \quad \cdots\cdots\cdots\cdots\cdots\cdots\cdots\cdots\cdots\cdots(1)$$

式中：

f_i'——烃类杂质 i 相对于内标物的质量校正因子；

A_{i1}——在校准混合物溶液 B 中烃类杂质 i 的峰面积；

A_s——在校准混合物溶液 B 中内标物的峰面积；

A_{ib}——配有内标物的苯乙烯基液中的烃类杂质 i 的峰面积；

A_{sb}——配有内标物的苯乙烯基液中的内标物的峰面积；

w_{i1}——校准混合物溶液 B 中烃类杂质 i 的含量(质量分数)，%；

w_s——校准混合物溶液 B 中内标物的含量(质量分数)，%。

各组分 3 次相对质量校正因子(f_i')测定结果的相对偏差应不大于 5%，取其平均值作为该组分的质量校正因子$\overline{f_i}'$，应保留 3 位有效数字。

7.1.2 试样测定

7.1.2.1 按 7.1.1.3 的方法将内标物加入到苯乙烯试样中，计算内标物的含量(质量分数)，精确至 0.000 1%。

7.1.2.2 在与质量校正因子测定相同色谱条件下，将苯乙烯试样(7.1.2.1)注入色谱仪，测量除苯乙烯外所有的杂质峰面积。

7.2 结果计算

7.2.1 苯乙烯试样中各烃类杂质的含量按式(2)计算：

$$w_i = \frac{A_i' \cdot \overline{f_i}' \cdot w_s'}{A_s'} \quad \cdots\cdots\cdots\cdots\cdots\cdots\cdots\cdots\cdots\cdots(2)$$

式中：

w_i——试样中烃类杂质 i 的含量(质量分数)，%；

A_i'——试样中烃类杂质 i 的峰面积；

A_s'——试样中内标物的峰面积；

w_s'——试样中内标物的含量(质量分数)，%。

对少数不能获得相对质量校正因子的烃类杂质组分，可将其质量校正因子$\overline{f_i}'$设为1.00。

7.2.2 按式(3)计算苯乙烯试样的纯度：

$$w_p = 100.00 - \sum w_i \quad \cdots\cdots (3)$$

式中：

w_p——苯乙烯试样的纯度(质量分数)，%；

$\sum w_i$——本方法测得的试样中烃类杂质的总量(质量分数)，%。

8 外标法

8.1 分析步骤

8.1.1 校正因子的测定

8.1.1.1 按7.1.1.1配制校准混合物溶液A。

8.1.1.2 根据表1推荐的操作条件和色谱仪的操作说明书调整色谱仪，并在仪器稳定运行后，准确抽取相同体积的校准混合物溶液A和苯乙烯基液依次注入色谱仪，以获得2个色谱图。各重复测定3次，测量除苯乙烯以外的所有色谱峰的面积。

8.1.1.3 用式(4)计算各烃类杂质的质量校正因子：

$$f_i = \frac{w_{i2}}{A_{i2} - \overline{A_{ib}}} \quad \cdots\cdots (4)$$

式中：

f_i——烃类杂质i的质量校正因子；

w_{i2}——校准混合物溶液A中烃类杂质i的含量(质量分数)，%；

A_{i2}——校准混合物溶液A中烃类杂质i的峰面积；

$\overline{A_{ib}}$——苯乙烯基液中烃类杂质i三次测定峰面积的平均值。

各组分3次质量校正因子(f_i)测定结果的相对偏差应不大于10%，取其平均值作为该组分的质量校正因子$\overline{f_i}$，应保留3位有效数字。

8.1.2 试样测定

在与质量校正因子测定相同色谱条件下，准确抽取与质量校正因子测定时相同进样体积的苯乙烯试样注入色谱仪，测量除苯乙烯外所有的杂质峰面积。

注：测定时，试样温度应与校准混合物溶液的温度保持一致。

8.2 结果计算

8.2.1 苯乙烯试样中各烃类杂质的含量按式(5)计算：

$$w_i = \overline{f_i} \times A_i' \quad \cdots\cdots (5)$$

对少数不能获得相对质量校正因子的烃类杂质组分，计算时以相邻烃类杂质的校正因子代替。

8.2.2 按7.2.2计算苯乙烯试样的纯度。

9 归一化法

9.1 分析步骤

9.1.1 校正因子的测定

9.1.1.1 按7.1.1.1配制校准混合物溶液A。

9.1.1.2 按8.1.1.2进行测定，测量所有色谱峰的面积。按式(6)计算各组分相对于苯乙烯的相对质量校正因子。

$$f=\frac{Am_i}{(A_{i2}-\overline{A_{ib}})m} \quad \cdots\cdots(6)$$

式中：

f——苯乙烯或烃类杂质的相对质量校正因子(苯乙烯的相对质量校正因子为1.00)；

m_i——校准混合物溶液A中烃类杂质i的质量，单位为克(g)；

m——校准混合物溶液A中苯乙烯的质量，单位为克(g)；

A——校准混合物溶液A中苯乙烯的峰面积。

各组分3次相对质量校正因子(f)测定结果的相对偏差应不大于5%，取其平均值作为该组分的$\overline{f}$，应保留3位有效数字。

9.1.2 试样测定

在与质量校正因子测定相同色谱条件下，将适量苯乙烯试样注入色谱仪，测量所有烃类杂质和苯乙烯的色谱峰面积。

9.2 结果计算

按式(7)计算苯乙烯试样的纯度或烃类杂质的含量。

$$w_i'=\frac{A_i\overline{f}}{\sum A_i\overline{f}}\times 100.00 \quad \cdots\cdots(7)$$

式中：

w_i'——苯乙烯试样的纯度或烃类杂质的含量(质量分数)，%；

A_i——试样中组分i的峰面积。

对少数不能获得相对质量校正因子的烃类杂质组分，可将其校正因子$\overline{f}$设为1.00。

10 分析结果的表述

以两次重复测定结果的算术平均值报告其分析结果，按GB/T 8170的规定进行修约，苯乙烯纯度精确至0.01%(质量分数)，各烃类杂质含量精确至0.001%(质量分数)。

11 重复性

在同一实验室，由同一操作者使用相同设备，按相同的测试方法，并在短时间内对同一被测对象相互独立进行测试获得的两次独立测试结果的绝对差值不超过重复性限(r)，超过重复性限(r)的情况不超过5%，重复性限(r)如表2所列。

表2 重复性限(r)

项目		重复性限(r)		
		内标法	归一化法	外标法
烃类杂质含量(质量分数)/%	$0.001 \leqslant w_i \leqslant 0.010$	两次测定结果平均值的15%		两次测定结果平均值的20%
	$w_i > 0.010$	两次测定结果平均值的10%		两次测定结果平均值的15%
苯乙烯纯度(质量分数)/%		0.04		0.05

12 报告

报告应包括下列内容：

a) 有关样品的全部资料，例如样品的名称、批号、采样地点、采样日期、采样时间等；

b) 本部分的编号；

c) 分析结果；

d) 测定中观察到的任何异常现象的细节及其说明；

e) 分析人员的姓名及分析日期等。

附　录　A
（资料性附录）
本部分章条编号与 ASTM D5135-07 章条编号对照表

表 A.1 给出了本部分章条编号与 ASTM D5135-07 章条编号对照一览表。

表 A.1　本部分章条编号与 ASTM D5135-07 章条编号对照表

本部分章条编号	对应的 ASTM D5135-07 章条编号
1	1
2	2
—	3
3	4
—	5～6
4	8
5	7
6	10
7～9	11～14
10	15
11	16
12	—

ICS 71.080.15
G 16

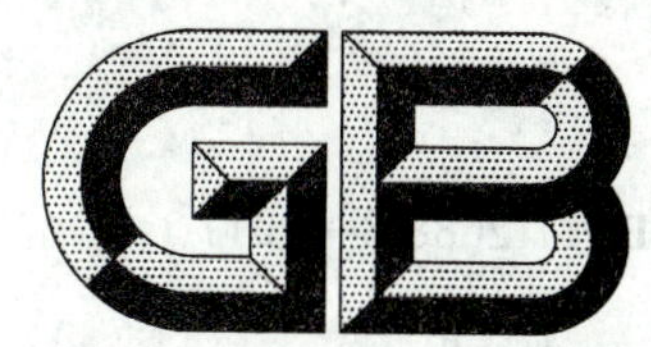

中华人民共和国国家标准

GB/T 12688.3—2011
代替 GB/T 12688.3—1990

工业用苯乙烯试验方法 第3部分:聚合物含量的测定

Test method of styrene for industrial use—
Part 3: Determination of content of polymer

2011-05-12 发布 2011-11-01 实施

中华人民共和国国家质量监督检验检疫总局
中国国家标准化管理委员会 发布

前　　言

GB/T 12688《工业用苯乙烯试验方法》分为以下部分：

——第 1 部分：纯度和烃类杂质的测定　气相色谱法；

——第 3 部分：聚合物含量的测定；

——第 4 部分：过氧化物含量的测定　滴定法；

——第 5 部分：总醛含量的测定　滴定法；

——第 6 部分：工业用苯乙烯中微量硫的测定　氧化微库仑法；

——第 8 部分：阻聚剂(对-叔丁基邻苯二酚)含量的测定　分光光度法；

——第 9 部分：微量苯的测定　气相色谱法。

本部分为 GB/T 12688 的第 3 部分。

本部分修改采用 ASTM D2121-07《苯乙烯单体中聚合物含量的标准测定方法》(英文版)。本部分与 ASTM D2121-07 的结构性差异见附录 A。

本部分与 ASTM D2121-07 相比主要技术内容变化如下：

——规范性引用文件中引用我国标准；

——对高纯聚苯乙烯粒子的验收进行了规定；

——删除了标准曲线绘制中 25 ℃的温度要求。

本部分代替 GB/T 12688.3—1990《工业用苯乙烯中聚合物含量的测定　光度法》。

本部分与 GB/T 12688.3—1990 的主要差异为：

——修改了标准的名称；

——将光度法的测定范围修改为 1 mg/kg～15 mg/kg；

——增加了高纯聚苯乙烯粒子配制聚苯乙烯标准贮备溶液的方法；

——增加了目视法；

——删除了标准曲线绘制中 25 ℃的温度要求。

本部分的附录 A 为资料性附录。

本部分由中国石油化工集团公司提出。

本部分由全国化学标准化技术委员会石油化学分技术委员会(SAC/TC 63/SC 4)归口。

本部分起草单位：中国石油化工股份有限公司北京燕山分公司。

本部分主要起草人：杨伟、陆慧丽、姜连成、田江南、李向阳。

本部分所代替标准的历次版本发布情况为：

——GB/T 12688.3—1990。

工业用苯乙烯试验方法
第3部分:聚合物含量的测定

1 范围

本部分规定了工业用苯乙烯中聚合物含量的测定方法。

本部分的光度法适用于聚合物含量范围为1 mg/kg~15 mg/kg的苯乙烯样品的测定。样品聚合物含量若大于15 mg/kg时,则应在测定前进行适当稀释。

本部分的目视法适用于聚合物含量(质量分数)不大于1.0%的苯乙烯样品的测定。样品聚合物含量(质量分数)大于1.0%时,应在测定前进行适当稀释。

本部分不适用于工业用苯乙烯中二聚体和三聚体的检测。

本部分并不是旨在说明与其使用有关的安全问题,使用者有责任采取适当的安全和健康措施,并保证符合国家有关法规的规定。

注意:苯乙烯为易燃物,在与过氧化物、无机酸和三氯化铝等接触时会发生放热聚合反应。高浓度的液态苯乙烯及其蒸气对眼睛和呼吸系统都有刺激性。

2 规范性引用文件

下列文件中的条款通过GB/T 12688的本部分的引用而成为本部分的条款。凡是注日期的引用文件,其随后所有的修改单(不包括勘误的内容)或修订版均不适用于本部分,然而,鼓励根据本部分达成协议的各方研究是否可使用这些文件的最新版本。凡是不注日期的引用文件,其最新版本适用于本部分。

GB/T 3723 工业用化学产品采样安全通则(GB/T 3723—1999,ISO 3165:1976,idt)

GB/T 6680 液体化工产品采样通则

GB/T 6682 分析实验室用水规格和试验方法(GB/T 6682—2008,ISO 3696:1987,MOD)

GB/T 8170 数值修约规则与极限数值的表示和判定

3 方法原理

3.1 分光光度法

利用苯乙烯单体中存在的苯乙烯聚合物不溶于甲醇的原理,在苯乙烯试样中加入无水甲醇,在420 nm处测定其吸光度,并与定量校准曲线进行比较,确定聚合物的含量。

3.2 目视法

在苯乙烯试样中加入无水甲醇,用目视法观测溶液的浊度,并与标准溶液进行比较,确定聚合物的含量。

4 试剂和材料

除另有注明,本部分使用的试剂应为分析纯。所用的水应符合GB/T 6682规定的三级水规格。

4.1 正己烷。

4.2 无水甲醇。

4.3 甲苯。

4.4 氢氧化钠溶液:40 g/L。

4.5 苯乙烯:纯度(质量分数)≥99.6%。

4.6 聚苯乙烯:用等体积氢氧化钠溶液洗涤 50 mL 苯乙烯(4.5)3 次,再用等体积水洗涤 2 次。在第二次水洗后,使苯乙烯通过二层折叠滤纸进行快速过滤。再将约 20 mL 滤得的苯乙烯倒入试管中,置于 100 ℃的烘箱中加热 24 h,促其聚合。结束时打碎试管,取出聚苯乙烯,弃去所有玻璃,在玛瑙研钵中将聚苯乙烯磨成细粉。

4.7 商品高纯聚苯乙烯:需使用高分子量的聚苯乙烯。

注:商品聚苯乙烯粒子中含有的添加剂可能会影响标准溶液的吸光度,选择时应注意。

5 仪器和设备

5.1 分光光度计:能在波长 420 nm 处测定吸光度,且灵敏度能满足含量为 1 mg/kg 的苯乙烯聚合物的测定。

5.2 光度计吸收池:光径长度 50 mm～150 mm。

5.3 吸量管:1 mL、10 mL、15 mL。

5.4 移液管:10 mL、15 mL。

5.5 具塞锥形瓶:100 mL。

5.6 容量瓶:100 mL、1 000 mL。

5.7 试管:(25×150)mm。

5.8 日光灯管。

5.9 电子天平:精度为 0.1 mg。

6 采样

按 GB/T 3723 和 GB/T 6680 的规定采取样品。

7 分光光度法

7.1 分析步骤

7.1.1 校准曲线绘制

7.1.1.1 将 0.090 5 g 聚苯乙烯(4.6 或 4.7)溶解于 1.0 L 甲苯中。该标准贮备溶液相当于在苯乙烯中含有 100 mg/kg 的聚苯乙烯。

7.1.1.2 分别吸取聚苯乙烯标准贮备溶液 1 mL、3 mL、6 mL、9 mL、12 mL 和 15 mL,置于 6 个 100 mL容量瓶中,用甲苯稀释至刻度,配成分别含 1 mg/kg、3 mg/kg、6 mg/kg、9 mg/kg、12 mg/kg 和 15 mg/kg 的聚苯乙烯标准溶液。

7.1.1.3 分别移取 10 mL 上述聚苯乙烯标准溶液和 15 mL 无水甲醇至一组具塞锥形瓶中,充分混合。在另一组对应的锥形瓶中,分别加入 10 mL 聚苯乙烯标准溶液和 15 mL 正己烷,充分混合。只要保持聚苯乙烯标准溶液与甲醇(或正己烷)的体积比为 2∶3,也可根据光度计吸收池的容量,调整聚苯乙烯标准溶液与甲醇(或正己烷)的加入量。

7.1.1.4 使混合溶液在具塞锥形瓶中静置(15±1)min,立即将混合溶液倒入光度计吸收池中测定其吸光度,波长为 420 nm。用相应的聚苯乙烯/正己烷的混合溶液作空白。

7.1.1.5 根据聚苯乙烯的含量(mg/kg)与对应的吸光度绘制校准曲线。

7.1.2 测定

在两只具塞锥形瓶中,分别移入 10 mL 苯乙烯试样。在一只锥形瓶中再移入 15 mL 无水甲醇,另一只移入 15 mL 正己烷,均充分混匀。按 7.1.1.3 和 7.1.1.4 步骤操作,用苯乙烯试样和正己烷的混合液作空白,对试样进行测定,并从事先绘制的校准曲线上查得聚苯乙烯的含量(mg/kg)。

7.2 分析结果的表述

以两次重复测定结果的算术平均值报告其分析结果,按 GB/T 8170 的规定进行修约,精确至1 mg/kg。

7.3 精密度

7.3.1 重复性

在同一实验室，由同一操作者使用相同设备，按相同的测试方法，并在短时间内对同一被测对象相互独立进行测试获得的两次独立测试结果，对聚合物含量为1 mg/kg～15 mg/kg的试样，其绝对差值不大于0.5 mg/kg，以大于0.5 mg/kg的情况不超过5%为前提。

7.3.2 再现性

在两个不同实验室，由不同操作员，用不同仪器和设备，按相同的测试方法，对同一被测对象相互独立进行测试获得的两个测试结果，对聚合物含量为1 mg/kg～15 mg/kg的试样，其绝对差值不大于1.0 mg/kg，以大于1.0 mg/kg的情况不超过5%为前提。

8 目视法

8.1 分析步骤

8.1.1 表1给出了不同苯乙烯聚合物含量与苯乙烯和甲醇混合液浊度之间的定性描述，也可采用聚苯乙烯和甲苯制备符合表1规定的或其他已知浓度的标准样品。

表1 苯乙烯聚合物含量与苯乙烯和甲醇混合液浊度之间的关系

苯乙烯中聚合物含量(质量分数)/%	苯乙烯-甲醇混合液的浊度描述
1.0或大于1.0	乳白色不透明液体，有大量白色沉淀析出
0.1	乳白色不透明液体，无明显沉淀
0.01	容易看见浑浊物，混合液仍为透明状态
0.001	极微量的浑浊物，只有通过与纯净的无水甲醇进行比较才能观测到
无	通过与纯净的无水甲醇进行比较也观测不到混浊物

8.1.2 吸取2 mL试样置于干燥洁净的试管(5.7)，并用移液管吸取10 mL无水甲醇加入其中，用铝箔覆盖的软木塞塞住试管并用力振荡几秒钟。

8.1.3 对试管进行振荡后，透过日光灯管(5.8)检查该试管中的混合溶液。将观察到的试样混合溶液的混浊度，与表1中所给出的混浊度的描述，或与其他已知聚合物含量的标准样品的混浊度进行对比。

8.2 分析结果的表述

从表1选择最接近样品的浊度描述，或根据其他已知聚合物含量的标准样品的浊度，报告试样的聚合物含量。

9 报告

报告应包括下列内容：

a) 有关样品的全部资料，例如样品的名称、批号、采样地点、采样日期、采样时间等；

b) 本部分的编号；

c) 分析结果；

d) 测定中观察到的任何异常现象的细节及其说明；

e) 分析人员的姓名及分析日期等。

附 录 A
（资料性附录）
本部分章条编号与 ASTM D 2121-07 章条编号对照表

表 A.1 给出了本部分章条编号与 ASTM D 2121-07 章条编号对照一览表。

表 A.1 本部分章条编号与 ASTM D 2121-07 章条编号对照表

本部分章条编号	对应的 ASTM D 2121-07 章条编号
1	1
2	2
3	3
—	4,5
4	7
5	6
6	9
7	10～14
8	16～20
9	—

ICS 71.080.15
G 16

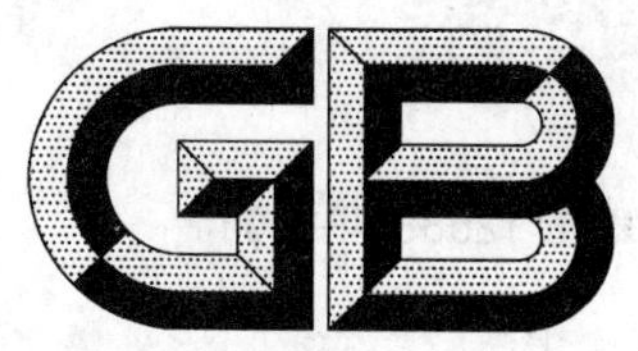

中华人民共和国国家标准

GB/T 12688.4—2011
代替 GB/T 12688.4—1990

工业用苯乙烯试验方法 第4部分:过氧化物含量的测定 滴定法

Test method of styrene for industrial use—
Part 4:Determination of content of peroxides—
Titrimetric method

2011-05-12 发布　　　　2011-11-01 实施

中华人民共和国国家质量监督检验检疫总局
中国国家标准化管理委员会　发布

前　言

GB/T 12688《工业用苯乙烯试验方法》分为以下部分：

——第1部分：纯度和烃类杂质的测定　气相色谱法；

——第3部分：聚合物含量的测定；

——第4部分：过氧化物含量的测定　滴定法；

——第5部分：总醛含量的测定　滴定法；

——第6部分：工业用苯乙烯中微量硫的测定　氧化微库仑法；

——第8部分：阻聚剂(对-叔丁基邻苯二酚)含量的测定　分光光度法；

——第9部分：微量苯的测定　气相色谱法。

本部分为GB/T 12688的第4部分。

本部分修改采用ASTM D 2340-09《苯乙烯单体中过氧化物含量的标准测定方法》(英文版)。本部分与ASTM D 2340-09的结构性差异参见附录A。

本部分与ASTM D 2340-09相比主要技术内容变化如下：

——删除了过氧化物测定范围的限制；

——规范性引用文件中引用我国标准。

本部分代替GB/T 12688.4—1990《工业用苯乙烯中过氧化物含量的测定　滴定法》。

本部分与GB/T 12688.4—1990的主要差异为：

——修改了标准名称；

——增加了附录A。

本部分的附录A为资料性附录。

本部分由中国石油化工集团公司提出。

本部分由全国化学标准化技术委员会石油化学分技术委员会(SAC/TC 63/SC 4)归口。

本部分起草单位：中国石油化工股份有限公司北京燕山分公司。

本部分主要起草人：杨伟、陆慧丽、姜连成、田江南、李向阳。

本部分所代替标准的历次版本发布情况为：

——GB/T 12688.4—1990。

工业用苯乙烯试验方法
第4部分：过氧化物含量的测定
滴定法

1 范围

本部分规定了工业用苯乙烯中过氧化物含量的测定方法。

本部分并不是旨在说明与其使用有关的所有安全问题。使用者有责任建立适当的安全与健康措施，保证符合国家有关法规的规定。

注意：苯乙烯为易燃物，在与过氧化物、无机酸和三氯化铝等接触时会发生放热聚合反应。高浓度的液态苯乙烯及其蒸气对眼睛和呼吸系统都有刺激性。

2 规范性引用文件

下列文件中的条款通过GB/T 12688的本部分的引用而成为本部分的条款。凡是注日期的引用文件，其随后所有的修改单(不包括勘误的内容)或修订版均不适用于本部分，然而，鼓励根据本部分达成协议的各方研究是否可使用这些文件的最新版本。凡是不注日期的引用文件，其最新版本适用于本部分。

GB/T 601 化学试剂 滴定分析(容量分析)用标准溶液的制备

GB/T 3723 工业用化学产品采样安全通则(GB/T 3723—1999，ISO 3165:1976，idt)

GB/T 6680 液体化工产品采样通则

GB/T 6682 分析实验室用水规格和试验方法(GB/T 6682—2008，ISO 3696:1987，MOD)

GB/T 8170 数值修约规则与极限数值的表示和判定

3 方法原理

将苯乙烯试样加到异丙醇和乙酸溶液中，再加入碘化钠异丙醇饱和溶液，加热回流。试样中的过氧化物与碘化钠反应定量地释放出碘，用硫代硫酸钠标准滴定溶液滴定至无色为终点，根据硫代硫酸钠标准滴定溶液的消耗体积计算得到过氧化物的含量。

4 试剂和材料

除另有注明，本部分使用的试剂应为分析纯。所用的水应符合GB/T 6682规定的三级水规格。

4.1 冰乙酸。

4.2 异丙醇。

注意：异丙醇为易燃物，应远离明火。在本试验中应使用全密封的加热器。

4.3 硫代硫酸钠标准滴定溶液[$c(Na_2S_2O_3)=0.01$ mol/L]：按GB/T 601的规定进行配制和标定，使用前稀释。

4.4 碘化钠异丙醇饱和溶液：约200 g/L。

5 仪器和设备

5.1 电加热器(全密封式)。

5.2 具塞碘量瓶：500 mL，配有300 mm球形冷凝管，标准磨口连接。

5.3　移液管：50 mL。

5.4　量筒：10 mL、50 mL。

5.5　滴定管：容量为 10 mL。

5.6　沸石。

6　采样

按 GB/T 3723 和 GB/T 6680 的规定采取样品。

7　分析步骤

7.1　在两个 500 mL 具塞碘量瓶中，先各加入 200 mL 异丙醇及数粒沸石，再各加入 10 mL 冰乙酸。用移液管吸 50 mL 苯乙烯试样加入到其中一个碘量瓶中，而另一个作为空白。然后装上球形冷凝器并开启冷却水。加热碘量瓶中液体至沸腾，再从球形冷凝器顶部向两个碘量瓶中各加入 50 mL 碘化钠异丙醇饱和溶液。

7.2　继续缓和地加热，煮沸 10 min 后，移去电加热器。分别用 10 mL 水冲洗两个冷凝器，并将冲洗液收集在各自的碘量瓶中。将碘量瓶冷却至室温。析出的碘用硫代硫酸钠标准滴定溶液先滴定至淡黄色，再继续缓慢地滴定至淡黄色刚好消失，即为终点。

8　结果计算

过氧化物（以 H_2O_2 计）的含量 w(mg/kg)按式(1)计算：

$$w=\frac{(V_1-V_2)cM}{\rho\times 2\times 50\times 1\,000}\times 10^6 \qquad \cdots\cdots(1)$$

式中：

V_1——滴定试样所消耗的硫代硫酸钠标准滴定溶液的体积的数值，单位为毫升(mL)；

V_2——滴定空白所消耗硫代硫酸钠标准滴定溶液的体积的数值，单位为毫升(mL)；

c——硫代硫酸钠标准滴定溶液浓度的数值，单位为摩尔每升(mol/L)；

M——过氧化氢的摩尔质量的数值，单位为克每摩尔(g/mol)(M=34.02)；

ρ——苯乙烯的密度的数值，单位为克每立方厘米(g/cm^3)。

9　分析结果的表述

以两次重复测定结果的算术平均值报告其分析结果，按 GB/T 8170 的规定进行修约，精确至 1 mg/kg。

10　精密度

10.1　重复性

在同一实验室，由同一操作者使用相同设备，按相同的测试方法，并在短时间内对同一被测对象相互独立进行测试获得的两次独立测试结果，对过氧化物含量为 1 mg/kg～60 mg/kg 的试样，其绝对差值不大于 6 mg/kg，以大于 6 mg/kg 的情况不超过 5%为前提。

10.2　再现性

在两个不同实验室，由不同操作员，用不同仪器和设备，按相同的测试方法，对同一被测对象相互独立进行测试获得的两个测试结果，对过氧化物含量为 1 mg/kg～60 mg/kg 的试样，其差值不大于 13 mg/kg，以大于 13 mg/kg 的情况不超过 5%为前提。

11　报告

报告应包括下列内容：

a） 有关样品的全部资料，例如样品的名称、批号、采样地点、采样日期、采样时间等；

b） 本部分的编号；

c） 分析结果；

d） 测定中观察到的任何异常现象的细节及其说明；

e） 分析人员的姓名及分析日期等。

附 录 A
（资料性附录）
本部分章条编号与 ASTM D 2340-09 章条编号对照表

表 A.1 给出了本部分章条编号与 ASTM D 2340-09 章条编号对照一览表。

表 A.1 本部分章条编号与 ASTM D 2340-09 章条编号对照表

本部分章条编号	对应的 ASTM D 2340-09 章条编号
1	1
2	2
3	3
—	4
4	6
5	5
6	8
7	9
8,9	10,11
10	12
11	—
—	13

ICS 71.080.15
G 16

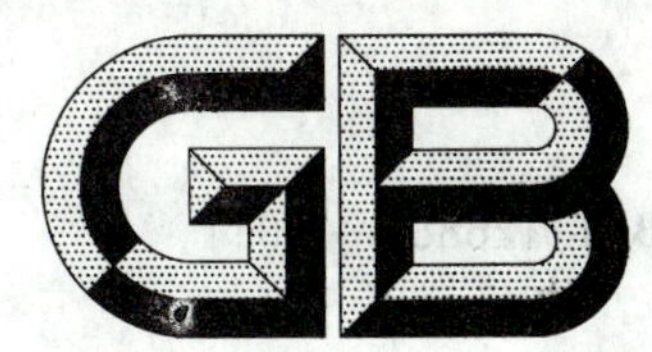

中华人民共和国国家标准

GB/T 12688.5—2011
代替 GB/T 12688.5—1990

工业用苯乙烯试验方法
第5部分：总醛含量的测定 滴定法

**Test method of styrene for industrial use—
Part 5: Determination of content of total aldehydes—
Titrimetric method**

2011-05-12 发布 2011-11-01 实施

中华人民共和国国家质量监督检验检疫总局
中国国家标准化管理委员会 发布

前　言

GB/T 12688《工业用苯乙烯试验方法》分为以下部分：

——第1部分：纯度和烃类杂质的测定　气相色谱法；

——第3部分：聚合物含量的测定；

——第4部分：过氧化物含量的测定　滴定法；

——第5部分：总醛含量的测定　滴定法；

——第6部分：工业用苯乙烯中微量硫的测定　氧化微库仑法；

——第8部分：阻聚剂(对-叔丁基邻苯二酚)含量的测定　分光光度法；

——第9部分：微量苯的测定　气相色谱法。

本部分为GB/T 12688的第5部分。

本部分修改采用ASTM D2119-09《苯乙烯单体中总醛含量的标准测定方法》(英文版)。本部分与ASTM D2119-09的结构性差异参见附录A。

本部分与ASTM D2119-09主要技术差异如下：

——修改了用于调节溶液酸度的盐酸和氢氧化钠溶液的浓度；

——修改了反应时间；

——修改了百里酚蓝的配制方法；

——修改了百里酚蓝指示剂的加入量；

——规范性引用文件中引用我国标准。

本部分代替GB/T 12688.5—1990《工业用苯乙烯总醛含量的测定　滴定法》。

本部分与GB/T 12688.5—1990相比主要差异为：

——修改了标准名称；

——修改了用于调节溶液酸度的盐酸和氢氧化钠溶液的浓度；

——修改了反应时间；

——修改了总醛测定结果的报告方式。

本部分的附录A为资料性附录。

本部分由中国石油化工集团公司提出。

本部分由全国化学标准化技术委员会石油化学分技术委员会(SAC/TC 63/SC 4)归口。

本部分起草单位：中国石油化工股份有限公司北京燕山分公司。

本部分主要起草人：杨伟、陆慧丽、姜连成、田江南、成红。

本部分所代替标准的历次版本发布情况为：

——GB/T 12688.5—1990。

工业用苯乙烯试验方法
第5部分:总醛含量的测定　滴定法

1　范围

本部分规定了工业用苯乙烯中总醛含量的测定方法。

本部分适用于总醛含量为10 mg/kg～300 mg/kg的苯乙烯样品的测定。

总醛的含量以苯甲醛形式进行计算和报告。样品中如存在酮类会干扰测定。

本部分并不是旨在说明与其使用有关的所有安全问题。使用者有责任建立适当的安全与健康措施,保证符合国家有关法规的规定。

注意:苯乙烯为易燃物,在与过氧化物、无机酸和三氯化铝等接触时会发生放热聚合反应。高浓度的液态苯乙烯及其蒸气对眼睛和呼吸系统都有刺激性。

2　规范性引用文件

下列文件中的条款通过GB/T 12688的本部分的引用而成为本部分的条款。凡是注日期的引用文件,其随后所有的修改单(不包括勘误的内容)或修订版均不适用于本部分,然而,鼓励根据本部分达成协议的各方研究是否可使用这些文件的最新版本。凡是不注日期的引用文件,其最新版本适用于本部分。

GB/T 601　化学试剂　滴定分析(容量分析)用标准溶液的制备

GB/T 3723　工业用化学产品采样安全通则(GB/T 3723—1999,ISO 3165:1976,idt)

GB/T 6680　液体化工产品采样通则

GB/T 6682　分析实验室用水规格和试验方法(GB/T 6682—2008,ISO 3696:1987,MOD)

GB/T 8170　数值修约规则与极限数值的表示和判定

3　方法原理

将盐酸羟胺的甲醇溶液加到苯乙烯试样中。试样中的活泼醛与盐酸羟胺发生如下反应,生成的盐酸的量和试样中醛类的量相当。

$$RCHO + NH_2OH \cdot HCl \longrightarrow RCHNOH + H_2O + HCl$$

用氢氧化钠标准滴定溶液滴定反应生成的盐酸,测得苯乙烯中总醛含量。

4　试剂材料

除另有注明,本部分使用的试剂应为分析纯。所用的水应符合GB/T 6682规定的三级水规格。

4.1　甲醇。

4.2　盐酸羟胺溶液:将20 g盐酸羟胺($NH_2OH \cdot HCl$)溶解于1 L的甲醇中。以百里酚蓝为指示剂,用酸或碱中和该溶液至刚呈橙色为止。

4.3　盐酸溶液[c(HCl)=0.025 mol/L]:移取2.08 mL浓盐酸(密度1.19 g/mL)用水稀释至1 L。

4.4　氢氧化钠标准滴定溶液[c(NaOH)=0.05 mol/L]:按GB/T 601方法规定进行配制和标定。

4.5　氢氧化钠溶液[c(NaOH)=0.025 mol/L]:移取10 mL氢氧化钠标准滴定溶液(4.4),用水稀释至20 mL。

4.6　百里酚蓝指示剂溶液:将0.1 g百里酚蓝溶解在10 mL氢氧化钠标准滴定溶液(4.4)中,用水稀释至250 mL。

5 仪器和设备

5.1 具塞锥形瓶:容积250 mL。

5.2 移液管:25 mL。

5.3 吸量管:15 mL。

5.4 容量瓶:250 mL、500 mL。

5.5 滴定管:2 mL,分度值0.01 mL。

6 采样

按照GB/T 3723和GB/T 6680的规定采取样品。

7 分析步骤

用移液管吸取25 mL苯乙烯试样,加入预先置有25 mL甲醇的具塞锥形瓶中。加5滴百里酚蓝指示剂溶液,用氢氧化钠溶液(4.5)或盐酸溶液中和至刚呈橙色为止(不需要记录刻度)。加25 mL盐酸羟胺溶液摇匀,放置1 h,其间偶尔摇动具塞锥形瓶。用氢氧化钠标准滴定溶液(4.4)滴定至原先的橙色为终点,记录消耗的体积。

用25 mL甲醇作一空白试验。

注:甲醇毒性较大,在确保测定准确度和精密度的条件下,也可用乙醇。

8 结果计算

总醛(以苯甲醛计)的含量w(mg/kg)按式(1)计算:

$$w=\frac{(V_1-V_2)cM}{\rho\times25\times1\ 000}\times10^6 \qquad \cdots\cdots(1)$$

式中:

V_1——测定试样所消耗的氢氧化钠标准滴定溶液的体积的数值,单位为毫升(mL);

V_2——测定甲醇空白所消耗的氢氧化钠标准滴定溶液的体积的数值,单位为毫升(mL);

c——氢氧化钠标准滴定溶液浓度的数值,单位为摩尔每升(mol/L);

ρ——苯乙烯的密度的数值,单位为克每立方厘米(g/cm^3);

M——苯甲醛的摩尔质量的数值,单位为克每摩尔(g/mol)(M=106.12)。

9 分析结果的表述

以两次重复测定结果的算术平均值报告其分析结果,按GB/T 8170的规定进行修约,精确至1 mg/kg。

10 精密度

10.1 重复性

在同一实验室,由同一操作员,采用同一仪器和设备,对同一试样相继做两次重复试验,所得试验结果,对总醛含量为40 mg/kg的试样,其差值不大于6 mg/kg,以大于6mg/kg的情况不超过5%为前提。

10.2 再现性

在任意两个不同实验室,由不同操作员,采用不同仪器和设备,在不同时间或相同时间内,对同一样品所测得的两个单次测定结果,对总醛含量为40 mg/kg的试样,其差值不大于16 mg/kg,以大于16 mg/kg的情况不超过5%为前提。

11 报告

报告应包括下列内容：

a) 有关样品的全部资料，例如样品的名称、批号、采样地点、采样日期、采样时间等；

b) 本部分的编号；

c) 分析结果；

d) 测定中观察到的任何异常现象的细节及其说明；

e) 分析人员的姓名及分析日期等。

附 录 A
(资料性附录)
本部分章条编号与 ASTM D2119-09 章条编号对照表

表 A.1 给出了本部分章条编号与 ASTM D2119-09 章条编号对照一览表。

表 A.1 本部分章条编号与 ASTM D2119-09 章条编号对照表

本部分章条编号	对应的 ASTM D2119-09 章条编号
1	1
2	2
3	3
—	4,5
4	7
5	6
6	9
7	10
8,9	11,12
10	13
11	—

ICS 71.080.15
G 16

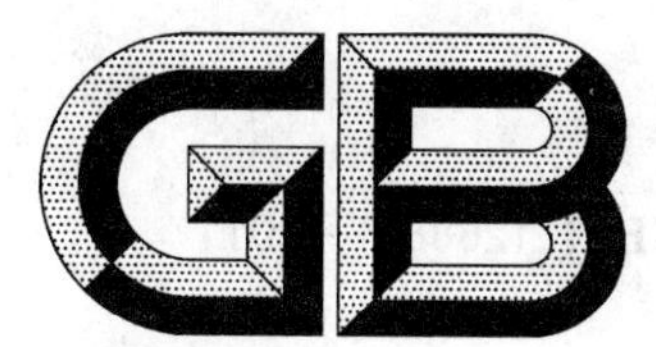

中华人民共和国国家标准

GB/T 12688.8—2011
代替 GB/T 12688.8—1998

工业用苯乙烯试验方法 第8部分：阻聚剂(对-叔丁基邻苯二酚)含量的测定 分光光度法

**Test method of styrene for industrial use—
Part 8: Determination of content of inhibitor (p-tert-butylcatechol)—
Spectrophotometric method**

2011-05-12 发布　　2011-11-01 实施

中华人民共和国国家质量监督检验检疫总局
中国国家标准化管理委员会　发布

前　言

GB/T 12688《工业用苯乙烯试验方法》分为以下部分：

——第1部分：纯度和烃类杂质的测定　气相色谱法；

——第3部分：聚合物含量的测定；

——第4部分：过氧化物含量的测定　滴定法；

——第5部分：总醛含量的测定　滴定法；

——第6部分：工业用苯乙烯中微量硫的测定　氧化微库仑法；

——第8部分：阻聚剂(对-叔丁基邻苯二酚)含量的测定　分光光度法；

——第9部分：微量苯的测定　气相色谱法。

本部分为GB/T 12688的第8部分。

本部分修改采用ASTM D4590-09《分光光度计测定苯乙烯单体或α-甲基苯乙烯中对-叔丁基邻苯二酚含量的标准试验方法》(英文版)，本部分与ASTM D4590-09的结构性差异参见附录A。

本部分与ASTM D4590-09相比主要技术内容变化如下：

——规范性引用文件中引用我国标准；

——重复性限采用我国的规定。

本部分代替GB/T 12688.8—1998《工业用苯乙烯阻聚剂(对-特丁基邻苯二酚)含量的测定　分光光度法》。

本部分与GB/T 12688.8—1998主要差异如下：

——修改了标准的名称；

——修改了对-叔丁基邻苯二酚的测定范围；

——修改了氢氧化钠醇溶液的配制方法和储存期限；

——修改了样品和试剂用量；

——修改了标准曲线绘制和试样测定中的参比溶液；

——修改了7.1.2的注；

——增加了测定结果计算公式的密度修正。

本部分的附录A为资料性附录。

本部分由中国石油化工集团公司提出。

本部分由全国化学标准化技术委员会石油化学分技术委员会(SAC/TC 63/SC 4)归口。

本部分起草单位：中国石油化工股份有限公司北京燕山分公司。

本部分主要起草人：杨伟、陆慧丽、李向阳、李晓艳、张坤。

本部分所代替标准的历次版本发布情况为：

——GB/T 12688.8—1998。

工业用苯乙烯试验方法 第8部分：阻聚剂(对-叔丁基邻苯二酚)含量的测定 分光光度法

1 范围

本部分规定了工业用苯乙烯中的对-叔丁基邻苯二酚(TBC)含量的测定方法。

本部分适用于工业用苯乙烯中TBC含量的测定，其适用范围为1 mg/kg～100 mg/kg。

苯乙烯中含有的任何能与氢氧化钠醇溶液生成颜色的其他化合物，对测定均有干扰。但如果已知该化合物及其在样品中的浓度，也许可在配制标准溶液时加入这一化合物而予以补偿。

本部分并不是旨在说明与其使用有关的所有安全问题。使用者有责任建立适当的安全与健康措施，保证符合国家有关法规的规定。

注意：苯乙烯为易燃物。在与过氧化物、无机酸和三氯化铝等接触时会发生放热聚合反应。高浓度的液态苯乙烯及其蒸气对眼睛和呼吸系统都有刺激性。

2 规范性引用文件

下列文件中的条款通过GB/T 12688的本部分的引用而成为本部分的条款。凡是注日期的引用文件，其随后所有的修改单(不包括勘误的内容)或修订版均不适用于本部分，然而，鼓励根据本部分达成协议的各方研究是否可使用这些文件的最新版本。凡是不注日期的引用文件，其最新版本适用于本部分。

GB/T 3723 工业用化学产品采样安全通则(GB/T 3723—1999,ISO 3165:1976,idt)

GB/T 6680 液体化工产品采样通则

GB/T 6682 分析实验室用水规格和试验方法(GB/T 6682—2008,ISO 3696:1987,MOD)

GB/T 8170 数值修约规则与极限数值的表示和判定

3 方法原理

将氢氧化钠醇溶液加入到苯乙烯试样中，产生粉红色。用分光光度计在490 nm处测量其吸光度，并与校准曲线进行比较，确定阻聚剂含量。

4 试剂和材料

除另有注明，本部分使用的试剂应为分析纯。所用的水应符合GB/T 6682规定的三级水规格。

4.1 对-叔丁基邻苯二酚(TBC)：含量大于99%，熔点52 ℃～55 ℃。

4.2 甲苯。

4.3 甲醇。

4.4 氢氧化钠溶液：约为10 mol/L，溶解4 g氢氧化钠于10 mL水中。

4.5 正辛醇。

4.6 氢氧化钠醇溶液：约0.15 mol/L。量取0.75 mL氢氧化钠溶液置于25 mL甲醇中，保持搅拌并加入25 mL正辛醇和0.75 mL水。溶液贮存在棕色瓶中，此溶液可立即使用，储存期2个月。为减少此溶液与空气接触，将溶液分装在几个小清洁瓶中。

4.7 TBC贮备液：称取0.500 g TBC溶解于499.5 g甲苯中。该溶液含有1 000 mg/kg的TBC。贮

备液应贮存在棕色瓶中，并放入冰箱中保存。贮存期一年。

注意：TBC 对皮肤有严重的腐蚀性，特别是熔化或浓溶液状态时其腐蚀性更强，如果由口或皮肤直接吸收一定的量，也是一种对全身有害的毒物。

5 仪器与设备

5.1 分光光度计：能在波长为 490 nm 处测量吸光度，配有厚度(1～5)cm 吸收池。

5.2 吸量管：0.5 mL、1.0 mL、5 mL、10 mL。

5.3 单标线移液管：15 mL。

5.4 锥形瓶：50 mL。

6 取样

按 GB/T 3723 和 GB/T 6680 的规定采取样品。

7 分析步骤

7.1 校准曲线的绘制

7.1.1 将 0 mL、0.5 mL、1 mL、2 mL、3 mL、4 mL、5 mL、7 mL、10 mL 的 TBC 贮备液分别移入一组 100 mL 容量瓶中，用甲苯稀释至刻度。此组标准溶液含有 0 mg/kg(空白)、5 mg/kg、10 mg/kg、20 mg/kg、30 mg/kg、40 mg/kg、50 mg/kg、70 mg/kg、100 mg/kg 的 TBC。

7.1.2 分别移取 15 mL 上述标准溶液至锥形瓶中，分别移入经剧烈摇匀的 0.3 mL 氢氧化钠醇溶液，剧烈混合 30 s。将 0.6 mL 甲醇分别移入各容器中，振摇 15 s。

注：用纯净的丙酮或甲醇清洗玻璃器皿，若有劣质的甲醇存在，会造成结果偏低。

7.1.3 在 5 min 之内，以未加入 TBC 的空白标准溶液作参比，于 490 nm 处测量吸光度。

7.1.4 按 7.1.3 测得的各标准溶液的吸光度值，对相应的 TBC 含量(mg/kg)绘制校准曲线。

7.2 试样的测定

移取 15 mL 苯乙烯试样至锥形瓶中。按 7.1.2 规定的步骤进行，在 5 min 之内以苯乙烯试样作参比，于 490 nm 处测量吸光度。从 7.1.4 所绘制的标准曲线上查得 TBC 浓度，并按式(1)计算阻聚剂含量：

$$w = w_1 \times 0.96 \qquad \cdots\cdots (1)$$

式中：

w——样品中阻聚剂的含量的数值，单位为毫克每千克(mg/kg)；

w_1——标准曲线上查得的阻聚剂含量的数值，单位为毫克每千克(mg/kg)；

0.96——甲苯的密度与苯乙烯的密度的比值。

8 分析结果的表述

以两次重复测定结果的算术平均值报告其分析结果，按 GB/T 8170 的规定进行修约，精确至 0.1 mg/kg。

9 精密度

在同一实验室，由同一操作者使用相同设备，按相同的测试方法，并在短时间内对同一被测对象相互独立进行测试获得的两次独立测试结果的绝对差值不超过下列的重复性限(r)，以超过重复性限(r)的情况不超过 5 %为前提：

TBC 含量	重复性限
1 mg/kg≤X≤15 mg/kg	为其平均值的 20%

15 mg/kg$<X\leqslant$100 mg/kg　　　　为其平均值的10%

10 报告

报告应包括下列内容：

a) 有关样品的全部资料，例如样品的名称、批号、采样地点、采样日期、采样时间等；

b) 本部分的编号；

c) 分析结果；

d) 测定中观察到的任何异常现象的细节及其说明；

e) 分析人员的姓名及分析日期等。

附　录　A
（资料性附录）
本部分章条编号与 ASTM D4590-09 章条编号对照表

表 A.1 给出了本部分章条编号与 ASTM D4590-09 章条编号对照一览表。

表 A.1　本部分章条编号与 ASTM D4590-09 章条编号对照表

本部分章条编号	对应的 ASTM D4590-09 章条编号
1	1
2	2
3	4
4	7
5	6
6	9
7	10～11
8	12
9	13
10	—

ICS 71.080.15
G 16

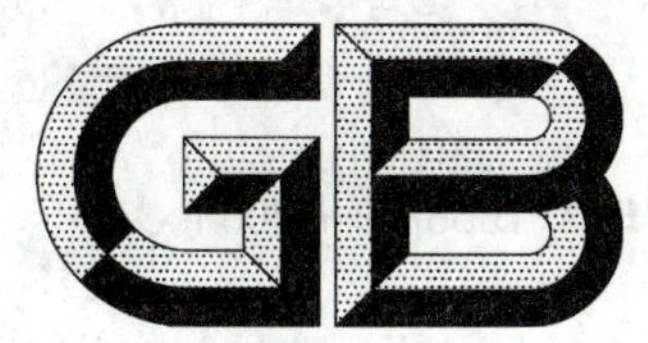

中华人民共和国国家标准

GB/T 12688.9—2011

工业用苯乙烯试验方法 第9部分:微量苯的测定 气相色谱法

Test method of styrene for industrial use—Part 9: Determination of trace benzene—Gas chromatographic method

2011-05-12 发布 2011-11-01 实施

中华人民共和国国家质量监督检验检疫总局
中国国家标准化管理委员会 发布

前　言

GB/T 12688《工业用苯乙烯试验方法》分为以下部分：

——第1部分：纯度和烃类杂质的测定　气相色谱法；

——第3部分：聚合物含量的测定；

——第4部分：过氧化物含量的测定　滴定法；

——第5部分：总醛含量的测定　滴定法；

——第6部分：工业用苯乙烯中微量硫的测定　氧化微库仑法；

——第8部分：阻聚剂(对-叔丁基邻苯二酚)含量的测定　分光光度法；

——第9部分：微量苯的测定　气相色谱法。

本部分为GB/T 12688的第9部分。

本部分修改采用ASTM D6229-06《气相色谱法测定烃类溶剂中微量苯的试验方法》(英文版)，本部分与ASTM D6229-06的结构性差异参见附录A。

本部分与ASTM D6229-06相比主要技术内容变化如下：

——检测范围调整为0.2 mg/kg～100 mg/kg；

——增加了微板流路控制系统；

——重复性限采用我国的规定；

——规范性引用文件中引用我国标准。

本部分的附录A为资料性附录。

本部分由中国石油化工集团公司提出。

本部分由全国化学标准化技术委员会石油化学分技术委员会(SAC/TC 63/SC 4)归口。

本部分起草单位：中国石油化工股份有限公司上海石油化工研究院。

本部分主要起草人：李薇、彭振磊、李继文。

工业用苯乙烯试验方法
第9部分:微量苯的测定
气相色谱法

1 范围

本部分规定了用气相色谱法测定工业用苯乙烯中微量苯的含量。

本部分适用于工业用苯乙烯中含量范围为0.2 mg/kg~100 mg/kg的苯的测定。

本部分并不是旨在说明与其使用有关的安全问题,使用者有责任采取适当的安全和健康措施,并保证符合国家有关法规的规定。

注意:苯乙烯单体为易燃物。在与过氧化物、无机酸和三氯化铝等接触时会发生放热聚合反应。高浓度的液态苯乙烯及其蒸气对眼睛和呼吸系统都有刺激性。

2 规范性引用文件

下列文件中的条款通过GB/T 12688的本部分的引用而成为本部分的条款。凡是注日期的引用文件,其随后所有的修改单(不包括勘误的内容)或修订版均不适用于本部分,然而,鼓励根据本部分达成协议的各方研究是否可使用这些文件的最新版本。凡是不注日期的引用文件,其最新版本适用于本部分。

GB/T 3723 工业用化学产品采样安全通则(GB/T 3723—1999,ISO 3165:1976,idt)

GB/T 6680 液体化工产品采样通则

GB/T 8170 数值修约规则与极限数值的表示和判定

3 方法原理

3.1 双柱串联阀系统

将适量试样注入配有两根毛细管柱和切换阀的气相色谱仪中,试样先通过非极性柱,各组分按沸点分离,当辛烷流出后进行柱阀切换,将重组分反吹放空和将苯及轻组分切入极性毛细管柱,使苯和非芳烃有效分离,用氢火焰离子化检测器(FID)测量苯的峰面积,以外标法计算苯的浓度,以mg/kg表示。

3.2 微板流路控制系统

将适量试样注入配有中心切割技术和双FID检测器的气相色谱仪中,试样先通过非极性柱,各组分按沸点分离,根据苯出峰时间确定中心切割的时间段,并将其切至极性毛细管柱,使苯和非芳烃有效分离,之后将重组分反吹放空,用氢火焰离子化检测器(FID)测量苯的峰面积,以外标法计算苯的浓度,以mg/kg表示。

4 试剂与材料

4.1 载气:氮气,纯度(体积分数)≥99.995%,经硅胶及5 A分子筛干燥,净化。

4.2 燃烧气(FID):氢气,纯度(体积分数)≥99.99%。

4.3 助燃气:空气,无油,经硅胶及5 A分子筛干燥、净化。

4.4 苯:纯度(质量分数)不低于99.5%。

4.5 苯乙烯:纯度(质量分数)不低于99.7%,不含苯。

4.6 正庚烷:纯度(质量分数)不低于99%。

4.7　正辛烷:纯度(质量分数)不低于 99%。

4.8　正壬烷:纯度(质量分数)不低于 99%。

5　仪器

5.1　气相色谱仪

5.1.1　双柱串联阀系统:配置带有温度控制的六通阀(阀箱的最高使用温度不低于 175 ℃)、反吹系统和氢火焰离子化检测器(FID)的气相色谱仪。该仪器对本部分所规定的最低测定浓度下的苯所产生的峰高应至少大于噪声的两倍。进样反吹系统如图 1 所示。满足本部分分离和定量效果的其他进样和反吹装置也可使用。

5.1.2　微板流路控制系统:备有中心切割技术、双氢火焰离子化检测器(FID)的气相色谱仪,该仪器对本部分所规定的最低测定浓度下的苯所产生的峰高应至少大于噪声的两倍。气路连接系统如图 2 所示。满足本部分分离和定量效果的其他流路控制系统也可使用。

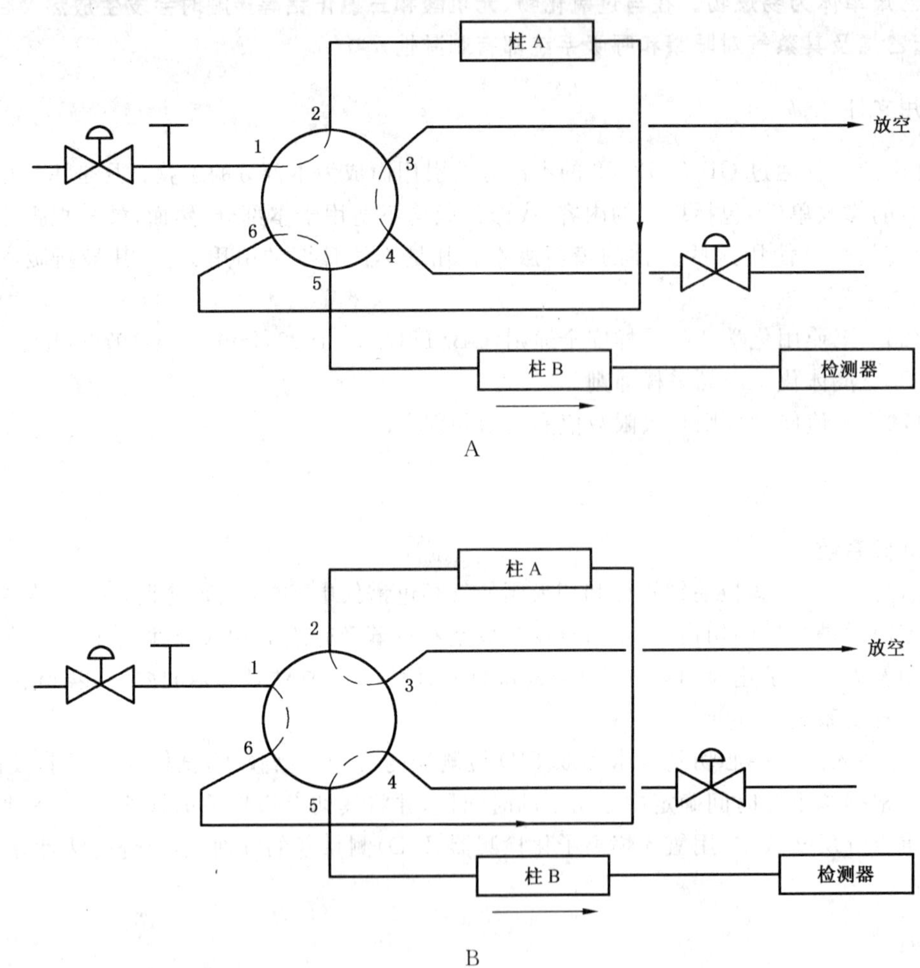

A——预分离状态(a 位);

B——反吹状态(b 位)。

图 1　双柱串联阀系统的六通阀连接示意图

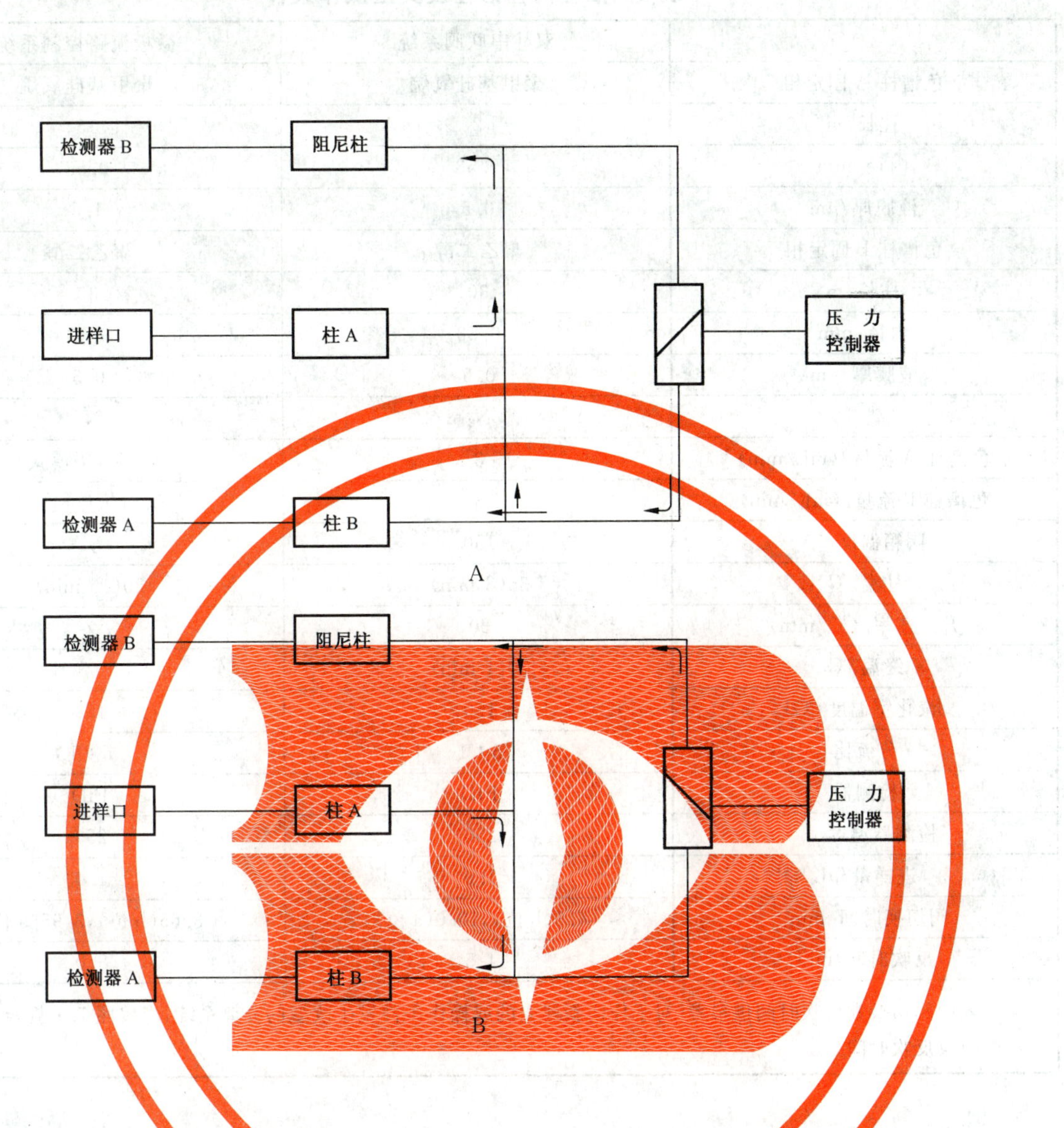

A——预分离状态(a 位);
B——中心切割状态(b 位)。

图 2　微板流路控制系统气路连接示意图

5.2　色谱柱

推荐的色谱柱及典型操作条件见表 1,典型色谱图见图 3、图 4,能给出同等分离和定量效果的其他色谱柱和分析条件也可使用。

表 1 推荐的色谱柱及典型操作条件

	双柱串联阀系统	微板流路控制系统
色谱柱 A 固定相	聚甲基硅氧烷	聚甲基硅氧烷
柱长/m	2	15
内径/mm	0.53	0.53
液膜厚/μm	0.5	1.5
色谱柱 B 固定相	聚乙二醇	聚乙二醇
柱长/m	30	30
内径/mm	0.53	0.53
液膜厚/μm	0.5	0.5
载气	N_2	N_2
色谱柱 A 流量/(mL/min)	3	3.5(恒压模式)
色谱柱 B 流量/(mL/min)	3	5.5(恒压模式)
阀箱温度/℃	150	/
柱温/℃	35(8 min)	50(16 min)
升温速率/(℃/min)	20	/
终温/℃	70(1 min)	/
汽化室温度/℃	150	150
分流比	5∶1	5∶1
检测器	FID	FID
检测器温度/℃	250	250
进样量/μL	1.0	1.0
阀切换时间/min[a]	4.5(b 位),10.0(a 位)	3.65(b 位),3.95(a 位)
反吹时间/min	4.5	8.0

[a] 表中阀切换和反吹时间供参考,对于任何新建立的或操作条件发生改变的分离系统,应按照 7.1 规定确定阀切换及反吹时间。

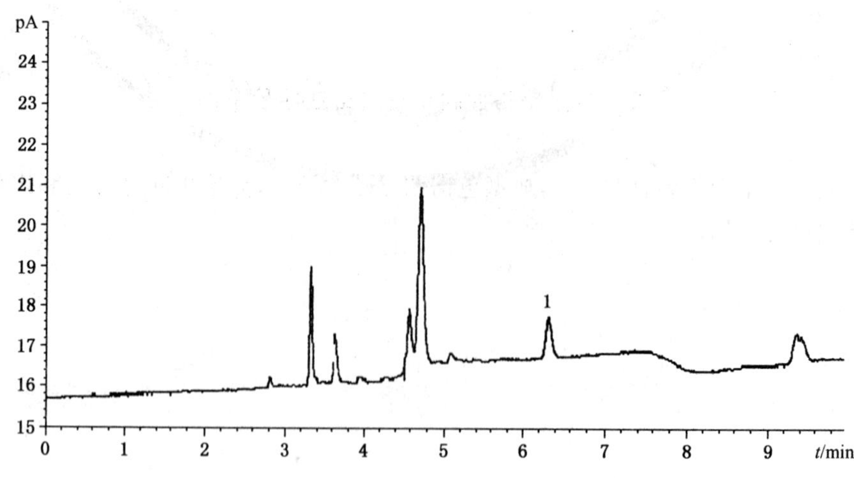

1——苯。

图 3 双柱串联阀系统的典型色谱图

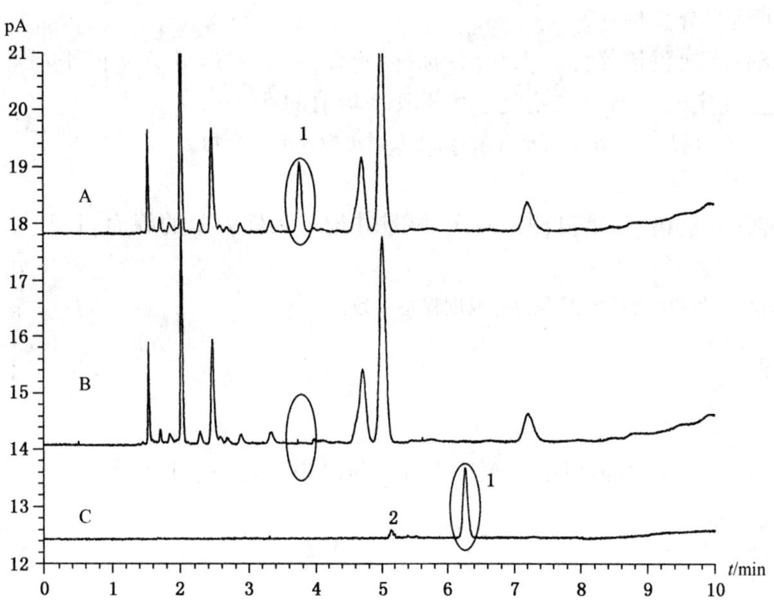

1——苯；

2——非芳组分。

A：切割前，柱 A 上的分离色谱图(FID B)；

B：切割后，柱 A 上的分离色谱图(FID B)；

C：切割后，柱 B 上的分离色谱图(FID A)。

图 4 微板流路控制系统上切割前后的典型色谱图

5.3 记录装置

积分仪或色谱工作站。

6 采样

按 GB/T 6680 和 GB/T 3723 的规定采取样品。

7 测定步骤

7.1 设定操作条件

根据仪器操作说明书，在色谱仪中按 5.1 安装色谱柱并连接气路系统，老化色谱柱。然后调节仪器至表 1 所示的操作条件，待仪器稳定后即可开始测定。应在双柱串联阀系统连接六通阀的放空端连接一阻尼阀，并调节阻尼阀使之与柱 B 的阻力相等，以保证六通阀切换过程中的气体流量稳定。

7.1.1 双柱串联阀切换系统中阀切换时间的确定

配制含有正辛烷和正壬烷的正庚烷溶液，在阀路处于图 1 预分离状态下(a 位)进样，记录从进样到正辛烷完全出峰，而正壬烷还没有流出时的时间。该时间的一半即为阀自预分离状态(a 位)切换至反吹状态(b 位)的阀切换时间。微调阀切换时间，恰好使得苯没有损失且分析时间满足实际需求。

7.1.2 微板流路控制系统中阀切换时间的确定

配制苯含量约为 100 mg/kg 的苯乙烯溶液，在电磁切换阀处于图 2 预分离状态下(a 位)进样，被测组分经柱 A 预分离后，经过阻尼柱，进入检测器 B，确定苯出峰的起止时间，因样品组分在阻尼柱没有保留，停留时间小于 0.01 min，因此苯在检测器 B 上的出峰起止时间即为电磁切换阀自预分离状态切换至中心切割状态(自 a 位切至 b 位)和切回预分离状态(自 b 位切回 a 位)的阀切换时间。微调阀切换时间，确保苯完全切入柱 B。

7.2 校正因子测定

7.2.1 以苯乙烯为溶剂，用称量法配制含有苯的标样，精确至 0.000 1 g。配制的苯浓度应与待测试样中苯的浓度相近(可适当分步稀释)。

7.2.2 在规定的条件下向色谱仪注入1.0 μL标样,重复测定两次,计算苯的平均峰面积,作为定量计算的依据。两次重复测定的峰面积之差应不大于其平均值的5%。

注1:苯乙烯标样储存过程中,会发生自聚现象,需要及时更换校准混合物。

7.3 试样测定

取1.0 μL试样注入色谱仪,重复测定两次,测量并记录试样中苯的峰面积,并与外标样的测定结果进行比较。

注:测定试样时,试样温度应与校准混合物的温度保持一致。

8 分析结果的表述

8.1 计算

苯乙烯中苯含量以 w 计,数值以毫克每千克(mg/kg)表示,按式(1)计算:

$$w = w_s \times \frac{A}{A_s} \qquad \cdots\cdots(1)$$

式中:

w_s——标样中苯含量的数值,单位为毫克每千克(mg/kg);

A_s——标样中苯的峰面积的数值;

A——试样中苯的峰面积的数值。

8.2 结果的表示

8.2.1 以两次重复测定结果的算术平均值表示其分析结果,数值修约按GB/T 8170规定进行。

8.2.2 报告苯的含量,应精确至0.1 mg/kg。

9 重复性

在同一实验室,由同一操作者使用相同设备,按相同的测试方法,并在短时间内对同一被测对象相互独立进行测试获得的两次独立测试结果的绝对差值不超过下列的重复性限(r),以超过重复性限(r)的情况不超过5%为前提:

0.2 mg/kg≤w<1 mg/kg　　为其平均值的30%

1 mg/kg≤w<100 mg/kg　　为其平均值的20%

10 报告

报告应包括下列内容:

a) 有关样品的全部资料,例如,样品名称、批号、采样地点、采样日期、采样时间等。

b) 本部分编号。

c) 分析结果。

d) 测定中观察到的任何异常现象的细节及其说明。

e) 分析人员的姓名及分析日期等。

附 录 A
（资料性附录）
本部分章条编号与 ASTM D6229-06 章条编号对照表

表 A.1 给出了本部分章条编号与 ASTM D6229-06 章条编号对照一览表。

表 A.1 本部分章条编号与 ASTM D6229-06 章条编号对照表

本部分章条编号	ASTM D6229-06 章条编号
1	1
2	2
3	3
—	4
4	6
5	5
6	7
7.1	9
7.2	10
—	11
8.1	12
8.2	13
9	14
10	—
—	15

ICS 21.040.20
J 04

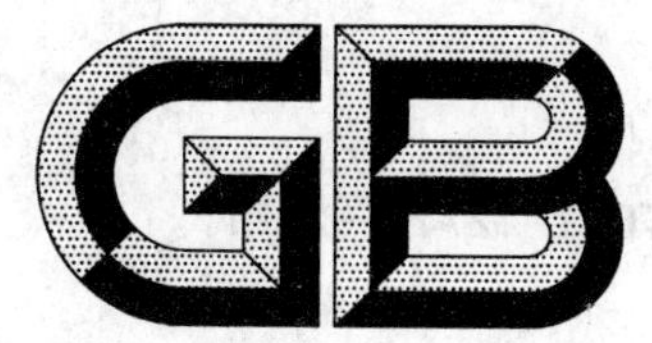

中华人民共和国国家标准

GB/T 12716—2011
代替 GB/T 12716—2002

60°密封管螺纹

Pipe threads with the thread angle of 60 degrees where pressure-tight joints are made on threads

2011-12-30 发布　　2012-10-01 实施

中华人民共和国国家质量监督检验检疫总局
中国国家标准化管理委员会　发布

前　言

本标准按照 GB/T 1.1—2009 给出的规则起草。

本标准代替 GB/T 12716—2002《60°密封管螺纹》。本标准与 GB/T 12716—2002 相比，主要技术变化为：

——调整部分螺纹牙顶高和牙底高公差数值（表 1）；

——调整部分螺纹基准距离和装配余量数值（表 2）；

——调整部分圆柱内螺纹的最大中径尺寸（表 4）；

——增加螺纹检验章节（第 11 章）和螺纹量规（附录 A）；

——新标准删除了旧标准的附录 A（管螺纹的英寸尺寸表）。

本标准采用重新起草法修改采用美国标准 ASME B1.20.2M：2006《一般用途管螺纹》。我国标准与美国标准相比主要有如下不同：

——螺纹尺寸代号：美国使用 D_x、E_x、K_x、p、D 和 d 分别表示螺纹的大径、中径、小径和螺距、管子的外径和内径；而我国和 ISO 则使用 D、D_2、D_1、d、d_2、d_1 和 P 分别表示内螺纹的大径、中径和小径、外螺纹的大径、中径和小径、螺纹螺距。为避免与我国和 ISO 已有的螺纹代号体系发生冲突，本标准没有采用与我国发生冲突的那部分美国尺寸代号。

——在螺纹标记中，美国标准是先给出螺纹的尺寸代号，后给出螺纹的特征代号；而我国螺纹标准体系则先标出螺纹的特征代号，后标出螺纹的尺寸代号。另外，为简化螺纹标记，我国标准允许省略螺纹标记中的螺纹牙数项。

——规范性引用文件中引用了 GB/T 14791《螺纹术语》。

本标准由全国螺纹标准化技术委员会（SAC/TC 108）提出。

本标准由全国螺纹标准化技术委员会（SAC/TC 108）、全国量具量仪标准化技术委员会（SAC/TC 132）归口。

本标准负责起草单位：浙江省计量科学研究院、中机生产力促进中心。

本标准参加起草单位：上海市紧固件和焊接材料技术研究所、江苏竹箦阀业有限公司。

本标准主要起草人：何虹、茅振华、李晓滨、薛俊义、张建生。

本标准所代替标准的历次版本发布情况为：

——GB/T 12716—1991、GB/T 12716—2002。

60°密封管螺纹

1 范围

本标准规定了牙型角为60°、螺纹副本身具有密封性的管螺纹(NPT 和 NPSC)的牙型、基本尺寸、公差、标记和量规。

本标准适用于管子、阀门、管接头、旋塞及其他管路附件的密封螺纹连接。

2 规范性引用文件

下列文件对于本文件的应用是必不可少的。凡是注日期的引用文件,仅注日期的版本适用于本文件。凡是不注日期的引用文件,其最新版本(包括所有的修改单)适用于本文件。

GB/T 14791 螺纹术语

3 术语及代号

3.1 术语和定义

GB/T 14791 界定的以及下列术语和定义适用于本文件。

3.1.1

参照平面 reference plane

量规检验螺纹时,读取检验数值(基准平面的位置偏差)所参照的工件可见平面。它是内螺纹件的外端面或外螺纹件的小端面。

3.2 代号

D ——内螺纹在基准平面内的大径;

d ——外螺纹在基准平面内的大径;

D_2——内螺纹在基准平面内的中径;

d_2——外螺纹在基准平面内的中径;

D_1——内螺纹在基准平面内的小径;

d_1——外螺纹在基准平面内的小径;

n ——在25.4 mm 轴向长度内所包含的牙数;

P ——螺距;

H ——原始三角形高度;

h ——螺纹牙型高度;

f ——削平高度;

L_1——基准距离;

L_2——有效螺纹长度;

L_3——装配余量;

L_5——完整螺纹长度;

L_6——不完整螺纹长度;

L_7——旋紧余量；

V ——螺尾长度。

4 牙型

4.1 设计牙型

圆柱内螺纹(NPSC)牙型见图 1；圆锥螺纹(NPT)牙型见图 2。

螺纹牙型的左、右牙侧角相等，牙型角的角平分线垂直于螺纹轴线。圆锥螺纹的锥度为 1∶16。

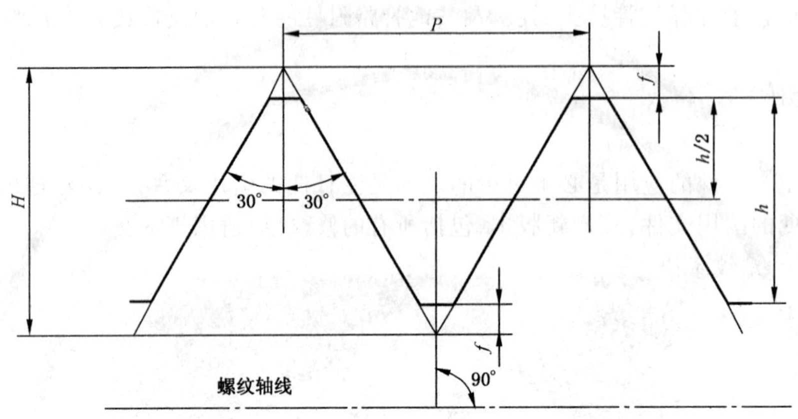

图 1 圆柱内螺纹(NPSC)牙型

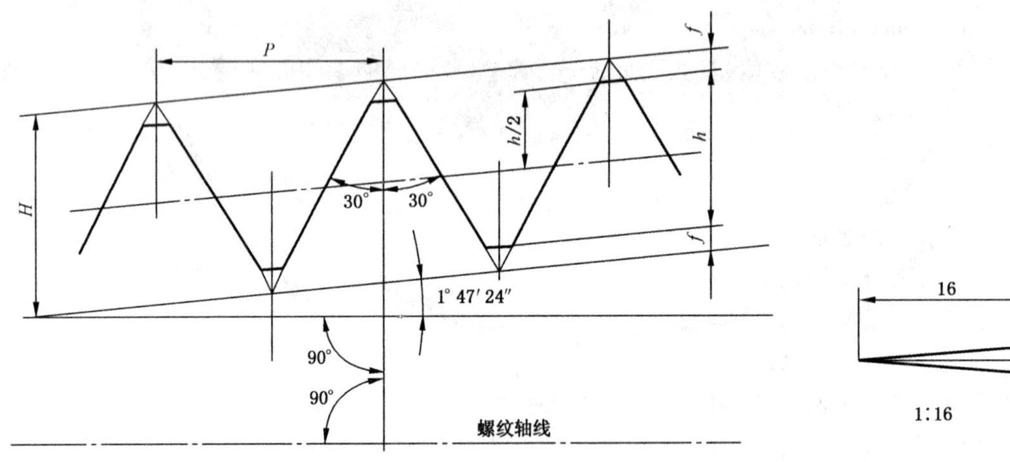

图 2 圆锥螺纹(NPT)牙型

4.2 牙型尺寸

牙型尺寸按下列公式计算：

$$P=25.4/n$$

$$H=0.866\ 025P$$

$$h=0.800\ 000P$$

$$f=0.033P$$

4.3 牙高公差

螺纹牙顶高和牙底高的公差带分布位置见图3,其公差数值应符合表1的规定。

螺纹牙顶高和牙底高尺寸一般由控制刀具尺寸来保证。为确保螺纹的密封性能,设计者可以单独提出对螺纹牙高进行检验的技术要求。

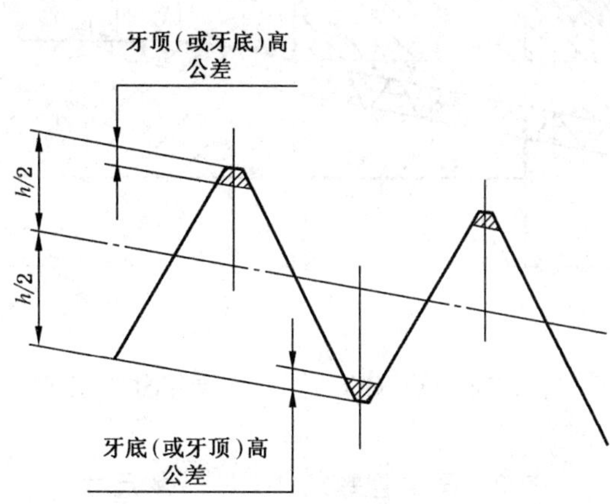

图3 牙顶高和牙底高的公差带分布位置

表1 牙顶高和牙底高公差

牙数 n	牙顶高和牙底高公差/mm
27	0.061
18	0.079
14	0.081
11.5	0.086
8	0.094

5 螺纹种类与配合

内螺纹有圆锥和圆柱两种螺纹,外螺纹仅有一种圆锥螺纹。

内、外螺纹可组成两种密封配合形式:圆锥内螺纹与圆锥外螺纹组成“锥/锥”配合,圆柱内螺纹与圆锥外螺纹组成“柱/锥”配合。

为确保螺纹连接密封的可靠性,应在螺纹副内添加合适的密封介质。例如在螺纹表面上缠胶带、涂密封胶等。

6 圆锥管螺纹(NPT)的基本尺寸及其公差

6.1 基本尺寸

圆锥管螺纹各主要尺寸的分布位置见图4,其基本尺寸应符合表2的规定。

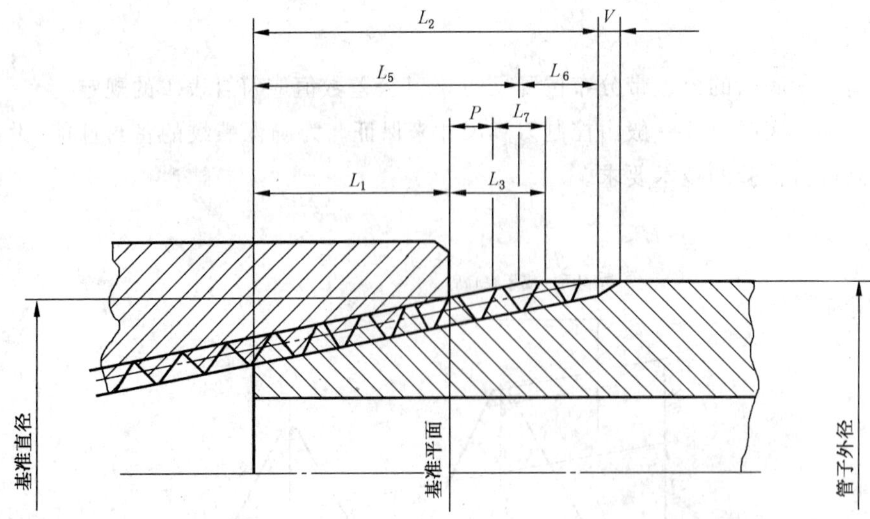

图 4 圆锥外螺纹(NPT)上各主要尺寸的分布位置

表 2 圆锥管螺纹(NPT)基本尺寸

1	2	3	4	5	6	7	8	9	10	11	12
螺纹尺寸代号	牙数 n	螺距 P/mm	牙型高度 h/mm	基准平面内的基本直径/mm			基准距离 L_1		装配余量 L_3		外螺纹小端面内的基本小径/mm
				大径 D、d	中径 D_2、d_2	小径 D_1、d_1	mm	圈数	mm	圈数	
1/16	27	0.941	0.753	7.895	7.142	6.389	4.064	4.32	2.822	3	6.137
1/8	27	0.941	0.753	10.242	9.489	8.736	4.102	4.36	2.822	3	8.481
1/4	18	1.411	1.129	13.616	12.487	11.358	5.786	4.10	4.234	3	10.996
3/8	18	1.411	1.129	17.055	15.926	14.797	6.096	4.32	4.234	3	14.417
1/2	14	1.814	1.451	21.223	19.772	18.321	8.128	4.48	5.443	3	17.813
3/4	14	1.814	1.451	26.568	25.117	23.666	8.611	4.75	5.443	3	23.127
1	11.5	2.209	1.767	33.228	31.461	29.694	10.160	4.60	6.627	3	29.060
1¼	11.5	2.209	1.767	41.985	40.218	38.451	10.668	4.83	6.627	3	37.785
1½	11.5	2.209	1.767	48.054	46.287	44.520	10.668	4.83	6.627	3	43.853
2	11.5	2.209	1.767	60.092	58.325	56.558	11.074	5.01	6.627	3	55.867
2½	8	3.175	2.540	72.699	70.159	67.619	17.323	5.46	6.350	2	66.535
3	8	3.175	2.540	88.608	86.068	83.528	19.456	6.13	6.350	2	82.311
3½	8	3.175	2.540	101.316	98.776	96.236	20.853	6.57	6.350	2	94.933
4	8	3.175	2.540	113.973	111.433	108.893	21.438	6.75	6.350	2	107.554
5	8	3.175	2.540	140.952	138.412	135.872	23.800	7.50	6.350	2	134.384

表 2 (续)

1	2	3	4	5	6	7	8	9	10	11	12
螺纹尺寸代号	牙数 n	螺距 P/mm	牙型高度 h/mm	基准平面内的基本直径/mm			基准距离 L_1		装配余量 L_3		外螺纹小端面内的基本小径/mm
				大径 D、d	中径 D_2、d_2	小径 D_1、d_1	mm	圈数	mm	圈数	
6	8	3.175	2.540	167.792	165.252	162.712	24.333	7.66	6.350	2	161.191
8	8	3.175	2.540	218.441	215.901	213.361	27.000	8.50	6.350	2	211.673
10	8	3.175	2.540	272.312	269.772	267.232	30.734	9.68	6.350	2	265.311
12	8	3.175	2.540	323.032	320.492	317.952	34.544	10.88	6.350	2	315.793
14	8	3.175	2.540	354.905	352.365	349.825	39.675	12.50	6.350	2	347.345
16	8	3.175	2.540	405.784	403.244	400.704	46.025	14.50	6.350	2	397.828
18	8	3.175	2.540	456.565	454.025	451.485	50.800	16.00	6.350	2	448.310
20	8	3.175	2.540	507.246	504.706	502.166	53.975	17.00	6.350	2	498.793
24	8	3.175	2.540	608.608	606.068	603.528	60.325	19.00	6.350	2	599.758

注 1：可参照表中第 12 栏数据选择攻丝前的麻花钻直径。

注 2：螺纹收尾长度(V)为 3.47P。

6.2 基准平面位置

圆锥外螺纹基准平面的理论位置位于垂直于螺纹轴线、与小端面(参照平面)相距一个基准距离的平面内；内螺纹基准平面的理论位置位于垂直于螺纹轴线的端面(参照平面)内，见图 4。

6.3 综合位置公差

圆锥管螺纹(NPT)基准平面的轴向位置极限偏差为：±1P。

6.4 大径和小径公差

在同一轴向位置平面内，螺纹的大径和小径尺寸应随其中径尺寸的变化而变化，以保证螺纹牙顶高和牙底高尺寸在第 4 章所规定的公差范围之内。

6.5 螺纹单项要素公差

圆锥管螺纹(NPT)的锥度、导程和牙侧角极限偏差应符合表 3 的规定。

表 3 圆锥管螺纹(NPT)单项要素极限偏差

牙数 n	中径线锥度(1/16)的极限偏差	有效螺纹的导程累积偏差/mm	牙侧角极限偏差/(°)
27	+1/96 −1/192	±0.076	±1.25
18、14			±1
11.5、8			±0.75

注：对有效螺纹长度大于 25.4 mm 的螺纹，其导程累积误差的最大测量跨度为 25.4 mm。

螺纹的锥度、导程和牙侧角误差一般由控制刀具尺寸来保证。为确保螺纹的密封性能，设计者可以单独提出对螺纹锥度、导程和牙侧角误差进行检验的技术要求。

注：螺纹的圆度误差对螺纹的密封性也有直接影响。

7 圆柱内螺纹(NPSC)的基本尺寸及其公差

7.1 基本尺寸

圆柱内螺纹的大径、中径和小径的基本尺寸应分别与圆锥螺纹在基准平面内的大径、中径和小径的基本尺寸值相等，具体尺寸见表2。

7.2 基准平面位置

圆柱内螺纹基准平面的理论位置位于垂直于螺纹轴线的端面(参照平面)内。

7.3 综合位置公差

圆柱内螺纹(NPSC)基准平面的轴向位置极限偏差为：$\pm 1.5P$。

螺纹中径在径向所对应的极限尺寸应符合表4的规定。

表4 圆柱内螺纹(NPSC)的极限尺寸

螺纹尺寸代号	牙数 n	中径/mm		小径/mm
		max	min	min
1/8	27	9.578	9.401	8.636
1/4	18	12.619	12.355	11.227
3/8	18	16.058	15.794	14.656
1/2	14	19.942	19.601	18.161
3/4	14	25.288	24.948	23.495
1	11.5	31.669	31.255	29.489
1¼	11.5	40.424	40.010	38.252
1½	11.5	46.495	46.081	44.323
2	11.5	58.532	58.118	56.363
2½	8	70.457	69.860	67.310
3	8	86.365	85.771	83.236
3½	8	99.073	98.478	95.936
4	8	111.730	111.135	108.585
注：可参照最小小径数据选择攻丝前的麻花钻直径。				

7.4 大径和小径公差

在同一轴向位置平面内，螺纹的大径和小径尺寸应随其中径尺寸的变化而变化，以保证螺纹牙顶高和牙底高尺寸在第4章所规定的公差范围之内。

8 有效螺纹长度

外螺纹有效螺纹长度不应小于其基准距离的实际尺寸与装配余量之和。

内螺纹有效螺纹长度不应小于其基准平面位置的实际偏差、基准距离的基本尺寸与装配余量之和。

9 倒角与基准平面的理论位置

在外螺纹小端面倒角，其基准平面的理论位置不变，见图5a)。

在内螺纹大端面倒角，如果倒角直径小于或等于大端面上内螺纹的大径，其基准平面的轴向理论位置不变，见图5b)；如果倒角直径大于大端面上内螺纹的大径，其基准平面的理论位置位于内螺纹大径圆锥或圆柱与倒角圆锥相交的轴向位置处，见图5c)。

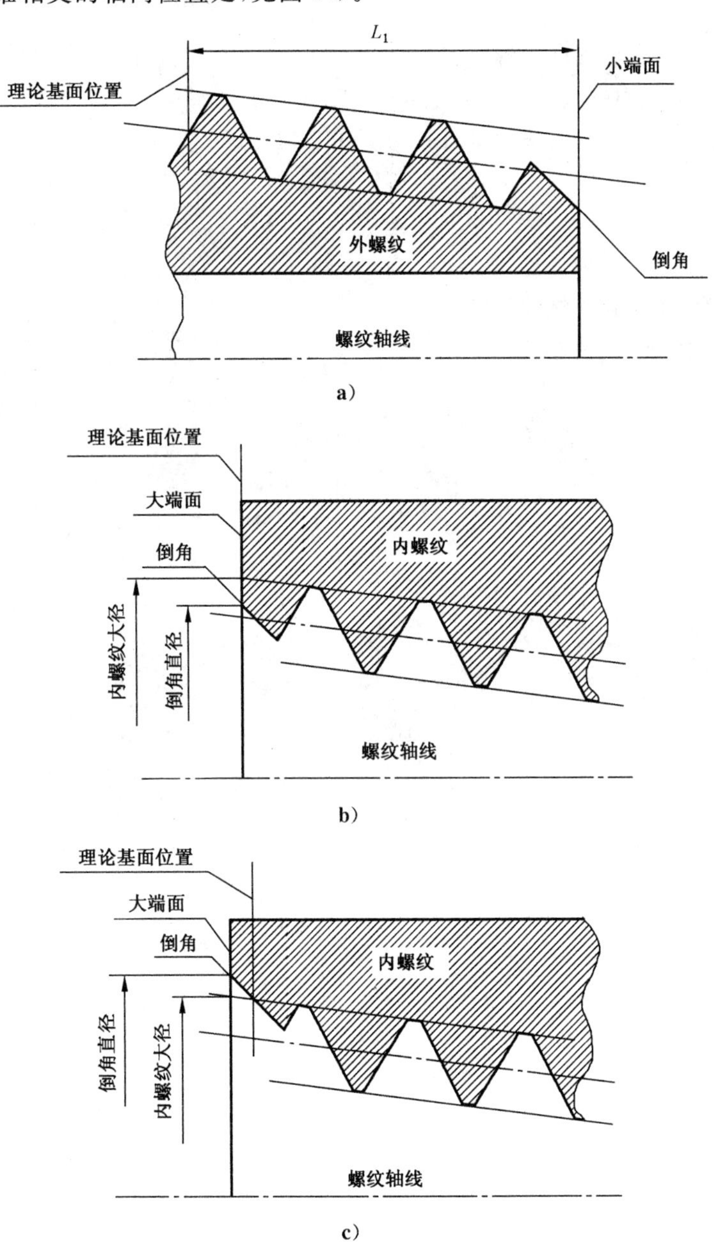

图5 倒角对基准平面理论位置的影响

10 标记

10.1 标记方法

管螺纹的标记由螺纹特征代号、螺纹尺寸代号和螺纹牙数组成。

对标准螺纹，允许省略标记内的螺纹牙数项。

螺纹特征代号：NPT——圆锥管螺纹

NPSC——圆柱内螺纹

螺纹的尺寸代号见表 2 和表 4 的第 1 列。

对左旋螺纹，应在尺寸代号后加注“LH”。

10.2 标记示例

尺寸为 3/4、14 牙的右旋圆柱内螺纹：NPSC 3/4-14 或 NPSC 3/4

尺寸为 6 的右旋圆锥内螺纹或圆锥外螺纹：NPT 6

尺寸为 14 的左旋圆锥内螺纹或圆锥外螺纹：NPT 14-LH

11 螺纹检验

用螺纹量规检验 60°密封管螺纹尺寸。

螺纹量规应符合附录 A 的规定。

附 录 A
（资料性附录）
螺纹工作量规

A.1 螺纹工作量规种类

60°密封管螺纹工作量规的种类及其作用、牙型和使用规则应符合表 A.1 的规定，其尺寸分布位置见图 A.1。

表 A.1 60°密封管螺纹工作量规的种类及其作用、牙型和使用规则

名 称	作 用	牙 型	使用规则
螺纹圆锥工作塞规	检验基准距离 L_1 长度范围内工件内螺纹的中径	截短牙型	将塞规旋入工件圆锥内螺纹(NPT)，内螺纹件的大端面（参照平面）应处在与塞规台阶（基准平面）相距一个螺距范围之内； 将塞规旋入工件圆柱内螺纹(NPSC)，内螺纹件的大端面（参照平面）应处在与塞规台阶（基准平面）相距 1.5 倍螺距范围之内
螺纹圆锥工作环规	检验基准距离 L_1 长度范围内工件外螺纹的中径		将环规旋入工件外螺纹，外螺纹件的小端面（参照平面）应处在与环规小端面相距一个螺距范围之内

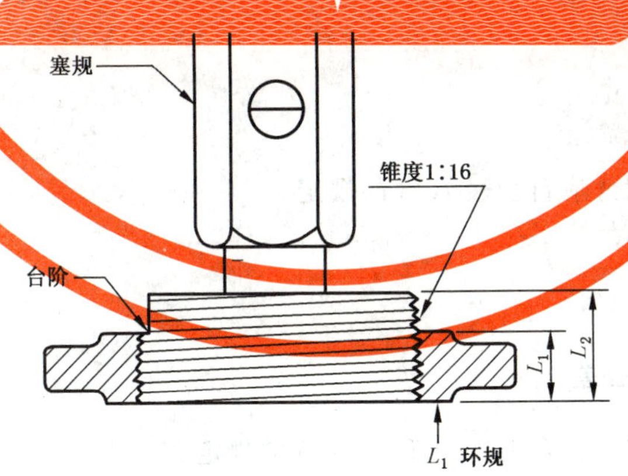

图 A.1 螺纹工作塞规和环规的尺寸分布位置

A.2 螺纹工作量规牙型

螺纹工作量规的螺纹牙型见图 A.2。螺纹工作量规的螺纹牙顶削平高度计算式应符合表 A.2 的规定。螺纹工作量规的螺纹牙底应让开宽度为 0.038 1P 的工件螺纹牙顶。螺纹牙底间隙槽的宽度为 0.116P。

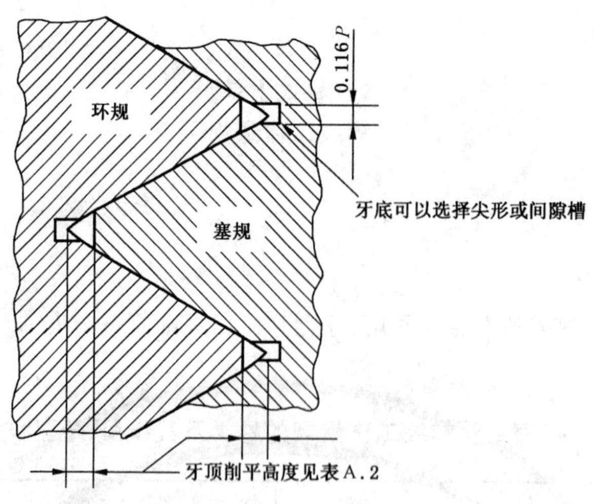

图 A.2 螺纹工作量规的螺纹牙型

表 A.2 螺纹工作量规的螺纹牙顶削平高度计算式

牙数 n	牙顶削平高度
27	0.140P
18	0.109P
14、11.5、8	0.100P

A.3 螺纹工作量规基本尺寸

螺纹工作量规的基本尺寸应符合表 A.3 的规定。

A.4 螺纹工作量规公差

A.4.1 螺纹工作量规制造公差

螺纹工作量规制造公差应符合表 A.4 和表 A.5 的规定。

A.4.2 螺纹工作量规允许磨损量

相对于新量规尺寸,螺纹工作塞规和环规的轴向允许磨损量为 0.25P。

A.5 螺纹工作量规标记

螺纹工作量规标记与其所检验工件螺纹的标记相同,见第 10 章。

表 A.3 螺纹工作量规的基本尺寸

单位为毫米

螺纹尺寸代号	牙数 n	螺距 P	塞规螺纹大径			塞规和环规螺纹中径			环规螺纹小径		环规厚度 L_1
			小端面	基准面	大端面	小端面	基准面	塞规大端面	小端面	基准面	
1/16	27	0.941	7.439	7.693	7.854	6.888	7.142	7.303	6.337	6.591	4.064
1/8	27	0.941	9.785	10.041	10.203	9.233	9.489	9.652	8.682	8.938	4.102
1/4	18	1.411	13.040	13.402	13.678	12.126	12.487	12.764	11.211	11.573	5.786
3/8	18	1.411	16.459	16.840	17.107	15.545	15.926	16.193	14.631	15.012	6.096
1/2	14	1.814	20.472	20.980	21.320	19.264	19.772	20.111	18.056	18.564	8.128
3/4	14	1.814	25.787	26.326	26.654	24.579	25.117	25.445	23.371	23.909	8.611
1	11.5	2.209	32.297	32.932	33.381	30.826	31.461	31.910	29.355	29.990	10.160
1¼	11.5	2.209	41.022	41.689	42.144	39.551	40.218	40.673	38.080	38.747	10.668
1½	11.5	2.209	47.092	47.758	48.240	45.621	46.287	46.769	44.150	44.816	10.668
2	11.5	2.209	59.104	59.796	60.305	57.633	58.325	58.834	56.162	56.854	11.074
2½	8	3.175	71.191	72.273	72.997	69.076	70.159	70.882	66.962	68.044	17.323
3	8	3.175	86.967	88.182	88.872	84.852	86.068	86.757	82.737	83.953	19.456
3½	8	3.175	99.587	100.891	101.572	97.473	98.776	99.457	95.358	96.661	20.853
4	8	3.175	112.208	113.548	114.272	110.093	111.433	112.157	107.978	109.318	21.438
5	8	3.175	139.039	140.527	141.272	136.925	138.412	139.157	134.810	136.297	23.800
6	8	3.175	165.845	167.366	168.247	163.731	165.252	166.132	161.616	163.137	24.333
8	8	3.175	216.328	218.015	219.047	214.213	215.901	216.932	212.099	213.786	27.000
10	8	3.175	269.966	271.886	273.022	267.851	269.772	270.907	265.736	267.657	30.734
12	8	3.175	320.448	322.607	323.822	318.333	320.492	321.707	316.219	318.378	34.544
14	8	3.175	352.000	354.479	355.572	349.885	352.365	353.457	347.770	350.250	39.675
16	8	3.175	402.482	405.359	406.372	400.368	403.244	404.257	398.253	401.130	46.025
18	8	3.175	452.965	456.140	457.172	450.850	454.025	455.057	448.735	451.910	50.800
20	8	3.175	503.447	506.821	507.972	501.333	504.706	505.857	499.218	502.591	53.975
24	8	3.175	604.412	608.182	609.572	602.298	606.068	607.457	600.183	603.953	60.325

表 A.4 螺纹工作量规的制造公差

单位为毫米

螺纹尺寸代号	牙数 n	塞规基面中径极限偏差 ±	导程公差[a]		牙侧角极限偏差/(′)		锥度极限偏差[b]		塞规大径极限偏差 −	环规小径极限偏差 +	旋合后塞规基面与环规基面间的最大允许距离
			塞规	环规	塞规 ±	环规 ±	塞规 +	环规 −			
1/16	27	0.005	0.005	0.008	15	20	0.008	0.015	0.010	0.010	0.813
1/8	27	0.005	0.005	0.008	15	20	0.008	0.015	0.010	0.010	0.813
1/4	18	0.005	0.005	0.008	15	20	0.010	0.018	0.015	0.015	0.914
3/8	18	0.005	0.005	0.008	15	20	0.010	0.018	0.015	0.015	0.914
1/2	14	0.008	0.005	0.008	10	15	0.015	0.023	0.025	0.025	0.965
3/4	14	0.008	0.005	0.008	10	15	0.015	0.023	0.025	0.025	0.965
1	11.5	0.008	0.008	0.010	10	15	0.020	0.030	0.025	0.025	1.194
1¼	11.5	0.008	0.008	0.010	10	15	0.020	0.030	0.025	0.025	1.194
1½	11.5	0.008	0.008	0.010	10	15	0.020	0.030	0.025	0.025	1.194
2	11.5	0.008	0.008	0.010	10	15	0.020	0.030	0.025	0.025	1.194
2½	8	0.013	0.010	0.013	7	10	0.025	0.036	0.041	0.041	1.499
3	8	0.013	0.010	0.013	7	10	0.025	0.036	0.041	0.041	1.499
3½	8	0.013	0.010	0.013	7	10	0.025	0.036	0.041	0.041	1.499
4	8	0.013	0.010	0.013	7	10	0.025	0.036	0.041	0.041	1.499
5	8	0.013	0.010	0.013	7	10	0.025	0.036	0.041	0.041	1.499
6	8	0.013	0.010	0.013	7	10	0.025	0.036	0.041	0.041	1.499
8	8	0.013	0.010	0.013	7	10	0.025	0.036	0.051	0.051	1.499
10	8	0.013	0.010	0.013	7	10	0.025	0.036	0.051	0.051	1.499
12	8	0.013	0.010	0.013	7	10	0.025	0.036	0.051	0.051	1.499
14	8	0.020	0.013	0.015	7	10	0.025	0.036	0.076	0.076	1.930
16	8	0.020	0.013	0.015	7	10	0.025	0.036	0.076	0.076	1.930
18	8	0.020	0.013	0.015	7	10	0.025	0.036	0.076	0.076	1.930
20	8	0.020	0.013	0.015	7	10	0.025	0.036	0.076	0.076	1.930
24	8	0.020	0.013	0.015	7	10	0.025	0.036	0.076	0.076	1.930

[a] 在 L_1 长度内任意两个牙间的导程累积偏差。

[b] 在 L_1 长度范围内的中径线锥度。

表 A.5 螺纹工作量规轴向长度极限偏差

单位为毫米

螺纹尺寸代号	塞规		环规
	小端面至基面台阶长度 L_1	螺纹全长 L_2	厚度 L_1
1/16～2	0 −0.025	+1.270 0	+0.025 0
≥2½	0 −0.051		+0.051 0

ICS 29.220.01
K 84

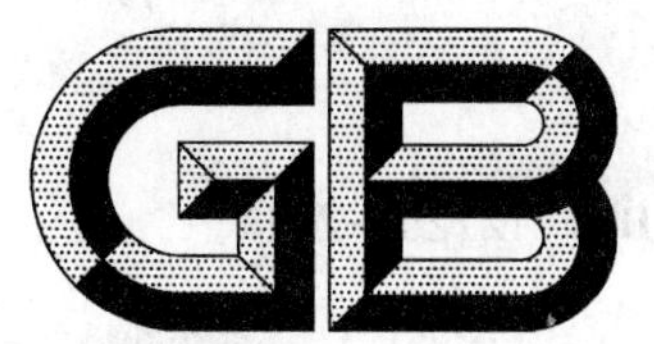

中华人民共和国国家标准

GB/T 12725—2011
代替 GB/T 12725—1991

碱性铁镍蓄电池通用规范

General specification for alkaline nickel-iron rechargeable batteries

2011-12-30 发布　　2012-07-01 实施

中华人民共和国国家质量监督检验检疫总局
中国国家标准化管理委员会　发布

前言

本标准按照GB/T 1.1—2009给出的规则起草。

本标准代替GB/T 12725—1991《铁镍碱性蓄电池总规范》。

本标准与GB/T 12725—1991相比，主要变化如下：

——标准名称改为“碱性铁镍蓄电池通用规范”；

——将检验规则修改为质量评定程序，以鉴定检验（本标准的6.2）和质量一致性检验（本标准的6.3）代替交收检验（GB 12725—1991的6.2）和例行检验（GB 12725—1991的6.3）；

——修改了蓄电池容量检验的要求和试验方法（本标准的4.5和5.7，GB 12725—1991的4.5和5.9）；

——修改了蓄电池储存性能的试验方法（本标准的5.10，GB 12725—1991的5.12）。

本标准由中华人民共和国工业和信息化部提出。

本标准由全国碱性蓄电池标准化技术委员会（SAC/TC 77）归口。

本标准起草单位：国营七五五厂。

本标准主要起草人：穆培振、王黎、杨忠祥、孙传灏、高红、汪清梅、段婉立。

本标准所代替标准的历次版本发布情况为：

——GB/T 12725—1991。

碱性铁镍蓄电池通用规范

1 范围

本标准规定了碱性铁镍蓄电池的技术要求、试验方法、质量评定程序和标志、包装、运输、储存。

本标准适用于标称电压为 1.2 V 的碱性铁镍蓄电池(以下简称蓄电池)。

2 规范性引用文件

下列文件对于本文件的应用是必不可少的。凡是注日期的引用文件，仅注日期的版本适用于本文件。凡是不注日期的引用文件，其最新版本(包括所有的修改单)适用于本文件。

GB/T 191 包装储运图示标志

GB/T 2828.1—2003 计数抽样检验程序 第1部分：按接收质量限(AQL)检索的逐批检验抽样计划

GB/T 2829—2002 周期检验计数抽样程序及表(适用于对过程稳定性的检验)

GB/T 7169 碱性蓄电池型号命名方法

3 型号命名

蓄电池型号命名应符合 GB/T 7169 的规定。

4 要求

4.1 设计与结构

蓄电池外壳采用钢板或塑料制成。钢制外壳及蓄电池外部的所有金属零部件均应镀镍或经防锈、防腐处理。

4.2 外观和标志

蓄电池表面应平整、光滑、无裂纹、划伤、缺损或变形等缺陷。蓄电池极端应无锈蚀、贯通性夹杂物或熔接不良。

每只蓄电池应具有下列标志：

a) 产品型号；

b) 额定容量；

c) 标称电压；

d) 极性；

e) 制造厂名、地址；

f) 生产日期或代号；

g) 执行标准的编号。

标志应完整、清晰、内容准确。

4.3 外形尺寸和质量

蓄电池外形尺寸和质量应符合详细规范规定。尺寸测量时允许的公差范围推荐采用表1规定。

表1 测量公差

单位为毫米

外形尺寸范围	公差范围
≤60	−2～0
>60,≤120	−3～0
>120	−4～0

4.4 气塞或气塞阀的密封性

蓄电池注液口拧紧气塞或盖上气塞阀后,应能排出蓄电池内部产生的气体,防止外部空气和杂质进入。要求倾斜30°不流出电解液。

4.5 20 ℃放电性能

蓄电池在20 ℃±5 ℃环境中放电,放电时间应符合表2规定。

表2 20 ℃放电性能

放电条件		最少放电时间	
放电电流 A	终止电压 V	低倍率	中倍率
$0.2I_t$	1.0	5 h	5 h
$0.5I_t$	0.9	1.5 h	2 h
$1I_t$	0.9		40 min

4.6 振动

蓄电池经振动后,表面不应有机械损伤、电解液外溢。其放电性能应符合表2规定。

4.7 循环寿命

蓄电池充放电循环不少于550次。在寿命试验期间,任一个第50次循环的蓄电池放电时间应不少于3.5 h。

4.8 储存性能

蓄电池在温度25 ℃±10 ℃、相对湿度45%～85%的环境中,储存4年,其性能应符合4.5、4.6规定。

5 试验方法

5.1 环境条件

除另有规定外,蓄电池各项试验应在环境温度为20 ℃±5 ℃、相对湿度45%～85%、大气压力

86 kPa～106 kPa 的环境中进行。

5.2 测量仪器、仪表

相对于规定值或实际值，所用测量仪表的准确度应在下述公差范围内：

a) 电压：±1%；

b) 电流：±1%；

c) 温度：±2 ℃；

d) 时间：±0.1%。

5.3 充电方法

5.3.1 电解液

除另有规定外，蓄电池各项试验的电解液均采用密度为 1.19 g/cm^3～1.21 g/cm^3 的 NaOH 水溶液（其中每升含 10 g±1 g 的 LiOH·H_2O）。

5.3.2 灌注电解液

按制造方规定将电解液注入蓄电池内，调整液面高度，浸泡 2 h～4 h。

5.3.3 充电

充电前蓄电池应先以 0.2I_tA 恒流放电至终止电压 1.0 V，再以 0.2I_tA 充电 8 h。

5.4 外观和标志

目测检查蓄电池外观应符合 4.2 规定。

5.5 外形尺寸和质量

用具有适宜量程和精度的计量器具测量蓄电池的外形尺寸、质量，应符合 4.3 规定。

5.6 气塞或气塞阀的密封性

蓄电池按 5.3.2 要求灌注电解液后，拧紧气塞或盖上气塞阀，将蓄电池倾斜 30°，持续 1 min，结果应符合 4.4 规定。

5.7 20 ℃放电性能

蓄电池按 5.3.3 要求充电后，搁置 1 h～4 h，按表 2 规定放电。试验允许进行 5 次循环，当有任一次循环达到表 2 要求时，视为容量合格。

5.8 振动

蓄电池容量检验合格后，按制造方要求调整液面高度。按 5.3.3 要求充电，拧紧气塞或盖上气塞阀，将蓄电池极柱向上垂直固定在振动台上，在频率 15 Hz～16 Hz、振幅 2.5 mm 条件下振动，同时以 0.2I_tA 恒流放电，振动 1 h 停止，蓄电池继续放电至终止电压 1.0 V。试验结果应符合 4.6 规定。

5.9 循环寿命

5.9.1 循环前准备

蓄电池容量检验合格后，按制造方要求调整液面高度，准备进行循环寿命试验。

5.9.2 第(1～49)次循环

蓄电池(1～49)次循环按表3规定进行,(1～49)次循环应连续进行,第49次循环结束时,蓄电池应搁置1 h～2 h,再进行第50次循环。

表3 循环寿命试验

循环次数 次	充电条件		放电条件	
	电流 A	时间 h	电流 A	时间
1	$0.25I_t$	7	$0.25I_t$	2.5 h
2～48	$0.25I_t$	4	$0.25I_t$	2.5 h
49	$0.25I_t$	7	$0.25I_t$	放电至1.0 V

5.9.3 第50次循环

蓄电池按5.3.3要求充电后搁置2 h,再以$0.2I_t$A放电至终止电压1.0 V,其放电时间应不少于3.5 h。

如任何一个第50次循环的放电时间少于3.5 h,再按5.9.3要求进行一次循环,如连续两次放电时间均少于3.5 h,蓄电池寿命即为终止。寿命终止时所累计的循环次数不得少于550次。

寿命循环期间,蓄电池放电完后按制造方要求调整液面高度,每循环50次更换一次电解液。

5.10 储存性能

蓄电池储存前,应以$0.2I_t$A恒流放电至终止电压1.0 V,然后倒出游离电解液,拧紧气塞或盖好气塞阀,在环境温度25 ℃±10 ℃、相对湿度45%～85%环境中储存4年。

蓄电池储存4年后,按制造方要求灌注电解液和调整液面高度。按表4规定进行充放电循环试验。

表4 贮存期的充放电试验

循环次数	充电条件		放电条件		
	充电电流 A	充电时间 h	放电电流 A	放电时间 h	终止电压 V
1	$0.25I_t$	15	$0.2I_t$		1.0
2～4	$0.25I_t$	8	$0.2I_t$	5	
5～7	$0.25I_t$	8	$0.2I_t$		1.0

前6次循环充电后应立即放电,第7次循环充电后搁置2 h再放电。

每次放电前按制造方要求调整液面高度,在第3次、第6次循环后更换电解液。

蓄电池经过7次循环试验后,按5.7、5.8要求进行检测,结果应符合4.5、4.6规定。

6 质量评定程序

6.1 检验分类

本标准规定的检验分为:

a） 鉴定检验；

b） 质量一致性检验。

6.2 鉴定检验

6.2.1 抽样方案

鉴定检验的样品是采用与正常生产中相同的材料、设备和工艺生产并随机抽取的，提交检验的样品总数为 7 只。

6.2.2 检验程序

鉴定检验应按表 5 规定的项目和顺序进行检验。所有样品均应进行 A 组检验，然后将样品随机分为 3 组，每组 2 只样品，分别为 B 组、C 组和 D 组，余下的 1 只样品备用，当试验过程中发生非制造方责任的事故时，作为补充样品重复进行试验。

6.2.3 合格判据

表 5 给出了试验允许的每组不合格品数和不合格品总数。一只蓄电池如果不能满足一组试验中的部分或全部检验项目的要求时，则判该蓄电池不合格。每组或总共不合格的蓄电池数不能满足表 5 规定时，则判鉴定检验不合格。

在储存性能试验未完成前，蓄电池其他性能如能满足本标准规定，则产品可以进行鉴定。储存性能试验应继续进行，并在结束后将最终试验数据提供给用户，如不合格品数不能满足表 5 规定，应重新进行鉴定检验。

表 5 鉴定检验

分组	样本大小 只	检验项目	要求章条号	试验方法 章条号	允许的不合格品数	
					每组	总共
A	7	外观和标志	4.2	5.4	0	2
		外形尺寸和质量	4.3	5.5		
		气塞或气塞阀的密封性	4.4	5.6		
		20 ℃放电性能	4.5	5.7		
B	2	振动	4.6	5.8	0	
C	2	循环寿命	4.7	5.9	1	
D	2	储存性能	4.8	5.10	1	

6.2.4 鉴定合格资格的保持

a） 承制方每三年向鉴定机构提供保持鉴定合格资格的检验资料；

b） 停产一年以上时，应重新进行鉴定检验。

6.3 质量一致性检验

6.3.1 逐批检验

提供检验的样品在交货的产品中随机抽取，采用 GB/T 2828.1—2003 正常检查一次抽样方案。检验项目、检验水平(IL)及接收质量限(AQL)按表 6 规定。

表 6 逐批检验

检验项目	要求	试验方法	检验水平(IL)	接收质量限(AQL)
外观和标志	4.2	5.4	Ⅱ	4.0
外形尺寸和质量	4.3	5.5	S-3	1.0
20 ℃放电性能	4.5	5.7		

逐批检验后的处置应符合 GB/T 2828.1—2003 中 7 的规定。

6.3.2 周期检验

周期检验的样品应从逐批检验合格的产品中抽取，周期检验采用 GB/T 2829—2002 一次抽样方案。检验项目、抽样周期、判别水平(DL)、不合格质量水平(RQL)及判定组数[Ac,Re]按表 7 规定。

表 7 周期检验

检验项目	要求	试验方法	抽样周期	判别水平(DL)	不合格质量水平(RQL,Ac,Re)
气塞或气塞阀的密封性	4.4	5.6	6 个月	Ⅰ	RQL=30 Ac=0 Re=1
振动	4.6	5.8			
循环寿命	4.7	5.9	12 个月		

周期检验后的处置应符合 GB/T 2829—2002 中 5.12 的规定。

7 标志、包装、运输、储存

7.1 包装箱的标志

包装箱外表面应标明：产品型号、名称、批号、数量、毛重、制造方名称及出厂日期。应有“向上”、“小心轻放”等标志，其他包装储运图示标志应符合 GB/T 191 的规定。

7.2 包装

蓄电池应以放电态、正向位置(极柱向上)放入规定的包装箱内。包装箱内应装有产品合格证(或产品出厂证)及使用说明书，根据需要，箱内应配有组合使用的备件，包装箱应牢固可靠。

7.3 运输

包装成箱的产品在避雨雪的条件下，应能使用汽车、火车、轮船等各种交通工具运输。运输过程中应防止剧烈振动和冲击。

7.4 储存

蓄电池应储存在干燥、通风、温度为－10 ℃～35 ℃、相对湿度不超过 70%的环境中，不允许与酸性及其他腐蚀性物质同放一室并应防止蓄电池外部短路。

ICS 81.040.01
N 64

中华人民共和国国家标准

GB/T 12804—2011
代替 GB/T 12804—1991

实验室玻璃仪器　量筒

Laboratory glassware—Graduated measuring cylinders

(ISO 4788:2005,NEQ)

2011-12-30 发布　　2012-09-01 实施

中华人民共和国国家质量监督检验检疫总局
中国国家标准化管理委员会　发布

前　言

本标准依据 GB/T 1.1—2009 给出的规则起草。

本标准代替 GB/T 12804—1991《实验室玻璃仪器　量筒》。与 GB/T 12804—1991 相比的主要差异：

——增加了术语和定义；

——增加了产品外观要求和检验规则。

本标准使用重新起草法参考 ISO 4788:2005《实验室玻璃仪器　量筒》编制，与 ISO 4788 的一致性程度为非等效。

本标准由中国轻工业联合会提出。

本标准由全国玻璃仪器标准化技术委员会(SAC/TC 178)归口。

本标准起草单位：北京玻璃仪器厂、国家轻工业玻璃产品质量监督检测中心。

本标准主要起草人：吴文玲、袁春梅、梁叶。

本标准所代替标准的历次版本发布情况为：

——GB/T 12804—1991。

实验室玻璃仪器　量筒

1　范围

本标准规定了量筒的规格尺寸、技术要求、试验方法、检验规则及标志、包装、运输和贮存。

本标准适用于无塞量筒、具塞量筒系列。

2　规范性引用文件

下列文件对于本文件的应用是必不可少的。凡是注日期的引用文件，仅注日期的版本适用于本文件。凡是不注日期的引用文件，其最新版本(包括所有的修改单)适用于本文件。

GB/T 191　包装储运图示标志

GB/T 2828.1　计数抽样检验程序　第1部分：按接收质量限(AQL)检索的逐批检验抽样计划

GB/T 6543　运输包装用单瓦楞纸箱和双瓦楞纸箱

GB/T 6582　玻璃在98 ℃耐水性的颗粒试验方法和分级

GB/T 15726　玻璃仪器内应力检验方法

GB/T 21297　实验室玻璃仪器　互换锥形磨砂接头

JJG 196　常用玻璃量器检定规程

3　术语和定义

下列术语和定义适用于本文件。

3.1

标准温度　standard temperature

用来量入或量出量筒标称容积(容量)时的温度，应为20 ℃。

3.2

容量　capacity

在20 ℃时，充满到量筒刻度线所容纳的20 ℃水的体积，以毫升表示。

3.3

弯液面　meniscus

待测容量的液体与空气之间的界面。

3.4

量入式　type of measure in

将水注入干燥量筒内到所需分度线的体积，即为该分度线的容量。量入式符号用"In"表示。

3.5

量出式　type of measure out

将水注入量筒所需分度线，然后倒出。等待30 s后所排出的体积即为该分度线的容量。量出式符号用"Ex"表示。

4 规格系列

4.1 准确度等级

分为量入式和量出式。

4.2 规格系列

规格分为 5 mL、10 mL、25 mL、50 mL、100 mL、250 mL、500 mL、1 000 mL 和 2 000 mL。

5 结构类型、规格尺寸和结构设计

5.1 结构类型

结构类型见图 1。

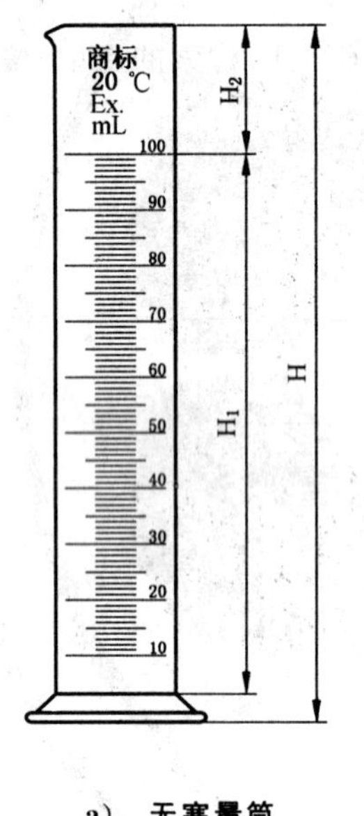

a) 无塞量筒

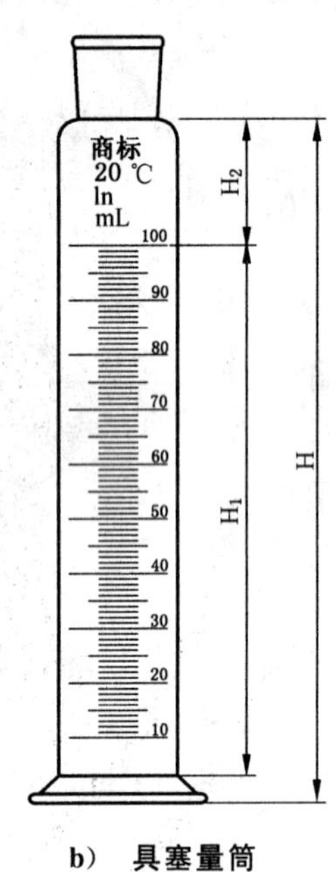

b) 具塞量筒

图 1 结构类型

5.2 规格尺寸

规格尺寸见表 1。

表 1 量筒规格尺寸

标称容量 mL	最小分度 mL	最高标线到内底最小距离 H_1 mm	最高标线到筒顶最小距离 H_2 mm	全高 H mm	最小壁厚 mm	标准口 （推荐）	分度线宽 mm ≤
5	0.1	55	25	110	1.0	7/10	0.3
10	0.2	70	25	135	1.0	10/13	0.3
25	0.5	85	25	160	1.0	14/15	0.4

表 1（续）

标称容量 mL	最小分度 mL	最高标线到内底最小距离 H_1 mm	最高标线到筒顶最小距离 H_2 mm	全高 H mm	最小壁厚 mm	标准口 （推荐）	分度线宽 mm ≤
50	1.0	110	30	195	1.0	14/15	0.4
100	1.0	150	30	250	1.0	19/26	0.4
250	2 或 5	180	40	300	1.0	19/26	0.4
500	5	220	50	350	1.2	29/32	0.5
1 000	10	270	55	430	1.5	29/32	0.5
2 000	20	330	55	500	2.0	34/35	0.5

5.3 结构设计

5.3.1 壁厚

量筒在构造上应坚固耐用，满足一般实验室的使用。壁厚不应有明显的不均匀而影响容量。

5.3.2 稳固性

量筒放置在平台上，不应摇晃。空量筒(不带具塞)放在 15°的斜面上不应跌倒。

5.3.3 底座

可以采用玻璃制造，也可以使用塑料或其他材料(与身部分离)。底部形状可以是六角型，也可以是其他形状。

5.3.4 口边

口边应经过熔光，应与量筒的轴线相垂直。

5.3.5 嘴

当从量筒向外倾倒溶液时，水从嘴部呈一束细流流出，不应外溢，不应沿壁外流。

5.3.6 口和塞

5.3.6.1 具塞量筒的口应为标准口且磨口，并与标准塞匹配。

5.3.6.2 标准塞应使用玻璃塞或惰性塑料材料。每个标准塞应与具塞量筒的标准口相对应，用数字进行标记。

5.3.6.3 玻璃标准口和塞的密合性应符合 GB/T 21297 规定的要求。

5.3.6.4 非标准磨口和塞的研磨应密合，并编有同一号码。

5.4 分度线和数字

5.4.1 所有分度线应位于与量筒轴线相垂直的平面内。

5.4.2 量筒的最低分度线应从标称容量的 10%起向上分度，不同容量的分度线应按图 2 所示制造。

5.4.3 分度线的长度要求：

——短线的长度应为量筒身圆周长的 10%～20%；

——中线的长度应为短线长度的 1.5 倍，并应对称地超出短线的两端；

——长线的长度应不短于短线长度的 2 倍，并应对称地超出短线的两端。如长线为环线，则环线允许有不大于圆周长 10%的间隙，并应位于分度表的一侧。

5.4.4 分度线的排列应按图 2 所示。

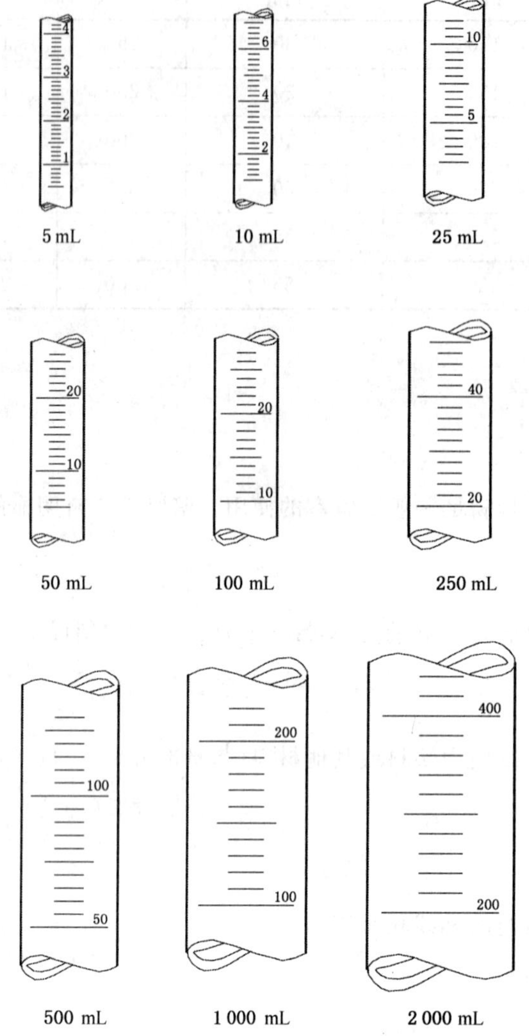

图 2 分度线排列

5.4.5 分度线在量筒上应形成一竖直的分度表。在具嘴量筒上，当分度表面向观察者时，其嘴应位于左侧。

5.4.6 分度线、数字和标志应完整、清晰和耐久。

6 技术要求

6.1 材质

耐水等级达到 GB/T 6582 的 HGB 3 级。

6.2 容量允差

容量允差见表 2。

表 2 容量允差

单位为毫升

标称容量	5	10	25	50	100	250	500	1 000	2 000
量入式	±0.05	±0.10	±0.25	±0.25	±0.50	±1.0	±2.5	±5	±10
量出式	±0.05	±0.10	±0.25	±0.25	±0.50	±1.0	±2.5	±5	±10

6.3 内应力

内应力≤120 nm/cm。

6.4 外观要求

量筒的外表面和内表面不应有破皮气泡和薄皮气泡、密集小气泡和积水条纹存在。可有不影响计量读数和强度的轻微缺陷存在，见表 3。

表 3 外观要求

<table>
<tr><th rowspan="2">区分</th><th rowspan="2">标称容量
mL</th><th colspan="5">缺陷名称及范围</th></tr>
<tr><th>气泡(气线)</th><th>节瘤</th><th>结石</th><th>铁屑</th><th>色斑</th></tr>
<tr><td rowspan="4">分度表区域</td><td>5～25</td><td>宽不大于 0.2 mm，长不大于全高的四分之一，不多于 1 条</td><td>—</td><td>—</td><td>—</td><td>—</td></tr>
<tr><td>25～100</td><td>最大径不大于 2 mm，不多于 2 个</td><td rowspan="2">直径不大于 1.5 mm，不多于 1 个</td><td rowspan="3">直径不大于 0.8 mm，不多于 1 个</td><td>—</td><td>—</td></tr>
<tr><td>250～500</td><td>最大径不大于 3 mm，不多于 2 个</td><td>—</td><td>—</td></tr>
<tr><td>1 000～2 000</td><td>最大径不大于 4，不多于 2 个</td><td>直径不大于 1.5 mm，不多于 2 个</td><td>—</td><td>—</td></tr>
<tr><td rowspan="4">非分度表区域</td><td>5～25</td><td>宽不大于 0.3 mm，长不大于全高的四分之一，不多于 1 条</td><td>—</td><td>—</td><td>—</td><td rowspan="2">最大径不大于 4 mm，不多于 1 个</td></tr>
<tr><td>25～100</td><td>最大径不大于 3 mm，不多于 2 个</td><td rowspan="3">直径不大于 2 mm，不多于 2 个</td><td rowspan="3">直径不大于 0.8 mm，不多于 2 个</td><td rowspan="3">直径不大于 0.5 mm，不多于 2 个</td></tr>
<tr><td>250～500</td><td rowspan="2">最大径不大于 4 mm，不多于 2 个</td><td rowspan="2">最大径不大于 8，不多于 2 个</td></tr>
<tr><td>1 000～2 000</td></tr>
</table>

7 试验方法

7.1 规格尺寸

用最小分度值为 0.02 mm 的卡尺和高度尺测量。

7.2 内应力

按 GB/T 15726 规定的试验方法进行。

7.3 外观要求

用目测法。测量工具用最小分度值为 0.02 mm 的卡尺及 10 倍读数放大镜。

7.4 容量和准确度的检定方法

按 JJG 196 规定的试验方法进行。

7.5 口和塞的密合性

将量筒内注入标称容量的水，颠倒 10 次(每次不少于 10 s)，倒置时不应有水渗出。

7.6 耐水性

按 GB/T 6582 规定的试验方法进行。

8 检验规则

8.1 检验分类

产品检验分为出厂检验和型式检验。检验项目和要求见表 4。

表 4 出厂检验和型式检验项目和要求

<table>
<tr><th>检验项目</th><th>标准章条编号</th><th>本标准试验方法条款</th><th>出厂检验</th><th>型式检验</th></tr>
<tr><td>内应力</td><td>6.3</td><td>7.2</td><td rowspan="4">抽检</td><td rowspan="4">抽检</td></tr>
<tr><td>外观要求</td><td>6.4</td><td>7.3</td></tr>
<tr><td>规格尺寸</td><td>5.2</td><td>7.1</td></tr>
<tr><td>口塞密合性</td><td>5.3.6</td><td>7.5</td></tr>
<tr><td>容量允差</td><td>6.2</td><td>7.4</td><td>全检</td><td>全检</td></tr>
</table>

8.2 出厂检验

8.2.1 抽样方案

采用 GB/T 2828.1 的正常检验一次抽样方案，检验水平和接收质量限(AQL)见表 5。

表 5 检验项目、检查水平和接收质量限

检验项目	检查水平(IL)	接收质量限(AQL)
内应力	S-4	1.5
外观要求	Ⅱ	4.0
规格尺寸	Ⅱ	4.0
口、塞密合性	S-4	1.5
容量和准确度	全检	全部合格

8.2.2 组批规则

同一时间所交付的同一品种规格的产品为一批。

8.2.3 检验实施和检验结果

由生产企业按表5的出厂检验项目进行抽样检验。经检验合格的批产品方可出厂,出厂时应附有合格证。

8.3 型式检验

有下列情况之一时,进行型式检验:

a) 新产品或老产品转厂生产的试制定型鉴定;
b) 正式生产后,如结构、材料、工艺有较大改变,可能影响产品性能时;
c) 正常生产时,型式检验每年至少进行一次;
d) 出厂检验结果与上次型式检验有较大差异时;
e) 国家质量监督机构提出进行型式检验的要求时。

9 标志、包装、运输和贮存

9.1 标志

9.1.1 产品标志

产品标志应耐久、清楚地标在每个产品上,包含以下信息:

a) 标称容量,如"100 mL";
b) 标准温度20 ℃;
c) 适合的缩写词显示量筒是按量入式或量出式进行容量标定的,用字母"In"表示量入,"Ex"表示量出;
d) 生产企业或销售商的名称或商标;
e) 在量筒瓶塞可互换的情况下,标注磨口的尺寸或号别。

9.1.2 包装箱标志

外包装应符合GB/T 191的有关规定,并标明以下内容:

a) 产品名称、规格和数量;
b) 生产企业名称、注册商标、生产日期;
c) 生产企业地址、电话等。

9.2 包装

用瓦楞纸箱进行包装,并符合GB/T 6543的规定。

9.3 运输

本产品可用任何运输工具运输,运输要有防雨雪措施,装卸不应抛掷。

9.4 贮存

产品包装后应在室内保存,堆码高不宜超过十层,不应与强酸、强碱、氟化物等化学物质接触。

ICS 81.040.01
N 64

中华人民共和国国家标准

GB/T 12805—2011
代替 GB/T 12805—1991

实验室玻璃仪器　滴定管

Laboratory glassware—Burettes

(ISO 385:2005,NEQ)

2011-12-30 发布　　　　2012-09-01 实施

中华人民共和国国家质量监督检验检疫总局
中国国家标准化管理委员会　发布

前　言

本标准依据 GB/T 1.1—2009 给出的规则起草。

本标准代替 GB/T 12805—1991《实验室玻璃仪器　滴定管》，与 GB/T 12805—1991 的主要差异：

——修改了滴定管最大容量允差的技术要求；

——修改了滴定管流出时间的技术要求。

本标准使用重新起草法参考 ISO 385:2005《实验室玻璃仪器　滴定管》编制，与 ISO 385:2005 的一致性程度为非等效。

本标准由中国轻工业联合会提出。

本标准由全国玻璃仪器标准化技术委员会(SAC/TC 178)归口。

本标准起草单位：北京玻璃仪器厂、国家轻工业玻璃产品质量监督检测中心。

本标准主要起草人：刘柏军、袁春梅。

实验室玻璃仪器　滴定管

1　范围

本标准规定了普通实验室使用滴定管的结构尺寸、技术要求、试验方法、检验规则及标志、包装、运输和贮存。

本标准适用于普通实验室使用的各种类型的滴定管。

2　规范性引用文件

下列文件对于本文件的应用是必不可少的。凡是注日期的引用文件，仅注日期的版本适用于本文件。凡是不注日期的引用文件，其最新版本(包括所有的修改单)适用于本文件。

GB/T 191　包装储运图示标志

GB/T 2828.1　计数抽样检验程序　第1部分：按接收质量限(AQL)检索的逐批检验抽样计划

GB/T 6543　运输包装用单瓦楞纸箱和双瓦楞纸箱

GB/T 6580　玻璃耐沸腾混合碱水溶液浸蚀性的试验方法和分级

GB/T 6581　玻璃在100 ℃耐盐酸浸蚀性的火焰发射或原子吸收光谱测定方法

GB/T 6582　玻璃在98 ℃耐水性的颗粒试验方法和分级

GB/T 15726　玻璃仪器内应力检验方法

JJG 196　常用玻璃量器检定规程

3　术语和定义

下列术语和定义适用于本文件。

3.1

标准温度　standard temperature

用来量入或量出其标称容积(容量)时的温度，应为20 ℃。

4　类型、规格和结构尺寸

4.1　类型和规格

滴定管的类型和规格见表1。

表 1 滴定管的类型和规格

类 型	规格(标称容量) mL
无塞滴定管	5、10、25、50、100
具塞滴定管	5、10、25、50、100
三通活塞滴定管	10、25、50、100
三通旋塞自动定零位滴定管	10、25、50、100
侧边旋塞自动滴定管	5、10、25、50
侧边三通旋塞自动滴定管	5、10、25、50
座式滴定管	1、2、5、10

4.2 结构尺寸

4.2.1 无塞滴定管结构和尺寸见图 1 和表 2。

单位为毫米

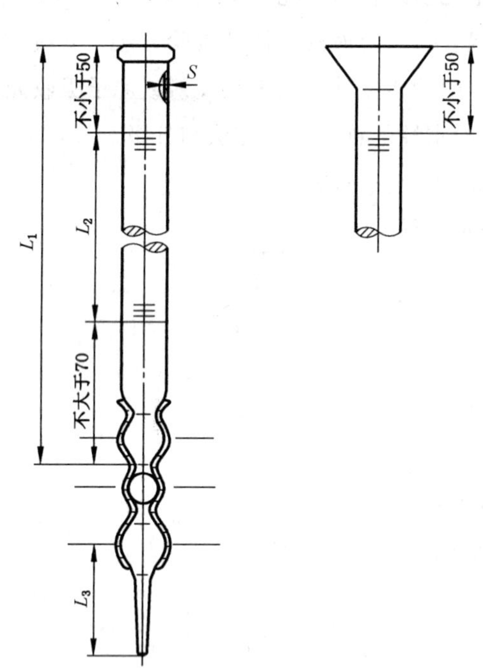

图 1 无塞滴定管

表 2　无塞滴定管尺寸

标称容量/mL	5	10	25	50	100
最小分度值/mL	0.02	0.05	0.1	0.1	0.2
滴定管全长 L_1/mm　≤	520	520	570	770	770
分度表长 L_2/mm	300～400	300～400	300～450	500～650	500～650
壁厚 S/mm	1.5±0.3	1.3±0.3	1.3±0.3	1.3±0.3	1.3±0.3
流液管长 L_3/mm	40～50	40～50	50～60	50～60	50～60

4.2.2　具塞滴定管结构和尺寸见图 2 和表 3。

单位为毫米

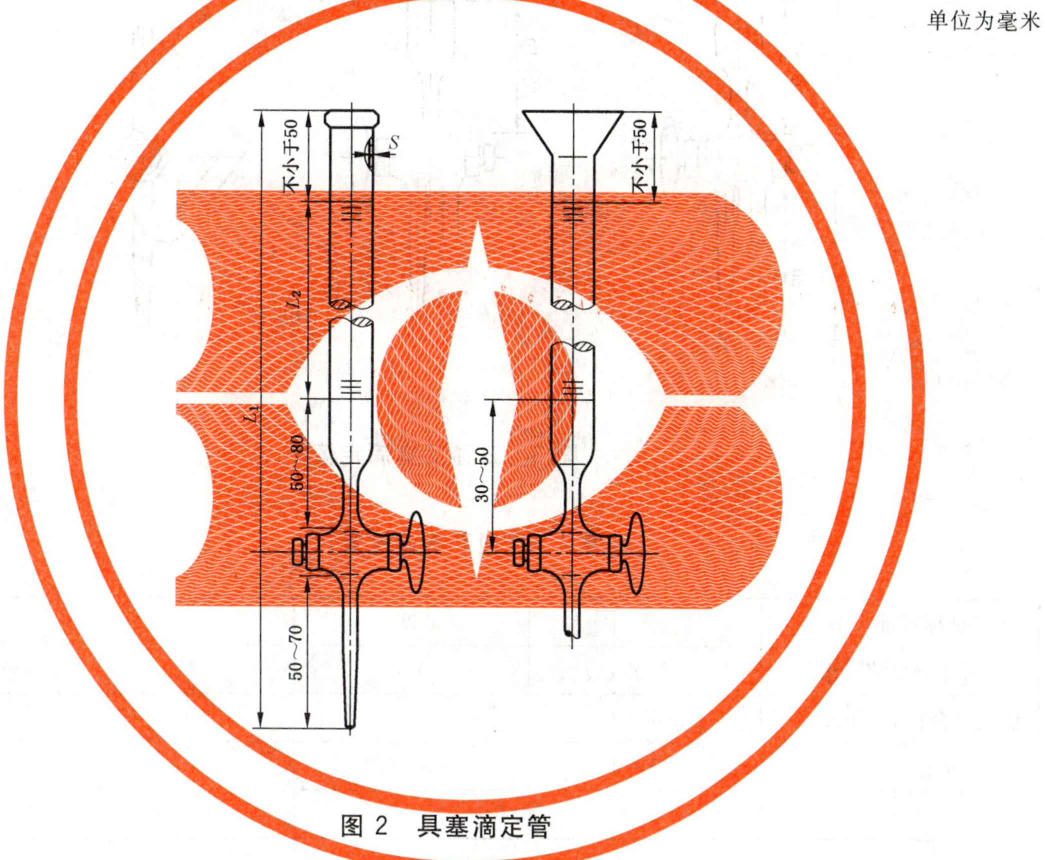

图 2　具塞滴定管

表 3　具塞滴定管尺寸

标称容量/mL	5	10	25	50	100
最小分度值/mL	0.02	0.05	0.1	0.1	0.2
滴定管全长 L_1/mm　≤	600	600	660	860	860
分度表长 L_2/mm	300～400	300～400	300～450	500～650	500～650
壁厚 S/mm	1.5±0.3	1.3±0.3	1.3±0.3	1.3±0.3	1.3±0.3

4.2.3 三通活塞滴定管结构和尺寸见图3和表4。

单位为毫米

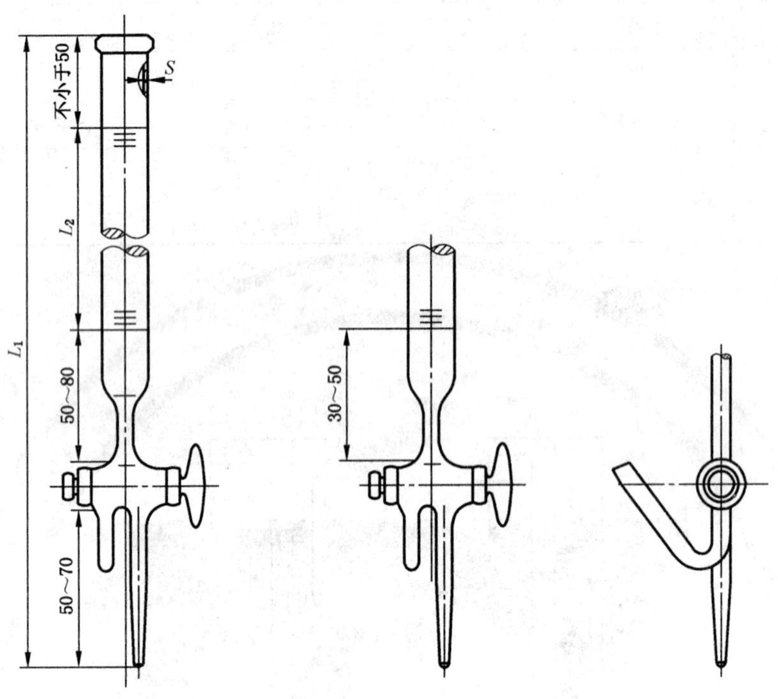

图3 三通活塞滴定管

表4 三通活塞滴定管尺寸

标称容量/mL	10	25	50	100
最小分度值/mL	0.05	0.1	0.1	0.2
滴定管全长 L_1/mm ≤	600	660	860	860
分度表长 L_2/mm	300～400	300～450	500～650	500～650
壁厚 S/mm	1.3±0.3	1.3±0.3	1.3±0.3	1.3±0.3

4.2.4 三通旋塞自动定零位滴定管结构和尺寸见图4和表5。

单位为毫米

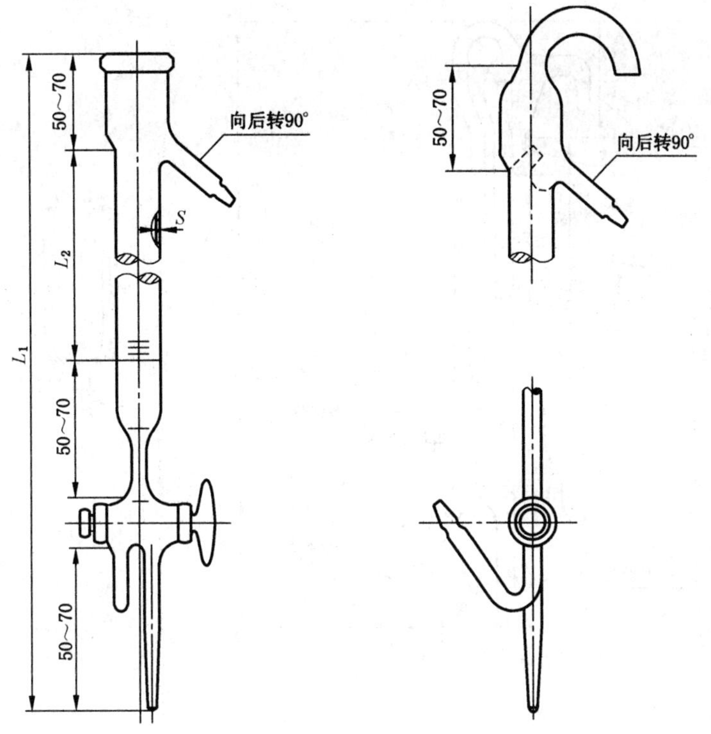

图4 三通旋塞自动零位滴定管

表5 三通旋塞自动定零位滴定管尺寸

标称容量/mL	10	25	50	100
最小分度值/mL	0.05	0.1	0.1	0.2
滴定管全长 L_1/mm ≤	630	680	880	880
分度表长 L_2/mm	300～400	300～450	500～650	500～650
壁厚 S/mm	1.3±0.3	1.3±0.3	1.3±0.3	1.3±0.3

4.2.5 侧边旋塞自动滴定管结构和尺寸见图 5 和表 6。

单位为毫米

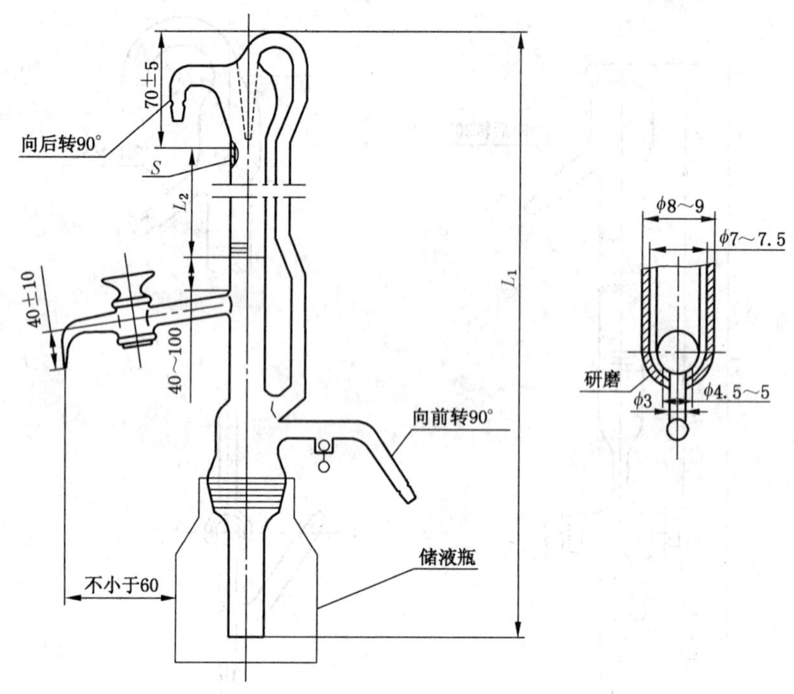

图 5 侧边旋塞自动滴定管

表 6 侧边旋塞自动滴定管

标称容量/mL	5	10	25	50
最小分度值/mL	0.02	0.05	0.1	0.1
滴定管全长 L_1/mm ≤	770	770	830	1 080
分度表长 L_2/mm	300~400	300~400	300~400	500~600
注射芯出口内径 d/mm	0.7~0.8	0.7~0.8	0.8~0.9	0.9~1.1
储液瓶容积/mL	500	500	1 000	2 000
标准磨口(参考)	29/32	29/32	34/35	34/35

4.2.6 侧边三通旋塞自动滴定管结构和尺寸见图6和表7。

单位为毫米

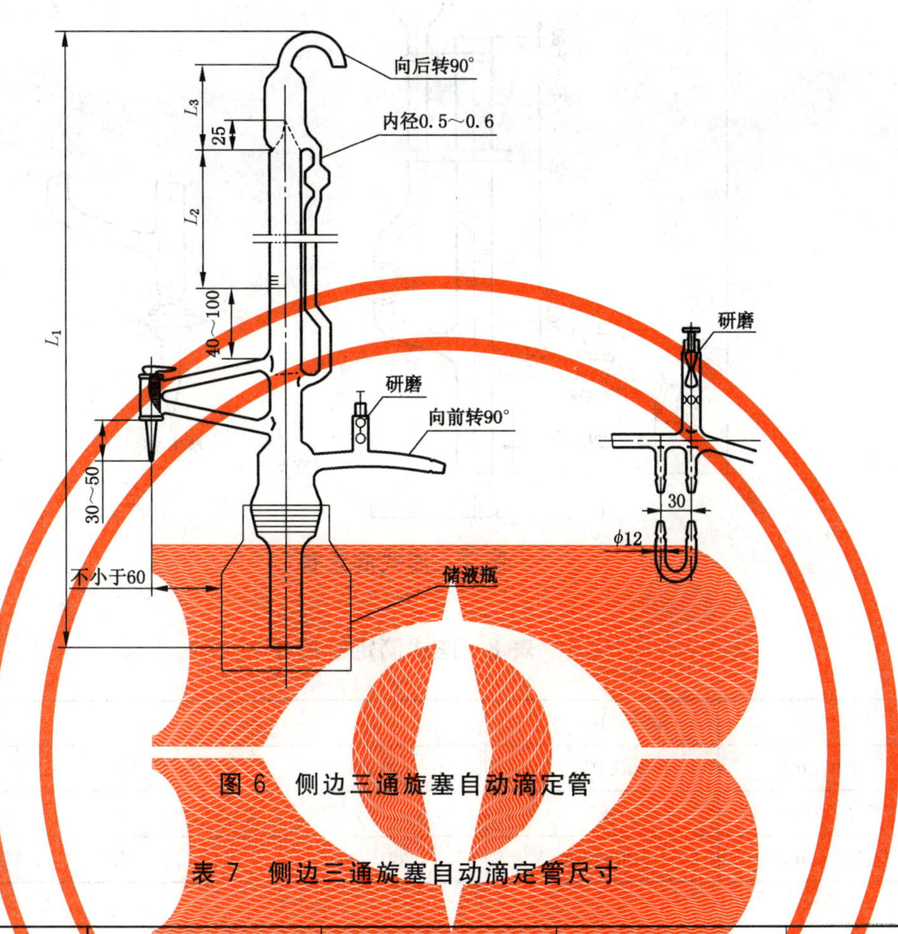

图6 侧边三通旋塞自动滴定管

表7 侧边三通旋塞自动滴定管尺寸

标称容量/mL	5	10	25	50
最小分度值/mL	0.02	0.05	0.1	0.1
滴定管全长 L_1/mm ≤	770	770	830	1 080
分度表长 L_2/mm	300~400	300~400	300~400	500~600
缓冲管长 L_3/mm	55	60	65	70
储液瓶容积/mL	500	500	1 000	2 000
标准磨口(参考)	29/32	29/32	34/35	34/35

4.2.7 座式滴定管结构和尺寸见图7和表8。

单位为毫米

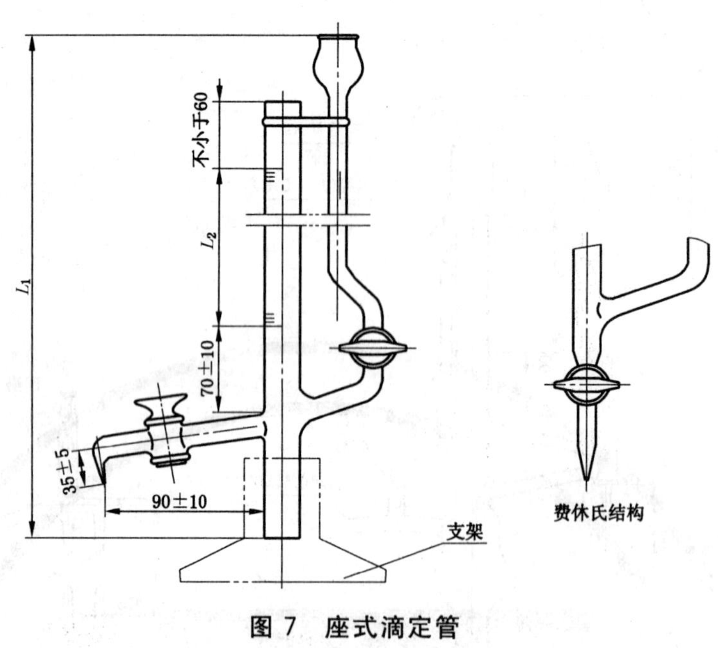

图7 座式滴定管

表8 座式滴定管尺寸

标称容量/mL	1	2	5	10
最小分度值/mL	0.01	0.01	0.02	0.05
滴定管全长 L_1/mm ≤	650	650	700	700
分度表长 L_2/mm	150～300	200～320	270～370	270～370

5 技术要求

5.1 容量

5.1.1 准确度等级

准确度等级分为A级和B级。

5.1.2 容量允差

在标准温度20℃时，水以表9规定的时间流出，等待30 s后读数，允差不应超过表10的规定。此允差表示零至任意一点的允差，也表示任意两检定点间的允差。

表9 流出时间

标称容量/mL		1	2	5	10	25	50	100
最小分度值/mL		0.01	0.01	0.02	0.05	0.1	0.1	0.2
流出时间/s	A级	20～35	20～35	30～45	30～45	45～70	60～90	70～100
	B级	15～35	15～35	20～45	20～45	35～70	50～90	60～100

表 10 容量允差

单位为毫升

标称容量		1	2	5	10	25	50	100
最小分度值		0.01	0.01	0.02	0.05	0.1	0.1	0.2
允差	A 级	±0.010	±0.010	±0.010	±0.025	±0.04	±0.05	±0.10
	B 级	±0.020	±0.020	±0.020	±0.050	±0.08	±0.10	±0.20

5.2 理化性能

理化性能要求见表 11。

表 11 理化性能要求

项 目	要 求
耐碱性能	A_2 级
耐水性能	HGB3
耐酸性能	1 级或氧化钠析出量≤100 μg/dm²
内应力(双折射的光程差)	≤120 nm/cm

5.3 外观要求

滴定管应具有较好的外观,不应有炸裂和明显的崩损,管部不应有积水条纹、明显直棱线、铁屑、严重擦伤和密集的气线存在。不影响计量的轻微缺陷不应超过表 12 规定。

表 12 外观缺陷及允许范围

缺陷名称	存在部位	允许范围
气线	分度表部分	宽不大于 0.2 mm,长为分度表总长的二分之一以上,允许 1 条;二分之一以下允许 2 条
	非分度表部分	宽不大于 0.3 mm,长为分度表总长的二分之一以上,允许 1 条;二分之一以下允许 2 条
节瘤	非分度表部分	直径不大于 1 mm,不多于 2 个;直径不大于 1.5 mm,不多于 1 个
结石	非分度表部分	直径不大于 0.5 mm,不多于 2 个
斑点	分度表部分	宽不大于 0.5 mm,长不大于 3 mm,不多于 2 条,不应与分度线相平行
	非分度表部分	宽不大于 1 mm,长不大于 10 mm 及直径不大于 3 mm 的总数不多于 3 处
棕色斑	非分度表部分	最大直径不大于 3 mm,不多于 3 处
线条不均匀度	分度表部分	允许有三分之一部分线条局部变粗,其宽度不应超过本身的三分之一
断线	分度表部分	断口不大于 0.5 mm,不多于分度线总数的 2%,在同一分度线上不多于 1 处,不应集中

5.4 结构

5.4.1 上口部应光滑、平整,可呈轻度喇叭形。5 mL 及 10 mL 滴定管尽可能制成如图 1、图 2 所示的漏斗状。

5.4.2 管的直线度为 0.3%。

5.4.3 焊接处应光滑平整,不应有漏气、凸凹不平及粗糙现象。

5.4.4 自动滴定管注液结构应能使液体顺利上升和下降。

5.4.5 自动滴定管的浮漂在气流作用下应能灵活升降,并具有较好的密合性。

5.4.6 流液口应由厚壁玻璃管制成,向排液口方向逐渐缩小,口部需磨平、倒角或熔光,其尺寸应符合图 8 和表 13 的要求。

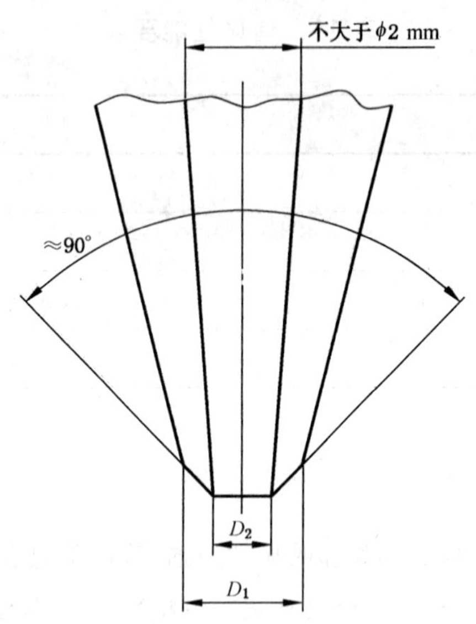

图 8 流液口

表 13 排液口尺寸

标称容量/mL	1、2、5	10、25、50、100
口端外径 D_1/mm	1.5～2.5	2～3
口端内径 D_2/mm	根据水流出时间确定	

5.4.7 旋塞要符合如下要求:

5.4.7.1 玻璃旋塞的锥度约为 1∶10;四氟旋塞的锥度为 1∶5。

5.4.7.2 旋塞的密合性

a) 玻璃旋塞的滴定管垂直放置 20 min,A、B 级的渗透量不大于最小分度值;

b) 其他材质旋塞的滴定管垂直放置 50 min,A 级渗透量不大于最小分度值的二分之一;B 级渗透量不大于最小分度值。

5.4.8 滴定管的背面可呈白底蓝线,但应清晰耐久并与轴线平行,其宽度应符合图 9 规定。

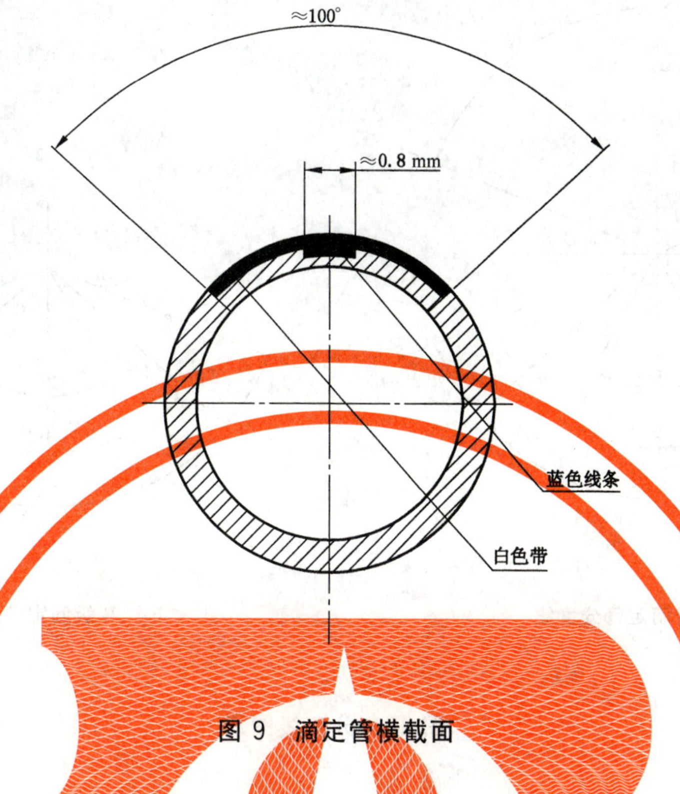

图 9 滴定管横截面

5.5 分度线和标数字

5.5.1 分度线

5.5.1.1 分度线应清晰、耐久。

5.5.1.2 分度线应均匀、平直，并垂直于滴定管的轴心线。

5.5.1.3 分度线的宽度，不应超过 0.3 mm。

5.5.2 分度线长度

5.5.2.1 A 级滴定管分度线见图 10a)：

a) 短线长度为滴定管圆周长的 10%～20%；

b) 中线长度为短线长度的 1.5 倍左右，并应对称超出短线的两端；

c) 长线围绕滴定管的整个圆周，但可有不大于周长 10%的间隙。

5.5.2.2 B 级滴定管分度线见图 10b)：

a) 短线长度为滴定管圆周长的 10%～20%；

b) 中线长度为短线长度的 1.5 倍左右，并应对称超出短线的两端；

c) 长线长度不应小于短线长度的 2 倍，并应对称超出短线和中线的两端。

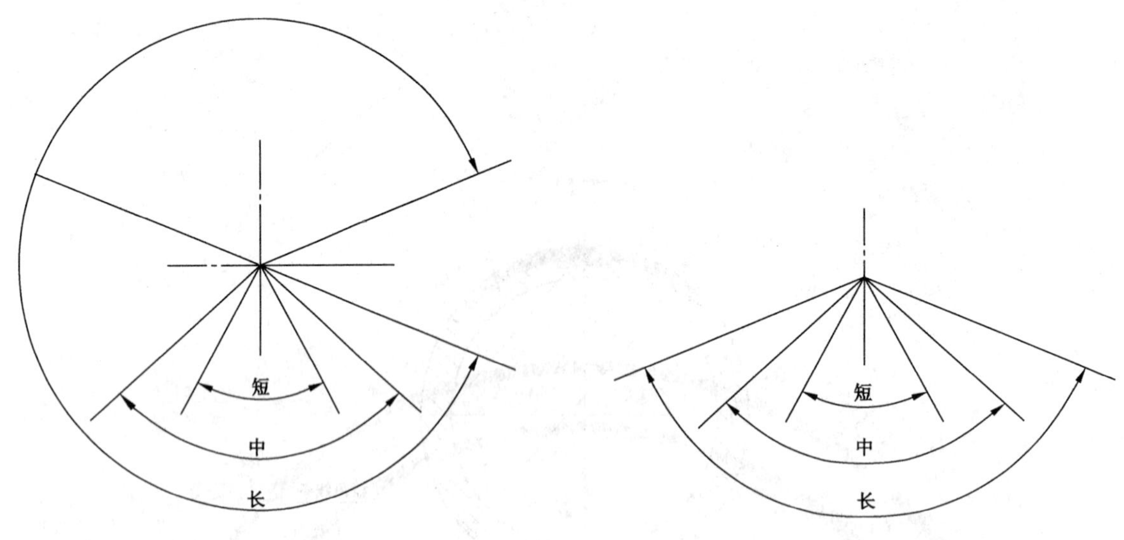

a） A级滴定管分度线　　b） B级滴定管分度线

图 10　分度线图形

5.5.3　分度线排列

5.5.3.1　最小分度值为 0.01 mL 或 0.1 mL 滴定管，见图 11a)：

a） 每第十条刻线应是一条长线；

b） 相邻的两条长线中间应是一条中线；

c） 相邻的中线与长线之间应是四条短线。

5.5.3.2　最小分度值为 0.02 mL 或 0.2 mL 滴定管，见图 11b)：

a） 每第五条刻线应是一条长线；

b） 相邻的两条长线中间应是四条等距的中线。

5.5.3.3　最小分度值为 0.05 mL 滴定管，见图 11c)：

a） 每第十条刻线应是一条长线；

b） 相邻的两条长线中间应是四条等距的中线；

c） 相邻的两条中线之间或相邻的中线与长线之间应是一条短线。

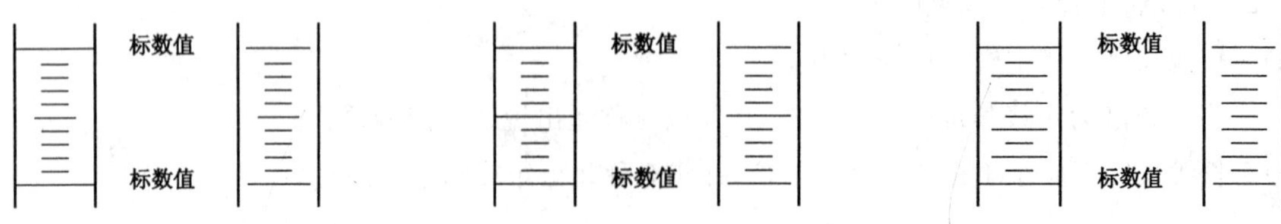

a） 最小分度值为 0.01 mL 或 0.1 mL 的滴定管　　b） 最小分度值为 0.02 mL 或 0.2 mL 的滴定管　　c） 最小分度值为 0.05 mL 滴定管

图 11　分度线排列

5.5.4 标数字

5.5.4.1 标数字应清晰、耐久。

5.5.4.2 标数字的数值从零位线开始由上向下排列。标数字应位于长线的上方及相邻短线端部的偏右侧。标数字的间距如表 14 和图 11。

表 14 标数字的间距

最小分度值/mL	0.01	0.02	0.05	0.1	0.2
标数字的间距/mm	0.1	0.2	0.5	1	2

5.6 流出时间

流出时间系指水的弯液面从零位标线降到最低分度线所占的时间。流出时间应在旋塞全开及流液口不接触器具时测得。流出时间应符合表 9 的规定。

6 试验方法

6.1 耐水性能

按 GB/T 6582 规定的试验方法进行。

6.2 内应力(双折射的光程差)

按 GB/T 15726 规定的试验方法进行。

6.3 耐碱性能

按 GB/T 6580 规定的试验方法进行。

6.4 耐酸性能

按 GB/T 6581 规定的试验方法进行。

6.5 容量允差、流速

按 JJG 196 检定。

6.6 外观要求

用目测法。测量工具用最小分度值为 0.02 mm 的卡尺及 10 倍读数放大镜。

6.7 规格尺寸

用最小分度值为 0.02 mm 的卡尺、高度尺和测厚仪测量。

6.8 旋塞密合性

旋塞壳芯的接触面应脱脂,并用水浸湿,然后使滴定管垂直固定,充水至零位标线。旋塞应处于全关闭状态。

除上述试验外，双孔旋塞还应进行如下试验：旋塞处于排液状态，滴定管排空后，供水管与一支充有水的玻璃管连接，其充水高度应超过被验滴定管零位标线 250 mm。测试时间及渗漏量与滴定管的要求相同。

7 检验规则

7.1 检验分类

7.1.1 A 类为容量允差、耐水性能、耐碱性能、耐酸性能。

7.1.2 B 类为流速、活塞的密合性、内应力。

7.1.3 C 类为 A、B 类以外的其他项目。

7.2 A 类检验要求

应为全数检验，接受质量限为全部合格。

7.3 抽样方案

采用 GB/T 2828.1 的正常检验一次抽样方案，检验水平和接收质量限(AQL)见表 15。

表 15 检验项目、检查水平及接收质量限

检验项目	检查水平(IL)	接收质量限(AQL)
B类	S-3	4.0
C类	I	6.5

7.4 组批规则

同一时间所交付的同一品种规格的产品为一批。

7.5 检验实施和检验结果

由生产厂按 A、B、C 三类规定的检验项目进行抽样检验。经检验合格的批产品方可出厂，出厂时应附有合格证。经检验不合格的批，全数退回生产部门进行全数检验，剔除不合格品后允许再次提交检验。

8 标志、包装、运输和贮存

8.1 标志

8.1.1 产品标志

8.1.1.1 以喷、印的方法制出下列清晰易见的耐久性标志。

a) 标称容量：如“50”；

b) 计量单位：mL；

c) 制造厂商标；

d) 20 ℃表示标准温度；

e) Ex 表示量出式；

f) A 或 B 表示滴定管的准确度等级；

g) 非标准旋塞的旋塞芯、壳应分别标有易辨的相同标志。

8.1.1.2 8.1.1.1 中 a)、b)、c)、d)、e)、f)标记在滴定管零位分度线以上处，g)标在旋塞芯柄和流液管上。

8.1.2 包装标志

包装箱上应有以下标识：

a) 产品名称、规格、数量；

b) 生产企业名称、注册商标、生产日期；

c) 地址、电话等。

8.2 包装

8.2.1 外包装应符合 GB/T 191 的有关规定。

8.2.2 销售包装箱采用黄板纸、三层瓦楞纸板或可发性聚苯乙烯泡沫塑料。

8.2.3 运输包装箱采用瓦楞纸箱或钙塑瓦楞板进行包装，并符合 GB/T 6543 的规定。

8.2.4 填充物采用纸毛或其他软物质；捆扎带采用氧化钢带，聚丙烯塑料带或胶结多股纸绳带。

8.2.5 产品之间应有适合的间隙，并予以垫隔，以防碰撞。

8.2.6 销售包装箱内应装有合格证书，运输包装箱内应装有装箱单和合格证书。

8.3 运输

运输中应防止剧烈震动、受潮、雨淋和挤压，搬运时应轻拿轻放，不应滚动和抛掷。

8.4 贮存

应在室内保存，其相对湿度不应超过 80%，堆码高度不宜超过 2.5 m。

ICS 81.040.01
N 64

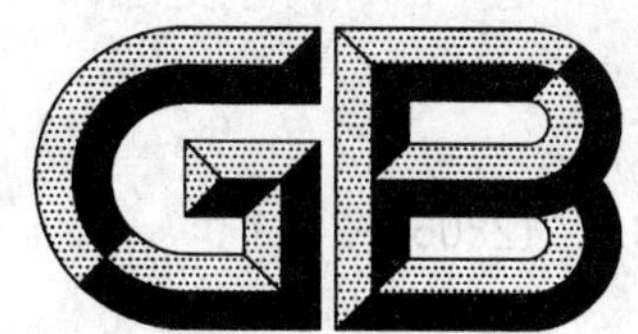

中华人民共和国国家标准

GB/T 12806—2011
代替 GB/T 12806—1991

实验室玻璃仪器　单标线容量瓶

Laboratory glassware—One-mark volumetric flasks

(ISO 1042:1998,NEQ)

2011-12-30 发布　　2012-09-01 实施

中华人民共和国国家质量监督检验检疫总局
中国国家标准化管理委员会　发布

前言

本标准依据 GB/T 1.1—2009 给出的规则起草。

本标准代替 GB/T 12806—1991《实验室玻璃仪器　单标线容量瓶》，与 GB/T 12806—1991 的主要差异是：

——增加了术语和定义；

——产品外观要求及检验规则。

本标准使用重新起草法参考 ISO 1042:1998《实验室玻璃仪器　单标线容量瓶》，与 ISO 1042 的一致性程度为非等效。

本标准由中国轻工业联合会提出。

本标准由全国玻璃仪器标准化技术委员会(SAC/TC 178)归口。

本标准起草单位：北京玻璃仪器厂、国家轻工业玻璃产品质量监督检测中心。

本标准主要起草人：吴文玲、袁春梅、梁叶。

本标准所代替标准的历次版本发布情况为：

——GB/T 12806—1991。

实验室玻璃仪器　单标线容量瓶

1　范围

本标准规定了单标线容量瓶(以下简称容量瓶)的规格尺寸、技术要求、试验方法、检验规则及标志、包装、运输和贮存。

本标准适用于实验室用玻璃容量瓶。

2　规范性引用文件

下列文件对于本文件的应用是必不可少的。凡是注日期的引用文件,仅注日期的版本适用于本文件。凡是不注日期的引用文件,其最新版本(包括所有的修改单)适用于本文件。

GB/T 191　包装储运图示标志

GB/T 2828.1　计数抽样检验程序　第1部分:按接收质量限(AQL)检索的逐批检验抽样计划

GB/T 6543　运输包装用单瓦楞纸箱和双瓦楞纸箱

GB/T 6580　玻璃耐沸腾混合碱水溶液浸蚀性的试验方法和分级

GB/T 6581　玻璃在100 ℃耐盐酸浸蚀性的火焰发射或原子吸收光谱测定方法

GB/T 6582　玻璃在98 ℃耐水性的颗粒试验方法和分级

GB/T 15726　玻璃仪器内应力检验方法

GB/T 15728　玻璃耐沸腾盐酸浸蚀性的重量试验方法和分级

GB/T 21297　实验室玻璃仪器　互换锥形磨砂接头

JJG 196　常用玻璃量器检定规程

3　术语和定义

下列术语和定义适用于本文件。

3.1

标准温度　standard temperature

用来量入或量出其标称容积(容量)时的温度,应为20 ℃。

3.2

容量　capacity

在20 ℃时,充满到刻度线所容纳的20 ℃水的体积,以毫升表示。

3.3

弯液面　meniscus

待测容量的液体与空气之间的界面。

4　准确度等级和规格系列

4.1　准确度等级

分为A级和B级。

4.2 规格系列

分为 1 mL、2 mL、5 mL、10 mL、20 mL、25 mL、50 mL、100 mL、200 mL、250 mL、500 mL、1 000 mL、2 000 mL 和 5 000 mL。

5 结构类型、规格尺寸和结构设计

5.1 结构类型

结构类型见图 1。

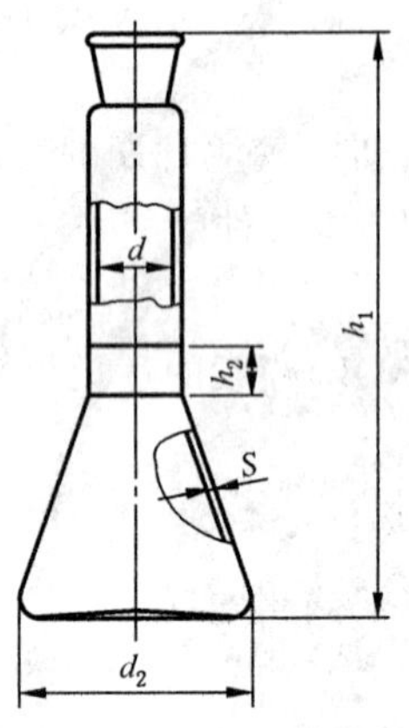

a） 圆锥形容量瓶

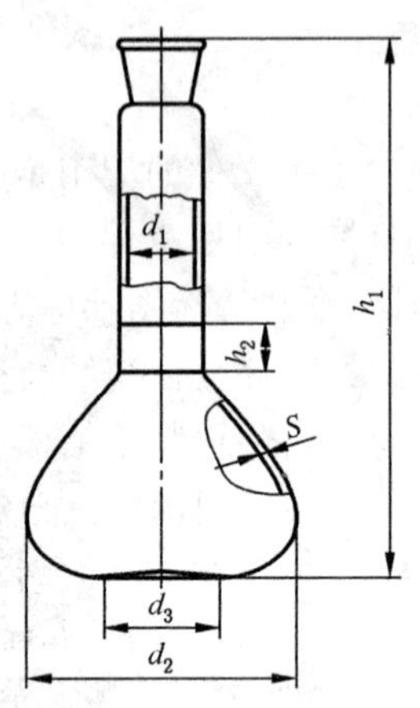

b） 梨形容量瓶

图 1 结构类型

5.2 外形和规格尺寸

5.2.1 容量瓶外形见表 1。

表 1 容量瓶外形

标称容量 mL	瓶球外形
1～2	圆锥形见图 a)
5～50	圆锥形或梨形见图 1
100～5 000	梨形见图 b)

5.2.2 容量瓶规格尺寸见表 2。

表2 容量瓶规格尺寸

标称容量 mL	瓶颈内径 d_1 mm	瓶身外径 d_2 mm	瓶底外径 d_3 mm	全高 h_1 mm	刻度线至变径处最小距离 h_2 mm	最小壁厚 S mm	标准口(推荐)	
1	7±1	13	13	65	5	0.7	7/11	7/16
2	7±1	17	15	70	5	0.7	7/11	7/16
5	7±1	22	15	70	5	0.7	7/11	7/16
10	7±1	27	18	90	5	0.7	7/11	7/16
20	9±1	39	18	100	5	0.7	10/13	10/19
25	9±1	40	25	110	5	0.7	10/13	10/19
50	11±1	50	35	140	10	0.7	12/14	12/21
100	13±1	60	40	170	10	0.7	12/14	12/21
200	15.5±1.5	75	50	210	10	0.8	14/15	14/23
250	15.5±1.5	80	55	220	10	0.8	14/15	14/23
500	19±2	100	70	260	15	0.8	19/17	19/26
1 000	23±2	125	85	300	15	1.0	24/20	24/29
2 000	27.5±2.5	160	110	370	15	1.2	29/22	29/32
5 000	38±3	215	165	475	15	1.2	34/23	34/35

5.3 结构设计

5.3.1 外形

容量瓶的瓶身应呈梨形或圆锥形,见图1,这样可以有一个大的底部,使容量瓶垂直立在平面而不摇晃或旋转。25 mL或更大的空容量瓶(不具塞)放在与水平面成10°的斜面上不应跌倒;小于25 mL的容量瓶放在与水平面成15°的斜面上不应跌倒。

5.3.2 颈

容量瓶的颈应呈圆柱形,其轴心应与瓶底平面相垂直,不应有明显的弯曲和变形。内径或壁厚不应有明显的变化。

5.3.3 口

容量瓶口应加工成增强的凸边,适于加瓶塞。瓶口直径要足够大,以保证瓶口的密合性。瓶口应磨口,其标准口尺寸可见表2。

5.3.4 塞

若容量瓶具塞,则应与瓶口匹配。瓶塞可以实心或空心玻璃制成,或是合适的惰性塑料材质。

5.3.5 刻度线

应低于瓶颈下部的三分之二处，并不应小于从瓶颈的直径开始改变点起所确定的最小距离。

6 技术要求

6.1 材质

应使用硼硅酸盐玻璃制造。

6.2 容量允差

容量允差见表3。

表3 容量瓶容量允差

单位为毫升

标称容量	容量允差(A级)	容量允差(B级)
1	±0.010	±0.020
2	±0.010	±0.030
5	±0.020	±0.040
10	±0.020	±0.040
20	±0.03	±0.06
25	±0.03	±0.06
50	±0.05	±0.10
100	±0.10	±0.20
200	±0.15	±0.30
250	±0.15	±0.30
500	±0.25	±0.50
1 000	±0.40	±0.80
2 000	±0.60	±1.20
5 000	±1.20	±2.40

6.3 刻度线

应清晰耐久，粗细均匀，宽度不应超过0.4 mm。位于和瓶底平行的平面，围绕整个瓶颈。

6.4 口和塞的密合性

玻璃标准口和塞应符合GB/T 21297的规定。

6.5 理化性能

理化性能应符合表4的要求。

表 4　理化性能要求

项　　目		要　　求
耐碱性能		A_2 级
耐水性能		HGB1 或 HGB2
耐酸性能	重量法	H_1 级
	火焰法	氧化钠析出量≤100 μg/dm²
内应力(双折射的光程差)		≤100 nm/cm

6.6　外观要求

6.6.1　气泡

破皮气泡和薄皮气泡不应存在。直径≤0.8 mm 能目测到的气泡，在 20 mm×20 mm 的面积内不应多于 3 个，且每处间距大于 50 mm，每个产品上不应多于 6 处；直径>0.8 mm 的气泡，不应超过表 5 的规定。

表 5　气泡的要求

规格 mL	瓶　　身		瓶　　颈		累计数量 个
	气泡直径[a] mm	数量 个	气泡直径 mm	数量 个	
1～50	0.8～1	1	0.8～1	1	1
100～500	0.8～1.5	2	0.8～1.5	1	2
1 000～5 000	0.8～1.5	3	0.8～1.5	1	4
	1.5～3.0	1	1.5～3.0	1	

[a] 直径是长与宽之和除以 2。

6.6.2　结石

容量瓶上的结石不应超过表 6 的规定。

表 6　结石的要求

规格 mL	瓶　　身		瓶　　颈		累计数量 个
	结石直径 mm	数量 个	结石直径 mm	数量 个	
1～50	<0.5	1	<0.5	1	1
100～500	<1	1	0.3～1	1	1
1 000～5 000	<1.5	2	0.3～1	1	2

6.6.3 节瘤

容量瓶上的节瘤不应超过表7的规定。

表7 节瘤的要求

规格 mL	瓶身		瓶颈		累计数量 个
	节瘤直径 mm	数量 个	节瘤直径 mm	数量 个	
1～50	<1	1	<1	1	1
100～500	<1.5	1	<1	1	1
1 000～5 000	<2	2	<1.5	1	2

6.6.4 条纹

不应有严重的条纹存在,必要时进行封样。

6.6.5 划伤和擦伤

6.6.5.1 不应有划伤存在。

6.6.5.2 擦伤的长度不应超过表8的规定。

表8 擦伤的要求

规格 mL	单个长度 mm	累计长度 mm
1～50	5	15
100～500	10	30
1 000～5 000	20	80

6.6.6 铁锈和铁屑

不应有能目测的铁锈和铁屑存在。

6.6.7 其他缺陷

容量瓶的内、外表面不应有积水条纹,不应有影响产品强度和计量读数的缺陷存在。

7 试验方法

7.1 规格尺寸

用最小分度值为0.02 mm的卡尺、高度尺和测厚仪测量。

7.2 外观要求

用目测法。测量工具用最小分度值为 0.02 mm 的卡尺及 10 倍读数放大镜。

7.3 容量和准确度

按 JJG 196 规定的试验方法进行。

7.4 口和塞的密合性

将瓶内注入标称容量的水，颠倒 10 次(在倒置状态下至少停留 10 s)，不应有水渗出。

7.5 理化性能

7.5.1 耐水性能

按 GB/T 6582 规定的试验方法进行。

7.5.2 耐碱性能

按 GB/T 6580 规定的试验方法进行。

7.5.3 耐酸性能

按 GB/T 6581 或 GB/T 15728 规定的试验方法进行。

7.5.4 内应力(双折射的光程差)

按 GB/T 15726 规定的试验方法进行。

8 检验规则

8.1 检验分类

产品检验分为出厂检验和型式检验。检验项目和要求见表 9。

表 9 检验项目和要求

检验项目	标准章条编号	本标准试验方法条款	出厂检验	型式检验
内应力	6.5	7.5	抽检	抽检
外观要求	6.6	7.2		
规格尺寸	第 5 章	7.1		
口塞密合性	6.4	7.4		
容量和准确度	6.2	7.3	全检	全检

8.2 出厂检验

8.2.1 抽样方案

采用 GB/T 2828.1 的正常检验一次抽样方案，检验水平和接收质量限(AQL)见表 10。

表 10　检验项目、检查水平和接收质量限

检 验 项 目	检查水平(IL)	接收质量限(AQL)
内应力	S-4	1.5
外观要求	Ⅱ	4.0
规格尺寸	Ⅱ	4.0
口、塞密合性	S-4	1.5
容量和准确度	全检	全部合格

8.2.2　组批规则

同一时间所交付的同一品种规格的产品为一批。

8.2.3　检验实施和检验结果

由生产企业按表 9 的出厂检验项目进行抽样检验。经检验合格的批产品方可出厂，出厂时应附有合格证。

8.3　型式检验

8.3.1　抽样方案

采用 GB/T 2828.1 的正常检验一次抽样方案。检验水平和接收质量限(AQL)见表 10。

8.3.2　检验实施和检验结果

检验项目、检查水平和接收质量限(AQL)应符合表 10 规定。

由生产厂按表 10 的型式检验项目进行抽样检验。型式检验合格，其代表产品出厂检验合格的批，可整批交付使用方。型式检验不合格，应停产分析原因并采取有效措施，直至型式检验合格后方可恢复生产。型式检验不合格周期生产的产品不应出厂，已出厂的产品应追回。

8.3.3　型式检验要求

有下列情况之一时，进行型式检验：

a)　新产品或老产品转厂生产的试制定型鉴定；

b)　正式生产后，如结构、材料、工艺有较大改变，可能影响产品性能时；

c)　正常生产时，型式检验每年至少进行一次；

d)　出厂检验结果与上次型式检验有较大差异时；

e)　国家质量监督机构提出进行型式检验的要求时。

9　标志、包装、运输和贮存

9.1　标志

9.1.1　产品标志

下列标志应耐久、清楚地标在每个容量瓶上：

a)　标称容量，如“100 mL”；

b) 标准温度 20 ℃；

c) 适合的缩写词显示容量瓶是按量入式进行容量标定的，用字母“In”表示量入，“Ex”表示量出；

d) 准确度等级符号“A”或“B”；

e) 生产企业或销售商的名称或商标；

f) 在容量瓶瓶塞可互换的情况下，磨口的尺寸或号别。

9.1.2 包装箱标志

外包装应符合 GB/T 191 的有关规定，并标明以下内容：

a) 产品名称、规格和数量；

b) 生产企业名称、注册商标、生产日期；

c) 生产企业地址、电话等。

9.2 包装

用瓦楞纸箱进行包装，并符合 GB/T 6543 的规定。

9.3 运输

本产品可用任何运输工具运输，装卸不应抛掷，运输要有防雨雪措施。

9.4 贮存

包装后的产品应在室内保存，不应与强酸、强碱、氟化物等化学物质接触。

ICS 47.020.01
U 04

中华人民共和国国家标准

GB/T 12923—2011
代替 GB/T 12923—1991

船舶工艺术语 修、造船设施

**Terminology for ship technology—
Repairing and shipbuilding facilities**

2011-12-30 发布　　2012-06-01 实施

中华人民共和国国家质量监督检验检疫总局
中国国家标准化管理委员会 发布

前　言

本标准按照 GB/T 1.1—2009 给出的规则起草。

本标准代替 GB/T 12923—1991《船舶工艺术语　修、造船设施》，与 GB/T 12923—1991 相比，主要技术变化如下：

——增加了活络胎架、沙坑等术语词条(见 2.6、2.7 等)；

——增补了中、英文索引。

本标准由中国船舶工业集团公司提出。

本标准由全国海洋船标准化技术委员会船舶基础分技术委员会(SAC/TC 12/SC 3)归口。

本标准起草单位：中国船舶工业综合技术经济研究院、江苏熔盛重工有限公司。

本标准主要起草人：程楠、陈国荣、刘卫平、武晶。

本标准所代替标准的历次版本发布情况为：

——GB/T 12923—1991。

船舶工艺术语　修、造船设施

1　范围

本标准规定了基本设施、船台、下水设备、船坞、浮船坞及船厂码头等修、造船设施的有关术语及定义。

本标准适用于船舶科研、设计、生产、教学、使用等领域。

2　基本设施

2.1

生产场所　production sites

进行船舶修造的车间、场地、船台、船坞、码头、仓库和办公等处所。

2.2

岸线　waterfront

船厂毗邻水域的陆地与海洋、河流交界处。

2.3

放样设施　lofting facilities

对船体、舾装等进行放样的工具、设备的总称。

2.4

涂装设施　painting facilities

涂装房、涂漆流水线、涂漆作业区等进行涂装作业的设施。

2.5

起重设施　hoisting facilities

具有吊装、搬运功能的轻型起重设备、起重机和升降机的总称。

2.6

活络胎架　adjustable tire stand

用于制造具有型线的分段托架，由内套管、外套管、限位插销及锥状旋头组成。根据船体弯曲坐标值，变换成活络弯曲面体。

2.7

沙坑　bunker

用于在某种条件下超重分段翻身180°软着陆的场所。由坑深1 m左右，长宽尺度比翻身分段大20%，坑内敷设砂粒，与坑面持平，坑底有排水引沟。

3　船台

3.1

船台　building berth；berth

与下水设施相关联的，专供修造船用的场地或陆上构造物。设有施工用的装焊设备、起重设备、移船设备及各种动力供应管道。

3.2

倾斜船台　inclined building berth

船台面以一定坡度向水域倾斜的船台。

3.3

水平船台　horizontal building berth

船台面呈水平的船台。

3.4

半坞式船台　semi-dock building berth

在临水一端或适当部位处设置闸门的坞式结构倾斜船台。

3.5

露天船台　exposed berth

没有固定遮蔽式设施的船台。

3.6

室内船台　covered berth

设在固定遮蔽式设施内的船台。

3.7

船台小车　berth bogie

设有顶升转向装置,在水平船台或横移区载运分段、船舶的载重车。

3.8

自动船台小车　automatic berth bogie

设有电动行走机构,并有专用电缆车随行的船台小车。

3.9

电缆车　cable car

由船台小车带动,在行走中能自动收放电缆的小车。

3.10

拉桩　land tie

用于固定滑轨、校正分段位置和拖拉重物等,设于船台、船坞、滑道等处,部分露在外面的桩柱预埋件。

3.11

连续式拉桩　long land tie

用于固定滑轨、校正分段位置等而预埋在船台上的连续金属板。

3.12

船台中心线板　center line strip on berth

其上划有作为分段定位依据用的中心线,位于船台中央的全通预埋件。

3.13

墩木　block

由木材、金属或水泥制成,在船台或船坞修造船舶过程中用以支撑船体的长方形柱体。

3.14

墩　blocks

支托船体可移动墩木的组合体。

3.15

龙骨墩　keel block

设置于船底平板龙骨底下,承受大部分船体重量的墩。

3.16

边墩　side keel block

设置于船底平板龙骨两侧的墩。

3.17

舭墩　side block;bilge block

位于船体舭部的墩。

3.18

井字墩　cribbing

每层各有两根纵或横的墩木交错搭置,呈井字形的墩。

3.19

砂箱墩　block with sand box;sand block

由墩木和带有活门的砂箱组成,船舶下水时开启砂箱活门可使砂迅速流泄,墩面下降的墩。

3.20

活络钢墩　adjustable steel block

由下底座、侧滑座和上垫块三部分组成的活动连接结构,可自由松放及拆除,以方便布墩或调节支墩高度的墩。

3.21

下水墩　launching block

船舶利用油脂滑道下水时,临时支撑船重并可迅速拆除的墩。

3.22

木楔　timber wedge

为使墩木与船底易于贴紧和松开而设置的楔形木块。

3.23

铁楔　iron wedge

为使墩木与船底易于贴紧和松开而设置的楔形铁件。

3.24

船台坡度　slope of building berth

船台表面与水平面交角的正切值。

4　下水设备

4.1

滑道　launching way;slipway

专供船舶上墩、下水用的设有木质或金属滑轨的构筑物。

4.2

纵向滑道　longitudinal slipway

船舶在滑道上的滑行方向与船体中线面平行的滑道。

4.3

横向滑道　side slipway

船舶在滑道上的滑行方向与船体中线面垂直的滑道。

4.4

钢珠滑道　steel roller slipway;slipway for steel roller launching

利用钢珠滚动进行船舶纵向重力式下水的滑道。

4.5

牵引式滑道　towing slipway

利用绞车牵拉在滑道上的下水车,使船舶上墩或下水的滑道。可分为纵向和横向两类。

4.6

油脂滑道　greased slipway

滑板与滑轨接触面采用油脂润滑,以进行船舶重力式下水的滑道。

4.7

直线滑道　straight line slipway

滑轨的坡度在全长范围内保持不变的滑道。

4.8

折线滑道　knuckling line slipway

由若干不同坡度的直线滑轨光顺连接成的纵向倾斜滑道。

4.9

弧形滑道　cambered slipway

滑轨的坡度连续变化,其纵剖面顶线呈弧形曲线的滑道。

4.10

两支点滑道　slipway with two supporting points

由两个单独的下水车支承船舶下水或上墩的纵向牵引式滑道。

4.11

船排滑道　railway slip

用船排进行船舶下水或上墩作业的牵引式滑道。可分为纵向船排滑道和横向船排滑道两种。

4.12

斜船架滑道　cradle slipway;inclined launching way

利用斜船架运载船舶下水或上墩的一种牵引式滑道。可分为纵向斜船架滑道和横向斜船架滑道两种。

4.13

横向梳式滑道　combtype side-slipping shipway

下水区斜坡滑轨与横移区水平轨道相互延伸交错成梳齿状的横向牵引式滑道。

4.14

横向高低轨滑道　side slipway with top and lower railways

利用高低轨道使下水车保持水平的横向牵引式滑道。由斜坡滑轨和横移区轨道两部分组成。

4.15

横向高低腿滑道　side slipway with wheels of transporter in different level

利用高低腿下水车使其承载的船舶在由水平横移区牵引至横向倾斜滑道进行下水作业时始终保持水平的一种横向牵引式滑道。由斜坡滑轨和横移区轨道两部分组成。

4.16

下水翻转滑道　launching tip slipway

可绕中支座转动的变截面箱型梁上布置有两条平行的钢轨,其上有台车组,台车上放置滑板,变截面箱型梁后端有脱扣装置,用于宽体船舶横向下水的专用滑道。

4.17

滑道摇架　slipway cradle

设于倾斜滑道和水平船台之间,承载船舶使其在纵向垂直面内转动以改变船舶搁置坡度的支承架。可使船舶由倾斜滑道移入水平船台坐墩或由水平船台移入倾斜滑道下水。

4.18

滑道转盘　slipway turntable

设于滑道首端,可使承载船舶绕垂直轴旋转以改变船舶搁置方向,同时改变船舶龙骨搁置坡度的专用设施。分别与水平船台及下水滑道衔接,用于与滑道成斜交或在滑道首端作放射状分布的船台。

4.19

下水车　cradle

在滑道上承载船舶进行上墩、下水作业用的载重车。

4.20

斜船架　inclined launching poppet

沿其移动方向车身剖面成楔形,两端的高度差和滑道首端坡度相配合,以承载船舶上墩或下水的一种整体架形下水车。

4.21

随船架　boat carriage

在建造或修理船舶过程中用以支承船体和载船移动的单梁载重车。可移至横移车或下水车顶面的轨道上。进行船舶横移、下水或上墩。

4.22

船排　patent slip

上铺方木以承托船底,在滑道上承载船舶上墩或下水的多梁平车。分为分节式和整体式两种。

4.23

下水油脂　launching grease

用以减少滑轨和滑板间的摩擦力,下水前分别涂在木质滑轨和滑板上的油脂。一般分层涂敷,根据其作用可分为承压层、过渡层和润滑层。

4.24

滑板　sliding way

船舶下水时,将船舶与下水支架支承在油脂滑道上并与船舶一起滑移的下水构件。

4.25

下水横梁　launching beam

在纵向滑道上,用以将船舶支承在滑板上的钢质横梁。

4.26

下水支架　launching poppet

在纵向滑道上,将船舶支承在滑板上的构架。主要用于干船体型变化大的艏部、艉部。

4.27

艏支架　fore poppet

在纵向下水时,安装于船首部的下水支架。可减少船舶尾浮时滑道和船体的集中负荷。

4.28

艉支架　after poppet

在纵向下水时,安装于船尾部的下水支架。

4.29

滑道坡度　slope of slipway

滑道的滑轨面与水平面夹角的正切值。

4.30

滑道间距　spacing of slipway

纵向滑道的滑轨中心线之间的距离。

4.31

滑道间距增量　slip spacing increment

末端滑道间距大于首端滑道间距的值。

4.32

滑道末端水深　depth of water on slipway end;depth at slipway ends

滑道末端滑轨表面在设计下水水位以下的深度。

4.33

滑道末端凹口　threshold hollow

为适应船舶在下水时产生的艏跌落而在滑道末端开设的凹口。

4.34

平均线负荷　average linear load

船舶下水或上墩重量除以艏艉支点间距而得的单位长度重量值。

4.35

过渡段　transition section

在滑道中,连接不同坡度的轨道之间的弧形段。

4.36

横移区　transition zone

在水平船台与下水滑道之间进行横移船舶用的,与船台具有相同轨顶标高的场地。

4.37

横移坑　transition pit

在水平船台与下水滑道之间横移船舶用的,深度与横移车高度相等的坑。

4.38

横移车　transition carriage;transition flat

在水平船台与下水滑道之间横移船舶用的平车,分整体式和分节式两种。

4.39

止滑器　trigger

设置于滑轨两边控制下水船舶自行下滑的止动装置。

4.40

保险撑　slip stopper

为防止支撑船舶的滑板自行滑动,在滑轨与滑板之间设置的止滑撑杆。

4.41

下水制动装置　checking arrangement;checking arrangement in launching

用于降低船舶下水速度,减少水上滑行距离的装置。

4.42

升船机　ship lift;ship elevator

垂直升降船舶下水或上墩作业的设施。主要由升船平台和平台升降机构等组成。

4.43

浮力升船机　floating shiplift

向升船平台内的浮力水舱排水或注水以使平台升降的升船机。

4.44

船用气囊　ship air bag

利用低压空气充气、大面积承载的作用,完成船舶上排或下水作业的气囊。

5 船坞

5.1

船坞 dock;dry dock

位于地面以下,有开口通向水域以进出船舶,并设有闸门,关闭后将水排干以从事修、造船的水工建设物。

5.2

注水式船坞 flooding dock

坞壁高出厂区地坪以上,坞室横断面分上下两阶,下阶作进出坞的通道,上阶作修造船用场地的船坞。

5.3

串联式船坞 tandem dock

中间设有一道或一道以上门槽,并配有一中间闸门,可通过总段移位同时建造一艘半及以上船舶的船坞。

5.4

运河式船坞 canalled dock

两端均与水域相通,中间设有两道或两道以上门槽,并配有一中间闸门,可同时建造两艘船舶而毋须移动总段的船坞。

5.5

坞首 dock head

船坞纵向与陆地相接的一端。

5.6

坞口 dock entrance

船坞纵向与水域相通的一端。

5.7

引船驳岸 ship-directional quay

为便于船舶进出船坞，自坞口向外构筑的一段八字形竖直岸壁。

5.8

坞壁 dock wall

船舶两侧及坞首的岸壁。

5.9

坞壁作业车 dock side taveling;dock side stage

设置在坞壁或坞墙上,可沿船坞纵向移动,为施工人员提供工作平台的升降作业车。

5.10

坞底 dock bottom;bottom

设有排水沟、集水坑等,并根据需要筑有纵横坡度,能承受船舶全部重量的船坞底部结构。

5.11

坞室 dock chamber

由坞底、坞壁及坞门所围的船坞空间。

5.12

坞坎 dock sill;sill

坞口下缘高出坞底的部分。

5.13

门墩　gate pier

为承受坞内抽空时,作用在坞门上的水压力和支承坞门及其压载的重量,并保证水密的坞口构筑物。

5.14

门槽　dockgate channel

门墩上与坞门相接触的部分。单向受力者可做成豁口式,双向受力者则做成凹槽式。

5.15

坞门　dock gate;caisson

将坞口封住的水密闸门。

5.16

浮箱式坞门　floating caisson;pontoon dock gate

设有水泵和进水闸阀能双向受压,通过水的注入和排出能控制门的浮沉启闭的箱形坞门。

5.17

横拉式坞门　traversing caisson

由绞车操纵,在坞口可横向移动,能双向受力的整体式坞门。

5.18

人字式坞门　mitre caisson;two-gate caisson

由两块门扇组成,各自绕在两侧门墩上的枢轴转动,关闭时成外凸人字形,可由绞车、压缩空气或液压操纵,只能承受单向受压的坞门。

5.19

卧倒式坞门　flap caisson;flap gate;flap type gate

由压缩空气或绞车控制,能使门绕坞口的水平枢轴回转并水平卧倒的坞门。

5.20

插板式坞门　plate gate

按起重能力的不同,横向作成一块或分成几块的钢质或木质插入式坞门。

5.21

叠梁式坞门　beams gate

在高度方向分成若干块呈横梁式的插入式坞门。

5.22

推进式坞门　propelling gate

大型船坞上为方便坞门启闭,在坞门一端设有推进器,可自行推进的坞门。

5.23

单门式坞门　mono-gate caisson

绕坞口一侧的垂直轴转动而启闭的单扇门式坞门。

5.24

修理门槽　gate channel for repairing

设在坞口原有门槽外侧,为修理原有门槽的备用门槽。

5.25

门坑　pit for caisson;pit for gate

供容纳卧倒式坞门开启以保证其能够放平的坑。

5.26

门库 **gate chamber**

供容纳横拉式坞门用的空间。

5.27

廊道 **gallery**

设在船坞和码头边沿地面以下的通道。

5.28

坞墩 **docking block**

设在坞底，支承船体的墩。

5.29

船坞引船车 **pulling trolley along dock side**

设置在船坞或浮船坞坞顶两侧固定轨道上用以拽船进出坞的小车。

5.30

船坞水泵站 **dock pump station**

坞室排灌水的设施。

5.31

进坞重量 **docking weight**

进坞船舶的总重。

5.32

搁墩负荷 **block load**

船舶在坞内坐墩时，由于纵倾而集中作用在尾墩或首墩上的负荷。

6 浮船坞

6.1

浮船坞 **floating dock**

能在一定水域中沉浮和移动，以供抬起其他船舶进行修理或引渡过浅水区，以及修、造船时船舶下水、上墩、水上合拢作业的船。

6.2

整体式浮船坞 **single unit floating dock**

坞墙与坞体做成一体的浮船坞。

6.3

泵舱 **pump room**

浮船坞两舷浮箱内设有水泵和闸阀的舱室，用排水或注水方式使浮船坞上浮或沉降。

6.4

浮箱式浮船坞 **pontoon floating dock**

由连续坞墙及浮箱拼接而成的浮船坞。

6.5

三段式浮船坞 **three-piece type floating dock**

分首、中、尾三段连接而成的浮船坞。

6.6

分体式浮船坞 **sectional dock**

坞墙连同浮体在横向分为多段并可拆装的浮船坞。

6.7

修船浮筒　buoy for repairing

可沉浮以抬起船体一端进行修理的简易抬船设备。

6.8

坞墙　wing wall

位于浮船坞两舷,用以承受纵向强度的墙式结构。

6.9

坞墙顶甲板　top deck

位于坞墙顶,承受纵向强度的连续甲板。

6.10

安全甲板　safety deck

位于坞墙顶甲板下,用以限制进水,使浮船坞控制在一定沉深的安全位置的连续水密甲板。

6.11

抬船甲板　pontoon deck

浮船坞上用以铺设墩木,抬举船舶的甲板。

6.12

浮体　floating body

浮船坞抬船甲板下产生浮力的整体或组合箱形结构。

6.13

浮箱　pontoon

浮箱式浮船坞的浮体中的单体箱形结构。

6.14

浮船坞飞桥　flying bridge

位于坞墙端,连接两侧坞墙顶甲板的可启闭的通道。

6.15

浮船坞总长　overall length of floating dock

艏平台前端到艉平台后端包括各种伸出浮体外的构件在内的最大长度。

6.16

浮体长　length of floating body

浮体前端舱壁到后端舱壁之间的距离。

6.17

坞体型宽　moulded breadth of floating body

从坞体两侧肋骨外边缘量取的横截面宽度。

6.18

坞内净宽　net width between wing walls

浮船坞横剖面左、右坞墙内侧固定结构物之间的最小距离。

6.19

浮船坞举力　lift capacity of floating dock

浮船坞升浮时所能承载船舶的最大重量。

6.20

空坞吃水　light draft of floating dock

浮船坞在无油水和压载水及剩余水的空载状态下,由坞底至水面的垂直距离。

6.21

工作吃水　working draft

浮船坞在抬举船舶进行正常工作时,在带有油水及剩余水的状态下,由坞底至水面的垂直距离。

6.22

最大沉深吃水　maximum submerged draft

浮船坞处于最大沉深时,由坞底至水面的垂直距离。

6.23

空坞排水量　light displacement of floating dock

浮船坞在不抬船、无压载时的轻载排水量。

6.24

浮船坞配载　adjustment of floating dock

为保持进坞船舶和浮船坞本身具有足够的稳性,减少两者变形的纵向挠度和应力,调节浮船坞沉浮状态而计算浮箱水位水量及确定进、排水程序的过程。

6.25

浮船坞挠度　deflection of floating dock

浮船坞受自重和外力作用后产生的纵向弯曲值。

6.26

适坞性　ability of floating dock

浮船坞对进坞船舶在船体几何形状、尺度、强度、船舶静水力性能和重量等方面的限制性要求。

6.27

系坞墩　department of dock block

与浮船坞配套的水工建筑物,一般为沉箱结构,上部设置锚固、系坞卡环。

6.28

沉坞坑　sinkage dock pit

在水深不够的水域,为使浮船坞下沉到必要的深度而设在水底的坑。其深度为浮船坞最大沉深与富裕水深之和。

6.29

浮船坞支墩　support of floating dock

为保证抬船甲板与下水滑道在同一平面,确保船舶利用浮船坞进行下水或上墩作业时的安全,在浮船坞码头水域设置的承坐浮船坞的水下支撑物。

6.30

浮船坞试验　test of floating dock

为检验浮船坞的强度及使用性能而进行的试验,包括强度试验、沉浮试验和抬船试验。

7　船厂码头

7.1

码头　wharf;quay

停靠船舶用的水工建筑物或设施。

7.2

安装码头　fitting-out quay

具有起重条件和动力设施,以供船舶停靠进行水上安装或修理的码头。

7.3

舾装码头　outfitting quay

能提供交通、供水、供电、供气及起重设施等进行船舶舾装的码头。

7.4

试车码头　quay for mooring trial

供船舶系泊试验用的码头。

7.5

靠船墩　dolphin pier

水域中为停靠船舶用而设置的沉箱墩或簇椿。

7.6

系船桩　bollard;mooring post

用于船舶靠离码头或系于码头的岸柱。

7.7

风暴缆桩　storm bollards

用于系泊码头两端,系绑艏缆、艉缆防止风暴的大型系船桩。

7.8

登船梯　boarding ladder

随潮水涨落的滑动引桥。

中 文 索 引

A

B

C

D

F

G

H

J

K

L

M

P

Q

R

S

T

W

X

Y

Z

英 文 索 引

A

B

C

D

E

F

G

H

I

K

L

M

N

T

W

ICS 29.080.10
K 48

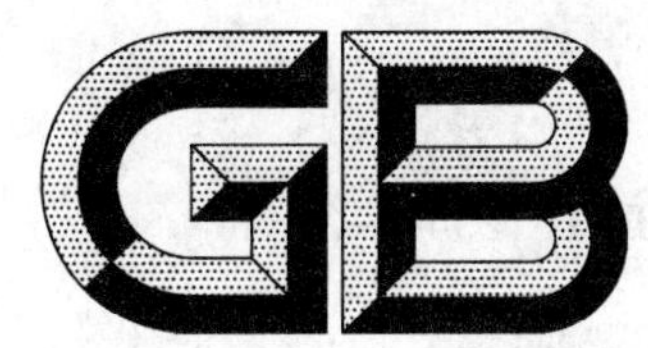

中华人民共和国国家标准

GB/T 12944—2011
代替 GB/T 12944.2—1991

高压穿墙瓷套管

High-voltage ceramic wall bushings

2011-07-29 发布　　2011-12-01 实施

中华人民共和国国家质量监督检验检疫总局
中国国家标准化管理委员会　发布

前　言

本标准按照 GB/T 1.1—2009 给出的规则起草。

本标准代替 GB/T 12944.2—1991《高压穿墙瓷套管　尺寸与特性》，与 GB/T 12944.2—1991 相比，除编辑性修改外主要技术变化如下：

——增加了“运行条件、订货信息和标识”章（见第 4 章）；

——增加了“技术要求”章，技术条件除按 GB/T 4109—2008 规定外，增加了可见电晕电压和公差等的要求（见第 6 章）；

——增加了“试验要求”章，试验要求除按 GB/T 4109—2008 规定外，在型式试验中增加了可见电晕电压试验的要求，并规定了型式试验的试品数量（见第 7 章）；

——按正在修订的 GB 311.1 草案稿规定的设备最高电压修改了额定电压标准值（见表 2 和表 3）；

——按统一爬电比距（USCD）的概念修整了各等级套管的爬电距离，并增加了部分爬电距离等级和额定电流的产品（见表 2 和表 3）；

——取消了原图 8 结构（见 GB/T 12944.2—1991 图 8）；

——增加了当环境最高温度超过或低于＋40 ℃时套管的使用规定（见附录 A）。

请注意本文件的某些内容可能涉及专利。本文件的发布机构不承担识别这些专利的责任。

本标准由中国电器工业协会提出。

本标准由全国绝缘子标准化技术委员会（SAC/TC 80）归口。

本标准起草单位：苏州电瓷厂有限公司、西安高压电器研究院有限责任公司、国家绝缘子避雷器质量监督检验中心、国网电力科学研究院、南京电气（集团）有限公司、唐山高压电瓷有限公司、中国电力科学研究院。

本标准主要起草人：陆洲、姚君瑞、戴裕军、赵卉、危鹏、张锐、顾瑞云、杨明、李庆峰。

本标准所代替标准的历次版本发布情况为：

——GB/T 12944.2—1991；

——GB 1247—1977、GB 770—1988、GB 771—1988。

高压穿墙瓷套管

1 范围

本标准规定了高压穿墙瓷套管的技术要求、试验要求、结构型式、尺寸与特性。

本标准适用于标称电压 6 kV～35 kV、频率 15 Hz～60 Hz 的三相交流系统中的电站和变电所配电装置上用的户内、户外-户内穿墙瓷套管(以下简称套管)。

套管适用于水平安装,户内套管可以直立安装。

本标准不适用于在足以降低套管性能的条件下以及套管户内端表面凝露情况下使用的套管。

2 规范性引用文件

下列文件对于本文件的应用是必不可少的。凡是注日期的引用文件,仅注日期的版本适用于本文件。凡是不注日期的引用文件,其最新版本(包括所有的修改单)适用于本文件。

GB/T 197—2003 普通螺纹公差

GB 311.1 高压输变电设备的绝缘配合

GB/T 1804—2000 一般公差 未注公差的线性和角度尺寸的公差

GB/T 2900.8—2009 电工术语 绝缘子

GB/T 4109—2008 交流电压高于 1 000 V 的绝缘套管

GB/T 5273—1985 变压器、高压电器和套管的接线端子

GB/T 5585.1—2005 电工用铜、铝及其合金母线 第 1 部分:铜和铜合金母线

GB/T 5585.2—2005 电工用铜、铝及其合金母线 第 2 部分:铝和铝合金母线

GB/T 23752—2009 额定电压高于 1 000 V 的电器设备用承压和非承压空心瓷和玻璃绝缘子

JB/T 4307—2004 绝缘子胶装用水泥胶合剂

3 术语和定义

GB/T 2900.8—2009 和 GB/T 4109—2008 界定的术语和定义适用于本文件。

4 运行条件、订货信息和标识

运行条件和订货信息应符合 GB/T 4109—2008 中第 5 章和 6.1 的规定,标识应符合 10.3 的规定。环境温度超过或低于+40 ℃时套管的使用见附录 A。

5 结构型式

5.1 套管基本结构型式

套管基本结构型式图见图 1～图 9。

5.2 套管的型号

a) 带导体穿墙瓷套管的型号表示如下:

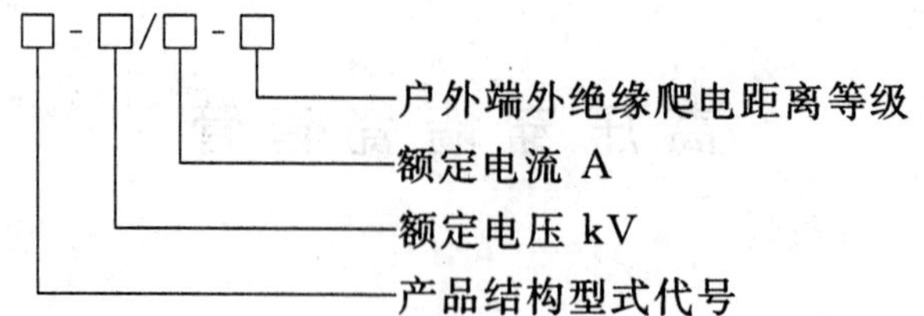

产品结构型式代号定义如下：

C——户内铜导体穿墙瓷套管；

CL——户内铝导体穿墙瓷套管；

CWL——户外-户内铝导体穿墙瓷套管；

CWWL——耐污型户外-户内铝导体穿墙瓷套管；

CW——户外-户内铜导体穿墙瓷套管；

CWW——耐污型户外-户内铜导体穿墙瓷套管。

b) 母线式穿墙瓷套管的型号表示如下：

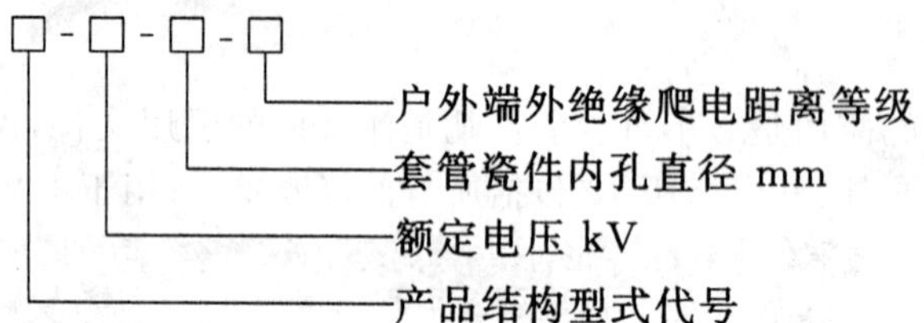

产品结构型式代号定义如下：

CM——户内母线式穿墙瓷套管；

CMWW——耐污型户外-户内母线式穿墙瓷套管。

6 技术要求

6.1 总体要求

套管应按本标准以及规定程序批准的图样及技术文件制造，并符合 GB/T 4109—2008 的规定。

套管用空心瓷绝缘子应符合 GB/T 23752—2009 的规定，并在装配前按 GB/T 23752—2009 的规定进行检验。

接线端子应符合 GB/T 5273—1985 规定，导电铝排应符合 GB/T 5585.2—2005 的规定，导电铜排应符合 GB/T 5585.1—2005 的规定。

套管应使用不低于 JB/T 4307—2004 所规定的Ⅱ类水泥胶合剂或能保证套管运行性能的其他胶合材料进行胶装。胶合剂外露表面应平整。

黑色金属附件外露表面应有腐蚀防护层。在满足本标准规定的条件下，套管法兰允许采用卡装结构，此时法兰和瓷件间应垫以耐久的缓冲材料。

对于额定电流较大的套管和母线式套管的金属附件材料（紧固件除外）应选用非磁性材料，母线式套管两端帽上应各带有盖板。

注：此盖板上供母线穿过的母线孔由用户根据母线尺寸进行加工。

6.2 尺寸与特性

铝导体穿墙瓷套管的主要尺寸特性见表 2，铜导体穿墙瓷套管的主要尺寸特性见表 3，母线式穿墙瓷套管的主要尺寸特性见表 4。

6.3 尺寸公差

套管主要尺寸公差应符合以下规定：

a) 接线端子安装孔(螺栓孔)中心间距:±0.5 mm;

b) 附件安装孔(螺栓孔)中心间距:间距为 150 mm 者,±1 mm;间距大于或等于 175 mm 者,±1.5 mm;

c) 接线端子安装孔以及附件安装光孔的公差按 GB/T 1804—2000 中的 H16 精度;

d) 附件安装螺孔公差按 GB/T 197—2003 中等精度;

e) 未规定公差的所有尺寸(L),其公差应为:当 $L \leqslant 300$ mm 时,$\pm(0.04L+1.5)$mm,当 $L>300$ mm 时,$\pm(0.025L+6)$mm。对于爬电距离,适用上述的负偏差,其正偏差不作规定。

6.4 可见电晕电压

额定电压 24 kV 及 40.5 kV 级套管瓷件内孔以及额定电压 40.5 kV 级套管瓷件固定中间法兰的部位,应被覆以半导电釉作为均压层。均压层应均匀致密,导电排的接触弹片与均压层应接触良好。套管额定电压 24 kV 及 40.5 kV 级套管的可见电晕电压分别应不小于 15.3 kV 和 25.8 kV。

6.5 爬电距离等级

以参考统一爬电比距表述的户外端外绝缘爬电距离等级见表 1。

表 1 户外端外绝缘爬电距离等级

户外端外绝缘爬电距离等级	现场污秽等级	参考统一爬电比距
1	b	27.8
2	c	34.7
3	d	43.3
4	e	53.7

7 试验要求

7.1 总体要求

套管用空心瓷绝缘子的试验应按 GB/T 23752—2009 进行。

套管的试验要求及试验方法应符合 GB/T 4109—2008 中第 10 章的规定。型式试验时试品数量为一只。

7.2 可见电晕电压试验(型式试验)

额定电压 24 kV 和 40.5 kV 级套管还应按下述方法进行可见电晕电压试验:

试品应干燥而洁净,安装在暗室中,安装时应避免试验设备引线、接头等产生电晕。人工观察试验应在全黑条件下进行,观测者应在全黑条件下停留 15 min 以上,以适应全黑条件下的观测。试验时逐步升高施加在试品上的电压,直至观察到试品电晕的产生,维持 5 min;然后逐步降低施加在试品上的电压,直至试品的电晕消失为止,维持 5 min。电晕消失时的电压即为可见电晕电压。当确实不能观察到电晕放电而只能听到电晕的吱吱响声时,可根据吱吱响声完全消失判断。上述试验重复三次,取其平均值。试验结果应按 GB 311.1 进行海拔校正。若低于 6.4 的规定则不合格。

注:也可以采用其他非人工观察方法进行可见电晕电压试验的观察。

8 其他

穿墙套管的安装参见附录B。

带圆铜导杆穿墙套管为过渡产品，其规格尺寸参见附录C，安装参见附录D。

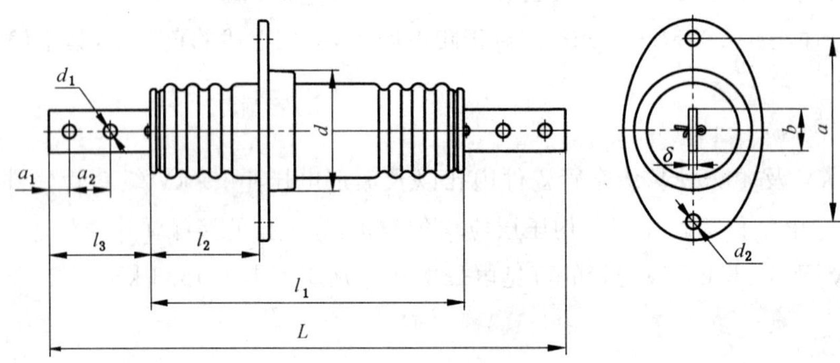

图1

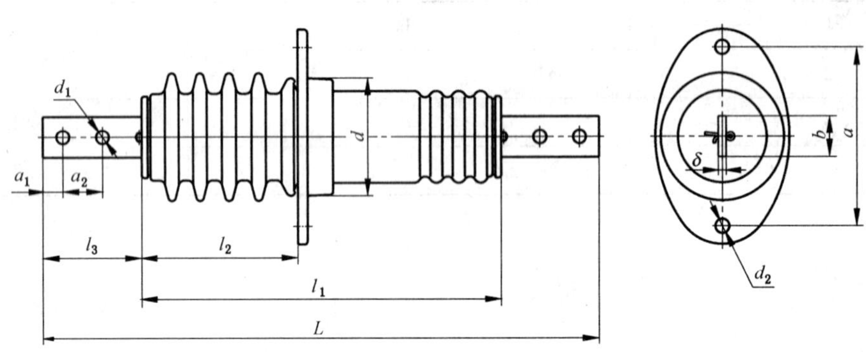

图2

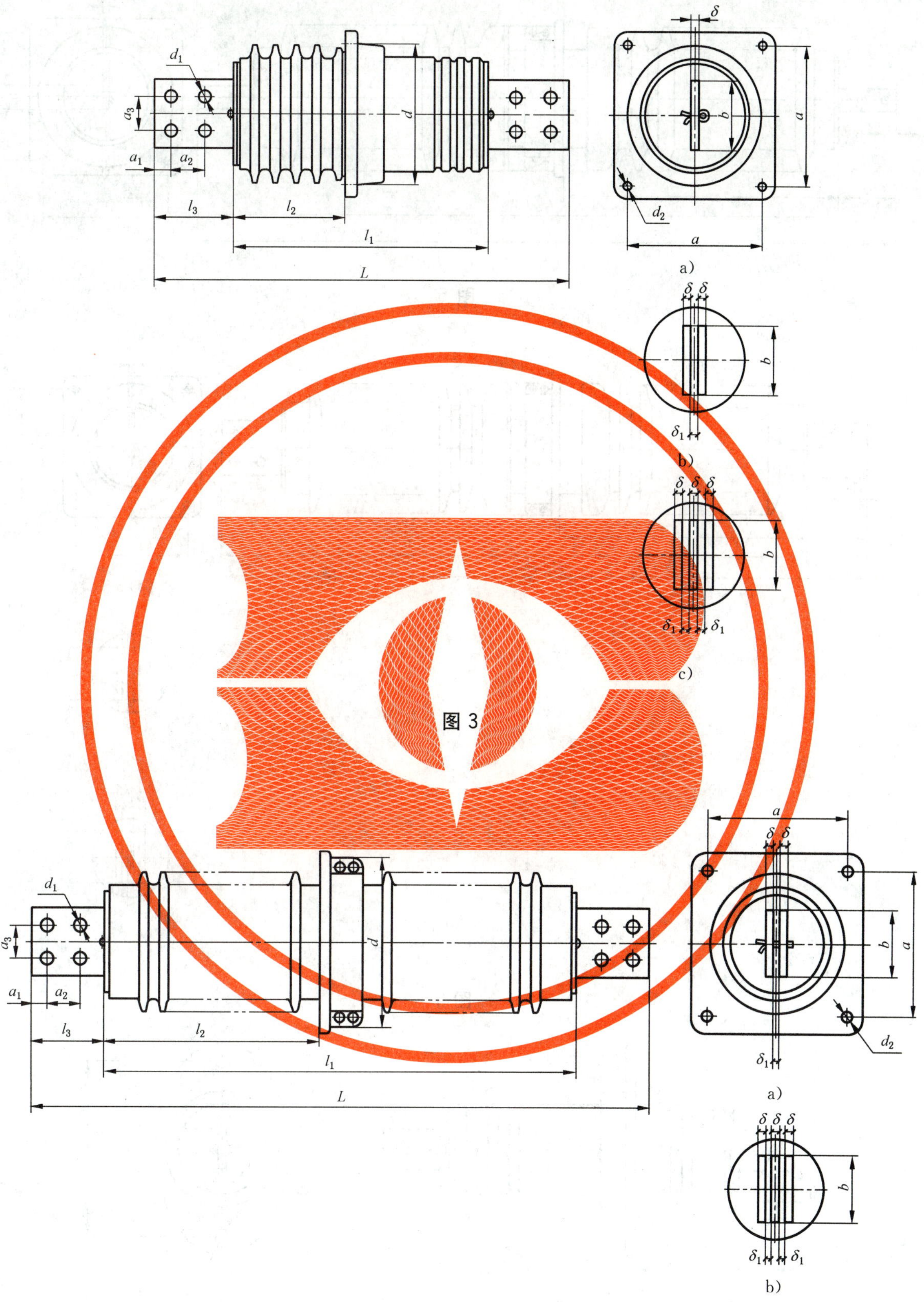

图 3

图 4

δ
d_1
a_1
a_2
d
b
a
d_2
l_3
l_2
l_1
L
a

图 5

δ
d_1
a_3
a_1
a_2
d
b
a
d_2
l_3
l_2
l_1
L
a
a)
δ δ
b
$δ_1$
b)
δ δ δ
b
$δ_1$
$δ_1$
c)

图 6

d_1
d
a_1
l_3
l_2
l_1
L
b
a
δ
d_2

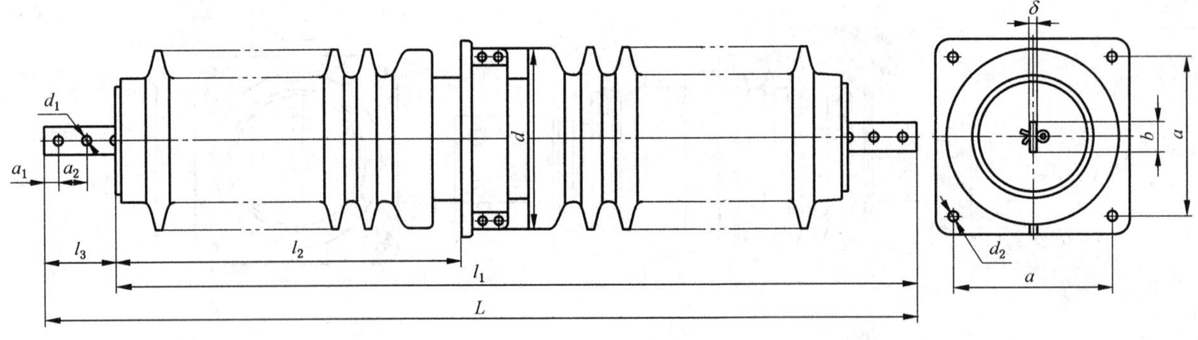

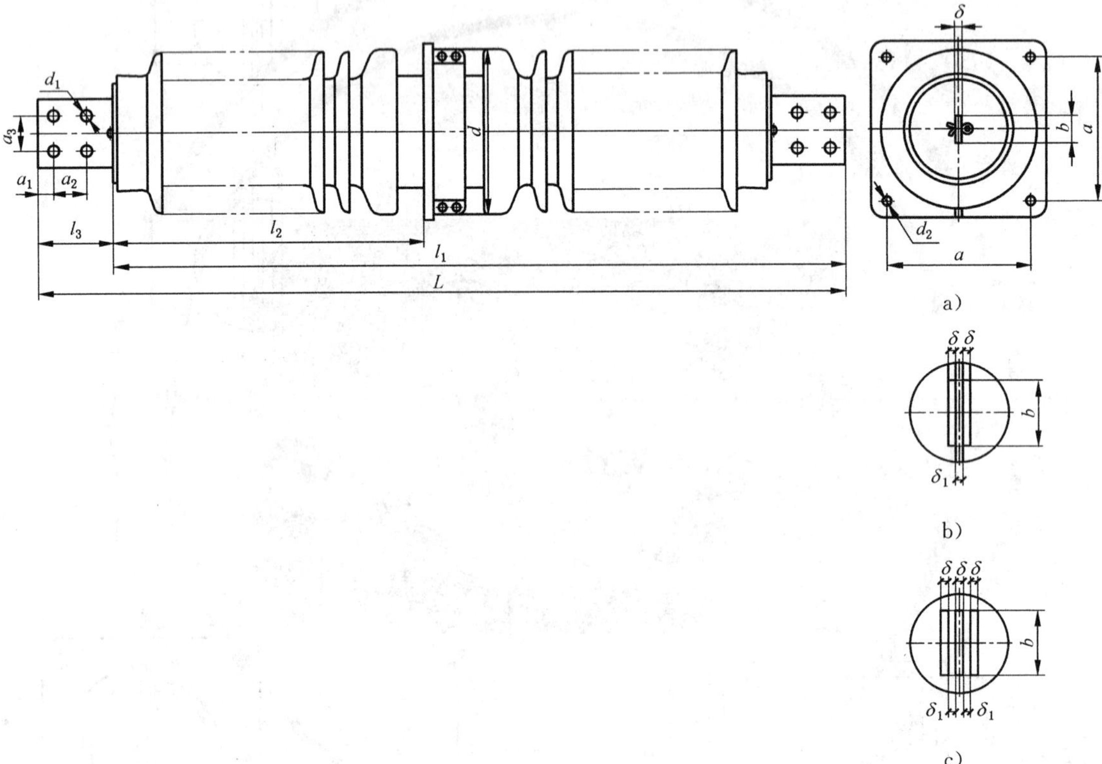

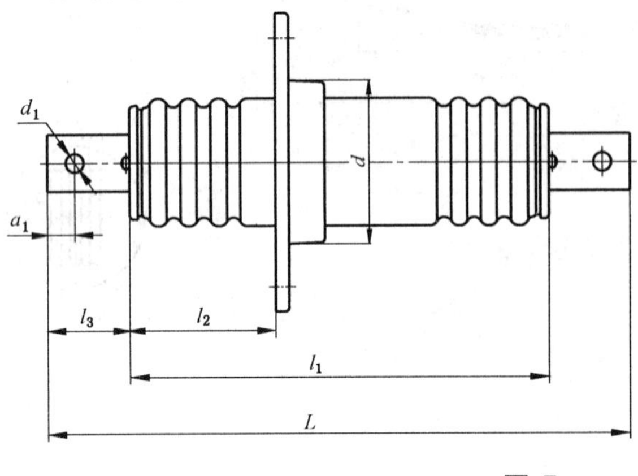

图 7

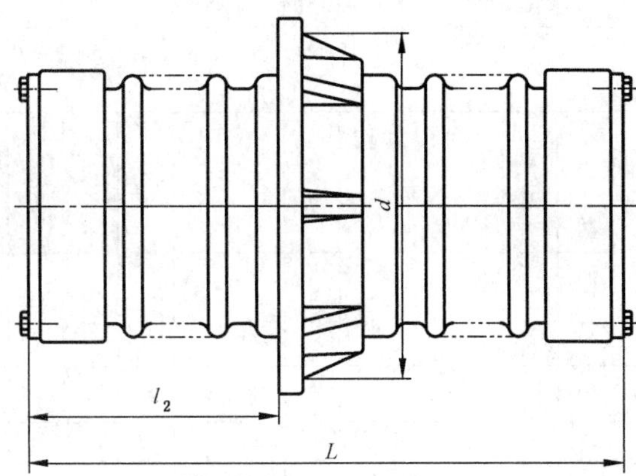

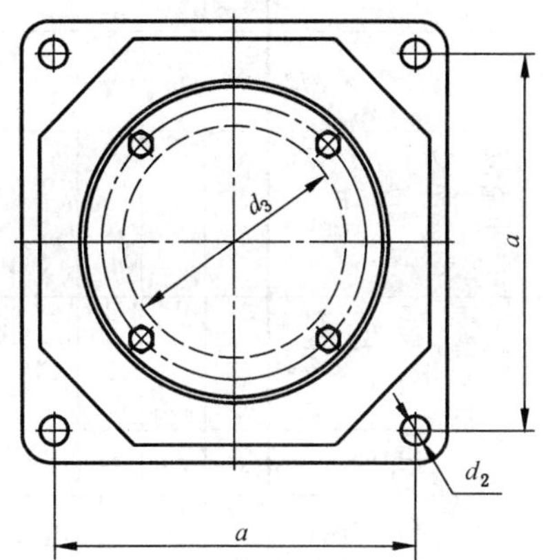

图 8

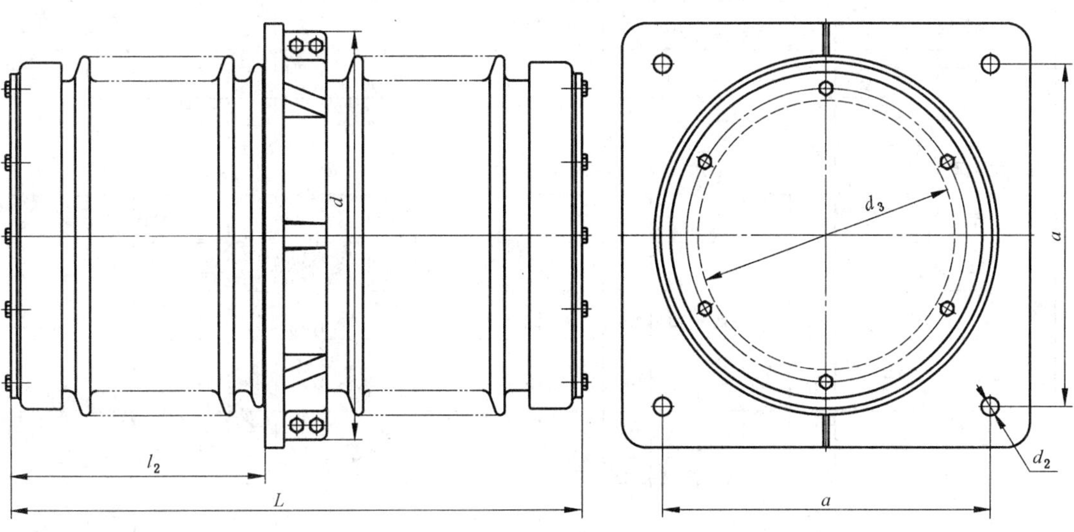

图 9

表 2 铝导体穿墙瓷套管的主要尺寸特性

套管型号	图号	装置场所	额定电压 kV	额定电流 A	总长 L mm	两端盖间长 l_1 mm	一端长 l_2	导电排				接线端子(每一端)					安装法兰				户外端最小公称爬电距离 mm	爬电距离等级	额定弯曲破坏负荷 kN
								排宽 b mm	排厚 δ mm	排间距 δ_1 mm	片数	孔径 d_1 mm	孔距 a_1 mm	孔距 a_2 mm	孔数	伸出长 l_3 ≮ mm	孔径 d_2 mm	孔距 A mm	孔数	穿入墙洞处最大直径 D mm			
CL-7.2/250	1	户内	7.2	250	440	280	105	31.5	4	—	1	11	15	30	2	75	14	175	2	115	—	—	4
CL-7.2/400	1		7.2	400	440	280	105	40	5	—	1	11	15	30	2	75	14	175	2	115	—		4
CL-7.2/630	1		7.2	630	440	280	105	40	8	—	1	13	20	40	2	95	14	175	2	115	—		4
CL-12/250	1		12	250	490	330	130	31.5	4	—	1	11	15	30	2	75	14	175	2	115	—		4
CL-12/400	1		12	400	490	330	130	40	5	—	1	11	15	30	2	75	14	175	2	115	—		4
CL-12/630	1		12	630	530	330	130	40	8	—	1	13	20	40	2	95	14	175	2	115	—		4
CWWL-12/250-2	2	户内-户外	12	250	520	360	158	31.5	4	—	1	11	15	30	2	75	14	175	2	115	230	2	4
CWWL-12/400-2	2		12	400	520	360	158	40	5	—	1	11	15	30	2	75	14	175	2	115	230		4
CWWL-12/630-2	2		12	630	560	360	158	40	8	—	1	13	20	40	2	95	14	175	2	115	230		4
CWWL-12/1000-2	3a)		12	1 000	520	360	158	63	12.5	—	1	14	15	30	4	75	14	150	4	150	230		4
CWWL-12/1600-2	3b)		12	1 600	520	360	158	63	12.5	10	2	14	15	30	4	75	14	150	4	150	230		4
CWWL-12/2000-2	3b)		12	2 000	600	365	158	100	10	10	2	18	25	50	4	115	14	200	4	200	230		8
CWWL-12/3150-2	3c)		12	3 150	600	365	158	100	12.5	10	3	18	25	50	4	115	14	200	4	200	230		8
CWWL-12/250-3	2		12	250	630	396	172	31.5	4	—	1	11	15	30	2	75	14	175	2	115	300	3	4
CWWL-12/400-3	2		12	400	630	396	172	40	5	—	1	11	15	30	2	75	14	175	2	115	300		4
CWWL-12/630-3	2		12	630	630	396	172	40	8	—	1	13	20	40	2	95	14	175	2	115	300		4
CWWL-12/1000-3	3a)		12	1 000	630	396	172	63	12.5	—	1	14	15	30	4	75	14	150	4	150	300		4
CWWL-12/1600-3	3b)		12	1 600	630	396	172	63	12.5	10	2	14	15	30	4	75	14	150	4	150	300		4
CWWL-12/2000-3	3b)		12	2 000	630	396	172	100	10	10	2	18	25	50	4	115	14	200	4	200	300		8

表 2（续）

套管型号	图号	装置场所	额定电压 kV	额定电流 A	总长 L mm	两端盖间长 l_1 mm	一端长 l_2	导电排 排宽 b mm	导电排 排厚 δ mm	导电排 排间距 δ_1 mm	导电排 片数	接线端子(每一端) 孔径 d_1 mm	接线端子(每一端) 孔距 a_1 mm	接线端子(每一端) 孔距 a_2 mm	接线端子(每一端) 孔数	接线端子(每一端) 伸出长 l_3 ≮ mm	安装法兰 孔径 d_2 mm	安装法兰 孔距 A mm	安装法兰 孔数	安装法兰 穿入墙洞处最大直径 D mm	户外端最小公称爬电距离 mm	爬电距离等级	额定弯曲破坏负荷 kN
CWWL-12/3150-3	3c)	户内-户外	12	3 150	630	396	172	100	12.5	10	3	18	25	50	4	115	14	200	4	200	300	3	8
CWWL-12/250-4	2		12	250	680	515	235	31.5	4	—	1	11	15	30	2	75	14	175	2	115	370	4	4
CWWL-12/400-4	2		12	400	680	515	235	40	5	—	1	11	15	30	2	75	14	175	2	115	370		4
CWWL-12/630-4	2		12	630	720	515	235	40	8	—	1	13	20	40	2	95	14	175	2	115	370		4
CWWL-12/1000-4	3a)		12	1 000	680	515	235	63	12.5	—	1	14	15	30	2	75	14	150	4	150	370		4
CWWL-12/1600-4	3b)		12	1 600	680	515	235	63	12.5	10	2	14	15	30	2	75	14	150	4	150	370		4
CWWL-12/2000-4	3b)		12	2 000	680	515	235	100	10	10	2	18	25	50	4	115	14	200	4	200	370		4
CWWL-12/3150-4	3c)		12	2 000	680	515	235	100	12.5	10	3	18	25	50	4	115	15	200	4	200	370		4
CWWL-24/1000-1	3a)		24	1 000	765	600	267	63	12.5	10	1	14	15	30	4	75	14	150	4	150	380	1	8
CWWL-24/2000-1	4a)		24	2 000	855	600	255	100	10	10	2	18	25	50	4	115	15	220	4	250	380		8
CWWL-24/3150-1	4b)		24	3 150	855	600	255	100	12.5	10	3	18	25	50	4	115	15	220	4	250	380		8
CWWL-24/1000-2	3a)		24	1 000	765	600	267	63	12.5	10	1	14	15	30	4	75	14	150	4	150	480	2	8
CWWL-24/2000-2	4a)		24	2 000	855	600	255	100	10	10	2	18	25	50	4	115	15	220	4	250	480		8
CWWL-24/3150-2	4b)		24	3 150	855	600	255	100	12.5	10	3	18	25	50	4	115	15	220	4	250	480		8
CWWL-24/1000-3	3a)		24	1 000	890	640	371	63	12.5	10	1	14	15	30	4	75	14	150	4	150	600	3	8
CWWL-24/2000-3	4a)		24	2 000	980	640	360	100	10	10	2	18	25	50	4	115	15	220	4	250	600		8
CWWL-24/3150-3	4b)		24	3 150	980	740	360	100	12.5	10	3	18	25	50	4	115	15	220	4	250	600		8
CWWL-24/1000-4	3a)		24	1 000	890	740	371	63	12.5	10	1	14	15	30	4	75	14	150	4	150	740	4	8

表 2（续）

套管型号	图号	装置场所	额定电压 kV	额定电流 A	总长 L mm	两端盖间长 l_1 mm	一端长 l_2	导电排 排宽 b mm	排厚 δ mm	排间距 δ_1 mm	片数	接线端子(每一端) 孔径 d_1 mm	孔距 a_1 mm	孔距 a_2 mm	孔数	伸出长 l_3 ≮ mm	安装法兰 孔径 d_2 mm	孔距 A mm	孔数	穿入墙洞处最大直径 D mm	户外端最小公称爬电距离 mm	爬电距离等级	额定弯曲破坏负荷 kN
CWWL-24/2000-4	4a)	户内-户外	24	2 000	980	740	360	100	10	10	2	18	25	50	4	115	15	220	4	250	740	4	8
CWWL-24/3150-4	4b)		24	3 150	980	740	360	100	12.5	10	3	18	25	50	4	115	15	220	4	250	740		8
WL-40.5/250	5		40.5	250	980	815	372	31.5	4	—	1	11	15	30	2	75	15	200	4	225	590	—	4
CWL-40.5/400	5		40.5	400	980	815	372	40	5	—	1	11	15	30	2	75	15	200	4	225	590		4
CWL-40.5/630	5		40.5	630	1020	815	372	40	8	—	1	13	20	40	2	95	15	200	4	225	590		4
CWL-40.5/1000	6a)		40.5	1 000	980	815	372	63	12.5	—	1	14	15	30	4	75	15	220	4	245	590		4
CWL-40.5/1600	6b)		40.5	1 600	980	815	375	63	12.5	10	2	14	15	30	4	75	15	220	4	245	590		4
CWL-40.5/2000	6b)		40.5	2 000	980	815	372	100	10	10	2	18	25	50	4	115	15	220	4	250	590		8
CWL-40.5/3150	6c)		40.5	3 150	980	815	372	100	12.5	10	3	18	25	50	4	115	15	220	4	250	590		8
CWWL-40.5/250-1	5		40.5	250	1 200	1 035	478	31.5	4	—	1	11	15	30	2	75	15	220	4	225	650	1	4
CWWL-40.5/400-1	5		40.5	400	1200	1 035	478	40	5	—	1	11	15	30	2	75	15	200	4	225	650		4
CWWL-40.5/630-1	5		40.5	630	1 240	1 035	478	40	8	—	1	13	20	40	2	95	15	200	4	225	650		4
CWWL-40.5/1000-1	6a)		40.5	1 000	1 200	1 035	478	63	12.5	—	1	14	15	30	4	75	15	220	4	245	650		4
CWWL-40.5/1600-1	6b)		40.5	1 600	1 200	1 035	478	63	12.5	10	2	14	15	30	4	75	15	220	4	245	650		4
CWWL-40.5/2000-1	6b)		40.5	2 000	1 200	1 035	478	100	10	10	2	18	25	50	4	115	15	220	4	250	650		8
CWWL-40.5/3150-1	6c)		40.5	3 150	1 200	1 035	478	100	12.5	10	3	18	25	50	4	115	15	220	4	250	650		8
CWWL-40.5/250-2	5		40.5	250	1 085	920	440	31.5	4	—	1	11	15	30	2	75	15	200	4	225	810	2	4
CWWL-40.5/400-2	5		40.5	400	1 085	920	440	40	5	—	1	11	15	30	2	75	15	200	4	225	810		4

表 2（续）

套管型号	图号	装置场所	额定电压 kV	额定电流 A	总长 L mm	两端盖间长 l_1 mm	一端长 l_2	导电排				接线端子（每一端）					安装法兰				户外端最小公称爬电距离 mm	爬电距离等级	额定弯曲破坏负荷 kN
								排宽 b mm	排厚 δ mm	排间距 δ_1 mm	片数	孔径 d_1 mm	孔距 a_1 mm	孔距 a_2 mm	孔数	伸出长 l_3 ≮ mm	孔径 d_2 mm	孔距 A mm	孔数	穿入墙洞处最大直径 D mm			
CWWL-40.5/630-2	5	户内-户外	40.5	630	1 125	920	440	40	8	—	1	13	20	40	2	95	15	200	4	225	810	2	4
CWWL-40.5/1000-2	6a)		40.5	1 000	1 085	920	440	63	12.5	—	1	14	15	30	4	75	15	220	4	245	810		4
CWWL-40.5/1600-2	6b)		40.5	1 600	1 280	920	440	63	12.5	10	2	14	15	30	4	75	15	220	4	245	810		4
CWWL-40.5/2000-2	6b)		40.5	2 000	1 280	1 035	485	100	10	10	2	18	25	50	4	115	15	220	4	255	810		8
CWWL-40.5/3150-2	6c)		40.5	3 150	1 280	1 035	485	100	12.5	10	3	18	25	50	4	115	15	220	4	250	810		8
CWWL-40.5/250-3	5		40.5	250	1 085	920	440	31.5	4	—	1	11	15	30	2	75	15	200	4	225	1 020	3	4
CWWL-40.5/400-3	5		40.5	400	1 085	920	440	40	5	—	1	11	15	30	2	75	15	200	4	225	1 020		4
CWWL-40.5/630-3	5		40.5	630	1 125	920	440	40	8	—	1	13	20	40	2	95	15	200	4	225	1 020		4
CWWL-40.5/1000-3	6a)		40.5	1 000	1 085	920	440	63	12.5	—	1	14	15	30	4	75	15	220	4	245	1 020		4
CWWL-40.5/1600-3	6b)		40.5	1 600	1 085	920	440	63	12.5	10	2	14	15	30	4	75	15	220	4	245	1 020		4
CWWL-40.5/2000-3	6b)		40.5	2 000	1 280	1 035	485	100	10	10	2	18	25	50	4	115	15	220	4	250	1 020		8
CWWL-40.5/3150-3	6c)		40.5	3 150	1 280	1 035	485	100	12.5	10	3	18	25	50	4	115	15	220	4	250	1 020		8
CWWL-40.5/250-4	5		40.5	250	1 085	920	440	31.5	4	—	1	11	15	30	2	75	15	200	4	225	1 260	4	4
CWWL-40.5/400-4	5		40.5	400	1 085	920	440	40	5	—	1	11	15	30	2	75	15	200	4	225	1 260		4
CWWL-40.5/630-4	5		40.5	630	1 125	920	440	40	8	—	1	13	20	40	2	95	15	200	4	225	1 260		4
CWWL-40.5/1000-4	6a)		40.5	1 000	1 085	925	440	63	12.5	—	1	14	15	30	4	75	15	220	4	245	1 260		4
CWWL-40.5/1600-4	6b)		40.5	1 600	1 085	925	440	63	12.5	10	2	14	15	30	4	75	15	220	4	245	1 260		4
CWWL-40.5/2000-4	6b)		40.5	2 000	1 280	1 035	485	100	10	10	2	18	25	50	4	115	15	220	4	250	1 260		8
CWWL-40.5/3150-4	6c)		40.5	3 150	1 280	1 035	485	100	12.5	10	3	18	25	50	4	115	15	220	4	250	1 260		8

表 3　铜导体穿墙瓷套管的主要尺寸特性

套管型号	图号	装置场所	额定电压 kV	额定电流 A	总长 L mm	两端盖间长 l_1 mm	一端长 l_2	导电排				接线端子(每一端)					安装法兰				户外端最小公称爬电距离 mm	爬电距离等级	额定弯曲破坏负荷 kN
								排宽 b mm	排厚 δ mm	排间距 δ_1 mm	片数	孔径 d_1 mm	孔距 a_1 mm	孔距 a_2 mm	孔数	伸出长 l_3 ≮ mm	孔径 d_2 mm	孔距 A mm	孔数	穿入墙洞处最大直径 D mm			
C-12/250	7	户内	12	250	490	330	130	31.5	3.15	—	1	11	15	30	2	75	14	175	2	115	—	—	4
C-12/400	7		12	400	490	330	130	40	4	—	1	11	15	30	2	75	14	175	2	115	—		4
C-12/630	7		12	630	530	330	130	40	6.3	—	1	13	20	40	2	95	14	175	2	115	—		4
CWW-12/250-2	2	户内-户外	12	250	520	360	158	31.5	4	—	1	11	15	30	2	75	14	175	2	115	230	2	4
CWW-12/400-2	2		12	400	520	360	158	40	4	—	1	11	15	30	2	75	14	175	2	115	230		4
CWW-12/630-2	2		12	630	560	360	158	40	6.3	—	1	13	20	40	2	95	14	175	2	115	230		4
CWW-12/1000-2	3a)		12	1 000	520	360	158	63	10	—	1	14	15	30	4	75	14	150	4	150	230		4
CWW-12/1600-2	3b)		12	1 600	520	360	158	63	10	10	2	14	15	30	4	75	14	150	4	150	230		4
CWW-12/2000-2	3b)		12	2 000	600	365	158	100	10	10	2	18	25	50	4	115	14	200	4	200	230		8
CWW-12/3150-2	3c)		12	3 150	600	365	158	100	10	10	3	18	25	50	4	115	14	200	4	200	230		8
CWW-12/250-3	2		12	250	630	396	172	31.5	4	—	1	11	15	30	2	75	14	175	2	115	300	3	4
CWW-12/400-3	2		12	400	630	396	172	40	4	—	1	11	15	30	2	75	14	175	2	115	300		4
CWW-12/630-3	2		12	630	630	396	172	40	6.3	—	1	13	20	40	2	95	14	175	2	115	300		4
CWW-12/1000-3	3a)		12	1 000	630	396	172	63	10	—	1	14	15	30	4	75	14	150	4	150	300		4
CWW-12/1600-3	3b)		12	1 600	630	396	172	63	10	10	2	14	15	30	4	75	14	150	4	150	300		4
CWW-12/2000-3	3b)		12	2 000	630	396	172	100	10	10	2	18	25	50	4	115	14	200	4	200	300		8
CWW-12/3150-3	3c)		12	3 150	630	396	172	100	10	10	3	18	25	50	4	115	14	200	4	200	300		8

表 3（续）

套管型号	图号	装置场所	额定电压 kV	额定电流 A	总长 L mm	两端盖间长 l_1 mm	导电排 一端长 l_2	导电排 排宽 b mm	导电排 排厚 δ mm	导电排 排间距 δ_1 mm	导电排 片数	接线端子(每一端) 孔径 d_1 mm	接线端子(每一端) 孔距 a_1 mm	接线端子(每一端) 孔距 a_2 mm	接线端子(每一端) 孔数	接线端子(每一端) 伸出长 l_3 ≮ mm	安装法兰 孔径 d_2 mm	安装法兰 孔距 A mm	安装法兰 孔数	安装法兰 穿入墙洞处最大直径 D mm	户外端最小公称爬电距离 mm	爬电距离等级	额定弯曲破坏负荷 kN
CWW-12/250-4	2		12	250	680	515	235	31.5	4	—	1	11	15	30	2	75	14	175	2	115	370		4
CWW-12/400-4	2		12	400	680	515	235	40	4	—	1	11	15	30	2	75	14	175	2	115	370		4
CWW-12/630-4	2		12	630	720	515	235	40	6.3	—	1	13	20	40	2	95	14	175	2	115	370		4
CWW-12/1000-4	3a)		12	1 000	680	515	235	63	10	—	1	14	15	30	2	75	14	150	4	150	370	4	4
CWW-12/1600-4	3b)		12	1 600	680	515	235	63	10	10	2	14	15	30	2	75	14	150	4	150	370		4
CWW-12/2000-4	3b)		12	2 000	680	515	235	100	10	10	2	18	25	50	4	115	14	200	4	200	370		8
CWW-12/3150-4	3c)		12	2 000	680	515	235	100	10	10	3	18	25	50	4	115	15	200	4	200	370		8
CWW-24/1000-1	3a)	户内-户外	24	1 000	765	600	267	63	10	10	1	14	15	30	4	75	14	150	4	150	380		8
CWW-24/2300-1	4a)		24	2 000	855	600	255	100	10	10	2	18	25	50	4	115	15	220	4	250	380	1	8
CWW-24/3150-1	4b)		24	3 150	855	600	255	100	10	10	3	18	25	50	4	115	15	220	4	250	380		8
CWW-24/1000-2	3a)		24	1 000	765	600	267	63	10	10	1	14	15	30	4	75	14	150	4	150	480		8
CWW-24/2000-2	4a)		24	2 000	855	600	255	100	10	10	2	18	25	50	4	115	15	220	4	250	480	2	8
CWW-24/3150-2	4b)		24	3 150	855	600	255	100	10	10	3	18	25	50	4	115	15	220	4	250	480		8
CWW-24/1000-3	3a)		24	1 000	890	640	371	63	10	10	1	14	15	30	4	75	14	150	4	150	600		8
CWW-24/2000-3	4a)		24	2 000	980	640	360	100	10	10	2	18	25	50	4	115	15	220	4	250	600	3	8
CWW-24/3150-3	4b)		24	3 150	980	740	360	100	10	10	3	18	25	50	4	115	15	220	4	250	600		8
CWW-24/1000-4	3a)		24	1 000	890	740	371	63	10	10	1	14	15	30	4	75	14	150	4	150	740	4	8

表 3（续）

套管型号	图号	装置场所	额定电压 kV	额定电流 A	总长 L mm	两端盖间长 l_1 mm	一端长 l_2	导电排				接线端子(每一端)					安装法兰				户外端最小公称爬电距离 mm	爬电距离等级	额定弯曲破坏负荷 kN
								排宽 b mm	排厚 δ mm	排间距 δ_1 mm	片数	孔径 d_1 mm	孔距 a_1 mm	孔距 a_2 mm	孔数	伸出长 l_3 ≮ mm	孔径 d_2 mm	孔距 A mm	孔数	穿入墙洞处最大直径 D mm			
CWW-24/2000-4	4a)	户内-户外	24	2 000	980	740	360	100	10	10	2	18	25	50	4	115	15	220	4	250	740	4	8
CWW-24/3150-4	4b)		24	3 150	980	740	360	100	10	10	3	18	25	50	4	115	15	220	4	250	740		8
CW-40.5/250	5		40.5	250	980	815	372	31.5	4	—	1	11	15	30	2	75	15	200	4	225	590	—	4
CW-40.5/400	5		40.5	400	980	815	372	40	4	—	1	11	15	30	2	75	15	200	4	225	590		4
CW-40.5/630	5		40.5	630	1 020	815	372	40	6.3	—	1	13	20	40	2	95	15	200	4	225	590		4
CW-40.5/1000	6a)		40.5	1 000	980	815	372	63	10	—	1	14	15	30	4	75	15	220	4	245	590		4
CW-40.5/1600	6b)		40.5	1 600	980	815	375	63	10	10	2	14	15	30	4	75	15	220	4	245	590		4
CW-40.5/2000	6b)		40.5	2 000	980	815	372	100	10	10	2	18	25	50	4	115	15	220	4	250	590		8
CW-40.5/3150	6c)		40.5	3 150	980	815	372	100	10	10	3	18	25	50	4	115	15	220	4	250	590		8
CWW-40.5/250-1	5		40.5	250	1 200	1 035	478	31.5	4	—	1	11	15	30	2	75	15	220	4	225	650	1	4
CWW-40.5/400-1	5		40.5	400	1 200	1 035	478	40	4	—	1	11	15	30	2	75	15	200	4	225	650		4
CWW-40.5/630-1	5		40.5	630	1 240	1 035	478	40	6.3	—	1	13	20	40	2	95	15	200	4	225	650		4
CWW-40.5/1000-1	6a)		40.5	1 000	1 200	1 035	478	63	10	—	1	14	15	30	4	75	15	220	4	245	650		4
CWW-40.5/1600-1	6b)		40.5	1 600	1 200	1 035	478	63	10	10	2	14	15	30	4	75	15	220	4	245	650		4
CWW-40.5/2000-1	6b)		40.5	2 000	1 200	1 035	478	100	10	10	2	18	25	50	4	115	15	220	4	250	650		8
CWW-40.5/3150-1	6c)		40.5	3 150	1 200	1 035	478	100	10	10	3	18	25	50	4	115	15	220	4	250	650		8
CWW-40.5/250-2	5		40.5	250	1 085	920	440	31.5	4	—	1	11	15	30	2	75	15	200	4	225	810	2	4
CWW-40.5/400-2	5		40.5	400	1 085	920	440	40	4	—	1	11	15	30	2	75	15	200	4	225	810		4
CWW-40.5-630-2	5		40.5	630	1 125	920	440	40	6.3	—	1	13	20	40	2	95	15	200	4	225	810		4

表 3（续）

套管型号	图号	装置场所	额定电压 kV	额定电流 A	总长 L mm	两端盖间长 l_1 mm	一端长 l_2	导电排				接线端子（每一端）					安装法兰				户外端最小公称爬电距离 mm	爬电距离等级	额定弯曲破坏负荷 kN
								排宽 b mm	排厚 δ mm	排间距 δ_1 mm	片数	孔径 d_1 mm	孔距 a_1 mm	孔距 a_2 mm	孔数	伸出长 l_3 ≮ mm	孔径 d_2 mm	孔距 A mm	孔数	穿入墙洞处最大直径 D mm			
CWW-40.5/1000-2	6a)	户内-户外	40.5	1 000	1 085	920	440	63	10	—	1	14	15	30	4	75	15	220	4	245	810	2	4
CWW-40.5/1600-2	6b)		40.5	1 600	1 280	920	440	63	10	10	2	14	15	30	4	75	15	220	4	245	810		4
CWW-40.5/2000-2	6b)		40.5	2 000	1 280	1 035	485	100	10	10	2	18	25	50	4	115	15	220	4	255	810		8
CWW-40.5/3150-2	6c)		40.5	3 150	1 280	1 035	485	100	10	10	3	18	25	50	4	115	15	220	4	250	810		8
CWW-40.5/250-3	5		40.5	250	1 085	920	440	31.5	4	—	1	11	15	30	2	75	15	200	4	225	1 020	3	4
CWW-40.5/400-3	5		40.5	400	1 085	920	440	40	4	—	1	11	15	30	2	75	15	200	4	225	1 020		4
CWW-40.5/630-3	5		40.5	630	1 125	920	440	40	6.3	—	1	13	20	40	2	95	15	200	4	225	1 020		4
CWW-40.5/1000-3	6a)		40.5	1 000	1 085	920	440	63	10	—	1	14	15	30	4	75	15	220	4	245	1 020		4
CWW-40.5/1600-3	6b)		40.5	1 600	1 085	920	440	63	10	10	2	14	15	30	4	75	15	220	4	245	1 020		4
CWW-40.5/2000-3	6b)		40.5	2 000	1 280	1 035	485	100	10	10	2	18	25	50	4	115	15	220	4	250	1 020		8
CWW-40.5/3150-3	6c)		40.5	3 150	1 280	1 035	485	100	10	10	3	18	25	50	4	115	15	220	4	250	1 020		8
CWW-40.5/250-4	5		40.5	250	1 085	920	440	31.5	4	—	1	11	15	30	2	75	15	200	4	225	1 260	4	4
CWW-40.5/400-4	5		40.5	400	1 085	920	440	40	4	—	1	11	15	30	2	75	15	200	4	225	1 260		4
CWW-40.5/630-4	5		40.5	630	1 125	920	440	40	6.3	—	1	13	20	40	2	95	15	200	4	225	1 260		4
CWW-40.5/1000-4	6a)		40.5	1 000	1 085	925	440	63	10	—	1	14	15	30	4	75	15	220	4	245	1 260		4
CWW-40.5/1600-4	6b)		40.5	1 600	1 085	925	440	63	10	10	2	14	15	30	4	75	15	220	4	245	1 260		4
CWW-40.5/2000-4	6b)		40.5	2 000	1 280	1 035	485	100	10	10	2	18	25	50	4	115	15	220	4	250	1 260		8
CWW-40.5/3150-4	6c)		40.5	3 150	1 280	1 035	485	100	10	10	3	18	25	50	4	115	15	220	4	250	1 260		8

表 4　母线式穿墙套管的主要尺寸特性

套管型号	图号	额定电压 kV	装置场所	总长 L mm	一端长 l_2 mm	安装法兰			穿入墙洞处套管最大直径 d mm	瓷套孔径 d_3 mm	户外端最小公称爬电距离 mm	爬电距离等级	额定弯曲破坏负荷 kN
						孔径 d_2 mm	孔距 a mm	孔数					
CM-12-90	9	12	户内	480	200	18	200	4	220	90	—	—	4
CM-12-160				505	210	18	260	4	280	160	—		8
CMWW-24-180-1	10	24	户外-户内	720	320	18	300	4	335	180	450	1	16
CMWW-24-270-1				720	320	18	360	4	425	270	450		16
CMWW-24-330-1				720	320	22	420	4	500	330	450		30

附 录 A
（规范性附录）
当环境温度超过或低于+40 ℃时套管的使用

A.1 环境最高温度+40 ℃～+60 ℃

当套管实际达到的耐受电压能满足GB/T 4109—2008规定时，允许套管在环境温度高于+40 ℃但不超过+60 ℃情况下使用。但此时套管允许工频电流(I_t)应按式(A.1)予以降低：

$$I_t = I_r \sqrt{(t_{max} - t)/(t_{max} - 40)} \quad \text{(A.1)}$$

式中：

I_t ——环境温度为t(℃)时套管允许工作电流，单位为安培(A)；

I_r ——套管额定电流，单位为安培(A)；

t_{max} ——导体接触部位最高允许温度，单位为摄氏度(℃)；

t ——环境最高温度，单位为摄氏度(℃)。

A.2 环境最高温度低于+40 ℃

当套管在环境温度低于+40 ℃以及符合GB/T 4109—2008中4.8规定的最高允许发热温度情况下使用时，允许增加其长期电流负荷，环境温度每降低1 ℃，增加额定电流0.5%，但总增量不应大于额定电流的20%。

附　录　B
（资料性附录）
穿墙套管安装示意图

穿墙套管的安装示意见图 B.1。

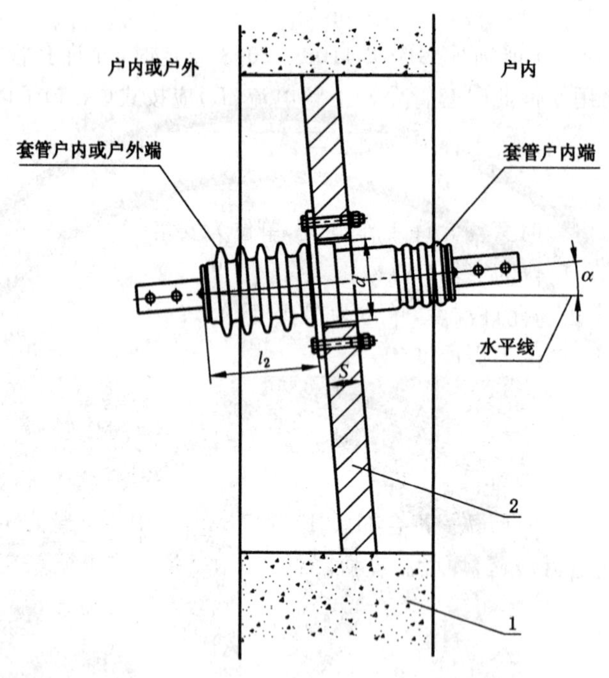

1—建筑物墙；

2—安装板。

图 B.1

注 1：图中的尺寸 l_2 及 d 即图 1～图 9 中的尺寸 l_2 及 d。

注 2：套管安装时宜将套管中间法兰的主体部分(即图中尺寸 d 所示部分)伸入墙孔内，对于户外套管，应从户外往户内穿。

注 3：安装板厚度 $S \leqslant 50$ mm，穿墙套管法兰安装面对水平线的倾斜角度 α，在墙的一侧为户外时，推荐 α 约 5°，其他情况 α 也可取为 0°。

附 录 C
（资料性附录）
圆铜导杆穿墙套管尺寸与特性

C.1 尺寸特性

套管的尺寸应符合图 C.1～图 C.3 及表 C.1 的规定。套管导电杆材料为紫铜。套管弯曲破坏负荷应不低于 7.5 kN。

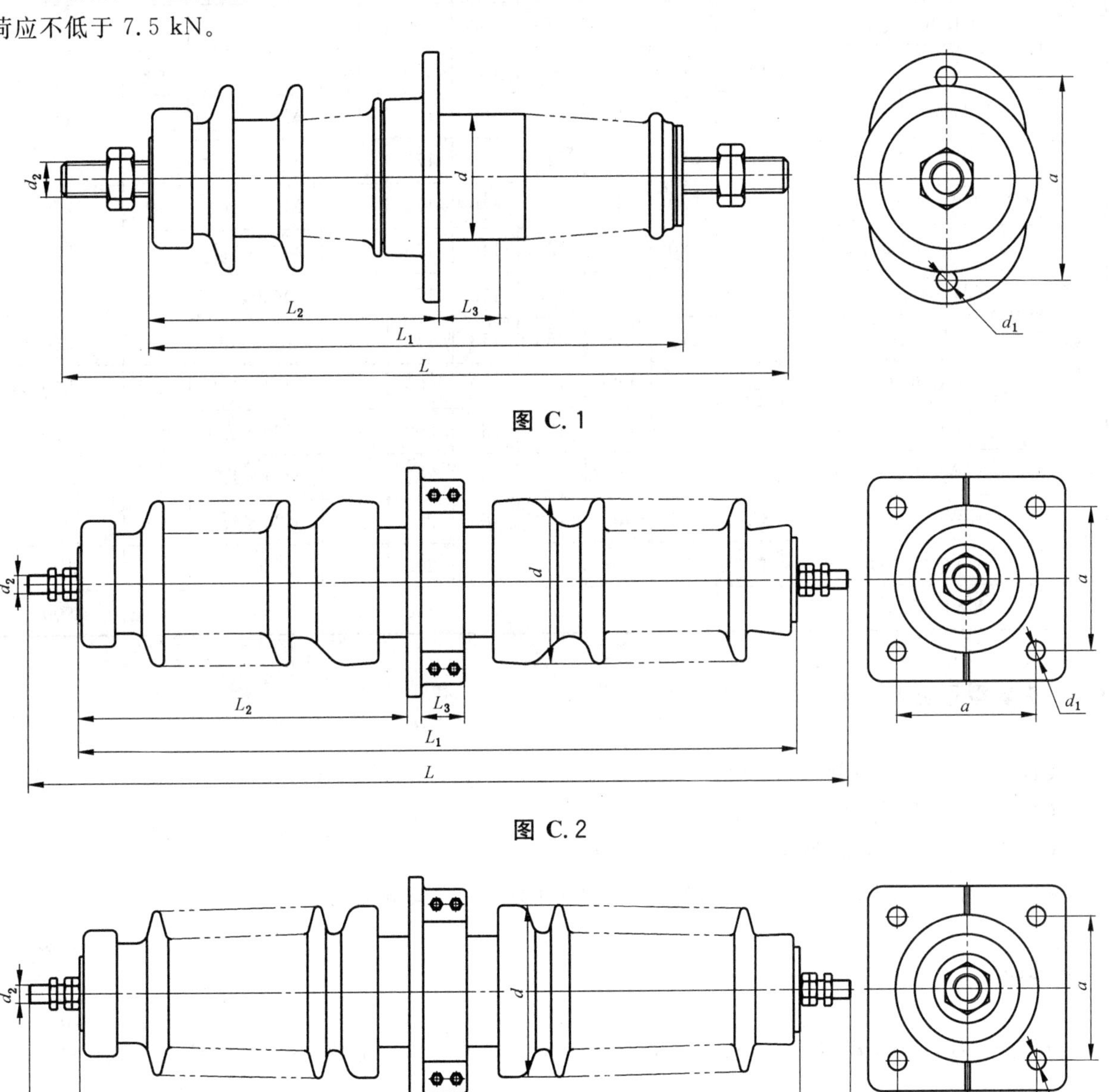

图 C.1

图 C.2

图 C.3

表 C.1 圆铜导电杆穿墙套管主要尺寸

单位为毫米

使用场所	套管型号	图号	L	L_1	L_2	d	a	d_1	d_2	L_3	户外端最小公称爬电距离
户内	CB-12/1000	C.1	480	350	165	100	165	12	M30×2	36	—
	CB-12/1500	C.1	480	350	165	100	165	12	M39×3	36	—
	CB-40.5/400	C.2	925	810	370	180	200	15	M14×1.5	40	—
	CB-40.5/600	C.2	925	810	370	180	200	15	M20×1.5	40	—
	CB-40.5/1000	C.2	945	810	370	180	200	15	M30×2	65	—
	CB-40.5/1500	C.2	945	810	370	180	200	15	M39×3	65	—
户外-户内	CWB-7.2/400-3	C.1	510	400	215	108	175	18	M14×1.5	40	180
	CWB-7.2/600-3	C.1	510	400	215	108	175	18	M20×1.5	40	180
	CWB-12/400-2	C.1	580	470	255	110	175	18	M14×1.5	40	230
	CWB-12/600-2	C.1	580	470	255	110	175	18	M20×1.5	40	230
	CWB-12/1000-2	C.1	600	470	255	110	175	18	M30×2	48	230
	CWB-12/1500-2	C.1	610	470	255	110	175	18	M39×3	48	230
	CWB-40.5/400	C.2	980	860	430	180	200	15	M14×1.5	40	590
	CWB-40.5/600	C.2	980	860	430	180	200	15	M20×1.5	40	590
	CWWB-40.5/400-2	C.3	1 020	902	462	180	200	15	M14×1.5	65	900
	CWWB-40.5/600-2	C.3	1 020	902	462	180	200	15	M20×1.5	65	900
	CWWB-40.5/1000-2	C.3	1 040	902	462	180	200	15	M30×2	65	900
	CWWB-40.5/1500-2	C.3	1 065	902	462	180	200	15	M39×3	65	900

C.2 套管型号说明

CB——户内圆导杆穿墙瓷套管；

CWB——户外-户内圆导杆穿墙瓷套管；

CWWB——耐污型户外-户内圆铜导杆穿墙瓷套管；

短横后所带分数，其分子为套管额定电压，kV；其分母为套管额定电流，A。

C.3 安装

套管安装时，安装板的最大允许厚度不应超过表 C.1 规定的 L_3 数值，其安装示意图参见附录 D。

附　录　D
（资料性附录）
圆铜导杆穿墙套管安装示意图

圆铜导杆穿墙套管安装示意见图 D.1 和图 D.2。

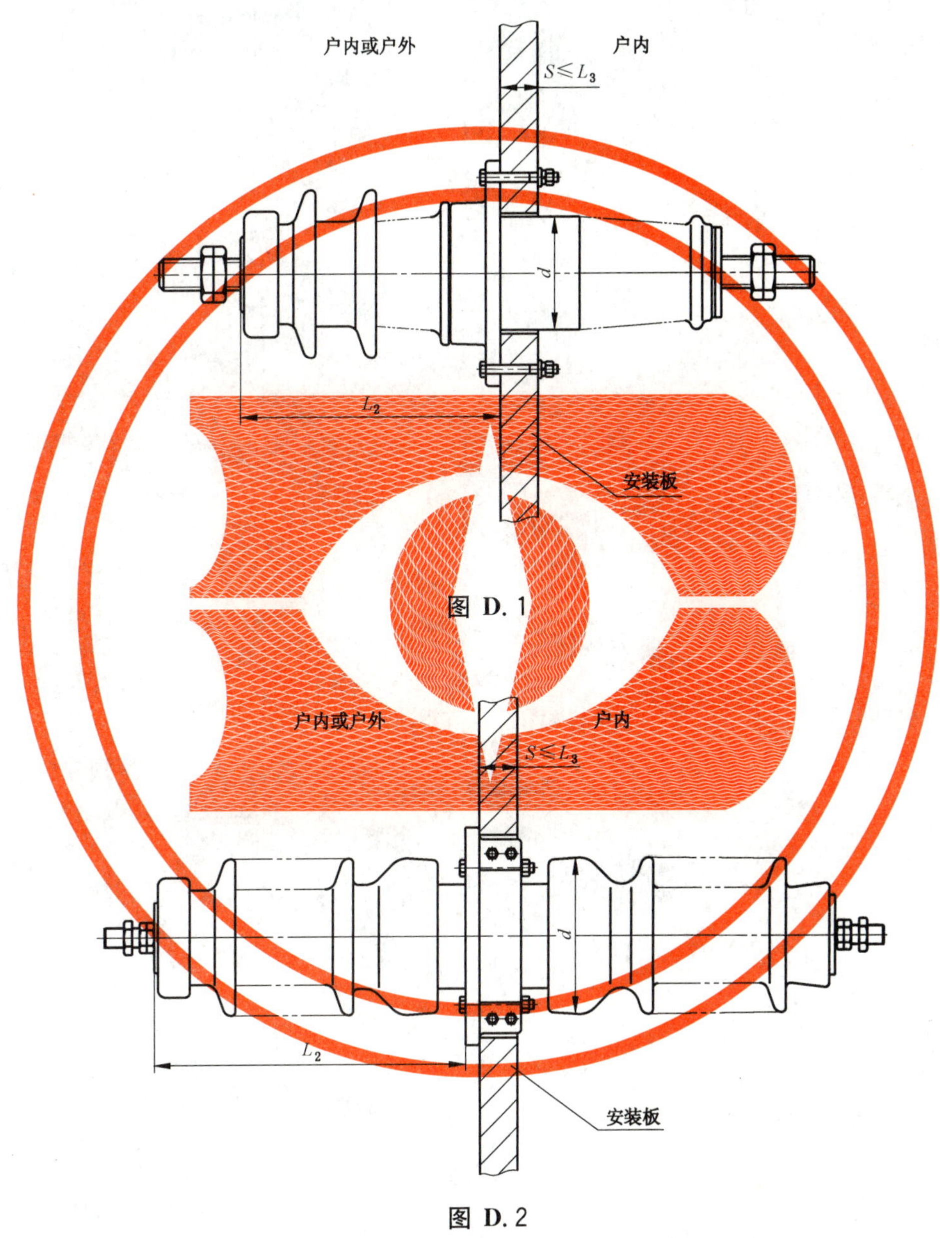

图 D.1

图 D.2

注 1：图中的尺寸 L_2 及 d 即附录 C 图 C.1～图 C.3 中的尺寸 L_2 及 d。

注 2：套管安装时宜将套管中法兰的主体部分伸入墙孔内，户外套管，应从户外往户内穿。

注 3：图 D.1 适用于附录 C 的图 C.1。图 D.2 适用于附录 C 的图 C.2 和图 C.3。

ICS 91.120.30
Q 17

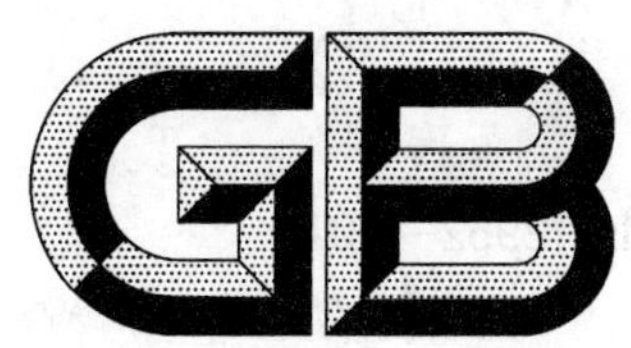

中华人民共和国国家标准

GB 12952—2011
代替 GB 12952—2003

聚氯乙烯(PVC)防水卷材

Polyvinyl chloride plastic sheets for waterproofing

2011-12-30 发布　　2012-12-01 实施

中华人民共和国国家质量监督检验检疫总局
中国国家标准化管理委员会　发布

前　言

本标准的第5.3条为强制性的，其余为推荐性的。

本标准按照GB/T 1.1—2009给出的规则起草。

本标准代替GB 12952—2003《聚氯乙烯防水卷材》。本标准与GB 12952—2003相比，主要技术变化如下：

——修改了产品的分类(见第4章，2003年版的第3章)；

——增加了抗静态荷载、接缝剥离强度、撕裂强度、吸水率、抗风揭能力材料性能，删除了剪切状态下的黏合性材料性能(见5.3，2003年版的4.3)；

——删除了Ⅰ型和Ⅱ型的分级，增加了热老化、人工气候老化试验时间(见5.3，2003年版的4.3)；

——改用GB/T 328的试验方法(见第6章，2003年版的第5章)；

——增加了抗风揭试验方法(见附录A、附录B)。

本标准与ASTM D4434的一致性程度为非等效。本标准的附录A参考了ANSI/FM 4474—2004《用静态正压和/或负压法评价屋面系统的模拟抗风揭》，附录B参考了ETAG 006:2007《机械固定柔性屋面防水卷材系统的欧洲技术认证指南》。

本标准由中国建筑材料联合会提出。

本标准由全国轻质与装饰装修建筑材料标准化技术委员会建筑防水材料分技术委员会(SAC/TC 195/SC 1)归口。

本标准主要起草单位：中国建筑材料科学研究总院苏州防水研究院、建材工业技术监督研究中心、中国建筑防水协会、上海市建筑科学研究院(集团)有限公司。

本标准参加起草单位：渗耐防水系统(上海)有限公司、深圳市卓宝科技股份有限公司、上海申达科宝新材料有限公司、索普瑞玛(上海)建材贸易有限公司、上海海纳尔建筑科技有限公司、山东思达建筑系统工程有限公司、上海台安工程实业有限公司、上海豫宏建筑防水材料有限公司、胜利油田大明新型建筑防水材料有限责任公司、常熟市三恒建材有限责任公司、唐山德生防水材料有限公司、四川蜀羊防水材料有限公司、山东鑫达鲁鑫防水材料有限公司、潍坊市宏源防水材料有限公司、山东汇源建材集团有限公司、山东金禹王防水材料有限公司、山东宏恒达防水材料工程有限公司、深圳市蓝盾防水工程有限公司、夸奈克化工(上海)有限公司。

本标准主要起草人：朱志远、朱冬青、杨斌、蒋勤逸、葛兆、邹先华、朱晓华、魏勤、张歆炯、高敏杰、郑家玉。

本标准于1991年6月首次发布，2003年2月第一次修订。

聚氯乙烯(PVC)防水卷材

1 范围

本标准规定了聚氯乙烯(PVC)防水卷材的术语和定义、分类和标记、要求、试验方法、检验规则、标志、包装、贮存和运输。

本标准适用于建筑防水工程用的以聚氯乙烯为主要原料制成的防水卷材。

2 规范性引用文件

下列文件对于本文件的应用是必不可少的。凡是注日期的引用文件,仅注日期的版本适用于本文件。凡是不注日期的引用文件,其最新版本(包括所有的修改单)适用于本文件。

GB/T 328.5—2007 建筑防水卷材试验方法 第5部分:高分子防水卷材 厚度、单位面积质量

GB/T 328.7 建筑防水卷材试验方法 第7部分:高分子防水卷材 长度、宽度、平直度和平整度

GB/T 328.9—2007 建筑防水卷材试验方法 第9部分:高分子防水卷材 拉伸性能

GB/T 328.10—2007 建筑防水卷材试验方法 第10部分:沥青和高分子防水卷材 不透水性

GB/T 328.13 建筑防水卷材试验方法 第13部分:高分子防水卷材 尺寸稳定性

GB/T 328.15 建筑防水卷材试验方法 第15部分:高分子防水卷材 低温弯折性

GB/T 328.19 建筑防水卷材试验方法 第19部分:高分子防水卷材 撕裂性能

GB/T 328.21 建筑防水卷材试验方法 第21部分:高分子防水卷材 接缝剥离强度

GB/T 328.25—2007 建筑防水卷材试验方法 第25部分:沥青和高分子防水卷材 抗静态荷载

GB/T 528 硫化橡胶或热塑性橡胶 拉伸应力应变性能的测定

GB/T 529 硫化橡胶或热塑性橡胶 撕裂强度的测定(裤形、直角形和新月形试样)

GB/T 10801.2 绝热用挤塑聚苯乙烯泡沫塑料(XPS)

GB/T 18244 建筑防水材料老化试验方法

GB/T 18378 防水沥青与防水卷材术语

GB/T 20624.2 色漆和清漆 快速变形(耐冲击性)试验 第2部分:落锤试验(小面积冲头)

GB 50009 建筑结构荷载规范

3 术语和定义

GB/T 18378 界定的以及下列术语和定义适用于本文件。

3.1

均质的聚氯乙烯防水卷材 homogeneous polyvinyl chloride plastic waterproofing sheets

不采用内增强材料或背衬材料的聚氯乙烯防水卷材。

3.2

带纤维背衬的聚氯乙烯防水卷材 polyvinyl chloride plastic waterproofing sheets backed with fabric

用织物如聚酯无纺布等复合在卷材下表面的聚氯乙烯防水卷材。

3.3

织物内增强的聚氯乙烯防水卷材　polyvinyl chloride plastic waterproofing sheets internally reinforced with fabric

用聚酯或玻纤网格布在卷材中间增强的聚氯乙烯防水卷材。

3.4

玻璃纤维内增强的聚氯乙烯防水卷材　polyvinyl chloride plastic waterproofing sheets internally reinforced with glass fibers

在卷材中加入短切玻璃纤维或玻璃纤维无纺布，对拉伸性能等力学性能无明显影响，仅提高产品尺寸稳定性的聚氯乙烯防水卷材。

3.5

玻璃纤维内增强带纤维背衬的聚氯乙烯防水卷材　polyvinyl chloride plastic waterproofing sheets internally reinforced with glass fibers and backed with fabric

在卷材中加入短切玻璃纤维或玻璃纤维无纺布，并用织物如聚酯无纺布等复合在卷材下表面的聚氯乙烯防水卷材。

4　分类和标记

4.1　分类

按产品的组成分为均质卷材(代号 H)、带纤维背衬卷材(代号 L)、织物内增强卷材(代号 P)、玻璃纤维内增强卷材(代号 G)、玻璃纤维内增强带纤维背衬卷材(代号 GL)。

4.2　规格

公称长度规格为 15 m、20 m、25 m。

公称宽度规格为 1.00 m、2.00 m。

厚度规格为 1.20 mm、1.50 mm、1.80 mm、2.00 mm。

其他规格可由供需双方商定。

4.3　标记

按产品名称(代号 PVC 卷材)、是否外露使用、类型、厚度、长度、宽度和本标准号顺序标记。

示例：长度 20 m、宽度 2.00 m、厚度 1.50 mm、L 类外露使用聚氯乙烯防水卷材标记为：

PVC 卷材　外露 L 1.50 mm/20 m×2.00 m GB 12952—2011

5　要求

5.1　尺寸偏差

长度、宽度应不小于规格值的 99.5%。

厚度不应小于 1.20 mm，厚度允许偏差和最小单值见表 1。

表 1 厚度允许偏差

<table>
<tr><th>厚度/mm</th><th>允许偏差/%</th><th>最小单值/mm</th></tr>
<tr><td>1.20</td><td rowspan="4">−5,+10</td><td>1.05</td></tr>
<tr><td>1.50</td><td>1.35</td></tr>
<tr><td>1.80</td><td>1.65</td></tr>
<tr><td>2.00</td><td>1.85</td></tr>
</table>

5.2 外观

5.2.1 卷材的接头不应多于一处,其中较短的一段长度不应小于 1.5 m,接头应剪切整齐,并应加长 150 mm。

5.2.2 卷材表面应平整、边缘整齐,无裂纹、孔洞、黏结、气泡和疤痕。

5.3 材料性能指标

材料性能指标应符合表 2 的规定。

表 2 材料性能指标

<table>
<tr><th rowspan="2">序号</th><th colspan="3" rowspan="2">项　目</th><th colspan="5">指　标</th></tr>
<tr><th>H</th><th>L</th><th>P</th><th>G</th><th>GL</th></tr>
<tr><td>1</td><td colspan="2">中间胎基上面树脂层厚度/mm</td><td>≥</td><td colspan="2">—</td><td colspan="3">0.40</td></tr>
<tr><td rowspan="4">2</td><td rowspan="4">拉伸性能</td><td>最大拉力/(N/cm)</td><td>≥</td><td>—</td><td>120</td><td>250</td><td>—</td><td>120</td></tr>
<tr><td>拉伸强度/MPa</td><td>≥</td><td>10.0</td><td>—</td><td>—</td><td>10.0</td><td>—</td></tr>
<tr><td>最大拉力时伸长率/%</td><td>≥</td><td>—</td><td>—</td><td>15</td><td>—</td><td>—</td></tr>
<tr><td>断裂伸长率/%</td><td>≥</td><td>200</td><td>150</td><td>—</td><td>200</td><td>100</td></tr>
<tr><td>3</td><td colspan="2">热处理尺寸变化率/%</td><td>≤</td><td>2.0</td><td>1.0</td><td>0.5</td><td>0.1</td><td>0.1</td></tr>
<tr><td>4</td><td colspan="3">低温弯折性</td><td colspan="5">−25 ℃无裂纹</td></tr>
<tr><td>5</td><td colspan="3">不透水性</td><td colspan="5">0.3 MPa,2 h 不透水</td></tr>
<tr><td>6</td><td colspan="3">抗冲击性能</td><td colspan="5">0.5 kg·m,不渗水</td></tr>
<tr><td>7</td><td colspan="3">抗静态荷载[a]</td><td>—</td><td>—</td><td colspan="3">20 kg 不渗水</td></tr>
<tr><td>8</td><td colspan="2">接缝剥离强度/(N/mm)</td><td>≥</td><td colspan="2">4.0 或卷材破坏</td><td colspan="3">3.0</td></tr>
<tr><td>9</td><td colspan="2">直角撕裂强度/(N/mm)</td><td>≥</td><td>50</td><td>—</td><td>—</td><td>50</td><td>—</td></tr>
<tr><td>10</td><td colspan="2">梯形撕裂强度/N</td><td>≥</td><td>—</td><td>150</td><td>250</td><td>—</td><td>220</td></tr>
<tr><td rowspan="2">11</td><td rowspan="2">吸水率(70 ℃,168 h)/%</td><td>浸水后</td><td>≤</td><td colspan="5">4.0</td></tr>
<tr><td>晾置后</td><td>≥</td><td colspan="5">−0.40</td></tr>
</table>

表 2（续）

序号	项目		指标				
			H	L	P	G	GL
12	热老化（80 ℃）	时间/h	672				
		外观	无起泡、裂纹、分层、粘结和孔洞				
		最大拉力保持率/% ≥	—	85	85	—	85
		拉伸强度保持率/% ≥	85	—	—	85	—
		最大拉力时伸长率保持率/% ≥	—	—	80	—	—
		断裂伸长率保持率/% ≥	80	80	—	80	80
		低温弯折性	−20 ℃无裂纹				
13	耐化学性	外观	无起泡、裂纹、分层、粘结和孔洞				
		最大拉力保持率/% ≥	—	85	85	—	85
		拉伸强度保持率/% ≥	85	—	—	85	—
		最大拉力时伸长率保持率/% ≥	—	—	80	—	—
		断裂伸长率保持率/% ≥	80	80	—	80	80
		低温弯折性	−20 ℃无裂纹				
14	人工气候加速老化[c]	时间/h	1 500[b]				
		外观	无起泡、裂纹、分层、粘结和孔洞				
		最大拉力保持率/% ≥	—	85	85	—	85
		拉伸强度保持率/% ≥	85	—	—	85	—
		最大拉力时伸长率保持率/% ≥	—	—	80	—	—
		断裂伸长率保持率/% ≥	80	80	—	80	80
		低温弯折性	−20 ℃无裂纹				

[a] 抗静态荷载仅对用于压铺屋面的卷材要求。

[b] 单层卷材屋面使用产品的人工气候加速老化时间为 2 500 h。

[c] 非外露使用的卷材不要求测定人工气候加速老化。

5.4 抗风揭能力

采用机械固定方法施工的单层屋面卷材，其抗风揭能力的模拟风压等级应不低于 4.3 kPa (90 psf)。

注：psf 为英制单位——磅每平方英尺，其与 SI 制的换算为 1 psf=0.047 9 kPa。

6 试验方法

6.1 标准试验条件

试验室标准试验条件为温度 23 ℃±2 ℃，相对湿度(60±15)%。

6.2 试件制备

将试样在标准试验条件下放置24 h,按GB/T 328.5—2007裁样方法和表3数量裁取所需试件,试件距卷材边缘应不小于100 mm。裁切织物增强卷材时应顺着织物的走向,使工作部位有最多的纤维根数。

表3 试件尺寸与数量

序号	项目	尺寸(纵向×横向)/mm	数量/个
1	拉伸性能	150×50(或符合GB/T 528的哑铃Ⅰ型)	各6
2	热处理尺寸变化率	100×100	3
3	低温弯折性	100×25	各2
4	不透水性	150×150	3
5	抗冲击性能	150×150	3
6	抗静态荷载	500×500	3
7	接缝剥离强度	200×300 (粘合后裁取200×50试件)	2 (5)
8	直角撕裂强度	符合GB/T 529的直角形	各6
9	梯形撕裂强度	130×50	各5
10	吸水率	100×100	3
11	热老化	300×200	3
12	耐化学性	300×200	各3
13	人工气候加速老化	300×200	3

6.3 尺寸偏差

6.3.1 长度、宽度

按GB/T 328.7进行试验,以平均值作为试验结果。若有接头,长度以量出的两段长度之和减去150 mm计算。

6.3.2 厚度

6.3.2.1 H类、P类、G类卷材厚度

H类、P类、G类卷材厚度按GB/T 328.5—2007中机械测量法进行,测量五点,以五点的平均值作为卷材的厚度,并报告最小单值。

6.3.2.2 L类、GL类卷材厚度,中间胎基上面树脂层厚度

卷材按6.3.2.1在五点处各取一块50 mm×50 mm试样,在每块试样上沿横向用薄的锋利刀片,垂直于试样表面切取一条约50 mm×2 mm的试条,注意不使试条的切面变形(厚度方向的断面)。采用最小分度值0.01 mm,放大倍数最小20倍的读数显微镜进行试验。将试条的切面向上,置于读数显微镜的试样台上,读取卷材聚氯乙烯层厚度(不包括表面纤维层),对于表面压花纹的产品,以花纹最外端切线位置计算厚度。每个试条上测量四处,厚度以5个试条共20处数值的平均值表示,并报告20处

中的最小单值。

P类、G类、GL类中间胎基上面树脂层厚度取织物线束距上表面的最外端切线与上表面最外层的距离，每块试件读取两个线束的数据，纵向和横向分别测5块试件，取20个点的平均值。对于采用短切玻璃纤维的G类、GL类产品不测中间胎基上面树脂层厚度。

6.4 外观

目测检查。

6.5 拉伸性能

L类、P类、GL类产品试件尺寸为150 mm×50 mm，按GB/T 328.9—2007中方法A进行试验，夹具间距90 mm，伸长率用70 mm的标线间距离计算，P类伸长率取最大拉力时伸长率，L类、GL类伸长率取断裂伸长率。

H类、G类按GB/T 328.9—2007中方法B进行试验，采用符合GB/T 528的哑铃Ⅰ型试件，拉伸速度250 mm/min±50 mm/min。

分别计算纵向或横向5个试件的算术平均值作为试验结果。

6.6 热处理尺寸变化率

按GB/T 328.13进行试验，将试件放置在80 ℃±2 ℃的鼓风烘箱中，不应叠放，恒温24 h。取出在标准试验条件下放置24 h，再测量长度。

6.7 低温弯折性

按GB/T 328.15进行试验。

6.8 不透水性

按GB/T 328.10—2007的方法B进行试验，采用十字金属开缝槽盘，压力为0.3 MPa，保持2 h。

6.9 抗冲击性能

6.9.1 试验器具

6.9.1.1 落锤冲击仪：符合GB/T 20624.2规定，由一个带有刻度的金属导管、可在其中自由运动的活动重锤、锁紧螺栓和半球形钢珠冲头组成。其中导管刻度长为0 mm～1 000 mm，分度值为10 mm，重锤质量1 000 g，钢珠直径12.7 mm。

6.9.1.2 玻璃管：内径不小于30 mm，长600 mm。

6.9.1.3 铝板：厚度不小于4 mm。

6.9.2 试验步骤

将试件平放在铝板上，并一起放在密度25 kg/m^3、厚度50 mm的泡沫聚苯乙烯垫板上。按GB/T 20624.2进行试验。穿孔仪置于试件表面，将冲头下端的钢珠置于试件的中心部位，球面与试件接触。把重锤调节到规定的落差高度500 mm并定位。使重锤自由下落，撞击位于试件表面的冲头，然后将试件取出，检查试件是否穿孔，试验3块试件。

无明显穿孔时，采用图1所示的装置对试件进行水密性试验。将圆形玻璃管垂直放在试件穿孔试验点的中心，用密封胶密封玻璃管与试件间的缝隙。将试件置于150 mm×150 mm滤纸上，滤纸放置在玻璃板上，把染色的水加入玻璃管中，静置24 h后检查滤纸，如有变色、水迹现象表明试件已穿孔。

单位为毫米

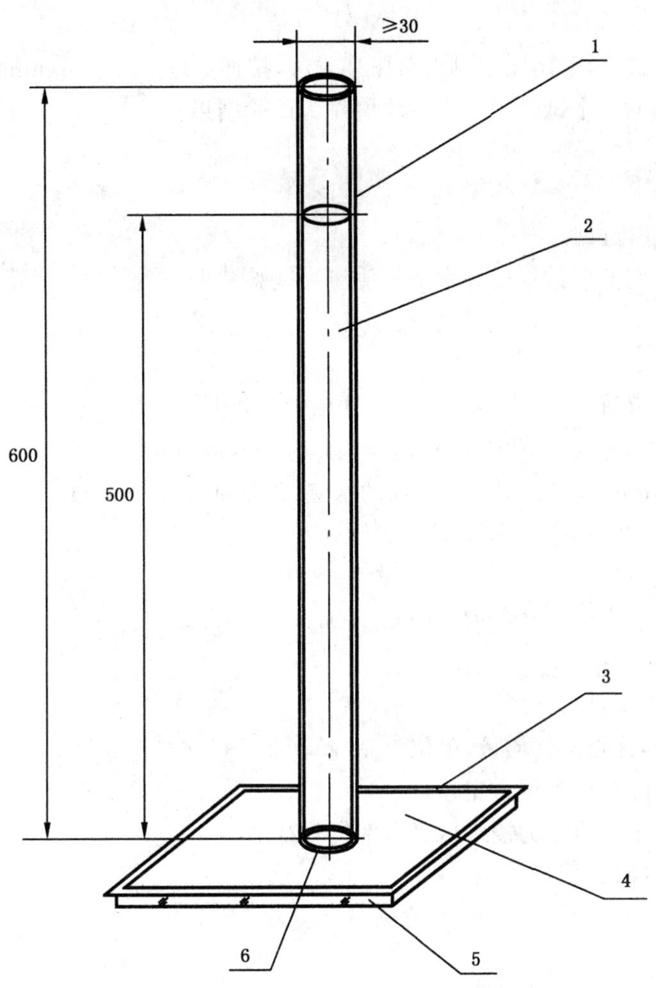

说明：

1——玻璃管；

2——染色水；

3——滤纸；

4——试件；

5——玻璃板；

6——密封胶。

图 1 穿孔水密性试验装置

6.10 抗静态荷载

按 GB/T 328.25—2007 方法 A 进行试验，采用 20 kg 荷载。

6.11 接缝剥离强度

按生产厂要求搭接，采用胶粘剂搭接应在标准试验条件下按生产厂规定的时间放置，但不应超过 7 d。裁取试件(200 mm×50 mm)，按 GB/T 328.21 进行试验，对于 H 类、L 类产品，以最大剥离力计算剥离强度。对于 G 类、P 类、GL 类产品，若试件产生空鼓脱壳时，应立即用刀将空鼓处切割断，取拉伸应力应变曲线的后一半的平均剥离力计算剥离强度。

6.12 直角撕裂强度

按 GB/T 529 进行试验，采用无割口直角撕裂方法，拉伸速度 250 mm/min±50 mm/min。

分别计算纵向或横向 5 个试件的算术平均值作为试验结果。

6.13 梯形撕裂强度

按 GB/T 328.19 进行试验。

分别计算纵向或横向 5 个试件的算术平均值作为试验结果。

6.14 吸水率

将试件于干燥器中放置 24 h，然后取出用精度至少 0.001 g 的天平称量试件(m_1)，接着将试件放入 70 ℃±2 ℃的蒸馏水中浸泡 168 h±2 h，浸泡期间试件相互隔开，避免完全接触。然后取出试件，放入 23 ℃±2 ℃的水中 15 min，取出立即擦干表面的水迹，称量试件(m_2)。对于带背衬的产品，在留边处取样，试件尺寸 100 mm×70 mm。将称量后的试件放入干燥器中放置 48 h，然后取出称量试件(m_3)。

浸水后吸水率按式(1)计算：

$$R_m = (m_2 - m_1)/m_1 \times 100 \qquad \cdots\cdots(1)$$

式中：

R_m ——浸水后吸水率，以百分数(%)表示；

m_2 ——浸水后立即称量试件质量，单位为克(g)；

m_1 ——浸水前试件质量，单位为克(g)。

以 3 个试件的算术平均值作为浸水后吸水率试验结果。

晾置后吸水率按式(2)计算：

$$R_m' = (m_3 - m_1)/m_1 \times 100 \qquad \cdots\cdots(2)$$

式中：

R_m'——晾置后吸水率，以百分数(%)表示；

m_3 ——浸水晾置后试件质量，单位为克(g)。

以 3 个试件的算术平均值作为晾置后吸水率试验结果。

6.15 热老化

6.15.1 试验步骤

将试片按 GB/T 18244 进行热老化试验，温度为 80 ℃±2 ℃，时间 672 h。处理后的试片在标准试验条件下放置 24 h，按 6.4 检查外观，然后每块试片上裁取纵向、横向拉伸性能试件各两块。低温弯折性试验在一块试片上裁取两个纵向试件，另一块裁两个横向试件。

低温弯折性按 6.7 进行试验，拉伸性能按 6.5 进行试验。

6.15.2 结果计算

处理后最大拉力或拉伸强度保持率按式(3)进行计算，精确到 1%：

$$R_t = (T_1/T) \times 100 \qquad \cdots\cdots(3)$$

式中：

R_t ——试件处理后最大拉力或拉伸强度保持率，用百分数(%)表示；

T ——试件处理前最大拉力，单位为牛顿每厘米(N/cm)[或拉伸强度，单位为兆帕(MPa)]；

T_1 ——试件处理后最大拉力，单位为牛顿每厘米(N/cm)[或拉伸强度，单位为兆帕(MPa)]。

处理后伸长率保持率按式(4)进行计算,精确到1%:

$$R_e = (E_1/E) \times 100 \quad \cdots\cdots(4)$$

式中:

R_e——试件处理后伸长率保持率,以百分数(%)表示;

E——试件处理前伸长率平均值,以百分数(%)表示;

E_1——试件处理后伸长率平均值,以百分数(%)表示。

6.16 耐化学性

6.16.1 试验步骤

按表4的规定,用蒸馏水和化学试剂(分析纯)配制均匀溶液,并分别装入各自贴有标签的容器中,温度为23 ℃±2 ℃。试验容器能耐酸、碱、盐的腐蚀,可以密闭,容积根据样片数量而定。

在每种溶液中浸入按表3裁取的一组三块试片,试片上面离液面至少20 mm,密闭容器,浸泡28 d后取出用清水冲洗干净,擦干。在标准试验条件下放置24 h,每块试片上裁取纵向、横向拉伸性能试件各两个,低温弯折性试验在一块试片上裁取两个纵向试件,另一块裁两个横向试件。分别按6.5和6.7进行试验。对于P类、G类、GL类卷材拉伸性能试件应离试片边缘10 mm以上裁取。

表4 溶液浓度

试剂名称	溶液质量分数
NaCl	(10±2)%
$Ca(OH)_2$	饱和溶液
H_2SO_4	(5±1)%

6.16.2 结果计算

结果计算同6.15.2。

6.17 人工气候加速老化

6.17.1 试验步骤

按GB/T 18244进行氙弧灯试验,照射时间1 500 h(累计辐照能量约3 000 MJ/m²),单层屋面卷材照射时间2 500 h(累计辐照能量约5 000 MJ/m²)。处理后的试片在标准试验条件下放置24 h,每块试片上裁取纵向、横向拉伸性能试件各两个,低温弯折性试验在一块试片上裁取两个纵向试件,另一块裁两个横向试件,按6.5和6.7进行试验。对于P类、G类、GL类卷材拉伸性能试件应离试片边缘10 mm以上裁取。

6.17.2 结果计算

结果计算同6.15.2。

6.18 抗风揭能力

按附录A进行,采用标准试验方法,在模拟风压等级为4.3 kPa(90 psf)时应无破坏。附录B给出了一种供参考的用于评价单层卷材屋面系统的动态法抗风揭试验方法。

7 检验规则

7.1 检验分类

7.1.1 出厂检验

出厂检验项目为5.1、5.2和5.3中拉伸性能、热处理尺寸变化率、低温弯折性、中间胎基上面树脂层厚度。

7.1.2 型式检验

型式检验项目包括第5章的全部要求。在下列情况下进行型式检验：

a) 新产品投产或产品定型鉴定时；

b) 正常生产时，每年进行一次。抗风揭能力、人工气候加速老化每两年进行一次；

c) 原材料、工艺等发生较大变化，可能影响产品质量时；

d) 出厂检验结果与上次型式检验结果有较大差异时；

e) 产品停产6个月以上恢复生产时。

7.2 抽样

以同类型的10 000 m^2 卷材为一批，不满10 000 m^2 也可作为一批。在该批产品中随机抽取3卷进行尺寸偏差和外观检查，在上述检查合格的试件中任取一卷，在距外层端部500 mm处裁取3 m(出厂检验为1.5 m)进行材料性能检验。

7.3 判定规则

7.3.1 尺寸偏差、外观

尺寸偏差和外观符合5.1、5.2时判为合格。若有不合格项，允许在该批产品中随机抽3卷进行复检，复检合格的为合格，若仍有不合格的判该批产品不合格。

7.3.2 材料性能

7.3.2.1 对于中间胎基上面树脂层厚度、拉伸性能、热处理尺寸变化率、接缝剥离强度、撕裂强度、吸水率以算术平均值符合标准规定时，则判该项合格。

7.3.2.2 低温弯折性、不透水性、抗冲击性能、抗静态荷载、抗风揭能力所有试件均符合标准规定时，则该项合格，若有一个试件不符合标准规定则判该项不合格。

7.3.2.3 热老化、耐化学性、人工气候加速老化所有项目符合标准规定，则判该项合格。

7.3.2.4 试验结果符合5.3规定，判该批产品材料性能合格。若5.3中仅有一项不符合标准规定，允许在该批产品中随机抽取一卷进行单项复验，符合标准规定则判该批产品材料性能合格，否则判该批产品材料性能不合格。

7.3.3 型式检验总判定

试验结果符合标准第5章全部要求时判该批产品合格。

8 标志、包装、贮存和运输

8.1 标志

8.1.1 卷材外包装上应包括：

——生产厂名、地址；

——商标；

——产品标记；

——生产日期或批号；

——生产许可证号及其标志；

——贮存与运输注意事项；

——检验合格标记；

——复合的纤维或织物种类。

8.1.2 外露使用、非外露使用和单层屋面使用的卷材及其包装应有明显的标识。

8.2 包装

卷材用硬质芯卷取，宜用塑料袋或编织袋包装。

8.3 贮存和运输

8.3.1 贮存

8.3.1.1 卷材应存放在通风、防止日晒雨淋的场所。贮存温度不应高于45 ℃。

8.3.1.2 不同类型、不同规格的卷材应分别堆放。

8.3.1.3 卷材平放时堆放高度不应超过五层；立放时应单层堆放。禁止与酸、碱、油类及有机溶剂等接触。

8.3.1.4 在正常贮存条件下，贮存期限至少为一年。

8.3.2 运输

运输时防止倾斜或横压，必要时加盖苫布。

附 录 A
（规范性附录）
单层卷材屋面静态法抗风揭试验方法

A.1 范围

本方法适用于单层卷材屋面的静态法抗风揭试验，用于规定形式的屋面系统的风荷载评价。

本方法适用的屋面系统是由屋面基层、保温材料、防水卷材为主构成，采用单层卷材铺设外露使用，卷材和保温材料采用机械固定或黏结在基层上的正置式屋面形式。

A.2 原理

按照供应商规定的方法安装屋面系统，该屋面系统包括规定的基层、保温材料、防水卷材、固定件、胶粘剂，以及需要时的其他材料如隔汽材料、防潮透气材料等，用人工施加正压和/或负压一定时间，风压以 0.7 kPa 为单位逐渐递增，直至屋面系统产生破坏，将破坏时的前一等级风压作为该屋面系统的抗风揭等级。

适用的屋面建筑的该抗风揭等级应不小于按 GB 50009 要求的设计风荷载乘以规定系数的积，对于屋面的边角等部位按 GB 50009 的要求进行局部增强。

A.3 概述

在试验前，先阅读制造商的说明书和安装指导书，确认产品可以试验并采用合适的安装步骤和技术。材料的外包装应注明制造商和产品标识。

A.4 模拟抗风揭等级

本方法用来评估单层卷材屋面达到的模拟抗风揭等级。根据屋面系统类别，选用合适的试验方法，得到屋面系统所能达到的最大风压为该单层卷材屋面的模拟抗风揭等级。风压以 0.7 kPa 为单位逐渐递增。

A.5 屋面系统各组成部分的要求

A.5.1 所有用来固定保温层、卷材和其他部件与基层相连接的固定件，采用推荐的设备安装，并且不应对任何部分造成破坏。

A.5.2 固定件应具有合适的长度，以确保施工时能刺入基层，或达到最小埋入深度。

A.5.3 当基层是钢板时，固定件应能够刺穿其波峰。

A.5.4 用胶黏剂安装施工的试件，在实验室条件下应能不超过 28 d 固化。

A.5.5 所有胶黏剂应按制造商的说明书来施工，并按其推荐的用量使用。

A.5.6 当采用胶黏剂、热沥青、热焊接、明火等施工时，应采取适当的安全预防措施，必要的通风措施和专用设备。

A.6 试验要求

A.6.1 用于屋面系统的材料和部件应满足下述的所有条件，屋面系统应达到相应的模拟抗风揭等级。模拟抗风揭等级，是屋面系统按照试验方法进行试验所能达到的最大风压，并需在此压力下保持 60 s。

A.6.2 所有固定件、垫片、卡具应满足：

——确保能够嵌入或穿透屋面基层和其他结构基层，并将其连接起来；

——固定件与垫片、压条、接缝或基层之间的连接，不应出现拔出、脱离、松动和散开；

——不应出现破裂、分离、断裂。

A.6.3 所有保温层应满足：

——保温层不应出现破裂、断裂或拔出固定件帽、垫片和压条；

——不应与面层或相邻部件的粘结出现分层或脱开；

——允许保温板在机械固定点间产生挠曲，但保温板应无破裂、断裂和开裂。

A.6.4 所有卷材应满足：

——卷材不应有撕裂、穿孔、破裂和出现任何开口；

——卷材不应在相邻部件分层或脱开（例外，机械固定卷材在无固定处允许与相邻部件出现分离或挠曲）。

A.6.5 在施工中，胶黏剂应该与所有部件需要粘合的表面满粘。胶黏剂和粘结部位不应有任何分离、分层、破裂或剥离产生。

A.6.6 所有屋面基层应满足：

——在整个分级评价过程中，维持其结构的完整；

——模拟的建筑结构的试验框架，在任何固定部位不应出现脱落、分离和松动；

——不应出现破裂、裂纹、断裂以及固定件的脱落。

A.6.7 所有其他部件，包括接缝、隔气层、基层或卷材不应出现撕裂、穿孔、破裂、脱离、脱落、分层或任何贯通开口。

A.7 试验器具

A.7.1 抗风揭试验台：尺寸为 3.7 m×7.3 m(12 ft×24 ft)，基层采用工程使用的屋面基层材料，标准试验采用 0.70 mm 厚度（基板厚度，不包括镀层）压型钢板，采用正压或负压的方式使风压最大到 4.3 kPa。

A.7.2 保温材料：采用实际工程使用的保温材料，标准试验方法采用符合 GB/T 10801.2 规定 X300 的 50 mm 厚度 XPS 板。

A.7.3 卷材：被试验的防水卷材。

A.7.4 固定件：采用实际工程试验的固定件。

A.7.4.1 标准试验方法中保温板采用的固定件，为直径 6.3 mm 的扁圆头自钻钉，配合垫片采用 1 mm 厚承载面积不小于 0.49 mm^2 的沉头镀锌金属组合作为固定件。

A.7.4.2 标准试验方法中卷材采用的固定件，为采用直径 6.3 mm 的扁圆头自钻钉，配合垫片采用 1 mm 厚，承载面积不小于 0.33 mm^2 且带有特殊冲压固定倒钩的长圆形沉头镀锌金属组合作为固定件。

A.7.4.3 标准试验方法中保温板和卷材的固定件还应符合下列要求：

——每个自钻钉与金属垫片必须满足抗拔力 1 200 N，至少应通过 15 个周期的酸雾试验，满足动态弯曲 100 个周期的试验要求；

——自钻钉与垫片组合后,应确保钉头至少低于垫片平面 3 mm;

——垫片中央带菱形加强肋以加强其自身的抗弯强度;

——在给定的风压条件下,垫片不应对卷材造成破坏(如摩擦、割裂等),且须满足对单个组合(自钻钉与垫片)承载力要求。

A.7.5 胶黏剂:采用实际工程使用的胶黏剂。

A.8 试验仪器

A.8.1 3.7 m×7.3 m 模拟风压试验设备是一个钢制的压力容器,它能够在屋面系统(被测试件)的底部施加气压并维持在预先设定的气压等级。屋面系统固定在压力容器上方,两者形成密封。

A.8.2 压力容器尺寸最小为 7.3 m×3.7 m×51 mm。它由 203 mm 宽的钢管部件构成周边结构,152 mm 宽的钢条以 0.6 m±25 mm 的中心间距平行于 7.3 m 一边排列。其他结构形状、尺寸、材质制造的压力容器,只要能为试验试件框架提供牢固的支撑,也允许使用。压力容器底部应有最小厚度为 4.8 mm 的保护钢板,与钢条上方点焊在一起,并与周边内侧的钢管连续焊在一起。

A.8.3 密封的压力容器的气源依靠带有直径 102 mm 的 PVC 管的进气支管构造提供。在压力容器底部,穿过底部钢板,分布四个等间距的进气口。容器底部有 6.4 mm±3.2 mm 的开孔用于连接压力计。当试件用夹具固定后,试件框架和容器上部相连接部位,用橡胶垫密封,减少气体泄漏。

A.8.4 进气管气流依靠带支管的涡轮增压装置,或者具有相同能力的装置提供。此类装置可以产生 17 m^3/min 气体,或是能达到所需升高压力的气源。通过充液压力计校准,可以直接读出压力值,以 0.05 kPa 为单位,并能达到最小精度为 0.1 kPa。作为可选择项,其他可以达到相同等级和偏差,或者更高等级和偏差的仪器也可以选择。

A.9 试件制备

A.9.1 实际工程方法

按实际工程的安装方式将屋面系统安装在试验台上,并保证试验台的长度方向至少有均匀分布的四道卷材搭接缝。

A.9.2 标准试验方法

当采用标准试验方法时,基层为 0.70 mm 厚的压型钢板,波峰距离 152 mm,屈服强度 300 MPa,将钢板机械固定在试样架上,固定件相邻两排间隔 1 830 mm,同一排固定件相邻间隔 152 mm。采用 X300 型号的 XPS 板,厚度为 50 mm,卷材按生产厂要求的实际施工方式(胶粘、焊接)进行搭接,胶粘宽度为 50 mm,焊接为单道焊缝,焊接宽度约 40 mm。将卷材机械固定在钢板的波峰上,固定件相邻两排间隔 1 880 mm,同一排固定件相邻间隔 152 mm。

XPS 采用机械固定件安装在钢板上,卷材采用机械固定件固定在钢板上。

A.9.3 试件安装

A.9.3.1 试件的各个部分按照说明书要求装配(包括厚度、外形、底板强度、固定件和胶黏剂的施工方法和数量、保温板的厚度和尺寸、卷材的类型),并允许在试验室条件下固化,胶黏剂施工时固化时间不超过 28 d。

A.9.3.2 当采用金属板基层时,其制成的框架能够承受预计的荷载。典型的试件框架包含结构钢架加强筋,位于中间,平行于 7.3 m 边。此外有三个中间的结构钢架檩条,平行于 3.7 m 边中心间距 1.8 m。基层金属板平行于 7.3 m 边安装,钢板以中心间距 305 mm 固定连接到整个周边的角铁上。此外，将槽深 38 mm，厚 0.70 mm 的基层金属板通过间隔 305 mm 的固定件固定在全部的檩条上(间隔 1.8 m)。所有的基层金属板长边的搭接用固定件固定(缝合钉位置)，最大间隔 763 mm。可使用委托方要求的其他结构的屋面基层板的装配和形状。这些安装应与制造商的说明和要求一致。

注 1：若按委托方要求，特定试验有规定时，固定基层金属板到试验框架的方法允许改变。

注 2：当试验框架的尺寸大于允许的最小尺寸时，基层金属板应平行于长边安装。

注 3：当被测屋面系统为直立缝的类型时，允许垂直于长边安装基层金属板。

A.9.3.3 试验准备完成后，将试件框架置于压力容器的上方，并在四周用夹具固定框架。夹具环绕在仪器四周，中心处间距为 0.6 m±0.15 m。如果试验过程中出现较多的泄漏，允许额外添加夹具。此外，试验框架应固定在压力容器的中间附近的支撑锁扣上。在气源和压力计之间，可以用合适的软管连接。

A.10 试验步骤

A.10.1 气体通过压力容器不断注入，直到达到 0.7 kPa 的压力等级，偏差范围为+0.1 kPa，−0 kPa。气压上升速率为 0.07 kPa/s±0.05 kPa/s。当压力达到 0.7 kPa 等级时，需维持此压力 60 s。为了保持恒定的读数，应按需要调节压力和夹具。当试件维持在某个压力水平时，要注意观察试件，确保其满足继续试验的条件。

A.10.1.1 当委托双方达成协议时，试验可以不从初始压力等级 0.7 kPa 开始。初始压力等级可以从 1.4 kPa 开始，允许误差为+1 kPa，−0 kPa。此后压力按 A.10.2 规定增加。

A.10.1.2 根据试验的屋面系统的类型，不总是能够按 0.07 kPa/s±0.05 kPa/s 升压速率到下一个压力等级，对于机械固定单层卷材屋面，面上的卷材常在机械固定点间挠曲数英尺，此时两个等级间的升压速率应尽可能的均匀。达到下一个压力等级需要保持 60 s 的时间，在新的压力等级达到前不应开始升压。

A.10.2 保持 60 s 后，通过增加气体使压力等级增加 0.7 kPa，增加速率和偏差按上述要求进行。当达到下个 0.7 kPa 等级，需在此压力等级保持 60 s。为了保持恒定的读数，应按需要调节压力和夹具。当维持在某个压力级别时，要注意观察试件，确保其满足继续试验的条件。

A.10.3 重复上述 A.10.2 步骤，直到试样破坏，不能再增加或维持压力等级，或根据实验者的判断试件已经破坏。当不能满足标准规定的允许条件或不能维持压力等级，视作试验中止。

A.10.4 试验完成后，取下试件仔细观察并记录所有与标准规定不符的现象。

A.11 结果处理

A.11.1 3.7 m×7.3 m 模拟风压试验，其结果应记录下每个 0.7 kPa 增压等级。

A.11.2 抗模拟风压等级为系统所能达到并维持 60 s，仍符合试验要求的最高风压等级。

A.11.3 每个固定件的风荷载能力，根据风荷载等级和固定件的数量计算。

A.11.4 作为标准试验方法，卷材试验结果应满足 A.6.4 要求。

附 录 B
（资料性附录）
单层卷材屋面系统动态法抗风揭试验方法

B.1 范围

本方法适用于单层卷材屋面系统的动态法抗风揭试验，用于规定形式的屋面系统的风荷载评价。

本方法适用的单层卷材屋面系统是由屋面基层、保温材料、防水卷材为主构成，采用卷材单层外露使用，卷材和保温材料采用机械固定或粘结在基层上的正置式屋面形式。

B.2 原理

按照供应商规定的方法安装屋面系统，该屋面系统包括规定的基层、保温材料、防水卷材、固定件、胶黏剂，以及需要时的其他材料如隔汽材料、防潮透气材料等，用人工施加正压和/或负压一定时间，风压以 100 N 为单位逐渐递增，直至屋面系统产生破坏，将破坏时的前一等级风压作为该屋面系统的抗风揭等级。

适用的屋面建筑的该抗风揭等级应不小于按 GB 50009 要求的设计风荷载乘以规定系数[1)]的积，对于屋面的边角等部位按 GB 50009 的要求进行局部增强。

B.3 概述

在试验前，先阅读制造商的说明书和安装指导书，确认产品可以试验并采用合适的安装步骤和技术。材料的外包装应注明制造商和产品标识。

B.4 模拟抗风揭等级

本方法用来评估单层卷材屋面要确定的模拟抗风揭等级。根据屋面系统类别，按标准选用合适的试验方法，得到屋面系统能达到的最大风压为该单层卷材屋面系统的模拟抗风揭等级。抗风揭等级的风压以 100 N 为单位逐渐递增。

B.5 屋面系统各组成部分的要求

B.5.1 所有用来使保温层、卷材和其他部件与基层相连接的固定件，采用推荐的设备安装，并且不应对任何部分造成破坏。

B.5.2 固定件应具有合适的长度，以确保施工时能刺入基层，或达到最小埋入深度。

B.5.3 当基层中有钢板时，固定件应能够刺穿上翼缘。

B.5.4 用胶黏剂安装施工的试件，在试验室条件下应能不超过 28 d 固化。

1） 本附录 B 与附录 A 的抗风揭试验方法不同，其用于风荷载评价的规定系数也不同，通常附录 A 方法所需的规定系数要大于附录 B。在国外附录 A 方法的规定系数为 2，附录 B 方法的规定系数为 1.5。

B.5.5 所有胶黏剂应按制造商的说明书来施工，并按其推荐的用量使用。

B.5.6 当采用胶黏剂、热沥青、热焊接、明火等施工时，应采取适当的安全预防措施，必要的通风措施和专用设备。

B.6 试验要求

B.6.1 用于屋面系统的材料和部件应满足下述所有条件，屋面系统应达到相应的模拟抗风揭等级。模拟抗风揭等级，是屋面系统按照试验方法试验所能达到的最大风压(需要完整通过该等级的试验)。

B.6.2 所有固定件、垫片、夹具需要满足：

——确保能够嵌入或穿透屋面基层和其他结构基层，并将其连接起来；

——固定件与垫片、压条、接缝或基层之间的连接，不出现拔出、脱离、松动和散开；

——不应出现破裂、分离、断裂。

B.6.3 所有保温层需要满足：

——保温层不出现破裂、断裂或拔出固定件帽、垫片和压条；

——不使面层和相邻部件的粘结出现分层或脱开；

——允许保温板在机械固定点间产生挠曲，但保温板无破裂、断裂和开裂。

B.6.4 所有卷材需要满足：

——卷材无撕裂、穿孔、破裂和出现任何开口；

——卷材无与相邻部件的分层和脱开(例如，机械固定卷材在无固定处允许相邻部件出现分离和挠曲)。

B.6.5 在施工中，胶黏剂与部件需要粘合的所有表面需要满粘。粘结和搭接部位无任何分离、分层、破裂或剥离产生。

B.6.6 所有屋面基层需要满足：

——在整个分级评价过程中，维持其结构的完整；

——模拟的建筑结构在试验中，任何固定部位不出现脱落、分离和松动；

——无破裂、裂纹、断裂以及固定件的脱落。

B.6.7 所有其他部件，包括接缝、隔气层、基层或卷材无撕裂、穿孔、破裂、脱离、脱落、分层或任何贯穿开口。

B.7 试验器具

B.7.1 抗风揭试验机：箱体尺寸 2.76 m×4.06 m×1.00 m，基层采用工程使用的屋面基层材料，采用负压的方式使箱体和屋面基层材料组成的密闭空间内的风压逐渐加强直至屋面系统破坏。

B.7.2 保温材料：采用实际工程使用的保温材料。

B.7.3 卷材：被试验的防水卷材。

B.7.4 固定件：采用实际工程使用的固定件。

B.7.5 胶黏剂：采用实际工程使用的胶黏剂。

B.8 试验仪器

B.8.1 模拟风压试验设备主要由用于压在屋面系统(被测试件)上方的主压力箱体、用于压力缓存的预压力箱体、提供压力动力的风机以及控制系统组成。主压力箱体和屋面系统(被测试件)组成一个封闭空间(需要夹具固定),风机根据标准的试验要求对主压力箱体进行抽气使主压力箱体内形成所需的负压。

B.8.2 主压力箱体的尺寸最小为 2.76 m×4.06 m×1.00 m。主压力箱体和预压力箱体要求能够承受不小于 10 kPa 的压强。屋面系统(被测试件)安装在底座的上方的支撑上。该支撑由厚度为 3 mm 的方形钢管构成,用于固定屋面系统的基层(类似屋面檩条的功能)。

B.8.3 风机与预压力箱体通过直径不小于 140 mm 的耐压软管连接,预压力箱体通过两根直径不小于 180 mm 的金属硬管与主箱体上部对称位置的两个开口连接。主压力箱体另有三个开孔用于连接压力传感器、温度传感器以及压力表。

B.8.4 风机装置可以抽取 42 m^3/min 的气体,或是能达到所需负压的动力。通过控制系统使主压力箱体内的压强动态实时地达到标准要求。主压力箱体内的压强可以通过压力传感器或压力表盘进行查看。

B.9 试件制备

B.9.1 试件安装

B.9.1.1 按实际工程的安装方式将屋面系统安装在试验机底座支撑上,并保证试验机底座长度方向至少有均匀分布的三道卷材搭接缝。

B.9.1.2 试件的各个部分按照说明书要求装配,包括厚度、外形、底板强度、固定件和粘结剂的施工方法和速度、保温板的厚度和尺寸、卷材的类型,并允许在试验室条件下养护,养护时间不超过 28 d。

B.9.1.3 当采用金属底板时,其固定在支撑上能够承受预计的荷载。典型的试件支撑包含结构钢架,两个结构钢架平行于 2.76 m 边,间距 1.2 m。基层金属板平行于 4.06 m 边安装,金属板两端卡在试验机底座的夹缝内。其他结构的屋面基层板的装配和构造按委托方的要求。这些安装应与制造商的说明和要求一致。

注 1:若有委托方要求,特定试验规定时,固定金属底板到试验框架的方法允许改变。

注 2:当试验框架的尺寸大于允许的最小尺寸时,基层金属板应平行于长边安装。

注 3:当被测屋面系统为直立缝的类型时,允许垂直于长边安装金属板。

B.9.1.4 试验准备完成后,试件置于模拟风压的主压力箱体下方,主压力箱体压紧屋面系统(测试试件)并在四周用夹具固定。夹具环绕在试验机底座四周,夹具最大间距 1.2 m。

B.10 试验步骤

B.10.1 按照标准要求,将主压力箱体内的压力抽至所需压力,误差不超过±10%。对于每个最小单位循环,负压需要在 1 s～2 s 内达到峰值,并保持该压力 2 s,之后释放负压,单个完整循环时间为 8 s。

B.10.1.1 试验从 300N 开始,允许误差±10%,此后压力按照 B.10.1.2 增加。

B.10.1.2 从起点等级 300 N 开始,之后每个等级峰值增加 100 N,而每个压力等级又可以划分成更小的周期单位,具体见表 B.1。

表 B.1 压力循环周期

等级峰值	40%	500 次
	60%	200 次
	80%	5 次
	90%	2 次
	100%	1 次
	90%	2 次
	80%	5 次
	60%	200 次
	40%	500 次

B.10.2 重复上述 A.10.1.2 步骤，直到试件破坏，或不能再增加或维持压力等级，或根据实验者的判断。当不能满足标准规定的允许条件或不能维持压力等级，视作试验中止。

B.10.3 试验完成后，取下试件仔细观察并记录所有与标准规定不符的现象。

B.11 结果处理

B.11.1 2.76 m×4.06 m 模拟风压试验，其结果应记录下破坏的等级以及具体的阶段(上升或是下降过程中的 40%、60%、80%、90%还是 100%)。

B.11.2 模拟抗风揭等级为系统所能达到并完整通过的该等级(即全部 1 415 个动态周期)，仍符合试验要求的最高风压等级。

B.11.3 每个固定件的抗风揭能力，根据得到的试验结果并结合相关系数进行计算。

ICS 23.020.30
J 74

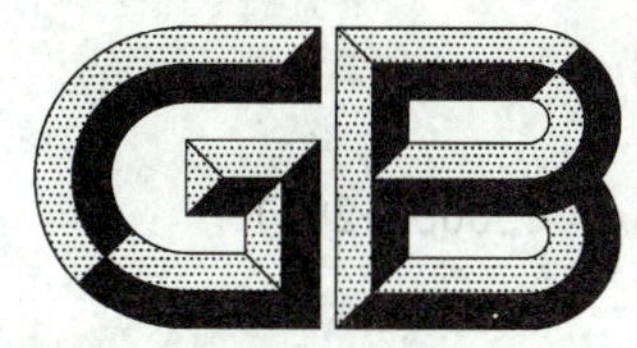

中华人民共和国国家标准

GB/T 13005—2011
代替 GB/T 13005—1991

气瓶术语

Terminology of gas cylinders

（ISO 10286:2007, Gas cylinders—Terminology, NEQ）

2011-12-30 发布 2012-07-01 实施

中华人民共和国国家质量监督检验检疫总局
中国国家标准化管理委员会 发布

前言

本标准按照 GB/T 1.1—2009《标准化工作导则　第1部分:标准的结构和编写》给出的规则起草。

本标准代替 GB/T 13005—1991《气瓶术语》。

本标准与 GB/T 13005—1991 相比较,主要修改之处如下:

——将术语永久气体修订为压缩气体(亦称永久气体),临界温度由小于－10 ℃修订为小于等于－50 ℃;

——将高压液化气体的临界温度范围由大于等于－10 ℃至 70 ℃修订为大于－50 ℃至小于等于 65 ℃;

——将低压液化气体的临界温度范围由大于 70 ℃修订为大于 65 ℃;

——在基本术语里增加了气体、临界温度、低温液化气体、制冷气体、麻醉气体、止痛气体、惰性气体、稀有气体、静置压力、自紧压力等术语;

——将气瓶的容积范围由不大于 1 000 L 修订为不大于 3 000 L;

——在公称工作压力术语里增加了溶解气体气瓶、焊接绝热气瓶的相关内容;

——在气瓶结构及附件术语里,增加了车用气瓶、焊接绝热气瓶、焊接接头形式以及余压阀、止回阀、切断阀等安全附件的有关内容;

——在设计与制造术语里,增加了焊接方法的有关内容。

本标准使用重新起草法参考 ISO 10286:2007《气瓶　术语》编制,与 ISO 10286:2007 的一致性程度为非等效。

本标准由全国气瓶标准化技术委员会(SAC/TC 31)提出并归口。

本标准起草单位:北京天海工业有限公司、大连锅炉压力容器检验研究院、上海特种设备监督检验技术研究院。

本标准主要起草人:王艳辉、张保国、韩冰、唐明磊、孙黎。

本标准所代替标准的历次版本发布情况为:

——GB/T 13005—1991。

气 瓶 术 语

1 范围

本标准规定了气瓶的常用术语及其定义。

本标准适用于各类气瓶基础标准、方法标准、产品标准和管理标准的技术用语。

2 基本术语

2.1

气体 gas

在0.101 3 MPa的绝对压力下，于20 ℃时完全以气态形式存在的，或者于50 ℃时其蒸气压达到或超过0.3 MPa的所有物质。

注：这里的物质包括单一介质和混合物。

2.2

瓶装气体 gases filled in cylinder

以压缩、液化、低温液化(深冷型)、溶解、吸附等方式装瓶储运的气体。

2.3

临界温度 critical temperature

通过加压使气体液化时所允许的最高温度。在这个温度以上物质只能处于气体状态，不能单用压缩方法使之液化。

2.4

压缩气体 compressed gas

永久气体 permanent gas

临界温度小于等于−50 ℃的所有气体。

2.5

液化气体 liquefied gas

临界温度大于−50 ℃的气体，是高压液化气体和低压液化气体的统称。

2.6

高压液化气体 high pressure liquefied gas

临界温度大于−50 ℃，且小于或等于65 ℃的气体。

2.7

低压液化气体 low pressure liquefied gas

临界温度大于65 ℃的气体。

2.8

低温液化气体 refrigerated liquefied gas (cryogenic liquid gas)

临界温度低于或等于−50 ℃，在储运过程中由于低温而液化的气体。

2.9

制冷气体 refrigerant gas

在0.101 3 MPa绝对压力下，于−30 ℃以下液化的气体。

2.10

溶解气体　dissolved gas

在压力下溶解于气瓶内溶剂中的气体。

2.11

吸附气体　adsorbed gas

吸附于气瓶内吸附剂中的气体。

2.12

易燃气体　flammable gas

与空气混合的爆炸下限小于10%(体积比),或爆炸上限和下限之差值大于20%的气体。

2.13

自燃气体　pyrophoric gas

在低于100 ℃温度下与空气或氧化剂接触即能自发燃烧的气体。

2.14

毒性气体　toxic gas

泛指会引起人体正常功能损伤的气体。

2.15

窒息气体　asphyxiant gas

当人或动物吸入时能引起窒息的气体。

2.16

呼吸气体　breathing gas

借助呼吸器供呼吸用的气体。

2.17

医用气体　medical gas

用于治疗、诊断、预防等医疗用途的气体。

2.18

麻醉气体　anaesthetic gas

具有麻醉特性的医用气体。

2.19

止痛气体　acesodyne gas

具有止痛作用的医用气体。

2.20

惰性气体　inert gas

不容易与其他物质发生化学反应的气体。

2.21

稀有气体　rare gas

在大气中含量很少,且极难与其他物质发生化学作用的气体。如氦、氖、氩、氪、氙。

2.22

特种气体　special gas

为满足特定用途的气体。

2.23

单一气体　pure gas

其他组分含量不超过规定限量的气体。

2.24

混合气体　gas mixture

含有两种或两种以上有效组分，或虽属非有效组分但其含量超过规定限量的气体。

2.25

气瓶　gas cylinder

公称容积不大于 3 000 L，用于盛装气体的移动式压力容器。

2.26

高压气瓶　high pressure gas cylinder

公称工作压力等于或大于 8 MPa 的气瓶。

注：本标准中的压力除特别标注者外，均指表压。

2.27

低压气瓶　low pressure gas cylinder

公称工作压力小于 8 MPa 的气瓶。

2.28

公称工作压力　nominal working pressure

对于盛装压缩气体的气瓶，系指在基准温度(一般为 20 ℃)下，瓶内气体达到完全均匀状态时的限定压力；对于盛装液化气体的气瓶，系指温度为 60 ℃时瓶内气体压力的上限值；对于充装溶解气体的气瓶，系指瓶内介质达到化学、热量以及扩散平衡条件下静置压力；对于焊接绝热气瓶，系指在气瓶正常工作状态下，内胆顶部气相空间可能达到的最高压力。

2.29

最高温升压力　maximum developed pressure

按相关标准的规定充装，在允许的最高工作温度时瓶内介质达到的压力。

2.30

许用压力　allowable pressure

气瓶在充装、使用、储运过程中允许承受的最高压力。

2.31

设计压力　design pressure

气瓶强度设计时作为计算载荷的压力参数。气瓶的设计压力一般取水压试验压力。

2.32

水压试验压力　hydraulic test pressure

为检验气瓶静压强度所进行的以水为介质的耐压试验的压力。

2.33

屈服压力　yield pressure

气瓶在内压作用下，筒体材料开始沿壁厚屈服时的压力。

2.34

爆破压力　burst pressure

气瓶在内压作用下，瓶体爆破过程中所达到的最高压力。

2.35

自紧　autofrettage

在金属内胆缠绕气瓶制造过程中，当缠绕层复合材料固化后对气瓶内部加压至大于水压试验的压力，使内胆应力超过其屈服点，以引起塑性变形。当缠绕气瓶内部为零压力时，内胆具有压应力，纤维具有拉应力。

2.36

自紧压力 autofrettage pressure

对金属内胆缠绕气瓶进行自紧处理时，在瓶内所施加的压力。

2.37

静置压力 settled pressure

瓶内介质达到化学、热量以及扩散平衡时的压力。

2.38

基准温度 reference temperature

由气瓶产品标准规定的充装标准温度。

2.39

最高工作温度 maximum working temperature

气瓶标准允许达到的气瓶最高使用温度。

2.40

公称容积 nominal water capacity

气瓶容积系列中的容积等级。

2.41

水容积 water capacity

气瓶内腔的实际容积。

2.42

充装系数 filling ratio

标准规定的气瓶单位水容积允许充装的最大气体重量。

2.43

充装量 filling weight

气瓶内充装的气体重量。

2.44

气相空间 free space

瓶内介质处于气-液两相平衡共存状态时气相部分所占的空间。

2.45

满液 hydraulic filling

瓶内无气相空间的状态。

2.46

气瓶净重 mass of cylinder

瓶体及其不可拆连接件的实际重量(不包括瓶阀、瓶帽、防震圈等可拆件)。

2.47

皮重 tare

瓶体及所有附件、填充物的重量。

2.48

实瓶重量 weight with filling contents

气瓶充装气体后的总重。

2.49

纤维应力比 filament stress ratio

缠绕气瓶设计最小爆破压力下的纤维应力与公称工作压力下纤维应力的比值。

2.50

气瓶颜色标志　coloured cylinder mark for gases

针对气瓶不同的充装介质,按照有关标准对气瓶外表面涂敷的涂膜颜色、字样、字色、色环等内容作规定的组合,作为识别瓶装气体的标志。

2.51

检验色标　coloured mark for requalification of cylinders

为便于观察和了解气瓶定期检验的年份,在检验钢印处涂敷的相应颜色和形状的标志。

3　气瓶结构及附件

3.1

无缝气瓶　seamless gas cylinder

瓶体无接缝的气瓶,典型结构如图1所示。

3.2

焊接气瓶　welded gas cylinder

瓶体有焊缝的气瓶,如图2所示。

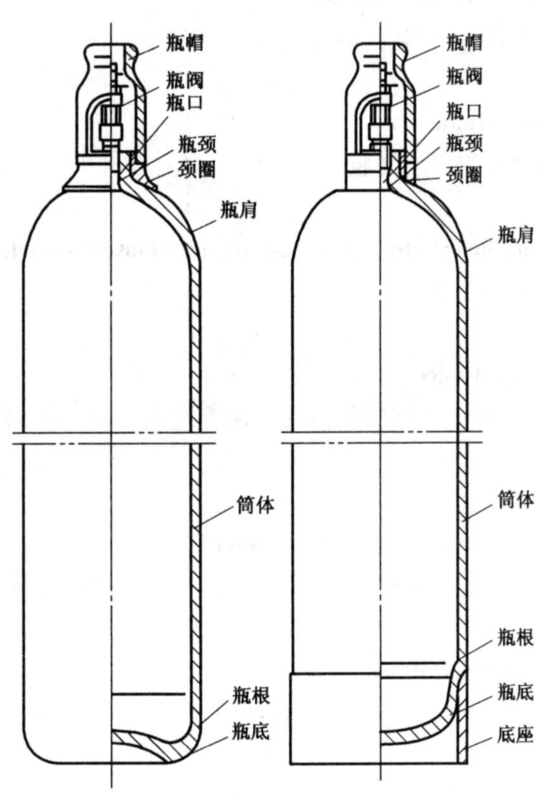

a)　凹形底气瓶　　b)　带底座凸形底气瓶

图1　无缝气瓶经典结构示意图

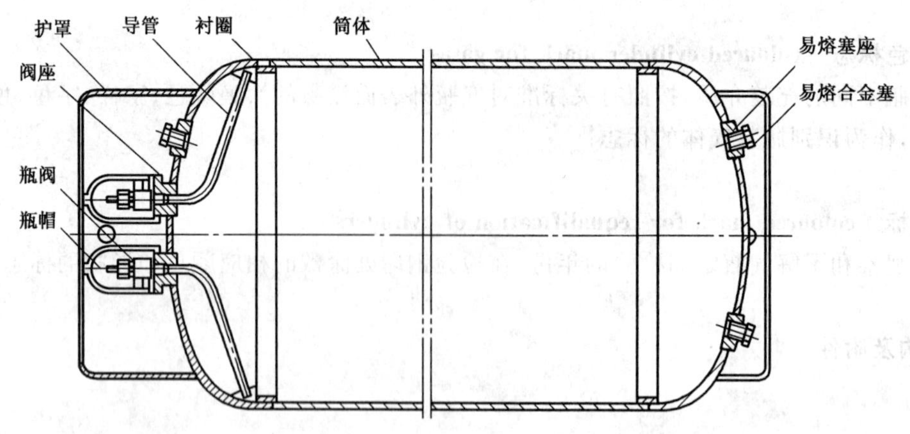

图 2 焊接气瓶结构示意图

3.3

液化石油气钢瓶 liquefied petroleum gas cylinder

专门用于盛装液化石油气的钢质气瓶。

3.4

溶解乙炔气瓶 dissolved acetylene cylinder

瓶内装有多孔填料及溶剂,用于充装乙炔的气瓶。

3.5

复合气瓶 composite gas cylinder

瓶体由两种或两种以上材料制成的气瓶。

3.6

车用气瓶 cylinder for on-board storage of fuel for automotive vehicle

用作机动车燃料储存容器的气瓶。

3.7

缠绕气瓶 fiber-wrapped cylinder

以金属材料或塑料为内层筒体(亦称瓶胆),其外侧缠绕高强纤维并以树脂固化作为增强层的复合气瓶。

3.8

绕丝气瓶 wire wound (over wrapped) gas cylinder

在气瓶筒体外部缠绕一层或多层高强钢丝作为加强层,籍以提高筒体强度的复合气瓶。

3.9

环向缠绕气瓶 hoop-wrapped cylinder

用浸渍树脂的连续纤维在内胆的筒体部分进行环向缠绕,经固化而制成的气瓶。

3.10

全缠绕气瓶 fully-wrapped cylinder

用浸渍树脂的连续纤维在内胆外表面沿环向和径向缠绕,经固化而制成的气瓶。

3.11

焊接绝热气瓶 welded insulated gas cylinder

在内胆与外壳的夹层之内包扎绝热材料并使其处于真空状态的用于储存低温液化气体(临界温度小于等于−50 ℃的气体)的气瓶。

3.12

内胆　liner

对于缠绕气瓶而言，内胆是指同充装的气体接触的内层壳体。对于焊接绝热气瓶而言，是指用于充装低温液化气体的内层承压元件。

3.13

增强层　reinforced layer

缠绕气瓶瓶体为承受内压或提高承受内压能力而采用浸渍树脂的高强度纤维缠绕在内胆外层，经固化而得到的承载结构。

3.14

瓶体　shell

直接承受内压的气瓶主体。

3.15

筒体　cylindrical shell

瓶体上的圆柱壳体部分，如图1、图2所示。

3.16

瓶口　opening

气瓶的介质进出口，如图1所示。

3.17

瓶颈　neck

无缝气瓶瓶口部位的瓶体缩颈部分，通常有内螺纹用以连接瓶阀，如图1所示。

3.18

颈圈　neck ring

固定连接在瓶颈外侧用以装配瓶帽的零件，如图1所示。

3.19

瓶肩　shoulder

气瓶筒体与瓶颈之间的上封头部分，如图1所示。

3.20

瓶根　knuckle transition region between base and shell

凹形底或凸形底无缝气瓶筒体与瓶底连接过渡的部分，如图1所示。

3.21

瓶底　bottom

气瓶瓶体封闭端的非筒体承压部分，如图1所示。

3.22

底座　foot ring

为使凸形底气瓶能稳定站立，与气瓶瓶体固定连接的座圈式零件，如图1所示。

3.23

凸形底　convex base

封头向外突出，凹面受内压的瓶底，如图3所示。

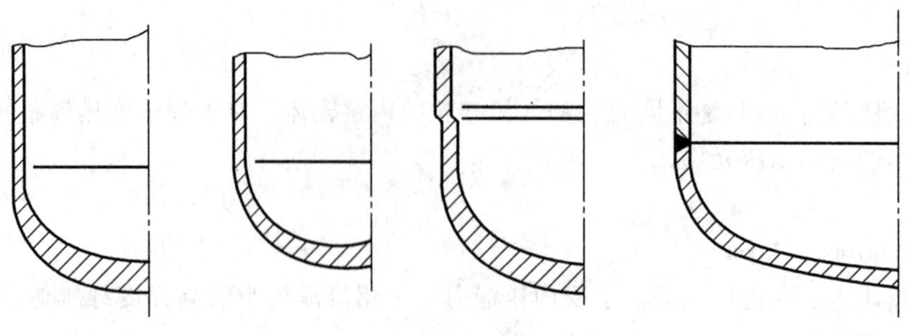

图 3 凸形底示意图

3.24

凹形底 concave base

封头向里凹入,凸面受内压的瓶底,如图 4 所示。

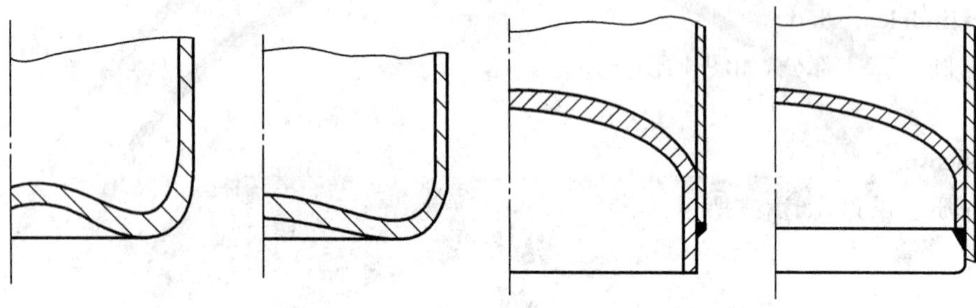

图 4 凹形底示意图

3.25

H 形底 H-type base

带有冲压成形的轴向突缘为底座的瓶底,如图 5 所示。

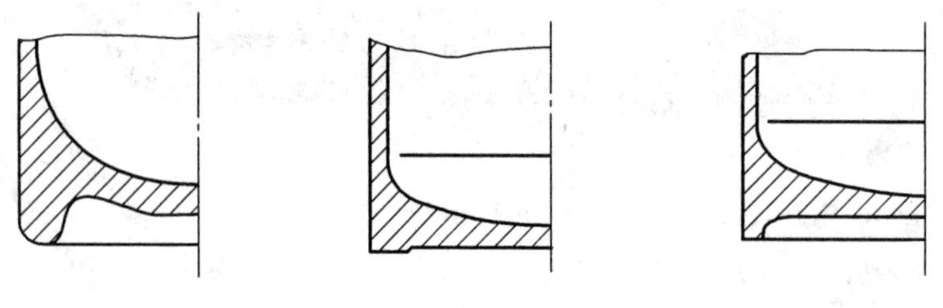

图 5 H 形底示意图

3.26

环焊缝 circumferential weld

沿气瓶瓶体圆周方向的焊缝。

3.27

纵焊缝 longitudinal weld

沿气瓶筒体母线方向的焊缝。

3.28

对接接头 butt joint

两侧母材表面构成大于或等于 135°的焊接接头,见图 6a)。

3.29

锁底接头 joggled joint

将焊缝接头的一侧做成台阶形的整体式垫板,插入到另一侧焊接而形成的焊接接头,见图 6b)。

3.30

搭接接头　lap joint

焊缝接头的两侧处于上下交错的重叠状态，在一侧接头的端部焊接而形成的焊接接头，见图6c)。

3.31

角接接头　fillet joint

焊缝两侧母材呈一定角度，在夹角部位形成的焊接接头，见图6d)。

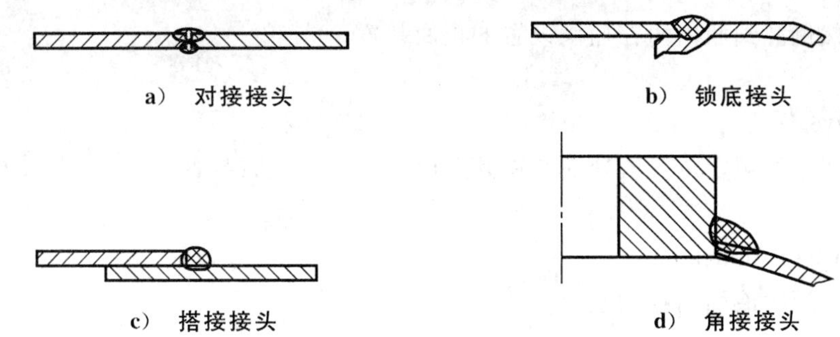

图6　焊接接头示意图

3.32

阀座　valve boss

焊接在气瓶封头上用以装配瓶阀的零件。

3.33

瓶阀　cylinder valve

气瓶专用阀门的统称。

3.34

压力泄放装置　pressure relief device

简称泄压装置，为防止气瓶内部压力异常升高而设置的泄压装置，包括安全阀、爆破片、易熔合金塞以及爆破片与易熔合金塞的组合结构等型式。

3.35

易熔合金塞装置　fusible plug device

易熔合金塞与易熔塞座的组合。

3.36

易熔合金塞　fusible plug

为防止瓶内介质因升温超压发生事故而设置的、由易熔合金作为动作部件的熔化泄放型气瓶安全附件，简称易熔塞。

3.37

易熔塞座　fusible plug boss

焊接在气瓶瓶体上用以安装易熔合金塞的零件。

3.38

爆破片　bursting disc

气瓶因超装或环境温度异常升高而导致压力升高时，能够因超压而迅速动作或破裂，泄放出瓶内介质的压力敏感元件。

3.39

安全阀　safety valve

泄压阀　pressure relief valve

气瓶因超装或环境温度异常升高而导致压力升高时，能够泄放出瓶内超压介质，当瓶内超压介质泄放后能够自动恢复正常压力保持状态的安全泄放装置。

3.40

剩余压力阀　residual pressure valve

简称余压阀,为保证气瓶内留有一定的残余压力而在瓶阀上设置的余压控制装置。

3.41

止回阀　non-return valve

为防止外界气体自然倒灌到瓶内而在瓶阀设置的止回装置。

3.42

截止阀　cut-off valve

为防止气瓶放气流速超过规定放气流速而在瓶阀上设置的紧急切断装置。

3.43

液位显示器　liquid level indicator

能够指示液化气体气瓶内液面高度的装置。

3.44

瓶帽　valve protection cap

保护瓶阀用的帽罩式安全附件的统称。按其结构形式可分为固定式瓶帽和拆卸式瓶帽,如图 7 所示。

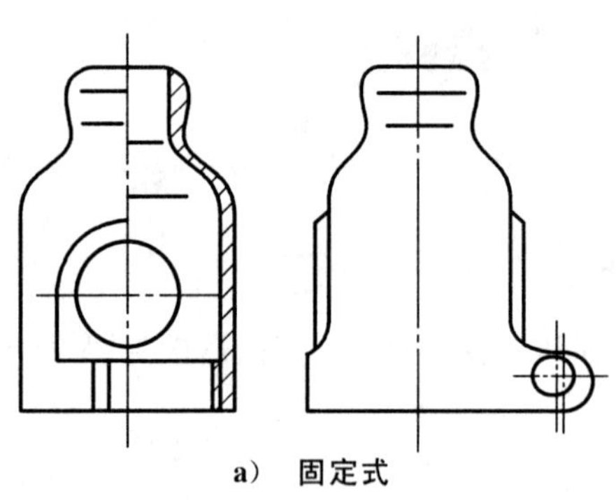

a）　固定式

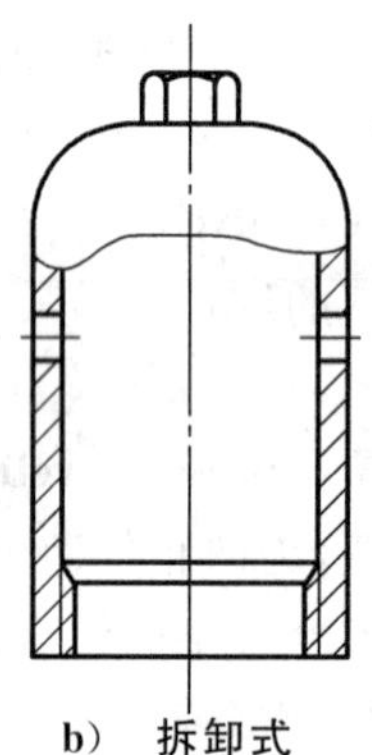

b）　拆卸式

图 7　瓶帽形状示意图

3.45

护罩　shield

保护瓶帽、瓶阀或易熔塞免受撞击而设置的敞口屏罩式零件,亦可兼作提升零件,见图 2。

3.46

瓶耳　cylinder ear

焊接在瓶体上,用于起吊或悬挂气瓶的零件。

3.47

防震圈　bump protection ring

套装在气瓶筒体上使瓶体免受直接冲撞的橡胶圈。

3.48

导管　dip tube

与瓶阀相连,插入液化气瓶内部用以从瓶内排放气态或液态介质的接管,见图 2。

3.49

衬圈　gasket

为保证根部焊透,沿对接环焊缝内壁设置的垫板。

3.50

缩口　contraction end for joggle

筒体一端直径缩小，插入与之焊接的另一筒端，起榫插式对接环焊缝衬圈作用的部分。

3.51

多孔填料　porous mass

充满溶解乙炔气瓶内用以吸附溶剂——乙炔的多孔物质。

3.52

气瓶专用螺纹　special threads for gas cylinders

气瓶瓶口与瓶阀连接，瓶帽与颈圈连接所规定采用的螺纹。

3.53

出气口　gas outlet

气瓶使用时瓶阀的放气口。

3.54

检验标记环　test mark ring

装设于瓶阀与阀座之间，上面打有气瓶检验信息钢印的、可以转动的金属环形薄片。

3.55

非重复充装瓶阀　non-refillable cylinder valve

在瓶阀不受破坏的条件下具有防止重复充装功能的、专门用于非重复充装气瓶的瓶阀。

3.56

虹吸管　dip tube/eductor tube

装设于瓶阀下端进气口处，用于气瓶内液相介质释放的导流管。

3.57

限充装置　filling stop unit

安装在液化气体气瓶的瓶阀进气通道上，当气瓶内液相介质达到一定液位时能自动阻止充气，以防止过量充装的装置。

3.58

限流装置　excess-flow unit

安装在阀门的出气通道上，当在规定方向的流量超过预定值时能自动截止，防止超流状态发生的装置。

4　设计与制造

4.1

计算壁厚　calculated wall thickness

按有关标准规定的计算方法求得的新瓶所需壁厚。

4.2

设计壁厚　design wall thickness

计算壁厚经圆整后所得到的壁厚。

4.3

名义壁厚　nominal wall thickness

根据设计壁厚并综合考虑腐蚀裕度、材料厚度负偏差及制造等因素，由设计图样规定的气瓶壁厚。

4.4

实测最小壁厚　actual minimum wall thickness

气瓶壁厚的最小测量值。

4.5

爆破安全系数　burst safety factor

气瓶爆破压力与公称工作压力之比值。

4.6

使用安全系数　application safety factor

水压试验压力与最高温升压力之比值。

4.7

设计应力系数　design stress factor

瓶体材料屈服应力设计取值与水压试验压力下筒体当量应力之比。

注：当量应力：是指在根据强度理论进行强度计算时，用复杂应力状态中的几个主应力的综合值，与单向应力状态中的许用应力相比较，来判断设计的安全性。这个主应力的综合值就称之为当量应力。

4.8

许用应力　allowable stress

气瓶强度设计中在水压试验压力下瓶体允许达到的当量应力最大值。

4.9

壁应力　wall stress

整体气瓶筒体在水压试验压力下达到的当量应力。

4.10

冲拔拉伸法　piercing and extruding process

以坯、锭、棒材为原材料，经挤压、拉伸或旋压减薄工艺制造无缝气瓶的方法。

4.11

冲压拉伸法　deep stamping and drawing process

以板材为原材料，经冲压、拉伸或旋压减薄工艺制造气瓶的方法。

4.12

管子收口法　tube closing-in process

以无缝管材为原材料，经热旋压收底收口等工艺制造无缝气瓶的方法。

4.13

埋弧焊　submerged arc welding

电弧在焊剂层下燃烧进行焊接的方法。

4.14

气体保护焊　gas metal arc welding (GMAW)

利用气体作为电弧介质并保护电弧和焊接区的电弧焊称为气保护电弧焊。

4.15

钨极惰性气体保护焊　gas tungsten arc welding (GTAW)

在惰性气体氩气(Ar)、氦气(He)或它们的混合气体的保护下，利用高熔点钨电极与工件间产生的电弧热熔化母材和填充焊丝(如果使用填充焊丝)的一种焊接方法。

5　试验、检验和技术鉴定

5.1

容积变形试验　volumetric expansion test

用水压试验方法测定气瓶容积变形的试验。

5.2

外测法容积变形试验　water jacket volumetric expansion test

用水套法从气瓶外侧测定容积变形的试验。

5.3

内测法容积变形试验　direct volumetric expansion test

从气瓶内侧测定容积变形的试验。

5.4

容积全变形　total volumetric expansion

气瓶在水压试验压力下瓶体的总容积变形。其值为容积弹性变形与容积残余变形之和。

5.5

容积弹性变形　elastic volumetric expansion

瓶体在水压试验压力卸除后能恢复的容积变形。

5.6

容积残余变形　permanent volumetric expansion

瓶体在水压试验压力卸除后不能恢复的容积变形。

5.7

容积残余变形率　ratio of permanent volumetric expansion

瓶体容积残余变形对容积全变形之百分比。

5.8

压力循环试验　pressure cycling test

反复对气瓶进行加压—保压—泄压—保压的压力循环过程，用于考察气瓶疲劳寿命的试验方法。

5.9

疲劳失效　fatigue failure

气瓶因承受压力循环而导致的瓶体破裂或泄漏。

5.10

压扁试验　flattening test

为评定瓶体材料或焊接接头的塑性以及是否存在影响塑性的缺陷，依照有关标准规定的方法从瓶体中部将气瓶局部压扁的试验。

5.11

弯曲试验　bend test

为评定瓶体材料或焊接接头的塑性以及是否存在影响性能的缺陷，依照有关标准规定的方法在瓶体上取样进行的弯曲试验。

5.12

安全性能试验　safety performance test

为检验气瓶安全使用性能所进行的各项试验的统称。

5.13

易熔合金流动温度　yield temperature of fusible alloy

按照有关标准规定测出的易熔合金开始熔断的温度。

5.14

易熔塞动作温度　yield temperature of fusible plug

按照有关标准规定测出的易熔塞开始排放气体的最低温度。

5.15

气瓶宏观检查　visual inspection

泛指内外表面宏观形状、形位公差及其他表面可见缺陷的检验。

5.16

音响检验　hammer examination

按照有关标准规定敲击气瓶，以音响特征判别瓶体品质的检验。

5.17

凹陷　dents

气瓶瓶体因钝状物撞击或挤压造成的壁厚无明显变化的局部塌陷变形。

5.18

凹坑　pits

由于打磨、磨损、氧化皮脱落或其他非腐蚀原因造成的瓶体局部壁厚有减薄、表面浅而平坦的洼坑状缺陷。

5.19

鼓包　bulge

气瓶外表面凸起，内表面塌陷，壁厚无明显变化的局部变形。

5.20

磕伤　gouges

因尖锐锋利物体撞击或磕碰，造成瓶体局部金属变形及壁厚减薄，且在表面留下底部是尖角，周边金属凸起的小而深的坑状机械损伤。

5.21

划伤　cuts

因尖锐锋利物体划、擦造成瓶体局部壁厚减薄，且在瓶体表面留下底部是尖角的线状机械损伤。

5.22

裂纹　crack

瓶体材料或焊接接头因金属原子结合遭到破坏，形成新界面而产生的裂缝，它具有尖锐的缺口和较大长宽比的特点。

5.23

夹层　lamination

亦称分层，泛指重皮、折叠、带状夹杂等层片状几何不连续。它是由冶金或制造等原因造成的裂纹性缺陷，但其根部不如裂纹尖锐，且其起层面多与瓶体表面接近平行或略成倾斜，亦称分层。

5.24

皱折　folds

无缝气瓶收口时因金属挤压在瓶颈及其附近内壁形成的径向(或略呈螺旋形)的密集皱纹或折叠；焊接气瓶封头直边段因冲压抽缩沿环向形成的波浪式起伏亦称皱折。

5.25

环沟　circular groove

位于瓶根内壁，因冲头严重变形引起的经线不圆滑转折。

5.26

点腐蚀　pit corrosion

腐蚀表面长径及腐蚀部位密集程度均未超过有关标准规定(通常指长径小于壁厚，间距不小于10倍壁厚)的孤立坑状腐蚀。

5.27

线状腐蚀　line corrosion

由腐蚀点连成的线状沟痕或由腐蚀点构成的链状腐蚀缺陷。

5.28

局部腐蚀　isolated corrosion

腐蚀表面平坦且腐蚀表面面积未超过有关标准规定的小面积腐蚀缺陷。

5.29

普遍腐蚀　general corrosion

腐蚀表面平坦且腐蚀表面面积超过有关标准规定的大面积腐蚀缺陷。

5.30

热损伤　fire damage

泛指气瓶因过度受热而造成的材质内部损伤或遗留的外伤痕迹，如涂层烧损、瓶体烧伤或烧结、瓶体变形、电弧烧伤、高温切割的痕迹等。

中文索引

英 文 索 引

A

B

C

D

E

F

G

ICS 23.080
J 71

中华人民共和国国家标准

GB/T 13007—2011
代替 GB/T 13007—1991

离心泵 效率

Centrifugal pump—Effeciency

2011-12-30 发布 2012-10-01 实施

中华人民共和国国家质量监督检验检疫总局
中国国家标准化管理委员会 发布

前 言

本标准按照 GB/T 1.1—2009 给出的规则起草。

本标准代替 GB/T 13007—1991《离心泵 效率》。

本标准与 GB/T 13007—1991 相比，主要技术变化如下：

——增加了"规范性引用文件"（见第 2 章）；

——增加了"术语和定义"（见第 3 章）；

——修改了试验介质的规定内容（见 4.1，1991 版的 2.1）；

——删除了多项条款中使用的"规定点"一词（见 4.2、4.3、示例 1、示例 2，1991 版的 2.2、2.3、示例 1、示例 2）；

——B 线修改为泵容许工作范围内最低点的效率（见 4.3，1991 版的 2.3）；

——增加了 n_s＝210～300 范围内泵效率的计算示例（见示例 3）；

——"离心油泵和离心耐腐蚀泵"修改为"石油化工离心泵"（见第 1 章、第 4 章、第 5 章、图 3、表 3，1991 版的第 1 章、第 2 章、第 3 章、图 3、表 3）。

本标准由中国机械工业联合会提出。

本标准由全国泵标准化技术委员会（SAC/TC 211）归口。

本标准起草单位：沈阳水泵研究所、上海东方泵业（集团）有限公司、广东省佛山水泵厂有限公司、上海凯士比泵有限公司、沈阳耐蚀合金泵股份有限公司、浙江新界泵业股份有限公司、上海凯泉泵业（集团）有限公司、合肥大元泵业股份有限公司、杭州碱泵有限公司、哈尔滨庆功林泵业有限公司、广州市白云泵业集团有限公司。

本标准主要起草人：韩忠宝、刘卫伟、莫宇石、潘再兵、韩杰、许敏田、肖功槐、韩元平、陈建民、赵惠彬、周显明、刘广棋。

本标准所代替标准的历次版本发布情况为：

——GB/T 13007—1991。

离心泵　效率

1　范围

本标准规定了单级离心水泵、多级离心水泵、石油化工离心泵的效率。

本标准适用于：

a)　单级离心水泵：流量 $Q \geqslant 5\ m^3/h$，比转速 $n_s = 20 \sim 300$(或型式数 $K = 0.103 \sim 1.55$)；

b)　多级离心水泵：流量 $Q \geqslant 5\ m^3/h \sim 3\ 000\ m^3/h$，比转速 $n_s = 20 \sim 300$(或型式数 $K = 0.103 \sim 1.55$)；

c)　石油化工离心泵：流量 $Q \geqslant 5\ m^3/h \sim 3\ 000\ m^3/h$，比转速 $n_s = 20 \sim 300$(或型式数 $K = 0.103 \sim 1.55$)。

2　规范性引用文件

下列文件对于本文件的应用是必不可少的。凡是注日期的引用文件，仅注日期的版本适用于本文件。凡是不注日期的引用文件，其最新版本(包括所有的修改单)适用于本文件。

GB/T 3216　回转动力泵　水力性能验收试验　1 级和 2 级(ISO 9906)

GB/T 7021　离心泵名词术语

3　术语和定义

GB/T 7021 界定的术语和定义适用于本文件。

4　效率

4.1　本标准规定的效率值是以清水(0 ℃～40 ℃)为试验介质的离心泵效率值，试验应符合 GB/T 3216 的规定。

4.2　最高效率点效率应按下列规定：

a)　单级单吸和单级双吸离心水泵流量为 $5\ m^3/h \sim 10\ 000\ m^3/h$ 时，不低于图 1 中曲线 A 或表 1 中 A 栏的规定，流量大于 $10\ 000\ m^3/h$ 时，不低于 90%；

b)　多级离心水泵不低于图 2 中曲线 A 或表 2 中 A 栏的规定；

c)　石油化工离心泵不低于图 3 中曲线 A 或表 3 中 A 栏的规定。

4.3　在泵的容许工作范围内最低效率点应按下列规定：

a)　单级单吸和单级双吸离心水泵流量为 $5\ m^3/h \sim 10\ 000\ m^3/h$ 时，不低于图 1 中曲线 B 或表 1 中 B 栏的规定，流量大于 $10\ 000\ m^3/h$ 时，不低于 80%；

b)　多级离心水泵不低于图 2 中曲线 B 或表 2 中 B 栏的规定；

c)　石油化工离心泵不低于图 3 中曲线 B 或表 3 中 B 栏的规定。

4.4　比转速不在 120～210(或型式数不在 0.621～1.086)范围内的效率值应按下列规定：

a)　比转速在 20～120(或型式数在 0.103～0.621)范围内的效率值应按图 4 的曲线或表 4 的规定进行修正；

b)　比转速在 210～300(或型式数在 1.086～1.55)范围内的效率值应按图 5 的曲线或表 5 的规定进行修正。

5 应用方法示例

示例1：某一单级单吸离心水泵最高效率点的流量 $Q=120\ m^3/h$，$n_s=90$，求其效率值 η。

从图1中曲线A或表1中A栏查得 $Q=120\ m^3/h$ 的 $\eta_1=78.8\%$，从图4中曲线或表4中查得 $n_s=90$ 的 $\Delta\eta=2.0\%$。

于是：$\eta=\eta_1-\Delta\eta=78.8\%-2.0\%=76.8\%$。

示例2：某一单级单吸离心水泵最高效率点的流量同示例1。求其容许工作范围内最低点 $Q=70\ m^3/h$，$n_s=70$ 时的效率值 η。

从图1中曲线B或表1中B栏查得 $Q=70\ m^3/h$ 时的 $\eta_1=68.5\%$，从图4中曲线或表4中查得 $n_s=70$ 的 $\Delta\eta=5.0\%$。

于是：$\eta=\eta_1-\Delta\eta=68.5\%-5.0\%=63.5\%$。

示例3：某一单级单吸离心水泵最高效率点的流量同示例1。求其容许工作范围内最低点 $Q=145\ m^3/h$，$n_s=240$ 时的效率值 η。

从图1中曲线B查得 $Q=145\ m^3/h$ 时，$\eta_1=71.0\%$，从图5中曲线或表5中查得 $n_s=240$ 的 $\Delta\eta=1.0\%$。

于是：$\eta=\eta_1-\Delta\eta=71.0\%-1.0\%=70.0\%$。

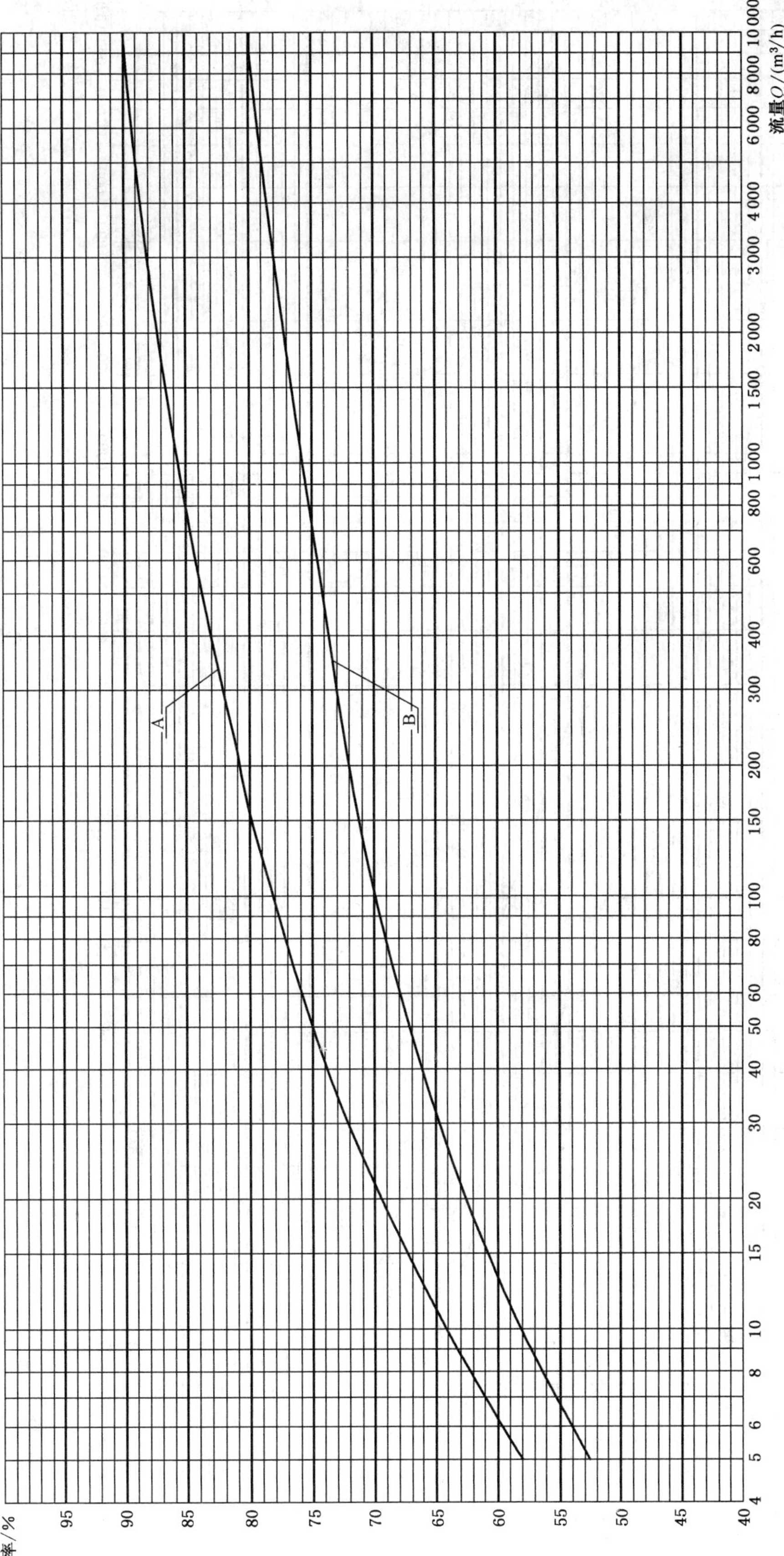

注：对于单级双吸离心水泵,图中流量是指全流量值。

图 1 n_s=120～210 单级离心水泵效率

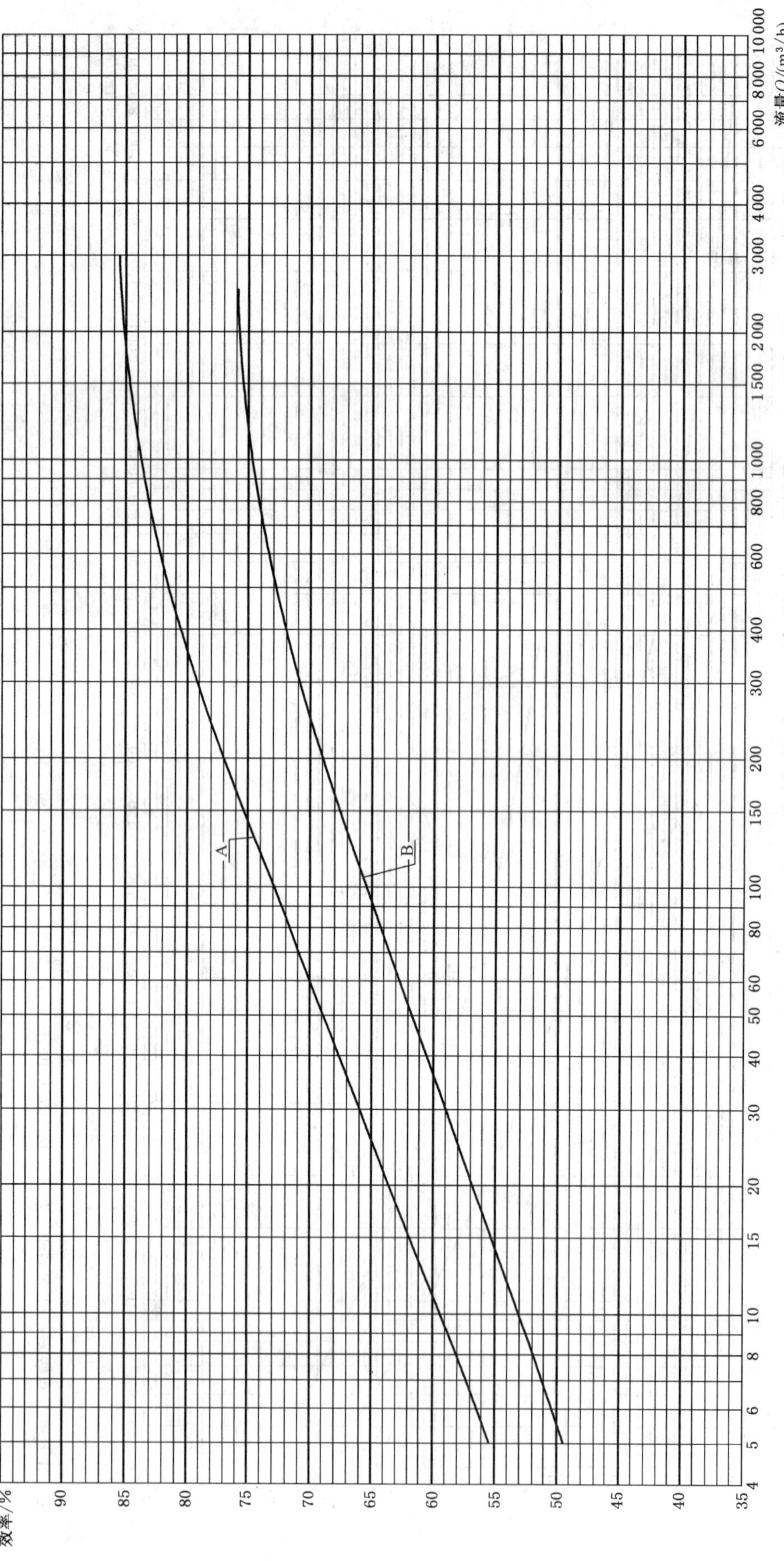

图 2 n_s = 120～210 多级离心水泵效率

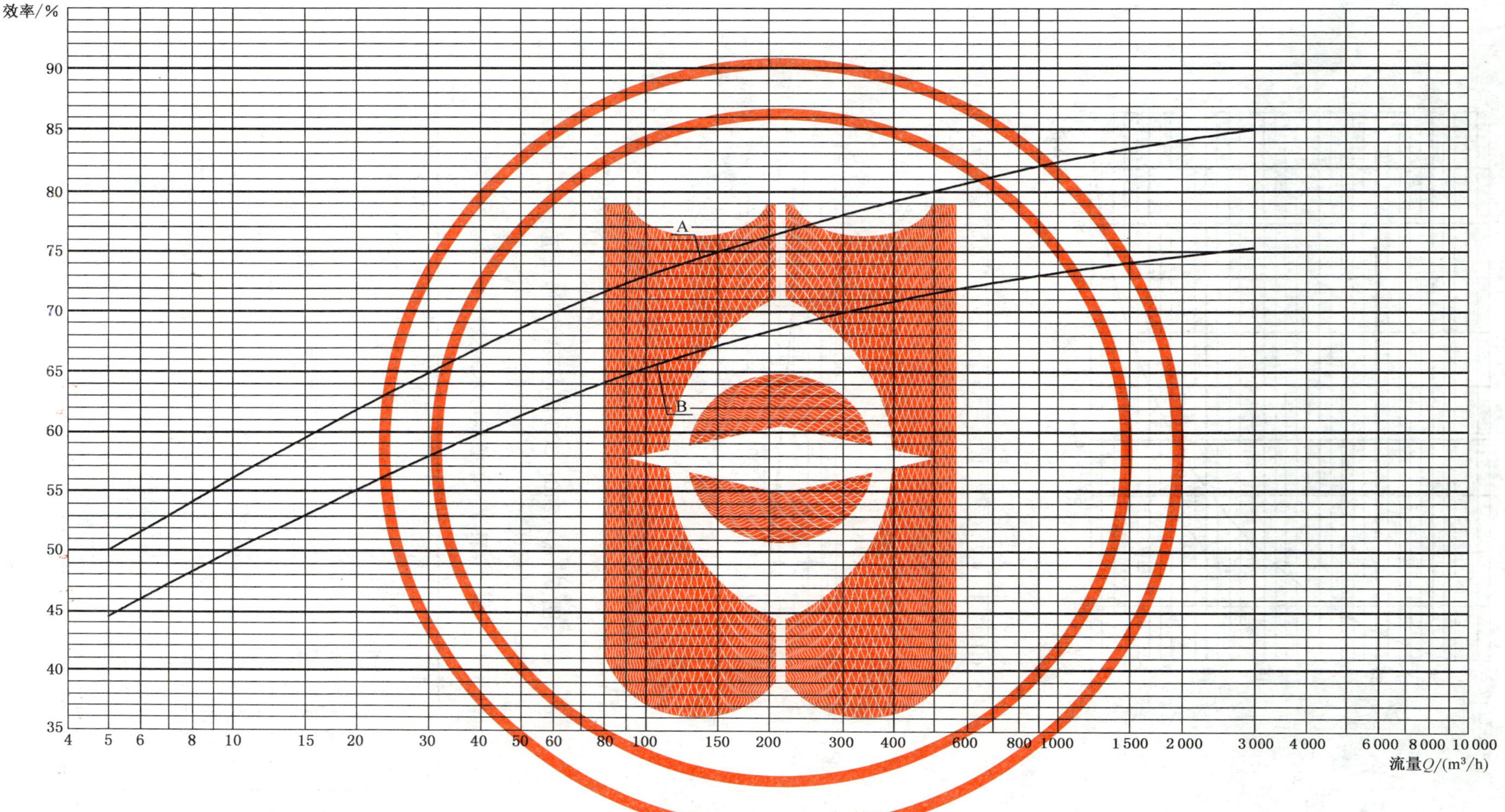

图 3 n_s＝120～210 石油化工离心泵效率

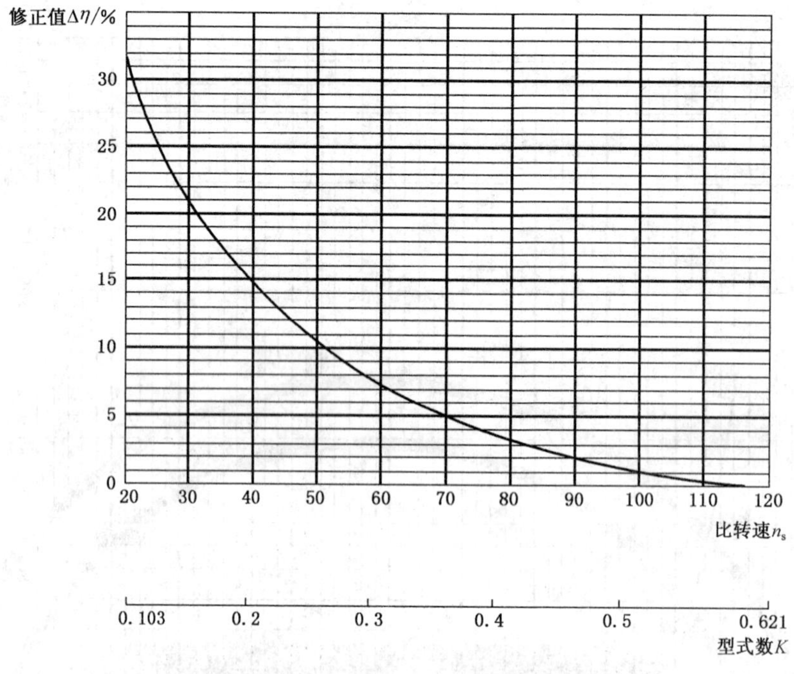

图 4 n_s=20～120 离心泵效率修正值

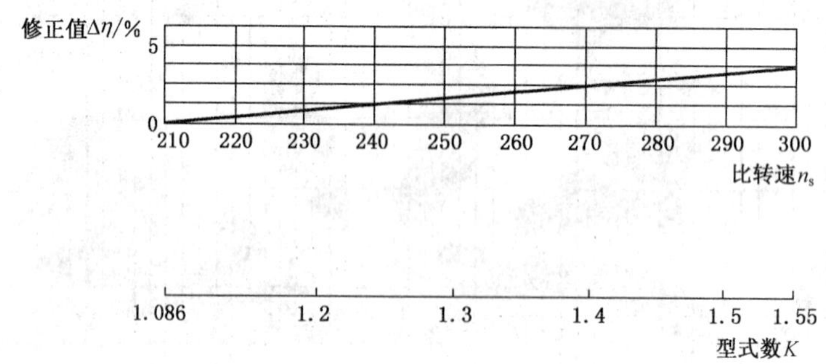

图 5 n_s=210～300 离心泵效率修正值

表 1 单级离心水泵效率

$Q/(m^3/h)$		5	10	15	20	25	30	40	50	60	70	80
η_1/%	A	58.0	64.0	67.2	69.4	70.9	72.0	73.8	74.9	75.8	76.5	77.0
	B	52.5	58.0	60.8	62.5	63.8	64.8	66.0	67.0	67.8	68.5	69.0
$Q/(m^3/h)$		90	100	150	200	300	400	500	600	700	800	900
η_1/%	A	77.6	78.0	79.8	80.8	82.0	83.0	83.7	84.2	84.7	85.0	85.3
	B	69.5	69.9	71.2	72.0	73.0	73.7	74.2	74.5	74.9	75.1	75.5
$Q/(m^3/h)$		1 000	1 500	2 000	3 000	4 000	5 000	6 000	7 000	8 000	9 000	10 000
η_1/%	A	85.7	86.6	87.2	88.0	88.6	89.0	89.2	89.5	89.7	89.8	90.0
	B	75.7	76.6	77.2	78.0	78.6	78.9	79.2	79.4	79.6	79.8	80.0
注 1：表中的效率值是 n_s=120～210 时的数值。 注 2：对于单级双吸泵，表中流量是指泵的全流量。												

表 2　多级离心水泵效率

$Q/(m^3/h)$		5	10	15	20	25	30	40	50	60	70	80
η_1/%	A	55.4	59.4	61.8	63.5	64.8	65.9	67.5	68.9	69.9	70.9	71.5
	B	49.4	53.1	55.3	56.8	58.0	58.9	60.5	61.8	62.6	63.5	64.1
$Q/(m^3/h)$		90	100	150	200	300	400	500	600	700	800	900
η_1/%	A	72.3	72.9	75.3	76.9	79.2	80.6	81.5	82.2	82.8	83.1	83.5
	B	64.9	65.3	67.5	69.0	70.9	72.0	72.9	73.3	73.9	74.2	74.5
$Q/(m^3/h)$		1 000	1 500	2 000	3 000	—	—	—	—	—	—	—
η_1/%	A	83.9	84.8	85.1	85.5	—	—	—	—	—	—	—
	B	74.8	75.4	75.8	76.0	—	—	—	—	—	—	—
注：表中的效率值是 n_s=120～210 时的数值。												

表 3　石油化工离心泵效率

$Q/(m^3/h)$		5	10	15	20	25	30	40	50	60	70	80
η_1/%	A	50.0	56.1	59.5	61.9	63.8	65.0	67.1	68.8	70.0	71.0	71.8
	B	44.5	50.1	53.1	55.1	56.8	58.0	59.9	61.2	62.5	63.3	64.2
$Q/(m^3/h)$		90	100	150	200	300	400	500	600	700	800	900
η_1/%	A	72.5	73.0	75.0	76.4	78.2	79.4	80.2	80.9	81.4	81.9	82.2
	B	64.9	65.3	67.2	68.4	70.0	71.0	71.8	72.2	72.6	72.9	73.1
$Q/(m^3/h)$		1 000	1 500	2 000	3 000	—	—	—	—	—	—	—
η_1/%	A	82.5	83.6	84.2	85.0	—	—	—	—	—	—	—
	B	73.3	74.1	74.8	75.5	—	—	—	—	—	—	—
注：表中的效率值是 n_s=120～210 时的数值。												

表 4　n_s=20～120 效率修正值

n_s	20	25	30	35	40	45	50	55	60	65	70
$\Delta\eta$/%	32	25.5	20.6	17.3	14.7	12.5	10.5	9.0	7.5	6.0	5.0
n_s	75	80	85	90	95	100	110	120	150	180	200
$\Delta\eta$/%	4.0	3.2	2.5	2.0	1.5	1.0	0.5	0	0	0	0

表 5　n_s=210～300 效率修正值

n_s	210	220	230	240	250	260	270	280	290	300
$\Delta\eta$/%	0	0.3	0.7	1.0	1.3	1.7	1.9	2.2	2.7	3.0

ICS 31.100
L 39

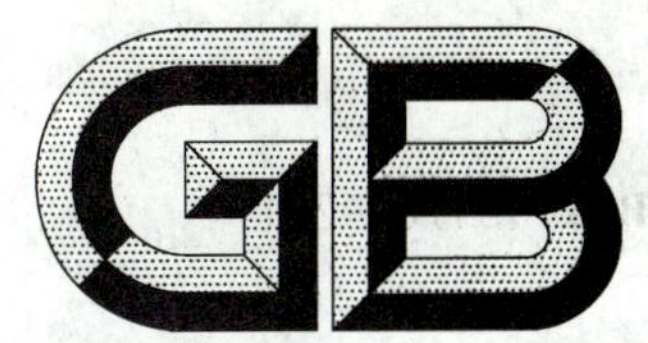

中华人民共和国国家标准

GB/T 13170—2011
代替 GB/T 13170.1～13170.15—1991

反射式电视测试图

Test charts of reflection for television

2011-12-30 发布　　　　2012-07-01 实施

中华人民共和国国家质量监督检验检疫总局
中国国家标准化管理委员会　发布

前　言

本标准按 GB/T 1.1—2009 给出的规则起草。

本标准代替 GB/T 13170.1～13170.15—1991《反射式电视测试图》。

本标准与 GB/T 13170.1～13170.15—1991 相比主要变化如下：

——删除了 GB/T 13170.1～13170.15—1991 中的 9 个部分，将其他 6 个部分合并为本标准。删除的部分如下：

GB/T 13170.2—1991　线性测试图 A 型

GB/T 13170.3—1991　线性测试图 B 型

GB/T 13170.5—1991　中频特性测试图

GB/T 13170.8—1991　幅值响应测试图

GB/T 13170.9—1991　重合测试图 A 型

GB/T 13170.10—1991　重合测试图 B 型

GB/T 13170.11—1991　圆域测试图

GB/T 13170.12—1991　辐射条测试图

GB/T 13170.14—1991　灰度测试图 A 型

——将原各部分中对各测试图的黑白矩形边框和定位三角及制成品尺寸的要求作为通用要求在本标准正文中予以规定，各测试图的具体要求在本标准的附录 A～附录 F 中分别给出。

本标准由中华人民共和国工业和信息化部提出。

本标准由全国电真空器件标准化技术委员会(SAC/TC 167)归口。

本标准起草单位：中国电子科技集团公司第五十五研究所。

本标准主要起草人：翁镇柱、孙健、黄玉英。

本标准所代替标准的历次版本发布情况为：

——GB/T 13170.1～13170.15—1991。

反射式电视测试图

1 范围

本标准规定了反射式电视测试图的分类及用途、图案规格、尺寸要求和光反射系数。

本标准适用于反射式电视测试图的制作与应用。

2 规范性引用文件

下列文件对于本文件的应用是必不可少的。凡是注日期的引用文件，仅注日期的版本适用于本文件。凡是不注日期的引用文件，其最新版本(包括所有的修改单)适用于本文件。

GB 3102.6 光及有关电磁辐射的量和单位

GB/T 4597 电子管词汇

GB/T 7400.1～7400.12 广播电视名词术语

3 术语、定义和符号

GB 3102.6、GB/T 4597 和 GB/T 7400.1～7400.12 确立的术语、定义和符号适用于本文件。

4 图案分类和用途

4.1 分类

本标准包括以下 6 种测试图：

a) 综合测试图(见附录 A)；

b) 高频特性测试图(见附录 B)；

c) 余像测试图(见附录 C)；

d) 棋盘格测试图(见附录 D)；

e) 区域测试图(见附录 E)；

f) 灰度测试图(见附录 F)。

4.2 用途

适用于 PAL 制式电视摄像系统。

5 要求

5.1 尺寸

5.1.1 制成品尺寸

制成品黑白边界内尺寸应为：

a) 大型 520 mm×390 mm；

b) 中型 400 mm×300 mm；

c) 小型 240 mm×180 mm。

5.1.2 标准中图案尺寸

本标准中所有尺寸(除标明单位者外)都是以图案高度的百分数给出,在制成品中则不标有尺寸、尺寸线和中心线。

5.1.3 黑白矩形边框和定位三角尺寸

测试图黑白矩形边框尺寸如图1所示。

定位三角尺寸为顶角40°等腰三角形,高为4.00。

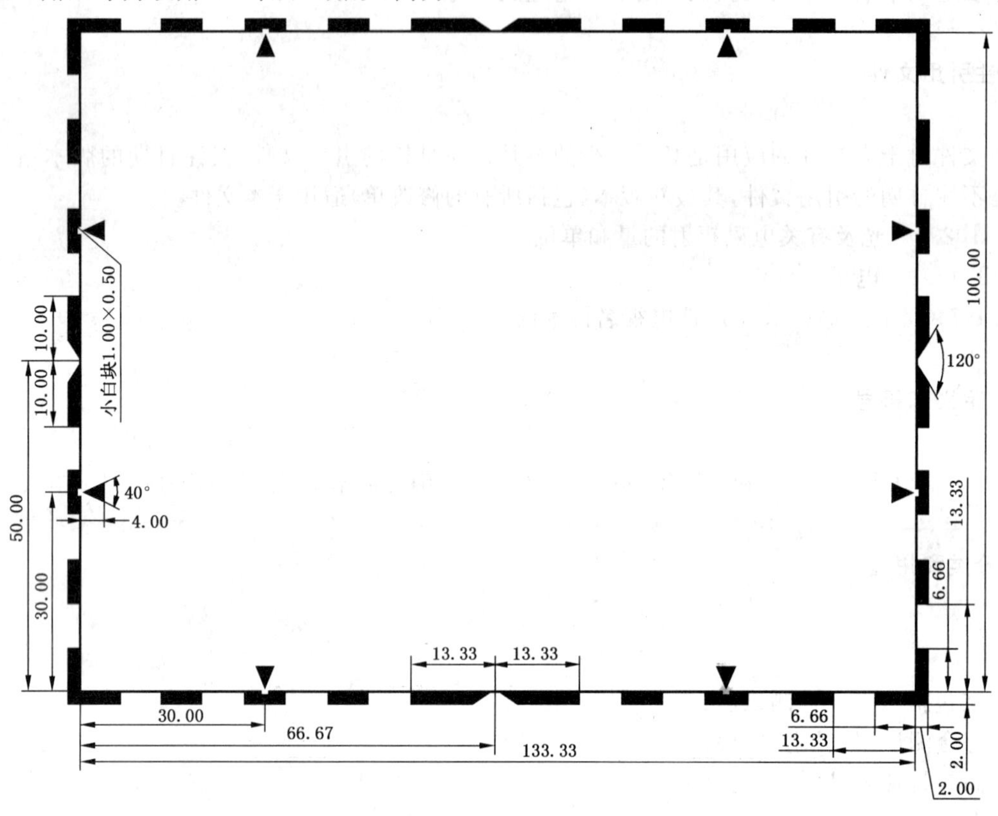

图 1

5.2 图案规格和用途

5.2.1 黑白矩形边框和定位三角图案规格和用途

5.2.1.1 规格

测试图黑白矩形边框图案如图1所示。

垂直边框白块为七块,黑块为八块,边框中点处为120°夹角。

水平边框白块为九块,黑块为十块,边框中点处为120°夹角。

除棋盘格测试图和区域测试图外,每条边界线内侧均有两个定位三角。

5.2.1.2 用途

检查宽高比,确定扫描中心和幅度;垂直边框可检查同步分离和钳位电路工作状况。

5.2.2 标准图案规格和用途

标准图案规格和用途应符合附录A~附录F(规范性附录)的规定。

附　录　A
（规范性附录）
综合测试图

A.1　适用范围

综合测试图主要用于检查黑白及彩色电视摄像系统的工作状态和电视摄像器件的质量。

A.2　图案规格和用途

A.2.1　标准图样

综合测试图标准图样如图 A.1 所示。

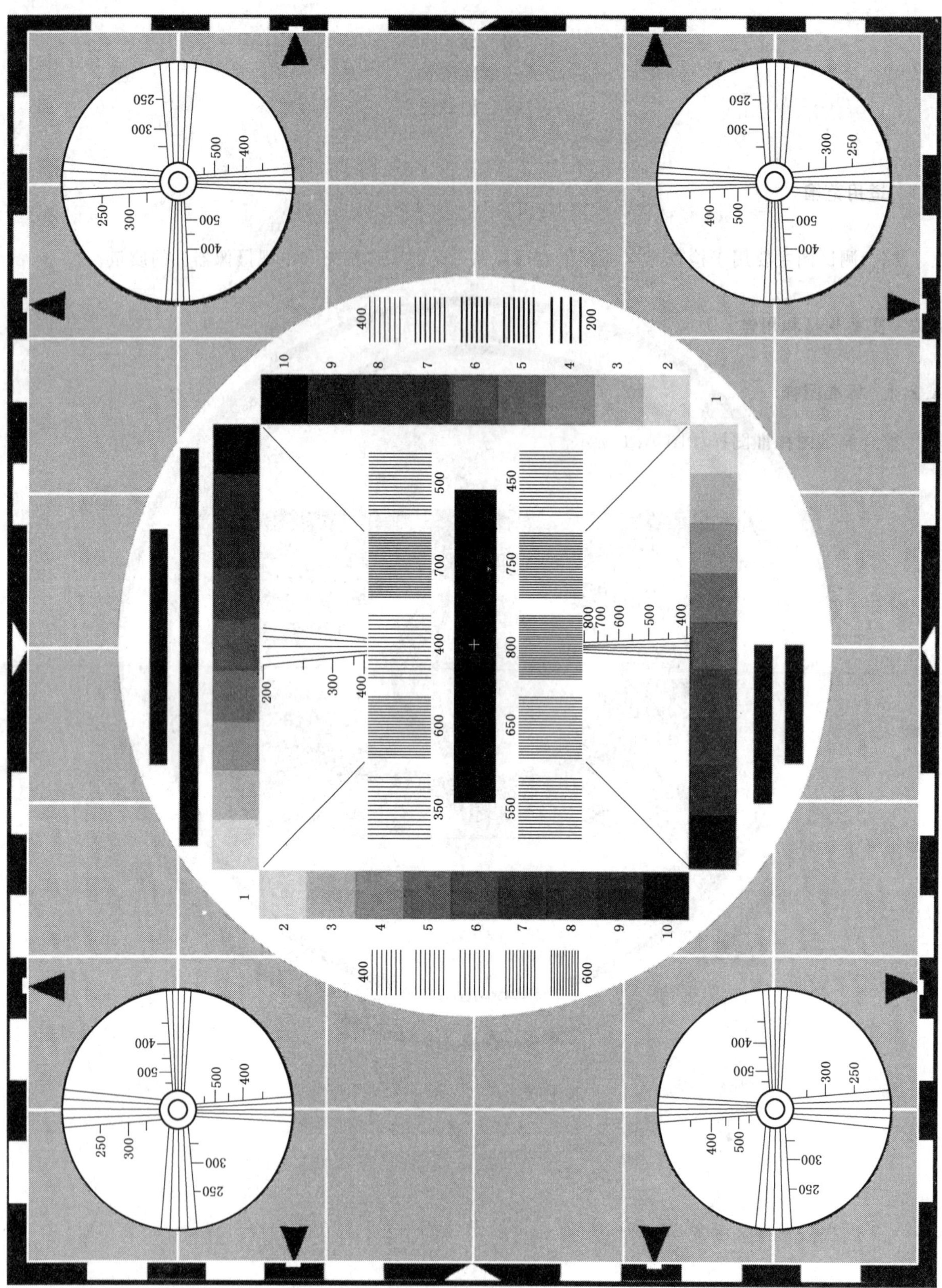

图 A.1

A.2.2 背景

A.2.2.1 规格

中心大圆内和四角小圆内的背景为白色，其余部分背景为灰色。

A.2.2.2 用途

背景用于提高黑白线条对比度，保证测试图总积分反射系数为白色区域的50%。

A.2.3 网格和圆

A.2.3.1 规格

由水平五条白线和垂直七条白线组成背景网格，灰色自然界限构成中心大圆和四角小圆。

A.2.3.2 用途

检查几何失真和非线性失真。

A.2.4 大圆内图案

A.2.4.1 灰度带

A.2.4.1.1 规格

四条对数式十级灰度带相互垂直与大圆内接。

A.2.4.1.2 用途

检查图像灰度等级，信号均匀性。

A.2.4.2 中心清晰度线

A.2.4.2.1 规格

垂直排列的线簇分十组，它们分别代表着350、400、450、500、550、600、650、700、750、800电视行。

水平排列的线簇分十组，它们分别代表着200、250、300、350、400电视行和400、450、500、550、600电视行。

中心楔形线分二组，它们分别代表着200～400电视行和400～800电视行。

A.2.4.2.2 用途

检查中心的垂直与水平分辨率、聚焦状况和通道带宽等。

A.2.4.3 倾斜线

A.2.4.3.1 规格

四根倾斜线互成90°(与水平线最小夹角均为45°)。

A.2.4.3.2 用途

检查隔行扫描状况。

A.2.4.4 黑色频率条

A.2.4.4.1 规格

图中由上而下顺序为:50 kHz、30 kHz、40 kHz、75 kHz、100 kHz。

A.2.4.4.2 用途

检查中、低频失真,拖尾现象和信号幅度。

A.2.4.5 白色中心十字线

A.2.4.5.1 规格

水平和垂直线宽均为2个电视行。

A.2.4.5.2 用途

检查图像对中和高频反射。

A.2.5 边角清晰度线

A.2.5.1 规格

四角小圆内有四组相互垂直呈放射状的楔形线,它们分别代表着200～400和300～600电视行。

A.2.5.2 用途

检查边角分辨率和聚焦状况。

A.3 图案尺寸

A.3.1 综合测试图图案尺寸

综合测试图图案尺寸如图A.2所示。

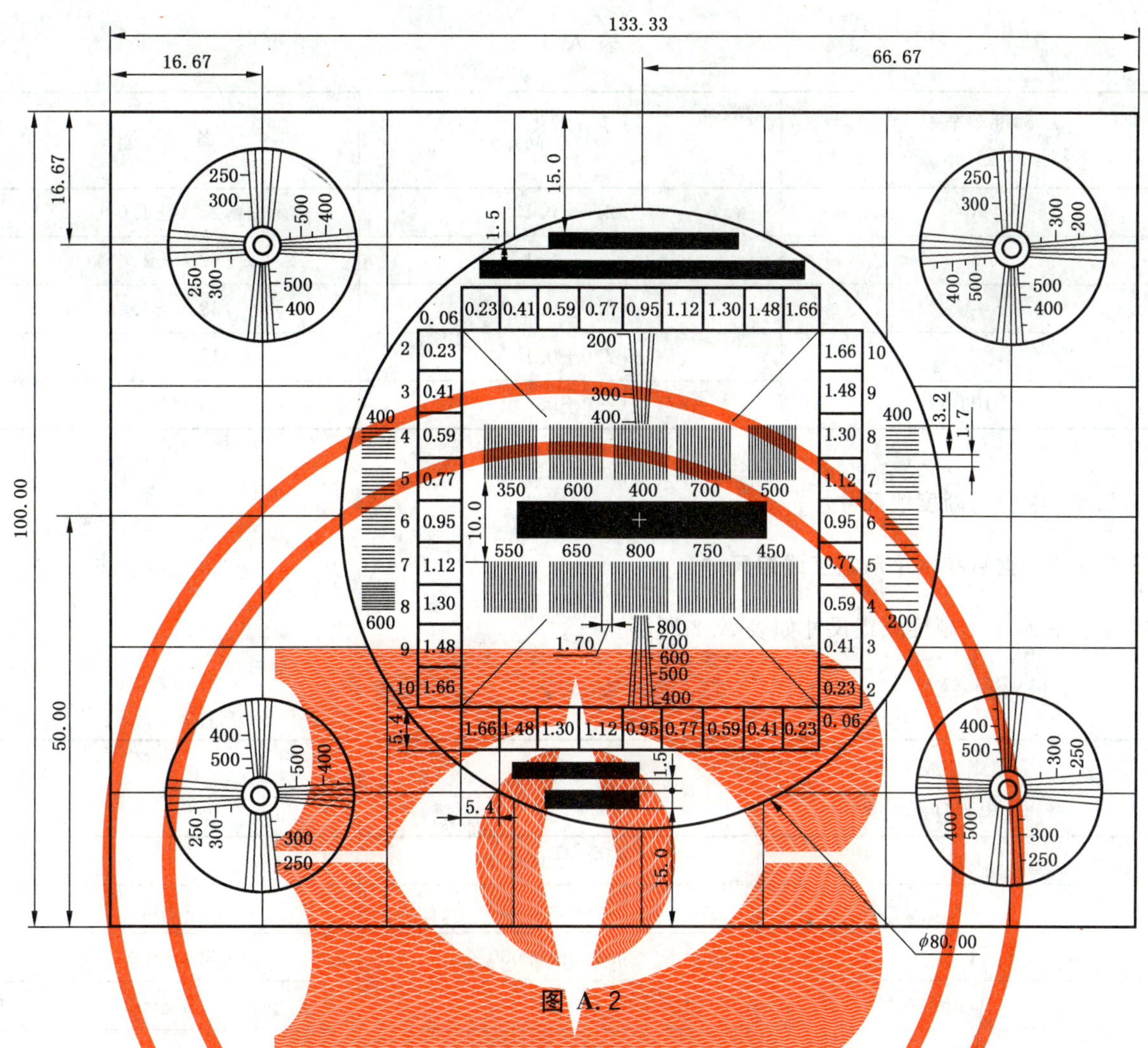

图 A.2

A.3.2 图案细节尺寸

A.3.2.1 圆尺寸

四角同心圆直径由外到内分别为 $\phi 25.00$、$\phi 4.00$ 和 $\phi 2.00$；圆的线宽为 0.25 ± 0.01。

A.3.2.2 线宽

中心十字线线宽为 0.33 ± 0.01，线长为 2.50；倾斜线线宽为 0.25 ± 0.01，线长为 16.80；网格线的宽度为 0.33 ± 0.01。

A.3.2.3 黑色频率条尺寸

黑色频率条尺寸如表 A.1 所示。

表 A.1

标准频率条 kHz	条　高	条　宽
50	2.0±0.1	25.0±1.0
30	2.0±0.1	42.0±1.0
40	5.0±0.2	33.0±1.0
75	2.0±0.1	17.0±0.5
100	2.0±0.1	13.0±0.5

A.3.2.4　中心清晰度线尺寸

A.3.2.4.1　垂直和水平清晰度线组尺寸

垂直和水平清晰度线组尺寸如表 A.2 所示。

表 A.2

清晰度线 电视行	线 条 宽	线 组 宽
200	0.500±0.050	3.1±0.2
250	0.400±0.050	3.1±0.2
300	0.330±0.030	3.1±0.2
350	0.290±0.030	7.3±0.2
400	0.250±0.020	7.3±0.2
450	0.220±0.010	6.6±0.2
500	0.200±0.010	6.7±0.2
550	0.180±0.008	6.8±0.2
600	0.170±0.008	6.9±0.2
650	0.154±0.006	7.0±0.2
700	0.143±0.006	7.0±0.2
750	0.133±0.005	7.1±0.2
800	0.125±0.005	7.1±0.2
注：尺寸偏差应同时为正偏差或同时为负偏差。		

A.3.2.4.2　中心楔形线尺寸

中心楔形线尺寸如图 A.3 所示，楔形线尺寸偏差均小于 7%，楔形线黑白间隔均匀分布。

A.3.2.5　边角清晰度线尺寸

边角清晰度线尺寸如图 A.4 所示，楔形线尺寸偏差均小于 7%，楔形线黑白间隔均匀分布。

4.50
200
300
400
2.25
12.00
7.17
4.00
1.60
1.15
800
700
600
500
400
4.00
3.21
2.20
1.20
8.00
6.50
4.67
2.50
2.25

图 A.3

4.50
200
250
300
350
12.50
5.75
2.20
2.58
0.25
R2.00
3.00
300
400
500
600
12.50
7.88
5.55
4.00
2.38
1.20
1.50
0.25
R2.00

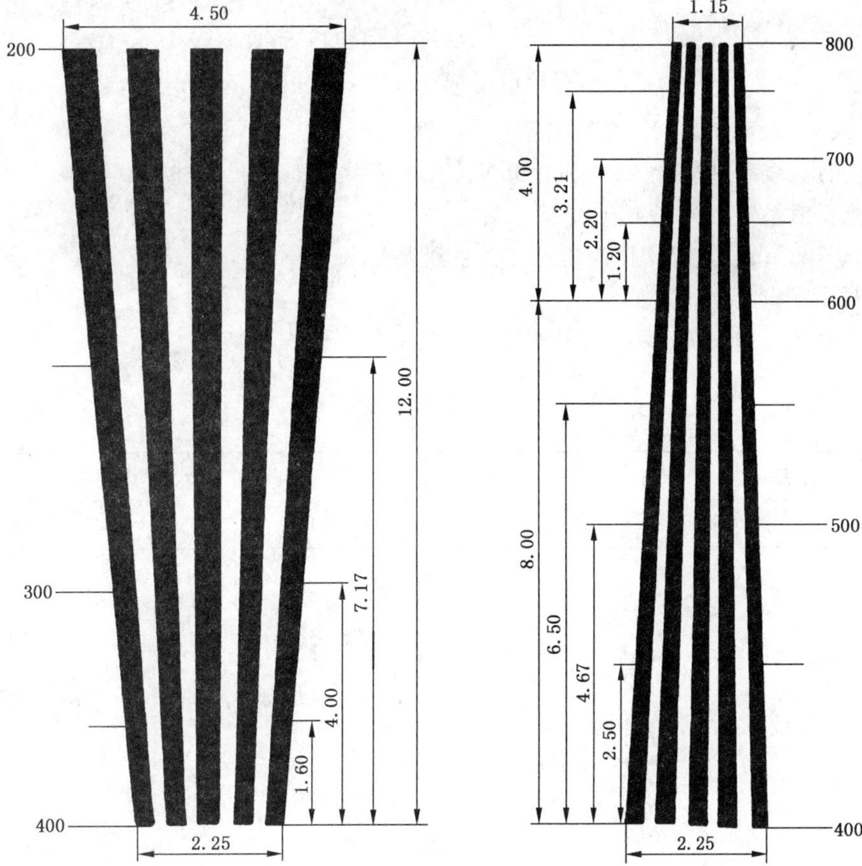

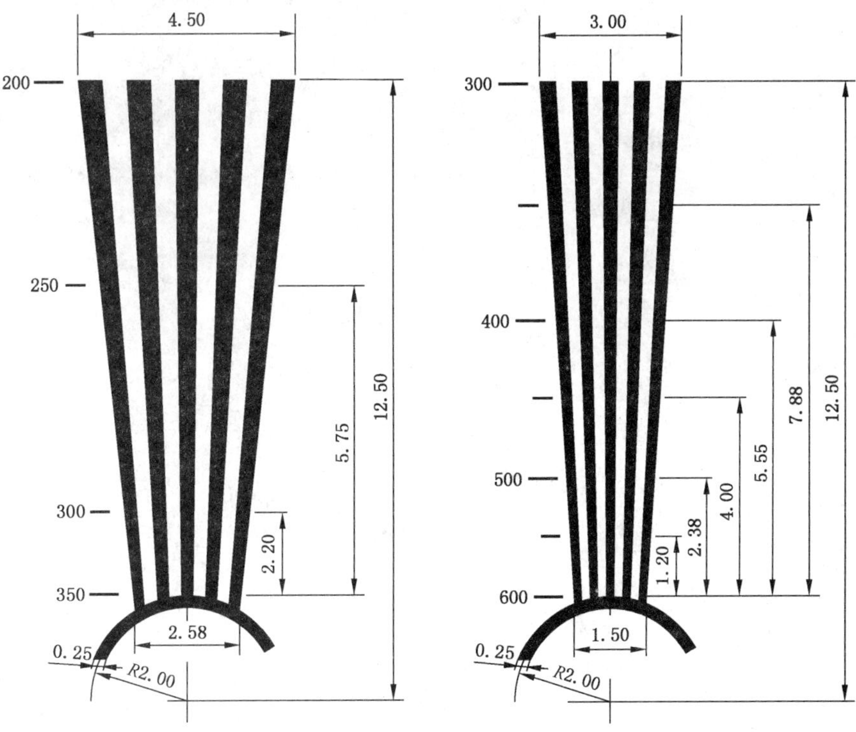

图 A.4

A.4 光反射系数

黑色边框、线条、数字和圆圈等光反射系数应不大于0.03。

白色边框、三角、线条、中心十字线和背景等光反射系数应不小于0.899。

灰色背景光反射系数应为0.40±0.05。

在400 nm～700 nm光谱范围内，其光反射系数误差为±7%。

黑白线条对比度应大于30∶1。

灰色带光反射系数如表A.3所示，其误差应为±5%。

表 A.3

灰度级	1	2	3	4	5	6	7	8	9	10
光反射系数	≥0.899	0.600	0.417	0.282	0.195	0.136	0.093	0.063	0.044	0.030

附 录 B
（规范性附录）
高频特性测试图

B.1 适用范围

高频特性测试图主要用于检查黑白及彩色电视摄像系统带宽响应和电视摄像器件的分辨能力。

B.2 图案规格和用途

B.2.1 标准图样

高频特性测试图标准图样如图B.1所示。

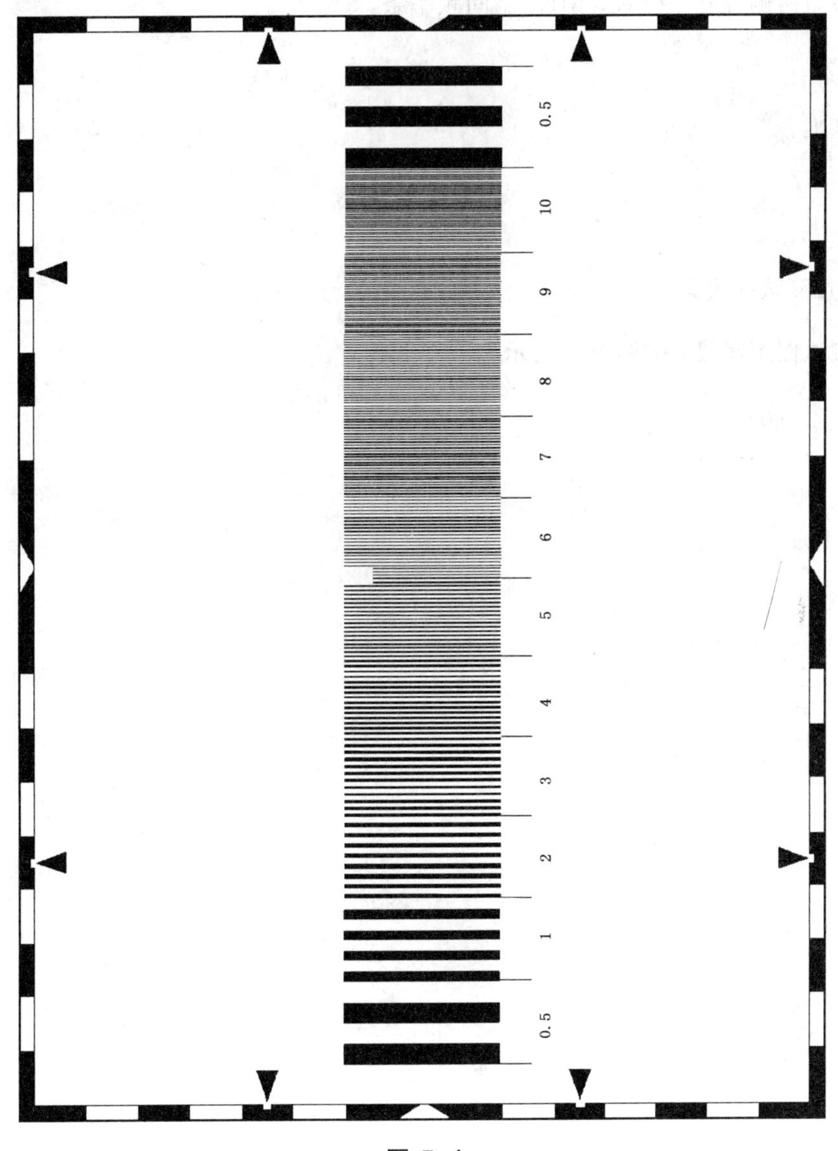

图 B.1

B.2.2 背景

背景呈均匀白色。

B.2.3 测量频率条组

B.2.3.1 规格

在图案中心由左至右依次排列着1 MHz～10 MHz的空间频率条组,间隔为1 MHz。

B.2.3.2 用途

检查频率响应特性,观察分辨率。

B.2.4 参考频率条组

B.2.4.1 规格

测量频率条组两侧各有一组0.5 MHz空间频率条。

B.2.4.2 用途

作为测量基准。

B.3 图案尺寸

B.3.1 高频特性测试图图案

高频特性测试图图案尺寸如图B.2所示。

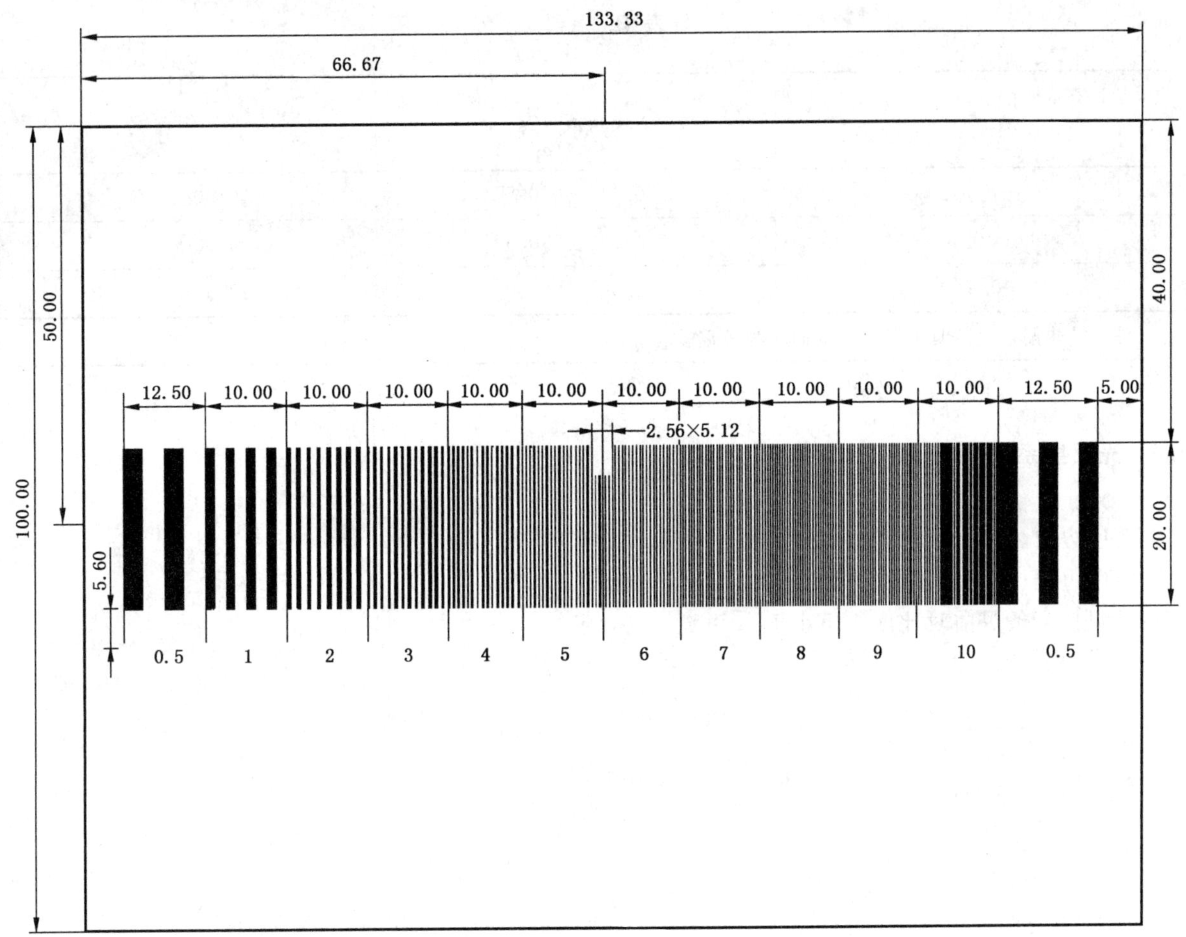

图 B.2

B.3.2 图案细节尺寸

高频特性测试图空间频率条尺寸如表 B.1 所示。

表 B.1

空间频率条 MHz	线条宽	线组宽
0.5	2.560±0.100	12.50±0.50
1	1.280±0.070	10.00±0.50
2	0.640±0.050	10.00±0.50
3	0.430±0.040	10.00±0.50
4	0.320±0.030	10.00±0.50
5	0.260±0.020	10.00±0.50
6	0.210±0.020	10.00±0.50
7	0.180±0.010	10.00±0.50
8	0.160±0.010	10.00±0.50

表 B.1（续）

空间频率条 MHz	线 条 宽	线 组 宽
9	0.140±0.007	10.00±0.50
10	0.130±0.006	10.00±0.50
0.5	2.560±0.100	12.50±0.50
注：尺寸偏差应同时为正偏差或同时为负偏差。		

B.4 光反射系数

黑色边框、三角、线条和数字光反射系数应不大于 0.03。

白色边框、线条和背景光反射系数应不小于 0.899。

空间频率条黑白对比度应不小于 30∶1。

附　录　C
（规范性附录）
余像测试图

C.1　适用范围

余像测试图主要用于检查黑白及彩色电视摄像系统杂散光和电视摄像器件的残余信号。

C.2　图案规格和用途

C.2.1　标准图样

余像测试图标准图样如图 C.1 所示。

图 C.1

C.2.2 背景

C.2.2.1 规格

四周背景呈黑色，中间呈白色。

C.2.2.2 用途

检查黑、白残余信号，评价水平、垂直方向的波形响应特性。

C.2.3 中心黑方块

C.2.3.1 规格

黑方块位于白色区域的正中。

C.2.3.2 用途

观察拖尾，调整杂散光和高频特性。

C.3 图案尺寸

余像测试图图案尺寸如图C.2所示。

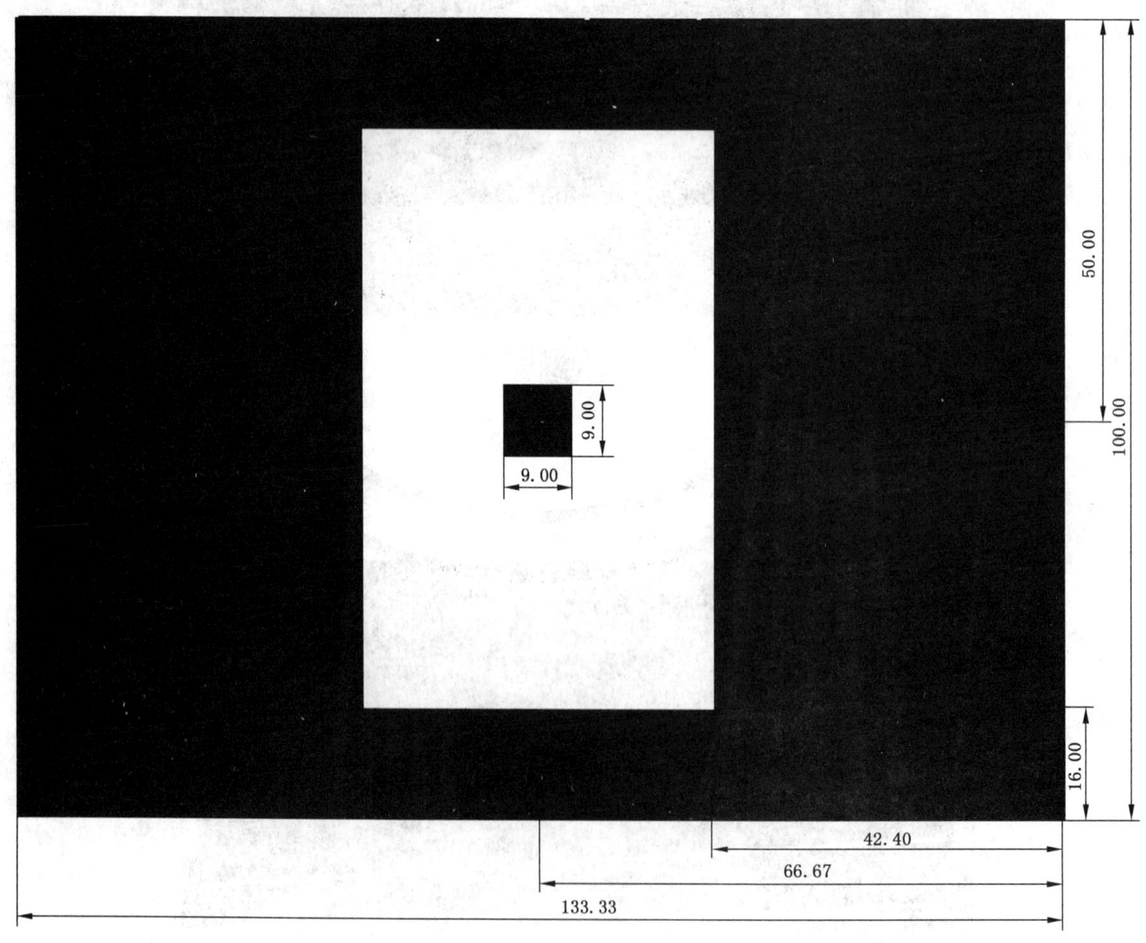

图C.2

C.4 光反射系数

黑色边框、背景和中间黑块光反射系数应不大于0.03。

白色边框、背景和三角光反射系数应不小于0.899。

附　录　D
（规范性附录）
棋盘格测试图

D.1　适用范围

棋盘格测试图主要用于检查黑白及彩色电视摄像系统重合偏差、黑白平衡和几何失真以及电视摄像器件输出信号均匀性和处理高亮度信号的能力。

D.2　图案规格和尺寸

D.2.1　标准图样

棋盘格测试图标准图样如图 D.1 所示。

图 D.1

D.2.2 背景

D.2.2.1 规格

由 9×12 个黑白相间的方块组成。

D.2.2.2 用途

检查细节对比度、黑白平衡、重合偏差和几何失真等。

D.3 图案尺寸

棋盘格测试图图案尺寸如图 D.2 所示。

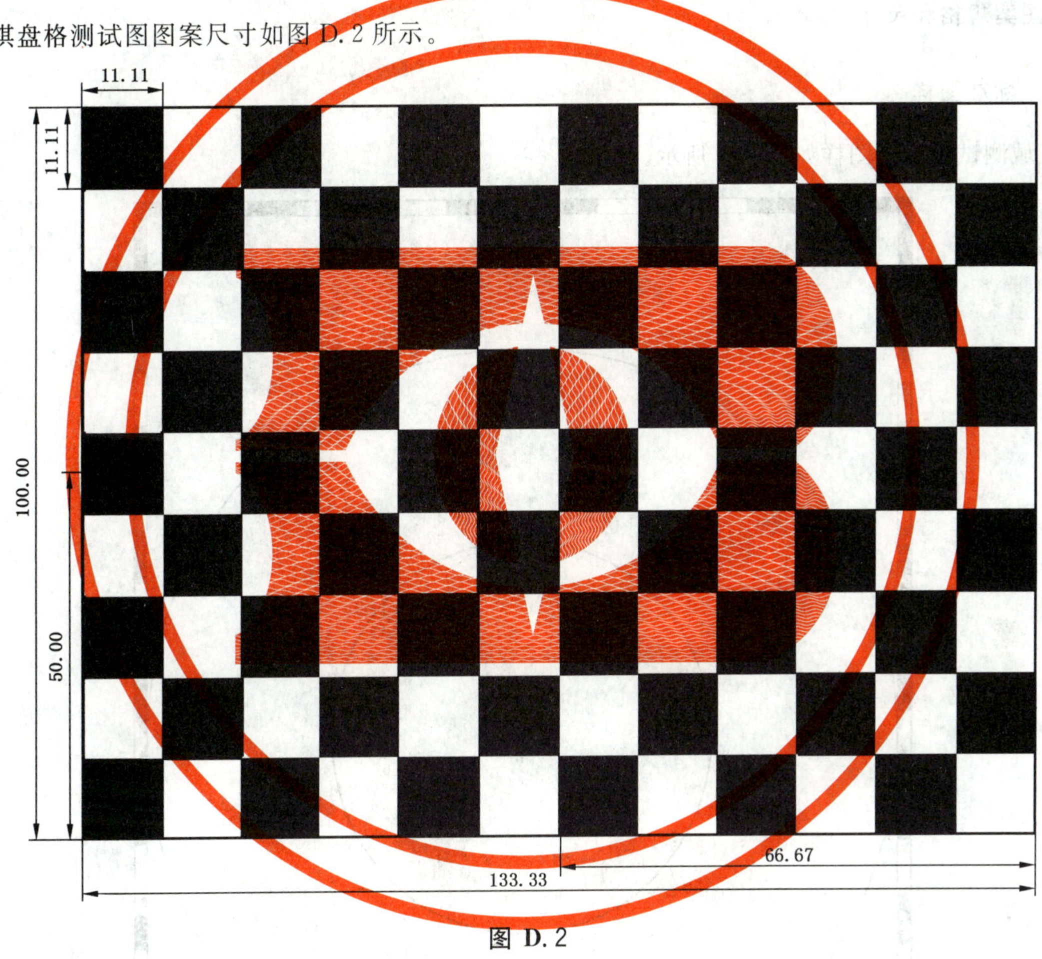

图 D.2

D.4 光反射系数

黑色边框和方块光反射系数应不大于 0.03。

白色边框和方块光反射系数应不小于 0.899。

附 录 E
（规范性附录）
区域测试图

E.1 适用范围

区域测试图主要用于检查黑白及彩色电视摄像系统成荫效应和摄像器件图象的缺陷所在位置。

E.2 图案规格和尺寸

E.2.1 标准图样

区域测试图标准图样如图 E.1 所示。

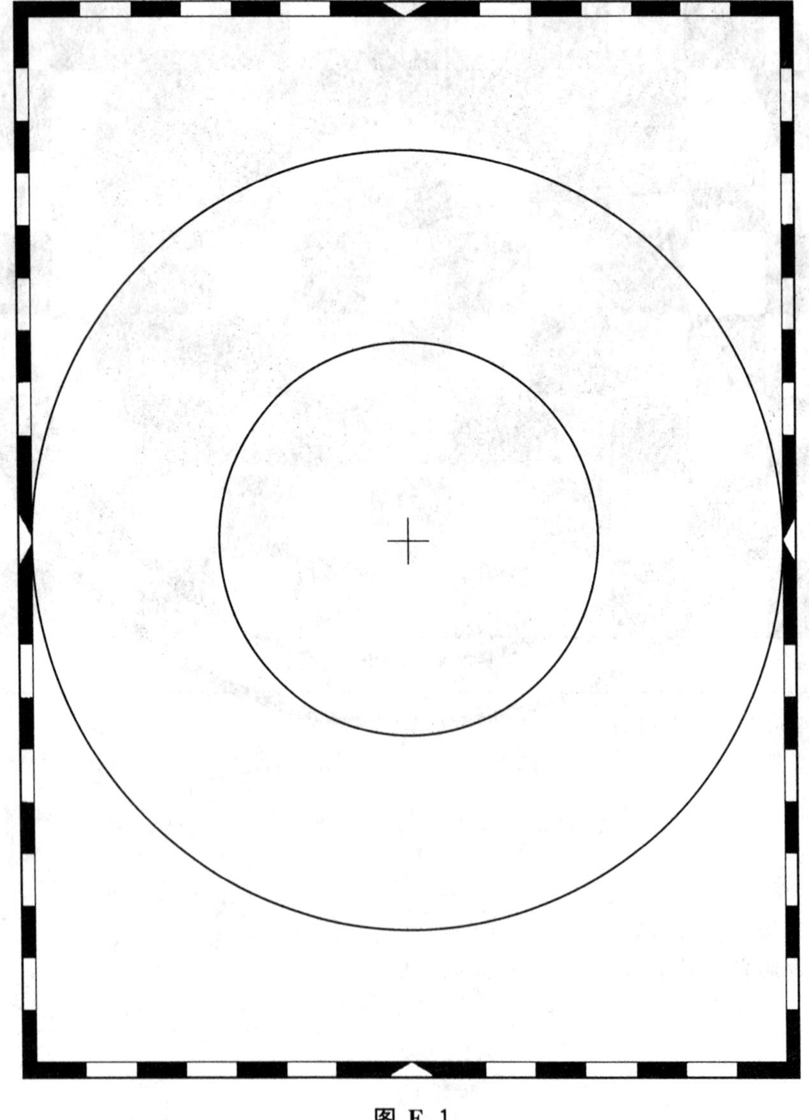

图 E.1

E.2.2 背景

背景呈均匀白色。

E.2.3 圆

E.2.3.1 规格

两个同心圆将图案有效面积分成Ⅰ、Ⅱ、Ⅲ区。Ⅰ区占总面积的15%；Ⅱ区占总面积的45%；Ⅲ区占总面积的40%(见图E.2)。

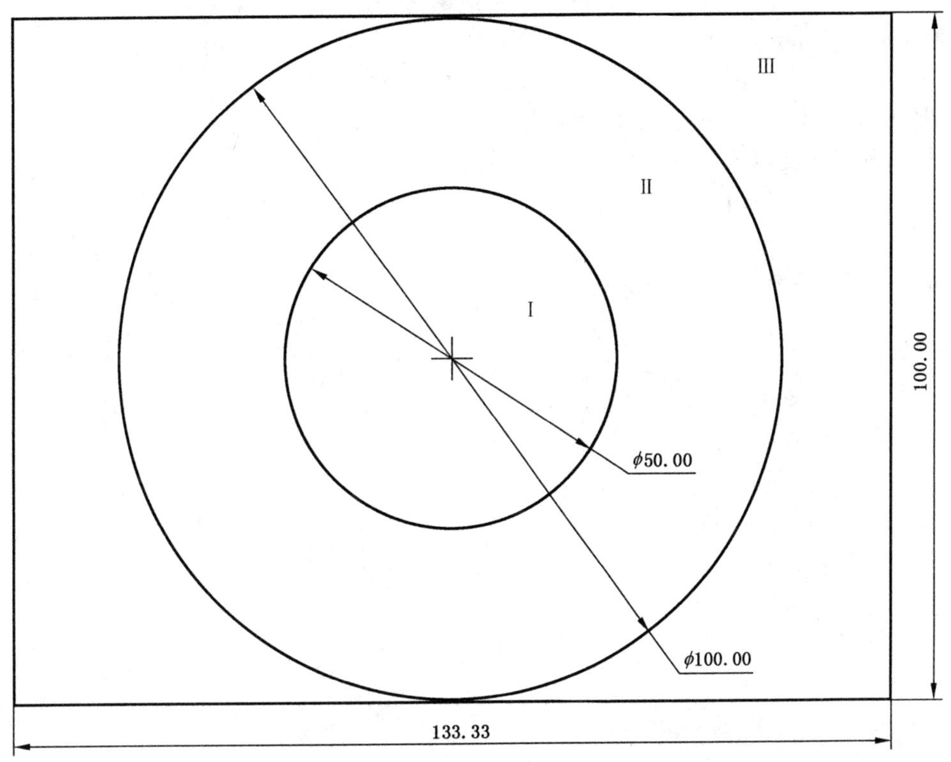

图 E.2

E.2.3.2 用途

测量缺陷所在位置,确定质量等级。

E.2.4 中心十字线

E.2.4.1 规格

中心十字线位于图形中心。

E.2.4.2 用途

测量缺陷间距,检查图像对中。

E.3 图案尺寸

E.3.1 区域测试图图案尺寸

区域测试图图案尺寸如图 E.2 所示。

E.3.2 图案细节尺寸

两个圆的线宽为 0.20±0.02。中心十字线线宽为 0.20±0.02,线长均为 5.33±0.25。

E.4 光反射系数

黑色边框、圆圈和十字线光反射系数应不大于 0.03。

白色边框和背景光反射系数应不小于 0.899。

白色背景光反射系数均匀性应小于 4%。

附　录　F
（规范性附录）
灰度测试图

F.1　适用范围

灰度测试图主要用于检查黑白及彩色摄像系统光电传输特性和测量摄像器件光电转换曲线。

F.2　图案规格和尺寸

F.2.1　标准图样

灰度测试图标准图样如图 F.1 所示。

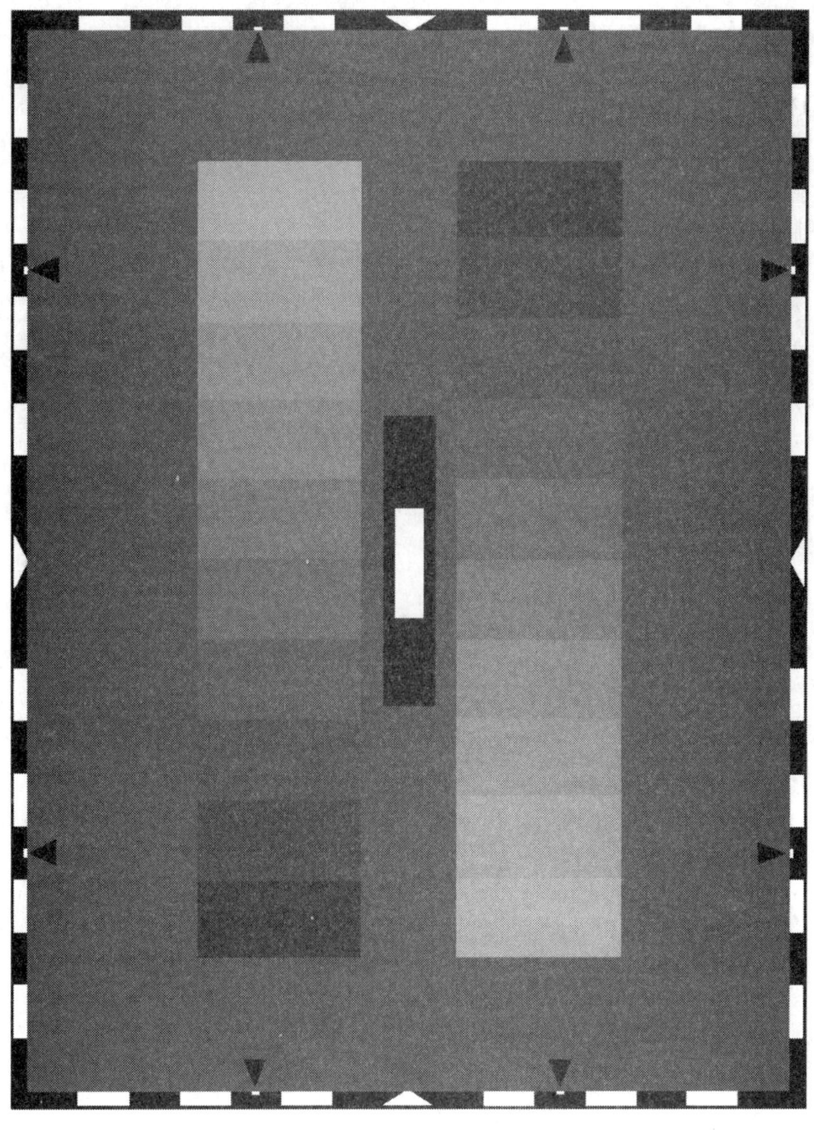

图 F.1

F.2.2　背景

F.2.2.1　规格

背景呈均匀灰色。

F.2.2.2　用途

调整彩色平衡、底色均匀性，确保总输出电平在50%以下。

F.2.3　灰度带

F.2.3.1　规格

两条反射比率为40∶1的灰度带，在背景上相反的排列，灰度级反射率的递增值是以1的幂律从第10级增至第1级。

F.2.3.2　用途

校正线路的传输特性、多路伽玛重合。

F.2.4　黑白窗口标志

F.2.4.1　规格

黑白窗口安排在背景中间。

F.2.4.2　用途

检验黑白电平及杂散光补偿。

F.3　图案尺寸

灰度测试图图案尺寸如图F.2所示。

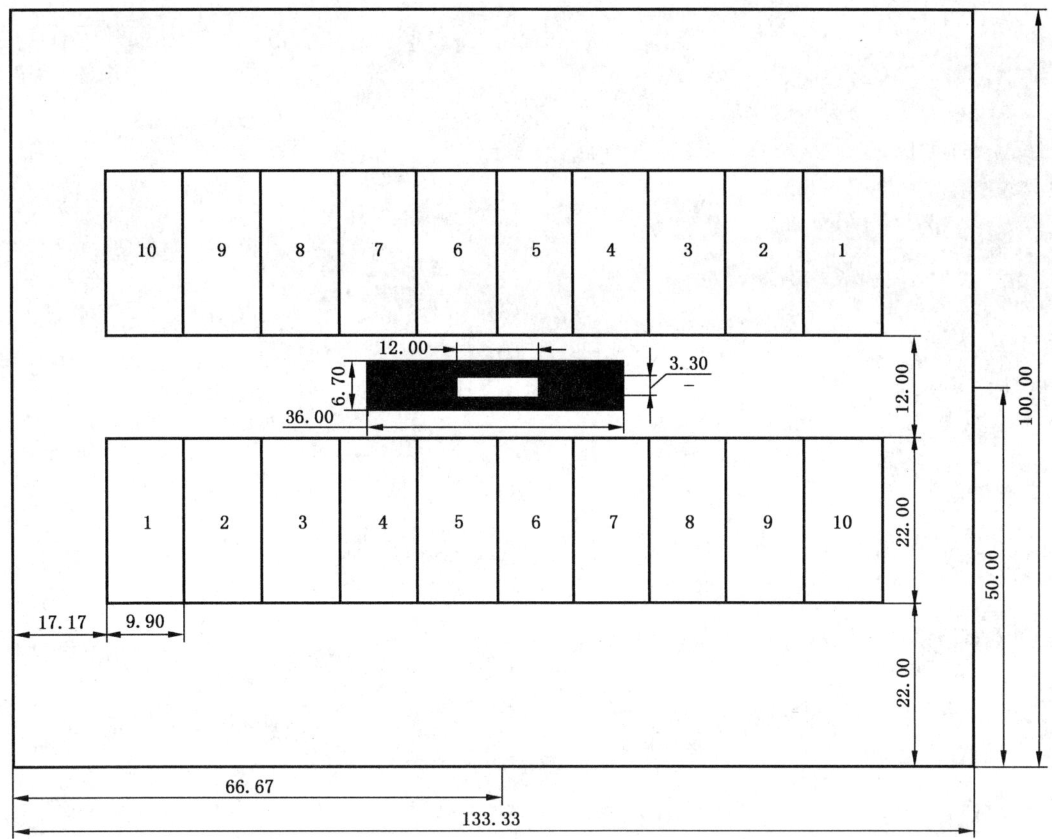

图 F.2

F.4 光反射系数

黑色边框、三角和黑色窗口的光反射系数应不大于0.03。

白色边框和窗口的光反射系数应不小于0.899。

灰色背景光反射系数应为0.16±0.02。

在400 nm～700 nm光谱范围内其光反射系数变化应不大于±7%。

灰度带各级光反射系数如表F.1所示。

表 F.1

灰度级	1	2	3	4	5	6	7	8	9	10
反射系数	0.600±0.010	0.537±0.010	0.468±0.010	0.407±0.008	0.339±0.007	0.275±0.006	0.209±0.005	0.145±0.004	0.079±0.003	0.015±0.001

ICS 71.100.40
Y 43

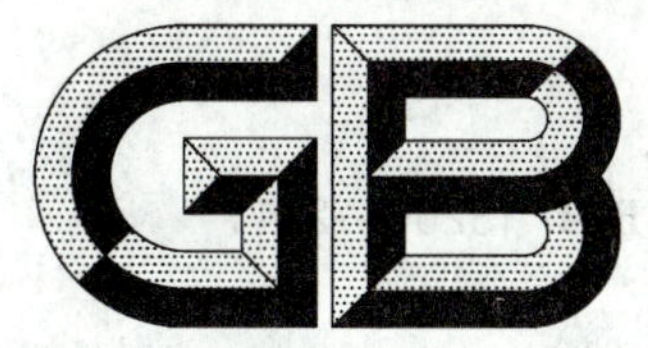

中华人民共和国国家标准

GB/T 13206—2011
代替 GB/T 13206—1991

2011-12-30 发布　　　　2012-09-01 实施

中华人民共和国国家质量监督检验检疫总局
中国国家标准化管理委员会　发布

前　言

本标准按照 GB/T 1.1—2009 给出的规则起草。

本标准代替 GB/T 13206—1991《甘油》。

本标准与 GB/T 13206—1991 相比主要变化如下：

——修改了甘油的适用范围；

——调整了甘油的色泽指标；

——调整了甘油的还原性检测方法及指标；

——调整了优等品甘油指标；

——修改了检验分类要求；

——修改了甘油的保质期时限。

本标准由中国轻工业联合会提出。

本标准由全国表面活性剂和洗涤用品标准化技术委员会(SAC/TC 272)归口。

本标准起草单位：江门市鸿捷精细化工有限公司、表面活性剂和洗涤剂行业生产力促进中心、中国日用化学工业研究院。

本标准主要起草人：樊平、余建、宋紧东、胡峻翰。

本标准所代替标准的历次版本发布情况为：

——GB/T 13206—1991。

甘　　油

1　范围

本标准规定了甘油(丙三醇)的要求、试验方法、检验规则和标志、包装、运输、贮存和保质期。

本标准适用于工业上用动植物油脂经皂化、水解或酯交换反应产生的含甘油甜水生产的精制甘油。

2　规范性引用文件

下列文件对于本文件的应用是必不可少的。凡是注日期的引用文件,仅注日期的版本适用于本文件。凡是不注日期的引用文件,其最新版本(包括所有的修改单)适用于本文件。

GB/T 8170　数值修约规则与极限数值的表示和判定

GB/T 13216—2008　甘油试验方法

3　产品结构式

$$\begin{array}{l}CH_2—OH\\ |\\ CH—OH\\ |\\ CH_2—OH\end{array}$$

相对分子质量:92.09(1987 年国际原子量)。

4　要求

4.1　性状

无色或微黄色透明粘稠状液体。

4.2　理化指标

甘油产品的理化指标应符合表 1 规定。

表 1　甘油的理化指标

项　　目	优等品	一等品	二等品
外观	透明无悬浮物		
气味	无异味		
色泽 Hazen	≤20	≤30	≤30
甘油含量 %	≥99.5	≥98.0	≥95.0

表 1（续）

项　　目	优等品	一等品	二等品
密度(20 ℃) g/mL	≥1.259 8	≥1.255 9	≥1.248 1
氯化物含量(以 Cl 计) %	≤0.001	≤0.01	—
硫酸化灰分 %	≤0.01	≤0.01	≤0.05
酸度或碱度 mmol/100 g	≤0.050	≤0.10	0.30
皂化当量 mmol/100 g	≤0.40	≤1.0	3.0
砷含量(以 As 计) mg/kg	≤2	≤2	—
重金属含量(以 Pb 计) mg/kg	≤5	≤5	—
还原性物质	符合要求		—

5 试验方法

除非另有说明，在分析中仅使用认可的分析纯试剂和蒸馏水或去离子水或相当纯度的水。

5.1 外观

感官测定。

5.2 气味

按 GB/T 13216—2008 第 6 章规定进行。

5.3 色泽

按 GB/T 13216—2008 第 7 章规定进行。

5.4 甘油含量

按 GB/T 13216—2008 第 9 章规定进行。

5.5 密度

按 GB/T 13216—2008 第 8 章规定进行。

5.6 氯化物含量

按 GB/T 13216—2008 第 10 章规定进行。

5.7 硫酸化灰分

按 GB/T 13216—2008 第 11 章规定进行。

5.8 酸度或碱度

按 GB/T 13216—2008 第 12 章规定进行。

5.9 皂化当量

按 GB/T 13216—2008 第 13 章规定进行。

5.10 砷含量

按 GB/T 13216—2008 第 14 章规定进行。

5.11 重金属含量

按 GB/T 13216—2008 第 15 章规定进行。

5.12 还原性物质

5.12.1 试剂

a) 盐酸溶液,取浓盐酸 234 mL,加水稀释至 1 000 mL;
b) 焦亚硫酸钠溶液,7.5%(质量分数);
c) 脱色副品红溶液:取盐酸副品红($C_{19}H_{18}ClN_3$)0.1 g,置 250 mL 具塞锥形瓶中,加水 60 mL,加 7.5%焦亚硫酸钠溶液[5.12.1b)]10 mL,在缓缓搅拌下加盐酸溶液[5.12.1a)]4.5 mL,加塞振摇至完全溶解,加水至 100 mL,摇匀,放置 12 h 后使用;
d) 对照品溶液:甲醛(CH_2O)水溶液,c=5.0 μg/mL。

5.12.2 仪器

具塞比色管,50 mL。

5.12.3 程序

取试样 3.75 g,置具塞比色管(5.12.2)中,加水至 15 mL,混匀,加脱色副品红溶液[5.12.1c)]1.0 mL,混匀,密塞放置 1 h。

取对照品溶液[5.12.1d)]7.5 mL 同法处理,若对照品溶液不显红色,则试验无效。

比较样品溶液与对照品溶液的颜色,不得更深。

6 检验规则

6.1 检验分类

6.1.1 出厂检验

出厂检验项目包括第 4 章中除砷含量、重金属含量、硫酸化灰分外其他全部规定项目。

6.1.2 型式检验

型式检验包括第 4 章规定全部技术指标要求,在如下情况应进行型式检验:

a) 正常生产应每三个月进行一次型式检验；

b) 生产工艺、生产设备、原材料、催化剂等变化或不正常，以及生产管理要素(包括人员素质)的变化可能影响产品质量和性能时；

c) 长期停产后再恢复生产时；

d) 出厂检验结果与上次的型式检验有较大差异时；

e) 质量监督机构、使用单位提出型式检验要求时。

6.2 组批与抽样规则

6.2.1 组批

产品以一次交付的同一类型、规格、批号的产品组成一个交付批。产品须经生产厂质量检验部门按照本标准规定的试验方法检验合格，并签发质量合格证方可出厂。收货单位在货到一个月内按本标准取样验收。

6.2.2 抽样

桶装产品应根据批量(桶数)大小，按表2规定确定取样单位数，在现场随机抽取样品单位。

表2 桶装产品批量与取样单位数

单位为桶

批量	<16	16～25	26～90	91～150	>150
样本数量	2	3	5	8	13

按GB/T 13216—2008第4章规定从每个取样单位采取等量样品。

罐装或槽车装产品，各罐均为取样单位，应使用吊瓶从中均匀取样。

两种取样的总量不少于2 kg，混匀(必要时温热至60 ℃)分装在三个洁净、干燥的具塞玻璃瓶中签封，标签上应标明产品名称、批号、等级、取样日期、生产厂厂名、取样人。交收双方各持一份进行检验。第三份由交货方保管，备仲裁检验，保管期一个月。

检验结果若有一项指标不符合本标准时，应再次从交付批中加倍抽样，并对不合格项目进行复检，复检合格则判该批产品合格，否则判该批产品为不合格品。

当交收双方对产品检验结果发生争议，不能协商解决时，可商请仲裁机构检验，仲裁结果为最后结论。

6.3 判定规则

检验结果按GB/T 8170修约值比较法判定产品合格或不合格，若有一项或多项指标不符合本标准的规定，应再从交付批中加倍取样，并对不合格项进行复检，如复检结果符合本标准规定，则判该批产品合格，如仍不合格，则判该批产品不合格。

7 标志、包装、运输、贮存和保质期

7.1 标志

产品包装容器外印刷的标志(图案及文字)应清晰、不脱色，并标明：

a) 产品名称、商标、等级、执行标准编号；

b) 生产日期或生产批号；

c) 净重、毛重；

d) 生产厂家名称、地址(含省、市、县)、邮政编码;

e) 有防雨、防水、小心轻放等文字或标记。

7.2 包装

产品包装应使用铝桶(带铁制加强框架)、塑料桶、涂锌或涂树脂铁制容器,桶罐必须盖紧、封牢,保证不渗不漏,不吸潮。

7.3 运输

产品装运时应轻装轻卸,不可摔掷。

7.4 贮存

产品应贮存在通风、干燥的仓库中,严防受热、受潮。贮存时,产品不应与酸、碱接触,以免发生锈蚀。

7.5 保质期

在规定的贮存条件下,自出厂之日起保质期为一年以上,按销售包装实际标注方式执行。

ICS 67.080.10
X 74

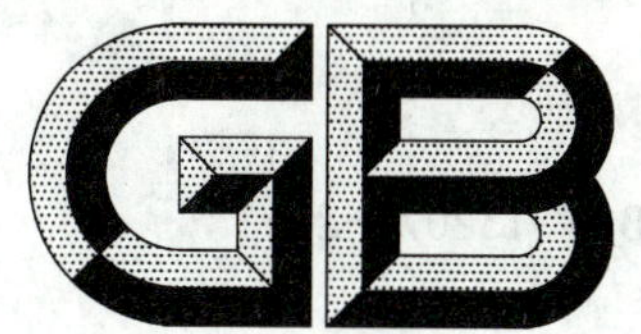

中华人民共和国国家标准

GB/T 13207—2011
代替 GB/T 13207—1991

菠萝罐头

Canned pineapple

(CODEX STAN 042—1981,Standard for canned pineapple,NEQ)

2011-12-05 发布　　　　2012-06-01 实施

中华人民共和国国家质量监督检验检疫总局
中国国家标准化管理委员会　发布

前　言

本标准按照 GB/T 1.1—2009 给出的规则起草。

本标准代替 GB/T 13207—1991《菠萝罐头》，本标准与 GB/T 13207—1991 相比，主要变化如下：

——修改了标准的适用范围；

——增加了“菠萝罐头”术语和定义；

——产品质量等级由“优级品、一级品和合格品”修订为“优级品和一级品”；

——增加并修改了产品分类及代号；

——修改了原辅材料的要求；

——修改了固形物含量要求和可溶性固形物含量（糖水浓度）要求。

本标准使用重新起草法参考国际食品法典委员会（CAC）CODEX STAN 042—1981《菠萝罐头》（英文版）编制，与 CODEX STAN 042—1981 的一致性程度为非等效。

本标准由全国食品工业标准化技术委员会（SAC/TC 64）提出。

本标准由全国食品工业标准化技术委员会罐头分技术委员会（SAC/TC 64/SC 2）归口。

本标准起草单位：中国食品发酵工业研究院、中国罐头工业协会、广西万利来工贸有限责任公司、广西亮亮集团。

本标准主要起草人：仇凯、周剑涛、王思宁。

本标准所代替标准的历次版本发布情况为：

——GB/T 13207—1991。

菠 萝 罐 头

1 范围

本标准规定了菠萝罐头的术语和定义、产品分类及代号、技术要求、试验方法、检验规则、标签、包装、运输和贮存要求。

本标准适用于菠萝罐头产品的生产和监督检验。

2 规范性引用文件

下列文件对于本文件的应用是必不可少的。凡是注日期的引用文件,仅注日期的版本适用于本文件。凡是不注日期的引用文件,其最新版本(包括所有的修改单)适用于本文件。

GB 317 白砂糖

GB 2760 食品安全国家标准 食品添加剂使用标准

GB/T 4789.26 食品卫生微生物学检验 罐头食品商业无菌的检验

GB 5749 生活饮用水卫生标准

GB 7718 食品安全国家标准 预包装食品标签通则

GB 8950 罐头厂卫生规范

GB/T 10786 罐头食品的检验方法

GB 11671 果、蔬罐头卫生标准

GB 14880 食品营养强化剂使用卫生标准

GB 17325 食品工业用浓缩果蔬汁(浆)卫生标准

GB/T 20938 罐头食品企业良好操作规范

JJF 1070 定量包装商品净含量计量检验规则

NY 5177 无公害食品 菠萝

QB/T 1006 罐头食品检验规则

QB/T 3600 罐头食品包装、标志、运输和贮存

3 术语和定义

下列术语和定义适用于本文件。

3.1

菠萝罐头 canned pineapple

以新鲜(或经冷藏)的成熟菠萝为原料,经去皮通芯、修整、切片(块)等预处理(或直接以半成品罐装菠萝为原料),经装罐、添加糖水或菠萝原汁、排气、密封、杀菌而制成的罐头食品。

3.2

白色放射状条纹 white radiating streaks

切片上呈现的白色放射状纤维。

3.3

果芯硬化部分 core material

菠萝果芯残留的硬质部分。

3.4

雕目沟纹　cutting gouge trace

由于果目较深，雕目后果块上留下的沟纹。

3.5

过度修整　excessive trim

修整后失去原有的正常形状，有明显的刀痕，或修整的果肉量超过未修整菠萝片的5%（按质量计）的修整（限于全圆片、旋圆片、雕目圆片和长条）。

3.6

瑕疵　blemish

与正常菠萝色泽、组织有明显区别或渗透到果肉的斑点，包括深陷的果眼、硬果皮、褐斑、病虫害的痕迹、皮下损伤以及其他异常部分。

3.7

破损　broken

整片菠萝破裂成几部分，但仍能拼成原来的形状（限于全圆片、旋圆片、雕目圆片）。

4　产品分类及代号

4.1　产品分类

4.1.1　整片

去果皮、果芯、果眼的圆筒形菠萝横切成的片状，包括全圆片、旋圆片和雕目圆片。其中，全圆片用整个圆柱形菠萝的轴向横切而成；旋圆片用有螺旋形沟纹的圆柱形菠萝的轴向横切而成；雕目圆片用果目位置有凹陷的圆柱形菠萝的轴向横切而成。

4.1.2　扇形块

将整片(4.1.1)等分的切块，果边允许有雕目沟纹。其中，小扇块是用直径为63 mm～83 mm，厚度为8 mm～18 mm的旋圆片（或雕目圆片）切成的1/10、1/12、1/14、1/16的有少量沟纹的小块。

4.1.3　长块

将去果皮、果芯、果眼的圆筒形菠萝切成厚度和宽度大于13 mm、长度小于38 mm的菠萝块。

4.1.4　方块

切成均匀适度的方形果块，最长边的尺寸不大于14 mm。

4.1.5　长条

将去果皮、果芯、果眼的圆筒形菠萝沿放射形或纵向切成约65 mm以上的细长片或条。

4.1.6　碎块

大小和（或）形状不规则的小块。

4.1.7　碎米

形状如米粒大小的菠萝粒。

4.2 产品代号

4.2.1 装罐介质为糖水的菠萝罐头产品代号见表1。

表1 装罐介质为糖水的菠萝罐头产品代号

菠萝品种	全圆片、雕目圆片	旋圆片	扇形块	碎块	碎米	长块	方块	长条
深目品种	602 1	602 2	602 3	602 4	602 9	602 11	602 12	602 13
浅目品种	602 5	602 6	602 7	602 8	602 10	602 14	602 15	602 16

4.2.2 装罐介质为菠萝原汁(包括原汁加糖)的菠萝罐头产品代号见表2。

表2 装罐介质为菠萝原汁(包括原汁加糖)的菠萝罐头产品代号

产品类别	产品代号				
	原汁	低浓度	中浓度	高浓度	特高浓度
全圆片、旋圆片、雕目圆片	602 SN	602 SL	602 SM	602 SH	602 S
扇形块	602 TN	602 TL	602 TM	602 TH	602 T
碎块	602 BN	602 BL	602 BM	602 BH	602 B
长块	602 CN	602 CL	602 CM	602 CH	602 C
小扇块	602 PN	602 PL	602 PM	602 PH	602 P
方块	602 DN	602 DL	602 DM	602 DH	602 D
长条	602 FN	602 FL	602 FM	602 FH	602 F
碎米	602 RN	602 RL	602 RM	602 RH	602 R

5 技术要求

5.1 原辅材料

5.1.1 菠萝

果实新鲜良好,成熟适度,风味正常,无畸形,无病虫害及机械伤所引起的腐烂现象。优级品原料应符合 NY 5177 的要求。

5.1.2 白砂糖

应符合 GB 317 的要求。

5.1.3 水

应符合 GB 5749 的要求。

5.1.4 果汁

应符合 GB 17325 和相应标准的要求。

5.2 感官要求

产品的感官要求应符合表 3 的要求。

表 3 感官要求

项目	优级品	一级品
色泽	果肉呈淡黄色至金黄色,色泽较一致;允许有轻微白色放射状条纹;充填液较透明,允许含有不引起混浊的少量果肉碎屑	果肉呈淡黄色至黄色,色泽较一致;允许有轻度白色放射状条纹;充填液较透明,允许有少量果肉碎屑
滋味、气味	酸甜适口,具有菠萝罐头应有的芳香味,无异味	
组织形态	果肉软硬适度,略有纤维感。同一罐中果芯硬化部分不得超过固形物质量的 7%(实芯菠萝罐头除外),块形完整,切削良好;不带机械伤或虫害斑点。 同一罐(瓶)中,菠萝片(块/条)的缺陷数应符合以下要求: 全圆片:圆周完好,切边整齐,果边无雕目沟纹;片径、芯径与片厚较均匀。装罐片数在 10 片或 10 片以下者,过度修整片不超过 1 片,瑕疵数不超过 1 个;50 片以上者,过度修整片数不超过总片数的 6.5%,瑕疵数不超过总片数的 5%。 旋圆片:果边有雕目沟纹,其他同全圆片。 雕目圆片:果边有雕目凹陷,其他同全圆片。 长条:瑕疵数不超过 1 个。 扇形块、长块、碎片或碎块:瑕疵数不超过总片(块)数的 5%。 碎米:带有瑕疵的碎米以果肉质量计不超过固形物质量的 1.0%	果肉软硬适度,略有纤维感。同一罐中果芯硬化部分不得超过固形物质量的 13%(实芯菠萝罐头除外),块形完整,切削良好;不带机械伤或虫害斑点。 同一罐(瓶)中菠萝片(块/条)的缺陷数应符合以下要求: 全圆片:圆周完好,切边整齐,果边无雕目沟纹;片径、芯径与片厚大致均匀。装罐片数在 10 片或 10 片以下者,过度修整片不超过 2 片,瑕疵数不超过 2 个;50 片以上者,过度修整片数不超过总片数的 10%,瑕疵数不超过总片数的 9%。 旋圆片:果边有雕目沟纹,其他同全圆片。 雕目圆片:果边有雕目凹陷,其他同全圆片。 长条:瑕疵数不超过 2 个。 扇形块、长块、碎片或碎块:瑕疵数不超过总片(块)数的 9%。 碎米:带有瑕疵的碎米以果肉质量计不超过固形物质量的 1.5%
规格大小	同一罐(瓶)中菠萝片(块/条)的形态应基本一致,大小应符合以下要求: 全圆片、旋圆片或雕目圆片:最大片的质量不能超过最小片质量的 1.4 倍。 长条:破损最大片的质量不能超过破损最小片质量的 2.0 倍。 扇形块:修整后质量小于未修整扇形片质量的 3/4,这些扇形片总量应小于总固形物质量的 15%。 长块:小于 5 g 的果肉总量应不大于总固形物质量的 15%。 方块:大小能通过 8 mm×8 mm 滤网的方块总质量应小于固形物质量的 10%;大于 3 g 的方块应小于固形物质量的 15%	同一罐(瓶)中菠萝片(块/条)的形态应较一致,大小应符合以下要求: 全圆片、旋圆片或雕目圆片:最大片的质量不能超过最小片质量的 1.8 倍。 长条:破损最大片的质量不能超过破损最小片质量的 3.0 倍。 扇形块:修整后质量小于未修整扇形片质量的 1/2,这些扇形片总量应小于总固形物质量的 25%。 长块:小于 5 g 的果肉总量应不大于总固形物质量的 25%。 方块:大小能通过 8 mm×8 mm 滤网的方块总质量应小于固形物质量的 15%;大于 3 g 的方块应小于固形物质量的 25%

5.3 理化指标

5.3.1 净含量

应符合 JJF 1070 的相关要求。

5.3.2 固形物含量

5.3.2.1 产品的固形物含量应符合表 4 的要求。

表 4 固形物含量要求

类 型	指 标
(除碎米和玻璃瓶装罐型的)所有装罐类型	≥58%
玻璃瓶装罐型(不包括碎米)	≥45%
碎米	≥62%

5.3.2.2 固形物偏差要求：

——罐头固形物质量在 245 g 以下的单罐允许偏差为±11%；

——固形物质量在 246 g～1 600 g 时的单罐允许偏差为±9%；

——固形物质量在 1 600 g 以上的允许单罐偏差为±4%。

每批产品平均固形物含量不低于标示值。

5.3.3 可溶性固形物含量(糖水浓度)

5.3.3.1 原汁菠萝罐头开罐时可溶性固形物含量按折光计法，要求：8%～12%；

5.3.3.2 糖水菠萝罐头开罐时可溶性固形物含量：

——低浓度：10%～14%(不包括 14%)；

——中浓度：14%～18%(不包括 18%)；

——高浓度：18%～22%(不包括 22%)；

——特高浓度：22%～35%。

5.4 pH

产品的 pH 值应在 3.2～4.0 内。

5.5 卫生指标

5.5.1 锡、总砷、铅的限量

产品中锡、总砷、铅的限量应符合 GB 11671 的规定。

5.5.2 微生物指标

产品的微生物指标应符合罐头食品商业无菌要求。

5.5.3 加工过程卫生要求

加工过程卫生要求应符合 GB 8950 和 GB/T 20938 的规定。

5.6 食品添加剂

食品添加剂的使用应符合 GB 2760 的规定。

5.7 食品营养强化剂

食品营养强化剂的使用应符合 GB 14880 的规定。

6 试验方法

6.1 感官要求

按 GB/T 10786 规定的方法检验。

6.2 理化指标

6.2.1 净含量

按 GB/T 10786 规定的方法检验。

6.2.2 固形物含量

按 GB/T 10786 规定的方法测定。

6.2.3 可溶性固形物含量

按 GB/T 10786 规定的方法测定。

6.3 卫生指标

6.3.1 铅、总砷、锡的含量

按 GB 11671 规定的方法分别测定。

6.3.2 微生物指标

按 GB/T 4789.26 规定的方法检验。

7 检验规则

7.1 产品的感官和物理要求不符合规定时，应记作缺陷。缺陷分类见表 5。

表 5 缺陷分类

类　别	缺　陷
严重缺陷	存在明显异味； 存在有害物质，如碎玻璃、毛发、昆虫、金属屑等
一般缺陷	存在一般杂质，如黑点、碎纸、棉线、合成纤维等； 感官要求超过允许的指标； 固形物含量超过允许负偏差

7.2 其他要求应符合 QB/T 1006 的规定。其中，感官要求、净含量、固形物含量、pH、可溶性固形物含量、微生物指标为出厂检验必检项目。

8 标签、包装、运输和贮存

8.1 产品的标签应符合 GB 7718 及有关规定。产品名称可标示为原汁菠萝或糖水菠萝。

8.2 标签上应标明固形物含量[以质量克(g)计或以质量分数(%)计]。

8.3 产品的包装、运输和贮存要求应符合 QB/T 3600 的有关规定，包装材料应符合相关标准要求。

ICS 75.180.30
E 30

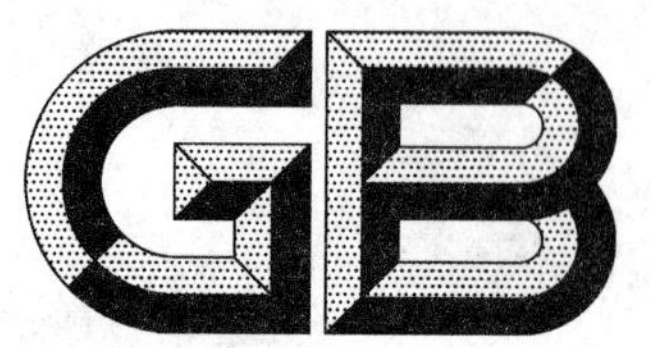

中华人民共和国国家标准

GB/T 13236—2011
代替 GB 13236—1991

石油和液体石油产品储罐液位手工测量设备

Petroleum and liquid petroleum products—Equipment for measurement of liquid levels in storage tanks—Manual method

(ISO 4512:2000,MOD)

2011-07-29 发布　　　　2011-11-01 实施

中华人民共和国国家质量监督检验检疫总局
中国国家标准化管理委员会　发布

前　　言

本标准修改采用 ISO 4512:2000《石油和液体石油产品　储罐中的液位测量设备　手工法》(英文版)。

本标准根据 ISO 4512:2000 重新起草。

考虑到我国的国情,在采用 ISO 4512:2000 时,本标准做了下列技术性修改:

——按照我国标准的编写要求,在范围一章中增加"本标准适用于手工液位测量设备的设计、制造和使用选型。";

——由于标准中引用了 GB/T 8927、GB/T 13894 和 ISO 4269,因此增加这三个标准作为规范性引用文件;

——考虑到我国不确定值的表述方法,删除全文中所有不确定度数值前的"±";

——考虑我国误差值的表述方法,在全文中误差数值前没有"±"的增加"±";

——删除 5.9 中的第 2 段,理由是在油品液位测量时,多使用长距离的尺子,而且考虑到长度尺的刻制原理,在小距离内的误差一般较小,否则长距离的精度也无法达到。

——为适合实际使用的情况,将 5.9 中最后一段的最后一句修改为"当按标准张力制造或校准的尺带在不同的张力下使用时,可能需要进行长度修正。";

——考虑到尺带和尺砣的连接可能为可拆卸连接,为避免误接其他尺砣,在 5.10 标识中增加"c)系列号",在 7.8 标识中增加"b)系列号(与尺带一致)";

——为确保测水尺的触底感觉、连接尺带的垂度和测水尺顺利沉入油中,在第 9 章中增加关于测水尺质量的相关内容,有关章条编号作相应调整;

——为对应"按体积单位刻度的测量杆"的编写格式,将"13.5.1 测深杆"修改为"13.5.1 按长度单位刻度的测量杆";同时将原来的 13.5.1、13.5.2、13.5.3、13.5.3.1 和 13.5.3.2 修改为 13.5.1.1、13.5.1.2、13.5.2、13.5.2.1 和 13.5.2.2。

——为适合我国使用,删除原 13.5.2 第一段中的"而且相当于相关标定表的起始位置。将最大体积标注在横向条块的附近。"

为便于使用,本标准还做了下列编辑性修改:

——删除参考文献;

——在第 5.1.1 条增加"注:尺带与尺砣的连接既可以是可拆卸的,也可以是固定的。尺带与测空尺或测水尺连接,可更方便地测量空高和水高。";

——在 7.4 的最后增加"注:当尺带通常连接较重的测深尺砣时,可以考虑调整尺带制造和校准的标准张力,但校准的准确度要求不变。";

本标准代替 GB 13236—1991《石油用量油尺和钢围尺的技术条件》。

本标准与 GB 13236—1991 的主要技术变动为:

——将原来的强制性标准改为推荐性标准;

——标准名称由"石油用量油尺和钢围尺的技术条件"修改为"石油和液体石油产品　储罐液位手工测量设备";

——删除了石油用钢围尺的技术内容(1991 版的标准名称、第 1 章和第 4 章);

——修改了量油尺带抗拉强度的技术要求(1991 版的 3.2.1;本版的 5.3);

——取消了量油尺Ⅰ级和Ⅱ级的准确度分级,改用 30 m 长度内的最大允许刻度误差代替(1991 版的 3.7;本版的 5.9)。

——增加了可以测量液位和温度的多功能便携式电子计量装置，同时也增加了测深杆、测空杆、界面检测膏和蒸气闭锁阀等其他液位测量设备和配套技术(本版第10章、第11章、第12章和第13章)。

本标准由全国石油产品和润滑剂标准化技术委员会(SAC/TC 280)提出。

本标准由全国石油产品和润滑剂标准化技术委员会石油静态和轻烃计量分技术委员会(SAC/TC 280/SC 2)归口。

本标准负责起草单位：中国石油化工股份有限公司石油化工科学研究院。

本标准参加起草单位：哈尔滨市永恒计量仪器有限责任公司、无锡腾达冷轧薄型带钢厂。

本标准主要起草人：魏进祥、杨淑敏、李易诞、岳伟东。

本标准代替标准的历次版本发布情况为：

——GB 13236—1991。

石油和液体石油产品
储罐液位手工测量设备

1 范围

本标准规定了手工测量储罐或其他储油容器内石油和液体石油产品液位或相应体积所需设备的种类和技术条件。

本标准适用于手工液位测量设备的设计、制造和使用选型。

2 规范性引用文件

下列文件中的条款通过本标准的引用而成为本标准的条款。凡是注日期的引用文件，其随后所有的修改单(不包括勘误的内容)或修订版均不适用于本标准，然而，鼓励根据本标准达成协议的各方研究是否可使用这些文件的最新版本。凡是不注日期的引用文件，其最新版本适用于本标准。

GB 3836.4 爆炸性气体环境用电气设备 第4部分：本质安全型“i”(GB 3836.4—2000，eqv IEC 60079-11：1999)

GB/T 8927 石油和液体石油产品温度测量 手工法(GB/T 8927—2008，ISO 4268：2000，MOD)

GB/T 13894 石油和液体石油产品液位测量法(手工法)

ISO 1998(所有部分) 石油工业 术语

ISO 4269 石油和液体石油产品 油罐液体标定法 容积式流量计增量法

3 术语和定义

ISO 1998(所有部分)确立的以及下列术语和定义适用于本标准。

3.1

标定表 calibration table

罐表 tank table

罐容表 tank capacity table

自测深基准板和/或计量参照点测量的液位高度与罐内容量或容积的对应表格。

注：对于油船，一般称为舱容表。

3.2

实高 dip；innage

测深基准板以上的罐内液体高度。

3.3

测深杆 dip-rod；dip-stick

按体积或长度单位刻度的木质或其他材质的刚性杆，通过它可以测量按深度标定的小型罐内的液体数量。

3.4

尺带 dip-tape

采用测深或测空方式直接或间接测量罐内油高或水高所使用的标有刻度的钢带。

3.5

测深尺砣 dip-weight

连接到尺带下端，质量能保持尺带铅垂，形状便于穿透基准板上残存油泥的重物。

3.6

测深基准点 dipping datum-point

测深尺砣在测深期间接触到的罐底或底部基准板上的点，由该点可以测量油深和水深。也称检尺零点。

3.7

游离水 free water

不同于油中的溶解水或悬浮水，以单独一层存在于罐内的水（通常存在于罐底）。

3.8

计量口 gauge-hatch

在油罐顶部为测深、测空、测温和/或取样而设立的开口。

注：当计量操作在密闭或受限条件（通过蒸气闭锁阀）下进行时，可使用“计量点”的定义。

3.9

计量 gauging

为确定罐内液体数量而进行所有必要测量的过程。

注：本标准的计量仅指液位测量。

3.10

计量参照点 gauging reference point

参照计量点 reference gauge point

上基准 upper datum

上参照点 upper reference point

清晰标记在计量口、蒸气闭锁阀或指示牌（定位于计量口上方或下方）上的点，由此指示进行实高和空高测量的位置。

3.11

标识 identification marks

在尺带或尺架上记录尺带校准温度和张力等的符号。

注：还可能包括尺长和/或符合本国家标准的其他符号。

3.12

量油尺 master dip-tape

由具有资质的实验室校准合格，溯源至国家长度基准的具有已知精度的尺带和尺砣的组合体。

3.13

便携式电子计量装置 portable electronic gauging device

PEGD

采用电子或电传感器测量液位、温度和/或油水界面的便携式设备。

注：这种计量装置可以具有如上单一或者多个计量功能，有些仪表还可以测量密度等其他参数。

3.14

压力罐 pressure tank

为在高于大气压力下运行而设计的储罐。

注：这种罐通常被分成两种类型：

——低压罐，储存常温下为液体的挥发性产品；

——高压罐，储存液体在常温常压下通常为气体。

3.15

示油膏 ullage paste;product-finding paste;gasoline-finding paste

当计量产品无法在计量装置上留下清晰液痕时，为便于在尺带、测深杆、测空尺或测空杆的刻度上读取液位所使用的膏状物。

3.16

参照高度 reference height

参照计量高度 reference gauge height

计量参照点相对测深基准点的高度。

注：也称为检尺口总高或检尺点总高。

3.17

空高 ullage

计量参照点到油面的垂直距离。

3.18

测空口 ullage hatch；ullage port；ullage plug

通常为配备重型盖子的手工计量口。

3.19

测空杆 ullage-rod；ullage-stick

按长度单位或体积单位刻度的木质或其他材质的刚性杆，用它可以测量主要按空高标定的小型罐内液体数量。

注：俗称丁字尺。

3.20

测空尺 ullage-rule

在某些不便于获取尺带液痕的场合，例如计量黏稠的、蜡状的或需要加热的油品，为方便测量空高而连接到尺带上的刻度尺。

3.21

蒸气闭锁阀 vapour lock valve

安装到蒸气密闭罐或压力罐的顶部，允许在没有压力损失的情况下进行手工计量和/或取样操作的装置。

3.22

蒸气密闭罐 vapour-tight tank

结构应承受比大气压略高的压力，计划主要用于储存挥发性液体（如汽油）的油罐。

3.23

水高 water bottom；water dip

油罐底部游离水的高度。

3.24

示水膏 water-finding paster

所含化学物质在接触水时可以改变颜色的膏状物。

注：这种膏状物在涂到测水尺或量油尺上时，可以指示罐内游离水的高度。

3.25

测水尺 water-finding rule

连接到尺带上，与示水膏组合使用来测量罐内游离水高度的刻度尺。

4 通则

4.1 对于测量设备的任一部分，如尺带、测深尺砣或测空尺，如果需要校准（或检定）证书，则应从有资质的权威机构获得并溯源至相应的国家标准。在95%的置信范围内，参比标准的最大不确定度不应超过本标准规定的最大允许误差值（5.9）。

4.2 经过修理的设备不应再用于参比目的，但是如果经过有资质的权威机构检验，而且确认符合本标准的规定，则可以用于其他目的。

5 尺带

5.1 概述

5.1.1 尺带应与第7、8、9章描述的测深尺砣、测空尺或测水尺组合使用(见图1)，而且应卷绕到配有手柄的卷尺架内的尺鼓上(见图2)。

在运输或储存期间，建议将测深尺砣、测空尺砣和测水尺从尺带上卸下来，以避免连接点处尺带的经常弯曲以及由此引起的尺带断裂。

注：尺带与尺砣的连接既可以是可拆卸的，也可以是固定的。尺带与测空尺或测水尺连接，可更方便地测量空高和水深。

单位为毫米

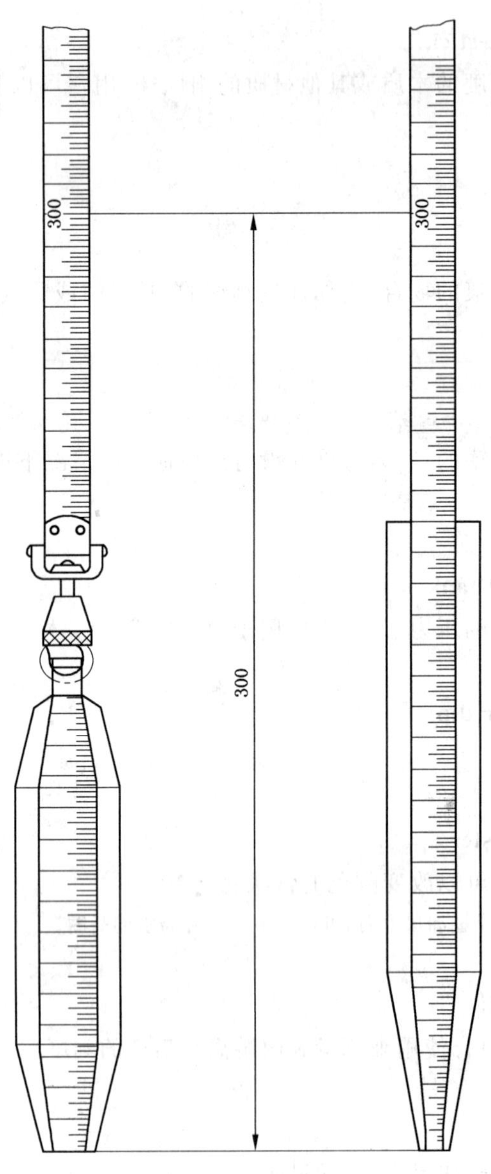

图1 尺带配不同尺砣的实例

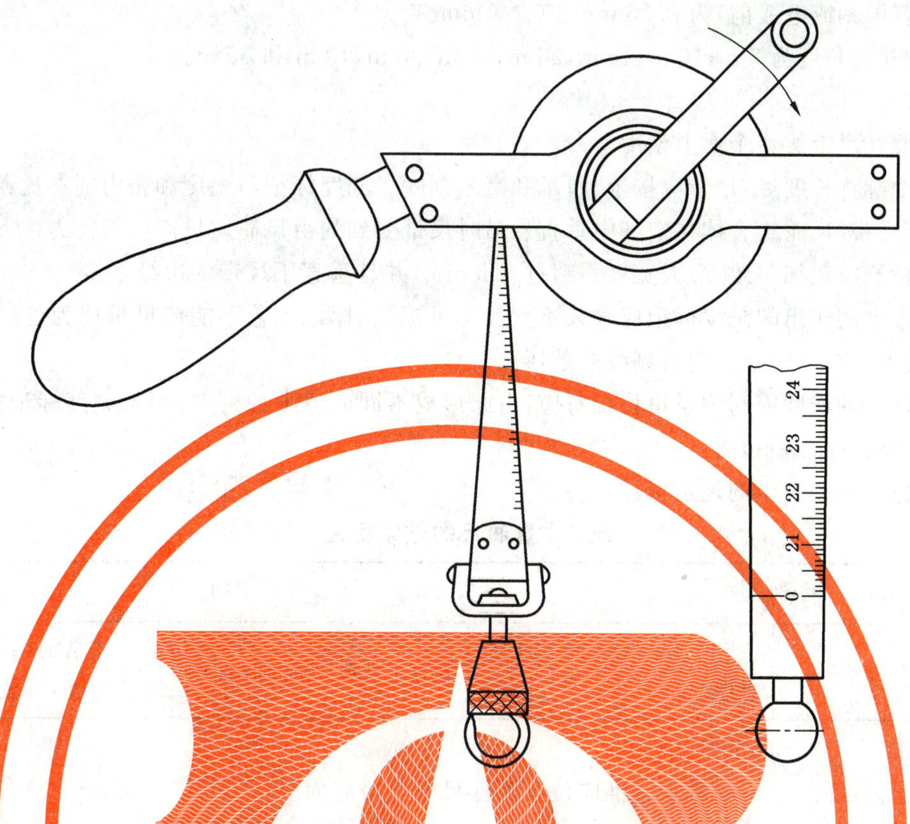

注：本图只是一个例子，其他类型的卷尺架也可以使用。

图2 典型的卷尺架

5.1.2 尺带、悬挂装置(见5.5)和测深尺砣所具有的结构应使系统零点位于测深尺砣的最底面，即尺带、悬挂装置和测深尺砣组成一个连续系统。刻度在尺带的整个长度上应是连续的。

注：在尺带与尺砣的连接部分，刻度既可以是连续的，也可以是中断的。

5.2 结构

尺带应由一条连续长度的钢带制成。

5.3 材质

制作尺带的钢带应符合如下规定(或者为类似规格的钢带)：

a) 高碳含量(碳的质量分数约为0.8%)；

b) 抗拉强度在1 600 N/mm^2 和1 850 N/mm^2 之间；

c) 线膨胀系数为$(11\pm1)\times10^{-6}$ ℃$^{-1}$。

在计量某些石化产品时，尺带可能需要采用类似于不锈钢的替代材料。对于这种情况，可能需要使用与温度对应的长度修正表。

5.4 涂层

为保护储存中的尺带，应采用一种合适的抗腐蚀材料作为涂层，但不应使尺带由此成为电绝缘体。

5.5 挂钩

一种永久固定(如铆接)到尺带前端的悬挂装置，通过它可以将测深尺砣、测空尺或测水尺连接到尺带上。这种悬挂装置应带有防止测深尺砣、测空尺或测水尺意外脱落的装置。

5.6 尺寸

尺带的尺寸应为：

——宽度为 13 mm±0.5 mm；

——厚度(蚀刻或电镀前)为 0.25 mm±0.05 mm。

量油尺的建议长度为 5 m,10 m,15 m,20 m,25 m,30 m,40 m 和 50 m。

5.7 刻度

5.7.1 只需要在尺带的一个面上刻度。

5.7.2 在整个标称长度上,尺带应按米、厘米和毫米刻度。刻度标记与温度和张力的参比条件有关,其中的张力等于尺带/尺砣组合体在空气中垂直悬吊时尺带受到的由尺砣质量产生的拉力(±10%)。

5.7.3 刻度标记应粗细一致,最大宽度不超过 0.5 mm,并且垂直于尺带的边缘。

5.7.4 在尺带上的作出的刻度标记应永久不变且不可擦除,标记工艺不能使尺带成为电绝缘体,而且标记刻度的技术应可以防止溶剂对刻线的破坏。

5.7.5 刻度标记的长度应与测量单位相对应,由此形成不同而清晰的刻度,而且刻度标记的宽度不至于降低测量精度。

5.7.6 刻度标记应按表 1 的规定标注数字。

表 1 量油尺的数字标注

中间刻度		主刻度	
在每个厘米处标注数字	在每个分米处标注较大的数字	在每米处标注较大的数字	在首米后的每个分米处用较小的数字重复标注

5.8 零点基准

尺带和测深尺砣组合后的零点基准应位于测深尺砣的最底面。

5.9 准确度(最大允许误差,m.p.e.)

对于新制造的尺带和测深尺砣的组合体,在规定的标准温度和张力下,当与标准测量设备比较时,从测深尺砣零点基准直到 30 m 刻度标记,尺带任一长度的最大允许误差不应超过±1.5 mm。使用中的尺带和测深尺砣的组合体在 30 m 内的最大允许误差不应超过±2.0 mm(见表 2)。

如果尺带和测深尺砣组合体的标称长度超过 30 m,则每增加 30 m 长度,最大允许误差允许增加首段 30 m 最大允许误差的 50%(见表 2)。

表 2 量油尺的最大允许误差

量油尺长度 m	新量油尺的最大允许误差 mm	使用中量油尺的最大允许误差 mm
0.000～30.000	±1.5	±2.0
30.001～60.000	±2.25	±3.0
60.001～90.000	±3.0	±4.0

用于检验尺带和测深尺砣组合体的标准测量设备,在 95%的置信范围内,对于 0 m 和 30 m 之间的任何距离,其校准溯源的不确定度不超过 0.5 mm。

在首次使用前,应检验量油尺的准确度,此后还应进行周期(例如每 6 个月)检验。该检验一般应包括如下两个部分:

a) 第一,当量油尺铅垂悬吊于空气中时,使用移动式游标显微镜或类似装置(在 95%的置信范围内,其测量的最大不确定度在 500 mm 以内的任意一点不超过 0.2 mm)检验测深尺砣零点基准到测深尺带一方便刻度(如 300 mm 刻度)间的距离;

b) 第二,当尺带借助尺砣产生的张力铅垂悬吊或者在其标准张力和温度下水平安放时,按大约 5 m 的间隔,通过与标准量油尺或其他标准装置(在 95%的置信范围内,其最大测量不确定度在 30 m 内的任意点不超过 0.25 mm)直接比对,检验尺带某一刻度标记到一系列其他刻度的距离。

示例:按照一般的检验方法,在 95%的置信范围内,所使用的两种标准测量设备的组合极限不确定度用均方根估算等于 $\sqrt{[0.20^2+0.25^2]}$=0.32 mm,小于上述规定的最大值(0.5 mm)。

对于传统的尺带和测深尺砣的组合体,建议使用的标准张力为 10 N 或 15 N,理由是该张力代表了标准 30 m 量油尺带连接标准 0.7 kg 测深尺砣在空气中铅垂悬挂时承受的近似张力。当按标准张力制造或校准的尺带在不同的张力下使用时,可能需要进行长度修正。

5.10 标识

尺带应在其前端标注如下内容:

a) 标准号,即 GB/T 13236;

b) 制造商的名称或商标;

c) 系列号;

d) 校准的标准条件;

  1) 温度,通常为 20 ℃;

  2) 校准时的拉力(通常为 10 N 或 15 N)。

e) 其他必要的法定标志。

6 卷尺架

6.1 在不挤压尺带或卷尺架的情况下,卷尺架的容量应足以卷绕足够长度的尺带。

6.2 卷尺架应由不打火花的材料制成(如铜)。

注:为防止尺带卷入或放出时由尺带运动对尺架造成的机械损伤,应在尺架内侧面上提供一种弹性摩擦条。

6.3 尺带长度应清晰标注在专门为其设计的卷尺架上。

6.4 尺鼓的直径应不小于 28 mm,并且应提供一个卷尺手柄,其上配一个可以自由旋转的球形捏手。

6.5 尺鼓上应配备一合适的销钉,通过它可以固紧尺带的末端。

注:制作卷尺架的手柄时,应使其在不使用时能折叠平放在尺架上。

6.6 卷绕尺带,使它自由通过卷尺轮和手柄之间的间隙(见图 2),同时可以看到卷尺上的刻度。如果卷尺架在手柄对面装有间距调整杆,那么尺带不应从杆间通过,以避免尺带打折和毁坏。

6.7 尺带和卷尺架在使用中应具有接地措施。

7 测深尺砣

7.1 概述

测深尺砣应设计成能与第 5 章规定的尺带组合使用。

7.2 材质

测深尺砣应由具有合适密度的不打火花的材料制成(如铜)。

7.3 结构

7.3.1 测深尺砣应加工成下部为锥状的圆柱体,底部为一垂直于主轴的平面(见图 3)。

注:锥形圆柱体与完全圆柱体相比,在测深中可以提供必要的灵敏度而且更容易穿透油泥。

尺砣底部不要做成锐利的尖状,原因是容易受到机械损伤,影响测量精度,使用中也会快速磨损。

7.3.2 测深尺砣顶部的设计结构可以使其牢固地固定到尺带上,其固定方式不应损害尺带和尺砣组合后的准确度。

7.3.3 在测深尺砣外立面上提供一个不小于 10 mm 宽的平面,在上面刻制刻度,使其与尺带刻度相连续。

单位为毫米

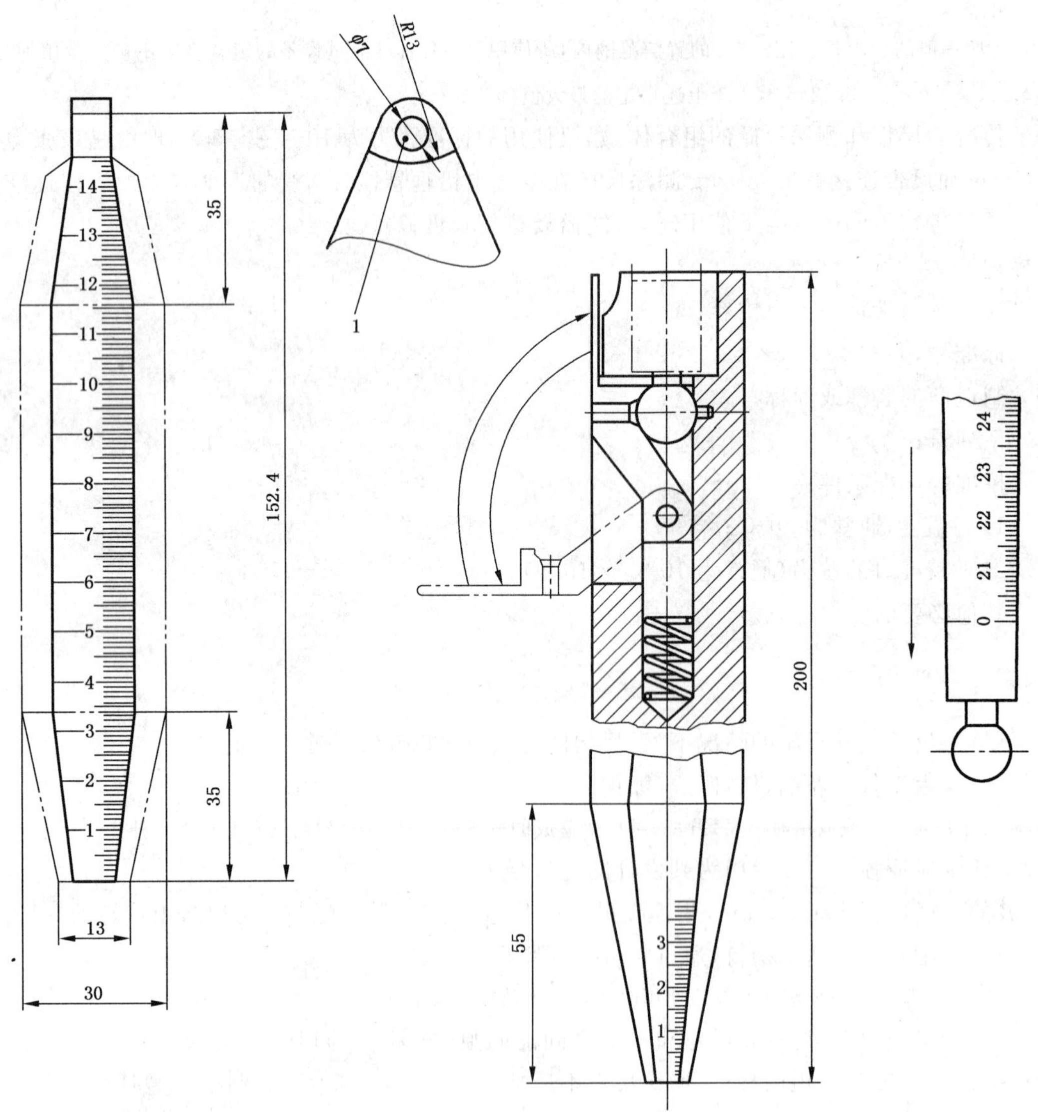

说明：

1——测深尺砣上旋转钩的挂孔。

图 3　典型的测深尺砣

7.4　质量

为使尺带在使用中保持重复拉紧，测深尺砣的质量至少应为 0.6 kg。

当测量底部存在一层沉淀物的油罐时，可能需要使用一种较重的测深尺砣(如 1.5 kg)，

从而使其更容易地穿透沉淀物。然而，量油尺的准确度(5.9)是在假定尺带配挂标准 0.7 kg 测深尺砣的条件下校准得出的。因此，可能需要较小的长度修正值来补偿使用较重测深尺砣时尺带受到的张力增量。

注：当尺带通常连接较重的测深尺砣时，可以考虑调整尺带制造和校准的标准张力，但校准的准确度要求不变。

7.5　准确度

测深尺砣应在其整个长度上标记刻度。

从零点基准到分度尺上其他任意一点的距离，最大允许误差应不超过±0.5 mm。如果需要检验分度尺的准确度，那么应使用移动式游标显微镜或类似的参比测量装置进行校准。后者在(0～500)mm 任意一点的极限测量不确定度不超过 0.2 mm，并具有 95%的置信概率。

7.6 零点标记

尺砣底面作为尺带和测深尺砣组合体的零点基准。

7.7 刻度标记

7.7.1 刻度标记应雕刻在尺砣上，且宽度不超过0.50 mm。

7.7.2 刻度标记应垂直于尺砣的主轴，并且应是尺砣轴线上对应距离的投影。

7.7.3 刻度标记应垂直于这个面的边缘，并且可以延长到这个面以外，与尺带的刻度相对应。

7.8 标识

每个尺砣应带有如下标记：

a) 本标准的编号，即GB/T 13236；

b) 系列号(与尺带一致)；

c) 其他必要的法定标记。

8 测空尺

8.1 概述

8.1.1 测空尺通常与第5节描述的尺带组合使用来测量罐内油品的空高。

8.1.2 测空尺可以在多个面上刻度，但分度线应位于相对零点基准的相同高度。

注：通常只在一面划分刻度。

8.1.3 测空尺零点标记以下的刻度为量油尺外加的刻度(见图4)。

8.1.4 测空尺不允许用测水尺(见第9章)代替，因为二者具有不同的零点基准。

8.2 材质

测空尺应由不打火花的材料制成(例如铜)。

8.3 结构

8.3.1 测空尺应加工成条形板的形状，在其平面上雕刻刻度，所有边缘应切削成平滑过度的直角。

8.3.2 测空尺的顶部结构可以使其牢固地固紧尺带，而且不损害尺带和测空尺砣组合后系统的准确度。

8.4 质量

测空尺的质量至少应为0.6 kg，在使用中确保能拉紧尺带。

8.5 准确度

零点标记大约位于测空尺的中间位置，从零点标记到底面的长度范围内按厘米和毫米刻度。自零点基准到刻度尺上任意点的距离，最大允许误差不应超过±0.5 mm。在需要检验刻度尺的准确度时，检验装置应使用移动式游标显微镜或类似的参比测量装置。在95%的置信范围内，检验装置自零点到500 mm位置内任意点的极限测量不确定度不超过0.20 mm。

8.6 零点标记

尺带和测空尺组合后的零点基准为刻画在测空尺上的零点标记(见图4)。

8.7 刻度标记

8.7.1 测空尺上的刻度标记应符合5.7或7.7的要求。

8.7.2 刻度标记应雕刻在测空尺的尺面上，刻线宽度不超过0.50 mm。

8.7.3 刻度标记应垂直于雕刻尺面的边缘。

8.8 数字

从零向下为主刻度标注数字。

8.9 标识

测空尺上应提供如下标记：

a) 本标准的编号，即GB/T 13236；

b) 系列号(与尺带一致)；

c) 必要的法定标志。

单位为毫米

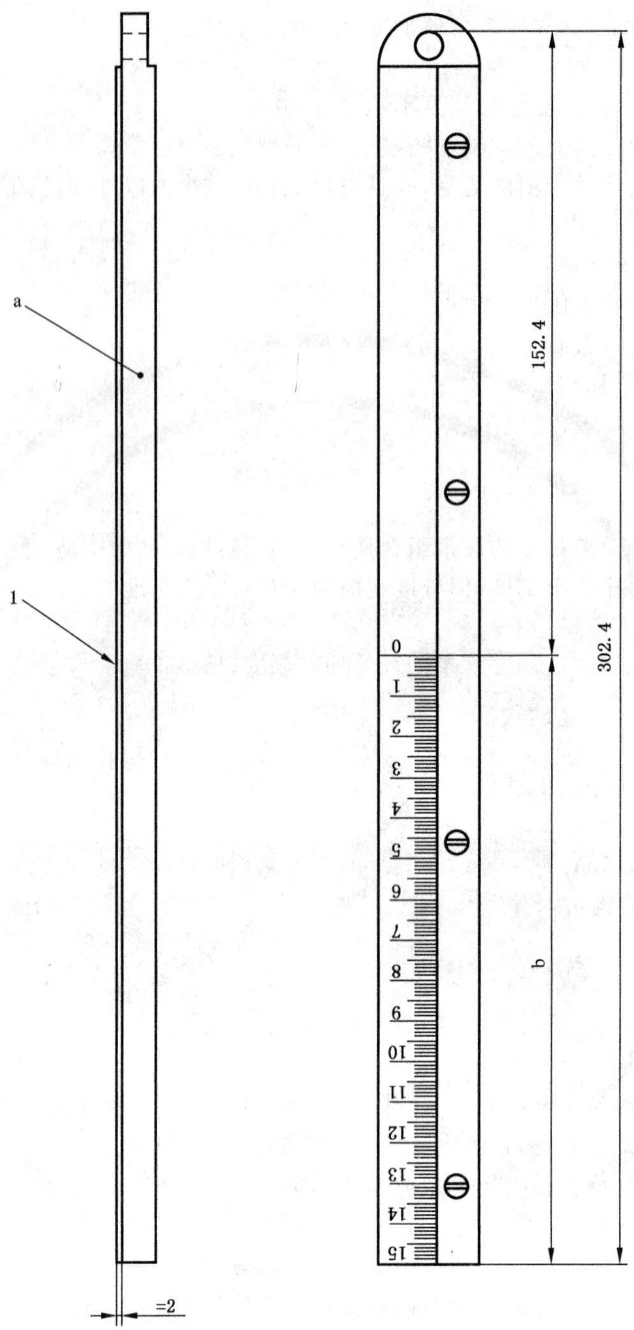

说明：

1——硬质橡胶镶嵌条。

a 刻在反面的“测空尺”；

b 厘米和毫米分度。

图 4 测空尺的示例

9 测水尺

9.1 概述

9.1.1 测水尺应与第 5 章描述的尺带组合使用来测量油罐底部游离水的高度。

9.1.2 测水尺可以在多个面上刻度，但刻度应位于零点基准以上相同的高度。

注：通常只在一面刻度。

9.1.3 测水尺应从其最底部开始刻度。

注：测水尺的刻度不必直接与使用中连接的尺带刻度相关联，因为测水尺通常要比标准测深尺砣长(见图5)。

9.1.4 测水尺不允许用测空尺代替，因为二者具有不同的零点基准。

9.1.5 测水尺的结构设计应方便示水膏的使用。

注：在GB/T 13894中给出了用示水膏检测油水界面的信息。

单位为毫米

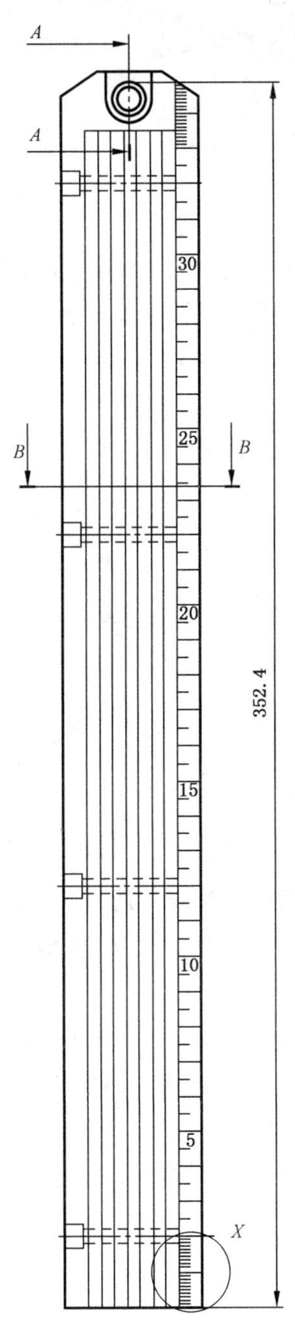

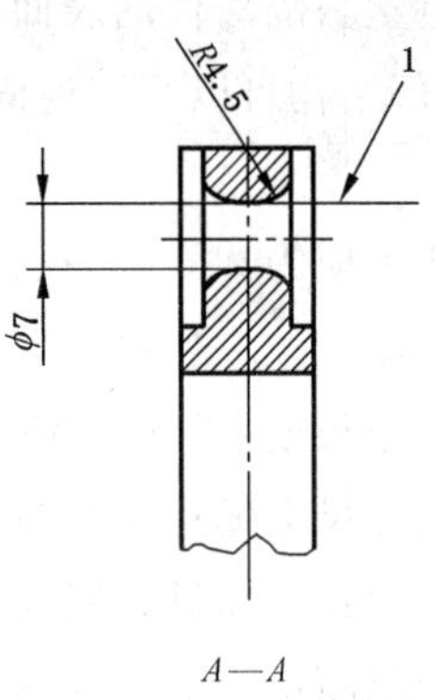

A—A

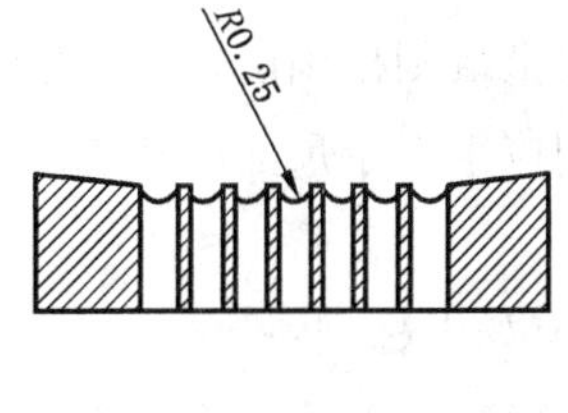

B—B

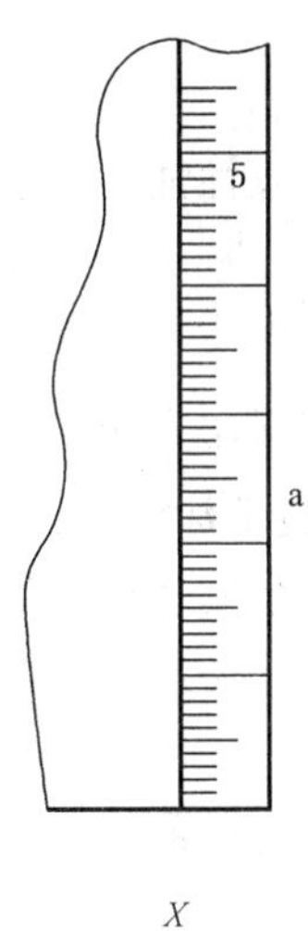

X

说明：

1——基准面。

a 厘米和毫米分度。

图5 测水尺的示例

9.2 材质

外部框架和导电隔离件应由不打火花的合适材料制成(例如铜)。非导电隔离件应由透明的塑料制成,这种透明塑料能够抵抗可能遇到的各种材料的腐蚀。

9.3 结构

9.3.1 这种交错排列的透明塑料隔离件应制成一定的尺寸,避免存在静电危害,但仍然可以通过尺子看到示水膏的反应。

任何一个非导电塑料隔离件的表面积应小于 $2.8\times10^{-3}\ m^2$。

9.3.2 测水尺的顶部结构可以牢固地固紧尺带,而且不应损害测水尺的测量精度。

9.4 质量

测水尺的质量至少应为 0.6 kg,在使用中确保能拉紧尺带。

9.5 准确度

测水尺的整个工作长度(通常为 350 mm)上,应按厘米和毫米刻度。

从零点基准到刻度尺上任意点的距离,最大允许误差应不超过±0.5 mm。检验刻度尺的准确度。检验设备可以使用移动式游标显微镜或类似的参比测量装置,在95%的置信范围内,自零点到 500 mm 位置以内任意点的极限测量不确定度不超过 0.2 mm。

9.6 刻度标记

9.6.1 测水尺的刻度标记应符合 5.7 或 7.7 的规定。

9.6.2 在测水尺上雕刻出刻度标记,宽度不超过 0.5 mm。

9.6.3 刻度标记应垂直于尺面的边缘。

9.7 标识

测水尺应具有如下标记:

a) 本标准的编号,即 GB/T 13236;

b) 必要的法定标志。

10 界面指示膏

10.1 概述

界面指示膏与轻质挥发性油品或水接触,颜色可以发生相应地改变。通过它可以更有效地检测油品和油水界面的高度。

10.2 示油膏

10.2.1 挥发性油品可能无法直接在尺带、测深尺砣或测空尺砣上显示清晰准确的液位(液痕)。当在尺带、测深尺砣或测空尺砣上涂上薄薄一层示油膏时,可以较好地解决这个问题。

10.2.2 示油膏通过清晰的颜色变化指示液位。

10.2.3 示油膏不应使指示液位存在任何向上爬升的趋势,即指示一个比真实液位高的液位,由此会得到一个比较小的空高。

如果需要高精度的测量数据,则不允许使用黄油或粉笔代替专门配制的示油膏,原因是用黄油或粉笔测量显示液位,其指示液位可能要比真实液位高几个毫米。

10.3 示水膏

10.3.1 示水膏在测深尺砣或测水尺上涂上薄薄一层时,可更有效地测量油罐底部游离水的高度。

10.3.2 示水膏应通过清晰的颜色变化指示液位。

10.3.3 示水膏不应指示有向上爬升趋势的液位,即指示一个比真实液位高的液位。

11 便携式电子计量装置(PEGDs)

11.1 概述

11.1.1 便携式电子计量装置通常具有多种功能,除了可以测量空高以外,还可以测量其他参数,如油水界面的高度、温度和/或密度等。GB/T 13894[1)] 规定了便携式电子计量装置在液位测量中的用法,而GB/T 8927 则规定了它在温度测量中的用法。

11.1.2 在设计便携式电子计量装置时,可以使其适用于开放、受限或密闭计量的需要。

11.2 安全要求

仪器中的电子系统应采用低压干电池作为电源。整个设备应属于本质安全型,所有显示系统应封装在本质安全的密闭系统中。每个系统应符合 GB 3836.4 的要求。

11.3 测量尺的结构、刻度和标记

测量尺应符合 5.2、5.3 和 5.6 中对于尺带的规定。尺带的刻度应符合 5.7 的规定,但尺带的标准张力应等于尺带在空气中垂直悬挂时由 PEGD 传感探头的质量对其产生的拉力(±10%)。

11.4 测量探头

测量探头应由不打火花的材料制成,其质量能够使尺带在使用中保持铅垂,必要时还可增加配重。

注:如果便携式电子计量装置的尺带有塑料涂层(用于保护尺带边缘的电缆),测量探头的质量可能要超过传统测深尺砣的质量,以确保在使用中拉紧尺带。

11.5 零点基准

当具有液位测量功能的 PEGD 工作于空高模式时,其零点基准应是 PEGD 传感器检测到油面的响应点。

传感器要进行保护,以避免受到机械损伤,因此尺带和测量探头组合后的零点基准通常不在 PEGD 测量探头的底表面。如果不将它垂直吊入液面,则无法直接检验零点基准。对于这种情况,零点基准应位于距测量探头底面一固定距离的位置(由制造厂规定)。

如果用 PEGD 测量油罐的参照高度,那么应将尺带的观测读数加上制造厂规定的距离(零点基准偏距),以计算出实际的参照高度。

11.6 准确度

PEGD 测量液位的最大允许误差应不超过 5.9 中描述的传统量油尺,只是由于 PEGD 传感器可能存在迟滞响应,因此允许存在±0.5 mm 的附加误差。

注 1:尽管存在附加误差,但不应理解为 PEGD 的测量精度就低于传统量油尺的测量精度。某些迟滞是不可避免的,而且迟滞误差相当于 GB/T 13894 中规定的传统测量方法中重复性测量误差的一部分。

用于检验 PEGD 最大允许误差的标准测量仪器也应检验合格,在 95%的置信范围内,其最大不确定度在 0 m~30 m 内的任何距离不应超过 0.5 mm。

在首次使用前,应检验每台 PEGD 的准确度,以后应进行定期检验(例如每 6 个月)。

注 2:这种检验通常包括如下两个步骤:

a) 第一步,将 PEGD 的测量探头垂直悬吊,使其进入轻烃液体(如煤油)表面,使用移动式游标显微镜或类似的标准测量装置(在 95%的置信范围内,在 500 mm 以内的任意点,最大测量不确定度不超过 0.2 mm)检验 PEGD 尺带上一方便刻度到零点基准(传感器油响应点)的距离(如 300 mm 刻度)。此外,PEGD 传感器的水响应点也应进行检验,只要将测量探头垂直悬吊,使其进入水面,重复本方法即可;

b) 第二步,在标准拉力和温度下,水平拉紧尺带,按照 5m 的间隔,通过与标准量油尺或其他类似测量装置(在 95%的置信范围内,在 30 m 距离内的任意点,最大测量不确定度不超过 0.25 mm)直接比对,检验尺

---

1) 在 GB/T 13894 的修订版中,将增加便携式电子计量装置的相关内容。

带上已经选定的刻度标记到一系列其他刻度标记的距离。作为替代方法，PEGD的尺带也可以垂直悬吊，以便其受到的拉力由尺带和测量探头垂直悬吊于空气中的质量产生。

如果PEGD测量探头的底面能够作为测定油罐参照高度的基准使用，那么应通过移动式游标显微镜或类似的标准测量装置（在95%的置信范围内，在500 mm范围内的任意点，最大不确定度不超过0.2 mm），在PEGD的尺带和测量探头垂直悬吊于空气中时，直接检验传感器底面到所选尺带刻度标记的距离。

11.7 PEGD读数指针

为PEGD设计安装一个读数指针，由此确定PEGD的尺带读数。

读数指针的宽度不应超过5.7.3中规定的尺带刻度标记的最大宽度（即0.5 mm）。

读数指针中心偏离PEGD接触的上计量参照点（或蒸气闭锁阀基准面）的距离应由制造厂预先设定，并标记在显著位置。读数指针偏离距的最大允许误差应为±0.2 mm。

11.8 导电连续性

测量探头和卷绕架之间应提供一条导电通路，在卷绕架上也应提供一个接地点或接地导线，测量时能够使连接到油罐上的卷绕架接地。

11.9 标识

每台PEGD的卷尺架上应标记如下内容：

a) 标准号，即GB/T 13236；

b) 唯一的系列号。

此外，PEGD的刻度尺还应标记如下内容：

a) 校准的标准条件；

  1) 校准温度；

  2) 校准拉力。

b) 其他必要的法定标记。

12 蒸气闭锁阀

蒸气闭锁阀的设计结构应使蒸气密闭罐的计量或取样能够在油罐带压和蒸气损失最小的情况下进行。蒸气闭锁阀应适用于油罐的工作压力（具有合适的安全极限）。

典型的蒸气闭锁阀如图6所示。它主要由带法兰或螺纹的立管构成，其中较低一段装有蒸气密闭球阀，顶部带有一个快速连接口或螺纹冒。球阀的直径应足够大，能够使计量装置顺利通过。

摘掉盖帽，能够安装具有配套连接件的便携式电子计量装置（PEGD）。此外，还可以安装一种适配器，以便能够通过蒸气闭锁阀使用其他计量设备。

当使用蒸气闭锁阀提供手提电子计量装置的入口时，应提供一种防止尺带和传感器在完全取出前关闭阀门的技术。

作为蒸气闭锁阀组成部件的密封材料和垫圈应能够充分防止液相和气相石油产品的腐蚀。蒸气闭锁阀在油罐壳体和计量尺之间的连接应保持接地连续性。

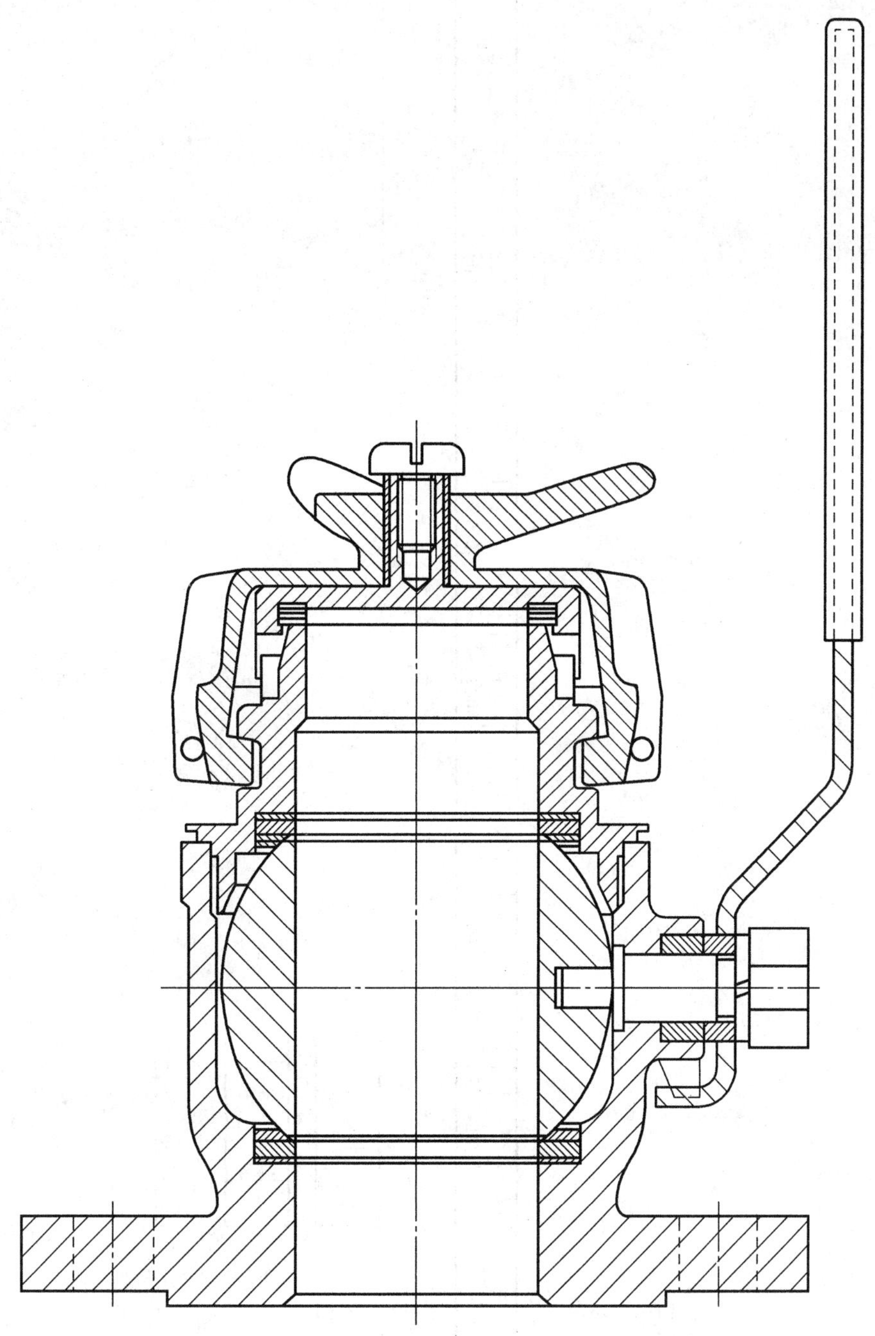

图 6　一种典型蒸气闭锁阀的示例

13　测深杆和测空杆

13.1　概述

测深杆和测空杆可以代替量油尺用于小型油罐的计量，如公路罐车、铁路罐车或小直径的卧式圆筒形油罐。太长的测深杆和测空杆在大风中难于使用，因此长度最好不超过 5 m。

测深杆和测空杆应符合 13.2～13.7 的规定，典型实例见图 7 和图 8。

单位为毫米

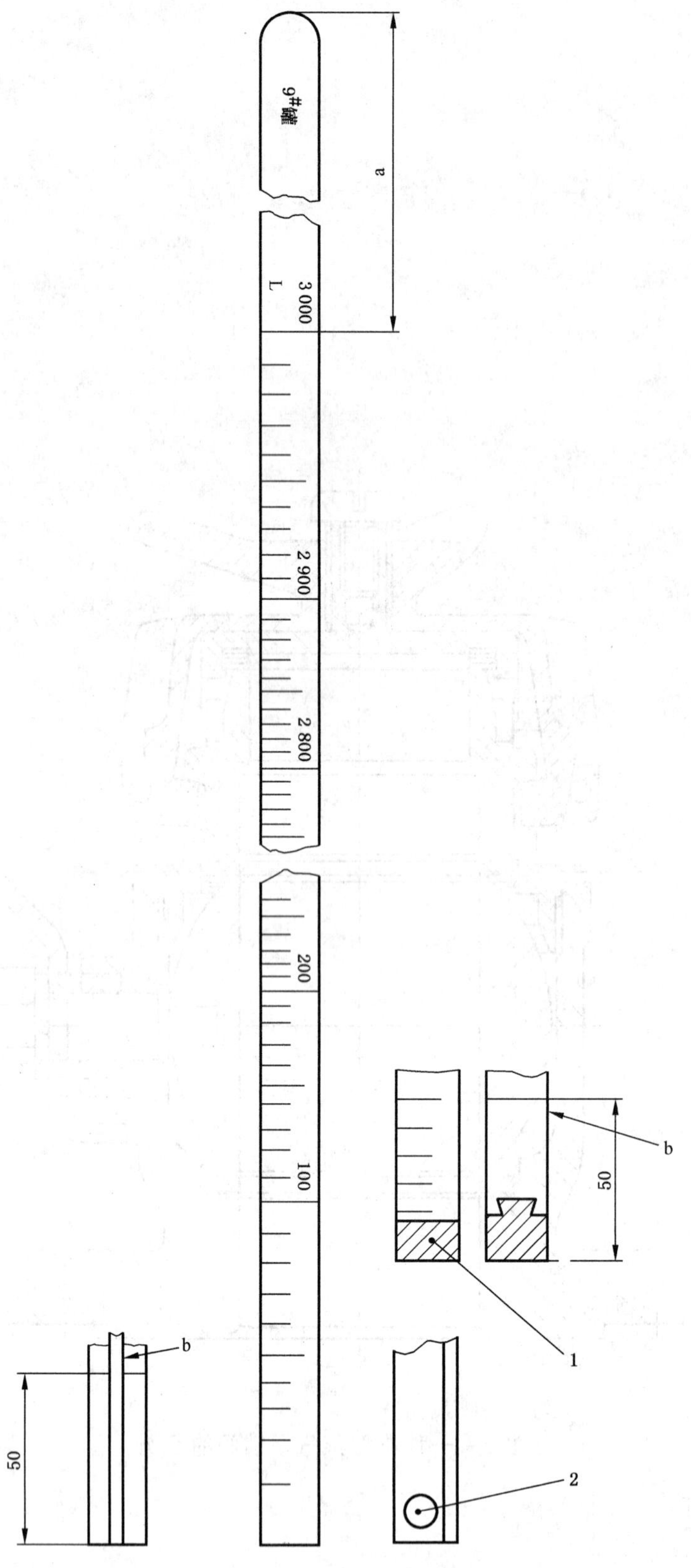

说明：

1——特富龙(teflon)抗磨损端头；

2——检验机构印章的铅塞。

a 油罐安全空间＋测深口的高度＋手柄的适当长度。

b 刻于测杆反面的"基准"。

图 7 典型的体积式测深杆

单位为毫米

说明：

1——模制铸件；

2——T形截面的铜杆(或染成黑色的长方形截面硬木杆)；

3——机构检验图章的塞子。

a 用清晰文字指示的罐号和舱号；

b 平坦且与杆轴垂直的底面；

c 调节至净罐底或检尺管底部的长度；

d 刻于测杆背面，为检验横向条块设置的基准；

e 在杆底重复标注的罐号、舱号和单位。

图 8 典型的体积式测空杆

13.2 材质

建议使用铜、木材、浸碳强化玻璃塑料(GRP)或者其他安全有效的材料制造测深杆和测空杆。如果使用木质材料,那么应使用没有弯曲或扭曲的直纹木材或类似木材,用苯胺黑染色并打磨平滑。

对磨损部件应加以保护,但不应由此形成绝缘体。使用的非金属材料应属于不会累计静电的类型。

如果使用塑料材质,则应是消散性的。当在 25 ℃和 50%相对湿度下测量时,其表面电阻应小于 $10^9\ \Omega$,泄漏电阻小于 $10^{11}\ \Omega$。

出于安全考虑,在测深杆或测空杆的制造中不应使用镁或铝的合金。

13.3 结构和尺寸

13.3.1 概述

由非木质材料制成的测深杆和测空杆最好由型材断面杆制成,例如 T 形或 U 型,面宽大约 20 mm,厚度不小于 3 mm。

注:这种结构形式既轻便,又易于操控,并具有足够的刚性。也可以使用其他断面形式,其中一个平面的宽度应不小于 16 mm,其他尺寸也应保证其具有足够刚性。

13.3.2 测深杆

测深杆应具有可以达到油罐底部测深点的足够长度,在插到底部测深点后,测深杆露出油罐计量口的长度不小于 150 mm,露出部分可作操作手柄使用。

13.3.3 测空杆

测空杆应具有覆盖罐内液位正常运行范围的合适长度。测空杆上部应安装一足够长度的横向条块,该横向条块与测空杆主轴成直角,刚性固定在测空杆上。借助横向条块将测空杆放在计量参照点或测空口的边缘之上。如果横向条块为木质材料,应为其底面加装金属边条,以防止横向条块的磨损。

注:测空杆的操作手柄可以安装在横向条块的上面。

13.4 刻度

13.4.1 单位

按长度单位刻度时,应按米、厘米和毫米分度。按体积单位刻度时,应按 1 L 的倍数分度。

13.4.2 刻度线和数字

刻线或数字应均匀深刻于测量杆上,而且所有刻线应垂直于测量杆的边缘。

13.4.3 刻度标记的尺寸

13.4.3.1 按长度单位刻度的测量杆

按照表 1 的要求,中间的、主要的和较小的刻度标记应具有与面宽成类似比例的长度。

刻度标记应粗细一致,宽度不超过 0.5 mm,而且垂直于测量杆的边缘。

13.4.3.2 按体积单位刻度的测量杆

按体积单位分度的测深杆和测空杆只需在一面制作刻度。这种测深杆和测空杆仅用于测量已标定的现有油罐,而且每个油罐需要专门配备一个测量杆。

标记方法取决于油罐的几何形状以及体积随深度的相应变化。相邻标记中心线之间的距离不应小于 5 mm,以留出足够的空间放置 2.5 mm 大小的符号。

刻线宽度不应超过 0.5 mm。

测量杆上的刻度应符合如下 a)或 b)的规定:

a) 所有刻线标记延伸到测量杆的整个宽度;

b) 刻度按表 3 分类,主刻度延伸至整个宽度,中间刻度占宽度的三分之二,较小的刻度占宽度的三分之一。当刻度标记之间的距离达到极限值时,应标记右侧下一列的值。

表 3　测深杆上按体积单位刻度的刻度标记

刻度类型	刻度标记 L		
主刻度	100	100	500
中间刻度	—	—	—
较小刻度	20	50	100

13.4.4　数字

刻度的数值至少应 2 mm 高，而且应按照如下规定清晰标注：

a）按长度单位刻度的测量杆，标注数字应符合表 4 的要求或者每个数字应具有相同的尺寸。每个数字应标注在对应标记的上部附近；

b）按体积单位刻度的测量杆，每个主刻度都应标注数字(见图 7 和图 8)。标注的数字应符合表 4 的要求或者每个数字应具有相同的尺寸。每个数字应标注在对应标记的上部附近。每个刻度应采用体积单位进行标注。

表 4　测深杆和测空杆刻度的数字标注

中间刻度		主刻度	
每厘米处标注数字	在每米标记的下侧用“m”标注较大数字	在每米标记的下侧用“m”标注较大数字	在第一米后的每分米处用较小的数字重复标注

13.5　零点基准标记

13.5.1　按长度单位刻度的测量杆

13.5.1.1　测深杆

按长度单位刻度时，刻度零点的位置位于测深杆的底部。

13.5.1.2　测空杆

零点基准应精确定位于横向条块的底面。

对于这两种测量杆，为便于检查基准面的磨损情况，应在刻度尺上离基准点一固定的距离位置标记一条参比线。

13.5.2　按体积单位刻度的测量杆

13.5.2.1　测深杆

如果油罐底部的最低点位于基准点下面，那么就不可能在测深杆上标记零。测深杆的最低点应标记基准点以下的容量。如果油罐的基准点和最低点相一致，那么测深杆的最低位置可以标记零。

13.5.2.2　测空杆

测空杆在使用时不接触油罐底部，因此不可能为测空杆作零点容量标记。刻度的精度只能依据油罐标定表和相对计量参照点的空距来检验。

13.6　准确度

13.6.1　按长度单位刻度的测量杆

当在 20 ℃温度而且在没有受到约束力的情况下校准时，测量杆总长度的误差不应超过±1 mm。在相同条件下，所有刻度的位置误差也应不超过±1 mm。

13.6.2　按体积单位刻度的测量杆

测量杆的刻度误差可以转换为体积误差，测量杆的精度实际表示了油罐标定的精度。

油罐应使用 ISO 4269-1 中规定的一种方法进行标定。

当测量杆在油罐标定温度与标准测量装置进行比对时，刻度标记相对标定基准的位置误差不应超过 1 mm。

13.7 标识

13.7.1 按长度单位刻度的测量杆

每个测量杆应具有如下标记：

a) 本标准的编号，即 GB/T 13236；

b) 制造厂的名字或商标；

c) 在突出位置，测深杆标注“实高”或“DIP”；测空杆标注“空高”或“ULLAGE”。

13.7.2 按体积单位刻度的测量杆

每个测量杆应具有如下标记：

a) 本标准的编号，即 GB/T 13236；

b) 用其测量的油罐识别码或编号；对于多舱室的油罐，识别号还应包括舱室号；

c) 标定机构名称。

ICS 25.220.10
A 29

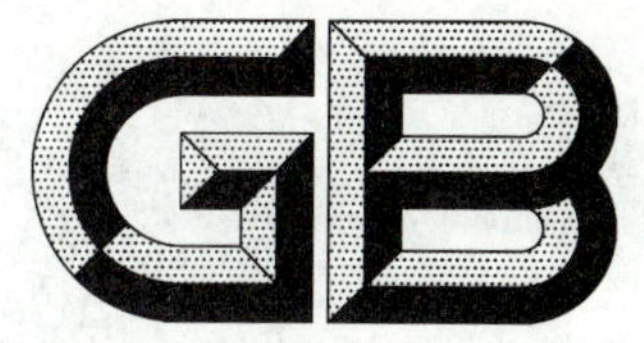

中华人民共和国国家标准

GB/T 13288.2—2011/ISO 8503-2:1988
代替 GB/T 13288—1991

涂覆涂料前钢材表面处理 喷射清理后的钢材表面粗糙度特性 第2部分:磨料喷射清理后钢材表面粗糙度等级的测定方法 比较样块法

Preparation of steel substrates before application of paints and related products—Surface roughness characteristics of blast-cleaned steel substrates—Part 2:Method for the grading of surface profile of abrasive blast-cleaned steel—Comparator procedure

(ISO 8503-2:1988,IDT)

2011-12-30 发布 2012-10-01 实施

中华人民共和国国家质量监督检验检疫总局
中国国家标准化管理委员会 发布

前　言

GB/T 13288《涂覆涂料前钢材表面处理　喷射清理后的钢材表面粗糙度特性》分为下列几部分:

——第 1 部分:用于评定喷射清理后钢材表面粗糙度的 ISO 表面粗糙度比较样块的技术要求和定义;

——第 2 部分:磨料喷射清理后钢材表面粗糙度等级的测定方法　比较样块法;

——第 3 部分:ISO 表面粗糙度比较样块的校准和表面粗糙度的测定方法　显微镜调焦法;

——第 4 部分:ISO 表面粗糙度比较样块的校准和表面粗糙度的测定方法　触针法;

——第 5 部分:表面粗糙度的测定方法　复制带法。

本部分为 GB/T 13288 的第 2 部分。

本部分按照 GB/T 1.1—2009 给出的规则起草。

本部分代替 GB/T 13288—1991《涂装前钢材表面粗糙度等级的评定(比较样块法)》。本部分与 GB/T 13288—1991 相比,主要技术变化如下:

——将规范性引用文件修改为直接引用 ISO 标准 ;

——增加了"术语和定义"、"原理"、"仪器"等章节(见第 3 章、第 4 章和第 5 章);

——修改了"测试报告"一章(见第 8 章,1991 年版的第 6 章)。

本部分使用翻译法等同采用 ISO 8503-2:1988《涂覆涂料前钢材表面处理　喷射清理后的钢材表面粗糙度特性　第 2 部分:磨料喷射清理后钢材表面粗糙度等级的测定方法　比较样块法》。

与本部分中规范性引用的国际文件有一致性对应关系的我国文件如下:

——GB/T 5206(所有部分)　色漆和清漆　词汇[ISO 4618(所有部分)];

——GB/T 8923.1—2011　涂覆涂料前钢材表面处理　表面清洁度的目视评定　第 1 部分:未涂覆过的钢材表面和全面清除原有涂层后的钢材表面的锈蚀等级和处理等级(ISO 8501-1:2007,IDT);

——GB/T 13288.1—2008　涂覆涂料前钢材表面处理　喷射清理后的钢材表面粗糙度特性　第 1 部分:用于评定喷射清理后钢材表面粗糙度的 ISO 表面粗糙度比较样块的技术要求和定义(ISO 8503-1:1988,IDT);

——GB/T 13288.3—2009　涂覆涂料前钢材表面处理　喷射清理后的钢材表面粗糙度特性　第 3 部分:ISO 表面粗糙度比较样块的校准和表面粗糙度的测定方法　显微镜调焦法(ISO 8503-3:1988,IDT);

——GB/T 18839.2—2002　涂覆涂料前钢材表面处理　表面处理方法　磨料喷射清理(eqv ISO 8504-2:2000)。

本部分由中国船舶工业集团公司提出。

本部分由全国涂料和颜料标准化技术委员会涂漆前金属表面处理及涂漆工艺分技术委员会(SAC/TC 5/SC 6)归口。

本部分起草单位:中国船舶工业综合技术经济研究院、中国船舶工业集团公司第十一研究所、山东淄博大亚金属科技股份有限公司、山东开泰集团有限公司、广州中船黄埔造船有限公司、浙江佳隆防腐工程有限公司,广州中船龙穴造船有限公司。

本部分主要起草人:宋艳媛、傅建华、韩庆吉、韩超、刘如伟、张来斌、李东、王家德、陈熙寰、张万红、郭利雄。

本部分所代替标准的历次版本发布情况为:

——GB/T 13288—1991。

引　言

不管钢材表面处理采用何种磨料和清理方式，均会使喷射清理后的钢材表面形成由难以用文字表达的波峰和波谷组成的非规则状态。由于这种非规则性，因而导致无法测得表面粗糙度的精确值。因此，粗糙度轮廓被建议分为凹陷形（用丸粒状磨料清理）和尖角形（用砂粒状磨料清理）两种，并把粗糙度分为“细”、“中”和“粗”三级，每种等级定义见 GB/T 13288.1 的规定。这些表面特征规定被认为给出了大多数涂装要求的足够特征。足以满足大多数涂装要求。

特别值得注意的是，“细”、“中”和“粗”等级代表不同范围的粗糙度特性，取决于喷射清理表面采用的是丸粒磨料还是砂粒磨料。

因而，通过给定“细”、“中”和“粗”等级在涂层上产生的影响不仅可以通过特殊表面特征而且可以通过这些等级的特殊粗糙度值（$\bar{R}_{y5}$ 或 $\bar{h}_{Y}$）来测定。表面粗糙度特别重要之处，应给出表面粗糙度等级（“细”、“中”和“粗”）和所采用的磨料类型。

本测试方法要求补充下列详细内容。这些内容应符合 ISO 8501、ISO 8503 和 ISO 8504 各部分或类似标准的规定，或有关利益各方约定的条款。

a) 等级评定的时间和位置，即评定喷射清理发生的频率和各评定点之间的距离；

b) 喷射清理所用的磨料种类，即丸粒磨料或砂粒磨料或二者的混合物；

c) 喷射清理表面要求达到的粗糙度等级（见注），即“细”、“中”或“粗”，以及喷射清理前的表面锈蚀等级（见 ISO 8501-1）；

d) 若必要，比较样块的类型，即比较样块 G 或比较样块 S。

注：钢材的锈蚀等级表明的是钢材表面“原始”的粗糙度，因而会影响清理后表面的粗糙度。“二次”粗糙度是喷射清理过程中在“原始”粗糙度基础上形成的粗糙度，正是这“二次”粗糙度才是需要使用参考比较样块进行评定的粗糙度。

由于机械或火焰切割、钻等原因引起的尖锐边缘不在“原始”粗糙度考虑范围内，在磨料喷射清理前应予以磨掉。

涂覆涂料前钢材表面处理 喷射清理后的钢材表面粗糙度特性 第2部分:磨料喷射清理后钢材表面粗糙度等级的测定方法 比较样块法

1 范围

GB/T 13288 的本部分规定了表面粗糙度等级目视和触摸评定法,采用 ISO 8504-2 规定的任何一种磨料喷射清理所产生的钢材表面粗糙度均可按本部分的规定进行评定。

本方法采用 ISO 表面粗糙度比较样块,在现场评定涂覆涂料前磨料喷射清理后的钢材表面粗糙度。

注:ISO 表面粗糙度比较样块还可用于评定其他底材经磨料喷射清理后的表面粗糙度,且不局限于测定涂覆涂料前的表面。

本方法适用于经丸粒或砂粒磨料喷射清理的钢材表面,且整个被测表面的喷射清理外观等级为 ISO 8501-1 中的 Sa2½和 Sa3 级。

本方法适用于经金属或非金属磨料清理的表面。

2 规范性引用文件

下列文件对于本文件的应用是必不可少的。凡是注日期的引用文件,仅注日期的版本适用于本文件。凡是不注日期的引用文件,其最新版本(包括所有的修改单)适用于本文件。

ISO 4618 色漆和清漆 术语和定义(Paints and varnished—Terms and definitions)

ISO 8501-1 涂覆涂料前钢材表面处理 表面清洁度的目视评定 第1部分:未涂覆过的钢材表面和全面清除原有涂层后的钢材表面的锈蚀等级和处理等级(Preparation of steel substrates before application of paints and related products—Visual assessment of surface cleanliness—Part 1: Rust grades and preparation grades of uncoated steel substrates and of steel substrates after overall removal of previous coatings)

ISO 8503-1 涂覆涂料前钢材表面处理 喷射清理后的钢材表面粗糙度特性 第1部分:用于评定喷射清理后钢材表面粗糙度的 ISO 表面粗糙度比较样块的技术要求和定义(Preparation of steel substrates before application of paints and related products—Surface roughness characteristics of blast-cleaned steel substrates—Part 1: Specifications and definitions for ISO surface profile comparators for the assessment of abrasive blast-cleaned surfaces)

ISO 8503-3 涂覆涂料前钢材表面处理 喷射清理后的钢材表面粗糙度特性 第3部分:ISO 表面粗糙度比较样块的校准和表面粗糙度的测定方法 显微镜调焦法(Preparation of steel substrates before application of paints and related products—Surface roughness characteristics of blast-cleaned steel substrates—Part 3: Method for the calibration of ISO surface profile comparators and for the determination of surface profile—Focusing microscope procedure)

ISO 8503-4 涂覆涂料前钢材表面处理 喷射清理后的钢材表面粗糙度特性 第4部分:ISO 表面粗糙度比较样块的校准和表面粗糙度的测定方法 触针法(Preparation of steel substrates before application of paints and related products—Surface roughness characteristics of blast-cleaned steel substrates—Part 4:Method for the calibration of ISO surface profile comparators and for the determination of surface profile—Stylus instrument procedure)

ISO 8504-2 涂覆涂料前钢材表面处理 表面处理方法 第2部分:磨料喷射清理(Preparation of steel substrates before application of paints and related products—Surface preparation methods—Part 2:Abrasive blast-cleaning)

3 术语和定义

ISO 4618 和 ISO 8503-1 界定的术语和定义适用于本文件。

4 原理

采用目视或触摸的方法,将待测表面粗糙度与已校准的ISO表面粗糙度比较样块的各区域表面粗糙度相比较,对待测表面粗糙度在其所处的两个区域之间进行标识,并转换成相近的等级:"细"、"中"或"粗"。

5 仪器

5.1 表面粗糙度比较样块

表面粗糙度比较样块应经过校准,且符合 ISO 8503-1 的要求。

注1:在 ISO 8503-1 中规定了两种比较样块,一种用于评定经砂粒磨料喷射清理后的表面粗糙度(参考比较样块G),一种用于评定经丸粒金属磨料喷射清理后的表面粗糙度(参考比较样块S)。ISO 8503-1 给出了确定"细"、"中"和"粗"三个粗糙度等级范围的一般评价。

使用丸粒和砂粒混合磨料喷射清理表面时,应使用砂粒磨料参考比较样块G进行表面粗糙度评定。

某些磨料(例如:铸钢类和钢丝切丸)在使用期间会改变形状,"新"磨料为棱角状粗糙的外观,而多次使用过的磨料为圆形粗糙的外观。因此,对这些磨料应选择适当的比较样块(见 ISO 8504-2)。

注2:也可采用其他设计和形状的比较样块,但该样块需具有符合 ISO 8503-1 规定的粗糙度要求的四个区域。

5.2 放大镜

放大镜的放大倍率不超过7倍。

6 比较样块的维护和再校正

比较样块应仔细保管。若比较样块出现任何明显磨损,则应报废,若还合适,则应重新校正(见 ISO 8503-1 中第7章的注)。

7 步骤

7.1 清除待测表面上的所有浮灰和碎屑。

7.2 选择适当的表面粗糙度比较样块(5.1),放置于待测表面上的某一位置,将待测表面与比较样块的四个区域逐一进行比较,必要时(见注)可借助于放大镜(5.2)。如果采用放大镜,则应使待测表面和比较样块的一个区域同时观测到。

确定比较样块上与待测表面粗糙度最接近的粗糙度,从而决定待测表面的粗糙度等级(见表1)。

表1 粗糙度等级范围

细	粗糙度相当和超过区域1的标称值,但不到区域2的标称值
中	粗糙度相当和超过区域2的标称值,但不到区域3的标称值
粗	粗糙度相当和超过区域3的标称值,但不到区域4的标称值

注:若目视评定有困难,触摸评定则可提供有效的指导。即采用指甲的背面或者采用拇指和食指夹住木制触针在待测表面和比较样块的各个区域上移动,也可以确定最为接近的等级。

7.3 根据要求[见引言中的a)],将比较样块靠近待测表面的每个区域重复上述评定步骤。

7.4 记录待测表面上所有区域的粗糙度等级。

如果表面粗糙度低于"细"级的下限,则评定等级为"细细"级。

如果表面粗糙度高于"粗"级的上限,则评定等级为"粗粗"级。

7.5 当待测表面的"原始"粗糙度(见引言中的注)影响"二次"粗糙度的评定时,则要求用钢板试样替代,钢板试样应与待测表面采用同样的磨料和步骤进行清理,并在测定报告中作出下列说明:

a) 由于喷射清理前待测表面的条件,不可能直接评定"二次"粗糙度;

b) 所采用的喷射清理过程产生"二次"粗糙度等级…[1],评定在与测试材料相同的钢板上进行。

注1:如果钢材表面条件要求必需采取7.5规定的步骤时,不管"原始"粗糙度对喷射清理后获得的"二次"粗糙度影响如何,需考虑修改原涂装要求。

注2:当表面要求再次喷射处理时,通常原来的粗糙度可能超过所用磨料和清理条件预计达到的"二次"粗糙度。

7.6 一旦发生争议,应提交一块典型的待测表面样品,并按ISO 8503-3或ISO 8503-4的规定进行评定。

8 测试报告

测试报告至少应包括下列内容:

a) 待测试钢材表面的标识;

b) GB/T 13288的本部分的标准号(GB/T 13288.2—2011);

c) 本部分引言中提到的补充内容;

d) 尽可能标明钢材表面磨料喷射清理前的锈蚀等级[见引言中的c)]、使用参见ISO 8504-2规定的磨料喷射清理方法以及所用的磨料情况;

e) 测试结果,包括评定次数[见引言中的a)]、所用的参考比较样块的标识以及在不可能直接评定时按7.5规定的情况说明;

f) 发生争议时(见7.6)所用的评定方法和测得的粗糙度值;

g) 按规定的测量步骤所产生的双方认可或有争议的任何差异;

h) 测试者;

i) 测试日期。

1) 适当插入"细"、"中"或"粗"。

ICS 21.010
J 29

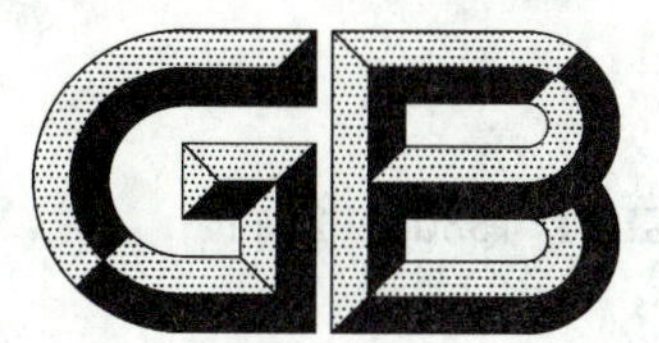

中华人民共和国国家标准

GB/T 13306—2011
代替 GB/T 13306—1991

2011-05-12 发布　　　　　　　　　　　　　　　　2011-10-01 实施

中华人民共和国国家质量监督检验检疫总局
中国国家标准化管理委员会　发布

前　言

本标准按照 GB/T 1.1—2009《标准化工作导则　第1部分:标准的结构和编写》给出的规则起草。

本标准代替 GB/T 13306—1991《标牌》,与 GB/T 13306—1991 相比主要技术变化如下:

——对标准结构内容进行了调整;

——增加了标牌的标记方法;

——修改了技术要求中材料要求和表面处理要求。

本标准由中国机械工业联合会提出并归口。

本标准负责起草单位:中机生产力促进中心、合肥安联贸易有限公司。

本标准主要起草人:李维荣、冯峰、唐东、窦智。

本标准所代替标准的历次版本发布情况为:

——GB/T 13306—1991。

标　　　　牌

1　范围

本标准规定了标牌的型式与尺寸、标记、技术要求、检验方法、检验规则、包装和贮运。

本标准适用于各种机电设备、仪器仪表及各种元器件用的产品铭牌、操作提示牌、说明牌、线路示意图牌、设计数据图表牌和安全标志牌等(总称标牌)。

本标准型式与尺寸部分不适用于仪器仪表及家用电器等面板、表度盘、商标以及艺术装饰牌,但本标准技术要求(见第5章)可供以上产品参照使用。

2　规范性引用文件

下列文件对于本文件的应用是必不可少的。凡是注日期的引用文件,仅注日期的版本适用于本文件。凡是不注日期的引用文件,其最新版本(包括所有的修改单)适用于本文件。

GB/T 191　包装储运图示标志

GB/T 730　纺织品　色牢度试验　蓝色羊毛标样(1～7)级的品质控制

GB/T 827　标牌柳钉

GB/T 1720　漆膜附着力测定法

GB/T 1804　一般公差　未注公差的线性和角度尺寸的公差

GB/T 2423.3　电工电子产品环境试验　第2部分:试验方法　试验Cab:恒定湿热试验

GB/T 2423.16　电工电子产品环境试验　第2部分:试验方法　试验J和导则:长霉

GB/T 2423.17　电工电子产品环境试验　第2部分:试验方法　试验Ka:盐雾

GB/T 2828.1　计数抽样检验程序　第1部分:按接收质量限(AQL)检索的逐批检验抽样计划

GB 3100　国际单位制及其应用

GB/T 4957　非磁性基体金属上非导电覆盖层　覆盖层厚度测量　涡流法

GB/T 8013.1—2007　铝及铝合金阳极氧化膜与有机聚合物膜　第1部分:阳极氧化膜

GB/T 8427　纺织品　色牢度试验　耐人造光色牢度:氙弧

GB/T 12967.1　铝及铝合金阳极氧化膜检测方法　第1部分:用喷磨试验仪测定阳极氧化膜的平均耐磨性

GB/T 12967.2　铝及铝合金阳极氧化膜检测方法　第2部分:用轮式磨损试验仪测定阳极氧化膜的耐磨性和耐磨系数

JB/T 4159　热带电工产品通用技术要求

FZ/T 01096　纺织品耐光色牢度试验方法:碳弧

3　型式与尺寸

3.1　标牌的形状及其代号如下:

a)　矩形(含正方形),代号J;

b)　圆形,代号Y;

c)　椭圆形,代号T;

d） 扇形，代号 Sh；

e） 三角形，代号 S。

3.2 标牌上的文字、符号和线条的特征如下：

a） 凸型：文字、符号和线条凸出于标牌表面（不包括打印的凹型字）；

b） 凹型：文字、符号和线条凹入标牌表面；

c） 平型：文字、符号和线条与标牌表面相平。

每种形状的标牌，其文字、符号和线条的特征可为以上 3 种型式中的任何 1 种，也可以是 2 种或 3 种型式的组合。

3.3 标牌的型式与尺寸

3.3.1 矩形标牌的型式与尺寸应符合图 1 和表 1 的规定。两孔的矩形标牌，两端允许制成圆头，其型式见图 1e）和图 1f）。

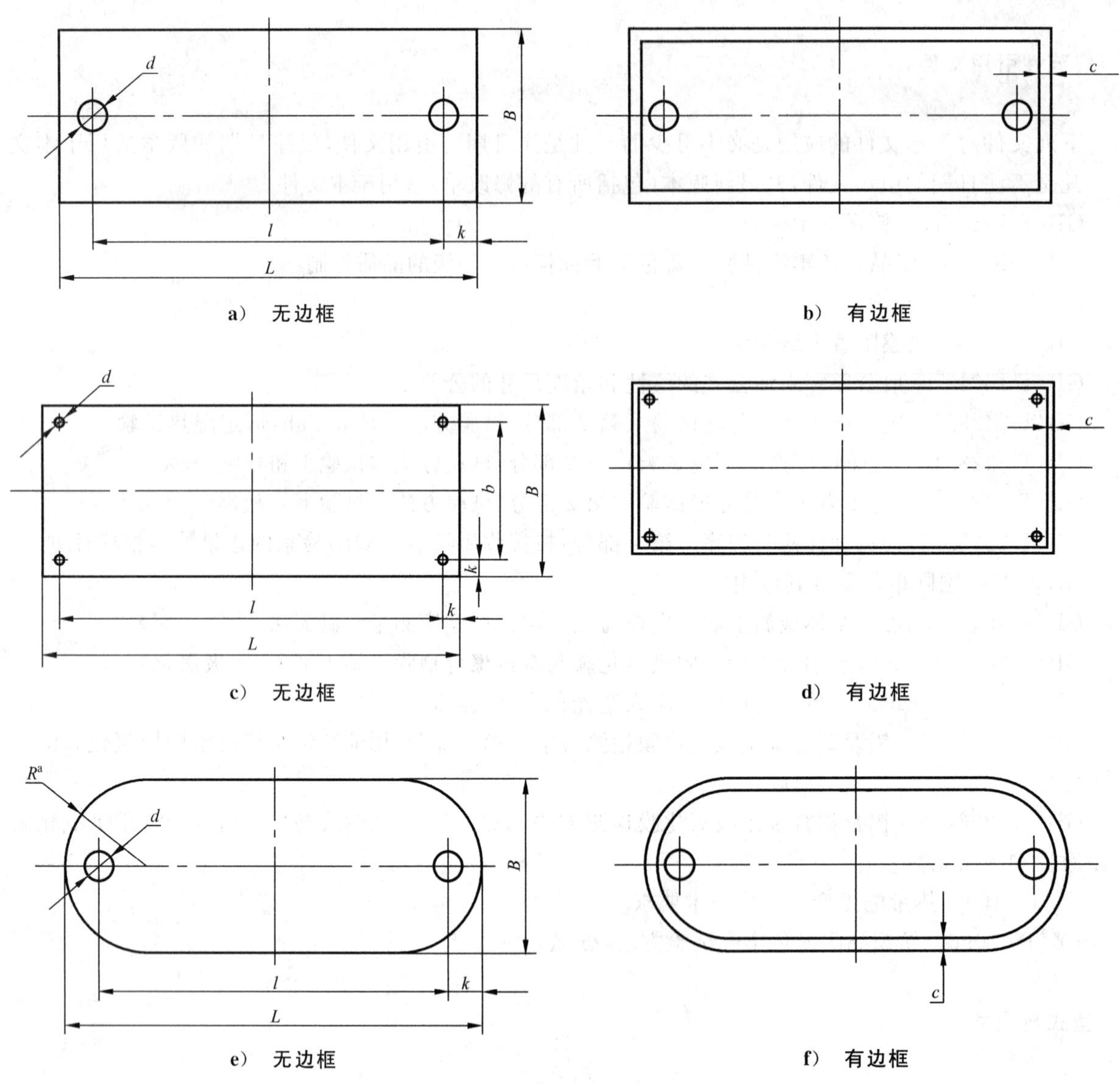

a） 无边框 b） 有边框

c） 无边框 d） 有边框

e） 无边框 f） 有边框

[a] $R=B/2$。

图 1 矩形标牌

表 1 矩形标牌

单位为毫米

$B:L$	$B \times L$	l	b	c 参考值	k 参考值	d	紧固孔数
1∶1	6×6	—	—	—	—	—	—
1∶1.25	6×8						
1∶1.6	6×10						
1∶2	6×12						
1∶2.5	6×16						
1∶3.2	6×20						
1∶4	6×25						
1∶5	6×32						
1∶1	8×8						
1∶1.25	8×10						
1∶1.6	8×12						
1∶2	8×16						
1∶2.5	8×20						
1∶3.2	8×25	21			2.0	1.7	2
1∶4	8×32	27			2.5	2.2	
1∶5	8×40	35					
1∶1	10×10	—			—	—	—
1∶1.25	10×12						
1∶1.6	10×16						
1∶2	10×20						
1∶2.5	10×25	21			2.0	1.7	2
1∶3.2	10×32	27			2.5	2.2	
1∶4	10×40	35					
1∶5	10×50	45					
1∶1	12×12	—			—	—	—
1∶1.25	12×16						
1∶1.6	12×20						
1∶2	12×25	21			2.0	1.7	2
1∶2.5	12×32	26		0.8	3.0	2.2	
1∶3.2	12×40	34					
1∶4	12×50	44					
1∶5	12×63	57					

表 1（续）

单位为毫米

<table>
<tr><th>B∶L</th><th>B×L</th><th>l</th><th>b</th><th>c
参考值</th><th>k
参考值</th><th>d</th><th>紧固孔数</th></tr>
<tr><td>1∶1</td><td>16×16</td><td rowspan="2">—</td><td rowspan="23">—</td><td rowspan="3">0.8</td><td rowspan="2">—</td><td rowspan="2">—</td><td rowspan="2">—</td></tr>
<tr><td>1∶1.25</td><td>16×20</td></tr>
<tr><td>1∶1.6</td><td>16×25</td><td>21</td><td>2.0</td><td>1.7</td><td rowspan="6">2</td></tr>
<tr><td>1∶2</td><td>16×32</td><td>26</td><td rowspan="5">1.0</td><td rowspan="5">3.0</td><td rowspan="5">2.2</td></tr>
<tr><td>1∶2.5</td><td>16×40</td><td>34</td></tr>
<tr><td>1∶3.2</td><td>16×50</td><td>44</td></tr>
<tr><td>1∶4</td><td>16×63</td><td>57</td></tr>
<tr><td>1∶5</td><td>16×80</td><td>74</td></tr>
<tr><td>1∶1</td><td>20×20</td><td>—</td><td rowspan="2">—</td><td>—</td><td>—</td><td>—</td></tr>
<tr><td>1∶1.25</td><td>20×25</td><td>21</td><td>2.0</td><td>1.7</td><td rowspan="14">2</td></tr>
<tr><td>1∶1.6</td><td>20×32</td><td>26</td><td rowspan="12">1.0</td><td rowspan="12">3.0</td><td rowspan="12">2.2</td></tr>
<tr><td>1∶2</td><td>20×40</td><td>34</td></tr>
<tr><td>1∶2.5</td><td>20×50</td><td>44</td></tr>
<tr><td>1∶3.2</td><td>20×63</td><td>57</td></tr>
<tr><td>1∶4</td><td>20×80</td><td>74</td></tr>
<tr><td>1∶5</td><td>20×100</td><td>94</td></tr>
<tr><td>1∶1</td><td>25×25</td><td>19</td></tr>
<tr><td>1∶1.25</td><td>25×32</td><td>26</td></tr>
<tr><td>1∶1.6</td><td>25×40</td><td>34</td></tr>
<tr><td>1∶2</td><td>25×50</td><td>44</td></tr>
<tr><td>1∶2.5</td><td>25×63</td><td>57</td></tr>
<tr><td>1∶3.2</td><td>25×80</td><td>74</td></tr>
<tr><td>1∶4</td><td>25×100</td><td>94</td></tr>
<tr><td>1∶5</td><td>25×125</td><td>115</td><td>1.5</td><td>5.0</td><td>2.7</td></tr>
<tr><td>1∶1</td><td>32×32</td><td>26</td><td rowspan="5">26</td><td rowspan="5">1.0</td><td rowspan="5">3.0</td><td rowspan="8">2.2</td><td rowspan="8">4</td></tr>
<tr><td>1∶1.25</td><td>32×40</td><td>34</td></tr>
<tr><td>1∶1.6</td><td>32×50</td><td>44</td></tr>
<tr><td>1∶2</td><td>32×63</td><td>57</td></tr>
<tr><td>1∶2.5</td><td>32×80</td><td>74</td></tr>
<tr><td>1∶3.2</td><td>32×100</td><td>92</td><td rowspan="3">24</td><td rowspan="3">1.5</td><td rowspan="3">4.0</td></tr>
<tr><td>1∶4</td><td>32×125</td><td>117</td></tr>
<tr><td>1∶5</td><td>32×160</td><td>152</td></tr>
</table>

表 1（续）

单位为毫米

<table>
<tr><th>B∶L</th><th>B×L</th><th>l</th><th>b</th><th>c
参考值</th><th>k
参考值</th><th>d</th><th>紧固孔数</th></tr>
<tr><td>1∶1</td><td>40×40</td><td>34</td><td rowspan="4">34</td><td rowspan="4">1.0</td><td rowspan="4">3.0</td><td rowspan="7">2.2</td><td rowspan="32">4</td></tr>
<tr><td>1∶1.25</td><td>40×50</td><td>44</td></tr>
<tr><td>1∶1.6</td><td>40×63</td><td>57</td></tr>
<tr><td>1∶2</td><td>40×80</td><td>74</td></tr>
<tr><td>1∶2.5</td><td>40×100</td><td>92</td><td rowspan="3">32</td><td rowspan="3">1.5</td><td rowspan="3">4.0</td></tr>
<tr><td>1∶3.2</td><td>40×125</td><td>117</td></tr>
<tr><td>1∶4</td><td>40×160</td><td>152</td></tr>
<tr><td>1∶5</td><td>40×200</td><td>188</td><td>28</td><td>2.5</td><td>6.0</td><td>2.7</td></tr>
<tr><td>1∶1</td><td>50×50</td><td>44</td><td rowspan="3">44</td><td rowspan="3">1.0</td><td rowspan="3">3.0</td><td rowspan="6">2.2</td></tr>
<tr><td>1∶1.25</td><td>50×63</td><td>57</td></tr>
<tr><td>1∶1.6</td><td>50×80</td><td>74</td></tr>
<tr><td>1∶2</td><td>50×100</td><td>90</td><td rowspan="3">40</td><td rowspan="3">2.0</td><td rowspan="3">5.0</td></tr>
<tr><td>1∶2.5</td><td>50×125</td><td>115</td></tr>
<tr><td>1∶3.2</td><td>50×160</td><td>150</td></tr>
<tr><td>1∶4</td><td>50×200</td><td>188</td><td rowspan="2">38</td><td rowspan="2">2.5</td><td rowspan="2">6.0</td><td rowspan="2">2.7</td></tr>
<tr><td>1∶5</td><td>50×250</td><td>238</td></tr>
<tr><td>1∶1</td><td>63×63</td><td>55</td><td rowspan="2">55</td><td rowspan="2">1.5</td><td rowspan="2">4.0</td><td rowspan="3">2.2</td></tr>
<tr><td>1∶1.25</td><td>63×80</td><td>72</td></tr>
<tr><td>1∶1.6</td><td>63×100</td><td>90</td><td rowspan="2">53</td><td rowspan="2">2.0</td><td rowspan="2">5.0</td></tr>
<tr><td>1∶2</td><td>63×125</td><td>115</td><td rowspan="3">2.7</td></tr>
<tr><td>1∶2.5</td><td>63×160</td><td>148</td><td rowspan="3">51</td><td rowspan="2">2.5</td><td rowspan="3">6.0</td></tr>
<tr><td>1∶3.2</td><td>63×200</td><td>188</td></tr>
<tr><td>1∶4</td><td>63×250</td><td>238</td><td>3.0</td><td rowspan="2">3.2</td></tr>
<tr><td>1∶5</td><td>63×315</td><td>300</td><td>48</td><td>4.0</td><td>7.5</td></tr>
<tr><td>1∶1</td><td>80×80</td><td>70</td><td rowspan="2">70</td><td rowspan="2">2.0</td><td rowspan="2">5.0</td><td rowspan="2">2.2</td></tr>
<tr><td>1∶1.25</td><td>80×100</td><td>90</td></tr>
<tr><td>1∶1.6</td><td>80×125</td><td>113</td><td rowspan="3">68</td><td rowspan="2">2.5</td><td rowspan="3">6.0</td><td rowspan="2">2.7</td></tr>
<tr><td>1∶2</td><td>80×160</td><td>148</td></tr>
<tr><td>1∶2.5</td><td>80×200</td><td>188</td><td>3.0</td><td rowspan="3">3.2</td></tr>
<tr><td>1∶3.2</td><td>80×250</td><td>235</td><td rowspan="2">65</td><td rowspan="2">4.0</td><td rowspan="2">7.5</td></tr>
<tr><td>1∶4</td><td>80×315</td><td>300</td></tr>
<tr><td>1∶5</td><td>80×400</td><td>380</td><td>60</td><td>5.0</td><td>10.0</td><td>4.3</td></tr>
</table>

表 1（续）

单位为毫米

<table>
<tr><th>B∶L</th><th>B×L</th><th>l</th><th>b</th><th>c
参考值</th><th>k
参考值</th><th>d</th><th>紧固孔数</th></tr>
<tr><td>1∶1</td><td>100×100</td><td>88</td><td rowspan="3">88</td><td>2.5</td><td rowspan="3">6.0</td><td rowspan="3">2.7</td><td rowspan="32">4</td></tr>
<tr><td>1∶1.25</td><td>100×125</td><td>113</td><td rowspan="2">3.0</td></tr>
<tr><td>1∶1.6</td><td>100×160</td><td>148</td></tr>
<tr><td>1∶2</td><td>100×200</td><td>185</td><td rowspan="2">85</td><td rowspan="2">4.0</td><td rowspan="2">7.5</td><td rowspan="2">3.2</td></tr>
<tr><td>1∶2.5</td><td>100×250</td><td>235</td></tr>
<tr><td>1∶3.2</td><td>100×315</td><td>295</td><td rowspan="2">80</td><td rowspan="2">5.0</td><td rowspan="2">10.0</td><td rowspan="3">4.3</td></tr>
<tr><td>1∶4</td><td>100×400</td><td>380</td></tr>
<tr><td>1∶5</td><td>100×500</td><td>475</td><td>75</td><td>6.0</td><td>12.5</td></tr>
<tr><td>1∶1</td><td>125×125</td><td>110</td><td rowspan="3">110</td><td rowspan="3">4.0</td><td rowspan="3">7.5</td><td rowspan="3">2.7</td></tr>
<tr><td>1∶1.25</td><td>125×160</td><td>145</td></tr>
<tr><td>1∶1.6</td><td>125×200</td><td>185</td></tr>
<tr><td>1∶2</td><td>125×250</td><td>230</td><td rowspan="2">105</td><td rowspan="2">5.0</td><td rowspan="2">10.0</td><td rowspan="2">3.2</td></tr>
<tr><td>1∶2.5</td><td>125×315</td><td>295</td></tr>
<tr><td>1∶3.2</td><td>125×400</td><td>375</td><td rowspan="3">100</td><td rowspan="3">6.0</td><td rowspan="3">12.5</td><td rowspan="3">4.3</td></tr>
<tr><td>1∶4</td><td>125×500</td><td>475</td></tr>
<tr><td>1∶5</td><td>125×630</td><td>605</td></tr>
<tr><td>1∶1</td><td>160×160</td><td>145</td><td>145</td><td>3.0</td><td>7.5</td><td>2.7</td></tr>
<tr><td>1∶1.25</td><td>160×200</td><td>180</td><td rowspan="2">140</td><td rowspan="2">5.0</td><td rowspan="2">10.0</td><td rowspan="2">3.2</td></tr>
<tr><td>1∶1.6</td><td>160×250</td><td>230</td></tr>
<tr><td>1∶2</td><td>160×315</td><td>290</td><td rowspan="3">135</td><td rowspan="5">6.0</td><td rowspan="3">12.5</td><td rowspan="5">4.3</td></tr>
<tr><td>1∶2.5</td><td>160×400</td><td>375</td></tr>
<tr><td>1∶3.2</td><td>160×500</td><td>475</td></tr>
<tr><td>1∶4</td><td>160×630</td><td>600</td><td rowspan="2">130</td><td rowspan="2">15.0</td></tr>
<tr><td>1∶5</td><td>160×800</td><td>770</td></tr>
<tr><td>1∶1</td><td>200×200</td><td>180</td><td rowspan="3">180</td><td rowspan="3">5.0</td><td rowspan="3">10.0</td><td rowspan="3">3.2</td></tr>
<tr><td>1∶1.25</td><td>200×250</td><td>230</td></tr>
<tr><td>1∶1.6</td><td>200×315</td><td>295</td></tr>
<tr><td>1∶2</td><td>200×400</td><td>375</td><td rowspan="2">175</td><td rowspan="5">6.0</td><td rowspan="2">12.5</td><td rowspan="5">4.3</td></tr>
<tr><td>1∶2.5</td><td>200×500</td><td>475</td></tr>
<tr><td>1∶3.2</td><td>200×630</td><td>600</td><td rowspan="2">170</td><td rowspan="2">15.0</td></tr>
<tr><td>1∶4</td><td>200×800</td><td>770</td></tr>
<tr><td>1∶1</td><td>250×250</td><td>225</td><td>225</td><td>12.5</td></tr>
</table>

表 1（续）

单位为毫米

$B:L$	$B\times L$	l	b	c 参考值	k 参考值	d	紧固孔数
1∶1.25	250×315	290	225	6.0	12.5	4.3	4
1∶1.6	250×400	375					
1∶2	250×500	470	220		15.0		
1∶2.5	250×630	600					
1∶3.2	250×800	760	210	8.0	20.0	5.3	
1∶1	315×315	285	285	6.0	15.0	4.3	
1∶1.25	315×400	370					
1∶1.6	315×500	470					
1∶2	315×630	590	275	8.0	20.0	5.3	
1∶2.5	315×800	760					
1∶1	400×400	360	360			4.3	
1∶1.25	400×500	460				5.3	
1∶1.6	400×630	590					
1∶2	400×800	740	340	10.0	30.0	6.4	
1∶1	500×500	460	460	6.0	20.0	4.3	
1∶1.25	500×630	580	450	8.0	25.0	5.3	
1∶1.6	500×800	740	440	10.0	30	6.4	
1∶2	500×1 000	940					
1∶1	630×630	580	580		25	8.4	
1∶1.25	630×800	750					
1∶1.6	630×1 000	940	570	12.0	30		
1∶2	630×1 250	1 180	560		35		
1∶1	800×800	740	740		30		
1∶1.25	800×1 000	940					
1∶1.6	800×1 250	1 180	730		35		
1∶2	800×1 600	1 530					
1∶1	1 000×1 000	930	930				
1∶1.25	1 000×1 250	1 180					
1∶1.6	1 000×1 600	1 530					
1∶2	1 000×2 000	1 910	910	15	45		
1∶2.5	1 000×2 500	2 410					
1∶1.25	1 250×1 600	1 510	1 160				

表 1（续）

单位为毫米

$B:L$	$B \times L$	l	b	c 参考值	k 参考值	d	紧固孔数
1∶1.6	1 250×2 000	1 910	1 160	15	45	8.4	4
1∶2	1 250×2 500	2 410					

注 1：建议优先选用 $B:L$ 为 1∶1，1∶1.6，1∶2.5 和 1∶4 的尺寸。

注 2：$L \leqslant 200$ mm 的标牌，允许制成 2 个紧固孔；$L \geqslant 400$ mm 的标牌，允许制成 4 个以上的紧固孔。

注 3：标牌的四角允许做成圆角，圆角半径应小于 k 值。

3.3.2 圆形标牌的型式与尺寸应符合图 2 和表 2 的规定。

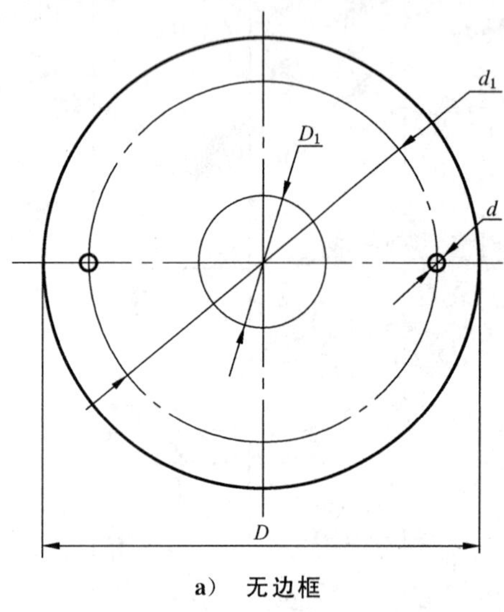

a） 无边框

b） 有边框

图 2 圆形标牌

表 2 圆形标牌

单位为毫米

D	d_1 参考值	c 参考值	d	紧固孔数	D	d_1 参考值	c 参考值	d	紧固孔数
12	—	—	—	—	125	105	3	2.7	4
16					160	140		3.2	
20					200	180	4		
25	20		1.7	2	250	226	6	4.4	
32	25		2.2		315	286			
40	32	1			400	360	8	5.3	
50	40			4	500	460			
63	50				630	570	10	6.4	
80	66	2	2.7		800	740			
100	86				1 000	930	12	8.4	

注 1：允许在标牌中间制出 D_1 孔，其尺寸根据需要选取。

注 2：$D \leqslant 40$ mm 的标牌，允许制成 1 个紧固孔；$D > 40$ mm 的标牌，根据需要可在相距 120°的位置上制成 3 个紧固孔；$D \geqslant 200$ mm 的标牌，允许制成 4 个以上的紧固孔，但孔距应均匀分布。

3.3.3 椭圆形标牌的型式与尺寸应符合图 3 和表 3 的规定。

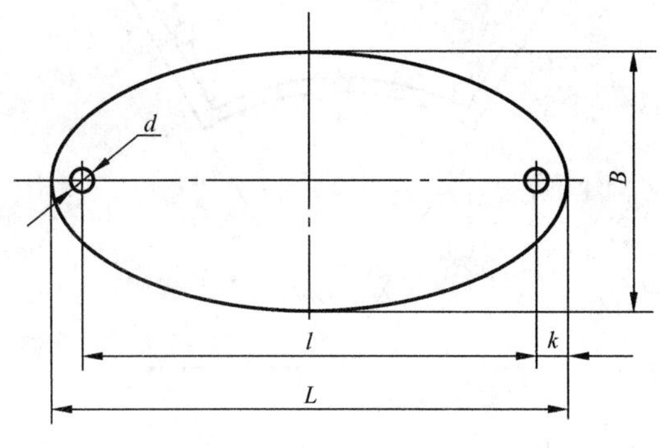

a） 无边框

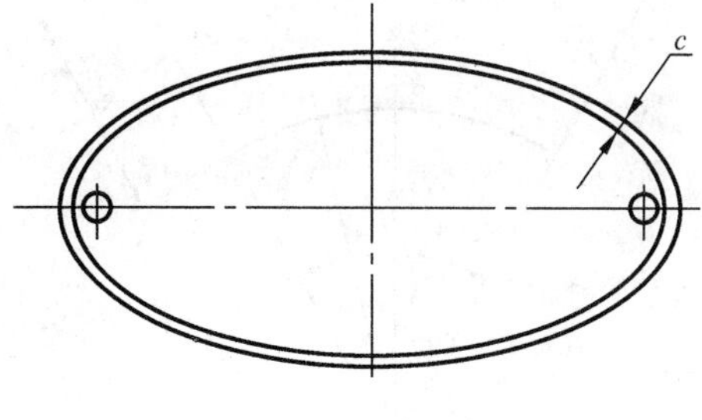

b） 有边框

图 3 椭圆圆形标牌

表 3 椭圆形标牌

单位为毫米

<table>
<tr><th>$B \times L$</th><th>l</th><th>k
参考值</th><th>c
参考值</th><th>d</th><th>紧固
孔数</th><th>$B \times L$</th><th>l</th><th>k
参考值</th><th>c
参考值</th><th>d</th><th>紧固
孔数</th></tr>
<tr><td>12×32</td><td>26</td><td rowspan="16">3</td><td rowspan="2">0.8</td><td rowspan="16">2.2</td><td rowspan="16">2</td><td>32×100</td><td>92</td><td>4</td><td rowspan="4">1.5</td><td rowspan="10">2.2</td><td rowspan="16">4</td></tr>
<tr><td>12×40</td><td>34</td><td>40×63</td><td>57</td><td rowspan="2">3</td></tr>
<tr><td>16×32</td><td>26</td><td rowspan="14">1.0</td><td>40×80</td><td>74</td></tr>
<tr><td>16×40</td><td>34</td><td>40×100</td><td>92</td><td>4</td></tr>
<tr><td>16×50</td><td>44</td><td>40×125</td><td>115</td><td>5</td><td>2.0</td></tr>
<tr><td>20×32</td><td>26</td><td>50×80</td><td>74</td><td>3</td><td>1.5</td></tr>
<tr><td>20×40</td><td>34</td><td>50×100</td><td>92</td><td>4</td><td rowspan="4">2.0</td></tr>
<tr><td>20×50</td><td>44</td><td>50×125</td><td>115</td><td rowspan="2">5</td></tr>
<tr><td>20×63</td><td>57</td><td>50×160</td><td>150</td></tr>
<tr><td>25×40</td><td>34</td><td>63×100</td><td>92</td><td>4</td></tr>
<tr><td>25×50</td><td>44</td><td>63×125</td><td>115</td><td rowspan="6">5</td><td rowspan="3">2.5</td><td rowspan="6">2.7</td></tr>
<tr><td>25×63</td><td>57</td><td>63×160</td><td>150</td></tr>
<tr><td>25×80</td><td>74</td><td>80×125</td><td>115</td></tr>
<tr><td>32×50</td><td>44</td><td>80×60</td><td>150</td><td rowspan="3">3.0</td></tr>
<tr><td>32×63</td><td>57</td><td rowspan="2">100×160</td><td rowspan="2">150</td></tr>
<tr><td>32×80</td><td>74</td></tr>
</table>

3.3.4 扇形标牌的型式与尺寸应符合图 4 和表 4 的规定。

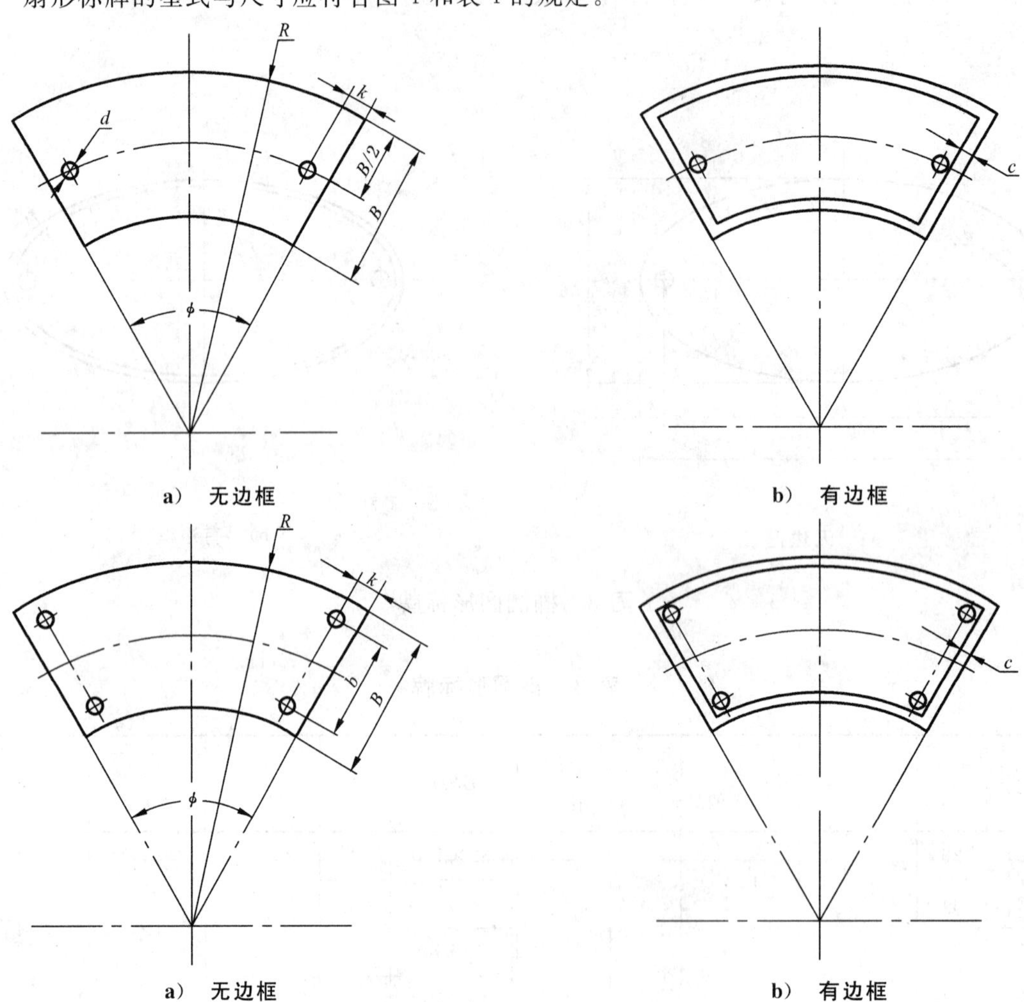

图 4 扇形标牌

表 4 扇形标牌

单位为毫米

<table>
<tr><th>B</th><th>R</th><th>b</th><th>c
参考值</th><th>k
参考值</th><th>d</th><th>ϕ/(°)</th></tr>
<tr><td>6</td><td>20,25,32,40,50</td><td rowspan="6">—</td><td rowspan="4">—</td><td rowspan="4">—</td><td rowspan="4">—</td><td rowspan="2">60,75,90,105,120,135,150,180</td></tr>
<tr><td>8</td><td>20,25,32,40,50,63</td></tr>
<tr><td>10</td><td>20,25,32,40,50,63,80</td><td rowspan="3">60,75,90,105,120,135,150,180</td></tr>
<tr><td>12</td><td>25,32,40,50,63,80,100</td></tr>
<tr><td>16</td><td>32,40,50,63,80,100,125</td><td>1.0</td><td rowspan="5">4</td><td rowspan="5">2.2</td></tr>
<tr><td>20</td><td>40,50,63,80,100,125,160</td><td rowspan="2">1.5</td><td rowspan="4">45,60,75,90,105,120,135,150,180</td></tr>
<tr><td>25</td><td>50,63,80,100,125,160,200</td><td>17</td></tr>
<tr><td>32</td><td>63,80,100,125,160,200</td><td>24</td><td rowspan="2">2.0</td></tr>
<tr><td>40</td><td>80,100,125,160,200</td><td>32</td></tr>
</table>

表 4（续）

单位为毫米

B	R	b	c 参考值	k 参考值	d	ϕ/(°)
50	100,125,160,200	38	2.5	6	2.7	45,60,75,90,105,120
63	125,160,200	40	3.0			

注 1：$B \leqslant 20$ mm，$\phi \leqslant 120°$的标牌可制成 2 个紧固孔；$B \leqslant 20$ mm，$\phi > 120°$和 $B > 20$ mm 的标牌，可制成 4 个紧固孔，允许制成 6 个紧固孔。

注 2：扇形标牌的四角可制成圆角，圆角半径应小于 k 值。

3.3.5 三角形标牌的型式与尺寸应符合图 5 和表 5 的规定。

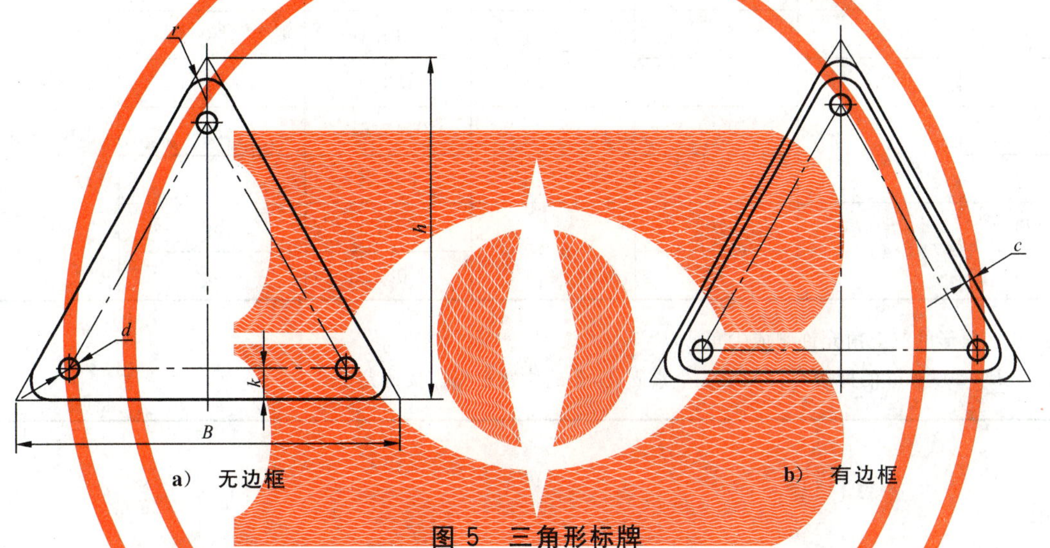

图 5 三角形标牌

表 5 三角形标牌

单位为毫米

B	k 参考值	c 参考值	d	h	r	紧固孔数
8	—	—	—	7	1	—
10				9		
12				10.8		
16				13.9		
20				17.3		
25				21.7	1.6	
32				27.7		
40	4	1	2.7	34.6	2.5	3
50				43.3		
63				54.6		

表 5（续） 单位为毫米

B	k 参考值	c 参考值	d	h	r	紧固孔数
80	6	1	2.7	69.3	5	3
100				86.6		
125	10	1.5	3.2	108.3	8	
160				138.6		
200	12	2		173.2	10	
250				216.5		
315	15	3	4.3	272.5	16	
400	20	4	5.3	346.4	20	
500	25	5		433.0	25	
630	30	6	6.4	545.6	32	
800		8		692.8	40	
1 000	45	10	8.4	866.0	50	
1 250		12		1 082.5	63	

注 1：三角形的三个角允许制成尖角。

注 2：$B \geqslant 200$ mm 的标牌允许制成 4 个紧固孔，孔的位置根据需要确定。

4 标记

4.1 标记方法

标牌由以下内容及方法标记：

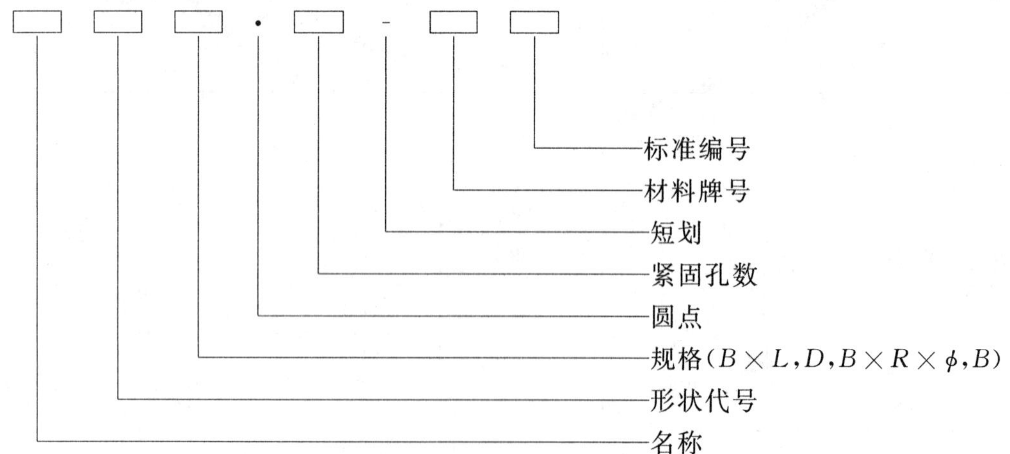

标记中允许省略“名称”和“紧固孔数”。如选用表 1～表 5 注中允许制成的紧固孔数，则应标出该孔数。

4.2 标记示例

示例 1：$B \times L = 16 \times 25$ mm，用工业纯铝 1060 制做的矩形标牌：

J16×25-1060　GB/T 13306

示例 2：$B \times L = 40 \times 100$ mm，用工业纯铝 1060 制做的 2 个紧固孔的矩形标牌：

J40×100・2-1060　GB/T 13306

示例 3：$D = 32$ mm，用工业纯铝 1060 制做的圆形标牌：

Y32-1060　GB/T 13306

示例 4：$B = 16$ mm，$R = 32$ mm，$\phi = 75°$，用工业纯铝 1050A 制做的扇形标牌：

Sh16×32×75°-1050A　GB/T 13306

5 技术要求

5.1 标牌的尺寸与公差

5.1.1 标牌可以采用粘贴、标牌铆钉(GB/T 827)、自攻螺钉或螺钉等可行方法固定于产品上。当标牌与产品配钻装配时，标牌上的紧固孔直径按表 1～表 5 的规定；当标牌与产品的预钻孔进行装配时，紧固孔直径按表 6 的规定。

表 6　紧固孔直径

单位为毫米

紧固用钉直径	1.6	2	2.5	3	4	5	6	8
紧固孔直径 d	2	2.6	3.1	3.6	4.8	5.8	7	9

5.1.2 紧固孔距(b、l)、孔心圆直径(d_1)、紧固孔直径(d)、轮廓尺寸(B、L、R)和角度(ϕ)以及矩形标牌四个直角的极限偏差按表 7 的规定。

表 7　极限偏差

单位为毫米

基本尺寸	b、l、d_1			B、L、R	D	d	ϕ 及直角
	≤250	>250～400	>400				
极限偏差	±0.2	±0.25	js12	js14	h14	H13	V(最粗级)

5.1.3 标牌不应有扭曲变形和明显的凹陷、凸起，其平面度公差在全平面内应符合表 8 的规定。有特殊要求时，由供需双方商定。

表 8　平面度公差

单位为毫米

尺寸范围	平面度公差	尺寸范围	平面度公差
≤50	0.5	>100～200	2.0
>50～100	1.0	>200	2.5

5.2 标牌上的内容、文字和符号

5.2.1 标牌上的内容和排列方式以及颜色应按有关规定或由标牌的设计者确定。

5.2.2 标牌上的汉字一般采用国家正式颁布实施的简体字，特殊需求时允许使用繁体字。汉字推荐采用黑体、长仿宋体和仿宋体，产品名称和制造厂名允许采用清晰美观、易辨认的其他字体。

5.2.3 标牌上需放置商标(厂标)和优质产品标志时，其要求应符合相关规定。

5.2.4 标牌中采用的量的名称、单位和单位符号应符合 GB 3100 的规定。

5.3 材料

5.3.1 标牌推荐选用下列材料：

a) 工业纯铝 1070A、1060、1050A 和 1035；

b) 不锈钢 06Cr19Ni10、12Cr18Ni9 和 10Cr17；

c) 铸钢、轧制薄钢板等；

d) 热固性和热塑性塑料；

e) 特殊需要时，可选用黄铜板 H62、H68 及其他材料。

5.3.2 粘贴标牌的粘贴材料应选用在不采用活化(如使用溶剂或加热)的条件下，能将标牌牢固地粘贴在平整、光洁无油污的金属或非金属表面上。

5.3.3 标牌用铝板等金属材料厚度推荐选用下列尺寸：0.3 mm，0.4 mm，0.5 mm，0.6 mm，0.8 mm，1.0 mm，1.2 mm，1.5 mm，2.0 mm，3.0 mm，4.0 mm。

5.4 外观要求

5.4.1 有边框的标牌，在紧固孔周围的边框线允许制成弧形。

5.4.2 用胶粘贴的标牌不需要制出紧固孔。

5.4.3 标牌的周边不应有明显的毛刺和齿形及波形。正面应平整光洁。边框线应匀称、光滑、连续，不应断裂。

5.4.4 文字、符号的大小和线条粗细应整齐醒目，排列均匀，不应断缺和模糊不清。

5.4.5 表面不应有裂纹和明显的擦伤丝纹以及有影响其清晰的锈斑、斑点、暗影。涂镀层不应有气孔、气泡、雾状、污迹、皱纹、剥落或剥落迹象和明显的颗粒杂质。

5.4.6 粘贴标牌不应出现折痕、皱纹、自卷撕裂和粘贴剂渗出等现象。

5.4.7 标牌的颜色应清晰醒目、色泽均匀，不应有泛色。两种及两种以上颜色套印的标牌，色彩间边缘应整齐、清晰，两色相接处不应有间隙。

5.4.8 根据产品需要对表面可进行消光处理，制成无光或亚光。

5.5 性能要求

5.5.1 涂层附着力不得低于 GB/T 1720 中规定的 4 级。

5.5.2 颜色的耐晒牢度应符合 GB/T 730 的规定：室内用不得低于 4 级；室外用不得低于 6 级。

5.5.3 铝阳极氧化标牌，着深颜色的正面氧化膜厚度不得小于 10 μm；着浅颜色不得小于 5 μm。

5.5.4 铝阳极氧化标牌氧化膜封闭质量应符合 GB/T 8013.1—2007 中 4.4“封孔质量”的规定。

5.5.5 对铝阳极氧化标牌要求做耐磨性试验时，耐磨性评估方法由供需双方商定。

5.5.6 耐盐雾性能，经 48 h 试验后，应符合 JB/T 4159 的规定。

5.5.7 耐湿热性能，经 10 d 试验后，应符合 JB/T 4159 规定的 2 级。

5.5.8 耐霉菌性能，经 28 d 试验后，应符合 GB/T 2423.16 规定的 2 级。

6 检验方法

6.1 标牌的尺寸通过通用量具和极限量规进行检验。

6.2 将标牌置于平板上用直尺或塞尺进行检验，检验时不应施加引起标牌变形的外力。

6.3 在照度为500 lx和视距不小于250 mm的条件下，用目测方法进行检验。

6.4 涂层附着力按GB/T 1720规定的方法进行检验。

6.5 颜色耐晒牢度按GB/T 8427或FZ/T 01096规定的方法进行检验。

6.6 阳极氧化膜厚度按GB/T 4957规定的方法进行检验。

6.7 阳极氧化膜封闭质量按5.5.4中规定的封闭质量评价方法选用相应的方法进行检验。

6.8 阳极氧化膜耐磨性按5.5.5中规定的评估方法选用GB/T 12967.1或GB/T 12967.2规定的方法进行检验。

6.9 耐盐雾性按GB/T 2423.17规定的方法进行检验。

6.10 耐湿热性按GB/T 2423.3规定的方法进行检验。

6.11 耐霉菌性按GB/T 2423.16规定的方法进行检验。

7 检验规则

7.1 标牌需经制造商检验部门检验合格后方能出厂。

7.2 标牌的尺寸和外观质量采用GB/T 2828.1规定的正常检查二次抽样方案，按一般检查水平Ⅱ、合格质量水平(AQL)4.0进行检查验收。

7.3 标牌的性能质量采用GB/T 2828.1规定的正常检查二次抽样方案，按特殊检查水平S-2，合格质量水平(AQL)2.5进行检查验收。

8 包装、运输和贮存

8.1 包装：在正常运输和保管条件下，应保证标牌不受损坏。

8.2 同一包装单位(包、盒)内的标牌，其型式尺寸、材料牌号和内容应相同。

8.3 包装箱中应附有产品质量合格证。

8.4 包装箱(盒、袋)外表面应清晰标明：

a) 产品名称或标记；

b) 制造厂名称、商标；

c) 产品数量；

d) 出厂日期；

e) 每箱质量。

8.5 标牌在运输和贮存过程中不得受潮、重压、碰撞，不得接触酸和碱等腐蚀性物质和有害气体及溶剂。纸盒(箱)不得侧放、倒放。

8.6 包装储运图示标志按GB/T 191的规定。

ICS 29.220.20
K 84

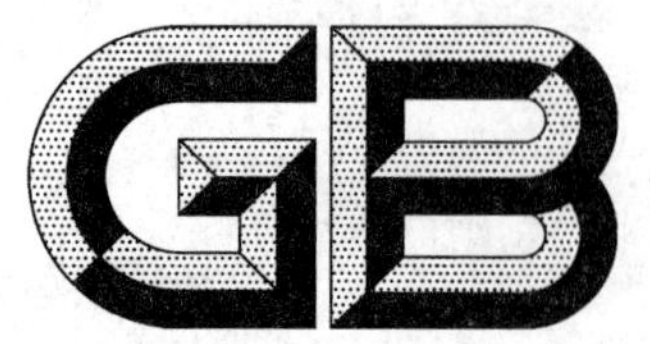

中华人民共和国国家标准

GB/T 13337.1—2011
代替 GB/T 13337.1—1991

固定型排气式铅酸蓄电池 第1部分：技术条件

Stationary lead-acid batteries—Vented types—
Part 1：Technical conditions

（IEC 60896-11：2002，Stationary lead-acid batteries—Part 11：Vented types—General requirements and methods of tests，NEQ）

2011-07-29 发布　　　　2011-12-01 实施

中华人民共和国国家质量监督检验检疫总局
中国国家标准化管理委员会　发布

前　言

GB/T 13337《固定型排气式铅酸蓄电池》分为两部分：

——第1部分：技术条件；

——第2部分：规格及尺寸。

本部分是GB/T 13337的第1部分。

本部分按照GB/T 1.1—2009给出的规则起草。

本部分替代GB 13337.1—1991《固定型防酸式铅酸蓄电池　技术条件》，与GB 13337.1—1991相比，主要在以下部分有改变：

——标准名称更改为《固定型排气式铅酸蓄电池　第1部分：技术条件》；

——增加了“前言”；

——将“代号”改为“术语、符号”并增加内容（见第3章及1991年版第3章）；

——修改“容量”条款技术要求（见4.6及1991年版4.6）；

——删除“瞬间放电”技术要求（1991年版4.7）；

——增加“短路电流及内阻水平”技术要求（见4.8）；

——删除“自放电”技术要求（1991年版4.8）；

——增加“荷电保持能力”技术要求（见4.9）；

——将“防酸性能”改为“防酸雾性能”（见4.10及1991年版4.9）；

——增加“快速充放电循环寿命”技术要求（见4.13.3）；

——增加“使用寿命”技术要求（见4.13.4）；

——增加“抗机械破损能力”技术要求（见4.14）；

——删除“封口剂性能”技术要求（1991年版4.14）；

——删除“贮存期”技术要求（1991年版4.15）；

——修改“测试仪表精度”（见5.1及1991年版5.1）；

——将“蓄电池试验前的预处理”改为“试验准备”（见5.2及1991年版5.2）；

——删除“瞬间放电”试验方法（1991年版5.6）；

——删除“自放电”试验方法（1991年版5.7）；

——删除“封口剂性能”试验方法（1991年版5.13）；

——删除“贮存期”试验方法（1991年版5.14）；

——删除“试验程序”（1991年版5.15）；

——增加“短路电流及内阻水平试验”方法（见6.5）；

——增加“荷电保持能力试验”方法（见6.6）；

——修改“恒流过充电寿命试验”方法（见6.10.2）；

——增加“快速充放电寿命试验”方法（见6.10.3）；

——增加“使用寿命保证”必要条件（见6.10.4）；

——增加“抗机械破损能力试验”方法（见6.11）；

——修改“检验规则”（见第7章及1991年版第6章）；

——删除附录A（1991年版附录A）；

——删除附录B（1991年版附录B）。

本部分使用重新起草法参考IEC 60896-11:2002《固定型铅酸蓄电池—排气式　一般要求和试验方

法》编制，与 IEC 60896-11:2002 的一致程度为非等效。

本部分与 IEC 60896-11:2002《固定型铅酸蓄电池—排气式　一般要求和试验方法》主要差异如下：

——增加术语和定义；

——增加“气密性”条款技术要求和试验方法(见 4.5)；

——增加“大电流耐受能力”条款技术要求和试验方法(见 4.7)；

——增加“防酸雾性能”条款技术要求和试验方法(见 4.10)；

——增加“安全性能”条款技术要求和试验方法(见 4.11)；

——增加“使用寿命”条款技术要求(见 4.13.3)；

——增加“容量试验”条款中 1 小时率和 0.5 小时率“终止电压”的数值(见 6.3.4)；

——修改“抗机械破损能力”条款，增加技术要求(见 4.14)和试验方法(见 6.11)；

——将“浮充适应性”条款整合到“试验准备”条款中(见 5.2)；

——修改“充放电寿命”条款技术要求(见 4.13.1)和试验方法(见 6.10.1)；

——修改“检验规则”(见第 7 章)。

本部分由中国电器工业协会提出。

本部分由全国铅酸蓄电池标准化技术委员会(SAC/TC 69)归口。

本部分主要起草单位：沈阳蓄电池研究所、中船重工淄博火炬能源有限责任公司、山东瑞宇蓄电池有限公司、河北省产品质量监督检验院、江苏双登集团有限公司、山东圣阳电源股份有限公司、浙江天能电池有限公司、超威电源有限公司、浙江海久电池股份有限公司、上海海宝特种电源有限公司、湖北骆驼蓄电池股份有限公司、安徽省产品质量监督检验研究院。

本部分主要起草人：张梦颖、陈玉松、刘毅、陈晓红、褚元清、王景川、周庆申、周明明、杨元玲、朱俭、陈延祥、杨诗军、张秀萍。

本部分所代替标准的历次版本发布情况：

——GB 13337.1—1991。

固定型排气式铅酸蓄电池
第1部分:技术条件

1 范围

GB/T 13337的本部分规定了固定型排气式铅酸蓄电池(以下简称蓄电池)的技术条件,包括技术要求、试验方法、检验规则、标志、包装、运输和贮存试验等。

本部分适用于开关操作、安全保护装置、信号系统、电信装置、计算机、紧急事故照明以及各种直流电源用蓄电池及蓄电池组。

本部分不适用于固定型阀控式铅酸蓄电池和储能用铅酸蓄电池。

2 规范性引用文件

下列文件对于本文件的应用是必不可少的。凡是注日期的引用文件,仅注日期的版本适用于本部分。凡是不注日期的引用文件,其最新版本(包括所有的修改单)适用于本文件。

GB/T 2900.41 电工术语 原电池和蓄电池

GB/T 13337.2 固定型排气式铅酸蓄电池 第2部分:规格及尺寸

IEC 60896-11:2002 固定型排气式铅酸蓄电池 第11部分:一般要求和测试方法

3 术语、定义和符号

GB/T 2900.41中界定的术语和定义适用于本文件。

下列符号适用于本文件。

C_e ——在基准温度(25 ℃)条件时的蓄电池实际容量,单位为安时(A·h);

C_t ——蓄电池实测容量,是放电电流 I 与放电时间 t 的乘积,单位为安时(A·h);

$C_{0.5}$ ——0.5小时率额定容量,数值为 $0.35C_{10}$,单位为安时(A·h);

C_1 ——1小时率额定容量,数值为 $0.45C_{10}$,单位为安时(A·h);

C_{10} ——10小时率额定容量,单位为安时(A·h);

$I_{0.5}$ ——0.5小时率放电电流,数值为 $7I_{10}$,单位为安培(A);

I_1 ——1小时率放电电流,数值为 $4.5I_{10}$,单位为安培(A);

I_{10} ——10小时率放电电流,数值为 $C_{10}/10$,单位为安培(A);

R ——荷电保持能力;

U_a ——恒压充电时单体蓄电池的充电电压,数值为2.25~2.40,单位为伏特(V);

U_f ——涓流充电时单体蓄电池的充电电压,数值为2.15~2.25,单位为伏特(V)。

4 技术要求

4.1 蓄电池结构

4.1.1 蓄电池构成

蓄电池由正极板、负极板、电解液、隔板、蓄电池槽、蓄电池盖、防酸帽等组成。蓄电池槽与蓄电池盖之间应密封，使蓄电池内产生的气体不得从防酸帽以外排出。

4.1.2 蓄电池槽

每只蓄电池应有便于观察的电解液液位标志：

a) 透明材质的蓄电池槽，槽壁上应有最低和最高液位标志。

b) 不透明材质的蓄电池槽，应配备指示计以显示相对于最低和最高液位的电解液液面的位置。

4.2 蓄电池尺寸

蓄电池的外形尺寸应符合 GB/T 13337.2 规定。

4.3 蓄电池极性

蓄电池极性应符合制造商产品图样。

4.4 外观

蓄电池外观不得有裂纹及污迹。

4.5 气密性

按 6.2 规定的方法试验，蓄电池除防酸帽外，其他各处均要保持良好的气密性，并能承受 4 kPa 的正压或负压。

4.6 容量

蓄电池按 6.3 规定的方法试验：

——10 小时率容量在第一次循环不低于 $0.95C_{10}$，在第三次循环或之前达到 C_{10}；

——1 小时率应达到 $0.45C_{10}$；

——0.5 小时率应达到 $0.35C_{10}$。

4.7 大电流耐受能力

蓄电池按 6.4 规定的方法试验，端子、极柱及汇流排不得熔化或熔断；槽、盖不得熔化或变形。

4.8 短路电流及内阻水平

蓄电池按 6.5 试验，其短路电流值和内阻值符合制造商提供数值。

4.9 荷电保持能力

蓄电池按 6.6 规定的方法试验，静置 90 d 后其荷电保持能力 R 值不得低于 80%。

4.10 防酸雾性能

蓄电池按 6.7 规定的方法试验，不得有酸雾逸出。

4.11 安全性能

蓄电池按 6.8 规定的方法试验，不得引起蓄电池本体爆炸。

4.12 耐涓流充电能力和电解液储存

蓄电池按 6.9 规定的方法试验，蓄电池以($U_f \pm 0.01$)V 的恒电压进行充电，6 个月后其 10 小时率

容量应不低于额定值,同时在6个月的试验期间,蓄电池应符合下列规定:

a) 单体蓄电池的电解液密度偏差不应超出所有参与试验的蓄电池电解液密度平均值的±0.025 g/cm³ 的范围;

b) 单体蓄电池的端电压偏差不应超出参与试验的蓄电池电压平均值的±0.1 V的范围;

c) 电解液损耗不得超过最高液位与最低液位之间的电解液储量的50%。

4.13 寿命

4.13.1 充放电寿命

按6.10.1规定的方法试验,蓄电池的充放电寿命应不低于1 000次。

4.13.2 恒流过充电寿命

按6.10.2规定的方法试验,蓄电池的恒电流过充电寿命,应不低于180 d。

4.13.3 快速充放电寿命

按6.10.3规定的方法试验,蓄电池的充放电寿命,应不低于100次。

4.13.4 使用寿命

按6.10.4规定,蓄电池使用寿命不得低于10年。

4.14 抗机械破损能力

按6.11规定的方法试验,蓄电池不应有破损及漏液。

5 试验条件

5.1 测量仪器精度

5.1.1 电气测量

5.1.1.1 仪表量程

所用仪表的量程应随被测电流和电压的量值确定,即读数应在量程的后三分之一的范围内。

5.1.1.2 电压测量

测量电压用的仪表应具有不低于0.5级精度的电压表,电压表内阻至少应是1 kΩ/V。

5.1.1.3 电流测量

测量电流用的仪表应具有不低于0.5级精度的电流表。

5.1.1.4 上述电压、电流的测量也可以采用具有同等精度的其他测量仪器。

5.1.2 电解液密度测量

测量电解液密度的密度计应具有适当的量程,分度值至少应为0.005 g/cm³,密度计的标定精度至少应为0.005 g/cm³。

5.1.3 温度测量

测量温度用温度计应具有适当的量程,其分度值不应大于1 ℃,温度计的标定精度不应低于0.5 ℃。

5.1.4 时间测量

测量时间用的仪表应按时、分、秒分度，至少应具有±1%的准确度。

5.1.5 尺寸测量

测量蓄电池外形尺寸的量具应具有1 mm以上的精度。

5.2 试验准备

5.2.1 试验蓄电池

试验用蓄电池应符合如下条件：

——试验应在蓄电池生产后3个月内进行，试验前所有蓄电池应经完全充电，干式荷电或湿荷电蓄电池要经激活；

——蓄电池初充电应按制造商规定的电解液密度及充电方法进行；

——蓄电池初充电和补充电末期应按5.2.3调整电解液密度和液位，使之在充电结束时达到规定值。

5.2.2 充电方法

5.2.2.1 补充电

蓄电池补充电按下述方法进行恒流充电或恒压充电：

——恒流充电是在室温条件下以 I_{10} 电流值进行充电，待所有参试蓄电池端电压达到2.4 V时，将充电电流改为 $0.5I_{10}$ 电流值充电。在充电末期连续2 h内蓄电池端电压和电解液密度无明显变化(同时应考虑温度影响)，就认为蓄电池已完全充电；

——恒压充电是在室温条件下以单体蓄电池(U_a±0.01)V的电压值进行充电，最大充电电流不得超过 $2I_{10}$(在充电初期，当充电电流超过 $2I_{10}$ 时，允许适当降低充电电压)，在充电末期连续2 h内蓄电池充电电流和电解液密度无明显变化(同时应考虑温度影响)，就认为蓄电池已完全充电；

——按制造商提供电流(或电压)进行补充电。

5.2.2.2 均衡充电

均衡充电应在蓄电池按5.2.2.1充电后进行：

a) 蓄电池经完全充电后，停止充电1 h，然后以 $0.5I_{10}$ 电流充电2 h，如此反复三次后，当蓄电池端电压和电解液密度连续2 h再无明显变化时，就认为蓄电池已均衡充电；

b) 均衡充电也可以按制造商使用维护说明书进行。

5.2.3 电解液密度和液位调整

5.2.3.1 蓄电池在充电末期应随时调整电解液密度和液位，使之在充电结束时电解液密度达到制造商规定值，液位达到最高液位标志。

5.2.3.2 充电期间，电解液温度不得超过45 ℃，过热时应采取降温措施。

5.2.3.3 添加水和电解液的纯度可由制造商规定。

6 试验方法

6.1 外观、极性及尺寸检查

6.1.1 用目视检查蓄电池外观。

6.1.2 用目视或反极仪检查蓄电池极性。

6.1.3 用精度为 1 mm 的直尺或具有同等以上精度的量具测量蓄电池外形尺寸。

6.2 气密性能试验

将未注入电解液的蓄电池旋紧液孔塞，向装防酸帽的孔内充气或抽气，当蓄电池内外压差至 4 kPa 时，压力计指针应稳定(3～5)s。

6.3 容量试验

6.3.1 蓄电池经完全充电后静置(1～24)h，分别以 I_{10}(A)、I_1(A)或 $I_{0.5}$(A)电流进行 10 小时率、1 小时率、0.5 小时率放电，蓄电池周围温度保持在(25±5)℃范围之间，电解液温度应保持在(25±2)℃，放电时间内电流值变化应不大于 1%。

6.3.2 放电开始时应同时测记电解液密度和温度、放电电流以及放电开始前后的单体蓄电池端电压。

6.3.3 放电期间要记录单体蓄电池端电压及电解液密度和温度，记录时间间隔为 25%、50%和 80%，在放电末期要随时记录，以便确定蓄电池放电到终止电压的准确时间。

6.3.4 蓄电池容量试验终止电压应符合表 1 的规定。

表 1

放电制度	单体蓄电池放电终止电压 V
10 小时率容量试验	1.80
1 小时率容量试验	1.75
0.5 小时率容量试验	1.65

6.3.5 将实测容量 C_t 按式(1)换算成 25 ℃基准温度时的实际容量 C_e，计算公式如下：

$$C_e = \frac{C_t}{1+\lambda(t-25)} \qquad \cdots\cdots(1)$$

式中：

t——放电开始时电解液温度，单位为摄氏度(℃)；

λ——温度系数，10 小时率容量试验时，$\lambda=0.006$，1 小时率和 0.5 小时率容量试验时，$\lambda=0.01$，单位为每摄氏度(℃$^{-1}$)。

6.4 大电流耐受能力试验

蓄电池经完全充电后，待电解液温度为(25±2)℃时，按表 2 规定的电流与时间，任选其一，连续放电，然后目测检查极柱及外观。

表 2

放电时间	60 s	5 s
放电电流 A	$15I_{10}$	$30I_{10}$
注：放电电流大于 3 000 A 可由制造商确定。		

6.5 短路电流与内阻水平试验

6.5.1 按6.3规定试验后的3只串联单体蓄电池，经完全充电，同时按制造商规定调整电解液密度，并使电解液液面达到最高允许液位。

6.5.2 当蓄电池电解液温度为(25±2)℃时，按下述方法进行试验。

a) $4I_{10}$～$6I_{10}$电流放电20 s，精确测记该时刻的蓄电池端电压(U_1)和放电电流(I_1)，然后第一阶段停止；

b) 隔(2～5)min后(此间蓄电池不再充电)，以不小于$20I_{10}$电流放电5 s，精确测记该时刻的蓄电池端电压(U_2)和放电电流(I_2)，然后第二阶段停止。

6.5.3 蓄电池短路电流值按式(2)计算，表示为：

$$I_k = \frac{U_1 I_2 - U_2 I_1}{U_1 - U_2} \qquad \cdots\cdots(2)$$

式中：

I_k——蓄电池短路电流值，单位为安培(A)；

I_1——第一阶段电流值，单位为安培(A)；

I_2——第二阶段电流值，单位为安培(A)；

U_1——第一阶段电压值，单位为伏特(V)；

U_2——第二阶段电压值，单位为伏特(V)。

6.5.4 蓄电池内阻值按式(3)计算。

$$R_1 = \frac{U_1 - U_2}{I_2 - I_1} \qquad \cdots\cdots(3)$$

式中：

R_1——蓄电池内阻值，单位为欧姆(Ω)。

注1：测量蓄电池端电压时，在极柱紧靠蓄电池盖的部分进行；

注2：测量蓄电池内阻时，考虑串联时连接条内阻；

注3：上述试验是蓄电池平稳状态下数值，非极化条件下数值；

注4：对于超大容量蓄电池I_k和R_1值可以由相同尺寸和类型的极板组装的小容量蓄电池进行试验确定。

6.6 荷电保持能力试验

6.6.1 蓄电池经6.3容量试验，其10小时率容量达到额定值，方可进行本试验。

6.6.2 蓄电池经完全充电后，待电解液温度为(25±2)℃时按6.3进行10小时率容量试验，得到静置前容量C_{e1}。

6.6.3 蓄电池再次完全充电后，在(25±2)℃的环境中静置90 d，在此期间应保持蓄电池表面洁净。

6.6.4 蓄电池静置90 d后，不经补充电立即按6.3进行10小时率容量试验，得到蓄电池静置后容量C_{e2}。

6.6.5 按式(4)计算出蓄电池荷电保持能力R，表示为：

$$R = \frac{C_{e2}}{C_{e1}} \times 100\% \qquad \cdots\cdots(4)$$

式中：

R——荷电保持能力百分数值；

C_{e1}——静置前容量，单位为安时(A·h)；

C_{e2}——静置后容量，单位为安时(A·h)。

6.7 防酸雾性能试验

蓄电池按6.3规定试验后，经完全充电后，旋紧液孔塞和防酸帽，继续以I_{10}电流进行过充电，待电解液强烈析出气体时，用经蓄电池用水润湿的 pH 试纸悬于离防酸帽 5 mm 处，历时 2 h，以试纸不显酸性为合格。

6.8 安全试验

蓄电池经完全充电后，放入到防爆箱内，作好安全防护，旋紧液孔塞和防酸帽，继续以 $0.5I_{10}$ 电流进行过充电，待电解液内产生气体并稳定时，用 24 V 直流电源，使绕在防酸帽外侧的 1 A 保险丝熔断产生火花，重复试验两次，以蓄电池本体不爆炸为合格。

6.9 耐涓流充电能力和电解液储存试验

6.9.1 参与本试验的单体蓄电池不得少于 6 只，均按 6.3 经容量试验并达到额定值，连接成蓄电池组。

6.9.2 蓄电池组经完全充电，同时按制造商规定调整电解液密度，并将电解液液面达到最高允许的液位。旋紧液孔塞和防酸帽，在全部试验期间，电解液的平均温度应保持在(25±2)℃的范围内，最高不得超过 30 ℃，最低不得低于 15 ℃，并保持蓄电池表面清洁。

6.9.3 试验以单体蓄电池(U_f±0.01)V 的恒电压进行充电，试验开始时应测记单体蓄电池端电压和电解液密度。在试验期间，每天应测记蓄电池端电压和电解液密度。

6.9.4 试验经 3 个月和 6 个月后，测记蓄电池端电压和电解液密度，应符合 4.12 的规定，若某单体蓄电池不符合 4.12 的规定，则判定该单体蓄电池出现故障。

6.9.5 对出现故障的单体蓄电池按 5.2.4 的规定进行均衡充电。当经均衡充电后，蓄电池端电压和电解液密度恢复到 4.12 规定的范围，则判定该蓄电池已消除故障，并按 6.9.3 进行下一个为期 3 个月的试验。当 3 个月后，该蓄电池的端电压和电解液密度仍不符合 4.12 的规定时，则判定蓄电池为不合格。

6.9.6 本试验要持续 6 个月，当某只单体蓄电池应按 6.9.5 进行均衡充电时，试验要延长至 9 个月。

6.9.7 蓄电池经本试验 6 个月后，电解液损失不得超过 4.12 的规定，按 6.9.5 进行过均衡充电的蓄电池的电解液损失值不做判定的依据。

6.9.8 蓄电池经本试验 6 个月后，立即以 I_{10} 电流按 6.3 规定进行 10 小时率容量试验，并应达到额定值。

6.10 寿命

6.10.1 充放电寿命试验

6.10.1.1 进行本试验的蓄电池应按 6.3 进行过容量试验，并且容量达到额定值。

6.10.1.2 蓄电池经完全充电后，以 $2.5I_{10}$ 电流放电 3 h，然后立即以单体蓄电池(U_a±0.01)V 的恒电压连续充电 21 h(充电时最大电流不得大于 $2I_{10}$)，为一个充放循环。

6.10.1.3 蓄电池经 50 次充放循环后，按 6.3 的规定进行一次 10 小时率容量试验。然后蓄电池经完全充电并再次进行充放循环试验。

6.10.1.4 按 6.10.1.2 和 6.10.1.3 的方法重复进行试验。当蓄电池容量小于 $0.8C_{10}$，并经再次验证后不再增加时，试验结束。

6.10.1.5 在全部试验过程中，试验环境温度应保持在(20～30)℃范围内，同时要保持蓄电池的电解液的正常液位。

6.10.2 恒流过充电寿命试验

6.10.2.1 进行本试验的蓄电池应按 6.3 进行过容量试验，并且容量达到额定值。

6.10.2.2 蓄电池经完全充电后，以 $0.2I_{10}$ 电流进行连续过充电，电流波动值不得超过规定值的±1%。

6.10.2.3 蓄电池经充电 30 d 后，进行一次 1 小时率容量试验，试验后再完全充电。

6.10.2.4 按6.10.2.2和6.10.2.3的方法重复进行试验，当蓄电池容量低于$0.8C_1$时，并经再次验证后不再增加时，试验结束。

6.10.2.5 在试验过程中，试验环境温度应保持在(20～30)℃范围内，同时要保持蓄电池的电解液的正常液位。

6.10.3 快速充放电寿命试验

6.10.3.1 进行本试验的蓄电池应按6.3进行过容量试验，并且容量达到额定值。

6.10.3.2 蓄电池经完全充电后，联接到一个连续循环试验装置上，以$2.0I_{10}$电流放电3 h，电流波动不得超过规定值的±1%，然后立即以单体蓄电池(2.40±0.01)V的恒定电压连续充电21 h(在充电时最大充电电流不得大于$2.0I_{10}$)为一个充放循环。

6.10.3.3 蓄电池经50次充放循环后，按6.3的规定进行一次10小时率容量试验，为一个试验单元。

6.10.3.4 按6.10.3.2和6.10.3.3的方法重复进行试验。当蓄电池容量小于$0.95C_{10}$，并经再次验证后不再增加时，试验结束。

6.10.3.5 在全部试验过程中，试验环境温度应保持在(20～30)℃范围内，同时要保持蓄电池的电解液的正常液位。

6.10.4 使用寿命保证

按制造商的使用维护说明书规定使用，蓄电池在浮充状态下正常运行，其使用寿命不得低于10年。

6.11 抗机械破损能力试验

完全充电的蓄电池在(20～30)℃的环境中按以下规定的高度，向坚固、平滑的水泥地面上以正立状态自由跌落两次，检查并记录蓄电池是否有破损及泄漏，具体要求如下：

——小于或等于50 kg的蓄电池跌落高度为100 mm；

——大于50 kg且小于或等于100 kg的蓄电池跌落高度为50 mm；

——大于100 kg的蓄电池跌落高度为25 mm。

7 检验规则

7.1 检验分类

7.1.1 出厂检验、周期检验

凡提出交货的产品，应按出厂检验项目和周期检验项目进行。

7.1.2 型式检验

遇有下列情况之一时，应抽样进行型式检验：

a) 试制的新产品；

b) 产品结构及工艺配方或原材料有更改时；

c) 对批量生产的产品应进行定期抽试；

d) 政府行为检验。

注：做型式检验的应是经出厂检验合格后的产品。

7.2 型式检验项目与全项试验程序

蓄电池型式检验项目与全项试验程序见表3。

7.3 出厂检验和周期检验项目、样品数量与检验周期

蓄电池出厂检验和周期检验项目、样品数量与检验周期见表 4。

表 3

试验程序	检验项目	系列样品编号及检验项目编号						
		1	2	3	4	5	6	n
试验前	外观、极性	√	√	√	√	√	√	√
	外形尺寸	√						
	气密性能试验(6.2)	√	√	√	√	√	√	√
1～3	10 小时率容量试验(6.3)	√	√	√	√	√	√	√
4	1 小时率容量试验(6.3)	√	√	√	√	√	√	√
5	10 小时率容量试验(6.3)	√	√	√	√	√	√	√
6	0.5 小时率容量试验(6.3)	√	√	√	√	√	√	√
7	10 小时率容量试验(6.3)	√	√	√	√	√	√	√
8	荷电保持能力试验(6.6)	√						
9	短路电流与内阻水平试验(6.5)		√	√			√	
10	防酸雾性能试验(6.7)			√				
11	※快速充放循环寿命试验、充放循环寿命试验或恒流过充电寿命试验(6.10)				√	√		
12	耐消流充电能力和电解液储存试验(6.9)						√	√
13	大电流耐受能力试验(6.4)	√						
14	抗机械破损能力试验(6.11)		√					
15	安全试验(6.8)			√				

注 1：※寿命试验可由制造商选取一种试验方式；

注 2：n 数值为 6～12。

表 4

序号	检验分类	检验项目	样本单位	检验周期
1	出厂检验	外观	全数	—
2		外形尺寸	抽检 3%	—
3		极性	全数	—
4		气密性能试验(6.2)	全数	—
5	周期检验	10 小时率容量试验(6.3)	5 只	半年一次
6		1 小时率容量试验(6.3)	5 只	半年一次
7		0.5 小时率容量试验(6.3)	5 只	半年一次
8		大电流耐受能力试验(6.4)	1 只	每年一次

表4(续)

序号	检验分类	检验项目	样本单位	检验周期
9	周期检验	荷电保持能力试验(6.6)	1只	每年一次
10		防酸雾性能试验(6.7)	1只	每年一次
12		短路电流与内阻水平试验(6.5)	1只	每年一次
13		快速充放循环寿命试验、充放循环寿命试验或恒流过充电寿命试验(6.10)	1只	每年一次
14		抗机械破损能力试验(6.11)	1只	每年一次
15		安全试验(6.8)	1只	每两年一次
16		耐涓流充电能力和电解液储存试验(6.9)	6只	每两年一次

7.4 检验判定准则

7.4.1 依检验现象评定的检验项目,以检验现象进行判定。

7.4.2 依检验数据评定的检验项目,以全部参试蓄电池的测试数据作为该项目的判定数据,若有一只参试电池的测试数据不符合本标准要求时,可加倍复测,如仍有一只达不到要求,则判定该批产品不合格。

7.4.3 产品应经出厂检验合格后方可出厂,并附有产品质量合格的文件。

8 标志、包装、运输、贮存

8.1 标志

8.1.1 蓄电池标志

蓄电池应有下列标志:

a) 制造商名或商标;

b) 产品型号或规格;

c) 电解液密度(25 ℃基准温度条件时,完全充电状态);

d) 极性符号。

8.1.2 包装箱外壁标志

包装箱外壁应有下列标志:

a) 产品名称、型号或规格、数量;

b) 产品执行标准;

c) 制造商名称;

d) 出厂日期;

e) 每箱的净重、毛重及尺寸;

f) 标明“怕湿”、“小心轻放”、“向上”等文字或符号;

g) 标明“可回收利用”、“含铅、不可将电池等同生活垃圾处置”等文字或符号。

8.2 包装

8.2.1 应符合制造商有关技术文件规定。

8.2.2 同产品提供的文件

文件如下：

a) 装箱单；

b) 产品合格证；

c) 产品使用维护说明书。

8.3 运输

8.3.1 产品在运输过程中，不应受剧烈机械冲击、曝晒、雨淋，不得倒置。

8.3.2 产品在装卸过程中，应轻搬轻放，严禁摔掷、翻滚、重压。

8.4 贮存

产品贮存应符合下列要求：

a) 应存放在(10～35)℃干燥、通风、清洁的仓库内；

b) 应不受阳光直射，距离热源(暖气等)不得小于 2 m；

c) 应避免与任何有毒气体、有机溶剂接触。

ICS 29.220.20
K 84

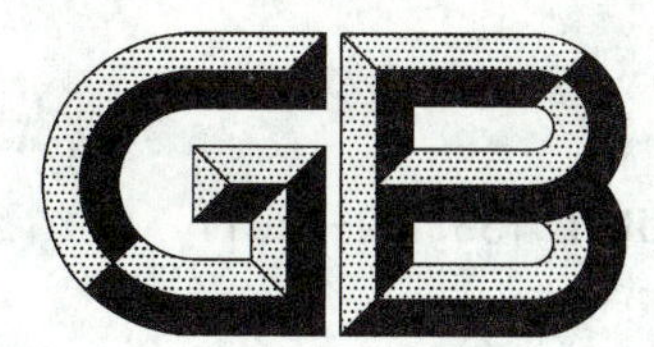

中华人民共和国国家标准

GB/T 13337.2—2011
代替 GB/T 13337.2—1991

固定型排气式铅酸蓄电池 第2部分:规格及尺寸

Stationary lead-acid batteries—Vented types—
Part 2:Capacity specifications and size

2011-07-29 发布 2011-12-01 实施

中华人民共和国国家质量监督检验检疫总局
中国国家标准化管理委员会 发布

前　言

GB/T 13337《固定型排气式铅酸蓄电池》分为两部分：

——第1部分：技术条件；

——第2部分：规格及尺寸。

本部分是GB/T 13337的第2部分。

本部分按照GB/T 1.1—2009给出的规则起草。

本部分替代GB/T 13337.2—1991《固定型防酸式铅酸蓄电池》。与GB/T 13337.2—1991相比，主要在以下部分有改变：

——标准名称更改为《固定型排气式铅酸蓄电池　第2部分：规格及尺寸》；

——增加了“前言”；

——增加了“产品的名称及定义”（见第3章）；

——修改了“外形图”（见图1及1991年版图1）；

——修改了2V系列规格（见4.2及1991年版第5章）；

——增加了6V系列规格（见4.2）；

——增加了12V系列规格（见4.2）；

——增加了蓄电池的端子极性标识（见第5章）；

——增加了蓄电池的端子连接方式（见第6章）。

本部分由中国电器工业协会提出。

本部分由全国铅酸蓄电池标准化技术委员会（SAC/TC 69）归口。

本部分主要起草单位：沈阳蓄电池研究所、中船重工淄博火炬能源有限责任公司、山东瑞宇蓄电池有限公司、山东圣阳电源股份有限公司、江苏双登集团有限公司、河北省产品质量监督检验院、超威电源有限公司、浙江天能电池有限公司、浙江海久电池股份有限公司、湖北骆驼蓄电池股份有限公司、上海海宝特种电源有限公司、安徽省产品质量监督检验研究院。

本部分主要起草人：董书岭、陈玉松、刘毅、陈晓红、褚元清、周庆申、吴德元、周明明、杨元玲、朱俭、杨诗军、陈延祥、赵冰。

本部分所代替标准的历次版本发布情况：

——GB/T 13337.2—1991。

固定型排气式铅酸蓄电池
第2部分：规格及尺寸

1 范围

GB/T 13337的本部分规定了固定型排气式铅酸蓄电池(以下简称蓄电池)的产品的名称、定义和蓄电池的容量规格、最大外型尺寸、端子极性标识及蓄电池的连接方式等。

GB/T 13337的本部分适用于开关操作、安全保护装置、信号系统、电信装置、计算机、紧急事故照明以及各种直流电源用蓄电池及蓄电池组。

2 规范性引用文件

下列文件对于本文件的应用是必不可少的。凡是注日期的引用文件，仅注日期的版本适用于本文件。凡是不注日期的引用文件，其最新版本(包括所有的修改单)适用于本文件。

GB/T 13337.1 固定型排气式铅酸蓄电池 技术条件

3 产品的名称及定义

3.1 蓄电池名称及定义

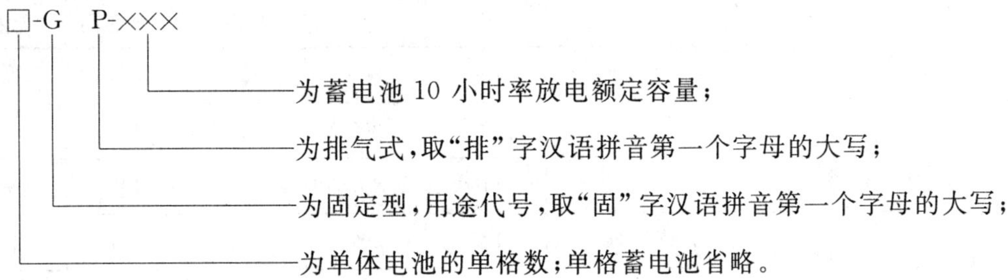

3.2 特殊蓄电池的名称

允许按有关协议或合同进行命名。

4 产品的型号及规格

4.1 蓄电池的外形尺寸如图1所示。

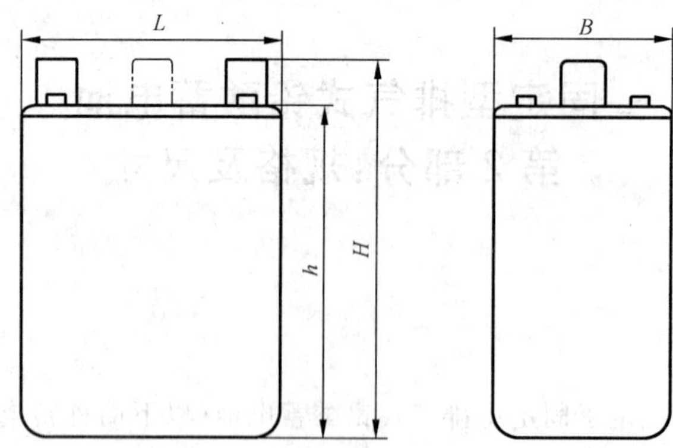

说明：

L——蓄电池长，即极板片数排列方向的尺寸，单位为毫米(mm)；

B——蓄电池宽，即极板宽度方向的尺寸，单位为毫米(mm)；

h——蓄电池槽高，单位为毫米(mm)；

H——蓄电池总高，单位为毫米(mm)。

图 1

4.2 蓄电池的型号规格应符合表 1、表 2、表 3、表 4、表 5 的规定。

4.3 未列入表中的产品型号规格可由用户及制造商协商确定。

表 1 蓄电池容量规格及尺寸(第Ⅰ系列)

序号	蓄电池型号	额定电压 V	10 小时率额定容量 A·h	最大外型尺寸 mm				参考质量 kg	
				长	宽	槽高	参考总高	无液	带液
1	GP-200	2	200	104	207	356	408	13	17
2	GP-250	2	250	125	207	356	408	16.5	21
3	GP-300	2	300	146	207	356	408	18	24
4	GP-350	2	350	125	207	472	524	21	29
5	GP-420	2	420	146	207	472	524	24	34
6	GP-490	2	490	167	207	472	524	28	39
7	GP-600	2	600	146	207	647	699	35	47
8	GP-800	2	800	192	211	647	699	47	64
9	GP-1000	2	1 000	234	211	647	699	58	78
10	GP-1200	2	1 200	276	211	647	699	68	92
11	GP-1500	2	1 500	276	211	798	850	82	115
12	GP-2000	2	2 000	400	214	773	825	113	160
13	GP-2500	2	2 500	488	214	773	825	138	195
14	GP-3000	2	3 000	577	214	773	825	165	234

表 2　蓄电池容量规格及尺寸(第Ⅱ系列)

序号	蓄电池型号	额定电压 V	10 小时率 额定容量 A·h	最大外型尺寸 mm				参考质量 kg	
				长	宽	槽高	参考总高	无液	带液
1	GP-1000	2	1 000	277	212	650	730	66	88
2	GP-1500	2	1 500	399	214	775	850	101	150
3	GP-1875	2	1 875	399	214	775	850	119	164
4	GP-2000	2	2 000	399	214	775	850	126	169
5	GP-2500	2	2 500	578	214	775	850	166	215
6	GP-3000	2	3 000	578	214	775	850	192	237

表 3　蓄电池容量规格及尺寸(第Ⅲ系列)

序号	蓄电池型号	额定电压 V	10 小时率 额定容量 A·h	最大外型尺寸 mm				参考质量 kg	
				长	宽	槽高	参考总高	无液	带液
1	GP-200	2	200	145	206	355	410	16	23
2	GP-250	2	250	145	206	355	410	18	24
3	GP-300	2	300	145	206	355	410	20	26
4	GP-350	2	350	166	206	471	526	24	36
5	GP-420	2	420	166	206	471	526	27	38
6	GP-490	2	490	166	206	471	526	30	40
7	GP-600	2	600	145	206	646	701	37	47
8	GP-800	2	800	191	210	646	701	51	67
9	GP-1000	2	1 000	275	210	646	701	64	85
10	GP-1200	2	1 200	275	210	646	701	73	92
11	GP-1500	2	1 500	397	212	772	827	96	145
12	GP-1875	2	1 875	397	212	772	827	113	158
13	GP-2000	2	2 000	397	212	772	827	120	163
14	GP-2500	2	2 500	576	212	772	827	155	218
15	GP-3000	2	3 000	576	212	772	827	180	235

表 4 蓄电池容量规格及尺寸(第Ⅳ系列)

序号	蓄电池型号	额定电压 V	10 小时率 额定容量 A・h	最大外型尺寸 mm				参考质量 kg	
				长	宽	槽高	参考总高	无液	带液
1	3-GP-150	6	150	233	224	345	378	30	41
2	3-GP-200	6	200	272	205	350	363	35	47
3	3-GP-250	6	250	380	205	350	363	44	61
4	3-GP-300	6	300	380	205	350	363	51	67

表 5 蓄电池容量规格及尺寸(第Ⅴ系列)

序号	蓄电池型号	额定电压 V	10 小时率 额定容量 A・h	最大外型尺寸 mm				参考质量 kg	
				长	宽	槽高	参考总高	无液	带液
1	6-GP-50	12	50	272	205	350	363	25	38
2	6-GP-100	12	100	272	205	350	363	38	50
3	6-GP-150	12	150	380	205	350	363	53	70

5 蓄电池的端子极性标识

蓄电池的正极端子附近用符号“+”,以凸起或凹陷的形式标记正极性;负极端子附近用符号“—”,以凸起或凹陷的形式标记负极性。标记使用的符号“+”和符号“—”,其实际长度应不小于 5 mm,高度不应小于 0.5 mm。

6 蓄电池的连接方式

6.1 蓄电池端子采用螺栓连接方式,见图 2。

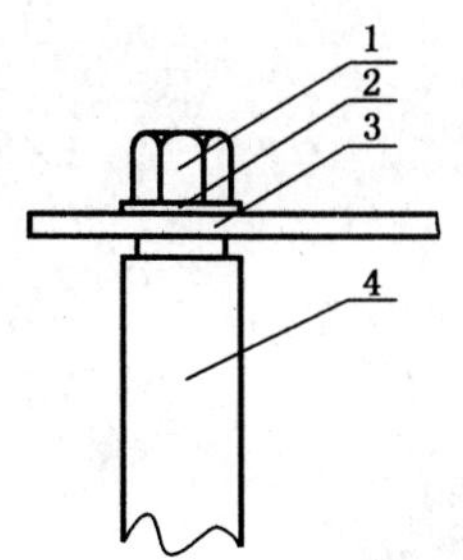

1——螺栓端子；

2——垫圈；

3——电缆接头；

4——蓄电池端子。

图 2

6.2 蓄电池连接时电池间距不得少于 5 mm。

6.3 允许制造商根据用户要求确定蓄电池安装方向。

中华人民共和国国家标准

GB 13481—2011

食品安全国家标准

食品添加剂　山梨醇酐单硬脂酸酯（司盘60）

2011-11-21 发布　　2011-12-21 实施

中华人民共和国卫生部　发布

前　言

本标准代替GB 13481—2010《食品安全国家标准　食品添加剂　山梨醇酐单硬脂酸酯(司盘60)》。

本标准与GB 13481—2010相比,主要变化如下:

——修改了A.8.2分析步骤。

本标准所代替标准的历次版本发布情况为:

——GB 13481—1992、GB 13481—2010。

食品安全国家标准

食品添加剂　山梨醇酐单硬脂酸酯（司盘60）

1　范围

本标准适用于以硬脂酸与失水山梨醇为原料，经酯化反应制得的食品添加剂山梨醇酐单硬脂酸酯（司盘60）。

2　技术要求

2.1　感官要求：应符合表1的规定。

表1　感官要求

项　目	要　求	检验方法
色泽	淡黄色	取适量实验室样品，置于清洁、干燥的白瓷盘中，在自然光线下，目视观察
组织状态	粉状或块状固体	

2.2　理化指标：应符合表2的规定。

表2　理化指标

项　目		指　标	检验方法
脂肪酸，w/%		71～75	附录A中A.4
多元醇，w/%		29.5～33.5	附录A中A.5
酸值(以KOH计)/(mg/g)	≤	10	附录A中A.6
皂化值(以KOH计)/(mg/g)		147～157	附录A中A.7
羟值(以KOH计)/(mg/g)		235～260	附录A中A.8
水分，w/%	≤	1.5	附录A中A.9
砷(As)/(mg/kg)	≤	3	附录A中A.10
铅(Pb)/(mg/kg)	≤	2	附录A中A.11

附 录 A
检验方法

A.1 警示

试验方法规定的一些试验过程可能导致危险情况。操作者应采取适当的安全和防护措施。

A.2 一般规定

除非另有说明,在分析中仅使用确认为分析纯的试剂和 GB/T 6682—2008 中规定的三级水。

试验方法中所用标准滴定溶液、杂质测定用标准溶液、制剂及制品,在没有注明其他要求时,均按 GB/T 601、GB/T 602 和 GB/T 603 之规定制备。

A.3 鉴别试验

A.3.1 脂肪酸酸值的测定

A.3.1.1 试剂和材料

A.3.1.1.1 无水乙醇。

A.3.1.1.2 氢氧化钠标准滴定溶液:$c(NaOH)=0.5$ mol/L。

A.3.1.1.3 酚酞指示液:10 g/L。

A.3.1.2 分析步骤

称取约 3 g A.4.3.2 中的凝固物 D,精确至 0.001 g,置于锥形瓶中,加入 50 mL 无水乙醇溶解,必要时加热。加入 5 滴酚酞指示液,用氢氧化钠标准滴定溶液滴定至溶液呈粉红色,保持 30 s 不褪色为终点。

A.3.1.3 结果计算

脂肪酸酸值 w_1,以氢氧化钾(KOH)计,数值以毫克每克(mg/g)表示,按式(A.1)计算:

$$w_1=\frac{VcM}{m} \qquad \cdots\cdots(A.1)$$

式中:

V——氢氧化钠标准滴定溶液(A.3.1.1.2)的体积的数值,单位为毫升(mL);

c——氢氧化钠标准滴定溶液浓度的准确数值,单位为摩尔每升(mol/L);

m——试料质量的数值,单位为克(g);

M——氢氧化钾的摩尔质量的数值,单位为克每摩尔(g/mol)($M=56.109$)。

取两次平行测定结果的算术平均值为报告结果。两次平行测定结果的绝对差值不大于 0.5 mg/g。

A.3.1.4 结果判断

回收的脂肪酸酸值应为 190 mg/g~220 mg/g。

A.3.2 脂肪酸结晶点的测定

按 GB/T 7533 进行。取约 3 g A.4.3.2 中的凝固物 D 为试料。回收的脂肪酸的结晶点应≥53 ℃。

A.3.3 多元醇显色试验

取约 2 g A.5.2 中的黏稠物 E,加入 2 mL 邻苯二酚溶液(100 g/L)(现用现配),混匀,再加 5 mL 硫酸混匀,应显红色或红褐色。

A.4 脂肪酸的测定

A.4.1 方法提要

样品通过皂化水解,经酸化后生成的脂肪酸和多元醇,通过反复萃取分离及浓缩干燥,得到回收的脂肪酸的质量,称量计算脂肪酸的质量分数。

A.4.2 试剂和材料

A.4.2.1 氢氧化钾。

A.4.2.2 乙醇(95%)。

A.4.2.3 石油醚。

A.4.2.4 硫酸溶液:1+2。

A.4.3 分析步骤

A.4.3.1 皂化:称取约 25 g 实验室样品,精确至 0.01 g。置于 500 mL 烧瓶中,加入 250 mL 乙醇(95%)和 7.5 g 氢氧化钾。连接冷凝器,置于水浴中加热回流 2 h。将皂化物转移至 800 mL 烧杯中,用约 200 mL 水洗涤烧瓶并转移至该烧杯中。将烧杯置于水浴中,蒸发直至乙醇挥发逸尽。用热水调节溶液的体积至约 250 mL,为溶液 A。

A.4.3.2 酸化、萃取分离:在加热搅拌下向溶液 A 中加硫酸溶液,使其析出凝固物,再加入过量约 10%的硫酸溶液,冷却分层。将上层凝固物转移至预先在 80 ℃质量恒定的 250 mL 烧杯中,用 20 mL 热水洗涤 3 次,冷却后将洗液与下层溶液合并于 500 mL 分液漏斗中,用 100 mL 石油醚提取 3 次,静置分层。将下层溶液 B 转移至 800 mL 烧杯中;合并石油醚提取液于第二个 500 mL 分液漏斗中,3 次用 100 mL 水洗涤。下层水洗液与溶液 B 合并为溶液 C,留作测定多元醇含量用;转移上层石油醚提取液于盛凝固物的烧杯中,置于水浴中浓缩至 100 mL,于 80 ℃干燥至质量恒定,得到回收的凝固物 D 作为脂肪酸的质量。称量后的凝固物 D 用于脂肪酸酸值的测定。

A.4.4 结果计算

脂肪酸的质量分数 w_2,数值以%表示,按式(A.2)计算:

$$w_2 = \frac{m_2 - m_1}{m} \times 100\% \qquad \text{(A.2)}$$

式中:

m_1——250 mL 烧杯质量的数值,单位为克(g);

m_2——250 mL 烧杯加凝固物 D 质量的数值,单位为克(g);

m ——试料质量的数值,单位为克(g)。

取两次平行测定结果的算术平均值为报告结果。两次平行测定结果的绝对差值不大于 1%。

A.5 多元醇的测定

A.5.1 试剂和材料

A.5.1.1 无水乙醇。

A.5.1.2 氢氧化钾溶液:100 g/L。

A.5.2 分析步骤

用氢氧化钾溶液中和 A.4.3.2 中得到的溶液 C 至 pH 为 7(用 pH 试纸检验)。将此溶液置于水浴中蒸发至白色结晶析出。然后 4 次用 150 mL 热无水乙醇提取残留物中的多元醇,合并提取液,用 G4 玻璃漏斗过滤,无水乙醇洗涤。滤液转移至另一个 800 mL 烧杯中,置于水浴中浓缩至约 100 mL。再转移至预先在 80 ℃质量恒定的 250 mL 烧杯中,继续蒸发至黏稠状。在 80 ℃干燥至质量恒定,得到黏稠物 E 作为回收多元醇的质量。称量后的黏稠物 E 用于多元醇显色试验。

A.5.3 结果计算

多元醇质量分数 w_3,数值以%表示,按式(A.3)计算:

$$w_3 = \frac{m_2 - m_1}{m} \times 100\% \qquad \text{(A.3)}$$

式中：

m_1——250 mL 烧杯的质量，单位为克(g)；

m_2——250 mL 烧杯加黏稠物 E 的质量，单位为克(g)；

m——A.4.4 中试料质量的数值，单位为克(g)。

取两次平行测定结果的算术平均值为报告结果。两次平行测定结果的绝对差值不大于 1%。

A.6 酸值的测定

A.6.1 试剂和材料

A.6.1.1 异丙醇。

A.6.1.2 甲苯。

A.6.1.3 氢氧化钠标准滴定溶液：$c(NaOH)=0.1$ mol/L。

A.6.1.4 酚酞指示液：10 g/L。

A.6.2 分析步骤

称取约 2.5 g 实验室样品，精确至 0.000 1 g，置于锥形瓶中，加入异丙醇和甲苯各 40 mL，加热使其溶解。加入 5 滴酚酞指示液，用氢氧化钠标准滴定溶液滴定至溶液呈粉红色，保持 30 s 不褪色为终点。

A.6.3 结果计算

酸值 w_4，以氢氧化钾(KOH)计，数值以毫克每克(mg/g)表示，按式(A.4)计算：

$$w_4=\frac{V_1cM}{m_1} \qquad \text{(A.4)}$$

式中：

V_1——氢氧化钠标准滴定溶液(A.6.1.3)的体积的数值，单位为毫升(mL)；

c——氢氧化钠标准滴定溶液浓度的准确数值，单位为摩尔每升(mol/L)；

m_1——试料质量的数值，单位为克(g)；

M——氢氧化钾的摩尔质量的数值，单位为克每摩尔(g/mol)(M=56.109)。

取两次平行测定结果的算术平均值为报告结果。两次平行测定结果的绝对差值不大于 0.2 mg/g。

A.7 皂化值的测定

A.7.1 试剂和材料

A.7.1.1 无水乙醇。

A.7.1.2 氢氧化钾乙醇溶液：40 g/L。

A.7.1.3 盐酸标准滴定溶液：$c(HCl)=0.5$ mol/L。

A.7.1.4 酚酞指示液：10 g/L。

A.7.2 分析步骤

称取约 2 g 实验室样品，精确至 0.000 1 g，置于 250 mL 磨口锥形瓶中，加入(25±0.02)mL 氢氧化钾乙醇溶液，连接冷凝管，置于水浴中加热回流 1 h，稍冷后用 10 mL 无水乙醇淋洗冷凝管，取下锥形瓶，加入 5 滴酚酞指示液，用盐酸标准滴定溶液滴定至溶液的红色刚刚消失，加热试液至沸腾，若出现粉红色，继续滴定至红色消失即为终点。

在测定的同时，按与测定相同的步骤，对不加试料而使用相同数量的试剂溶液做空白试验。

A.7.3 结果计算

皂化值 w_5，以氢氧化钾(KOH)计，数值以毫克每克(mg/g)表示，按式(A.5)计算：

$$w_5=\frac{(V_0-V_2)cM}{m_2} \qquad \text{(A.5)}$$

式中：

V_2——试料消耗盐酸标准滴定溶液(A.7.1.3)体积的数值，单位为毫升(mL)；

V_0——空白试验消耗盐酸标准滴定溶液(A.7.1.3)体积的数值，单位为毫升(mL)；

c——盐酸标准滴定溶液浓度的准确数值，单位为摩尔每升(mol/L)；

m_2——试料质量的数值，单位为克(g)；

M——氢氧化钾的摩尔质量的数值，单位为克每摩尔(g/mol)(M=56.109)。

取两次平行测定结果的算术平均值为报告结果。两次平行测定结果的绝对差值不大于1 mg/g。

A.8 羟值的测定

A.8.1 试剂和材料

A.8.1.1 吡啶：以酚酞为指示剂，用盐酸溶液(1+110)中和。

A.8.1.2 正丁醇：以酚酞为指示剂，用氢氧化钾乙醇标准滴定溶液中和。

A.8.1.3 乙酰化剂：乙酸酐与吡啶按1+3混匀，贮存于棕色瓶中。

A.8.1.4 氢氧化钾乙醇标准滴定溶液：c(KOH)=0.5 mol/L。

A.8.1.5 酚酞指示液：10 g/L。

A.8.2 分析步骤

称取约1.2 g实验室样品，精确至0.000 1 g，置于250 mL磨口锥形瓶中，加入(5±0.02)mL乙酰化剂，连接冷凝管，置于水浴中加热回流1 h。从冷凝管上端加入10 mL水于锥形瓶中，继续加热10 min后，冷却至室温。用15 mL正丁醇冲洗冷凝管，拆下冷凝管，再用10 mL正丁醇冲洗瓶壁。加入8滴酚酞指示液，用氢氧化钾乙醇标准滴定溶液滴定至溶液呈粉红色即为终点。

在测定的同时，按与测定相同的步骤，对不加试料而使用相同数量的试剂溶液做空白试验。

为校正游离酸，称取约10 g实验室样品，精确至0.01 g。置于锥形瓶中，加入30 mL吡啶，加入5滴酚酞指示液，用氢氧化钾乙醇标准滴定溶液滴定至溶液呈粉红色。

A.8.3 结果计算

羟值w_6，以氢氧化钾(KOH)计，数值以毫克每克(mg/g)表示，按式(A.6)计算：

$$w_6=\frac{(V_0-V_3)cM}{m_3}+\frac{V_4cM}{m_0} \qquad \text{(A.6)}$$

式中：

V_3——试料消耗氢氧化钾乙醇标准滴定溶液(A.8.1.4)体积的数值，单位为毫升(mL)；

V_0——空白试验消耗氢氧化钾乙醇标准滴定溶液(A.8.1.4)体积的数值，单位为毫升(mL)；

V_4——校正游离酸消耗氢氧化钾乙醇标准滴定溶液(A.8.1.4)体积的数值，单位为毫升(mL)；

c——氢氧化钾乙醇标准滴定溶液浓度的准确数值，单位为摩尔每升(mol/L)；

m_3——羟值测定时试料质量的数值，单位为克(g)；

m_0——校正游离酸测定时试料质量的数值，单位为克(g)；

M——氢氧化钾的摩尔质量的数值，单位为克每摩尔(g/mol)(M=56.109)。

取两次平行测定结果的算术平均值为报告结果。两次平行测定结果的绝对差值不大于4 mg/g。

A.9 水分的测定

称取约0.6 g实验室样品，精确至0.000 2 g。置于25 mL烧杯中，加入少量三氯甲烷加热溶解并转移至25 mL容量瓶中，用三氯甲烷冲洗烧杯数次，一并转入容量瓶中，稀释至刻度。量取(5±0.02)mL该试样溶液，按GB/T 6283直接电量法测定。

取两次平行测定结果的算术平均值为报告结果。两次平行测定结果的绝对差值不大于0.05%。

A.10 砷的测定

按 GB/T 5009.76 砷斑法进行。按“湿法消解”处理样品，测定时量取(10±0.02)mL 试样溶液(相当于 1.0 g 实验室样品)。限量标准液的配制：用移液管移取(3±0.02)mL 砷(As)标准溶液(相当于 3 μg As)，与试样同时同样处理。

A.11 铅的测定

A.11.1 比色法(仲裁法)

按 GB/T 5009.75 进行。样品的处理：称取约 2.5 g 实验室样品，精确至 0.000 1 g，置于 50 mL 坩埚中，先在低温下炭化，然后在 500 ℃～550 ℃灰化，冷却后，加入 5 mL 硝酸溶液(1+1)，搅拌使之溶解，加水 10 mL 转移至 25 mL 容量瓶中，用水稀释至刻度，摇匀。

A.11.2 原子吸收光谱法

按 GB 5009.12 进行。按 GB/T 5009.75“干法消解”处理样品。采用石墨炉原子吸收光谱法时，可视样品情况将试样溶液进行适当的稀释。

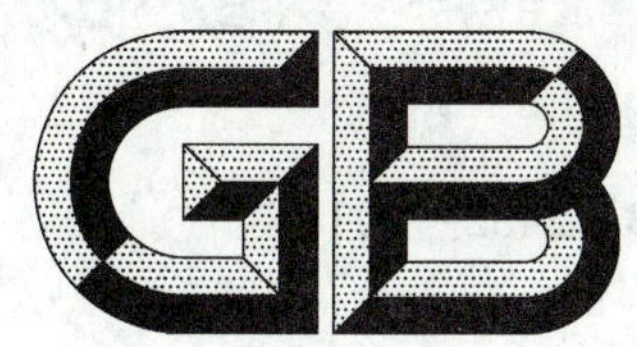

中华人民共和国国家标准

GB 13482—2011

食品安全国家标准

食品添加剂 山梨醇酐单油酸酯（司盘 80）

2011-11-21 发布 2011-12-21 实施

中华人民共和国卫生部 发布

前　言

本标准代替 GB 13482—2010《食品安全国家标准　食品添加剂　山梨醇酐单油酸酯(司盘 80)》。

本标准与 GB 13482—2010 相比主要变化如下:

——修改了 A.4.3.2“酸化、萃取分离”的分析步骤。

本标准所代替标准的历次版本发布情况为:

——GB 13482—1992、GB 13482—2010。

食品安全国家标准
食品添加剂　山梨醇酐单油酸酯(司盘 80)

1　范围

本标准适用于以油酸与失水山梨醇为原料,经酯化反应制得的食品添加剂山梨醇酐单油酸酯(司盘 80)。

2　技术要求

2.1　感官要求:应符合表 1 的规定。

表 1　感官要求

项　目	要　求	检验方法
色泽	琥珀色至棕色	取适量实验室样品,置于清洁、干燥的玻璃管中,在自然光线下,目视观察
组织性状	黏稠油状液体	

2.2　理化指标:应符合表 2 的规定。

表 2　理化指标

项　目		指　标	检验方法
脂肪酸,w/%		73～77	附录 A 中 A.4
多元醇,w/%		28～32	附录 A 中 A.5
酸值(以 KOH 计)/(mg/g)	≤	8	附录 A 中 A.6
皂化值(以 KOH 计)/(mg/g)		145～160	附录 A 中 A.7
羟值(以 KOH 计)/(mg/g)		193～210	附录 A 中 A.8
水分,w/%	≤	2.0	附录 A 中 A.9
砷(As)/(mg/kg)	≤	3	附录 A 中 A.10
铅(Pb)/(mg/kg)	≤	2	附录 A 中 A.11

附 录 A
检 验 方 法

A.1 警示

试验方法规定的一些试验过程可能导致危险情况。操作者应采取适当的安全和防护措施。

A.2 一般规定

除非另有说明,在分析中仅使用确认为分析纯的试剂和 GB/T 6682—2008 中规定的三级水。

试验方法中所用标准滴定溶液、杂质测定用标准溶液、制剂及制品,在没有注明其他要求时,均按 GB/T 601、GB/T 602 和 GB/T 603 之规定制备。

A.3 鉴别试验

A.3.1 脂肪酸碘值的测定

A.3.1.1 试剂和材料

A.3.1.1.1 四氯化碳。

A.3.1.1.2 碘化钾溶液:100 g/L。

A.3.1.1.3 韦氏液:配制方法见附录 B。

A.3.1.1.4 硫代硫酸钠标准滴定溶液:$c(Na_2S_2O_3)=0.1$ mol/L。

A.3.1.1.5 淀粉指示液:10 g/L。

A.3.1.2 鉴别步骤

称取约 0.27 g A.4.3.2 中的黏稠物 D,精确至 0.000 1 g,置于干燥的 500 mL 碘量瓶中,加入 10 mL四氯化碳溶解。加入 25 mL±0.02 mL 韦氏液,塞紧瓶盖,用碘化钾溶液封口,置于暗处 30 min。加入 15 mL 碘化钾溶液和 100 mL 水,用硫代硫酸钠标准滴定溶液滴定至溶液呈淡黄色,加入 1 mL 淀粉指示液,用力振荡继续滴定至蓝色刚刚消失即为终点。

在测定的同时,按与测定相同的步骤,对不加试料而使用相同数量的试剂溶液做空白试验。

A.3.1.3 结果计算

脂肪酸碘值 w_1,以碘计,数值以克每百克(g/100 g)表示,按式(A.1)计算:

$$w_1=\frac{(V_0-V)cM/1\,000}{m}\times 100 \qquad \text{(A.1)}$$

式中:

V_0——空白消耗硫代硫酸钠标准滴定溶液(A.3.1.1.4)的体积的数值,单位为毫升(mL);

V——试料消耗硫代硫酸钠标准滴定溶液(A.3.1.1.4)的体积的数值,单位为毫升(mL);

c——硫代硫酸钠标准滴定溶液浓度的准确数值,单位为摩尔每升(mol/L);

m——试料质量的数值,单位为克(g);

M——碘的摩尔质量的数值,单位为克每摩尔(g/mol)($M=126.9$)。

取两次平行测定结果的算术平均值为报告结果。两次平行测定结果的绝对差值不大于 0.5 g/100 g(以碘计)。

A.3.1.4 结果判断

脂肪酸碘值应在 80 g/100 g~135 g/100 g(以碘计)。

A.3.2 多元醇显色试验

取约 2 g A.5.2 中的黏稠物 E,加入 2 mL 邻苯二酚溶液(100 g/L)(现用现配),混匀,再加 5 mL 硫酸混匀,应显红色或红褐色。

A.4 脂肪酸的测定

A.4.1 方法提要

样品通过皂化水解,经酸化后生成的脂肪酸和多元醇,通过反复萃取分离及浓缩干燥,得到回收脂肪酸的质量,称量计算脂肪酸的质量分数。

A.4.2 试剂和材料

A.4.2.1 氢氧化钾。

A.4.2.2 乙醇(95%)。

A.4.2.3 石油醚。

A.4.2.4 硫酸溶液:1+2。

A.4.3 分析步骤

A.4.3.1 皂化:称取约 25 g 实验室样品,精确至 0.01 g。置于 500 mL 烧瓶中,加入 250 mL 乙醇(95%)和 7.5 g 氢氧化钾。连接冷凝器,置于水浴中加热回流 2 h。将皂化物转移至 800 mL 烧杯中,用约 200 mL 水洗涤烧瓶并转移至该烧杯中。将烧杯置于水浴中,蒸发直至乙醇挥发逸尽。用热水调节溶液的体积至约 250 mL,为溶液 A。

A.4.3.2 酸化、萃取分离:在加热搅拌下向溶液 A 中加硫酸溶液,使其析出凝固物,再加入过量约 10%的硫酸溶液,加热搅拌使其析出油状物。将此混合液移入 500 mL 分液漏斗中,静置分层。将下层溶液移至第二个 500 mL 分液漏斗中,3 次用 100 mL 石油醚提取,静置分层。下层溶液 B 转移至 800 mL 烧杯中;合并石油醚提取液与上层油状物于第一个 500 mL 分液漏斗中,3 次用 100 mL 水洗涤。下层水洗液与溶液 B 合并为溶液 C,留作测定多元醇含量用;转移上层石油醚合并液于另一个 800 mL 烧杯中,置于水浴上浓缩至约 100 mL,再移至预先在 80 ℃质量恒定的 250 mL 烧杯中蒸发至黏稠状,在 80 ℃干燥至质量恒定,得到黏稠物 D 作为回收脂肪酸的质量。称量后的黏稠物 D 用作脂肪酸碘值的测定。

A.4.4 结果计算

脂肪酸的质量分数 w_2,数值以%表示,按式(A.2)计算:

$$w_2 = \frac{m_2 - m_1}{m} \times 100\% \qquad \text{(A.2)}$$

式中:

m_1——250 mL 烧杯质量的数值,单位为克(g);

m_2——250 mL 烧杯加黏稠物 D 质量的数值,单位为克(g);

m——试料质量的数值,单位为克(g)。

取两次平行测定结果的算术平均值为报告结果。两次平行测定结果的绝对差值不大于 1%。

A.5 多元醇的测定

A.5.1 试剂和材料

A.5.1.1 无水乙醇。

A.5.1.2 氢氧化钾溶液:100 g/L。

A.5.2 分析步骤

用氢氧化钾溶液中和 A.4.3.2 中得到的溶液 C 至 pH 为 7(用 pH 试纸检验)。将此溶液置于水浴中蒸发至白色结晶析出。然后 4 次用 150 mL 热无水乙醇提取残留物中的多元醇,合并提取液,用 G4 玻璃漏斗过滤,无水乙醇洗涤。滤液转移至另一个 800 mL 烧杯中,置于水浴中浓缩至约 100 mL。再转移至预先在 80 ℃质量恒定的 250 mL 烧杯中,继续蒸发至黏稠状。在 80 ℃干燥至质量恒定,得到黏稠物E作为回收多元醇的质量。称量后的黏稠物E用作多元醇显色试验。

A.5.3 结果计算

多元醇质量分数 w_3，数值以%表示，按式(A.3)计算：

$$w_3 = \frac{m_2 - m_1}{m} \times 100\% \qquad \cdots\cdots\cdots\cdots (A.3)$$

式中：

m_1——250 mL烧杯的质量，单位为克(g)；

m_2——250 mL烧杯加黏稠物E的质量，单位为克(g)；

m——A.4.4中试料质量的数值，单位为克(g)。

取两次平行测定结果的算术平均值为报告结果。两次平行测定结果的绝对差值不大于1%。

A.6 酸值的测定

A.6.1 试剂和材料

A.6.1.1 异丙醇。

A.6.1.2 甲苯。

A.6.1.3 氢氧化钠标准滴定溶液：$c(NaOH)=0.1$ mol/L。

A.6.1.4 酚酞指示液：10 g/L。

A.6.2 分析步骤

称取约2.5 g实验室样品，精确至0.000 1 g，置于锥形瓶中，加入异丙醇和甲苯各40 mL，加热使其溶解。加入5滴酚酞指示液，用氢氧化钠标准滴定溶液滴定至溶液呈粉红色，保持30 s不褪色为终点。

A.6.3 结果计算

酸值 w_4，以氢氧化钾(KOH)计，数值以毫克每克(mg/g)表示，按式(A.4)计算：

$$w_4 = \frac{V_1 c M}{m_1} \qquad \cdots\cdots\cdots\cdots (A.4)$$

式中：

V_1——氢氧化钠标准滴定溶液(A.6.1.3)的体积的数值，单位为毫升(mL)；

c——氢氧化钠标准滴定溶液浓度的准确数值，单位为摩尔每升(mol/L)；

m_1——试料质量的数值，单位为克(g)；

M——氢氧化钾的摩尔质量的数值，单位为克每摩尔(g/mol)(M=56.109)。

取两次平行测定结果的算术平均值为报告结果。两次平行测定结果的绝对差值不大于0.2 mg/g。

A.7 皂化值的测定

A.7.1 试剂和材料

A.7.1.1 无水乙醇。

A.7.1.2 氢氧化钾乙醇溶液：40 g/L。

A.7.1.3 盐酸标准滴定溶液：$c(HCl)=0.5$ mol/L。

A.7.1.4 酚酞指示液：10 g/L。

A.7.2 分析步骤

称取约2 g实验室样品，精确至0.000 1 g，置于250 mL磨口锥形瓶中，加入25 mL±0.02 mL氢氧化钾乙醇溶液，连接冷凝管，置于水浴中加热回流1 h，稍冷后用10 mL无水乙醇淋洗冷凝管，取下锥形瓶，加入5滴酚酞指示液，用盐酸标准滴定溶液滴定至溶液的红色刚刚消失，加热试液至沸。若出现粉红色，继续滴定至红色消失即为终点。

在测定的同时，按与测定相同的步骤，对不加试料而使用相同数量的试剂溶液做空白试验。

A.7.3 结果计算

皂化值 w_5，以氢氧化钾(KOH)计，数值以毫克每克(mg/g)表示，按式(A.5)计算：

$$w_5=\frac{(V_0-V_2)cM}{m_2} \quad \cdots\cdots(A.5)$$

式中：

V_2——试料消耗盐酸标准滴定溶液(A.7.1.3)体积的数值，单位为毫升(mL)；

V_0——空白试验消耗盐酸标准滴定溶液(A.7.1.3)体积的数值，单位为毫升(mL)；

c——盐酸标准滴定溶液浓度的准确数值，单位为摩尔每升(mol/L)；

m_2——试料质量的数值，单位为克(g)；

M——氢氧化钾的摩尔质量的数值，单位为克每摩尔(g/mol)(M=56.109)。

取两次平行测定结果的算术平均值为报告结果。两次平行测定结果的绝对差值不大于1 mg/g。

A.8 羟值的测定

A.8.1 试剂和材料

A.8.1.1 吡啶：以酚酞为指示剂，用盐酸溶液(1+110)中和。

A.8.1.2 正丁醇：以酚酞为指示剂，用氢氧化钾乙醇标准滴定溶液中和。

A.8.1.3 乙酰化剂：乙酸酐与吡啶按1+3混匀，贮存于棕色瓶中。

A.8.1.4 氢氧化钾乙醇标准滴定溶液：c(KOH)=0.5 mol/L。

A.8.1.5 酚酞指示液：10 g/L。

A.8.2 分析步骤

称取约1.2 g实验室样品，精确至0.000 1 g，置于250 mL磨口锥形瓶中，加入5 mL±0.02 mL乙酰化剂，连接冷凝管，置于水浴中加热回流1 h。从冷凝管上端加入10 mL水于锥形瓶中，继续加热10 min后，冷却至室温。用15 mL正丁醇冲洗冷凝管，拆下冷凝管，再用10 mL正丁醇冲洗瓶壁。加入8滴酚酞指示液，用氢氧化钾乙醇标准滴定溶液滴定至溶液呈粉红色即为终点。

在测定的同时，按与测定相同的步骤，对不加试料而使用相同数量的试剂溶液做空白试验。

为校正游离酸，称取约10 g实验室样品，精确至0.01 g。置于锥形瓶中，加入30 mL吡啶，加入5滴酚酞指示液，用氢氧化钾乙醇标准滴定溶液滴定至溶液呈粉红色。

A.8.3 结果计算

羟值 w_6，以氢氧化钾(KOH)计，数值以毫克每克(mg/g)表示，按式(A.6)计算：

$$w_6=\frac{(V_0-V_3)cM}{m_3}+\frac{V_4cM}{m_0} \quad \cdots\cdots(A.6)$$

式中：

V_3——试料消耗氢氧化钾乙醇标准滴定溶液(A.8.1.4)体积的数值，单位为毫升(mL)；

V_0——空白试验消耗氢氧化钾乙醇标准滴定溶液(A.8.1.4)体积的数值，单位为毫升(mL)；

V_4——校正游离酸消耗氢氧化钾乙醇标准滴定溶液(A.8.1.4)体积的数值，单位为毫升(mL)；

c——氢氧化钾乙醇标准滴定溶液浓度的准确数值，单位为摩尔每升(mol/L)；

m_3——羟值测定时试料质量的数值，单位为克(g)；

m_0——校正游离酸测定时试料质量的数值，单位为克(g)；

M——氢氧化钾的摩尔质量的数值，单位为克每摩尔(g/mol)(M=56.109)。

取两次平行测定结果的算术平均值为报告结果。两次平行测定结果的绝对差值不大于4 mg/g。

A.9 水分的测定

称取约0.6 g实验室样品，精确至0.000 2 g，置于25 mL烧杯中，加入少量三氯甲烷加热溶解并转移至 25 mL 容量瓶中，用三氯甲烷冲洗烧杯数次，一并转入容量瓶中，稀释至刻度。量取(5±0.02)mL 该试样溶液，按 GB/T 6283 中直接电量法测定。

取两次平行测定结果的算术平均值为报告结果。两次平行测定结果的绝对差值不大于 0.05%。

A.10 砷的测定

按 GB/T 5009.76 砷斑法的规定进行。按“湿法消解”处理样品，测定时量取 10 mL±0.02 mL 试样溶液(相当于 1.0 g 实验室样品)。

限量标准液的配制：用移液管移取 3 mL±0.02 mL 砷(As)标准溶液(相当于 3 μg As)，与试样同时同样处理。

A.11 铅的测定

A.11.1 比色法(仲裁法)

按 GB/T 5009.75 进行。样品的处理：称取约 2.5 g 实验室样品，精确至 0.000 1 g，置于 50 mL 坩埚中，先在低温下炭化，然后在 500 ℃～550 ℃灰化，冷却后，加入 5 mL 硝酸溶液(1+1)，搅拌使之溶解，加水 10 mL 转移至 25 mL 容量瓶中，用水稀释至刻度，摇匀。

A.11.2 原子吸收光谱法

按 GB 5009.12 进行。按 GB/T 5009.75“干法消解”处理样品。采用石墨炉原子吸收光谱法时，可视样品情况将试样溶液进行适当的稀释。

附 录 B
脂肪酸碘值测定中韦氏液的配制

B.1 试剂和材料

B.1.1 三氯化碘。

B.1.2 四氯化碳。

B.1.3 冰乙酸。

B.1.4 碘片。

B.1.5 碘化钾溶液:100 g/L。

B.1.6 硫代硫酸钠标准滴定溶液:$c(Na_2S_2O_3)=0.1$ mol/L。

B.1.7 淀粉指示液:10 g/L。

B.2 韦氏液配制方法

称取 10 g 三氯化碘(ICl_3),溶于 300 mL 四氯化碳和 700 mL 冰乙酸中,配制成三氯化碘溶液,用韦氏液校正方法(B.3)校正。

B.3 韦氏液校正方法

B.3.1 量取 25 mL±0.02 mL 三氯化碘溶液于 500 mL 碘量瓶中,加入 15 mL 碘化钾溶液和 100 mL 水,用硫代硫酸钠标准滴定溶液滴定至溶液呈淡黄色,加入 1 mL 淀粉指示液,用力振荡,继续滴定至蓝色刚刚消失,即为终点。消耗硫代硫酸钠标准溶液的体积应在 34 mL~37 mL 范围内,否则需加入四氯化碳和冰乙酸的混合溶液($V_1:V_2=3:7$)或三氯化碘溶液来调整。溶液中碘的质量 E 按式(B.1)计算。

$$E=\frac{V_1V_2cM/1\,000}{25.00} \qquad \text{(B.1)}$$

式中:

V_1——配制三氯化碘溶液的总体积,单位为毫升(mL);

V_2——消耗硫代硫酸钠标准滴定溶液(B.1.6)的体积数值,单位为毫升(mL);

c——硫代硫酸钠标准滴定溶液浓度的准确数值,单位为摩尔每升(mol/L);

25.00——试料的体积的数值,单位为毫升(mL);

M——碘的摩尔质量的数值,单位为克每摩尔(g/mol)($M=126.9$)。

B.3.2 在三氯化碘溶液中加入$(0.55\times E)$g 碘片,待碘完全溶解后,吸取 25.00 mL 溶液按上述方法用硫代硫酸钠标准滴定溶液滴定。消耗硫代硫酸钠标准滴定溶液的体积应在 $1.505V_2$~$1.510V_2$ 之间。若少于 $1.505V_2$ 时,再加碘片调节;若高于 $1.510V_2$ 时,则加入预先留出的 100 mL 三氯化碘溶液调节。

B.3.3 韦氏液配制后于暗处三天后方可使用。

ICS 25.220.50
Y 26

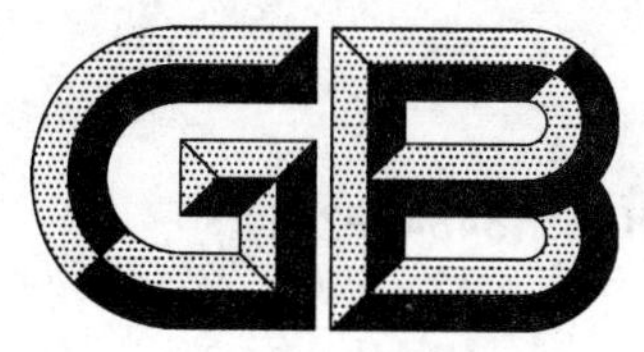

中华人民共和国国家标准

GB/T 13484—2011
代替 GB/T 13484—1992

接触食物搪瓷制品

Enamelled ware in contact with food

2011-12-05 发布　　2012-06-01 实施

中华人民共和国国家质量监督检验检疫总局
中国国家标准化管理委员会　发布

前　言

本标准按照 GB/T 1.1—2009 给出的规则起草。

本标准代替 GB/T 13484—1992《接触食物搪瓷制品》。本标准与 GB/T 13484—1992 相比，主要变化如下：

——适用范围中增加了煎炸、烧烤食物用的搪瓷器具；

——增加了丝状、网状、块状和光版的定义；

——产品分类中增加了 4.1 按坯体材质分类和 4.2 按用途分类中的搪瓷烤器；

——取消了原标准中产品等级的要求，理化性能采用原标准中一等品的要求；

——增加了亚光产品光泽的要求；

——耐酸性、耐热水性试验中按 GB/T 9989—2005 的要求，取消了反射试验，只进行铅笔试验；

——增加了搪瓷烤器的耐冲击性和耐烧性的要求和试验方法；

——检验规则中接收质量限(AQL)采用原标准优等品的要求。

本标准由中国轻工业联合会提出。

本标准由全国食品直接接触材料及制品标准化技术委员会玻璃搪瓷制品分技术委员会(SAC/TC 397/SC 4)归口。

本标准起草单位：东华大学、国家眼镜玻璃搪瓷制品质量监督检验中心。

本标准主要起草人：桑仪、孙环宝、张国琇。

本标准所代替标准的历次版本发布情况为：

——GB 2628—1981、GB 2630—1981、GB 2632—1981，GB/T 13484—1992。

接触食物搪瓷制品

1 范围

本标准规定了接触食物搪瓷制品的产品分类、要求、试验方法、检验规则和标志、包装、运输、贮存。

本标准适用于烧煮、煎炸、烧烤食物用的搪瓷烧器和烤器、储存食物的搪瓷器皿及其他接触食物的搪瓷制品。

2 规范性引用文件

下列文件对于本文件的应用是必不可少的。凡是注日期的引用文件，仅注日期的版本适用于本文件。凡是不注日期的引用文件，其最新版本(包括所有的修改单)适用于本文件。

GB/T 2828.1 计数抽样检验程序 第1部分：按接收质量限(AQL)检索的逐批检验抽样计划

GB 4804 搪瓷食具容器卫生标准

GB/T 7410 搪瓷名词术语

GB/T 9988 搪瓷耐碱性能测试方法

GB/T 9989 搪瓷耐室温柠檬酸侵蚀试验方法

GB/T 11419 搪瓷耐温急变性测试方法

GB/T 11420 搪瓷光泽测试方法

3 术语和定义

GB/T 7410 界定的以及下列术语和定义适用于本文件。

3.1

扁平搪瓷制品 flat enamelware

从内部最低点到溢流口水平面的深度小于或等于 25 mm 的搪瓷制品。

3.2

中空搪瓷制品 hollow enamelware

从内部最低点到溢流口水平面的深度大于 25 mm 的搪瓷制品。

3.3

丝状 threadiness

密着试验后的一种脱瓷状况。试验后搪瓷表面附有致密的丝状瓷釉，呈点线状露坯体。

3.4

网状 reticulation

密着试验后的一种脱瓷状况。试验后搪瓷表面附有网状瓷釉，呈条状露坯体。

3.5

块状 block

密着试验后的一种脱瓷状况。试验后搪瓷表面块状脱落，呈块状露坯体。

3.6

光版 silver

密着试验后的一种脱瓷状况。试验后搪瓷层完全脱落,露银灰色坯体。

4 产品分类

4.1 按坯体材质分为铸铁接触食物搪瓷制品和钢板接触食物搪瓷制品。

4.2 按用途分为搪瓷烧器、搪瓷烤器和搪瓷食物器皿。

4.2.1 搪瓷烧器

用于烧煮食物、烧煮食用用水的搪瓷制品。

4.2.2 搪瓷烤器

用于煎炸或烧烤食物的搪瓷制品。

4.2.3 搪瓷食物器皿

用于盛放、贮存和接触食物或食用用水的搪瓷制品。

5 要求

5.1 外观

不应有鱼鳞爆、裂纹、剥瓷和明显的针孔;不应有明显的桔皮皱、发沸、凹凸点粒和变形;不应有明显的饰花缺陷。

5.2 理化性能

5.2.1 搪瓷烧器应符合表1的规定。

表 1

项目名称	要　求	
手柄强度	无损坏、脱落和折损	
密着性	网状以上	
耐酸性	二级以上	
耐冲击性	瓷面无剥瓷	
耐温急变性 ℃	$\triangle T \geqslant 260$	
耐热水性	二级以上同时无锈斑	
耐碱性 mg/cm²	≤0.9	
光泽[a]	有光	亚光
	≥80 以上	50～60
[a] 当供需双方有特殊要求时,光泽要求可另定。		

5.2.2 搪瓷烤器应符合表2的规定。

表2

项目名称	要　求	
密着性	网状以上	
耐酸性	二级以上	
耐冲击性	瓷面无剥瓷	
耐烧性	瓷面无裂纹、无软化气泡	
耐碱性 mg/cm^2	≤0.9	
光泽[a]	有光	亚光
	≥80以上	50～60
[a] 当供需双方有特殊要求时，光泽要求可另定。		

5.2.3 搪瓷食物器皿应符合表3的规定。

表3

项目名称	要　求	
密着性	网状以上	
耐酸性	二级以上	
耐碱性 mg/cm^2	≤0.9	
光泽[a]	有光	亚光
	≥80以上	50～60
[a] 当供需双方有特殊要求时，光泽要求可另定。		

5.2.4 产品卫生指标按GB 4804的规定执行。

6 试验方法

6.1 外观

在非直射光线下，明视距离约30 cm处进行目测。

6.2 理化性能

6.2.1 手柄强度

6.2.1.1 将试验底面加以固定，根据制品的类型在手柄的中央位置加荷重(见图1～图4)，保持1 min后卸去荷重，检查手柄及手柄与烧器连接处有无损坏、脱落和折损现象。

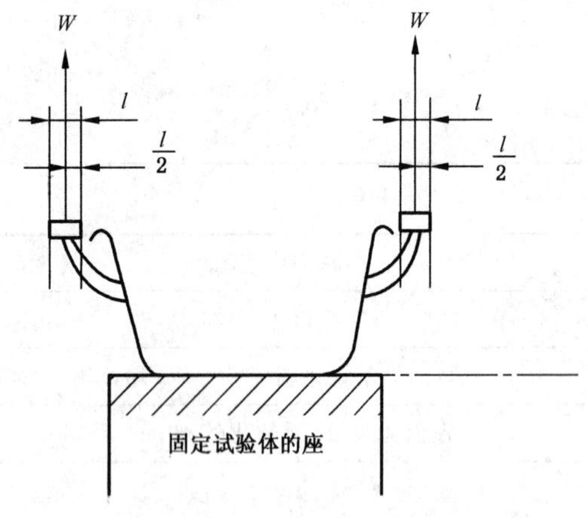

图 1 双柄类锅、盘等

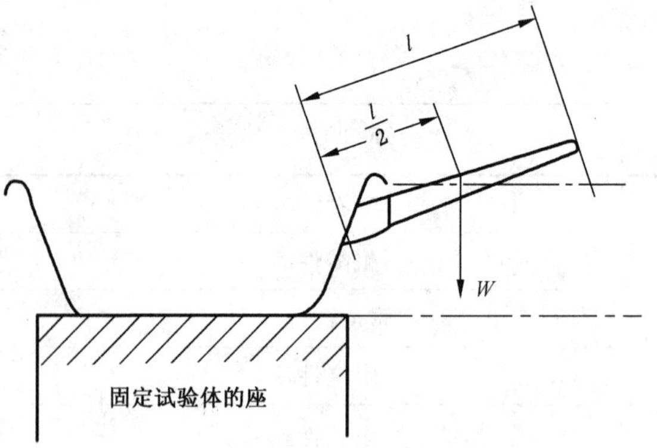

图 2 单柄类锅、盘等

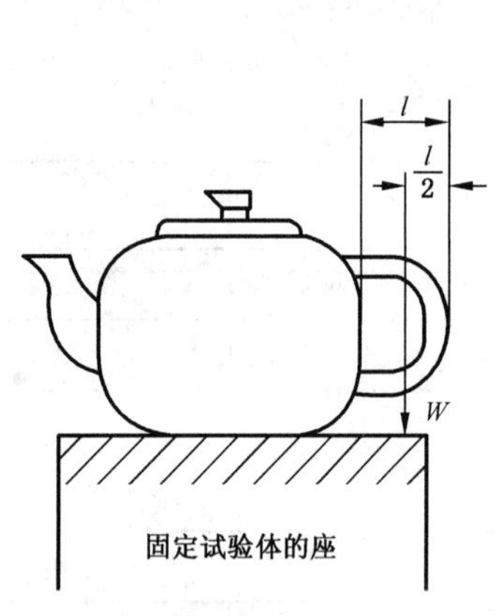

图 3 手把壶

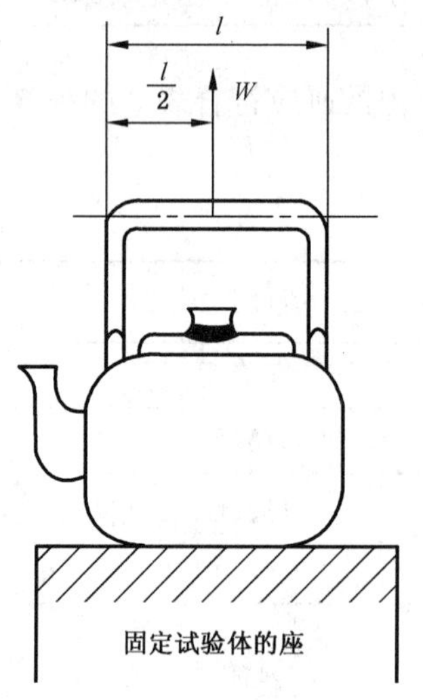

图 4 提环壶

6.2.1.2 不同类型的荷重大小和荷重方向按表 4 确定。

表 4

制品类型	荷重方向	荷重大小 N
双柄类锅、盘等	与中心轴平行向上	$W=1/2W_1+3/2W_2$
单柄类锅、盘等	与中心轴平行向下	$W=W_1+3W_2$
手把壶	与中心轴平行向下	$W=W_1+2W_2$
提环壶	与中心轴重合向上	$W=W_1+2W_2$
注：W——应加荷重，N；W_1——烧器质量与重力加速度之积，N；W_2——装满水时水的质量和重力加速度之积，N。		

6.2.2 密着性(适用于钢板搪瓷制品)

6.2.2.1 坯体厚度在0.5 mm以上(含0.5 mm)用顶压法进行试验。

6.2.2.1.1 顶压用模具见图5,坯体厚度与压模深度的关系见表5。

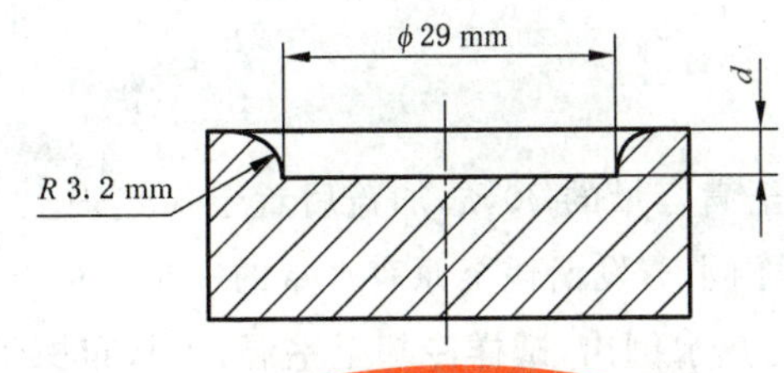

图5

表5 单位为毫米

坯体厚度	压模深度 d
0.5～0.8	4.5
0.8～1.0	3.9
1.0～1.4	3.4
1.4～1.7	2.9
1.7～1.9	2.3

6.2.2.1.2 将压模及钢球分别置于被测试样的内外两面,然后进行顶压,使试样变形。在5 s内使压力达到8.9 kN,并在此压力下维持5 s后去除压力,取出试样,轻扣,目测其密着性情况并确定脱瓷状况,以密着性差的一面为准。

6.2.2.2 坯体厚度在0.5 mm以下用落球法进行试验。

将试样口部向下平稳放置在测试台上,将100 g钢球按表6的要求自由下落至底部中心,目测其密着性情况并确定脱瓷状况。

表6 单位为毫米

试样直径	落球高度
<300	1 500
⩾300	2 000

6.2.3 耐冲击性(适用于铸铁搪瓷制品)

将试样按使用状态放置,用两块木垫板支垫试样底部两端,使试样底部距底面30 mm以上。用200 g的钢球在1 800 mm处(钢球中心与试样测试面间的距离)自由落下冲击试样底部,24 h后观测瓷面情况。

6.2.4 耐酸性

6.2.4.1 按GB/T 9989的规定进行试验。

6.2.4.2 被测部位应为接触食物的部位,如该部位试验有困难时,则可选相应的其他部位。

6.2.5 耐温急变性

6.2.5.1 按 GB/T 11419 的规定进行试验。
6.2.5.2 试验的起始温差为 260 ℃。

6.2.6 耐热水性

6.2.6.1 向试样中注入蒸馏水至满容量的 70%，加盖后置于加热炉上，将水加热至沸腾，并保持微沸状态 5 h。加热过程中，每当试样内水蒸发消耗至原有水量的一半时应补充沸水至原有的水量。
6.2.6.2 加热结束后将试样中的热水倒出，试样冷却至室温，用软布擦干瓷面水渍，然后按 GB/T 9989 的规定进行定级并检查有无锈斑出现。

6.2.7 耐烧性

将试样放置在 500 ℃的马弗炉内，保持 1 h 后，将试样取出，冷却至室温，然后观测瓷面情况。

注：如样品无法放入马弗炉，可用与产品同等工艺条件制作的样板进行试验。

6.2.8 耐碱性

6.2.8.1 按 GB/T 9988 的规定进行试验。
6.2.8.2 试验介质为碳酸钠溶液，试验温度为 80 ℃±2 ℃。

6.2.9 光泽

按 GB/T 11420 的规定进行试验。

7 检验规则

7.1 出厂检验

7.1.1 产品外观的出厂交接验收按 GB/T 2828.1 的规定进行。有需要时，也可按供需双方的合同或协议进行验收。
7.1.2 产品外观的出厂交接验收以每百单位产品不合格品数表示。提交验收批产品的接收质量限(AQL)和检验水平(IL)见表 7。

表 7

检验项目	检验水平(IL)	接收质量限(AQL)
鱼鳞爆、裂纹、剥瓷、针孔	Ⅱ	0.65
桔皮皱、发沸		1.0
凹凸点粒、饰花、变形		1.5

7.1.3 理化性能的检验按各检验方法要求进行试验，所检项目应符合要求。

7.2 型式试验

型式试验按本标准第 5 章的要求进行全部项目的检验。

8 标志、包装、运输、贮存

8.1 标志

8.1.1 产品销售包装上应有如下内容的标志：

a) 产品名称、商标(如有)、规格、型号；

b) 生产企业名称、地址；

c) 生产日期或产品批号；

d) 执行标准编号；

e) 包装内应附有产品检验合格证、产品使用说明(需要时提供)。

8.1.2 产品运输包装上应有如下内容的标志：

a) 产品名称；

b) 生产企业名称、地址；

c) 装箱数量；

d) 生产日期或产品批号；

e) 包装箱尺寸、体积、质量(净重、毛重)；

f) “易碎物品”、“小心轻放”、“向上”、“防潮”等字样或图形标志。

8.2 包装

选用适当的包装材料，防止产品因受到碰撞而损坏。

8.3 运输

产品在运输过程中应轻装轻卸，防止剧烈震动。

8.4 贮存

产品应贮存在干燥通风的室内，防止受潮，不可与化学品及有毒有害物品混放，堆放不宜过高。

ICS 83.140
A 82

中华人民共和国国家标准

GB/T 13508—2011
代替 GB/T 13508—1992

聚乙烯吹塑容器

Polyethylene blown containers

2011-12-30 发布　　　　2012-09-01 实施

中华人民共和国国家质量监督检验检疫总局
中国国家标准化管理委员会　发布

前 言

本标准按 GB/T 1.1—2009 给出的规则起草。

本标准代替 GB/T 13508—1992《聚乙烯吹塑桶》。

本标准与 GB/T 13508—1992 相比主要变化如下：

——标准名称改为《聚乙烯吹塑容器》；

——扩大了标准的容量适用范围；明确了本标准不适用于危险品、食品包装容器；

——增加了透气性口、盖结构包装容器；有液位线容器和多层容器；

——增加了容器提手结构、形状，大、小口径的规定；

——增加了容量偏差的测试方法；

——修改了容量偏差、质量偏差、尺寸偏差、对称部位壁厚比和最小壁厚、耐内装液试验的要求；

——修改了跌落试验；

——修改了判定规则和抽样方案；

——删除了分类；

——删除了附录 A。

本标准由中国轻工业联合会提出。

本标准由全国塑料制品标准化技术委员会(SAC/TC 48)归口。

本标准起草单位：佛山市南海东兴塑料制罐有限公司、轻工业塑料加工应用研究所、佛山市南海区标准化研究与促进中心。

本标准主要起草人：罗意自、肖领、李洁涛、庞启雄、梁广威、周于强、李显剑。

本标准所代替标准的历次版本发布情况为：

——GB/T 13508—1992。

聚乙烯吹塑容器

1 范围

本标准规定了聚乙烯吹塑容器的产品结构、规格、要求、试验方法、检验规则、标志、包装、运输和贮存。

本标准适用于以聚乙烯为主要原料，采用吹塑工艺成型的容积为250 L以下(含250 L)灌装使用温度50 ℃以下，贮存温度40 ℃以下的塑料瓶、罐、桶(以下简称容器)。250 L以上的吹塑容器可参照本标准。

本标准不适用于危险品、食品包装容器。

2 规范性引用文件

下列文件对于本文件的应用是必不可少的。凡是注日期的引用文件，仅注日期的版本适用于本文件。凡是不注日期的引用文件，其最新版本(包括所有的修改单)适用于本文件。

GB/T 2828.1—2003 计数抽样检验程序 第1部分：按接收质量限(AQL)检索的逐批检验抽样计划

GB/T 16288 塑料制品的标志

3 产品结构

3.1 口径

分为开口式和闭口式两种，注入口径大于70 mm为开口式，注入口径不大于70 mm为闭口式。用于盛装液体的包装容器应为闭口式。

3.2 提手

分整体式、安装式和端手式。整体式：一次性吹塑成型；安装式：吹塑成型后在固定部位装配；端手式：吹塑成型用于搬动的凹凸部位。

3.3 口、盖

分为采用螺纹或其他结构。

3.4 液位线

可根据供、需双方协商是否有液位线及位置。

3.5 多层容器

采用共挤吹塑工艺制成的两层(或以上)的容器。

3.6 透气性容器

口、盖结构具有液体密封性能且具有透气性能的容器。

4 规格

5 L以下不予规定，5、10、15、20、25、30、40、50、60、100、120、125、150、160、180、200、220、230、250 L为优先采用的规格。

5 要求

5.1 满口容量偏差

满口容量应不小于公称容量1.05倍。

5.2 质量偏差

容器体（不含盖）实际质量与核定质量的允许偏差应符合表1要求。

表1 质量偏差

规格 L	≤5	10～30	40～100	>100
质量偏差 %	±4.0	±3.5	±3.0	±2.5

5.3 尺寸偏差

容器实际尺寸与设计尺寸的允许偏差应符合表2规定；方型和扁方型容器的外径以对角线长度计算。

表2 尺寸偏差

<table>
<tr><td>规格
L</td><td colspan="3">≤5</td><td colspan="3">10～30</td><td colspan="3">40～250</td></tr>
<tr><td>项目</td><td>外径</td><td>高度</td><td>口径</td><td>外径</td><td>高度</td><td>口径</td><td>外径</td><td>高度</td><td>口径</td></tr>
<tr><td>尺寸偏差
mm</td><td colspan="2">±3</td><td>±1</td><td colspan="2">±5</td><td>±2</td><td colspan="2">±8</td><td>±2</td></tr>
</table>

5.4 外观

外观应符合表3要求。

表 3　外观要求

项　　目		规格 L			
		≤2.5	3～5	10～50	60～250
气泡	个数	≤2		≤3	≤5
	泡径 mm	≤1	≤2	≤3	≤4
		螺纹处和容器底部不得有间距小于 30 mm 的气泡			
黑点杂质	个数	≤5	≤8	每 100 cm^2 表面中≤5	
	最大长度 l mm	0.5<l≤2		0.5<l≤4 4<l≤6 的不多于 3 个	
		分散分布，不影响使用；l≤0.5 mm 不计；不允许有穿透状杂质			
塑化不良		不允许容器内壁成絮状或颗粒状			
裂缝孔洞		不允许			
变　　形		不应有影响使用的变形			
油　　污		允许轻度油污			
色　　差		允许轻度色差，多层容器的内层颜色不得外露			
粘　　把		中空把手内部不得粘连、不积液			
擦　　痕		轻微，约小于表面积的 5%			轻微，约小于表面积的 10%
		不允许影响容器外观整体美观性			
液位线清晰度		可看到内装物的液位			—
口盖配套		配合适宜；采用螺纹结构时，扣旋紧应 1 圈以上			

5.5　壁厚

容器对称部位壁厚比及最小壁厚应符合表 4 要求。

表 4　对称部位壁厚比及最小壁厚

规格 L	≤0.5	1	1.5	2	2.5	3	4	5	10	15	20	25	30	40	50
最小壁厚 mm	0.3	0.4		0.5		0.6		0.7	0.8	0.9	1.0	1.1	1.2	1.5	
对称部位壁厚比	≤1.3∶1														

规格 L	60	100	120	125	150	160	180	200	220	230	250
最小壁厚 mm	1.8	2.0	2.3	2.4	2.5	2.7	2.8	2.9	3.0		
对称部位壁厚比	≤1.5∶1										

5.6 液位线要求

液位线应符合表 5 规定。

表 5 液位线要求

<table>
<tr><td>规格
L</td><td>≤1</td><td>1.5～3</td><td>3.5～5</td></tr>
<tr><td>液位线最小宽度
mm</td><td>2.5</td><td>4</td><td>6</td></tr>
<tr><td>液位刻度容量偏差
%</td><td>±3</td><td colspan="2">±5</td></tr>
<tr><td>液位线透明度</td><td colspan="3">可看到内装物的液位</td></tr>
<tr><td colspan="4">注：5 L 以上亦可参照本要求或供需双方商定。</td></tr>
</table>

5.7 物理力学性能要求

物理性能应符合表 6 要求。

表 6 性能要求

<table>
<tr><th>序号</th><th>项目</th><th colspan="5">规定</th></tr>
<tr><td>1</td><td>密封试验</td><td colspan="5">不泄漏，对透气口、盖应透气</td></tr>
<tr><td rowspan="2">2</td><td rowspan="2">跌落试验</td><td>拟装物液体(水)</td><td colspan="4">无破损、不蹦盖、撞击时允许容器口部有少量漏液，之后不得再渗漏</td></tr>
<tr><td>拟装物固体(沙)</td><td colspan="4">无破损、不蹦盖，如果全部内装物仍留在样品之中，即使封闭装置不再防筛漏，试样即通过试验</td></tr>
<tr><td rowspan="2">3</td><td rowspan="2">悬挂试验[a]</td><td>公称容量
L</td><td>≤5</td><td>10～25</td><td>30～50</td><td>60～250</td></tr>
<tr><td>残留变形量
mm</td><td>≤2</td><td>≤3.5</td><td>≤5</td><td>不裂</td></tr>
<tr><td>4</td><td>堆码试验[b]</td><td colspan="5">不倒塌</td></tr>
<tr><td>5</td><td>应力开裂试验[c]</td><td colspan="5">开裂的试样数(容器体、盖)小于投入试验试样数 50%</td></tr>
<tr><td>6</td><td>耐内装液试验[d]</td><td colspan="5">符合本表第 1、2、4 项的规定</td></tr>
<tr><td colspan="7">[a] 仅有端手结构的容器不进行本试验；
[b] 造型结构不能堆高的容器，由供需双方协商是否进行该项试验；
[c] 通过耐内装液试验的容器可不进行本试验；
[d] 耐内装液试验若供需双方认为不影响使用，可不进行本试验。</td></tr>
</table>

6 试验方法

6.1 试验样品

6.1.1 生产脱模 24 h 后的产品方可试验。

6.1.2 取样数：壁厚检测试样数不少于 5 只；其他检验项目试样数不少于 3 只。

6.2 满口容量偏差

取三个试样，50 L 以下的容器放于精度高于 0.01 kg 的秤上，60 L 以上的放于精度高于 0.1 kg 的秤上，装满温度为(23±2)℃的自来水，测定水的质量，然后按水的密度 1 kg/L 换算成容量，并算出相对于公称容量的偏差，再按式中(1)方法计算，取三个试样的平均值，精确到 0.01。

$$P=\frac{Q_1}{Q_2} \qquad \cdots\cdots(1)$$

式中：

P ——满口容量偏差，以倍表示；

Q_1——满载容量，单位为升(L)；

Q_2——公称容量，单位为升(L)。

6.3 质量偏差

核定质量在 0.5 kg 以下的容器采用精度不低于 1 g，其余采用精度不低于 5 g 的衡器称量并按式(2)计算，精确到 0.1%。

$$q=\frac{m_1-m_2}{m_2}\times 100\% \qquad \cdots\cdots(2)$$

式中：

q ——质量偏差，%；

m_1——实际质量，单位为克(g)；

m_2——核定质量，单位为克(g)。

6.4 尺寸偏差

采用精度为 0.5 mm 的量具测量，试样容器体的垂直投影最大尺寸为外径尺寸(不包括提手部分)；试样水平投影最大尺寸为高度尺寸。其与设计尺寸之差即为尺寸偏差，精确到 1 mm。

6.5 外观

气泡、黑点杂质采用精度 0.02 mm 的量具测量；粘把检验采用在试样中灌水的方法，检查提手内部是否保持流通和积液；其余项目在自然光线下目测。

6.6 壁厚

6.6.1 用精度不低于 0.02 mm 的量具进行测量。

6.6.2 对称部位壁厚比：以容器体中截面上连接塑模接缝的中线或与其相互垂直的中线为对称轴(如图 1)，在该面任意选取不在同一侧的对称点，测出壁厚，按式(3)计算。

$$n=\frac{N_1}{N_2} \qquad \cdots\cdots(3)$$

式中：

n ——对称部位壁厚比；

N_1——较厚处壁厚，单位为毫米(mm)；

N_2——较薄处壁厚，单位为毫米(mm)。

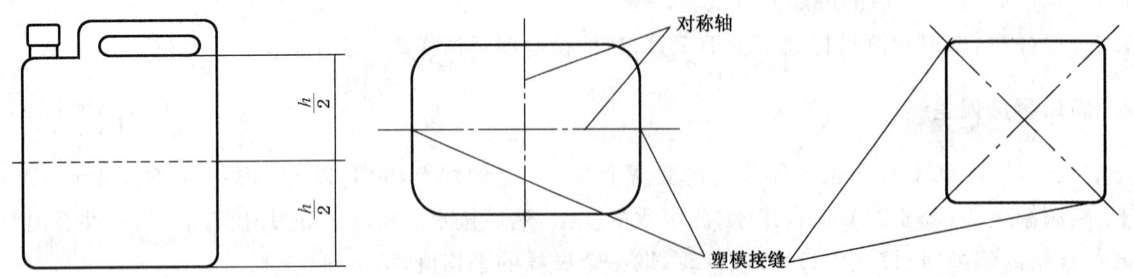

图1 容器体对称部位示意图

6.6.3 最小壁厚：用测厚仪或其他方法找出容器的最薄处(端手、底部和容器口颈部位除外)，加以测量，取5个试样中的最小值为试验结果。

6.7 液位线

6.7.1 液位线宽度

采用精度为0.02 mm的量具测量。

6.7.2 液位刻度容量偏差

采用精度不低于0.01 kg的衡器，取最大标识容量刻度，装温度为(23±5)℃的水，测定水的质量，然后按水的密度1 kg/L换算成容量，并算出相对于公称容量的偏差，再按式(4)计算。取绝对值最大的偏差为试验结果。

$$V=\frac{B_1-B_2}{B_2}\times 100 \qquad \cdots\cdots(4)$$

式中：

V ——液位刻度容量偏差，%；

B_1——最大标识刻度容量，单位为升(L)；

B_2——公称容量，单位为升(L)。

6.7.3 液位线清晰度

自然光线下500 mm远目测。

6.8 密封试验

在试样内注入公称容量的水并拧紧盖，闭口式试样横置于平地(容器口接近地面)，4 h后加以检查；开口式试样则在左右倾斜45°的范围内，110 s～130 s以均匀速度往复摇动20次后加以检查。

透气性容器用0.01 MPa的压力检验其透气性。

6.9 跌落试验

在闭口式试样内按公称容量注入(20±5)℃的水并上好盖；按表7规定的高度跌落，使试样底部撞击在平整的水泥地上，同一试样连续跌落3次。对于开口式容器，所装入的固体质量不低于公称容量水的质量。

表 7　跌落高度

规格 L	≤5	10～50	60～100	125～250
跌落高度 m	1.5	1.2	1	0.8

6.10　悬挂试验

在试样底部按图 2 形式和表 8 规定固定负荷。然后用直径 8 mm～12 mm、曲率半径 40 mm 的 U 形吊钩挂住试样提手中央部位，缓慢吊起，悬挂 15 min 后放下，卸去负荷，静置 5 min 后加以检查，测量悬挂位置的变形量。

表 8　悬挂负载

公称容量 L	0.5	1	1.5	2	2.5	5	10	15	20	25	30	40
负载质量 kg	2.5	5	7	10	12	25	40	50	60	75	90	110

公称容量 L	50	60	70	80	100	120	125	140	150	160	180	200	220	230	250
单环负荷 质量 kg	100	120	140	160	180	200	210	220	240	260	280	300	320	350	

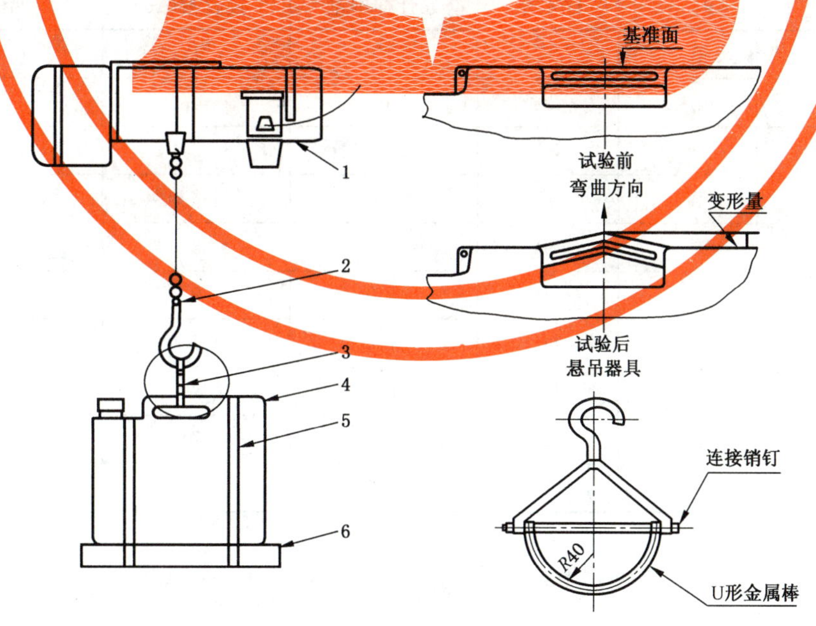

1——电动葫芦；
2——吊钩；
3——悬吊器具；
4——试样；
5——固定带；
6——重物。

图 2　悬挂工具及悬挂试验示意图

6.11 堆码试验

将装有公称容量水的试样堆码 3 只高，四面无依托，在常温条件下放置 48 h 后加以检查。

6.12 应力开裂试验

在试样内注入占公称容量 10%、温度为(20±5)℃的试剂(含表面活性剂 TX-10 即仲辛基苯基聚氧乙烯醚 7%的水溶液)，拧紧盖后，在(60±5)℃下放置 72 h 后，对容器体和盖加以检查。

6.13 耐内装液试验

在试样内注入公称容量客户要求的内装液，在(20±5)℃环境下放置 180 d，然后把内装液换成同量的水，再按 6.8、6.9、6.11 进行试验。

7 检验规则

7.1 出厂检验

7.1.1 同一规格、同一色泽、相同配方的容器为一批。容积不大于 5 L 容器每批不超过 50 000 只；容积为 10 L～50 L 容器每批不超过 10 000 只，容积为 60 L～125 L 容器每批不超过 8 000 只；容积为140 L～250 L 容器每批不超过 5 000 只。

7.1.2 出厂检验项目按 5.1～5.4 规定。取样和判定应符合表 9 规定(AQL 值为 4.0，一般检查水平Ⅰ类)。可根据 GB/T 2828.1—2003 中 10.1 和 10.2 规定的转移规则调整二次抽样方案。

表 9 抽样及判定

单位为只

批量	样本	样本量	累计样本量	接收数 Ac	拒收数 Re
501～1 200	第一	20	20	1	3
	第二	20	40	4	5
1 200～3 200	第一	32	32	2	5
	第二	32	64	6	7
3 201～10 000	第一	50	50	3	6
	第二	50	100	9	10
10 001～35 000	第一	80	80	5	9
	第二	80	160	12	13
35 000～150 000	第一	125	125	7	11
	第二	125	250	18	19

7.2 型式检验

有下列情况之一时，应进行型式检验：

a) 新产品投产或老产品转产的试制定型鉴定；

b) 正式生产后，如结构、材料、工艺有较大改变，可能影响产品性能时；

c) 正常生产时，每年进行一次；

d) 产品停产半年以上，恢复生产时；

e) 出厂检验结果与上次型式检验结果有较大差异时。

7.3 判定规则

7.3.1 合格项的判定

容器的容量偏差、质量偏差、尺寸偏差及外观按表9进行判定，其他项目的检验结果若有不合格时应从原批加倍再次抽取样品，对该项目进行复检，复检结果全部合格则该项合格，复检结果仍不合格则该项不合格。

7.3.2 合格批判定

容器的容量偏差、质量偏差、尺寸偏差和壁厚偏差、外观及物理性能要求的检验结果全部合格，则该批合格，若有一项不合格，则该批不合格。

7.3.3 出厂检验的判定规则

按5.1～5.4规定检验，符合表9规定的判为合格批，否则判为该批产品不合格。

8 标志、包装、运输和贮存

8.1 每只容器上都应标有制造厂名、生产年月、商标和公称容量，每批容器应有合格证，并附有说明书(说明书内必须注明容器不得被内装物产生腐蚀或其他化学反应)。

8.2 容器类回收标志应符合GB/T 16288的规定。

8.3 包装可按订货单位要求确定。

8.4 运输中应避免摔跌，避免与坚硬锐物碰撞。

8.5 容器贮存应避免曝晒，露天存放时应遮蔽。自生产之日起，贮存期为两年。

ICS 11.040.70
Y 89

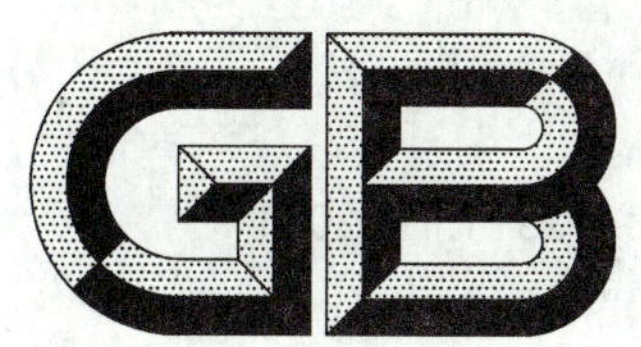

中华人民共和国国家标准

GB 13511.1—2011
代替 GB 13511—1999

配装眼镜 第1部分:单光和多焦点

Assembled spectacles—Part 1:Single-vision and multifocal

(ISO/DIS 21987:2007,Ophthalmic optics—Mounted spectacle lenses,MOD)

2011-10-31 发布 2012-02-01 实施

中华人民共和国国家质量监督检验检疫总局
中国国家标准化管理委员会 发布

前　言

GB 13511 的本部分的第 5 章和 7.1 为强制性，其余为推荐性。

GB 13511《配装眼镜》标准分为两个部分：

——第 1 部分：单光和多焦点；

——第 2 部分：渐变焦。

本部分为 GB 13511《配装眼镜》的第 1 部分。

本部分修改采用 ISO/DIS 21987:2007《眼科光学　配装眼镜》，与 ISO/DIS 21987:2007 的主要技术性差异为：

——增加了老视成镜的相关内容；

——改变了分类方法；

——将引用标准 ISO 13666 中的相关名词条目直接引入本部分中；

——无棱镜处方的配装眼镜棱镜允差用两镜片光学中心水平距离和两镜片光学中心垂直互差表示；

——删除表 1 镜片后顶焦度允差、表 4 附加顶焦度允差，删除厚度要求，删除附录 A 材料和表面质量；

——删除图 1、图 2，将水平和垂直棱镜度允差直接引入表 4 中；

——将附录 B 装配质量要求直接引入本部分；

——引用 GB 17341《光学和光学仪器　焦度计》代替 ISO 8598《焦度计》和 ISO 7944《参考波长》。GB 17341 规定使用的波长为 $\lambda_e=546.07$ nm，ISO 8598 规定使用的波长为 $\lambda_e=546.07$ nm 或 $\lambda_d=587.56$ nm。

本部分代替 GB 13511—1999《配装眼镜》，与 GB 13511—1999 的主要差异为：

——分类修改成：定配眼镜、老视成镜；

——棱镜度的技术要求直接采用 ISO/DIS 21987:2007 中的要求；

——将老视成镜的光学中心水平距离允差要求±1.0 mm 修改为±2.0 mm；

——增加了子镜片位置的示意图；

——增加了两镜片光学中心水平距离和光学中心垂直互差的试验方法；

——增加了两镜片光学中心水平距离和光学中心垂直互差试验方法的示意图。

本部分由中国机械工业联合会提出。

本部分由全国光学和光学仪器标准化技术委员会眼镜光学分技术委员会(SAC/TC 103/SC 3)归口。

本部分起草单位：东华大学、国家眼镜玻璃搪瓷制品质量监督检验中心、上海三联商业(集团)公司、上海依视路光学有限公司、厦门市万成光学工业有限公司、镇江万新光学眼镜有限公司。

本部分主要起草人：唐玲玲、郭琳、顾伟强、何志聪、张朋、赵牧夫、欧阳晓勇。

本部分所代替标准的历次版本发布情况为：

——GB 13511—1992；

——GB 13511—1999。

配装眼镜
第1部分:单光和多焦点

1 范围

GB 13511的本部分规定了单光、多焦点配装眼镜的产品分类、要求、试验方法和标志、包装、运输、贮存。

本部分适用于单光和多焦点的配装眼镜,配装眼镜包括:定配眼镜和老视成镜。

2 规范性引用文件

下列文件对于本文件的应用是必不可少的。凡是注日期的引用文件,仅注日期的版本适用于本文件。凡是不注日期的引用文件,其最新版本(包括所有的修改单)适用于本文件。

GB 10810.1 眼镜镜片 第1部分:单光和多焦点镜片(GB 10810.1—2005,ISO 8980-1:2004,IDT)

GB 10810.3 眼镜镜片及相关眼镜产品 第3部分:透射比规范及测量方法(GB 10810.3—2006,ISO 8980.3:2003,MOD)

GB/T 14214 眼镜架 通用要求和试验方法(GB/T 14214—2003,ISO 12870:1997,MOD)

GB 17341 光学和光学仪器 焦度计(GB 17341—1998,neq ISO 8598:1996)

3 术语和定义

GB 10810.1界定的以及下列术语和定义适用于本文件。

3.1

瞳距 pupillary distance

PD

双眼两瞳孔几何中心的距离。

3.2

光学中心水平距离 optical center horizontal distances

OCD

两镜片光学中心在与两镜圈几何中心连线平行方向上的距离。

3.3

光学中心水平偏差 optical center horizontal deviations

光学中心水平距离的实测值与标称值(如瞳距、光学中心距离)的差值。

3.4

光学中心单侧水平偏差 optical center horizontal deviations of one-side

光学中心单侧水平距离与二分之一标称值的差值。

3.5

光学中心垂直互差 optical center vertical deviations

两镜片光学中心高度的差值。

3.6

定配眼镜　prescription assembled spectacles

根据验光处方或特定要求定制的框架眼镜。

3.7

老视成镜　near-vision spectacles

由生产单位批量生产的用于近用的装成眼镜。其顶焦度范围规定为：+1.00D～+5.00D。

3.8

子镜片顶点　segment extreme point

子镜片上边界曲线之水平切线的切点，若上边界为直线，则取该直线之中点为顶点。

3.9

E 型多焦点　E-line multifocal

近用区域被一条贯穿镜片的直线分割。

4　产品分类

产品分为定配眼镜和老视成镜。

5　要求

5.1　所有测量应在室温为 23 ℃±5 ℃下进行。

5.2　镜片的顶焦度、厚度、色泽、表面质量应满足 GB 10810.1 中规定的要求。

5.3　配装眼镜的光透射性能应满足 GB 10810.3 中规定的要求。

5.4　镜架使用的材料、外观质量应满足 GB/T 14214 中规定的要求。

5.5　使用的焦度计应符合 GB 17341 中规定的要求。

5.6　光学要求

5.6.1　定配眼镜的两镜片光学中心水平距离偏差应符合表 1 的规定。

表 1　定配眼镜的两镜片光学中心水平距离偏差

顶焦度绝对值最大的子午面上的顶焦度值(D)	0.00～0.50	0.75～1.00	1.25～2.00	2.25～4.00	≥4.25
光学中心水平距离允差	0.67Δ	±6.0 mm	±4.0 mm	±3.0 mm	±2.0 mm

5.6.2　定配眼镜的水平光学中心与眼瞳的单侧偏差均不应大于表 1 中光学中心水平距离允差的二分之一。

5.6.3　定配眼镜的光学中心垂直互差应符合表 2 的规定。

表 2　定配眼镜的光学中心垂直互差

顶焦度绝对值最大的子午面上的顶焦度值(D)	0.00～0.50	0.75～1.00	1.25～2.50	>2.50
光学中心垂直互差	≤0.50Δ	≤3.0 mm	≤2.0 mm	≤1.0 mm

5.6.4　定配眼镜的柱镜轴位方向偏差应符合表 3 的规定。

表 3 定配眼镜的柱镜轴位方向偏差

柱镜顶焦度值（D）	0.25～≤0.50	>0.50～≤0.75	>0.75～≤1.50	>1.50～≤2.50	>2.50
轴位允差（°）	±9	±6	±4	±3	±2

5.6.5 定配眼镜的处方棱镜度偏差应符合表 4 的规定。

表 4 定配眼镜的处方棱镜度偏差

棱镜度(Δ)	水平棱镜允差(Δ)	垂直棱镜允差(Δ)
≥0.00～≤2.00	对于顶焦度≥0.00～≤3.25*D*： 0.67Δ 对于顶焦度>3.25*D*： 偏心 2.0 mm 所产生的棱镜效应	对于顶焦度≥0.00～≤5.00*D*： 0.50Δ 对于顶焦度>5.00*D*： 偏心 1.0 mm 所产生的棱镜效应
>2.00～≤10.00	对于顶焦度≥0.00～≤3.25*D*： 1.00Δ 对于顶焦度>3.25*D*： 0.33Δ+偏心 2.0 mm 所产生的棱镜效应	对于顶焦度≥0.00～≤5.00*D*： 0.75Δ 对于顶焦度>5.00*D*： 0.25Δ+偏心 1.0 mm 所产生的棱镜效应
>10.00	对于顶焦度≥0.00～≤3.25*D*： 1.25Δ 对于顶焦度>3.25*D*： 0.58Δ+偏心 2.0 mm 所产生的棱镜效应	对于顶焦度≥0.00～≤5.00*D*： 1.00Δ 对于顶焦度>5.00*D*： 0.50Δ+偏心 1.0 mm 所产生的棱镜效应
例如：镜片的棱镜度为 3.00Δ，顶焦度为 4.00*D*，其棱镜度的允差为 0.33Δ+(4.00*D*×0.2 cm)=1.13Δ		

5.6.6 老视成镜需标明光学中心水平距离。光学中心水平距离允差为±2.0 mm。

5.6.7 老视成镜光学中心单侧水平允差为±1.0 mm。

5.6.8 老视成镜光学中心垂直互差应符合表 2 规定。

5.6.9 老视成镜两镜片顶焦度互差应不大于 0.12*D*。

5.7 多焦点镜片的位置

5.7.1 子镜片的垂直位置(或高度)

子镜片顶点的位置(图 1 中的 S)或子镜片的高度(图 1 中的 *h*)与标称值的偏差应不大于±1.0 mm，两子镜片高度的互差应不大于 1 mm。

5.7.2 子镜片的水平位置

两子镜片的几何中心水平距离与近瞳距的差值应小于 2.0 mm。

注 1：两子镜片的水平位置应对称、平衡，除非标明单眼中心距离不平衡。

注 2：E 型多焦点子镜片的测量点是在它的分界线上的最薄点。

5.7.3 子镜片顶端的倾斜度

子镜片水平方向的倾斜度应不大于 2°。

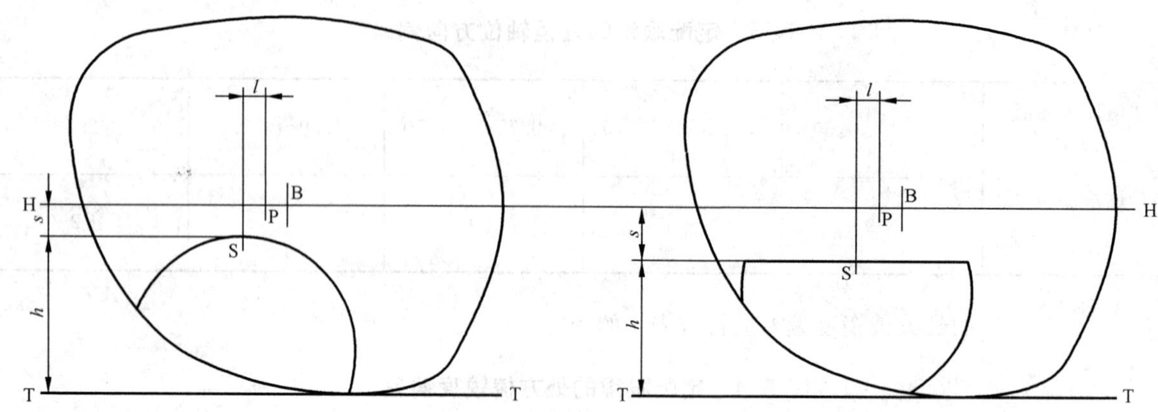

说明：

B——方框中心；

HH——水平中心线；

P——中心点；

S——子镜片顶点的位置；

TT——镜片最低水平切线；

s——水平中心线到子镜片顶点的距离；

h——子镜片的高度。

图1 多焦点镜片的位置

5.8 装配质量

装配质量应符合表5的规定。

表5 装配质量

项　目	要　求
两镜片材料的色泽	应基本一致
金属框架眼镜锁接管的间隙	≤0.5 mm
镜片与镜圈的几何形状	应基本相似且左右对齐，装配后无明显隙缝
整形要求	左、右两镜面应保持相对平整、托叶应对称
外观	应无崩边、钳痕、镀(涂)层剥落及明显擦痕、零件缺损等疵病

6 试验方法

6.1 镜片的顶焦度偏差、表面质量试验方法参照 GB 10810.1。

6.2 镜片的光透射性能试验方法参照 GB 10810.3。

6.3 柱镜轴位的测量方法

用眼镜框架作为水平基准时，应将框架的下边缘靠在焦度计的基准靠板上。单光镜片在光学中心上进行测量。

6.4 两镜片光学中心水平距离和两镜片光学中心垂直互差

以焦度计的基准靠板为水平工作线，对其中一镜片定好光学中心，使十字标象位于视场正中，打印中心标记 O_1。然后在不移动基准靠板的条件下平移镜架，使另一镜片的十字丝标象竖线对中，打印此点 O_2'。

如果此点(O_2')不是光学中心点，则垂直移动到光学中心点 O_2 并打印，取下镜架用直尺或游标卡尺量出两镜片的光学中心水平距离 $O_2'O_1$ 和两镜片光学中心垂直互差 $O_2'O_2$(见图 2)。

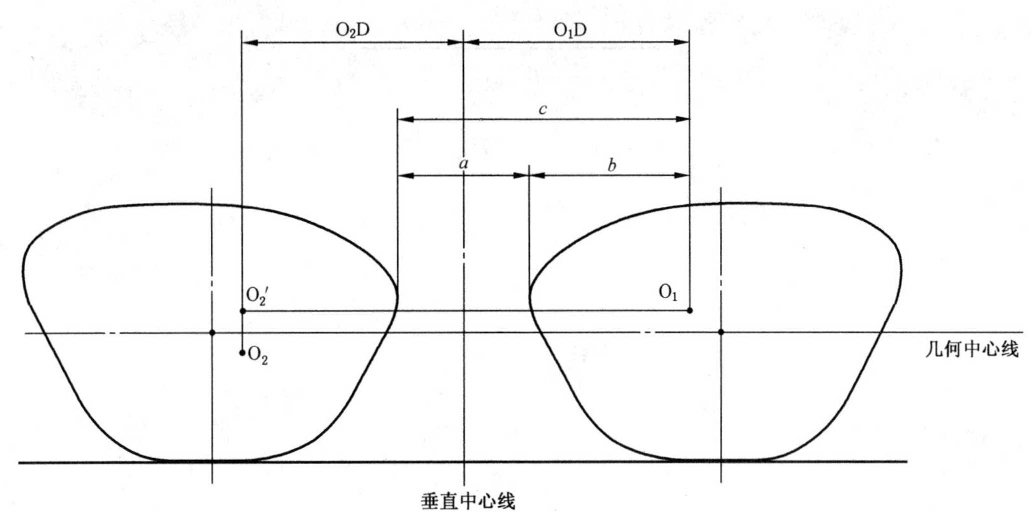

说明：

$O_2'O_1$——光学中心水平距离；

$O_2'O_2$——光学中心垂直互差；

O_1D、O_2D——单侧光学中心距($a/2+b$)。

注：左右两镜片顶焦度有差异时，按镜片顶焦度绝对值大的一侧进行考核。

图 2　两镜片光学中心水平距离和两镜片光学中心垂直互差测量示意图

6.5　棱镜度

分别标记左、右镜片处方规定的测量点，并在左、右镜片的规定点上测量水平和垂直的棱镜度数值，然后按以下规则计算水平和垂直棱镜度差值。

如果左、右镜片的基底取向相同方向，其测量值应相减。

如果左、右镜片的基底取向方向相反，其测量值应相加。

左右两镜片顶焦度有差异时，按镜片顶焦度绝对值大的一侧进行考核。

6.6　多焦点镜片的位置和倾斜度

按方框法在镜片的切平面测量子镜片的位置和倾斜度，也可用投影屏及带有相应的十字的分划板或毫米级的测量装置。

7　标志、包装、运输、贮存

7.1　标志

a)　应标明产品名称、生产厂厂名、厂址；产品所执行的标准及产品质量检验合格证明、出厂日期或生产批号；

b)　定配眼镜应标明顶焦度值、轴位、瞳距等处方参数；

c)　老视成镜每副应标明型号、顶焦度、光学中心水平距离等；

d)　需要让消费者事先知晓的其他说明及其他法律法规规定的内容。

7.2 包装、运输和贮存

a) 每副定配眼镜均应有独立包装；

b) 老视成镜可盒装或箱装；

c) 运输和贮存时应防止受压、变形。

ICS 11.040.70
Y 89

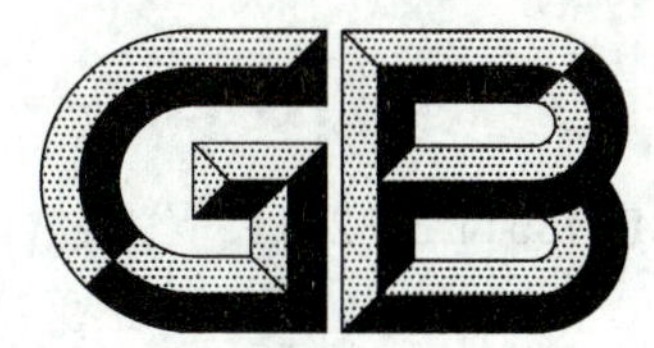

中华人民共和国国家标准

GB 13511.2—2011

配装眼镜
第2部分：渐变焦

Assembled spectacles—
Part 2: Progressive power

2011-10-31 发布　　　　2012-08-01 实施

中华人民共和国国家质量监督检验检疫总局
中国国家标准化管理委员会　发布

前　言

GB 13511 的本部分的第 4、6 章为强制性，其余为推荐性。

GB 13511 配装眼镜标准分为两个部分：

——第 1 部分：单光和多焦点；

——第 2 部分：渐变焦。

本部分为 GB 13511 的第 2 部分。

本部分按照 GB/T 1.1—2009 给出的规则起草。

本部分技术要求和试验方法参考标准如下：

——渐变焦镜片的后顶焦度、附加顶焦度、镜片配适点的垂直和水平位置、水平倾斜度、表面质量及装配质量的要求及试验方法参考了 ISO 21987:2009《眼科光学　配装眼镜》中的渐变焦部分；

——镜片厚度、棱镜度及棱镜度基底取向的要求及试验方法参考了 GB 10810.2《眼镜镜片　第 2 部分：渐变焦镜片》(GB 10810.2—2006，ISO 8980-2:2004，MOD)；

——柱镜轴位方向要求及试验方法参考 GB 13511.1—2011《配装眼镜　第 1 部分：单光和多焦点》。

请注意本文件的某些内容可能涉及专利。本文件的发布结构不承担识别这些专利的责任。

本部分由中国轻工业联合会提出。

本部分由全国光学和光子学标准化技术委员会眼镜光学分技术委员会(SAC/TC 103/SC 3)归口。

本部分起草单位：东华大学、国家眼镜玻璃搪瓷制品质量监督检验中心、卡尔蔡司(广州)光学有限公司、北京大明眼镜股份有限公司、镇江万新光学眼镜有限公司、豪雅(上海)光学有限公司、上海依视路光学有限公司、上海立正眼镜有限公司。

本部分主要起草人：唐玲玲、郭琳、顾伟强、聂小玲、胡晓枫、欧阳晓勇、刘亚丽、张朋、金祥。

配装眼镜
第2部分:渐变焦

1 范围

GB 13511 的本部分规定了渐变焦配装眼镜的术语和定义、要求、试验方法、渐变焦镜片标记、标识和包装。

本部分适用于验光处方的渐变焦定配眼镜。

2 规范性引用文件

下列文件对于本文件的应用是必不可少的。凡是注日期的引用文件,仅注日期的版本适用于本文件。凡是不注日期的引用文件,其最新版本(包括所有修改单)适用于本文件。

GB 10810.2 眼镜镜片 第2部分:渐变焦镜片

GB 13511.1 配装眼镜 第1部分:单光和多焦点

GB/T 14214 眼镜架 通用要求和试验方法

GB 17341 光学和光学仪器 焦度计

ISO 13666 Ophthalmic optics—Spectacle lenses—Vocabulary

3 术语和定义

ISO 13666 界定的以及下列术语和定义适用于本文件。

4 要求

4.1 所有测量应在室温为 23 ℃±5 ℃下进行。

4.2 镜架使用的材料、外观质量应满足 GB/T 14214 中规定的要求。

4.3 使用的焦度计应符合 GB 17341 中规定的要求。

4.4 光学要求

4.4.1 配戴位置会使人眼的感觉焦度与由焦度计测定的结果有所不同。如果制造商声称用修正值补偿所谓的配戴位置,允差就使用在修正后的数值上。

4.4.2 渐变焦定配眼镜的后顶焦度应符合表1的规定。

表1 渐变焦定配眼镜的后顶焦度允差

单位为屈光度(D)

顶焦度绝对值最大的子午面上的顶焦度值	各主子午面顶焦度允差(A)	柱镜顶焦度允差			
		0.00~0.75	>0.75~4.00	>4.00~6.00	>6.00
≥0.00~6.00	±0.12	±0.12	±0.18	±0.18	±0.25
>6.00~9.00	±0.18	±0.18	±0.18	±0.18	±0.25

表 1（续） 单位为屈光度(D)

顶焦度绝对值最大的子午面上的顶焦度值	各主子午面顶焦度允差(A)	柱镜顶焦度允差			
		0.00～0.75	>0.75～4.00	>4.00～6.00	>6.00
>9.00～12.00	±0.18	±0.18	±0.18	±0.25	±0.25
>12.00～20.00	±0.25	±0.18	±0.25	±0.25	±0.25
>20.00	±0.37	±0.25	±0.25	±0.37	±0.37

4.4.3 渐变焦定配眼镜的附加顶焦度偏差应符合表 2 的规定。

表 2 渐变焦定配眼镜的附加顶焦度允差 单位为屈光度(D)

附加顶焦度值	≤4.00	>4.00
允差	±0.12	±0.18

4.4.4 渐变焦定配眼镜的柱镜轴位方向偏差应符合表 3 的规定。

表 3 渐变焦定配眼镜的柱镜轴位方向允差

柱镜顶焦度值 D	>0.125～≤0.25	>0.25～≤0.50	>0.50～≤0.75	>0.75～≤1.50	>1.50～≤2.50	>2.50
轴位允许偏差 (°)	±16	±9	±6	±4	±3	±2
注：0.125D～0.25D 柱镜的偏差适用于补偿配戴位置的渐变焦镜片顶焦度。如果补偿配戴位置产生小于 0.125D柱镜，不考虑其轴位偏差。						

4.4.5 渐变焦定配眼镜的棱镜度偏差应符合表 4 的规定。

表 4 渐变焦定配眼镜的棱镜度的允差 单位为棱镜屈光度(△)

标称棱镜度	水平棱镜允差	垂直棱镜允差
0.00～2.00	$\pm(0.25+0.1\times S_{max})$	$\pm(0.25+0.05\times S_{max})$
>2.00～10.00	$\pm(0.37+0.1\times S_{max})$	$\pm(0.37+0.05\times S_{max})$
>10.00	$\pm(0.50+0.1\times S_{max})$	$\pm(0.50+0.05\times S_{max})$
注 1：S_{max} 表示绝对值最大的子午面上的顶焦度值。 注 2：标称棱镜度包括处方棱镜及减薄棱镜。		

4.4.6 棱镜度基底取向：将标称棱镜度按其基底取向分解为水平和垂直方向的分量，各分量实测值的偏差应符合表 4 的规定。

4.5 厚度

测定值与标称值的偏差应为±0.3 mm。

注：标称厚度值应由生产商标明或由供需双方协商一致。

4.6 配适点的垂直位置(高度)

配适点的垂直位置(高度)与标称值的偏差应为±1.0 mm。

两渐变焦镜片配适点的互差应为≤1.0 mm。

注:处方中左右镜片配适点不一致时不适用。

4.7 配适点的水平位置

配适点的水平位置与镜片单眼中心距的标称值偏差应为±1.0 mm。

4.8 水平倾斜度

永久标记连线的水平倾斜度应不大于2°。

4.9 镜架外观、镜片表面及装配质量

镜架外观、镜片表面及装配质量应符合表5规定。

表5 镜架外观、镜片表面及装配质量

项目	要求
两镜片材料的色泽	应基本一致
金属框架眼镜锁接管的间隙	≤0.5 mm
镜片与镜圈的几何形状	应基本相似且左右对齐,装配后无明显隙缝
整形要求	左、右两镜面应保持相对平整、托叶应对称
镜架外观	应无崩边、钳痕、镀(涂)层剥落及明显擦痕、零件缺损等疵病
镜片表面质量	以棱镜基准点为中心,直径为30 mm的区域内,镜片的表面或内部都不应出现桔皮、霉斑、霍光、螺旋形等可能有害视力的各类疵病

5 试验方法

5.1 远用区顶焦度

在制造商提供的远用基准点(DRP)处测定镜片的远用顶焦度以及在棱镜基准点(PRP)处测定镜片的棱镜度,各基准点的位置见图1。

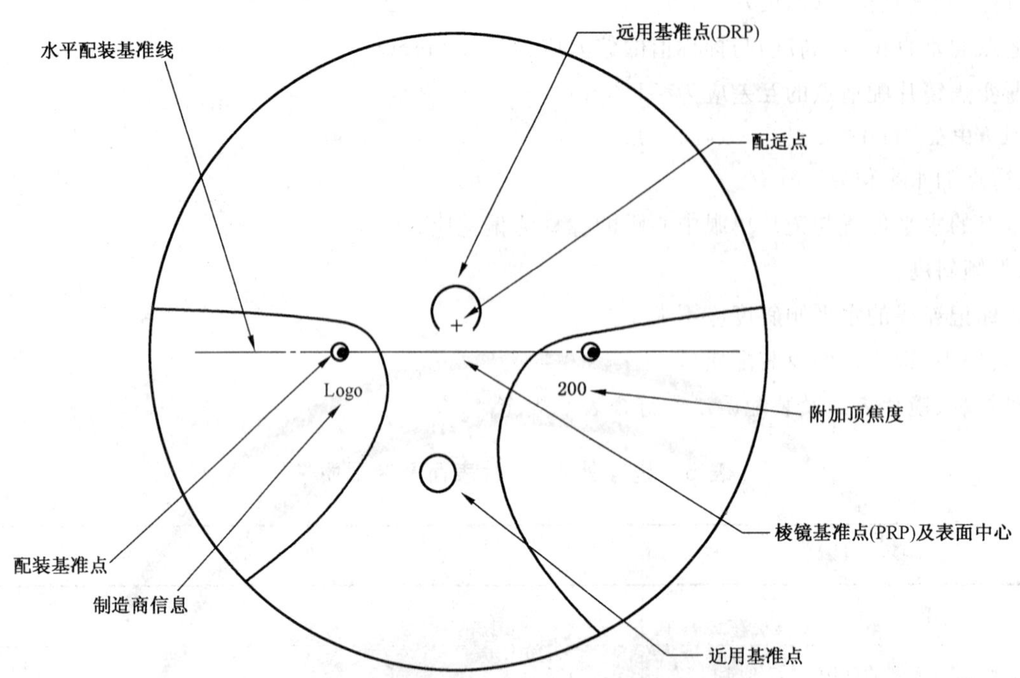

图 1　渐变焦眼镜镜片各基准点位置示意图

5.2　附加顶焦度

5.2.1　概述

附加顶焦度有两种测量方法:前表面和后表面测量方法。除非生产商有特别声明,应选择含有渐变面上进行测量。

5.2.2　前表面测量

将镜片前表面对着焦度计支座,把镜片安放好,使镜片的近用基准点在镜片支座上对中并测量近用顶焦度。

保持镜片前表面对着焦度计支座,将镜片的远用基准点对中并测量远用顶焦度。

近光顶焦度和远光顶焦度的差值为该渐变焦镜片近用附加顶焦度。

5.2.3　后表面测量

将镜片后表面对着焦度计支座,把镜片安放好,使镜片的近用基准点在镜片支座上对中并测量近用顶焦度。

保持镜片后表面对着焦度计支座,将镜片的远用基准点对中并测量远用顶焦度。

近光顶焦度和远光顶焦度的差值为该渐变焦镜片近用附加顶焦度。

5.3　柱镜轴位

以制造商提供的永久性装配基准标记的连线为水平基准线,在远用基准点处测定柱镜轴位方向。

5.4　棱镜度及棱镜基底取向

在棱镜基准点处测定镜片的棱镜度及棱镜基底取向。

5.5 厚度

在渐变焦镜片凸面的基准点上，垂直于该表面测定镜片的有效厚度值。

5.6 位置和倾斜度的测量方法

按照方框法在镜片的切平面测量配适点和倾斜度，可用投影屏（带有相应的十字的分划板及毫米级的测量装置）或其他等效方法。

渐变焦镜片的位置和倾斜度，可参照永久标记。

5.7 材料和表面质量

不借助光学放大装置，在明/暗背景视场中进行镜片的检验。图 2 所示为推荐的检验系统。检验室周围光照度约为 200 lx。检验灯的光通量至少为 400 lm，例如可用 15 W 的荧光灯或带有灯罩的 40 W 无色白炽灯。

注：本观察方法具有一定的主观性，需相当的实践检验。

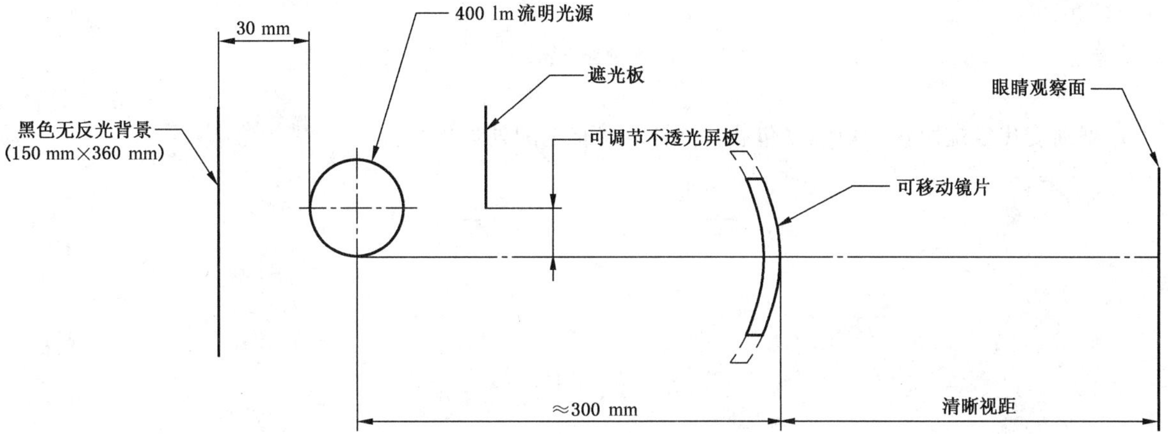

注：遮光板可调节到遮住光源的光直接射到眼睛，但能使镜片被光源照明。

图 2 目视鉴别镜片疵病的推荐装置

5.8 装配质量

目视鉴别。

6 渐变焦镜片标记

6.1 永久性标记

两镜片至少有以下几个永久性标记：

a) 配装基准：由两相距为 34 mm 的标记点组成，两标记点分别与一含有配适点或棱镜基准点的垂面等距离；

b) 附加顶焦度值，以屈光度为单位，标记在配装基准线下。

c) 制造厂家名称或供应商名称或商品名称或商标。

6.2 非永久性选择性标记

除非制造厂附有特别的镜片定位说明资料，每镜片非永久性标记至少包含以下内容：

a） 配装基准线；

b） 远用区基准点；

c） 近用区基准点；

d） 配适点；

e） 棱镜基准点。

注：非永久性标记可以用可溶墨水标记、贴花纸。

7 标识

a） 产品名称，生产厂厂名、厂址；产品所执行的标准及产品质量检验合格证明、出厂日期或生产批号；

b） 应标明顶焦度值、轴位、瞳距、配适点高度等处方参数；

c） 减薄棱镜（若应有）；

d） 需要让消费者事先知晓的其他说明及其他法律法规规定的内容。

8 包装

每副渐变焦定配眼镜均应独立包装，包装内应有定配处方单。

ICS 71.100.40
G 73

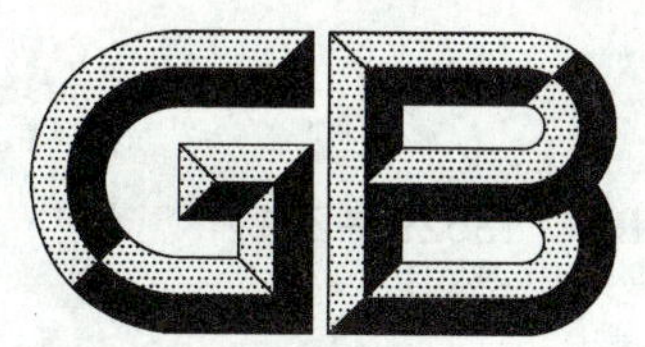

中华人民共和国国家标准

GB/T 13529—2011
代替 GB/T 13529—2003

乙氧基化烷基硫酸钠

Sodium ethoxylated alkyl sulfate

2011-12-30 发布　　2012-09-01 实施

中华人民共和国国家质量监督检验检疫总局
中国国家标准化管理委员会　发布

前　言

本标准按照 GB/T 1.1—2009 给出的规则起草。

本标准代替 GB/T 13529—2003《乙氧基化烷基硫酸钠》。

本标准与 GB/T 13529—2003 相比主要变化如下：

——增加了1,4-二噁烷指标；

——修改了低浓度产品要求。

本标准由中国轻工业联合会提出。

本标准由全国表面活性剂和洗涤用品标准化技术委员会(SAC/TC 272)归口。

本标准起草单位：中轻化工股份有限公司、中国日用化学工业研究院、浙江赞宇科技股份有限公司、湖南丽臣实业有限责任公司、表面活性剂和洗涤剂行业生产力促进中心。

本标准主要起草人：贝澄、姚晨之、杨国英、黄亚茹、罗志昕、段玉臣。

本标准所代替标准的历次版本发布情况为：

——GB/T 13529—1992、GB/T 13529—2003。

乙氧基化烷基硫酸钠

1 范围

本标准规定了乙氧基化烷基硫酸钠(简称 AES)的产品分类、要求、试验方法、检验规则、标志、包装、运输、贮存和保质期。

本标准适用于各种工艺生产的乙氧基化烷基硫酸钠工业产品。

2 规范性引用文件

下列文件对于本文件的应用是必不可少的。凡是注日期的引用文件,仅注日期的版本适用于本文件。凡是不注日期的引用文件,其最新版本(包括所有的修改单)适用于本文件。

GB/T 3143 液体化学品颜色测定法(Hazen 单位—铂-钴色号)

GB/T 5173 表面活性剂和洗涤剂 阴离子活性物的测定 直接两相滴定法

GB/T 6366 表面活性剂 无机硫酸盐含量的测定 滴定法

GB/T 6368 表面活性剂 水溶液 pH 值的测定 电位法

GB/T 8170 数值修约规则与极限数值的表示和判定

GB/T 13530—2008 乙氧基化烷基硫酸钠试验方法

GB/T 17829—1999 聚乙氧基化脂肪醇

GB/T 26388 表面活性剂中二噁烷残留量的测定 气相色谱法

3 产品分类

3.1 结构式

$RO(CH_2CH_2O)_nSO_3Na$ (R 主组分为 C_{12}~C_{15}烷基;$n=1$~3)

3.2 分类

高浓度产品:膏状。

低浓度产品:液状。

4 要求

4.1 外观

膏状:25 ℃时,白色或浅黄色凝胶状膏体。

液状:25 ℃时,无色或浅黄色液体。

4.2 气味

无异常气味。

4.3 理化指标

乙氧基化烷基硫酸钠产品的理化指标应符合表1规定。

表1 乙氧基化烷基硫酸钠理化指标

项目	膏状	液状
乙氧基化烷基硫酸钠含量 %	70±2	指标值±1
未硫酸化物含量 %	≤3.5	≤1.5
硫酸钠含量 %	≤1.5	≤0.6
pH值(1%水溶液)	6.5～9.5	9.0～12.0
色泽(以5%AES计,水溶液) Hazen	≤30	
1,4-二噁烷含量(以100%AES计) mg/kg	≤100	

5 试验方法

除非另有说明,在分析中仅使用认可的分析纯试剂和蒸馏水或去离子水或相当纯度的水。

5.1 外观和气味

感官测定。

5.2 乙氧基化烷基硫酸钠含量

5.2.1 乙氧基化烷基硫酸钠平均相对分子质量的测定

5.2.1.1 仲裁法

按GB/T 13530—2008第6章规定进行。

5.2.1.2 计算法

按GB/T 17829—1999中5.6.2和5.6.3.1得到聚乙氧基化脂肪醇的平均相对分子质量,乙氧基化烷基硫酸钠的平均相对分子质量M按式(1)计算:

$$M = M_1 + M_2 + M_3 - M_4 \quad \cdots\cdots(1)$$

式中:

M ——乙氧基化烷基硫酸钠的平均相对分子质量;

M_1——聚乙氧基化脂肪醇的平均相对分子质量;

M_2——三氧化硫的相对分子质量,以80计;

M_3——钠的相对原子质量,以23计;

M_4——氢的相对原子质量,以1计。

计算结果表示至个位。

5.2.2 乙氧基化烷基硫酸钠含量

5.2.2.1 按 GB/T 5173 规定进行，应用 5.2.1 所得平均相对分子质量计算结果。

5.2.2.2 精密度：在重复性条件下获得的两次独立的测定结果之差应不超过平均值的 0.6%，以大于 0.6%的情况不超过 5%为前提。对同一样品，在两个试验室中测定，所得结果之差应不超过平均值的 1.0%，以大于 1.0%的情况不超过 5%为前提。

5.3 未硫酸化物含量

按 GB/T 13530—2008 第 5 章规定进行。

试样中未硫酸化物 X 以质量分数表示，按式(2)计算：

$$X=\frac{5\times m}{m_0}\times 100\% \qquad \cdots\cdots (2)$$

式中：

m ——圆底烧瓶中物质的质量，单位为克(g)；

m_0——试验份的质量，单位为克(g)。

5.4 硫酸钠含量

5.4.1 按 GB/T 6366 规定进行。

5.4.2 精密度：在重复性条件下获得的两次独立的测定结果之差应不超过平均值的 3.7%，以大于 3.7%的情况不超过 5%为前提。对同一样品，在两个试验室中测定，所得结果之差应不超过平均值的 17%，以大于 17%的情况不超过 5%为前提。

5.5 pH 值

按 GB/T 6368，测定 25 ℃时样品 1%水溶液的 pH 值。

5.6 色泽

5.6.1 按 GB/T 3143 规定进行。

5.6.2 精密度：在重复性条件下获得的两次独立的测定结果之间的绝对差值应不大于 5 Hazen，以大于 5 Hazen 的情况不超过 5%为前提。

5.7 1,4-二噁烷含量

按 GB/T 26388 规定进行。

6 检验规则

6.1 出厂检验

第 4 章要求中规定的各项指标，均为出厂检验项目。

6.2 组批与抽样规则

6.2.1 组批

乙氧基化烷基硫酸钠产品以一次交付的同一类型、规格、批号的产品组成一交付批。乙氧基化烷基硫酸钠产品，应由生产厂的质量检验部门按照本标准规定的试验方法检验合格，并签发质量合格证方可出厂。收货方凭产品质量检验证书验收,必要时按下述规定在一个月内抽样验收或仲裁。

6.2.2 抽样

桶装产品根据产品批量大小按表 2 确定样本大小,从批中随机抽取样本单位。

表 2 桶装产品的批量和样本大小

单位为桶

批量	≤15	16～50	51～150	151～500	>500
样本大小	2	3	5	8	13

对桶装产品,取样时用洁净干燥的玻璃管或其他取样器插入样本单位中间部位,从各样本桶中采取等量样品。

罐(车、船)装产品,以 1 罐(车、船)为一个样本单位。

对于横截面均匀一致的罐、车和船,采用等量合并从罐(车、船)的顶液面到罐(车、船)的底液面的高度的上、中、下液面处所采取试样组合而成的方法,用取样器进行取样。

取样总量约 500 g,分成两份。一份用于检测,一份封存备用。

6.3 判定规则

检验结果按 GB/T 8170 修约值比较法判定产品合格或不合格,若有一项或多项指标不符合本标准的规定,应再从交付批中加倍取样,并对不合格项进行复检,如复检结果符合本标准规定,则判该批产品合格,如仍不合格,则判该批产品不合格。

6.4 产品质量检验合格证书

产品质量检验合格证书应包括:生产厂家名称、厂址、产品名称、执行标准编号、批号、批量、质量指标(包括平均相对分子质量)、生产日期等。收货方凭产品质量检验合格证书验收。

6.5 仲裁

收货单位如发现产品质量不符合本标准规定的要求,应在到货一个月内向生产厂交涉。如有异议,会同双方按 6.2.2 抽样。取样量不少于 1.5 kg,样品混匀后分装于三个干燥清洁的样品瓶内,加盖密封,贴上标签,并注明:样品名称、批号、生产单位、取样日期和取样人。交收双方各持一瓶,另一瓶签封后,可商请有关法定质量检验单位进行仲裁检验。样品应存放于暗处,保存期一个月。仲裁检验结果为最终依据。

7 标志、包装、运输、贮存和保质期

7.1 标志

产品的包装容器外印刷的标志(图案及文字)应清晰、不脱色,并标明:

a) 产品名称、商标、执行标准编号;

b) 生产日期或生产批号;

c) 净含量;

d) 生产厂家名称、地址(含省、市、县)、邮政编码;

e) 有防雨、防水、小心轻放等文字或标记。

7.2 包装

产品应使用清洁的内衬塑料袋的大盖金属圆桶、塑料桶或不影响产品质量的容器包装，或使用清洁的、不影响产品质量的罐(车、船)包装。

产品装入容器应根据气温变化留有空隙，灌装后应封口良好，防止渗水。

包装的净重应符合标称质量。

7.3 运输

产品在运输时应竖放，盖口朝上，加有遮盖物，防雨、防晒，轻装轻卸，避免包装损坏。

7.4 贮存

产品应贮存于干燥、通风条件好的库房，室外存放应有相应的遮阳、防雨措施。

7.5 保质期

在本标准规定的运输和贮存条件下，在包装完整未经启封的情况下，从生产之日起保质期两年及两年以上的产品，可不标注保质期；只能在两年内符合本标准的产品应标注保质期。

ICS 91.100.30
Q 15

中华人民共和国国家标准

GB 13544—2011
代替 GB 13544—2000

烧结多孔砖和多孔砌块

Fired perforated brick and block

2011-06-16 发布 2012-04-01 实施

中华人民共和国国家质量监督检验检疫总局
中国国家标准化管理委员会 发布

前　言

本标准第5章为强制性条款，其余为推荐性条款。

本标准按照GB/T 1.1—2009给出的规则编写。

本标准代替GB 13544—2000《烧结多孔砖》。

本标准与GB 13544—2000相比主要变化如下：

——将标准名称《烧结多孔砖》改为《烧结多孔砖和多孔砌块》。

——增加了烧结多孔砌块的相关内容和技术指标。

——将淤泥及其他固体废弃物纳入了制砖原料范围内。

——增加了密度等级。

——强度等级判定用抗压强度平均值和强度标准值评定方法，取消抗压强度平均值和单块最小值评定方法。

——取消了优等品、一等品、合格品质量等级的规定。

——提高了孔洞率的技术指标。

——取消了圆型孔和其他孔型，规定采用矩型孔或矩型条孔，并增加了孔洞尺寸要求，以改善和提高节能效果。

——将抗压强度标准值 f_k 的接收常数 $K=1.8$ 调整到 $K=1.83$，以推进和提高产品强度质量的均匀性。

——增加了放射性核素限量的技术要求。

本标准由中国建筑材料联合会提出。

本标准由全国墙体屋面及道路用建筑材料标准化技术委员会(SAC/TC 285)归口。

本标准负责起草单位：西安墙体材料研究设计院。

本标准参加起草单位：浙江省建筑材料科技有限公司、南京市产品质量监督检验院、辽宁省产品质量监督检验院、广州市建筑材料工业研究所有限公司、上海市建筑科学研究院(集团)有限公司、广州市水质监测中心、南京鑫翔新型建材有限公司、山东省淄博鲁王建材有限公司、甘肃土木工程科学研究院、南京双阳建材机械制造有限公司、杭州萧山协和砖瓦机械有限公司。

本标准主要起草人：王宝财、蔡小兵、周皖宁、倪有军、庄红斌、陈新利、沈远刚、侯文虎、王军、李斌、谢和根、周炫、谈勇。

本标准所代替标准的历次版本发布情况为：

——GB 13544—1992、GB 13544—2000。

烧结多孔砖和多孔砌块

1 范围

本标准规定了烧结多孔砖和烧结多孔砌块的术语和定义，产品分类、规格、技术要求、试验方法、检验规则、产品合格证、存放和运输等。

本标准适用于以粘土、页岩、煤矸石、粉煤灰、淤泥（江河湖淤泥）及其他固体废弃物等为主要原料，经焙烧制成主要用于建筑物承重部位的多孔砖和多孔砌块（以下简称砖和砌块）。

2 规范性引用文件

下列文件对于本文件的应用是必不可少的。凡是注日期的引用文件，仅注日期的版本适用于本文件。凡是不注日期的引用文件，其最新版本（包括所有的修改单）适用于本文件。

GB/T 2542 砌墙砖试验方法

GB 6566 建筑材料放射性核素限量

GB/T 18968 墙体材料术语

JC/T 466 砌墙砖检验规则

3 术语和定义

GB/T 18968 和 JC/T 466 界定的以及下列术语和定义适用于本文件。

3.1

烧结多孔砌块 fired perforated block

经焙烧而成，孔洞率大于或等于 33%，孔的尺寸小而数量多的砌块。主要用于承重部位。

3.2

粉刷槽 painting channel

设在砖或砌块条面或顶面上深度不小于 2 mm 的沟或类似结构。

3.3

砌筑砂浆槽 masonry mortar channel

设在砌块条面或顶面上深度大于 15 mm 的凹槽。

3.4

强度标准值(f_k) strength standard value

具有 95%保证概率的强度。本标准中，样本是 $n=10$ 时的强度标准值由 $f_k=\overline{X}-1.83s$ 计算。

4 产品分类、规格、等级和标记

4.1 产品分类

按主要原料分为粘土砖和粘土砌块(N)、页岩砖和页岩砌块(Y)、煤矸石砖和煤矸石砌块(M)、粉煤灰砖和粉煤灰砌块(F)、淤泥砖和淤泥砌块(U)、固体废弃物砖和固体废弃物砌块(G)。

4.2 规格

4.2.1 砖和砌块的外型一般为直角六面体,在与砂浆的接合面上应设有增加结合力的粉刷槽和砌筑砂浆槽(如附录B所示),并符合下列要求:

粉刷槽:混水墙用砖和砌块,应在条面和顶面上设有均匀分布的粉刷槽或类似结构,深度不小于2 mm。

砌筑砂浆槽:砌块至少应在一个条面或顶面上设立砌筑砂浆槽。两个条面或顶面都有砌筑砂浆槽时,砌筑砂浆槽深应大于15 mm且小于25 mm;只有一个条面或顶面有砌筑砂浆槽时,砌筑砂浆槽深应大于30 mm且小于40 mm。砌筑砂浆槽宽应超过砂浆槽所在砌块面宽度的50%。

4.2.2 砖和砌块的长度、宽度、高度尺寸应符合下列要求:

砖规格尺寸(mm):290、240、190、180、140、115、90。

砌块规格尺寸(mm):490、440、390、340、290、240、190、180、140、115、90。

其他规格尺寸由供需双方协商确定。

4.3 等级

4.3.1 强度等级

根据抗压强度分为MU30、MU25、MU20、MU15、MU10五个强度等级。

4.3.2 密度等级

砖的密度等级分为1 000、1 100、1 200、1 300四个等级。

砌块的密度等级分为9 00、1 000、1 100、1 200四个等级。

4.4 产品标记

砖和砌块的产品标记按产品名称、品种、规格、强度等级、密度等级和标准编号顺序编写。

标记示例:规格尺寸290 mm×140 mm×90 mm、强度等级MU25、密度1 200级的粘土烧结多孔砖,其标记为:烧结多孔砖 N 290×140×90 MU25 1200 GB 13544—2011

5 技术要求

5.1 尺寸允许偏差

尺寸允许偏差应符合表1的规定。

表1 尺寸允许偏差

单位为毫米

尺寸	样本平均偏差	样本极差 ≤
>400	±3.0	10.0
300~400	±2.5	9.0
200~300	±2.5	8.0
100~200	±2.0	7.0
<100	±1.5	6.0

5.2 外观质量

砖和砌块的外观质量应符合表2的规定。

表 2 外观质量

单位为毫米

项目		指标
1. 完整面	不得少于	一条面和一顶面
2. 缺棱掉角的三个破坏尺寸	不得同时大于	30
3. 裂纹长度		
a) 大面(有孔面)上深入孔壁 15 mm 以上宽度方向及其延伸到条面的长度	不大于	80
b) 大面(有孔面)上深入孔壁 15 mm 以上长度方向及其延伸到顶面的长度	不大于	100
c) 条顶面上的水平裂纹	不大于	100
4. 杂质在砖或砌块面上造成的凸出高度	不大于	5

注：凡有下列缺陷之一者，不能称为完整面：
a) 缺损在条面或顶面上造成的破坏面尺寸同时大于 20 mm×30 mm；
b) 条面或顶面上裂纹宽度大于 1 mm，其长度超过 70 mm；
c) 压陷、焦花、粘底在条面或顶面上的凹陷或凸出超过 2 mm，区域最大投影尺寸同时大于 20 mm×30 mm。

5.3 密度等级

密度等级应符合表 3 的规定。

表 3 密度等级

单位为千克每立方米

密度等级		3 块砖或砌块干燥表观密度平均值
砖	砌块	
—	900	≤900
1 000	1 000	900～1 000
1 100	1 100	1 000～1 100
1 200	1 200	1 100～1 200
1 300	—	1 200～1 300

5.4 强度等级

强度应符合表 4 的规定。

表 4 强度等级

单位为兆帕

强度等级	抗压强度平均值 $\overline{f}$≥	强度标准值 f_k≥
MU30	30.0	22.0
MU25	25.0	18.0
MU20	20.0	14.0
MU15	15.0	10.0
MU10	10.0	6.5

5.5 孔型孔结构及孔洞率

孔型孔结构及孔洞率应符合表 5 的规定。

表 5　孔型孔结构及孔洞率

孔型	孔洞尺寸/mm		最小外壁厚/mm	最小肋厚/mm	孔洞率/%		孔 洞 排 列
	孔宽度尺寸 b	孔长度尺寸 L			砖	砌块	
矩型条孔或矩型孔	≤13	≤40	≥12	≥5	≥28	≥33	1. 所有孔宽应相等。孔采用单向或双向交错排列； 2. 孔洞排列上下、左右应对称，分布均匀，手抓孔的长度方向尺寸必须平行于砖的条面。
注 1：矩型孔的孔长 L、孔宽 b 满足式 $L \geqslant 3b$ 时，为矩型条孔。 注 2：孔四个角应做成过渡圆角，不得做成直尖角。 注 3：如设有砌筑砂浆槽，则砌筑砂浆槽不计算在孔洞率内。 注 4：规格大的砖和砌块应设置手抓孔，手抓孔尺寸为(30～40)mm×(75～85)mm。							

5.6　泛霜

每块砖或砌块不允许出现严重泛霜。

5.7　石灰爆裂

a) 破坏尺寸大于 2 mm 且小于或等于 15 mm 的爆裂区域，每组砖和砌块不得多于 15 处。其中大于 10 mm 的不得多于 7 处。

b) 不允许出现破坏尺寸大于 15 mm 的爆裂区域。

5.8　抗风化性能

5.8.1　风化区的划分见附录 A。

5.8.2　严重风化区中的 1、2、3、4、5 地区的砖、砌块和其他地区以淤泥、固体废弃物为主要原料生产的砖和砌块必须进行冻融试验；其他地区以粘土、粉煤灰、页岩、煤矸石为主要原料生产的砖和砌块的抗风化性能符合表 6 规定时可不做冻融试验，否则必须进行冻融试验。

表 6　抗风化性能

种类	项目							
	严重风化区				非严重风化区			
	5 h 沸煮吸水率/%≤		饱和系数≤		5h 沸煮吸水率/%≤		饱和系数≤	
	平均值	单块最大值	平均值	单块最大值	平均值	单块最大值	平均值	单块最大值
粘土砖和砌块	21	23	0.85	0.87	23	25	0.88	0.90
粉煤灰砖和砌块	23	25			30	32		
页岩砖和砌块	16	18	0.74	0.77	18	20	0.78	0.80
煤矸石砖和砌块	19	21			21	23		
注：粉煤灰掺入量(质量比)小于 30%时按粘土砖和砌块规定判定。								

5.8.3 15次冻融循环试验后，每块砖和砌块不允许出现裂纹、分层、掉皮、缺棱掉角等冻坏现象。

5.9 产品中不允许有欠火砖（砌块）、酥砖（砌块）

5.10 放射性核素限量

砖和砌块的放射性核素限量应符合GB 6566的规定。

6 试验方法

6.1 尺寸允许偏差

检验样品数为20块，其方法按GB/T 2542进行。其中每一尺寸测量不足0.5 mm按0.5 mm计，每一方向尺寸以两个测量值的算术平均值表示。

样本平均偏差是20块试样同一方向40个测量尺寸的算术平均值减去其公称尺寸的差值，样本极差是抽检的20块试样中同一方向40个测量尺寸中最大测量值与最小测量值之差值。

6.2 外观质量

外观质量的检验按GB/T 2542的规定进行。

6.3 密度等级

密度试验按GB/T 2542规定的进行。

6.4 强度等级

6.4.1 强度以大面（有孔面）抗压强度结果表示。其中试样数量为10块。试验后按式（1）计算出强度标准差S。

$$S=\sqrt{\frac{1}{9}\sum_{i=1}^{10}(f_i-\overline{f})^2} \qquad \cdots\cdots(1)$$

式中：

S——10块试样的抗压强度标准差，单位为兆帕（MPa），精确至0.01；

$\overline{f}$——10块试样的抗压强度平均值，单位为兆帕（MPa），精确至0.1；

f_i——单块试样抗压强度测定值，单位为兆帕（MPa），精确至0.01。

6.4.2 结果计算与评定

按表4中抗压强度平均值$\overline{f}$、强度标准值f_k评定砖和砌块的强度等级，精确至0.1 MPa。

样本量$n=10$的强度标准值按式(2)计算。

$$f_k=\overline{f}-1.83S \qquad \cdots\cdots(2)$$

式中：

f_k——强度标准值，精确至0.1 MPa。

6.5 孔型孔结构及孔洞率

孔型孔结构及孔洞率取3块试样（亦可用密度试验后的样品），试验方法按GB/T 2542的规定进行。

6.6 泛霜、石灰爆裂、吸水率和饱和系数

泛霜、石灰爆裂、吸水率和饱和系数试验按 GB/T 2542 的规定进行。

6.7 冻融

试样数量为 5 块,其方法按 GB/T 2542 的规定进行。

6.8 欠火砖(砌块)、酥砖(砌块)

检验样品数按 GB/T 2542 外观检测规定进行,用目测、敲击和划痕的方法进行检测。

6.9 放射性核素限量

放射性核素限量按 GB 6566 的规定进行。放射性所需样品可以采用密度等级试验后的样品,经粉碎后充分混匀后抽取。

7 检验规则

7.1 检验分类

产品检验分出厂检验和型式检验。

7.1.1 出厂检验

7.1.1.1 产品经出厂检验合格并附合格证方可出厂。

7.1.1.2 出厂检验项目包括尺寸允许偏差、外观质量、孔型孔结构及孔洞率、密度等级和强度等级。

7.1.2 型式检验

7.1.2.1 有下列之一情况者,应进行型式检验。

a) 新厂生产试制定型检验;

b) 正式生产后,原材料、工艺等发生较大的改变,可能影响产品性能时;

c) 正常生产时,每半年进行一次;

d) 出厂检验结果与上次型式检验结果有较大差异时。

7.1.2.2 型式检验项目包括本标准技术要求的全部项目。

7.2 批量

检验批的构成原则和批量大小按 JC/T 466 规定。3.5 万～15 万块为一批,不足 3.5 万块按一批计。

7.3 抽样

7.3.1 外观质量检验的试样采用随机抽样法,在每一检验批的产品堆垛中抽取。

7.3.2 其他检验项目的样品用随机抽样法从外观质量检验合格的样品中抽取。

7.3.3 抽样数量按表 7 进行。

表 7 抽样数量

序 号	检验项目	抽样数量/块
1	外观质量	50($n_1=n_2=50$)
2	尺寸允许偏差	20
3	密度等级	3
4	强度等级	10
5	孔型孔结构及孔洞率	3
6	泛霜	5
7	石灰爆裂	5
8	吸水率和饱和系数	5
9	冻融	5
10	放射性核素限量	3

7.4 判定规则

7.4.1 尺寸允许偏差

尺寸允许偏差应符合表 1 规定。否则，判不合格。

7.4.2 外观质量

外观质量采用 JC/T 466 二次抽样方案，根据表 2 规定的质量指标，检查出其中不合格品数 d_1，按下列规则判定：

$d_1 \leqslant 7$ 时，外观质量合格；

$d_1 \geqslant 11$ 时，外观质量不合格；

$d_1 > 7$，且 $d_1 < 11$ 时，需再次从该产品批中抽样 50 块检验，检查出不合格品数 d_2，按下列规则判定：

$(d_1+d_2) \leqslant 18$ 时，外观质量合格；

$(d_1+d_2) \geqslant 19$ 时，外观质量不合格。

7.4.3 密度等级

密度的试验结果应符合表 3 的规定。否则，判不合格。

7.4.4 强度等级

强度的试验结果应符合表 4 的规定。否则，判不合格。

7.4.5 孔型孔结构及孔洞率

孔型孔结构及孔洞率应符合表 5 的规定。否则，判不合格。

7.4.6 泛霜和石灰爆裂

泛霜和石灰爆裂试验结果应分别符合 5.6 和 5.7 的规定。否则，判不合格。

7.4.7 抗风化性能

抗风化性能应符合 5.8 的规定。否则，判不合格。

7.4.8 放射性核素限量

放射性核素限量应符合5.10的规定。

7.4.9 总判定

7.4.9.1 外观检验的样品中有欠火砖(砌块)、酥砖(砌块),则判该批产品不合格。

7.4.9.2 出厂检验的判定

按出厂检验项目和在时效范围内最近一次型式检验中的石灰爆裂、泛霜、抗风化性能等项目的技术指标进行判定。其中有一项不合格,则判为不合格。

7.4.9.3 型式检验的判定

按第5章各项技术指标检验判定,其中有一项不合格则判该批产品不合格。

8 产品合格证、存放和运输

8.1 产品合格证

产品质量合格证主要内容包括:生产厂名、产品标记、批量及编号、证书编号、本批产品实测技术性能和生产日期等,并由检验员和单位签章。

8.2 贮存

产品存放时,应按品种、规格、颜色分类整齐存放,不得混杂。

8.3 运输

在运输装卸时,要轻拿轻放,严禁碰撞、扔摔,禁止翻斗倾卸。

附 录 A
（资料性附录）
风化区的划分

A.1 风化区用风化指数进行划分。

A.2 风化指数是指日气温从正温降至负温或负温升至正温的每年平均天数与每年从霜冻之日起至消失霜冻之日止这一期间降雨总量(以 mm 计)的平均值的乘积。

A.3 风化指数大于或等于 12 700 为严重风化区,风化指数小于 12 700 为非严重风化区。全国风化区划分见表 A.1。

A.4 各地如有可靠数据,也可按计算的风化指数划分本地区的风化区。

表 A.1 风化区划分

严重风化区		非严重风化区	
1. 黑龙江省	11. 河北省	1. 山东省	11. 福建省
2. 吉林省	12. 北京市	2. 河南省	12. 台湾省
3. 辽宁省	13. 天津市	3. 安徽省	13. 广东省
4. 内蒙古自治区		4. 江苏省	14. 广西壮族自治区
5. 新疆维吾尔自治区		5. 湖北省	15. 海南省
6. 宁夏回族自治区		6. 江西省	16. 云南省
7. 甘肃省		7. 浙江省	17. 西藏自治区
8. 青海省		8. 四川省	18. 上海市
9. 陕西省		9. 贵州省	19. 重庆市
10. 山西省		10. 湖南省	

附　录　B

（资料性附录）

烧结多孔砖和多孔砌块示意图例

B.1　本附录给出了一组满足本标准烧结多孔砖和多孔砌块孔结构的示意图，为生产企业及相关部门进一步理解标准提供帮助。各企业可按本附录示范的孔结构及孔洞率组织生产，亦可设计适合当地建筑要求且满足标准孔结构及孔洞率规定的烧结多孔砖和多孔砌块。

B.2　烧结多孔砖和多孔砌块孔结构示意图

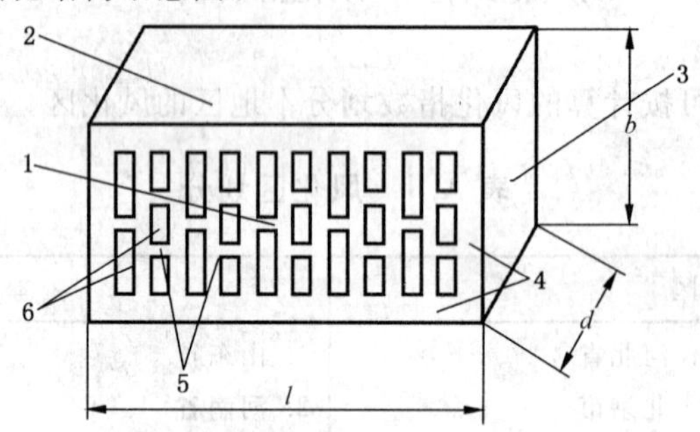

1——大面（坐浆面）；
2——条面；
3——顶面；
4——外壁；
5——肋；
6——孔洞；
l——长度；
b——宽度；
d——高度。

图 **B.1**　砖各部位名称

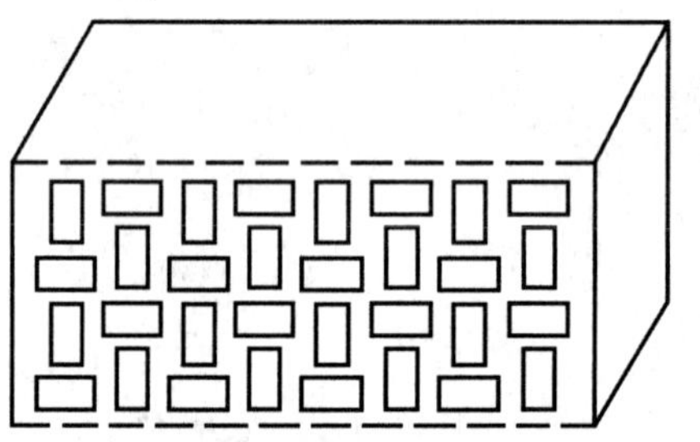

图 **B.2**　砖孔洞排列示意图

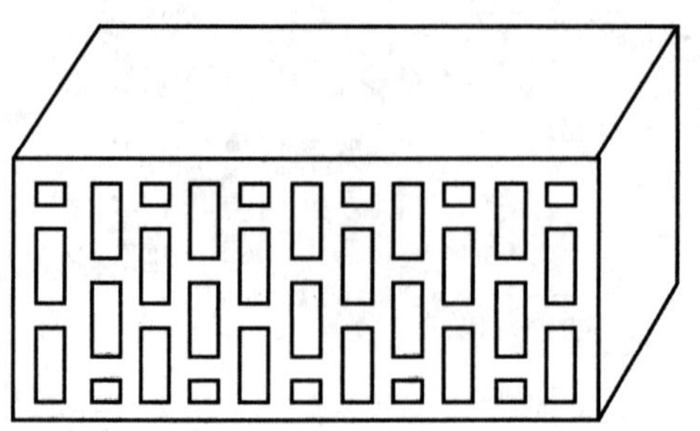

图 **B.3**　砖孔洞排列示意图

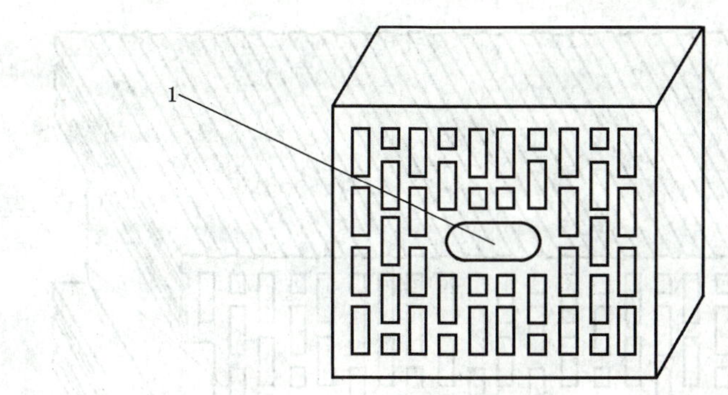

1——手抓孔。

图 B.4　砖孔洞排列示意图

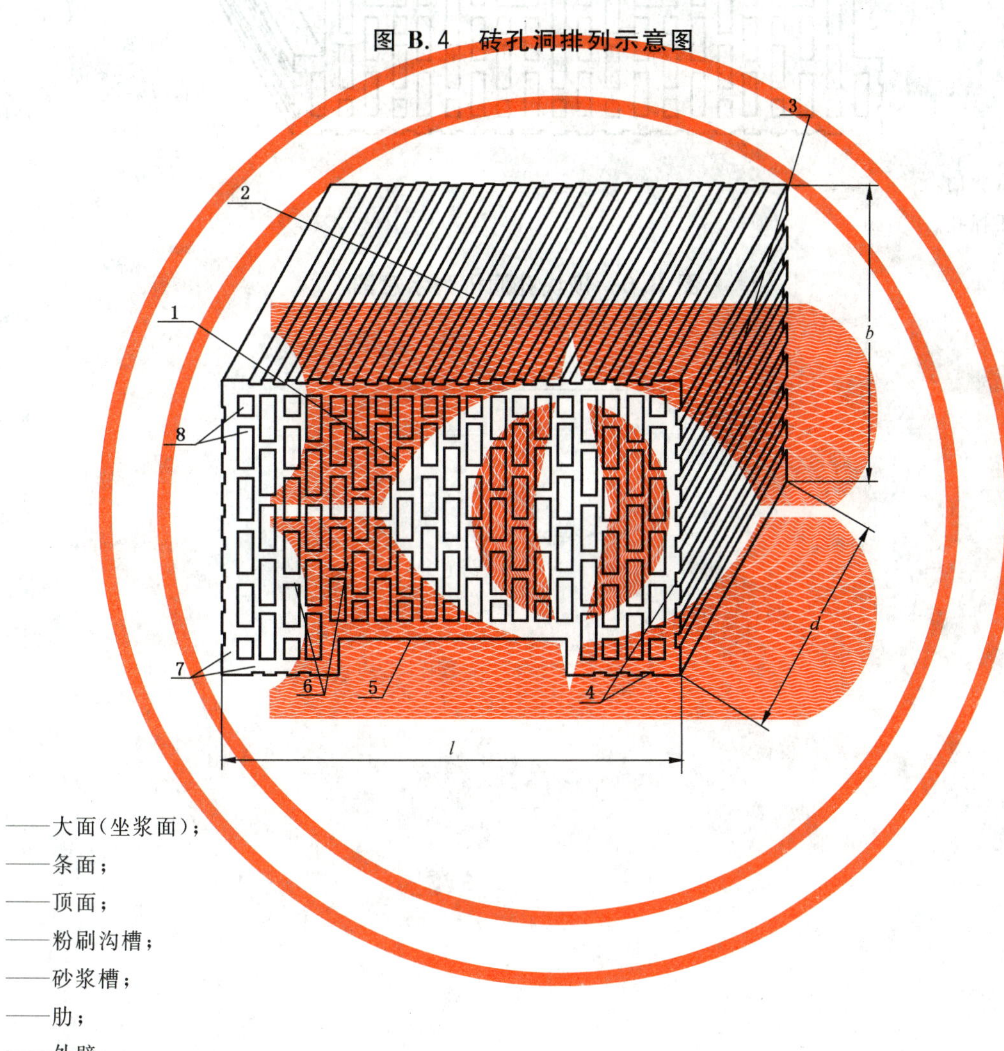

1 ——大面(坐浆面)；
2 ——条面；
3 ——顶面；
4 ——粉刷沟槽；
5 ——砂浆槽；
6 ——肋；
7 ——外壁；
8 ——孔洞；
l ——长度；
b ——宽度；
d ——高度。

图 B.5　砌块各部位名称

1——砂浆槽；

2——手抓孔。

图 B.6 砌块孔洞排列示意图

ICS 31.260
L 52

中华人民共和国国家标准

GB/T 13584—2011
代替 GB/T 13584—1992

红外探测器参数测试方法

Measuring methods for paramaters of infrared detectors

2011-12-30 发布　　2012-07-01 实施

中华人民共和国国家质量监督检验检疫总局
中国国家标准化管理委员会　发布

前　言

本标准按照 GB/T 1.1—2009 给出的规则起草。

本标准代替 GB/T 13584—1992《红外探测器参数测试方法》。

本标准与 GB/T 13584—1992《红外探测器参数测试方法》相比主要变化如下：

——增加了采用傅立叶红外光谱仪测试光谱响应的方法(见 6.3.3)；

——修改了部分参数的测试方法，如：黑体响应率、噪声、光谱响应、响应元面积等。

本标准由中华人民共和国工业与信息化部提出。

本标准由中国科技集团公司第十一研究所归口。

本标准起草单位：中国科技集团公司第十一研究所。

本标准主要起草人：赵建忠、刘建伟、李进武、张剑薇、罗宏、申晓萍。

本标准所代替的历次版本发布情况为：

——GB/T 13584—1992。

红外探测器参数测试方法

1 范围

本标准规定了红外探测器(以下简称探测器)的参数测试方法及其检测设备和仪器的要求。

本标准适用于各类单元红外探测器的参数测试,也适用于多元红外探测器相应的参数测试。

2 规范性引用文件

本章无条文。

3 术语和定义

下列术语和定义适用于本文件。

3.1

多元红外探测器 multi-element infrared detector

对红外辐射敏感,元数不小于2元且不具有读出电路的探测器。

3.2

黑体响应率 black body responsivity

探测器输出的电信号的基频电压的均方根值(开路)或基频电流的均方根值(短路)与入射辐射功率的基频分量的均方根值之比。用 R_{bb} 表示。

3.3

探测器噪声 noise

探测器在无穷大负载时,扣除前置放大器的噪声后,探测器两端的噪声。用 V_n 表示。

3.4

探测器的光谱响应 spectral response

探测器的相对响应与入射辐射波长的函数关系,用 R_λ 表示。

3.5

探测率 detectivity

响应率除以均方根噪声,折算到放大器的单位带宽,并按平方根面积关系折算到探测器的单位面积的值。用黑体辐射源测得的探测率称为黑体探测率,以 D^*_{bb} 表示。用单色辐射源测得的探测率称为光谱探测率,以 D 表示。

3.6

响应率不均匀性 responsivity non-uniformity

对多元探测器各有效像元之间响应率差异。用各像元响应率与平均响应率的差值的均方根值与平均响应率的比值来表征。用 UR 表示。

3.7

有效像元率 operable pixel factor

针对多元探测器,当像元响应率低于某个规定值和噪声大于某个规定值的像元数与探测器像元总数的比值。用 N_{ef} 表示。

3.8

噪声等效功率　noise equivalent irradiation power

使探测器的输出信噪比为1时所需入射到探测器上的入射功率，用 *NEP* 表示。

3.9

脉冲响应时间　pulsed responsive time

探测器对光脉冲响应的延迟时间，用 τ_r 表示上升时间，用 τ_f 表示下降时间。如果辐射脉冲的上升和下降时间与测量的时间常数相比很短，而且脉冲的上升和下降都遵从指数规律，则上升时间常数等于信号电压（或电流）上升到最大值的0.63时所需的时间，下降时间常数等于信号电压（或电流）下值的0.37时所需的时间，如图1a)所示。如果脉冲的上升和下降不遵从指数规律，则上升时间常数是指信号电压（或电流）从最大值的10%上升到90%时所需的时间，下降时间常数是指信号电压（或电流）从最大值的90%下降到10%时所需的时间，如图1b)所示。

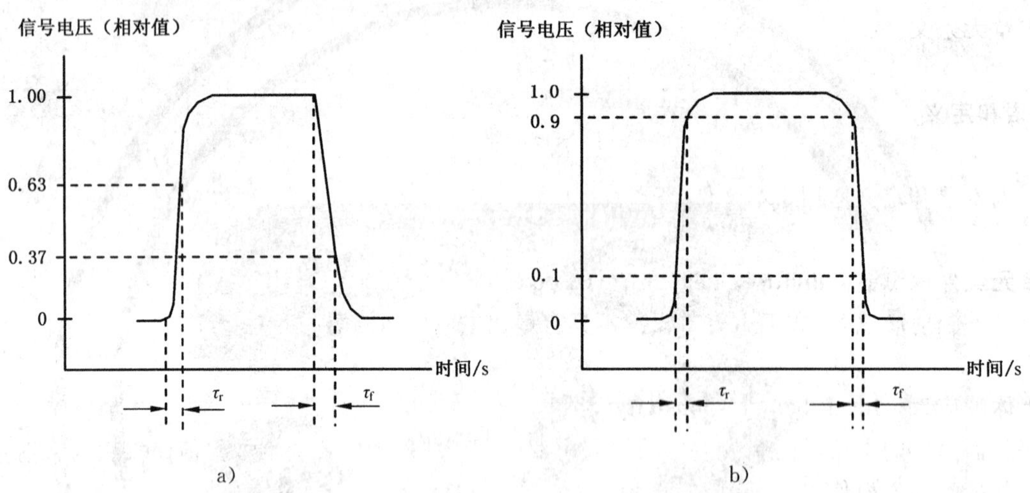

图1　脉冲响应时间

3.10

频率响应　frequency response

探测器的响应率随调制频率的变化关系。

3.11

标称面积　nominal area

设计者设计的探测器信号响应区域，它表示探测器的真实响应面积的近似值。用 *A* 表示。

3.12

有效面积　effective area

探测器的有效响应区域，用 A_e 表示。

3.13

零偏压结电容　junction capacitance with non-biasing

探测器两端的电压变化接近于零时所测得的电容。

3.14

零偏压结电阻　junction resistance with non-biasing

探测器两端的电压变化接近于零时所测得的电阻。

3.15

热释电探测器的电容　pyroelectric detector capacitor

热释电探测器两电极间的电容。

3.16

直流电阻　direct current resistance

探测器两端的直流电压与直流电流之比。

3.17

高电阻　high detector resistance

电阻值等于或大于 10^{10} Ω 的热释电探测器的电阻。

4　符号和单位

红外探测器的参数符号、名称和单位见表 1。

表 1

符　　号	名　　称	单　　位
A_e	探测器有效面积	cm^2
A_n	探测器标称面积	cm^2
C_0	零偏压结电容	pF
C_π	热释点探测器的电容	pF
D^*_{bb}	黑体探测率	$cm \cdot Hz^{\frac{1}{2}}/W$
D^*_λ	光谱探测率	$cm \cdot Hz^{\frac{1}{2}}/W$
f	调制频率	Hz
Δf	频谱分析仪带宽	Hz
F_λ	黑体光谱能量因子	
G	增益	dB
E	黑体辐照度	W/cm^2
NEP	噪声等效功率	W
P	辐射功率	W
R_{bb}	黑体响应率	V/W；A/W
R_λ	探测器相对光谱响应率	V/W
R_{cal}	标准电阻	Ω
R_d	探测器电阻	Ω
R_L	负载电阻	Ω
R_0	零偏压结电阻	Ω
T	黑体温度	K
$S(\lambda)$	参考探测器的相对光谱响应率	V/W
V_n	探测器噪声电压	V
V_s	信号电压	V
Z_d	探测器阻抗	Ω
τ	时间常数	s
λ	辐射波长	μm
UR	响应率不均匀性	
N_{ef}	有效像元率	

5 总则

5.1 概述

本标准只给出了测试红外探测器参数的工作原理及方法，在引用本标准时，有关的具体要求应在详细规范中加以说明。

本标准仅规定了一套基本的测试方法，它并不意味着不能采用其他的测试方法，采用其他的测试方法时，采用者必须确保测试具有相同的精度，而且必须在检测报告中予以说明。

5.2 一般注意事项

5.2.1 对探测器和测试仪表的预防措施

5.2.1.1 极限值

对所有的测试，测试条件都不能超过探测器的极限值，例如，不能使用最大偏置。如果要在最大偏置值附近工作，应十分小心地监视探测器的噪声，而且偏置值的增加应十分缓慢。当用激光光源照射探测器时，应将其功率衰减到小于探测器所允许的最大功率。

5.2.1.2 测试用仪表

对以变压器为输入电路的前置放大器，应避免用万用表测量前置放大器的初级阻抗，以免损坏前置放大器，前置放大器应工作在线性范围内。

5.2.2 热平衡条件

用于各测试系统中的电子仪器，都应预热到一定时间后，方可进行测量，预热时间对不同的测试系统应有明确的规定。

5.2.3 温度

对所有的测试，都应在探测器所需的工作温度下进行，探测器工作温度的波动应不影响测试精度。

5.2.4 黑体辐射源

黑体辐射源的温度为500 K，若选用其他温度的黑体辐射源，应在测试条件中注明。

在计算黑体辐射源辐射到探测器的辐射功率时，按净辐射计算。

黑体辐射源至探测器的距离应远大于探测器面积的平方根，即满足微面元条件。

5.2.5 激光的安全防护

对使用激光器的各测试系统，要备有漫反射挡光板和激光防护镜。

5.2.6 环境条件

5.2.6.1 电磁屏蔽

所有的测试均应在具有良好电磁屏蔽的条件下进行，测试系统的接地电阻应小于0.1 Ω。

5.2.6.2 振动

在测试过程中，应避免强的机械冲击和振动。

5.2.6.3 洁净度

所有测试均在洁净的房间内进行，特殊要求者应在详细规范中规定。

5.2.6.4 气候环境条件

所有测试均在正常大气条件下进行，特殊要求者应在详细规范中规定。

正常大气条件：

——温度为 15 ℃～35 ℃；

——相对湿度为 10%～80%；

——大气压力为 86 kPa～106 kPa。

仲裁条件：

——温度为 25 ℃±1 ℃；

——相对湿度为 15%～75%；

——大气压力为 86 kPa～106 kPa。

5.2.7 光学路程

在测试探测器的光谱响应时，被测探测器的光学路程应与参考探测器相等。

6 测试方法

6.1 方法 1010：黑体响应率

6.1.1 测试目的

通过对探测器在某一入射功率条件下检测其信号输出，获得探测器在单位入射功率时的信号，进而判断探测器对入射能量的响应能力。

6.1.2 测试方框图

测试系统框图如图 2 所示。

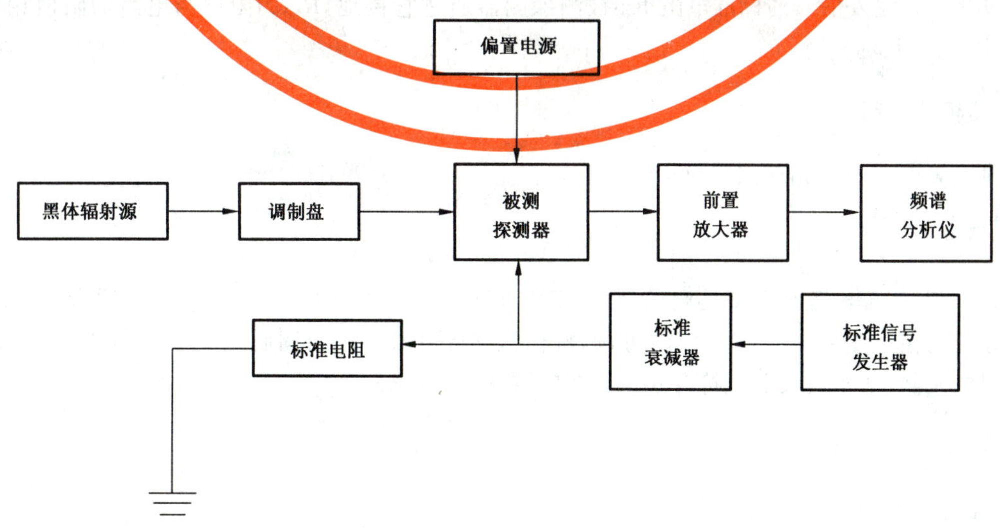

图 2 黑体响应率测试方框图

6.1.3 测量仪表

6.1.3.1 黑体辐射源

黑体温度为500 K,从腔底到腔长的2/3处的温差小于1 K,在2 h内,温度的稳定度优于±0.5 K;黑体辐射源的有效发射率优于0.95;带有调制盘并给出调制转换因子;优选下列各频率为调制频率:1.10 Hz,12.5 Hz,60 Hz,300 Hz,400 Hz,600 Hz,800 Hz,1 000 Hz,1 250 Hz,2 500 Hz和20 000 Hz;优选下列各孔径为黑体辐射孔径:0.5 mm,1 mm,2 mm,3 mm,4 mm,5 mm,6 mm,7 mm,8 mm,10 mm。被测探测器与黑体辐射孔径之间的距离可调,入射到被测探测器整个灵敏面上的黑体辐照应是均匀的。黑体辐射源应定期送计量部门检定。

6.1.3.2 前置放大器

前置放大器与被测探测器实现最佳源阻抗匹配,其噪声系数应小于3 dB,前置放大器应工作在线性范围,并具有平坦的幅频特性,其带宽和增益应满足测试要求,增益的稳定度应优于±0.1%。

6.1.3.3 标准信号发生器

标准信号发生器输出均方根值已知的正弦波电压,其精度应优于±1%,输出电压可调,对50 Ω负载能输出不小于1 V的均方根值,频率可调,其可调范围应满足测试要求。

6.1.3.4 标准衰减器

标准衰减器的频率范围应满足测试要求,其精度应优于±1%。

6.1.3.5 偏置电源

偏置电源采用电池,其内阻与负载电阻相比可忽略不计,偏置电源应装有一只高阻电压表或一只低阻电流表,当这些仪表装在偏置电路中时,它的内阻应不影响测量准确度。

6.1.3.6 探测器电路

探测器电路包括探测器、探测器的负载电阻、联结偏置电源和联结探测器——前置放大器的电路,该电路还包括一只注入信号的标准电阻R_{cal}被测探测器通过它接地,R_{cal}的阻值与电路的阻值相比是很小的,通常用1 Ω电阻。

6.1.3.7 锁相放大器

相位锁定应小于30°,相位漂移应小于5%。

6.1.3.8 频谱分析仪

频谱分析仪的频率范围应满足测试要求,其带宽应小于中心频率的1/10,电压读数精度应优于±1%:积分时间在0.1 s～100 s范围内可调,峰值因子不小于4。当调制频率小于等于12.5 Hz时。应采用锁相放大器,锁相放大器应符合6.1.3.7的要求。

6.1.4 测量步骤

6.1.4.1 准直

将被测探测器置于黑体辐射源的光轴上,使辐射信号垂直入射到被测探测器上,被测探测器灵敏面的法线与辐射信号的入射方向的夹角应小于10°,调节黑体辐射孔径与被测探测器之间的距离,使被测探测器输出足够大的信号。

6.1.4.2 确定偏置范围

调节偏置电源，确定出被测探测器的偏置范围，但不得超过被测探测器连续工作时的最大偏置值。

6.1.4.3 测量信号电压 V_s

调节频谱分析仪的中心频率与调制频率 f 相同，将标准信号发生器的输出信号调到零，探测器与前置放大器连接好，用频谱分析仪读出前放输出信号 V_f；再根据不同测试放大器，确定系统的增益 G，V_f 与 G 相除，得出信号电压 V_s。

6.1.5 计算

6.1.5.1 黑体辐照度

黑体辐照度 E 按式(1)计算：

$$E=\alpha\frac{\varepsilon\sigma(T^4-T_0^4)A}{\pi L^2} \quad\cdots\cdots(1)$$

式中：

E ——黑体辐照度，W/cm^2；

α ——调制因子；

ε ——黑体辐射源的有效发射率；

σ ——斯芯藩-玻尔兹曼常数；

T —— 黑体温度，K；

T_0 —— 环境温度，K；

A ——黑体辐射源的光栏面积，cm^2；

L ——黑体辐射源的光栏至被测探测器之间的距离，cm。

6.1.5.2 计算入射到探测器上的辐射功率

入射到探测器上的辐射功率 P 按式(2)计算：

$$P=A_nE \quad\cdots\cdots(2)$$

式中：

P ——辐射功率，W；

A_n——探测器标称面积，cm^2。

6.1.5.3 计算黑体响应率

黑体响应率 R_{bb}按式(3)计算：

$$R_{bb}=\frac{V_s}{P} \quad\cdots\cdots(3)$$

式中：

R_{bb}——黑体响应率，V/W；

V_s —— 信号电压，V。

6.1.6 规定条件

规定条件如下：

a) 环境温度，K；

b） 探测器工作温度，K；

c） 探测器面积，cm^2；

d） 黑体温度，K；

e） 黑体辐射源的辐射孔径，mm；

f） 调制频率，Hz；

g） 黑体辐射源的有效发射率；

h） 探测器与黑体辐射孔径之间的距离，cm；

i） 频谱分析仪带宽，Hz；

j） 偏段值，V；

k） 标准电阻 R_{cal}，Ω。

6.2 方法 1020：噪声

6.2.1 测试目的

该测试主要为了获得探测器在特定测试条件下的噪声输出，以进行探测器灵敏度的计算。

6.2.2 测试方框图

测试系统框图如图 3 所示。

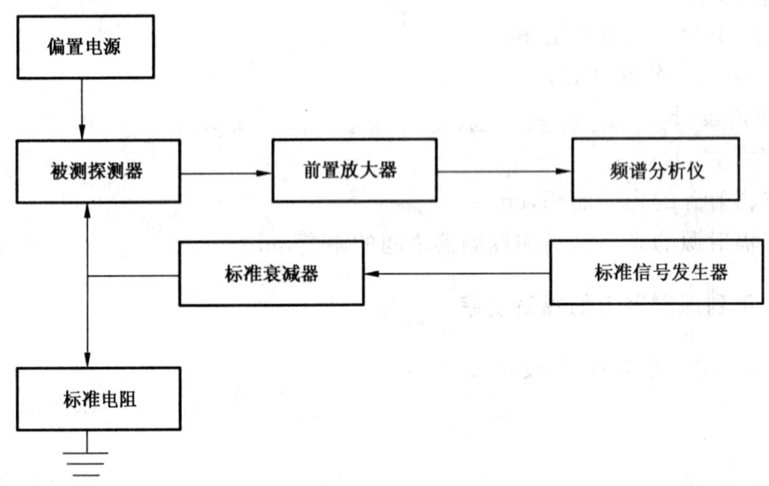

图 3 噪声测试方框图

6.2.3 测量仪表

测量仪表应符合 6.1.3.2～6.1.3.8 的要求。

6.2.4 测量步骤

6.2.4.1 测量包括被测探测器在内的测试系统的噪声 v_N

偏置加在探测器上，将标准信号发生器的输出信号调到零，设定测试用带宽 Δf，用频谱分析仪测量噪声 v_N。

6.2.4.2 测量除去被测探测器后的测试系统的噪声 v_n

用阻值约等于被测探测器阻值的精密线绕电阻代替被测探测器，该线绕电阻器的温度应保持在使其产生的热噪声远小于放大器的噪声，对于很高阻抗的探测器(例如热释电探测器)，应将被测探测器连同它的阻抗变换器作为探测器的一个整体，用频谱分析仪测量噪声 v_N，改变频谱分析仪的中心频率，记录不同频率下的噪声 v_n。

6.2.4.3 测量测试系统的增益 G

根据不同测试放大器，确定系统的增益 G。

6.2.5 计算

探测器噪声 V_n 按式(4)计算：

$$V_n=\frac{(v_N^2-v_n{}^2-v_{Ln}^2\cdot R_d^2/R_L^2)^{\frac{1}{2}}}{G(\Delta f)^{\frac{1}{2}}} \quad\cdots\cdots(4)$$

式中：

v_{Ln} ——负载电阻的热噪声，V；
R_L ——负载电阻，Ω；
R_d ——探测器电阻，Ω；
Δf——频谱分析仪带宽，Hz。

6.2.6 规定条件

规定条件如下：

a) 环境温度，K；
b) 探测器工作温度，K；
c) 频谱分析仪带宽，Hz；
d) 偏置值，V；
e) 探测器电阻，Ω；
f) 负载电阻，Ω。

6.3 方法 1030：光谱响应

6.3.1 测试目的

该项测试为了获得探测器的相对光谱响应，以此判断探测器的光谱响应范围。推荐两种光谱测试方法，一种是采用分光光谱仪进行光谱响应测试方法，另外一种方法是采用傅立叶红外光谱仪来进行测试。上述两种测试方法以分光光谱仪测试方法为仲裁方法。相对光谱响应曲线如图 4 所示。

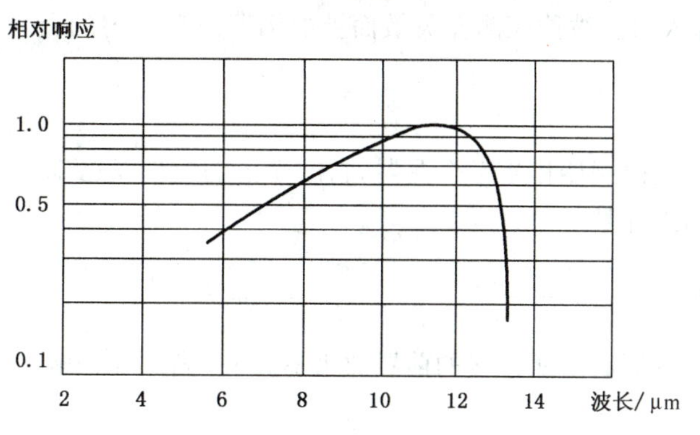

图 4 相对光谱响应

6.3.2 方法1 用分光光谱仪进行光谱响应测试

6.3.2.1 测试方框图

见图5。

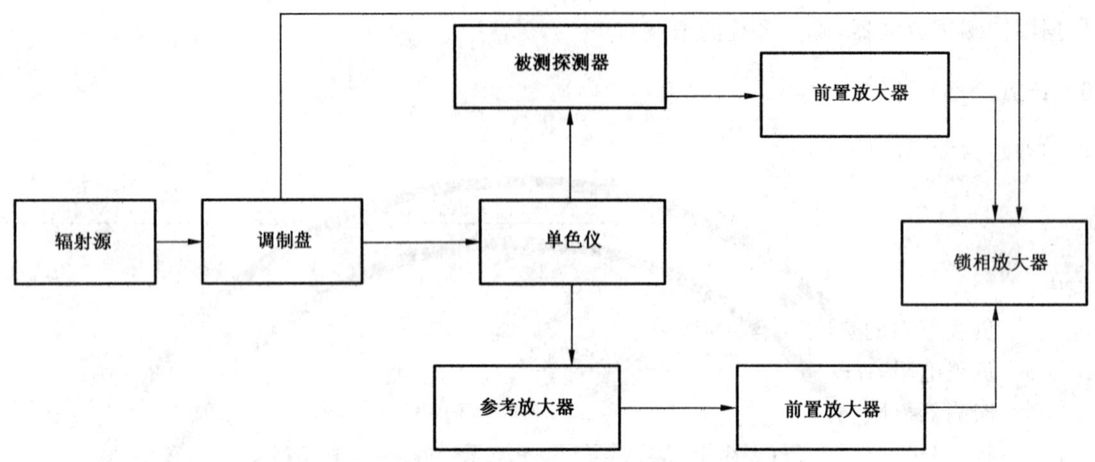

图5 分光光谱仪测试方框图

6.3.2.2 测量仪表

6.3.2.2.1 辐射源

用灼热的能斯特灯或硅碳棒作辐射源，电源的电压稳定度应优于±1%。电流稳定度应优于±0.5%，硅碳棒或能斯特灯应放在适宜的罩子或套筒内。

6.3.2.2.2 调制盘

在辐射源与单色仪之间紧靠单色仪入射狭缝处放置两个调制盘，即在参考探测器的光路中放置一调制盘，其调制频率为10 Hz或12.5 Hz，在被测探测器的光路中放置一调制盘，其调制频率可在下列频率点中选取：10 Hz，12.5 Hz，60 Hz，800 Hz，1 000 Hz。

6.3.2.2.3 单色仪

单色仪波长的可调范围应能覆盖被测探测器的光谱响应，其单色辐射束的波长宽度应不大于中心波长的1/30，单色辐射源入射到被测探测器灵敏面上的辐照应是均匀的。

6.3.2.2.4 参考探测器

用辐射热电偶或热释电探测器作参考探测器，它的光谱响应应是已知的，响应随波长的变化曲线应平坦。参考探测器应定期送计量部门校准。

6.3.2.2.5 前置放大器

参考探测器和被测探测器后面所连接的前置放大器，均应满足光谱响应测试的要求。

6.3.2.2.6 偏置电源

偏置电源应符合6.1.3.5的要求。

6.3.2.2.7 **锁相放大器**

锁相放大器应符合 6.1.3.7 的要求。

6.3.2.3 **测量步骤**

6.3.2.3.1 **测量参考探测器的输出信号 V_r**

将单色仪的出射狭缝对准参考探测器;改变单色仪的波长,用锁相放大器测量参考探测器的输出信号 V_r。

6.3.2.3.2 **测量被测探测器的输出信号 V_d**

将单色仪的出射狭缝对准被测探测器。改变单色仪的波长,用锁相放大器测量被测探测器的输出信号 V_d。

6.3.2.4 **计算**

探测器的相对光谱响应 R_λ 按式(5)计算:

$$R_\lambda = \frac{V_d \cdot S(\lambda)}{V_r} \quad \cdots\cdots(5)$$

式中:

$S(\lambda)$——参考探测器的相对光谱响应。

6.3.3 **方法 2 用傅立叶红外光谱仪进行光谱响应测试**

6.3.3.1 **测试方框图**

傅立叶红外光谱仪,英文简称 FTIR,不分离红外光束,探测器所采集的信号就是干涉图,即所有波长的信号强度与时间的函数关系。在干涉图采集之后,利用计算机通过快速傅立叶变换将干涉图转换为光谱图,测试方框图见图 6。

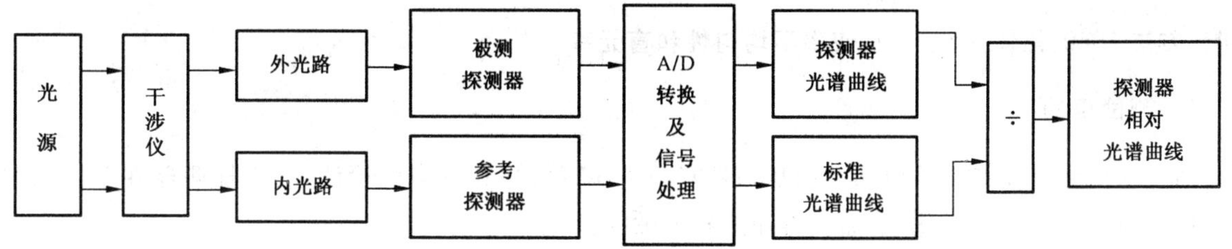

图 6 傅立叶红外光谱仪测试方框图

6.3.3.2 **测量仪器**

测量仪器如下:

a) WQF-400 系列傅立叶变换红外光谱仪;

b) 计算机;

c) 打印机;

d) 前置放大器;

e) 数字多用表。

6.3.3.3 测量步骤

测量步骤如下：

a) 首先测出傅立叶光谱仪自带的参考探测器光谱分布曲线。
b) 将被测红外探测器装在专用测试夹具中放置在样品仓内，接好相应前置放大器及相关输入、输出引线。
c) 给探测器通气通电使其正常工作。
d) 采集被测探测器光谱曲线。
e) 处理并归一化得到被测探测器的相对光谱曲线。
f) 在相对光谱曲线中确定起始波长和截止波长。

6.3.4 光谱截止波长取值

对于截止波长点的取值推荐为对应光谱响应值的50%处。

6.3.5 规定条件

规定条件如下：

a) 环境温度，K；
b) 相对湿度，%；
c) 探测器工作温度，K；
d) 参考探测器；
e) 参考探测器调制频率，Hz；
f) 被测探测器调制频率，Hz；
g) 入射狭缝，mm；
h) 波长范围，μm；
i) 偏置值，V；
j) 窗口材料。

6.4 方法 1040：黑体探测率、响应率不均匀性和盲元率

6.4.1 测试目的

通过对探测器在某一入射功率和某一带宽的条件下信号和噪声的检测，获得探测器在单位入射功率单位带宽时的信号噪声比，从而获得探测器灵敏度。

6.4.2 测试方框图

测量黑体响应率的测试方框图见图2。测量噪声电压的测试方框图见图3。

6.4.3 测量仪表

测试黑体响应率的仪表应符合6.1.3的要求；测试噪声电压的仪表应符合6.1.3.2～6.1.3.8的要求。

6.4.4 测量步骤

黑体响应率 R_{bb} 的测量按6.1.4的规定进行。

噪声电压 V_n 的测量按6.2.4的规定进行。

6.4.5 计算

6.4.5.1 黑体探测率

探测器的黑体探测率 D_{bb}^{*} 按式(5)计算：

$$D_{bb}^{*}=\frac{R_{bb}}{V_{n}}\sqrt{A_{n}\cdot\Delta f} \quad \cdots\cdots(6)$$

式中：

A_n ——探测器标称面积，cm^2；

Δf ——频谱分析仪带宽。

6.4.5.2 光谱探测率

光谱探测率 D_{λ}^{*} 按式(7)计算：

$$D_{\lambda}^{*}=\frac{D_{bb}^{*}}{\sum_{\lambda}F_{\lambda}\cdot R_{\lambda}}\cdot R_{\lambda} \quad \cdots\cdots(7)$$

式中：

F_{λ} ——黑体光谱能量因子；

R_{λ} ——探测器的相对光谱响应。

注：附录 A 给出了黑体温度为 500 K，背景温度为 300 K 时，辐射波长在 1 μm～30 μm(波长间隔为 0.5 μm)的 F_{λ} 值。

6.4.5.3 响应率不均匀性

探测器的像元不均匀性 UR 按式(8)计算：

$$UR=\frac{1}{R_{bb}}\sqrt{\frac{1}{N-(a+b)}\sum_{i=1}^{N}(R_{bbi}-\bar{R}_{bb})^{2}}\times 100\% \quad \cdots\cdots(8)$$

式中：

R_{bbi}——探测器像元响应率；

$\bar{R}_{bb}$ ——探测器像元平均响应率；

N ——探测器总像元数。

6.4.5.4 有效像元率

探测器的有效像元率 N_{ef} 按式(9)计算：

$$N_{ef}=1-\frac{1}{N-(a+b)}\times 100\% \quad \cdots\cdots(9)$$

式中：

a ——探测器像元响应率小于平均响应率 K 分之一的像元数(K 一般为 50%)；

b ——探测器像元噪声大于平均噪声 G 倍的像元数(G 一般为 5)；

N——探测器总像元数。

6.4.6 规定条件

规定条件如下：

a) 环境温度，K；

b) 探测器工作温度，K；

c) 黑体温度，K；

d） 调制频率，Hz；

e） 频谱分析仪带宽，Hz；

f） 探测器面积，cm^2；

g） 偏置值，V。

6.5 方法 1050：噪声等效功率

6.5.1 测试目的

该项测试是为了获得探测器的最小探测器功率。

6.5.2 测试方框图

测量信号 V_s 的测试方框图见图 2。测量噪声 V_n 的测试方框图见图 3。

6.5.3 测量仪表

测试信号 V_s 的测量仪表应符合 6.1.3 的要求；测试噪声 V_n 的测量仪表应符合 6.1.3.2～6.1.3.8 的要求。

6.5.4 测量步骤

6.5.4.1 测量信号电压 V_s

测量方法：

a） 准直

被测探测器的准直按 6.1.4.1 的规定进行。

b） 确定偏置范围

偏置的确定按 6.1.4.2 的规定进行。

c） 测量信号电压 V_s

信号电压 V_s 的测量按 6.1.4.3 的规定进行。

6.5.4.2 测量噪声电压 V_n

噪声电压 V_n 的测量按 6.2.4 的规定进行。

6.5.5 计算

6.5.5.1 计算入射到探测器上的辐射功率

入射到探测器上的辐射功率 P 按 6.1.5.1 和 6.1.5.2 规定的方法计算。

6.5.5.2 计算探测器的噪声等效功率

探测器的噪声等效功率 NEP 按式(10)计算：

$$NEP = \frac{P}{V_s/V_n} \qquad (10)$$

式中：

P ——入射到探测器上的辐射功率，W；

V_s ——信号电压，V；

V_n ——噪声电压，V。

6.5.6 规定条件

规定条件如下：

a) 环境温度，K；

b) 探测器的工作温度，K；

c) 黑体温度，K；

d) 调制频率，Hz；

e) 频谱分析仪的带宽，Hz。

6.6 方法1060：时间常数

时间常数用 τ 表示，通常采用下面两种表达方法。

6.6.1 脉冲响应时间

6.6.1.1 测试目的

该项测试是为了获得探测器时间响应常数，以此判断探测器对突变信号的响应速度。

6.6.1.2 测试方框图

测试系统框图如图7所示。

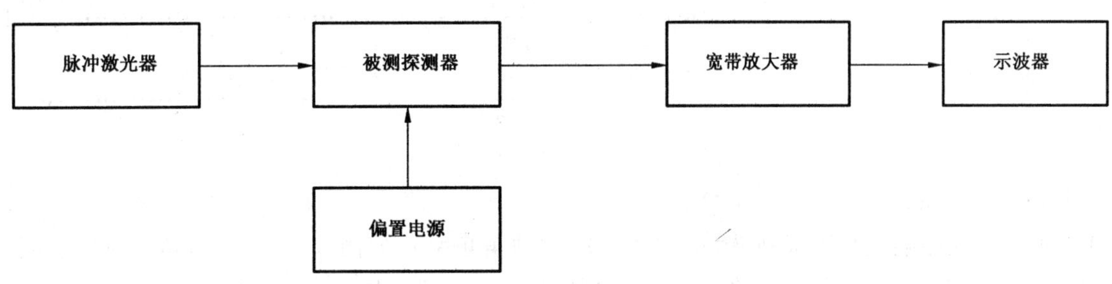

图7 脉冲响应时间测试方框图

6.6.1.3 测量仪表

测量仪表如下：

a) 脉冲激光器

脉冲激光器的波长应在被测探测器的工作波段范围内。矩形脉冲的前、后沿均应小于1 ns。应使探测器工作在线性范围。

b) 宽带放大器

宽带放大器的带宽应满足测试要求，增益大于30 dB。增益的稳定度应优于±0.1%，有足够的动态范围和平坦的幅频特性。

c) 示波器

示波器的带宽应满足测试要求。

6.6.1.4 测量步骤

测量步骤如下：

a) 准直

调节脉冲激光器的微调机构，使激光束垂直入射到被测探测器的灵敏面上。

b） 直线性验证

调节激光光路中的衰减片的衰减量，使被测探测器工作在线性范围。

c） 测量脉冲响应时间

在示波器上直接读出上升或下降时间，按定义确定出被测探测器的脉冲响应时间 τ。

6.6.1.5 规定条件

规定条件如下：

a） 探测器工作温度，K；

b） 激光脉冲的前沿和后沿，s；

c） 脉宽，s；

d） 激光功率，W；

e） 激光器的工作波长，μm。

6.6.2 频率响应

6.6.2.1 测试目的

该测试是为了获得探测器响应率对交变信号的响应特性。

如果探测器的响应率与调制频率的关系满足式(11)和式(12)：

$$R(f)=\frac{R(0)}{\sqrt{1+4\pi^2 f^2 \tau^2}} \quad \cdots\cdots(11)$$

$$\tau=\frac{1}{2\pi f}=\frac{1}{\omega} \quad \cdots\cdots(12)$$

式中：

ω——角频率，rad/s。

则时间常数是指响应率下降到最大值的 0.707 时的角频率 ω 的倒数值，与该角频率对应的频率 f 就是探测器的响应率下降到最大值的 0.707 时的调制频率(即截止频率)，如图 8 所示。

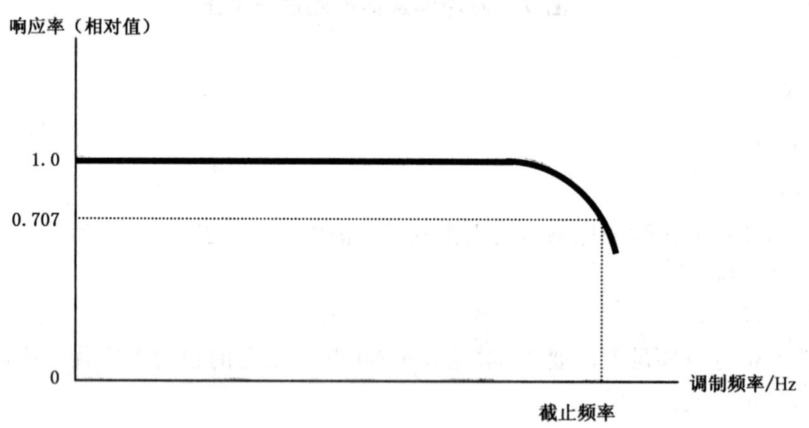

图 8 频率响应

6.6.2.2 测试方框图

测试系统框图如图 9 所示。

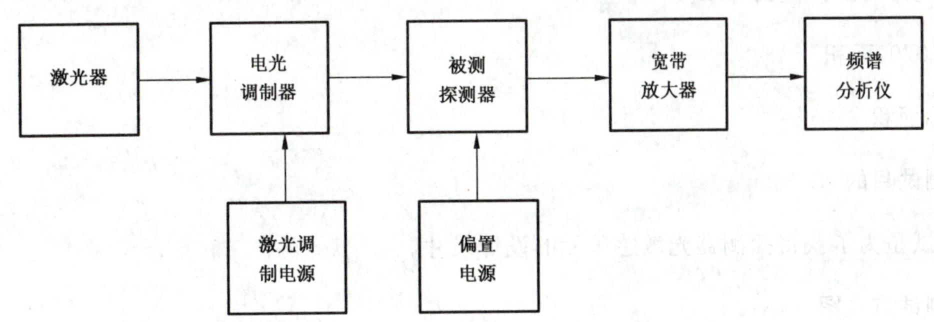

图9 频率响应测试框图

6.6.2.3 **测量仪表**

测量仪表如下：

a) 激光器

激光器应选用单模、偏振的连续波激光器，其波长应在被测探测器的工作波段范围内，功率稳定度应优于±4%。

b) 激光调制电源

激光调制电源应能输出电压确知的正弦波信号，输出电压的大小应能满足测量要求，电压稳定度应优于±1%。频率稳定度应优于10^{-4}。输出阻抗应与调制器阻抗相匹配。

c) 电光调制器

电光调制器的带宽应满足测试要求。

d) 宽带放大器

宽带放大器应符合6.6.1.3b)的要求。

e) 频谱分析仪

频谱分析仪的频率范围应满足测试要求。

6.6.2.4 **测量步骤**

测量步骤如下：

a) 准直

调节激光器的微调机构，使激光束垂直投射到被测探测器的灵敏面上。

b) 直线性验证

直线性验证按6.6.1.4b)的规定进行。

c) 测量响应频率

加上偏置，改变激光调制电源的频率，用频谱分析仪测量探测器的响应，记录响应率下降到最大值的0.707时的调制频率。对各种偏置值重复上述测量，得出频率响应曲线族。

6.6.2.5 **规定条件**

规定条件如下：

a) 电光调制器的调制度，%；

b) 调制电压，V；

c) 探测器工作温度，K；

d) 频谱分析仪带宽，Hz；

e) 激光功率，W；

f) 激光器的工作波长,μm。

6.7 方法1070:面积

6.7.1 标称面积

6.7.1.1 测试目的

该项测试是为了获得探测器光敏感单元的设计尺寸。

6.7.1.2 测试方框图

测试系统框图如图10所示。

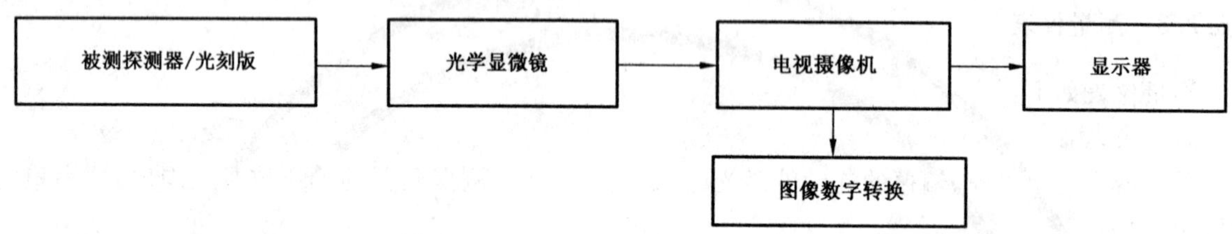

图10 标称面积测试方框图

6.7.1.3 测量仪表

测量仪表要求如下:

a) 光学显微镜

光学显微镜的放大倍数为40倍~1 500倍,X、Y方向可调,调节精度为±1/μm,测微目镜分度值为0.5 μm。标准分划板分度值为0.5 μm,内置可转棱镜自由选择方向。

b) 电视摄像机

电视摄像机的放大倍数大于或等于10倍。图像畸变不大于1%。

c) 显示器

显示器的屏幕大于31 cm。

d) 图像数字转换

图像数字转换采用8位~16位A/D变换。$3\frac{1}{2}$位~$4\frac{1}{2}$位数码显示,数字转换的不确定度优于1%。

6.7.1.4 测量步骤

测量步骤如下:

a) 系统校正

分别选定物镜和目镜放大倍数,把被测探测器的芯片放入视场,调节图像大小与分划板吻合。

b) 测量

以被测探测器边界作标记,分别在X、Y方向上调节,从图像数字转换器上读出被测探测器在X方向上的尺寸a和在Y方向上的尺寸b,上述测量至少重复三次,求其平均值。

6.7.1.5 计算

当被测探测器为圆形时,探测器的标称面积A_n按式(13)计算:

$$A_n = \frac{1}{4}\pi d^2 \qquad (13)$$

式中：

$d = \frac{1}{2}(a+b)$。表示探测器的直径，cm；

a ——X 方向上的探测器尺寸，cm；

b ——Y 方向上的探测器尺寸，cm。

当被测探测器为方形时，探测器的标称面积 A_n 按式(14)计算：

$$A_n = a \times b \qquad (14)$$

6.7.1.6 规定条件

规定条件如下：

a) 洁净度，级；

b) 相对湿度，%；

c) 环境温度，K；

d) 探测器标称尺寸，cm。

6.7.2 有效面积

6.7.2.1 测试目的

该项测试是为了获得探测器的实际光敏元尺寸。

6.7.2.2 测试方框图

测试系统框图如图 11 所示。

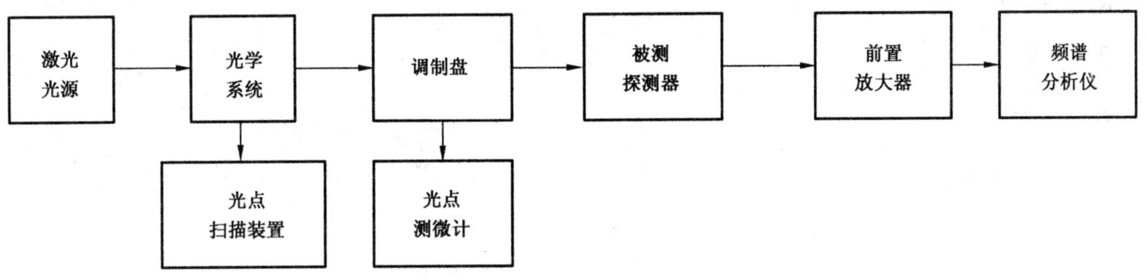

图 11 有效面积测试方框图

6.7.2.3 测量仪表

测量仪表要求如下：

a) 光源

用激光器或黑体辐射源作光源，激光器的工作波长应在被测探测器的工作波段范围。激光功率的稳定度优于±4%，黑体辐射源应符合 6.1.3.1 的要求。

b) 光学系统

光学系统的会聚光斑直径：对 1 μm～3 μm 波段小于等于 10 μm；对 3 μm～5 μm 波段小于等于 30 μm；对 8 μm～14 μm 波段小于等于 75 μm。会聚光斑能透过窗口、介质膜等，到达探测器光敏面。

c) 光点扫描装置

光点扫描装置的工作方式分手动和自动；且在 X、Y 方向均可调节。

d） 光点测微计

光点测微计采用电视测微，仪器精度优于±2%。

e） 前置放大器

前置放大器应符合 6.1.3.2 的要求.

f） 调制盘

调制盘应符合 6.3.2.2.2 的要求。

g） 频谱分析仪

频谱分析仪应符合 6.1.3.8 的要求。

6.7.2.4 测量步骤

测量步骤如下：

a） 系统校正

把几何尺寸已知的光电导样品装进测试台，调节光点扫描装置，插入衰减片，使被测探测器工作在线性范围，得出标准图样。

b） 测量

用被测探测器替换光电导样品，调节扫描装置，记录相对应的信号电压及其信号电压分布图样。上述测量至少重复 3 次，求其平均值。

6.7.2.5 计算

探测器的有效面积 A_e 按式(15)计算：

$$A_e = \iint_S R(x,y)\mathrm{d}x\mathrm{d}y / R_{\max} \qquad (15)$$

式中：

$R_{\max}$ ——$R(x,y)$的最大值；

S —— 探测器基片面积，cm^2。

6.7.2.6 规定条件

规定条件如下：

a） 光源；

b） 光斑大小，μm；

c） 激光器波长，μm；

d） 相对湿度，%；

e） 环境温度，K；

f） 探测器标称面积，cm^2。

6.8 方法 1080：阻抗

6.8.1 定义

探测器的阻抗是指探测器两端的电压变化与通过探测器的瞬时电流之比。表达式为式(16)：

$$Z_d = R_d + jX_d \qquad (16)$$

式中：

R_d ——阻抗实部；

X_d ——阻抗虚部。

6.8.2 零偏压结电容

6.8.2.1 测试目的

该测试是为了获得光伏探测器在零偏条件下,PN 结的结电容。

6.8.2.2 测试方框图

测试系统框图如图 12 所示。

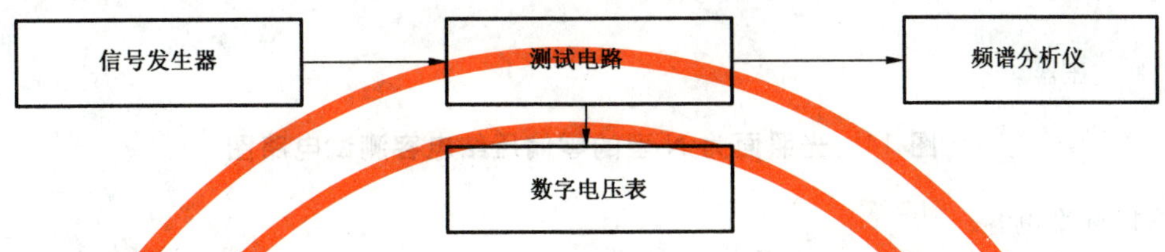

图 12 零偏压电容测试方框图

6.8.2.3 测量仪表

测量仪表要求如下:

a) 信号发生器

信号发生器的频率稳定度优于±0.1%,输出电压稳定度优于±0.2%。

b) 频谱分析仪

频谱分析仪应符合 6.1.3.8 的要求。

c) 数字电压表

数字电压表的输入阻抗应远大于被测探测器的阻抗,电压灵敏度优于 1 μV,电压不确定度优于 0.2%。

d) 标准电阻箱

标准电阻箱的阻值范围应满足测试要求,阻值的不确定度优于±0.1%。

6.8.2.4 测量步骤

测量步骤如下:

a) 电路连接

光照面为 P 型时,按图 13 的测试电路连接被测探测器,放入屏蔽盒。

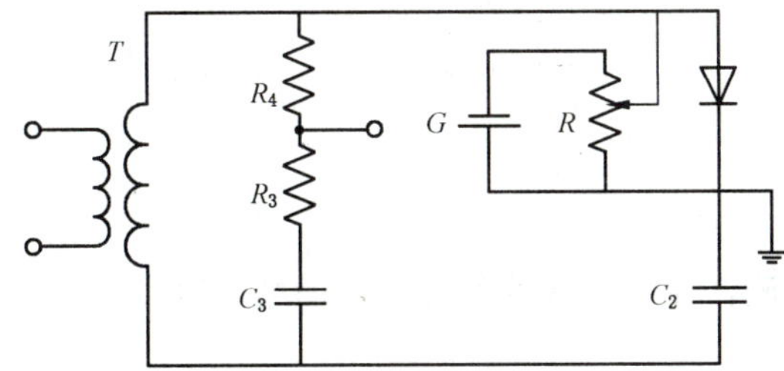

说明:

T——高频变压器。

图 13 光照面为 P 型的零偏压结电容测试电路图

光照面为 N 型时，按图 14 的测试电路连接被测探测器，放入屏蔽盒。

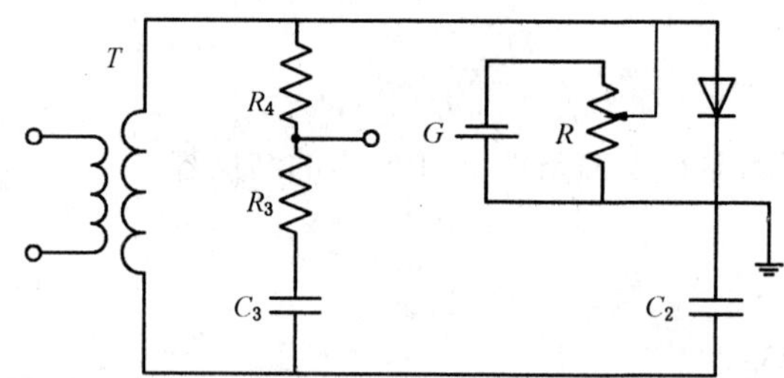

说明：
T——高频变压器。

图 14 光照面为 N 型的零偏压结电容测试电路图

b) 选择标准电容

选择标准电容 C_2，确定合适的量程。

c) 调节电桥的平衡

信号发生器的频率置于 250 000 Hz，调节直流电压，使被测探测器两端的电压小于 0.2 mV。反复调节信号发生器的输出和标准电阻箱的电阻 R_3、R_4，直至满足频谱分析仪的指示小于或等于 2 μV 和被测探测器两端的交流电压小于或等于 3 mV，记下 C_2、R_3 和 R_4。

6.8.2.5 计算

探测器的零偏压结电容 C_0 按式(17)计算：

$$C_0 = C_2 = \frac{R_3}{R_4} \qquad \cdots\cdots (17)$$

式中：

C_2 ——桥路标准电容，pF；

R_3、R_4——桥路电阻，Ω。

6.8.2.6 规定条件

规定条件如下：

a) 测试频率，Hz；

b) 探测器两端的直流电压，V；

c) 探测器两端的交流电压，V；

d) 相对湿度，%；

e) 环境温度，K。

6.8.3 零偏压结电阻

6.8.3.1 测试目的

该测试是为了获得光伏探测器在零偏条件下，PN 结的结电阻。

6.8.3.2 测试方框图

测试系统框图如图 12 所示。

6.8.3.3 测量仪表

测量仪表应符合 6.8.2.3 的要求。

6.8.3.4 测量步骤

测量步骤如下：

a） 电路连接

按图 15 的测试电路连接被测探测器，放入屏蔽盒。

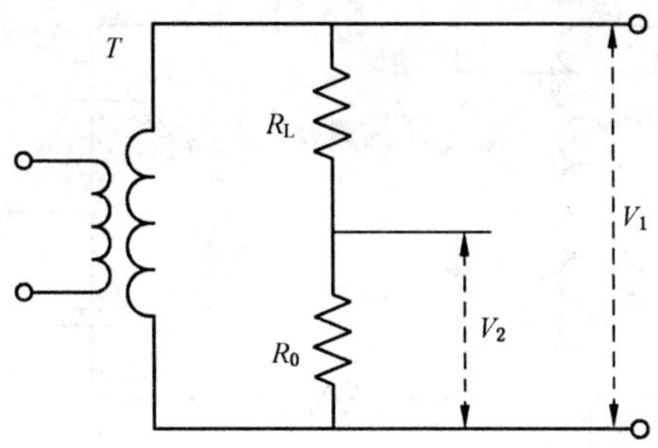

说明：

T——玻莫合金变压器。次级输出阻抗远小于 R_0，虚部远大于 R_0，R_L 远小于 R_0。

图 15 零偏压结电阻测试电路图

b） 选择标准电阻值

将信号发生器的输出置于零，选择标准电阻箱的电阻值，使被测探测器两端的直流电压小于或等于 0.2 mV，记下 R_L 的阻值。

c） 测量

将信号发生器的频率置于 1 000 Hz，调节输出电压，使被测探测器两端的电压小于或等于 2 mV，从频谱分析仪上记下 V_1、V_2 的数值。

6.8.3.5 计算

探测器的零偏压结电阻 R_0 按式(18)计算：

$$R_0=\frac{V_2}{V_1-V_2}R_L \qquad \cdots\cdots(18)$$

式中：

V_1——负载电阻和探测器结电阻上的交流电压，V；

V_2——探测器两端的交流电压，V。

6.8.3.6 规定条件

规定条件应符合 6.8.2.6 的规定。

6.8.4 热释电探测器的电容

6.8.4.1 测试目的

该测试是为了获得热释电探测器的电容。

6.8.4.2 测试方框图

测试系统框图如图 12 所示。

6.8.4.3 测量仪表

测量仪表应符合 6.8.2.3 的要求。

6.8.4.4 **测量步骤**

a) 电路连接

按图 16 的测试电路连接被测探测器，放入屏蔽盒。

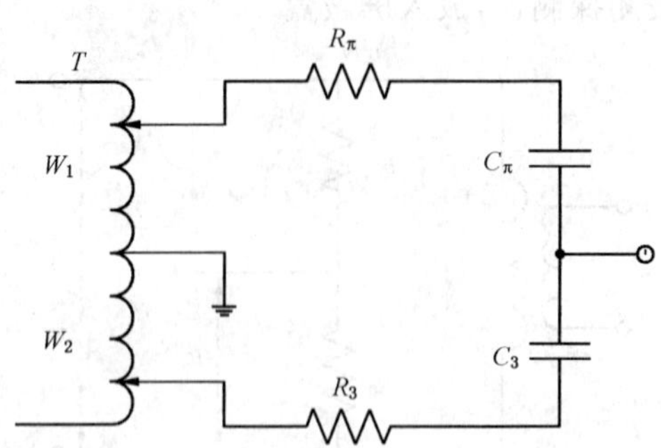

说明：

T——自耦变压器。

图 16 热释电探测器的电容测试电路图

b) 调节电桥的平衡

将信号发生器的频率置于 1 000 Hz，输出电压为 1 V，确定自耦变压器两个绕组之比，调节 C、R_3，使频谱分析仪的指示小于等于 0.1 mV，记下两个绕组的比值和 C_3 的数值。

6.8.4.5 **计算**

热释电探测器的电容 C_π 按式(19)计算：

$$C_\pi = \frac{W_2}{W_1} C_3 \quad \cdots\cdots (19)$$

式中：

W_1、W_2——自耦变压器绕组，匝；

C_2 ——标准电容，pF。

6.8.4.6 **规定条件**

规定条件应符合 6.8.2.6 的规定。

6.8.5 **直流电阻**

6.8.5.1 **测试目的**

该测试是为了获得热释电探测器的电阻。

6.8.5.2 **测试方框图**

测试系统框图如图 17 所示。

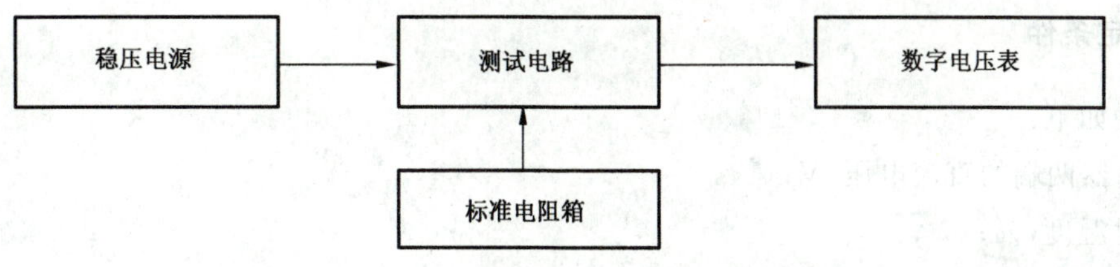

图 17 直流电阻测试方框图

6.8.5.3 测量仪表

测量仪表要求如下：

a) 稳压电源

稳压电源的输出电压应满足测试要求，电压稳定度优于±0.1%，纹波因子小于或等于 1 mV。

b) 标准电阻箱

标准电阻箱应符合 6.8.2.3d)的要求。

c) 数字电压表

数字电压表应符合 6.8.2.3c)的要求。

6.8.5.4 测量步骤

测量步骤如下：

a) 电路连接

按图 18 的测试电路连接被测探测器，放入屏蔽盒。

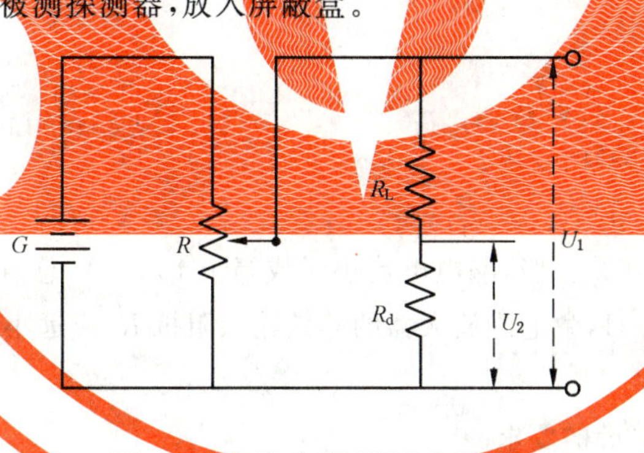

图 18 直流电阻测试电路图

b) 测量

在标准电阻箱上选择与被测探测器的阻值同数量级的电阻，调节直流电压，从数字电压表上记下 U_1、U_2、R_L 的数值。

6.8.5.5 计算

探测器的直流电流电阻 R_d 按式(20)计算：

$$R_d = \frac{U_2}{U_1 - U_2} R_L \quad \cdots\cdots (20)$$

式中：

U_1——总电压，V；

U_2——探测器两端的直流电压，V；

R_L——负载电阻，Ω。

6.8.5.6 规定条件

规定条件如下：

a) 探测器两端的直流电压，V；

b) 相对湿度，%；

c) 环境温度，K。

6.8.6 高电阻

6.8.6.1 测试目的

该测试是为了获得热释电探测器的阻抗。

6.8.6.2 测试方框图

测试方框图如图 19 所示。

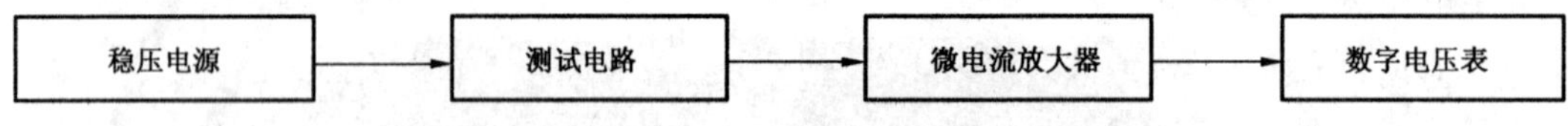

图 19 高电阻测试方框图

6.8.6.3 测量仪表

测量仪表要求如下：

a) 稳压电源

稳压电源应符合 6.8.5.3a)的要求。

b) 微电流放大器

微电流放大器用静电管作第一级，漏电电流小于或等于 10^{-15} A，总值益大于或等于 100 倍，增益稳定度±0.2%，反馈系数 β 取 −1，微电流放大器的等效输入阻抗 R_i 应远小于被测探测器的阻抗。

c) 数字电压表

数字电压应符合 6.8.2.3c)的要求。

6.8.6.4 测量步骤

测量步骤如下：

a) 系统校正

将微电流放大器输入端的保护开关短路。选择微电流放大器的负载电阻 R_L，使数字电压表指示为零。

b) 电路连接

按图 20 的测试电路连接被测探测器，放入屏蔽盒。

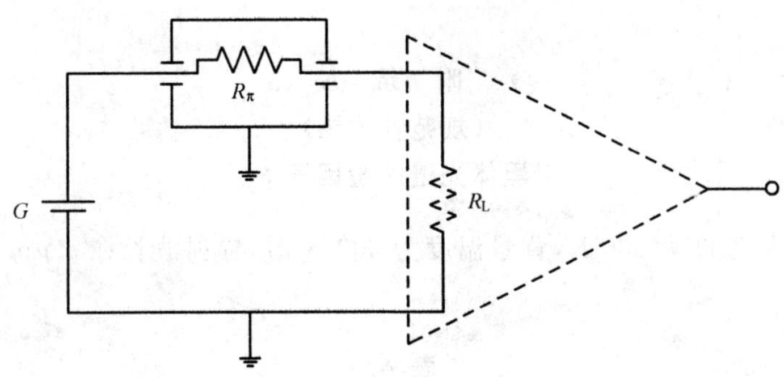

图 20 高电阻测试电路图

c) 测量 R_{L1} 和 R_{L2}

调节稳压电源的输出电压至 U_0，使被测探测器工作在线性区，打开静电管保护开关，调节微电流放大器的负载电阻 R_{L1}，使其两端的电压仍为 U_0，记下 R_{L1}。

短路静电管保护开关，用约等于被测探测器阻值的电阻 R_N 替代被测探测器，重复 R_{L1} 的测量步骤，记下 R_{L2} 和 R_N。

6.8.6.5 计算

探测器的直流高电阻 R_π 按式(21)计算：

$$R_\pi = \frac{R_{L1}}{R_{L2}} R_N \qquad \cdots\cdots (21)$$

式中：

R_{L1}、R_{L2}——微电流放大器的负载电阻，Ω；

R_N ——替代电阻，Ω。

6.8.6.6 规定条件

规定条件应符合 6.8.2.6 的规定。

附　录　A
（规范性附录）
黑体光谱能量因子 F

表A.1给出了黑体温度为500 K，背景温度为300 K时，辐射波长在1 μm～30 μm（波长间隔为0.5 μm）的F_λ值。

表 A.1

波长间隔 μm	黑体光谱能量因子 F_λ （500 K 黑体）	波长间隔 μm	黑体光谱能量因子 F_λ （500 K 黑体）
1.0～1.5	7.0×10^{-6}	9.5～10.0	0.033
1.5～2.0	3.7×10^{-4}	10.0～10.5	0.029
2.0～2.5	0.003 2	10.5～11.0	0.027
2.5～3.0	0.012	11～12	0.045
3.0～3.5	0.024	12～13	0.035
3.5～4.0	0.038	13～14	0.029
4.0～4.5	0.050	14～15	0.022
4.5～5.0	0.058	15～16	0.019
5.0～5.5	0.062	16～17	0.015
5.5～6.0	0.063	17～18	0.013
6.0～6.5	0.061	18～19	0.011
6.5～7.0	0.058	19～20	0.008 4
7.0～7.5	0.054	20～22	0.015
7.5～8.0	0.050	22～24	0.009 3
8.0～8.5	0.045	24～26	0.007 2
8.5～9.0	0.041	26～28	0.005 8
9.0～9.5	0.037	28～30	0.002 9

ICS 33.200
M 50

中华人民共和国国家标准

GB 13613—2011
代替 GB 13613—1992

对海远程无线电导航台和监测站电磁环境要求

Electromagnetic environment requirement for sea long range radio navigation stations and monitors

2011-06-16 发布　　　　2012-05-01 实施

中华人民共和国国家质量监督检验检疫总局
中国国家标准化管理委员会　发布

前　言

本标准的全部技术内容为强制性。

本标准代替GB 13613—1992《对海中远程无线电导航台站电磁环境要求》。

本标准与GB 13613—1992相比主要变化如下：

——修改了原标准名称；

——删除有关中程无线电导航台(即罗兰A导航台)的内容；

——增加对1 000 kV及以上的交流特高压架空电力线的防护要求。

本标准附录A为规范性附录，附录B和附录C为资料性附录。

本标准由中华人民共和国工业和信息化部提出。

本标准由中国通信标准化协会归口。

本标准起草单位：中国电子科技集团公司第二十研究所。

本标准主要起草人：包武伟、王宏、朱辉、胡跃虎。

对海远程无线电导航台和监测站电磁环境要求

1 范围

本标准规定了长波远程无线电导航台(即罗兰C导航台)和长波远程无线电导航系统监测站(即罗兰C监测站)的电磁环境要求。规定了为保证导航台和监测站提供正常导航信息而对有源干扰和台站周围设施的限制。

本标准适用于长波远程无线电导航台和监测站的电磁环境管理,并可作为上述导航台和监测站与其他设施间的电磁兼容准则之一。

本标准不适用于其他对海无线电导航台和监测站。

2 规范性引用文件

下列文件中的条款通过本标准的引用而成为本标准的条款。凡是注日期的引用文件,其随后所有的修改单(不包括勘误的内容)或修订版均不适用于本标准,然而,鼓励根据本标准达成协议的各方研究是否可使用这些文件的最新版本。凡是不注日期的引用文件,其最新版本适用于本标准。

GB/T 6113.101 无线电骚扰和抗扰度测量设备和测量方法规范 第1-1部分:无线电骚扰和抗扰度测量设备 测量设备(GB/T 6113.101—2008,CISPR 16-1-1:2006,IDT)

GB 13614 短波无线电测向台(站)电磁环境要求

3 术语和定义

下列术语和定义适用于本标准。

3.1

防护率 protection rate

指能保证受保护导航台和监测站设备正常工作的接收天线处信号场强与干扰场强的最小比值,以分贝(dB)表示。

3.2

近同步干扰 near-synchronous interference

指频率落在罗兰C谱线频率0.1 Hz之内的干扰。

3.3

非同步干扰 non-synchronous interference

指频率落在罗兰C谱线频率0.1 Hz之外的干扰。

3.4

远方台 far transmitted station

指和本台在一条主副台基线上的另一罗兰C导航台。

3.5

被监测台 monitored transmitted station

指罗兰C监测站负责监测的罗兰C导航台。

3.6

罗兰C信号场强 Loran-C signal field strength

指与罗兰C信号标准采样点电平对应的场强,单位为分贝微伏每米[dB(μV/m)]。

4 长波远程无线电导航台

4.1 长波远程无线电导航台是发射脉冲导航信号的全方向性发射台。为提供正确的导航信息，它还必须要接收远方台发射的信号。

4.2 长波远程无线电导航台工作的中心频率为100 kHz，在90 kHz～110 kHz频段内包含导航台辐射能量的99%以上。

4.3 长波远程无线电导航台受保护的设施包括导航发射天线及其场地、导航接收天线及其场地、其他导航设备以及附属的短波通信设施。

4.4 长波远程无线电导航台接收远方台信号的最低罗兰C信号场强在北纬25°以北为54 dB(μV/m)，在北纬25°以南为60 dB(μV/m)。

4.5 在70 kHz～130 kHz频段内，长波远程无线电导航台对连续波近同步干扰和连续波非同步干扰的防护率应符合图1的规定，罗兰C谱线的计算见附录A。

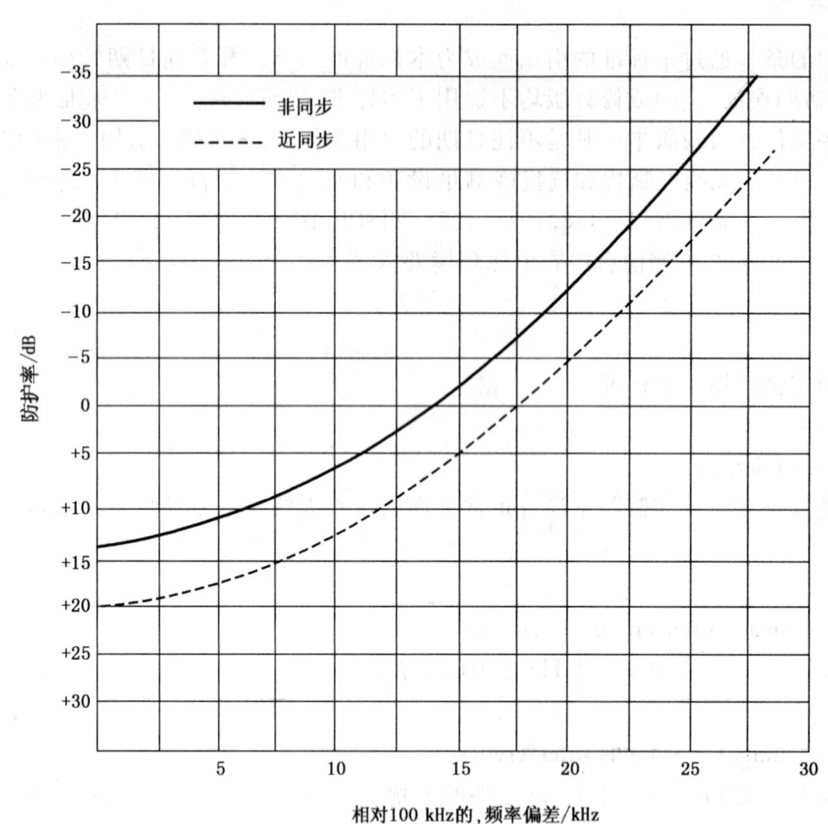

图1 长波远程无线电导航台对连续波近同步干扰和非同步干扰的防护率曲线

4.6 在70 kHz～130 kHz频段内，长波远程无线电导航台对移频键控干扰的防护率应符合图2的规定。

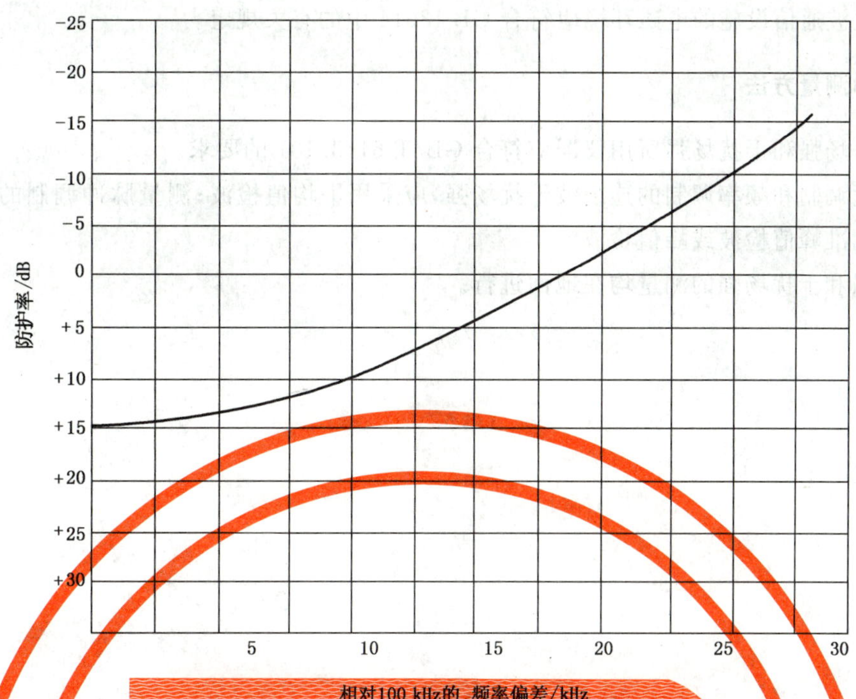

图 2 长波远程无线电导航台对移频键控干扰的防护率曲线

4.7 长波远程无线电导航台对工业、科学、医疗设备干扰的同频道防护率为 9 dB,对其他有源干扰的同频道防护率为 15 dB。

4.8 当干扰源多于一个时,多个干扰源的综合干扰电平按各单独干扰电平的均方根值计算,计算方法参见附录 B。

4.9 以导航发射天线为中心,半径 500 m 以内不得有架空金属线缆、铁路、公路、非本台建筑物和高大树木。

4.10 以导航接收天线为中心,半径 60 m 以内不得有架空金属线缆和 10 m 高以上的建筑物。

4.11 以导航接收天线为中心,半径 250 m 以内不得有 1 000 kV 及以上交流特高压架空电力线,防护距离的计算方法参见附录 C。

4.12 长波远程无线电导航台附属的短波通信设施的电磁环境应符合 GB 13614 中的有关规定。

5 长波远程无线电导航系统监测站

5.1 监测站是罗兰 C 信号的接收台。为提供正确的导航信息,监测站必须要接收被监测台的罗兰 C 信号并向控制台传输导航信息。

5.2 监测站受保护的设施包括导航接收天线及其场地、其他导航设备及附属的短波通信设施。

5.3 监测站接收被监测台信号的最低罗兰 C 信号场强在北纬 25°以北为 54 dB(μV/m),在北纬 25°以南为 60 dB(μV/m)。

5.4 监测站对 70 kHz~130 kHz 频带内连续波近同步干扰,连续波非同步干扰和移频键控干扰的防护率在 4.5 和 4.6 中的数值基础上,另外增加 5 dB;对其他有源干扰的同频道防护率同 4.7 和 4.8。

5.5 以导航接收天线为中心,半径 20 m 以内不得有 35 kV 及以上的架空高压输电线,超过天线根部高度的架空金属线缆和超过天线根部 10 m 以上的建筑物。

5.6 以导航接收天线为中心,半径 250 m 以内不得有 1 000 kV 及以上交流特高压架空电力线,防护距离的计算方法参见附录 C。

5.7 监测站短波通信设施的电磁环境应符合 GB 13614 中的有关规定。

6 测量仪器和测量方法

6.1 测量信号场强和干扰场强所用仪器应符合 GB/T 6113.101 的要求。

6.2 测量幅度调制和频率调制的连续波干扰场强，应采用平均值检波；测量脉冲调制的信号场强和干扰场强，应采用准峰值检波或峰值检波。

6.3 信号场强和干扰场强的测量均在地面进行。

附　录　A
（规范性附录）
罗兰 C 谱线的计算

罗兰 C 使用脉冲调制发射方式，因此，它具有离散谱线。谱线的间距与脉冲组重复周期或相位编码周期成反比。见式（A.1）。

$$f_{sp}=\frac{1}{PCI}=\frac{1}{2GRI} \qquad \cdots\cdots(A.1)$$

式中：

f_{sp}——谱线间距，单位为赫兹（Hz）；

PCI——相位编码周期，单位为秒（s）；

GRI——脉冲重复周期，单位为秒（s）。

例如，当 GRI 为 99 600 μs 时：

$f_{sp}=5.021$ Hz

谱线的中心在 100 kHz，离散谱线的频率按式（A.2）计算：

$$f_n=\left|f_0\pm\frac{n}{2GRI}\right| \qquad \cdots\cdots(A.2)$$

式中：

f_n——谱线频率，单位为赫兹（Hz）；

n——整数；

f_0——100 kHz 载波频率。

附 录 B
（资料性附录）
长波远程无线电导航台对多个干扰源综合干扰防护电平的计算方法

长波远程无线电导航台或监测站受多个干扰源干扰是一种常见的实际情况。对多个干扰源综合干扰的防护电平可用下述方法计算：

a） 按照所保护导航台或监测站所处的地理位置，确定其要求的最低罗兰C信号场强。

b） 找出所保护台站位置的各种干扰信号的频率、强度及干扰类型。

c） 对所有找出的干扰信号，按其干扰形式和频率，将其干扰电平转换到相应100 kHz的等效电平。转换方法是将某特定干扰电平减去20 dB与该特定干扰的防护率或同频道防护率的差值。

d） 对带宽小于100 Hz的70 kHz～90 kHz和100 kHz～130 kHz的连续波干扰，允许对其中影响最大者进行陷波修正。陷波修正每一边带最多允许进行二次，每次30 dB，对同一干扰允许进行二次修正。

e） 取经过转换和陷波修正的干扰电平的均方根值作为等效多种干扰的综合电平。

f） 最低罗兰C信号电平和等效多种干扰的综合电平的分贝数之差应符合受保护导航台和监测站的100 kHz的连续波近同步干扰的防护率。

附 录 C
(资料性附录)
1 000 kV 及以上交流特高压架空电力线防护距离的计算

根据国际无线电干扰特别委员会 CISPR 18 号文，1 000 kV 及以上交流特高压架空电力线防护距离可以按照式(C.1)计算：

$$d \geqslant 100 \times 10^{(E_d - E_L + \delta_E + R - 23)/20} \qquad \text{(C.1)}$$

式中：

d——高压架空电力线防护距离，单位为米(m)；

E_d——高压架空电力线在 d 距离处的等效干扰电平，单位为分贝微伏每米(dB μV/m)；

E_L——长河二号系统导航台站的最低信号场强，单位为分贝微伏每米(dB μV/m)；

δ_E——考虑大气噪声后的信号场强修正值，单位为分贝(dB)；

R——长河二号系统导航台站对高压架空电力线有源干扰的防护率，单位为分贝(dB)。

其中，按照相关公式，高压架空电力线 500 kHz 的干扰电平折算到 100 kHz 频率，等效干扰电平增加 5 dB。

考虑大气噪声后的信号场强修正值 $\delta_E = 6$ dB。

对于 50 dB～80 dB 的等效干扰电平，表 C.1 给出了特高压架空电力线防护距离的理论估算值。

表 C.1 特高压架空电力线防护距离的理论估算值

等效干扰电平 E_d/(dB μV/m)	最低信号场强 E_L/(dB μV/m)	防护率 dB	防护距离 d/m
50	54	15	25
55	54	15	45
56	54	15	50
57	54	15	57
58	54	15	63
60	54	15	80
62	54	15	100
70	54	15	251
75	54	15	447
80	54	15	794

ICS 83.080.10
G 32

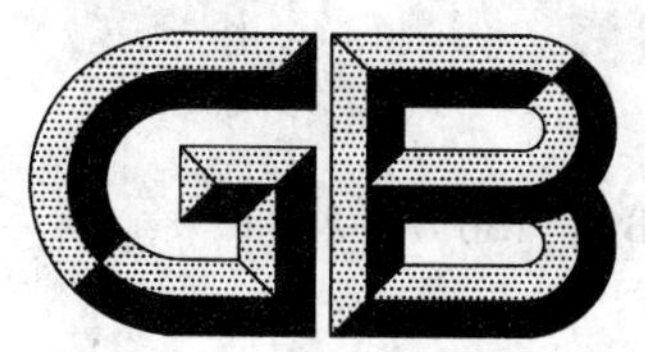

中华人民共和国国家标准

GB/T 13657—2011
代替 GB/T 13657—1992

双酚A型环氧树脂

Bisphenol-A epoxy resin

2011-12-30 发布　　　　2012-06-01 实施

中华人民共和国国家质量监督检验检疫总局
中国国家标准化管理委员会　发布

前言

本标准按照GB/T 1.1—2009给出的规则起草。

本标准代替GB/T 13657—1992《双酚A型环氧树脂》。

本标准与GB/T 13657—1992相比主要变化见附录A。

本标准由中国石油和化学工业联合会提出。

本标准由全国塑料标准化技术委员会热固性塑料分会(SAC/TC 15/SC 11)归口。

本标准负责起草单位:蓝星化工新材料股份有限公司无锡树脂厂。

本标准参加起草单位:中石化巴陵石化有限责任公司、大连齐化化工有限公司、安徽恒远化工有限公司、南亚环氧树脂(昆山)有限公司、国家合成树脂质量监督检验中心、中蓝晨光化工研究院有限公司、南通星辰合成材料有限公司。

本标准主要起草人:毛尽艳、冯雪峰、周建宏、郭树志、程振朔、李政中、赵平。

双酚 A 型环氧树脂

1 范围

本标准规定了双酚 A 型环氧树脂的代表型号及其主要用途、要求、试验方法、检验规则及标志、包装、运输、贮存等。

本标准适用于双酚 A 型环氧树脂。

本标准不适用于含固化剂及含溶剂的双酚 A 型环氧树脂。

2 规范性引用文件

下列文件对于本文件的应用是必不可少的。凡是注日期的引用文件,仅注日期的版本适用于本文件。凡是不注日期的引用文件,其最新版本(包括所有的修改单)适用于本文件。

GB/T 1630.1—2008 塑料 环氧树脂 第 1 部分:命名

GB/T 1725—2007 色漆、清漆和塑料 不挥发物含量的测定

GB/T 3143—1982 液体化学产品颜色测定法(Hazen 单位——铂-钴色号)

GB/T 4612—2008 塑料 环氧化合物 环氧当量的测定

GB/T 4618.1—2008 塑料 环氧树脂氯含量的测定 第 1 部分:无机氯

GB/T 4618.2—2008 塑料 环氧树脂氯含量的测定 第 2 部分:易皂化氯

GB/T 6678—2003 化工产品采样总则

GB/T 6679—2003 固体化工产品采样通则

GB/T 6680—2003 液体化工产品采样通则

GB/T 9281.1—2008 透明液体 加氏颜色等级评定颜色 第 1 部分:目视法

GB/T 12007.6—1989 环氧树脂软化点测定方法 环球法

GB/T 22314—2008 塑料 环氧树脂 黏度测定方法

3 代表型号及其主要用途

双酚 A 型环氧树脂应按 GB/T 1630.1—2008 命名,其代表型号及其主要用途如表 1 所示。

表 1 双酚 A 型环氧树脂代表型号及其主要用途

树脂型号	主要用途
EP01431 310	粘合、浇注、浸渍
EP01441 310	涂料、粘合、浇注、浸渍、层压
EP01451 310	涂料、粘合、浇注、浸渍、层压
EP01551 310	浇注
EP01661 310	粉末涂料、油漆
EP01671 310	粉末涂料
EP01691 410	彩钢涂料、罐头内壁涂料

4 要求

4.1 外观:无明显机械杂质。

4.2 双酚 A 型环氧树脂应符合表 2 所示的技术要求。

表 2 技术要求

序号	指标名称		EP01431 310		EP01441 310		EP01451 310		EP01551 310		EP01661 310		EP01671 310		EP01691 410	
			优等品	合格品	优等品	合格品	优等品	合格品	优等品	合格品	优等品	合格品	优等品	合格品	优等品	合格品
1	环氧当量/(g/mol)		170～184	170～184	183～194	183～200	210～227	210～240	238～256	238～270	450～500	450～560	730～950	730～950	2 300～3 300	2 300～4 000
2	黏度(25 ℃)/(mPa・s)		≤11 000	≤11 000	11 000～16 000	11 000～18 000	—	—	—	—	—	—	—	—	—	—
3	软化点/℃		—	—	—	—	14～20	14～23	28～32	24～35	65～73	60～76	88～105	88～105	135～150	130～155
4	色度(铂-钴色号),Hazen 单位	≤	20	60	20	60	30	100	30	100	—	—	—	—	—	—
	色度(加氏色号),号	≤	—	—	—	—	—	—	—	—	0.3	1	0.3	2	0.3	1
5	无机氯,w/%	≤	0.000 5	0.001 0	0.000 5	0.001 0	0.003	0.010	0.003	0.010	0.005	0.010	0.005	0.020	—	—
6	易皂化氯,w/%	≤	0.05	0.10	0.05	0.10	0.25	0.50	0.03	0.05	0.05	0.20	0.05	0.20	0.05	0.10
7	挥发物(150 ℃,60 min),w/%	≤	0.1	0.3	0.1	0.3	0.3	0.6	0.2	0.5	0.2	0.5	0.2	0.5	0.3	0.5

5 试验方法

5.1 外观的测定

目视测定。EP01431 310、EP01441 310、EP01451 310、EP01551 310 型号产品测定时取适量样品倒入试管中，在光照下观察。EP01661 310、EP01671 310、EP01691 410 型号产品测定时将 4 份质量的环氧树脂溶解于 6 份质量的丙酮或二乙二醇丁醚(丁基卡必醇)中，取适量样品倒入试管中，在光照下观察。

5.2 环氧当量的测定

按 GB/T 4612—2008 的规定进行。

5.3 黏度的测定

按 GB/T 22314—2008 的规定进行。其中黏度计精度为±1.00%，重现性达到±0.2%；恒温浴温度控制为 25 ℃±0.1 ℃。

5.4 软化点的测定

按 GB/T 12007.6—1989 的规定进行。其中 EP01451 310 和 EP01551 310 树脂，制样时应将注有树脂的铜环与铜片放在温度为−20 ℃～−15 ℃条件下冷却 40 min；试验时，在烧杯中加入 0 ℃～1 ℃的水。

5.5 色度的测定

5.5.1 EP01431 310、EP01441 310、EP01451 310、EP01551 310 型号产品按 GB/T 3143—1982 的规定进行。试验时将样品倒入比色管，加热除去气泡，加热温度不大于 80 ℃。

5.5.2 EP01661 310、EP01671 310、EP01691 410 型号产品按 GB/T 9281.1—2008 的规定进行。其中样品制备方法按 5.1 规定进行，加氏颜色标准 1 号以下的液体颜色标准的组成如附录 B 所规定。

5.6 无机氯含量的测定

按 GB/T 4618.1—2008 的规定进行。

5.7 易皂化氯含量的测定

按 GB/T 4618.2—2008 的规定进行，其中皂化时间应为 30 min。

5.8 挥发物含量的测定

按 GB/T 1725—2007 的规定进行。试验时，玻璃平底皿或铝皿底面内径为 75 mm，试样量为 1 g±0.1 g，试验温度为 150 ℃±2 ℃，恒温时间为 60 min。

挥发物含量(质量分数)w 按式(1)计算：

$$w=\left(1-\frac{m_2-m_0}{m_1-m_0}\right)\times 100\% \qquad \cdots\cdots(1)$$

式中：

w ——挥发物含量(质量分数)；

m_0——空皿的质量，单位为克(g)；

m_1——皿和试样的质量，单位为克(g)；

m_2——皿和剩余物的质量，单位为克(g)。

6 检验规则

6.1 检验分类与检验项目

本标准规定的所有指标项目为出厂检验项目，应逐批检验。

6.2 组批规则与抽样方案

6.2.1 组批规则

双酚 A 型环氧树脂在同一生产线上、相同原料、相同工艺所生产的同一型号的产品组批，最大批量不超过 100 t，产品以批为单位进行检验和验收。

6.2.2 抽样方案

采样按 GB/T 6679—2003 和 GB/T 6680—2003 的规定进行。样品数和样品量按 GB/T 6678—2003 的规定进行。液体样品分装于两个清洁、干燥的样品瓶中；固体样品分装于两个清洁、干燥、带封口的塑料袋中。一份供分析检验用，另一份保存备查。

6.3 判定规则和复验规则

6.3.1 判定规则

双酚 A 型环氧树脂应由生产厂质量检验部门进行检验。生产厂应保证每批出厂产品都符合本标准的要求，每批出厂产品应附有一定格式的质量证明书，内容包括：生产厂名称、产品名称、生产日期或者批号、产品等级和本标准编号等。

6.3.2 复验规则

检验结果中如有某项指标不符合本标准的要求时，应重新自两倍量的包装单元中采样进行检验。重新检验的结果即使只有一项指标不符合本标准要求，则整批产品为不合格。

7 标志

双酚 A 型环氧树脂产品的外包装上应有明显牢固的标志。标志内容可包括：商标、生产厂名称、厂址、本标准编号、产品名称、型号、生产日期、批号和净含量等。

8 包装、运输和贮存

8.1 包装

液体树脂用密封良好的铁桶或其他包装，固体树脂用复合编织袋或其他防潮包装，净含量可根据用户要求包装。

8.2 运输

运输、装卸工作中，应轻装轻卸，防止撞击，避免包装破损，防止日晒雨淋，应按照货物运输规定进行。

本标准规定的双酚 A 型环氧树脂为非危险品。

8.3 贮存

双酚 A 型环氧树脂应贮存在阴凉、干燥、通风的场所。防止日光直接照射，并应隔绝火源，远离热源。

在符合本标准包装、运输和贮存条件下，本产品自生产之日起，贮存期为一年。逾期可重新检验，检验结果符合本标准要求时，仍可继续使用。

附 录 A
(规范性附录)
本标准与 GB/T 13657—1992 相比的主要变化

A.1 产品等级取消一等品,分为优等品和合格品二个等级(见上版第 4 章表 2,本版 4.2 中表 2)。

A.2 删除 EP01681 410 型号的产品,增加 EP01431 310 型号产品(见上版第 4 章表 2,本版 4.2 中表 2)。

A.3 EP01441 310、EP01451 310、EP01551 310 产品色度由加氏颜色号修改为铂-钴色号(见上版第 4 章表 2,本版 4.2 中表 2)。

A.4 删除钠离子含量和凝胶时间二个指标项目(见上版第 4 章表 2,本版 4.2 中表 2)。

A.5 修改的各型号技术指标变化见表 A.1(见上版第 4 章表 2,本版 4.2 中表 2)。

表 A.1 各型号技术指标变化表

序号	指标名称		EP01441 310		EP01451 310		EP01551 310		EP01661 310		EP01671 310		EP01691 410	
			优等品	合格品	优等品	合格品	优等品	合格品	优等品	合格品	优等品	合格品	优等品	合格品
1	环氧当量/(g/mol)	GB/T 13657—1992	184～194	184～210	210～230	210～250	230～270	230～290	—		800～1 000	800～1 200	2 400～3 300	2 400～4 000
		本标准	183～194	183～200	210～227	210～240	238～256	238～270			730～950		2 300～3 300	2 300～4 000
2	黏度(25 ℃)/(mPa·s)	GB/T 13657—1992	11 000～14 000	6 000～26 000	—				—		—		—	
		本标准	11 000～16 000	11 000～18 000										
3	软化点/℃	GB/T 13657—1992	—		12～20		21～27		60～76	—	90～102	85～106	130～145	130～150
		本标准			14～20	14～23	28～32	24～35	65～73		88～105		135～150	130～155
4	色度(铂-钴色号),Hazen 单位 ≤	GB/T 13657—1992	—		—				—		—		—	
		本标准	20	60	30	100	30	100						
5	色度(加氏色号),号 ≤	GB/T 13657—1992	1	5	1	8	1	8	1	8	1	8	1	6
		本标准	—		—				0.3	1	0.3	2	0.3	1
6	无机氯,w/% ≤	GB/T 13657—1992	0.005 0	0.030 0	0.005 0	0.030 0	0.005 0	0.030 0	—	0.030 0	—	0.030 0	—	
		本标准	0.000 5	0.001 0	0.003	0.010	0.003	0.010		0.010		0.020		
7	易皂化氯,w/% ≤	GB/T 13657—1992	0.10	0.70	0.10	—	0.10	0.50	0.10	0.50	0.10	0.50	0.10	0.50
		本标准	0.05	0.10	0.25		0.03	0.05	0.05	0.20	0.05	0.20	0.05	0.10
8	挥发物(150 ℃,60 min)/% ≤	GB/T 13657—1992	0.2	1.8	—	1.0	0.3	1.0	0.6	0.8	0.6	0.8	0.6	1.0
		本标准	0.1	0.3		0.6	0.2	0.5	0.2	0.5	0.2	0.5	0.3	0.5

附 录 B
（规范性附录）
加氏颜色标准 1 号以下的液体颜色标准

B.1 试剂

B.1.1 盐酸：至少分析纯，质量分数为 38%，密度为 1.19 g/mL。

B.1.2 水：至少三级水。

B.1.3 盐酸溶液(1+17)：将 1 体积的盐酸与 17 体积的水混合。

B.2 试验器皿

B.2.1 滴定管。

B.2.2 容量瓶：25 mL。

B.3 加氏颜色标准 1 号以下的液体颜色标准的制备

用滴定管将表 4 所示加氏颜色标准 1 号的体积数移入一组容量瓶中，用盐酸溶液(B.1.3)分别稀释至刻度，并充分摇匀。

表 B.1 加氏颜色标准 0.1～0.9 的组成

加氏颜色标准号	加氏颜色标准 1 号的体积/mL
0.1	2.5
0.2	5
0.3	7.5
0.4	10
0.5	12.5
0.6	15
0.7	17.5
0.8	20
0.9	22.5

附 录 C
（资料性附录）
双酚 A 型环氧树脂型号对照

型号对照见表 C.1。

表 C.1 双酚 A 型环氧树脂型号对照表

新型号	老型号	生产厂家型号
EP01431 310	E-54	0161 系列、840S、DYD-127、NPEL-127、CYD-127、GELR127
EP01441 310	E-51	0164 系列、850S、WSR618、DYD-128、NPEL-128、CYD-128、GELR128、SM-828
EP01451 310	E-44	0174 系列、WSR6101、DYD-134L、GELR144M
EP01551 310	E-39	0177 系列、860、E-39D、DYD-134H、GELR134
EP01661 310	E-20	0191 系列、1050、DYD-901、NPES-901、CYD-011、GESR901
EP01671 310	E-12	0194 系列、4050、DYD-904、NPES-904、CYD-014、GESR904
EP01691 410	E-03	0199 系列、HM-091、DYD-909、NPES-9 系列、CYD-129、GESR019M

ICS 31.260
L 51

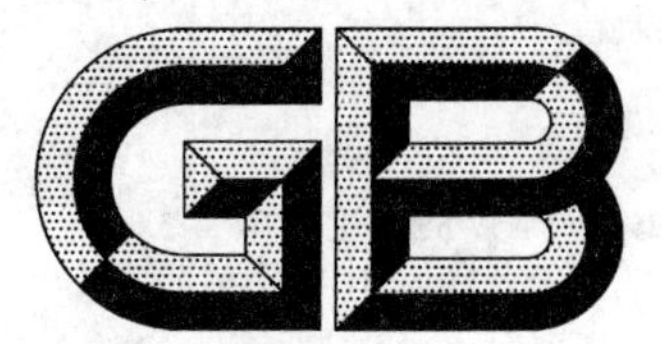

中华人民共和国国家标准

GB/T 13739—2011
代替 GB/T 13739—1992,GB/T 13740—1992,GB/T 13741—1992

激光光束宽度、发散角的测试方法以及横模的鉴别方法

Test methods for laser beam widths, divergence angle and transverse mode

2011-12-30 发布　　2012-05-01 实施

中华人民共和国国家质量监督检验检疫总局
中国国家标准化管理委员会　发布

前　言

本标准按照 GB/T 1.1—2009 给出的规则起草。

本标准代替 GB/T 13739—1992《激光辐射横模鉴别方法》、GB/T 13740—1992《激光辐射发散角测试方法》和 GB/T 13741—1992《激光辐射光束直径测试方法》，与 GB/T 13739—1992、GB/T 13740—1992 和 GB/T 13741—1992 相比，主要技术变化比较大，详细内容参见资料性附录 A。

请注意本文件的某些内容可能涉及专利。本文件的发布机构不承担识别这些专利的责任。

本标准由中国机械工业联合会提出。

本标准由全国光辐射安全和激光设备标准化技术委员会(SAC/TC 284)归口。

本标准起草单位：北京光电技术研究所、中国电子科技集团公司第十一研究所。

本标准主要起草人：吴爱平、段振广、卢永红、李嘉伦、罗志军、赵鸿。

本标准所代替标准的历次版本发布情况为：

——GB/T 13739—1992；

——GB/T 13740—1992；

——GB/T 13741—1992。

激光光束宽度、发散角的测试方法以及横模的鉴别方法

1 范围

本标准规定了激光光束宽度、发散角的测试方法以及横模的鉴别方法。

本标准适用于对在均匀介质自由传播、并在传播中功率密度分布取向相同或正交的激光光束进行光束宽度、发散角的测试。本标准适用于激光辐射高斯光束的横模的鉴别。

本标准不适用于列阵类半导体激光器。

2 规范性引用文件

下列文件对于本文件的应用是必不可少的。凡是注日期的引用文件，仅注日期的版本适用于本文件。凡是不注日期的引用文件，其最新版本(包括所有的修改单)适用于本文件。

GB 7247.1 激光产品的安全 第1部分:设备分类、要求和用户指南

GB/T 15313 激光术语

GB/T 19022 测量管理体系 测量过程和测量设备的要求

ISO 11146-1 激光和激光相关设备 激光束宽度、发散角和束扩散率的试验方法 第1部分:无象散和简单象散束(Lasers and laser-related equipment—Test methods for laser beam widths, divergence angles and beam propagation ratios—Part 1:Stigmatic and simple astigmatic beams)

ISO/TR 11146-3 激光和激光相关设备 激光光束宽度、发散角和束扩散率的试验方法 第3部分:内在和几何激光束分类、扩散和试验方法细节(Lasers and laser-related equipment —Test methods for laser beam widths, divergence angles and beam propagation ratios—Part 3: Intrinsic and geometrical laser beam classification, propagation and details of test methods)

3 术语和定义

GB/T 15313 与 GB 7247.1 界定的以及下列术语和定义适用于本文件。

3.1

实验室坐标系 laboratory coordinate system

定义实验室坐标系的 X,Y,Z 轴规定空间三个正交方向，习惯上 Z 轴和光束轴重合，X 和 Y 轴分别与水平和竖直方向一致，或以矩形阵列探测器的长短边方向一致，坐标原点选在 Z 向测量参考的起点。

3.2

测量平面 measurement plane

在轴向位置(z_m)进行光束功率(或能量)密度分布测量的 X-Y 平面称为测量平面。

注：术语“功率密度分布 $E(x,y,z)$”属于连续波光源，在脉冲光源的情况，用“能量密度分布 $H(x,y,z)$”代替。

3.3

主轴坐标系 principal axes coordinate system

定义测量平面内光束功率密度分布的主轴坐标系的 X'，Y'，Z 轴规定空间三个正交方向，其 X' 轴

是和实验室坐标系的 X 轴接近的光束宽度最大或最小的方向。如果 X' 和 X 轴的夹角为 $\pm45°$，则 X' 轴是最大光束宽度的方向。

3.4

功率密度分布的一阶矩 first order moments of power distribution

$\overline{x}$，$\overline{y}$

确定光束的重心坐标。在测量平面内光束的功率(或能量)密度分布的一阶距[见式(1)、(2)]表示为：

$$\overline{x}(z)=\frac{\int_{-\infty}^{\infty}\int_{-\infty}^{\infty}E(x,y,z)x\mathrm{d}x\mathrm{d}y}{\int_{-\infty}^{\infty}\int_{-\infty}^{\infty}E(x,y,z)\mathrm{d}x\mathrm{d}y} \quad \cdots\cdots(1)$$

$$\overline{y}(z)=\frac{\int_{-\infty}^{\infty}\int_{-\infty}^{\infty}E(x,y,z)y\mathrm{d}x\mathrm{d}y}{\int_{-\infty}^{\infty}\int_{-\infty}^{\infty}E(x,y,z)\mathrm{d}x\mathrm{d}y} \quad \cdots\cdots(2)$$

式中：

$E(x,y,z)$——功率(或能量)密度分布。

3.5

功率(或能量)密度分布的二阶矩 second order moments of power distribution

σ_x^2，σ_y^2，σ_{xy}^2

功率(或能量)密度分布上的归一化加权积分[见式(3)、(4)、(5)]表示为：

$$\sigma_x^2(z)=\langle x^2\rangle=\frac{\int_{-\infty}^{\infty}\int_{-\infty}^{\infty}E(x,y,z)(x-\overline{x})^2\mathrm{d}x\mathrm{d}y}{\int_{-\infty}^{\infty}\int_{-\infty}^{\infty}E(x,y,z)\mathrm{d}x\mathrm{d}y} \quad \cdots\cdots(3)$$

$$\sigma_y^2(z)=\langle y^2\rangle=\frac{\int_{-\infty}^{\infty}\int_{-\infty}^{\infty}E(x,y,z)(y-\overline{y})^2\mathrm{d}x\mathrm{d}y}{\int_{-\infty}^{\infty}\int_{-\infty}^{\infty}E(x,y,z)\mathrm{d}x\mathrm{d}y} \quad \cdots\cdots(4)$$

$$\sigma_{xy}^2(z)=\langle xy\rangle=\frac{\int_{-\infty}^{\infty}\int_{-\infty}^{\infty}E(x,y,z)(x-\overline{x})(y-\overline{y})\mathrm{d}x\mathrm{d}y}{\int_{-\infty}^{\infty}\int_{-\infty}^{\infty}E(x,y,z)\mathrm{d}x\mathrm{d}y} \quad \cdots\cdots(5)$$

注 1：角括号是运算符号。

注 2：σ_{xy}^2 只是一种符号表示，并不是真正的平方。该量可以取正、负或零值。

3.6

光束宽度 beam widths

$d_{\sigma x'}(z)$，$d_{\sigma y'}(z)$

位于轴上 z 处的测量平面内，沿着光束分布主轴的光束宽度，定义为光束功率密度分布的中心二阶矩平方根的 4 倍[见式(6)、(7)]，表示为：

$$d_{\sigma x'}=4\sigma_{x'}(z) \quad \cdots\cdots(6)$$

式中：

$\sigma_{x'}$——功率(或能量)密度分布在主轴 X'方向的中心二阶矩平方根。

$$d_{\sigma y'}=4\sigma_{y'}(z) \qquad \cdots\cdots(7)$$

式中：

$\sigma_{y'}$——功率(或能量)密度分布在主轴 Y'方向的中心二阶矩平方根。

光束宽度决定光束的几何形状,最小和最大光束宽度之间的比[见式(8)],表示为：

$$\varepsilon=\frac{d_{\sigma s}}{d_{\sigma l}} \qquad \cdots\cdots(8)$$

式中：

ε ——光束的椭圆度；

$d_{\sigma s}$——最小光束宽度；

$d_{\sigma l}$——最大光束宽度。

如果光束的椭圆度大于 0.78,则认为功率(或能量)密度分布是圆形的,否则认为光束是椭圆形的。光束直径[见式(9)]表示为：

$$d_{\sigma}(z)=2\sqrt{2}\,(\sigma_{x'}^{2}+\sigma_{y'}^{2})^{\frac{1}{2}} \qquad \cdots\cdots(9)$$

式中：

$d_{\sigma}(z)$——光束直径。

3.7

光束传输比 beam propagation rations

$M_{x'}^{2}$,$M_{y'}^{2}$,M^{2}

激光束的光束参数(即束腰宽度和远场发散角)乘积,与相同波长 TEM_{00}模的 Gaussian 光束的光束参数乘积的比值。

对于椭圆形光束[见式(10)、(11)]表示为：

$$M_{x'}^{2}=\frac{\pi}{\lambda}\cdot\frac{d_{\sigma x'0}\Theta_{\sigma x'}}{4} \qquad \cdots\cdots(10)$$

式中：

λ ——波长；

$d_{\sigma x'0}$——主轴方向 x'的束腰宽度；

$\Theta_{\sigma x'}$ ——主轴方向 x'的光束发散角。

$$M_{y'}^{2}=\frac{\pi}{\lambda}\cdot\frac{d_{\sigma y'0}\Theta_{\sigma y'}}{4} \qquad \cdots\cdots(11)$$

式中：

$d_{\sigma y'0}$——主轴方向 y'的束腰宽度；

$\Theta_{\sigma y'}$ ——主轴方向 y'的光束发散角。

对于圆形光束[见式(12)]表示为：

$$M^{2}=\frac{\pi}{\lambda}\cdot\frac{d_{0}\Theta_{\sigma}}{4} \qquad \cdots\cdots(12)$$

式中：

d_{0}——束腰直径；

Θ_{σ}——光束发散角。

4 要求

4.1 测试环境的要求

应该满足被测激光器和所用测试仪器使用说明书中规定工作环境条件。通常一般测试在环境温度15 ℃ ～ 35 ℃，相对湿度45%～75%的常压条件下进行；仲裁测试在环境温度(25±2)℃，相对湿度45%～55%的常压下进行。整个测量系统应处于无明显振动、气流、烟尘和杂散辐射的环境中，不得有影响测量结果的干扰。

4.2 测试设备的要求

测试仪器设备应符合GB/T 19022的要求。本标准强调以下几点：

a) 对光学零件的要求：测试所用光束变换和/或聚焦的光学零件要适应所测激光波长，应尽量满足无像差的要求，并要有足够的孔径，使得其所造成的总功率(或能量)损失不大于1%；

b) 对光衰减器的要求：测试所用光衰减器应使其对波长依赖性、偏振依赖性、角度依赖性、非线性和非均匀性最小，或可通过标定和数据处理得到一定程度的修正；

c) 对光学系统的要求：测试所用光学系统应尽量减少散斑和干涉效应引起的干扰，使相对功率密度分布没有明显变化；

d) 对探测器系统的要求：所用阵列式探测器覆盖光束短主轴方向光束宽度的像素数不应低于100。探测器的动态范围不低于8 bit。需特别细心查明探测器表面的损伤阈值，以便不被激光光束击穿。应从制造者的数据或通过测量确认探测器系统的输出量(例如电压)与输入量(激光功率)成线性关系，并标定探测器系统的波长依赖性、非线性和非均匀性，使得可能经数据处理得到一定程度的修正。

4.3 安全防护

测试过程的安全防护应符合GB 7247.1的有关规定。

4.4 测试方法的选择

测试方法的选择应根据被测激光设备和所具有的测试设备条件，由本标准规定的其中一种方法进行测试。小孔扫描方法按附录B中规定的试验方法进行。

4.5 测试准备

测试工作应按以下要求做好准备：

a) 了解所测激光的输出特性和技术规范，按有关测量参数选择测量方法，组成适用的测量系统；

b) 采取诸如试验装置机械振动的隔离，屏蔽外部的辐射，实验室的恒温等适当措施，使所测量结果的不确定性最低；

c) 应该特别小心，在高功率激光光束路径的大气环境中，确保不含有吸收激光辐射和引起被测光束热畸变的气体和水汽；

d) 调整测量系统和/或被测激光器，使两者共轴；

e) 按照实验室安全规则和激光防护要求，对场地和仪器设备检查，符合要求后方可进行测试。

5 激光光束宽度测试方法

5.1 激光光束宽度标准测试方法

5.1.1 概述

按照 ISO 11146-1 的规定,采用二维阵列探测器记录测量平面内的功率(或能量)密度分布,计算该分布的中心二阶矩,从而确定激光光束的宽度。称为密度分布方法,定义为标准方法。

对于难于找到合适阵列探测器的激光光束宽度测量,则采用扫描探针采集图象法。用小孔探针对光束进行二维扫描采样,得到光束功率(或能量)密度分布。

5.1.2 阵列探测器采集图象法(CCD 法)

5.1.2.1 测试原理

测试装置见图 1。利用二维阵列探测器(如面阵 CCD、面阵 CMOS、面阵热释电等光探测器件),采集测量面内光束的功率(或能量)密度分布,对采集数据施加适当的背景修正。对测得的功率(或能量)密度分布计算一阶矩和中心二阶矩,再从中心二阶矩确定光束宽度 $d_{\sigma x'}(z)$ 和 $d_{\sigma y'}(z)$,如果符合圆形功率(或能量)密度分布的条件,则确定光束直径 $d_{\sigma}(z)$。

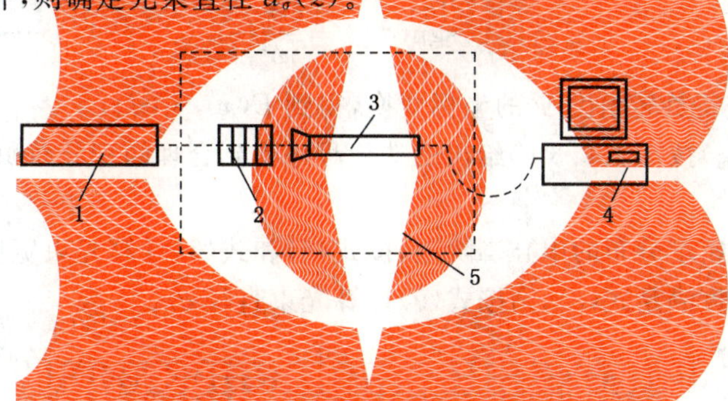

说明:

1——激光器;

2——光束变换衰减系统;

3——CCD 接收器;

4——计算机;

5——CCD 式激光束诊断分析系统。

图 1 CCD 法测定光束宽度的装置

5.1.2.2 测试程序

测试程序按下列步骤进行:

a) 激光器至少预热 1 h(或按制造商说明),达到正常工作;

b) 按照光束和探测器尺寸,确定是否需要对光束进行变换,并选择合适的光学系统;

c) 根据被测激光的强度和探测器的饱和阈值,选择合适衰减量,以充分利用探测器的动态范围;

d) 确定测量面的轴向位置 z,采集光束功率(或能量)密度分布的数据(即光斑图象);

e) 在每个位置至少重复 5 次,以确定所测得的光束宽度的平均值和标准偏差。

5.1.2.3 测试结果

测试结果按下列步骤得到:

a) 在计算光束宽度前,应对测量的功率(或能量)密度分布进行背景校正。

b) 计算光束功率(或能量)密度分布的一阶矩和二阶矩,重要的是需要找出合适的积分面积(称为积分面积的数据子集),见图 2。可用如下迭代程序寻找该数据子集并得到最后结果:

1) 由初始假设的积分面积开始,完成式(1)～式(5)的积分,给出近似的光束重心和光束在 X 和 Y 轴方向的宽度;

2) 新的积分面积的中心选在光束的近似重心,积分的尺寸为 X 和 Y 方向光束宽度的 3 倍,在这样的积分面积上完成式(1)～式(5)的积分。得到更近似的光束重心和光束的宽度;

3) 重复迭代直到获得收敛的结果。

c) 利用式(13)～式(15)求出最大或最小光束宽度方向和实验室坐标相同 X 轴之间的夹角(即光束功率密度分布的方位角)。

对于 $\sigma_x^2 \neq \sigma_y^2$[见式(13)],表示为:

$$\varphi(z) = \frac{1}{2}\arctan\left(\frac{2\sigma_{xy}^2}{\sigma_x^2 - \sigma_y^2}\right) \qquad \cdots\cdots(13)$$

式中:

φ——光束功率密度分布的方位角。

对于 $\sigma_x^2 = \sigma_y^2$[见式(14)、(15)],表示为:

$$\varphi = \mathrm{sgn}(\sigma_{xy}^2)\frac{\pi}{4} \qquad \cdots\cdots(14)$$

$$\mathrm{sgn}(\sigma_{xy}^2) = \frac{\sigma_{xy}^2}{|\sigma_{xy}^2|} \qquad \cdots\cdots(15)$$

d) 对光斑图象进行旋转角度 Ψ 的坐标变换,得到 $E(x',y',z_{\mathrm{m}})$。

e) 对 $E(x',y',z_{\mathrm{m}})$按 5.1.2.3 b)给出的迭代程序得到合理的积分面积和收敛的结果。

注:此时的 $\sigma_{x'y'}^2 = 0$。

f) 根据光束功率密度分布的中心二阶矩,按式(6)和式(7)计算光束宽度 $d_{\sigma x'}$ 和 $d_{\sigma y'}$。如果光束的最小和最大宽度满足式(8),则按式(9)计算光束直径 d_σ。

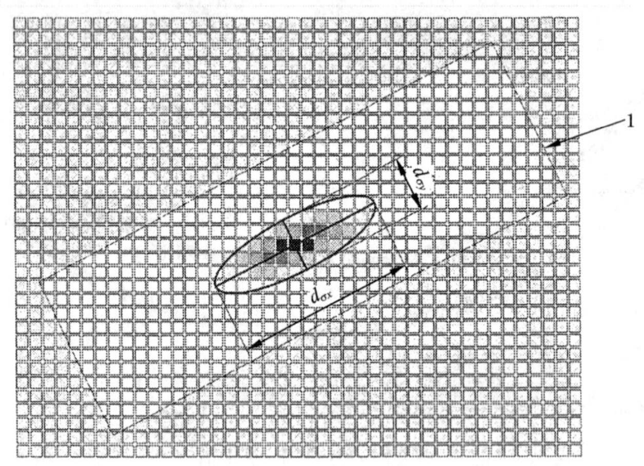

说明:

1——积分区轮廓。

图 2 积分区

5.1.3 扫描探针采集图象测试方法

5.1.3.1 测试原理

测试装置见图 3。对于难于找到合适阵列探测器的激光光束宽度测量,采用扫描探针采集图象法。

在功率(或能量)探测器前放置一针孔组成采样探针,利用探针对光束进行二维扫描采样,也可以得到光束功率(或能量)密度分布。

5.1.3.2 测试程序

按 5.1.2.2 的规定。

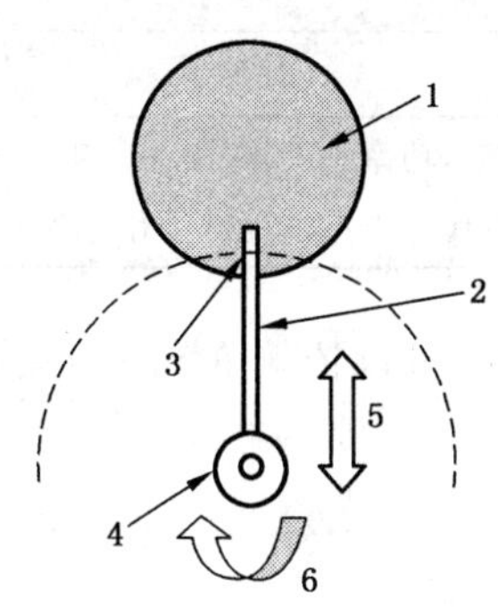

a) 探测器示意图

b) 测量示意图

说明:

1——光束横截面;
2——探针;
3——小孔;
4——转台;
5——平动;
6——转动;
7——激光束;
8——小孔;
9——探测器;
10——第一反射面;
11——中空管;
12——第二反射面。

图 3 扫描探针采集图象法测定光束宽度的装置

5.1.3.3 测试结果

由测得的功率密度分布计算光束宽度或直径,按 5.1.2.3 的规定。

注 1:对于圆对称的高斯光束,利用探针经过光束中心的一维扫描,得到沿光束直径的剖面内归一化功率分布曲线,即可以得到光束直径。

注 2:应该细心以确保在整个扫描周期的激光输出在空域和时域是稳定的。

5.2 激光光束宽度替代测试方法

5.2.1 概述

按照 ISO 11146-3 的规定,利用激光功率(或能量)计,测量激光光束特定面积占总功率(或能量)的百分比,从而得到激光光束的宽度或直径,称为透过功率方法。这些方法,使用设备简单,但能够测量光束宽度或光束直径,其精度在许多情况是可以接受的。定义为替代方法。

5.2 介绍的计算方法不是基于确定空间功率分布函数的二阶矩,但是至少对几种情况(见表 1)已经证实,使用本部分中的任一替代方法与本标准第 5 章中的标准方法确定的光束传输比,其结果之间存在以下相关性[见式(16)],表示为:

$$\sqrt{M^2} = c_i(\sqrt{M_i^2} - 1) + 1 \qquad \cdots\cdots(16)$$

式中:

c_i ——替代方法 i 和标准方法之间的相关因子;

M_i^2——按替代方法 i 得到的光束传输比。

表 1 替代方法的相关系数

替代方法	相关系数 c_i
可变孔径法（见 5.2.2）	1.14
移动刀口法（见 5.2.3）	0.81
移动缝隙法（见 5.2.4）	0.95
注：这些相关系数 c_i 经证实，适用于具有稳定谐振腔结构的气体激光光束，功率达 10 W（CO_2 激光光束功率可达 1 kW）和最高光束传输比 $M^2=4$ 的无像散光束。对于更高 M^2 值和其他类型的激光，相关因子有待验证。	

利用这种光束传输比之间的关系，对于测定的光束宽度或直径，可以依赖 M^2 的相关因子，确定激光光束宽度或直径［见式(17)］，表示为：

$$d_\sigma=\frac{d_i}{M_i}[c_i(\sqrt{M_i^2}-1)+1] \quad \cdots\cdots(17)$$

式中：

d_i——按替代方法 i 测得的光束宽度或光束直径。

下面将对这三种方法逐个予以说明。

5.2.2 可变孔径测试方法

5.2.2.1 测试装置

测试装置见图 4。

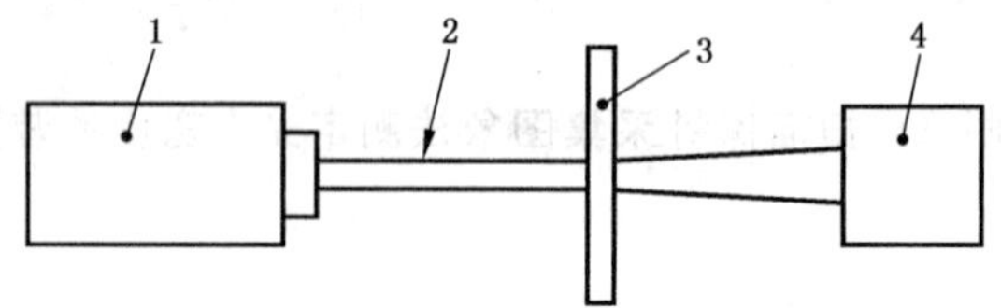

说明：

1——激光器；

2——光束；

3——可变光阑；

4——探测器。

图 4 可变孔径法测定激光光束宽度的装置

5.2.2.2 测试原理

该方法基于高斯光束直径的定义。可变光阑位于测量平面用来确定透过功率，其透过功率是孔径直径的函数。通过缩小孔径的直径，透过总功率（或能量）86.5%时的直径是未修正光束直径。

注：本方法适用于圆形功率密度分布的光束。

5.2.2.3 测试程序

测试程序按下列步骤进行：

a） 不加光阑，或光阑孔径增大到使光束全部透过时，记录光束总功率（或能量）P_0（Q_0）；

b） 可变光阑作为测量平面必须垂直于光束轴，调整可变光阑的测量孔对中在光束轴上，精度至少是测量光束估计宽度的 10%。对中方法是减小可变光阑的孔径到大约 80% 功率透过，并移动孔径到最大功率（或能量）透过；

c） 以每步透过功率（或能量）减少 5% 的步距减小通光孔径尺寸，在读数为总功率（或能量）的

86.5% 时，记录其上一步和下一步的孔径尺寸(d_1，d_2)，和相应的功率(或能量)读数(P_1，P_2)或能量读数(Q_1，Q_2)；

d) 至少测量5次，每次按5.2.2.4的规定计算，最终求出结果的平均值和标准偏差。

5.2.2.4 **测试结果**

根据内插公式，计算未修正的光束直径[见式(18)]，表示为：

$$d_{86.5}=d_1+[(P_{86.5}-P_1)\cdot(d_2-d_1)/(P_2-P_1)] \quad \cdots\cdots(18)$$

式中：

$d_{86.5}$——可变孔径法未修正的光束直径；

$P_{86.5}$——总功率(或能量)的86.5%。

根据修正公式计算相应的光束直径[见式(19)]，表示为：

$$d_\sigma=d_{86.5}\frac{1}{\sqrt{M_{86.5}^2}}[1.14(\sqrt{M_{86.5}^2}-1)+1] \quad \cdots\cdots(19)$$

式中：

d_σ ——可变孔径法根据修正公式计算的光束直径；

$M_{86.5}$——可变孔径法的光束传输比。

5.2.3 **移动刀口测试方法**

5.2.3.1 **测试装置**

测试装置见图5。

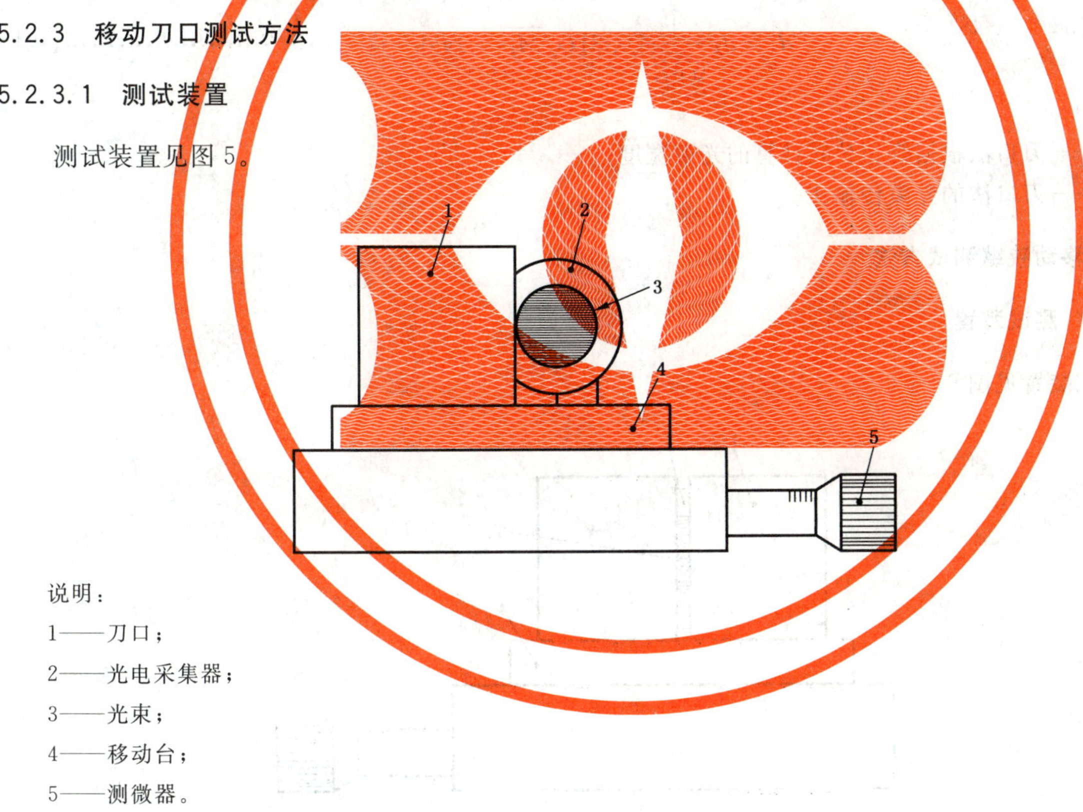

说明：

1——刀口；

2——光电采集器；

3——光束；

4——移动台；

5——测微器。

图5 移动刀口法测定光束宽度的装置

5.2.3.2 **测试原理**

在固定的大面积探测器前，移动刀口切割光束，使探测器测出的功率(或能量)是刀口位置的函数。84%和16%透过功率(或能量)所对应的两个刀口位置之间距离的2倍，是未修正的光束宽度。

注1：当涉及椭圆形光束时，刀口移动方向应该和光束主轴重合。

注2：刀口长度不得小于光束估计宽度的2倍。

5.2.3.3 测试程序

测试程序按下列步骤进行：

a) 记录刀口完全在光束之外时的光束功率(总功率)(或能量)；

b) 移动工作平台，直到 X 轴刀口透过功率(或能量)降低到总功率(或能量)的 84%，记录移动平台的位置读数(x_1)；

c) 继续移动工作平台，直到刀口透过功率(或能量)降低到仅为总功率(或能量)的 16%，记录移动平台的位置读数(x_2)；

d) 至少测量 5 次，每次按 5.2.3.4 的规定计算，最终求出结果的平均值和标准偏差。

5.2.3.4 测试结果

计算未修正的光束宽度[见式(20)]，表示为：

$$d_k = 2 \cdot |x_2 - x_1| \qquad \cdots\cdots (20)$$

式中：

d_k——刀口法未修正的光束宽度。

根据修正公式计算相应的光束宽度[见式(21)]，表示为：

$$d_\sigma = d_k \frac{1}{\sqrt{M_k^2}}[0.81(\sqrt{M_k^2} - 1) + 1] \qquad \cdots\cdots (21)$$

式中：

d_σ——刀口法根据修正公式计算的光束宽度；

M_k——刀口法的光束传输比。

5.2.4 移动狭缝测试方法

5.2.4.1 测试装置

测试装置见图 6。

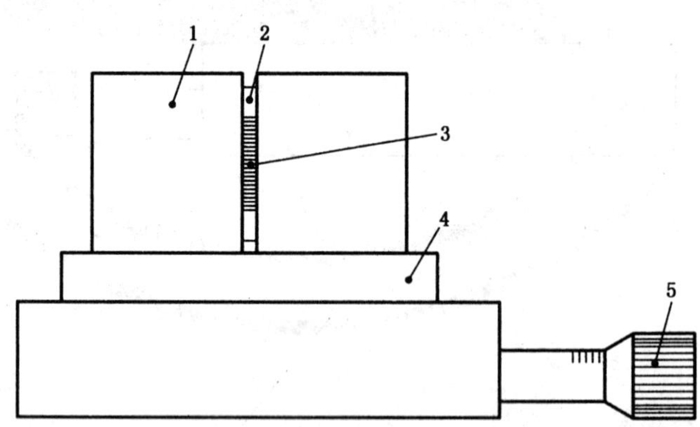

说明：

1——移动狭缝；

2——光电采集器；

3——光束；

4——移动台；

5——测微器。

图 6 移动缝隙法测定光束宽度的装置

5.2.4.2 测试原理

固定在移动台上的一个狭缝，放置在固定的大面积探测器的前面用来切割光束。使得探测器测量的透过功率(或能量)是狭缝位置的函数。透过功率为最大功率(或能量)的13.5%时，所对应的狭缝两个位置之间的距离，是未修正光束的宽度。

注1：当涉及椭圆形光束时，狭缝移动方向应该和光束主轴重合，确定主轴方向的光束宽度。

注2：狭缝长度不得小于被测光束估计宽度的2倍，狭缝的宽度小于被测光束宽度的1/20。

5.2.4.3 测试程序

测试程序按下列步骤进行：

a) 垂直于光束轴放置狭缝，横向移动工作平台，找出最大透过功率(或能量)的位置，并记录功率(或能量)为读数1；
b) 在最大透过功率位置的两侧，找出透过功率(或能量)为最大透过功率(或能量)(读数1)的13.5% 的位置，分别记录位置(x_1)和(x_2)；
c) 至少测量5次，每次按5.2.4.4的规定计算，最终求出结果的平均值和标准偏差。

5.2.4.4 测试结果

狭缝两个位置之间的距离为未修正的光束宽度[见式(22)]，表示为：

$$d_s = |x_2 - x_1| \qquad \cdots\cdots(22)$$

式中：

d_s——移动狭缝法未修正的光束宽度。

根据修正公式计算相应的光束宽度[见式(23)]，表示为：

$$d_\sigma = d_s \cdot \frac{1}{\sqrt{M_s^2}}[0.95(\sqrt{M_s^2} - 1) + 1] \qquad \cdots\cdots(23)$$

式中：

d_σ——移动狭缝法根据修正公式计算的光束宽度；

M_s——移动狭缝法的光束传输比。

6 激光光束发散角测试方法

6.1 测试原理

在聚焦元件的焦平面上测试激光光束宽度或光束直径，确定光束发散角。

注：聚焦透镜后的束腰不在聚焦透镜的后焦面，确定聚焦透镜的焦距和焦平面位置应标定。

6.2 测试程序

用无像差聚焦元件变换激光光束，以聚焦元件的后焦平面为测量面，按第5章的测量方法，求出激光光束宽度 $d_{\sigma x'f}$，$d_{\sigma y'f}$ 和激光光束直径 $d_{\sigma f}$。

6.3 测试结果

利用下式确定相应的光束发散角[见式(24)、(25)、(26)]，表示为：

$$\Theta_{\sigma x'} = \frac{d_{\sigma x'f}}{f} \qquad \cdots\cdots(24)$$

式中：

$d_{\sigma x'f}$——焦平面上 X'方向上的光束宽度；

f ——聚焦透镜的焦距。

$$\Theta_{\sigma y'} = \frac{d_{\sigma y'f}}{f} \quad \cdots\cdots(25)$$

式中：

$d_{\sigma y'f}$——焦平面上 Y'方向上的光束宽度。

$$\Theta_{\sigma} = \frac{d_{\sigma f}}{f} \quad \cdots\cdots(26)$$

式中：

$d_{\sigma f}$——焦平面上的光束直径。

7 横模的鉴别方法

7.1 目测鉴别法

目测漫反射光斑，根据光斑图样鉴别横模模式。

注 1：被鉴别激光在可见光范围内。

注 2：被观察平面必须是漫反射面。

注 3：激光器类别在 3B 类以下。

7.2 常见横模光斑图样

激光的横模一般用 TEMmn 来标记。其中 m、n 为横模序数。基模和几个高阶模的花样见图 7 和图 8。

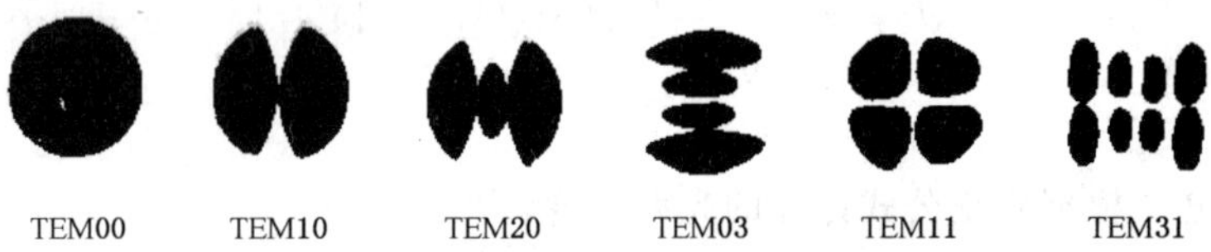

图 7 方形镜球面腔光斑图样示例

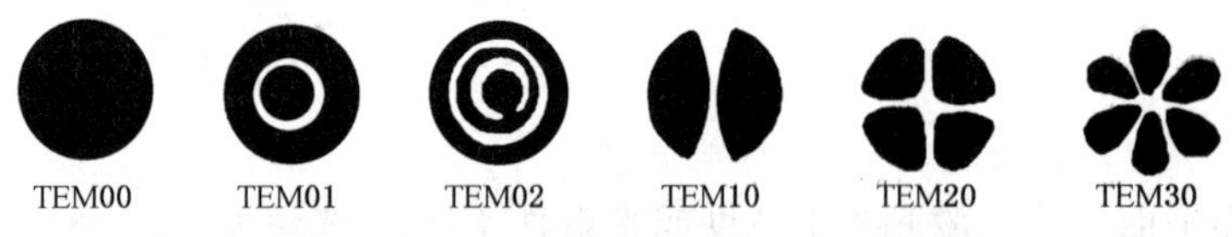

图 8 圆形镜球面腔光斑图样示例

附 录 A
（资料性附录）
本标准与 GB/T 13739—1992、GB/T 13740—1992 和 GB/T 13741—1992 比较的主要技术变化

A.1 与 GB/T 13741—1992 比较的主要技术变化

本标准与 GB/T 13741—1992 相比，主要技术变化为：

——增加了有关“实验室坐标”、“测量平面”、“主轴坐标系”、“功率密度分布的一阶矩”、“功率密度分布的二阶矩”、“光束宽度”和“光束传输比”的术语和定义(见 3.1～3.7)；

——增加了“要求”一章(见第 4 章)；

——删除了有关“激光器”、“激光辐射”、“光束发散角”、“高斯光束”、“光束直径”、“束腰”、“光学谐振腔”、“稳定[谐振]腔”、“基横模”、“[表面一点的]辐照度”、“连续波”、“脉冲激光器”、“输出功率的稳定度”和“输出能量的稳定度”的术语和定义(1992 年版第 3 章)；

——删除了套孔法(Ⅰ)、套孔法(Ⅱ)(1992 年版 4.1 ～ 4.2)；

——将“小孔扫描法”改为“小孔扫描测试方法”并变更内容(见附录 B,1992 年版 4.3)；

——删除使用本标准应注意的问题(1992 年版第 5 章)；

——增加了激光束宽度测试方法(见第 5 章)；

——删除防护措施(1992 年版第 6 章)

A.2 与 GB/T 13740—1992 比较的技术变化

本标准与 GB/T 13740—1992 相比，主要技术变化为：

——增加了有关“实验室坐标”、“测量平面”、“主轴坐标系”、“功率密度分布的一阶矩”、“功率密度分布的二阶矩”、“光束宽度”和“光束传输比”的术语和定义(见 3.1～3.7)；

——增加了“要求”一章(见第 4 章)；

——删除了有关“激光器”、“激光辐射”、“光束发散角”、“高斯光束”、“光束直径”、“束腰”、“光学谐振腔”、“稳定[谐振]腔”、“基横模”、“[表面一点的]辐照度”、“连续波”、“脉冲激光器”、“输出功率的稳定度”和“输出能量的稳定度”的术语和定义(1992 年版第 3 章)；

——删除了套孔法(Ⅰ)、套孔法(Ⅱ)(1992 年版 4.1～4.2)；

——将“小孔扫描法”改为“小孔扫描测试方法”并变更内容(见附录 B,1992 年版 4.3)；

——删除使用本标准应注意的问题(1992 年版第 5 章)；

——删除防护措施(1992 年版第 6 章)；

——增加了激光光束发散角测试方法(见第 6 章)。

A.3 与 GB/T 13739—1992 比较的技术变化

本标准与 GB/T 13739—1992 相比，主要技术变化为：

——增加了有关“实验室坐标”、“测量平面”、“主轴坐标系”、“功率密度分布的一阶矩”、“功率密度分布的二阶矩”、“光束宽度”和“光束传输比”的术语和定义(见 3.1～3.7)；

——增加了“要求”一章(见第 4 章)；

——删除了有关“激光器”、“激光辐射”、“基横模”、“高斯光束”、“高斯线型”、“横模”和“纵模”的术

语和定义(1992 年版第 3 章);

——修改了目测鉴别法(见 7.1～7.2,1992 年版 4.1);

——删除照相鉴别法(1992 年版 4.2);

——将“常见的横模光斑图样”改为“常见横模光斑图样”(见 7.2,1992 年版 4.3);

——删除频谱分析鉴别法(1992 年版 4.4);

——删除防护措施(1992 年版第 5 章)。

附 录 B
（规范性附录）
小孔扫描测试方法

B.1 测试原理

本方法规定了激光光束宽度的测试方法。测试装置见图 B.1。在功率(或能量)探测器前放置一小孔,使小孔沿光束最大和最小宽度方向扫描,得到光束宽度剖面内最大功率(或能量)归一化的分布曲线。

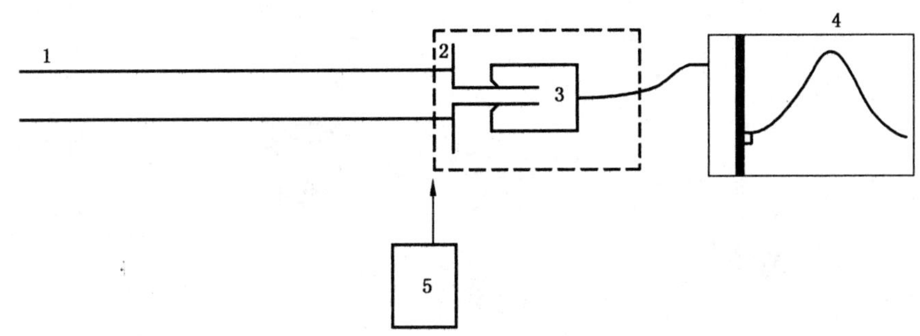

说明:
1——待测激光束;
2——小孔;
3——探测器;
4——X-Y 记录仪;
5——扫描驱动器。

图 B.1 小孔扫描测试方法装置示意图

B.2 测试程序

测试程序按下列步骤进行:

a) 将小孔置于激光光束的测量平面(Z_m)处,使小孔沿光束的最大宽度 X' 方向扫描,得到该扫描方向的最大功率(能量)归一化分布曲线。在分布曲线的两侧,找出功率(能量)为 86.5%处的坐标 x_1' 和 x_2',得到:$d_{x'} = |x_1' - x_2'|$ 为光束最大宽度;

b) 使小孔沿光束的最小宽度 Y' 方向扫描,同步骤 a),得到:$d_{y'} = |y_1' - y_2'|$ 为光束最小宽度。

ICS 31.260
L 51

中华人民共和国国家标准

GB/T 13863—2011
代替 GB/T 13863—1992,GB/T 13864—1992

激光辐射功率和功率不稳定度测试方法

Test methods for laser radiation power and its instability

(ISO 11554:2006,Optics and photonics—Laser and laser-related equipment—Test methods for laser beam power, energy and temporal characteristics,MOD)

2011-12-30 发布　　2012-05-01 实施

中华人民共和国国家质量监督检验检疫总局
中国国家标准化管理委员会　发布

前 言

本标准按照 GB/T 1.1—2009 给出的规则起草。

本标准代替 GB/T 13863—1992《激光辐射功率测试方法》和 GB/T 13864—1992《激光辐射功率稳定度测试方法》。与 GB/T 13863—1992 相比，除编辑性修改外，主要技术变化如下：

——修改了术语和定义(见第 3 章，1992 年版的第 3 章)；

——修改了测试条件及要求(见第 4 章，1992 年版的第 4 章)；

——增加了大发散角激光辐射连续功率测试(见 5.1.1.2)；

——增加了测试时的可选设备(见 5.1.4)；

——增加了测量不确定度估算(见第 6 章)；

——增加了测试报告的内容(见第 7 章)。

与 GB/T 13864—1992 相比，除编辑性修改外，主要技术变化如下：

——修改了术语和定义(见第 3 章，1992 年版的第 3 章)；

——修改了测试条件及要求(见第 4 章，1992 年版的第 4 章)；

——增加了连续激光器输出功率不稳定度测试(见 5.2.1)；

——增加了测试时的可选设备(见 5.2.3)；

——增加了测量不确定度估算(见第 6 章)；

——增加了测试报告的内容(见第 7 章)。

本标准使用重新起草法修改采用 ISO 11554:2006《光学和光子学　激光和激光设备　激光束功率、能量和时间特性测试方法》。

本标准与 ISO 11554:2006 相比在结构上有一定调整，附录 A 中列出了本标准与 ISO 11554:2006 的章节编号对照一览表。

本标准与 ISO 11554:2006 相比存在技术性差异，这些差异已通过在其外侧页边空白位置的垂直单线(|)进行了标示，附录 B 中列出了本标准与 ISO 11554:2006 的技术性差异及其原因的一览表。

请注意本文件的某些内容可能涉及专利，本文件的发布机构不承担识别这些专利的责任。

本标准由中国机械工业联合会提出。

本标准由全国光辐射安全和激光设备标准化技术委员会(SAC/TC 284)归口。

本标准起草单位：中国电子科技集团公司第十一研究所、北京光电技术研究所、北京奥依特科技有限责任公司。

本标准主要起草人：陈刚、陆耀东、徐学珍、赵鸿、仇瑛。

本标准所代替标准的历次版本发布情况为：

——GB/T 13863—1992；

——GB/T 13864—1992。

激光辐射功率和功率不稳定度测试方法

1 范围

本标准规定了连续和准连续激光器的激光辐射连续功率以及连续激光器的输出功率不稳定度的测试方法。

本标准适用于各种连续和准连续激光器的激光辐射连续功率以及连续激光器输出功率不稳定度的测试。

2 规范性引用文件

下列文件对于本文件的应用是必不可少的。凡是注日期的引用文件,仅注日期的版本适用于本文件。凡是不注日期的引用文件,其最新版本(包括所有的修改单)适用于本文件。

GB/T 6360—1995 激光功率能量测试仪器规范

GB 7247.1 激光产品的安全 第1部分:设备分类、要求和用户指南(GB 7247.1—2001,IEC 60825-1:1993,IDT)

GB/T 15313 激光术语(GB/T 15313—2008,ISO 11145:2006,MOD)

3 术语和定义

GB/T 15313 界定的以及下列术语和定义均适用于本文件。

3.1

连续激光器输出功率的峰值不稳定度 relative power peak fluctuation of laser radiation

Δ_{P2}

相对应采样周期内激光连续功率1 Hz以下的起伏变化量的峰值的一半与激光连续功率的比,连续激光器输出功率的峰值不稳定度见式(1)。

$$\Delta_{P2} = \pm \frac{P_{max} - P_{min}}{2P} \times 100\% \qquad \cdots\cdots(1)$$

式中:

P_{max}——对应采样周期内激光连续功率测量值的最大值,单位为瓦(W);

P_{min}——对应采样周期内激光连续功率测量值的最小值,单位为瓦(W);

P ——对应采样周期内激光连续功率测量值的平均值,单位为瓦(W)。

3.2

灵敏度 sensitivity

S

探测器的输出增量与其相应的入射增量之比。

3.3

测试仪器非线性系数 non-linear coefficient of measurement instrument

K

表述测试仪器输出与输入不成比例或灵敏度变动的系数,测试仪器非线性系数见式(2)。

$$K = \frac{S - S_0}{S_0} \times 100\% \quad \cdots\cdots(2)$$

式中：

S ——任意大小的辐射量的灵敏度；

S_0——某一确定的辐射量的灵敏度。

3.4

零漂 zero shift

探测器不接受任何激光和其他辐射时，其测试系统随时间变化的非零示值。

3.5

测量仪器不确定度 relative uncertainty of the calibration instrument

$\boldsymbol{U_{rel}(c_i)}$

由单个测量仪器校准确定的，单个测量仪器引起的不确定度分量。例如探测器，衰减器，电子测试设备等。

3.6

测量系统不确定度 relative uncertainty of the measurement system

$\boldsymbol{U_{rel}(c)}$

测量系统中涉及到的各个测量仪器组件的测量仪器不确定度的均方根。测量系统不确定度见式(3)。

$$U_{rel}(c) = \sqrt{\sum_{i=1}^{n} [U_{rel}(c_i)]^2} \quad \cdots\cdots(3)$$

3.7

探测器的最大接收角 maximum acceptance angle of a detector

$\boldsymbol{\alpha}$

在此入射角度范围内，探测器灵敏度是均匀的，并与入射角无关。

4 测试条件及要求

4.1 用于测试激光辐射连续功率的测试系统应满足如下要求：

a) 功率探测器、积分球和其他测试光学系统中所用光学元件需要在其检定有效周期内；

b) 测量仪器不确定度不大于5%；

c) 测试系统的最窄标定波长组件的波长范围也应涵盖被测波长；

d) GB/T 6360—1995 中3.1规定的其他最低技术要求；

e) 用探测器直接测试时，探测器的最大接收角必须大于到达探测器表面的激光束发散角全角的一半，见图1。

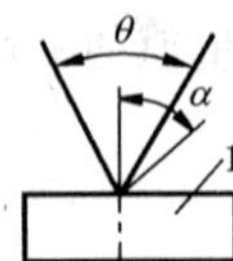

说明：

1——平面探测器；

θ——激光束发散角；

α——最大接收角。

图1 平面探测器——照射角度

4.2 用于测试激光输出功率不稳定度的探测器及其测试系统应满足如下要求：

a) 功率探测器、积分球和其他测试光学系统中所用光学元件需要在其检定有效周期内；

b) 在规定的测试时间内灵敏度随时间的变化不大于±0.5%；

c) 在被测激光连续功率的变化范围内测试仪器非线性系数不大于±0.5%；

d) 在规定的测试时间内，相对零漂优于±0.5%；

e) 测试系统的最窄标定波长组件的波长范围也应涵盖被测波长；

f) GB/T 6360—1995 中 3.1 规定的其他最低技术要求；

g) 用探测器直接测试时，探测器的最大接收角必须大于到达探测器表面的激光束发散角全角的一半。

4.3 激光应直接照射到激光探测器表面，激光探测器是输出信号与激光连续功率成正比的测试仪器，该信号随时间的变化也可以被测量；大发散角的激光辐射可以用积分球收集；在必要时可以使用光束整形和衰减装置。

4.4 反射光、外部光、热辐射和气流都是潜在的测量不确定度的来源，需要避免或使其影响控制在被测值的10%以内，其他测试环境应符合激光器及功率计的具体要求。

4.5 测试激光器时应按 GB 7247.1 的要求采取安全防护措施。

4.6 探测器光敏面和测试光学系统中所有光学元件的有效尺寸应大于对应位置处的激光光束入射截面，并最终保证由这些元件引起的拦光和衍射损耗造成的损失小于测量不确定度的10%。当对某个或某些光学元件的有效尺寸出现争议时，建议采用以下检测来仲裁：在存在争议的光学元件前放置不同孔径的光栏，减少光栏孔径直到输出信号降低5%。此时光栏孔径应比对应光学元件的孔径小了至少20%。

注：在实际测量功率前必须去掉这些光栏。

4.7 当光束截面大于探测器表面时，应该使用适当的光学系统缩小光束截面尺寸。此时光学系统应选择与被测激光辐射匹配的波长，测量中要测量并计算吸收/反射/拦光/衍射/偏振损失。如果使用偏振反射器还应考虑激光的偏振态。

4.8 当激光光束的功率或功率密度超过探测器的线性范围或损伤阈值时，应使用光学衰减片。应通过校正，使光学衰减片的波长、偏振、角度依赖关系和非线性、空间非均匀性的影响最小或者消除其影响。

4.9 探测器表面和激光与探测器之间的所有光学元件（如偏振元件和衰减器）的损伤阈值（照度，曝光时间，功率和能量）应不低于入射激光束的相应值。

5 测试方法

5.1 激光辐射连续功率测试

5.1.1 测试装置

5.1.1.1 小发散角激光辐射连续功率测试

小发散角激光连续功率测试装置见图2，根据激光器的不同类型，选择合适的探测距离，调节激光光束，尽可能使其正入射至探测器中央部位。根据待测激光连续功率范围选择合适的量程。

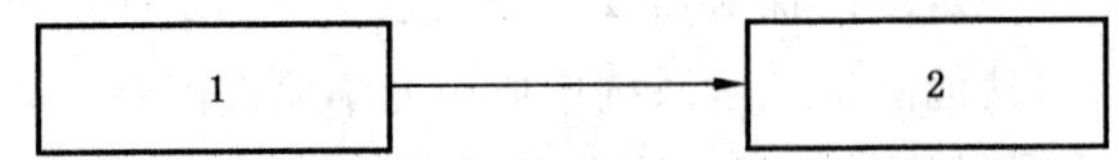

说明：
1——激光器；
2——功率探测器。

图 2 小发散角激光连续功率测试装置

5.1.1.2 大发散角激光辐射连续功率测试

大发散角激光连续功率测试装置见图 3，大发散角的激光辐射应该用积分球来收集。收集的辐射光经过积分球表面的多次反射，形成一个正比于入射通量的均匀照度，位于积分球壁上的激光探测器测试该照度。一个高反射率($\rho > 90\%$)的漫反射屏遮挡探测器以防止探测器直接探测到辐射光。小尺寸待测光源可以伸入积分球内，大尺寸光源只能放在球外，但应尽量靠近输入窗，以便让所有的辐射光都进入积分球。

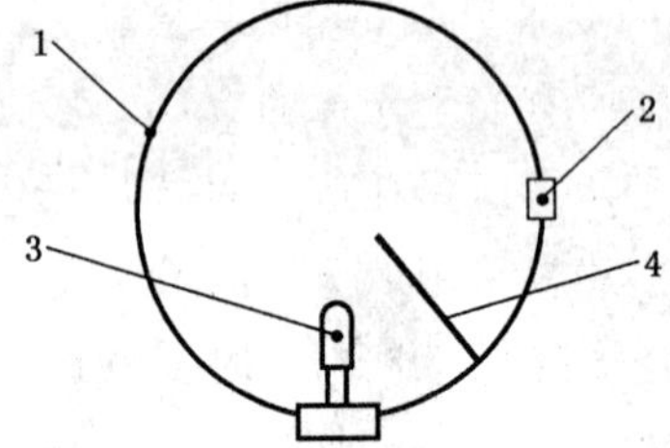

说明：
1——积分球；
2——探测器；
3——待测设备；
4——散射屏。

图 3 大发散角激光连续功率测试装置

5.1.2 测试步骤

在给定工作条件下启动激光器，达到稳定工作状态。然后按照被测激光器制造厂商对该种被测激光器规定的激光器操作条件进行测试。如无另外声明，至少进行 10 次独立的测量。

5.1.3 测试结果

根据实际使用的连续工作时间确定激光连续功率测量间隔，测量多次，取其平均值作为激光器的连续功率值见公式(4)。

$$P = \frac{\sum_{j=1}^{m} P_j}{m} \qquad (4)$$

式中：

P_j——第 j 次测量的激光连续功率值，单位为瓦(W)；

m——测量次数，$m \geqslant 10$。

5.1.4 可选用测试设备

在必要时可以在激光器与激光探测器之间加入光束整形、衰减装置和为调整光轴重合而采用的转折镜，以及上述光学组件的适当组合。但在计算测量值时应计入它们的校正系数。

5.2 连续激光器输出功率不稳定度测试

5.2.1 连续激光器输出功率不稳定度测试

5.2.1.1 测试程序

5.2.1.1.1 根据激光器输出参数，选择合适的探测距离，调节激光束，尽可能使其正入射至探测器中央部位。根据待测激光连续功率范围选择合适的量程。

5.2.1.1.2 用激光探测器探测被测激光连续功率值，测量持续时间，采样时间间隔，探测系统的时间常数的规定如下：

a) 短期稳定度的测试，整个测量持续时间为 1 ms，每隔 1 μs 采样一次，探测系统的时间常数应该不大于 1/3 μs；

b) 中短期稳定度的测试，整个测量持续时间为 1 s，每隔 1 ms 采样一次，探测系统的时间常数应该不大于 1/3 ms；

c) 中期稳定度的测试，整个测量持续时间为 1 min，每隔 1/10 s 采样一次，探测系统的时间常数应该不大于 1/30 s，应该避免激光电源的同步；

d) 长期稳定度的测试，整个测量持续时间为 1 h，每隔 1 s 采样一次，探测系统的时间常数应该不大于 1/3 s。

5.2.1.2 测试步骤

在给定工作条件下启动激光器，达到稳定工作状态。然后按照被测激光器制造厂商对该种被测激光器规定的激光器操作条件进行测试。如无另外声明，至少进行 10 次独立的测量。测试中应记录采样周期内被测激光连续功率的最大值和最小值。

5.2.1.3 测试结果

按式(5)和式(6)计算激光连续功率的 n 个测量值的平均值和实验标准差。

$$\overline{P}=\frac{\sum_{i=1}^{n}P_i}{n} \qquad \cdots\cdots(5)$$

式中：

$\overline{P}$ ——n 个测量值的平均值，单位为瓦(W)；

P_i——第 i 次测量的激光连续功率值，单位为瓦(W)；

n ——测量次数，$n\geqslant 10$。

$$\Delta P_{\sigma}=\sqrt{\frac{\sum_{i=1}^{n}(P_i-\overline{P})^2}{n-1}} \qquad \cdots\cdots(6)$$

式中：

ΔP_{σ}——实验标准差，单位为瓦(W)。

再按式(7)计算出连续激光器输出功率不稳定度。

$$\Delta_{P1}=\frac{2\Delta P_{\sigma}}{\overline{P}}\times 100\% \qquad \cdots\cdots(7)$$

式中：

Δ_{P1}——连续激光器输出功率不稳定度。

5.2.2 连续激光器输出功率峰值不稳定度测试

5.2.2.1 测试装置

连续激光器输出功率峰值不稳定度测试装置见图4,根据激光器输出参数,选择合适的探测距离,调节激光束,使其正入射至探测器中央部位。

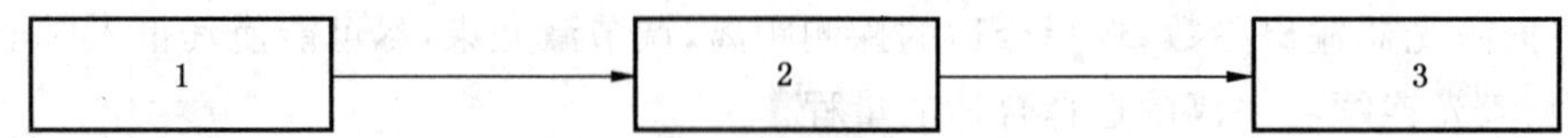

说明:

1——激光器;

2——功率探测器;

3——记录仪器或功率显示器。

图4 连续激光器输出功率峰值不稳定度测试装置

5.2.2.2 测试步骤

在给定工作条件下启动激光器,达到稳定工作状态。然后按照被测激光器制造厂商对该种被测激光器规定的激光器操作条件进行测试。如无另外声明,至少进行10次独立的测量。用适当记录仪器记录激光连续功率随时间变化的曲线(功率稳定性曲线)。也可用计算机、数字电压表等代替记录仪器采集数据。根据测得的功率稳定性曲线,找出最大功率值、最小功率值和由式(4)计算出的该测试时间间隔内的平均功率值。

5.2.2.3 测试结果

激光连续功率的峰值不稳定度按式(1)计算。

5.2.3 可选用测试设备

在必要时可以在激光器与激光探测器之间加入光束整形、衰减装置和为调整光轴重合而采用的转折镜,以及上述光学组件的适当组合。但在计算测量值时应计入它们的校正系数。

6 测量不确定度估算

6.1 激光连续功率的测量不确定度估算

激光连续功率的测量不确定度由功率测量平均值的实验标准差和测量系统不确定度见式(8)。

$$U_{\mathrm{rel}}(P)=\sqrt{\frac{4\Delta\overline{P}_{\sigma}^{2}}{P^{2}}+[U_{\mathrm{rel}}(c)]^{2}} \qquad \cdots\cdots(8)$$

式中:

$U_{\mathrm{rel}}(P)$——激光连续功率的测量不确定度;

$\Delta\overline{P}_{\sigma}$ ——功率测量平均值的实验标准差,单位为瓦(W)。

功率测量平均值的实验标准差见式(9)。

$$\Delta\overline{P}_{\sigma}=\sqrt{\frac{\sum_{j=1}^{m}(P_j-\overline{P})^2}{m(m-1)}} \qquad \cdots\cdots(9)$$

式中：

P_j——第 j 次测量的激光连续功率值，单位为瓦(W)；

m ——测量次数，$m \geqslant 10$。

6.2 连续激光器输出功率不稳定度和峰值不稳定度的测量不确定度估算

激光输出功率不稳定度和峰值不稳定度的测量不确定度主要由测量系统输出的相对强度噪声决定。其定义与测量方法符合附录C的规定。

7 测试报告

测试报告应包括以下内容：

a) 概述；

b) 待测激光器的情况；

c) 测试输入条件；

d) 测试和误差估算信息；

e) 测试结果。

附　录　A
（资料性附录）
本标准与 ISO 11554:2006 相比的结构变化情况

本标准与 ISO 11554:2006 相比在结构上有一定调整，具体章条编号对照情况见表 A.1。

表 A.1　本部分与 ISO11554:2006 的章条编号对照情况

本标准的章条编号	ISO 11554:2006 的章条编号
4.1 a)	7.2、6.3 a)第一段
4.1 b),c),d)	—
4.1 e)	6.3 a)第二段
4.2 a)	6.3 a)第一段
4.2 b),c),d),e), f)	—
4.2 g)	6.3 a)第二段
4.3	5
4.4	6.2
4.5	—
4.6	6.1.1 最后一段
4.7	6.4
4.8	6.5
5.1.1.1	6.1.1、7.2
5.1.1.2	6.1.2、7.2
5.1.2	7.1
5.1.3	8.1、8.2
5.1.4	6.1.1 第二段
5.2.1.1	7.3
5.2.1.2	7.1
5.2.1.3	8.1、8.3
5.2.2	—
5.2.3	6.1.1 第二段
6.1	8.2 最后一段
6.2	8.3 最后一段
7	9
附录 C	6.1.3、附录 A

附 录 B
（资料性附录）
本标准与 ISO 11554:2006 的技术性差异及其原因

表 B.1 给出了本标准与 ISO 11554:2006 的技术性差异及其原因。

表 B.1 本部分与 ISO 11554:2006 的技术性差异及其原因

本标准章节编号	技术性差异	原 因
1	删除了有关能量，脉冲形状，脉宽，脉冲重复率和能量不稳定度、脉冲周期不稳定度的相关内容	属于其他国标范围
1	将本测试方法用于“测定和评价激光器的特性”缩小为“适用于各种连续和准连续激光器的激光辐射连续功率以及连续激光器输出功率不稳定度的测试”	本国标只能测定和评价连续和准连续激光器的功率特性，不足以完整评价激光器的特性
2	GB/T 15313 激光术语（GB/T 15313—2008，ISO 11145:2006，MOD） GB/T 6360 激光功率能量测试仪器规范 GB 7247.1 激光产品的辐射安全 第1部分 设备分类、要求和用户指南（GB 7247.1—2001，IEC 60825-1:1993，IDT）	采用了等同于国际标准 ISO 11145:2006 的 GB/T 15313 采用了类似于国际电工学会标准 IEC 61040:1990 的 GB/T 6360 增加了 GB 7247.1 标准
3	将 3.1 相对强度噪声归入附录 C 中	按国内习惯，仪器的标定检验不包括在测试方法中
3	将原国标中激光辐射功率稳定度的定义保留并修改为激光辐射功率的峰值不稳定度的定义	为了兼顾国内相关标准的现状和测试仪器技术发展的现状
3	保留了原国标中灵敏度，测试仪器非线性系数，零漂的定义	本国标中会用到
	取消了测量符号与单位的列表	参照 GB/T 15313 的规定，没有更改，没必要罗列
4.1	保留原国标 GB/T 13863—1992 的基本结构，涵盖 ISO 11554:2006 第 7.2 和 6.3 a）第一段，6.3 a）第二段技术要求	对激光功率测试仪器应该有一个基本要求
4.2	保留原国标 GB/T 13864—1992 的基本结构，涵盖 ISO 11554:2006 第 6.3 a）第一段，6.3 a）第二段技术要求	对激光功率不稳定度测试仪器应该有一个基本要求
4.5	保留原国标 GB/T 13863—1992 的条款	适应相关国标要求
5.2.2	连续激光器输出功率峰值不稳定度测试	为了兼顾国内相关标准的现状和测试仪器技术发展的现状

附 录 C
（规范性附录）
相对强度噪声及其相关测量方法

C.1 定义

相对强度噪声 relative intensity noise

$R(f)$

功率起伏在频域的谱密度函数被平均功率的平方根 $P_0{}^2$ 归一化的单边谱密度，见公式(C.1)。

$$R(f)=\frac{S_{\Delta P}(f)}{P_0{}^2} \quad \cdots\cdots(\mathrm{C.1})$$

式中：

$S_{\Delta P}(f)$——功率起伏的谱密度函数，单位为二次方瓦每赫兹(W^2/Hz)。

功率起伏的谱密度函数可按公式(C.2)计算。

$$S_{\Delta P}(f)=\lim_{T\to\infty}\frac{4\pi|V_{\mathrm{T}}(f)|^2}{T} \quad \cdots\cdots(\mathrm{C.2})$$

式中：

$V_{\mathrm{T}}(f)$——功率起伏的傅立叶变换，单位为焦耳(J)。

功率起伏的傅立叶变换按公式(C.3)计算。

$$V_{\mathrm{T}}(f)=\int_{-T/2}^{T/2}\Delta P(t)\mathrm{e}^{-2\pi ift}\,\mathrm{d}t \quad \cdots\cdots(\mathrm{C.3})$$

式中：

$\Delta P(t)$——功率的起伏，单位为瓦(W)。

在时域，激光功率见公式(C.4)。

$$P(t)=P_0+\Delta P(t) \quad \cdots\cdots(\mathrm{C.4})$$

式中：

$P(t)$——激光功率，单位为瓦(W)；

P_0 ——平均功率，$P_0=\langle P\rangle$，单位为瓦(W)。

另外，功率起伏的谱密度函数还可以由功率的自相关函数的傅立叶变换来计算，见公式(C.5)。

$$S_{\Delta P}(f)=4\int_0^{\infty}C_{\Delta P}(\tau)\mathrm{e}^{2\pi ift}\,\mathrm{d}\tau \quad \cdots\cdots(\mathrm{C.5})$$

式中：

$C_{\Delta P}(t)$——功率的自相关函数，单位为瓦平方(W^2)。

功率的自相关函数按公式(C.6)计算。

$$C_{\Delta P}(t)=\langle\Delta P(t)\Delta P(t+\tau)\rangle \quad \cdots\cdots(\mathrm{C.6})$$

C.2 物理意义

带宽为$[f_{\mathrm{L}},f_{\mathrm{H}}]$系统的信噪比是 $R(f)$ 在整个系统带宽内所有功率起伏的谱成分的积分的倒数，见公式(C.7)。

$$SNR=\frac{P_0{}^2}{\langle\Delta P(t)^2\rangle}=\left[\int_{f_{\mathrm{L}}}^{f_{\mathrm{H}}}R(f)\,\mathrm{d}f\right]^{-1} \quad \cdots\cdots(\mathrm{C.7})$$

式中：

SNR——系统的信噪比。

因为电功率 P_E 同电流 i 的平方成正比，因此也同光功率 P_{opt} 的平方成正比，即：$P_E \propto i^2 \propto P_{opt}^2$。

这个定义同电场的信噪比 *SNR* 的定义是一致的。这里 *SNR* 是电场功率的比，即：$P_{sin\ gal}/P_{noise} = P_{AC}/P_{DC}$。

C.3 测量方法

使用一个功率不稳定度高的标准激光器，光束通过透镜，衰减器或其他损耗介质，最后到达探测器，测试框图见图 C.1。为了测试相对强度噪声，电滤波器将测试激光器的直流信号送给电功率计；同时将交流部分放大，并由频谱分析仪显示。测量得到的相对强度噪声用谱线分析仪测量的 $P_E(f)$ 被探测系统的频率相关校正函数 $C(f)$ 加权后，再除以电平均功率计算出，见公式(C.8)。

$$R(f) = \frac{P_E(f)}{P \times C(f)} \qquad \cdots\cdots\cdots\cdots (C.8)$$

式中：

$P_E(f)$——用电路频谱分析仪测量出的电噪声功率的谱密度等效到输入平面 A 的数值，注意 $P_E(f)$ 是减去热背景噪声的值，单位为瓦每赫兹(W/Hz)；

P ——测试系统输出的电总直流功率等效到输入平面 A 的数值，单位为瓦(W)；

$C(f)$ ——探测系统的频率相关校正函数。

如果将输出功率直流分量反馈控制激光器能够将测量误差最小化。

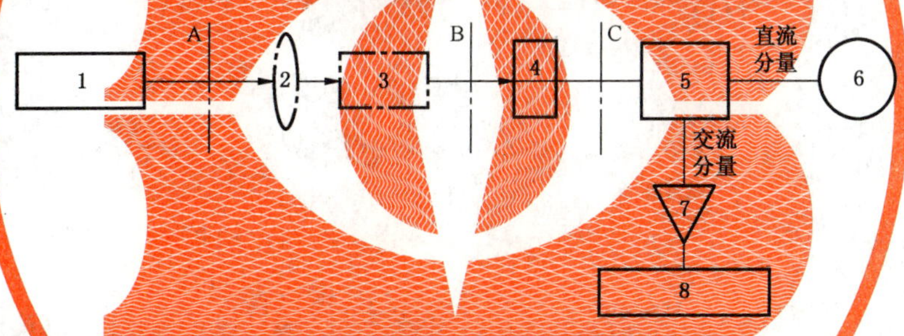

说明：

1——标准激光器；
2——光束整形装置；
3——衰减装置；
4——探测器；
5——电子滤波耦合器；
6——电功率计；
7——前置放大器；
8——电子频谱分析仪；
A——$R(f)$ 的等效输入平面；
B——光束整形、衰减装置造成的 $R(f)$；
C——探测器散粒噪声造成的 $R(f)$。

图 C.1 相对强度噪声 $R(f)$ 测试框图

相对强度噪声由很多因素决定，主要为：

a) 频率；
b) 输出功率；
c) 温度；
d) 调制频率；
e) 光学反馈的延迟和量级；
f) 模抑制比；
g) 驰豫振荡频率。

因此，在测试过程中，应使这些因素的变化最小。

ICS 27.060.01
J 98

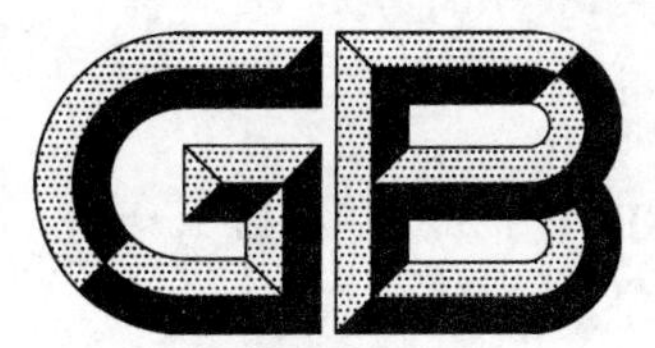

中华人民共和国国家标准

GB/T 13922—2011
代替 GB/T 13922.1～13922.4—1992

水处理设备性能试验

Performance test for water treatment equipment

2011-12-30 发布　　　　2012-06-01 实施

中华人民共和国国家质量监督检验检疫总局
中国国家标准化管理委员会　发布

前　言

本标准按照 GB/T 1.1—2009 给出的规则起草。

本标准代替 GB/T 13922.1—1992《水处理设备性能试验　总则》、GB/T 13922.2—1992《水处理设备性能试验　离子交换设备》、GB/T 13922.3—1992《水处理设备性能试验　过滤设备》、GB/T 13922.4—1992《水处理设备性能试验　除氧器》。

本标准对 GB/T 13922.1—1992、GB/T 13922.2—1992、GB/T 13922.3—1992、GB/T 13922.4—1992 进行了整合，与 1992 年版本相比，主要变化如下：

——增加和修改了部分规范性引用文件；

——增加和修改了术语和定义；

——修改了部分化学测量指标；

——增加了离子交换设备性能试验的"试验条件"；

——在离子交换设备性能试验中增加了工作交换容量、再生剂耗量、再生自耗水率、除碳器除碳效率等的测定要求，并给出了计算公式；

——过滤设备试验对象增加了高效纤维过滤设备和除铁过滤设备；

——增加了过滤设备反洗强度的测量；

——除氧设备试验对象限定为热力除氧器；

——溶解氧测定方法直接引用 GB/T 12157，删除了 GB/T 13922.4—1992 中第 6 章和第 7 章的内容；

——除氧设备试验要求中规定了各种疏水不参与试验，简化了除氧器热力及流体性能的测量和计算公式。

本标准由全国锅炉压力容器标准化技术委员会(SAC/TC 262)提出并归口。

本标准负责起草单位：中国锅炉水处理协会。

本标准参加起草单位：中国特种设备检测研究院、宁波市特种设备检验研究院、广州市特种承压设备检测研究院、无锡国联华光电站工程有限公司、江苏省特种设备安全监督检验研究院常州分院、温州市润新机械制造有限公司。

本标准主要起草人：王骄凌、周英、杨麟、徐月湖、胡月新、伍孝荣、王婷。

本标准代替标准的历次版本发布情况为：

——GB/T 13922.1—1992、GB/T 13922.2—1992、GB/T 13922.3—1992、GB/T 13922.4—1992。

水处理设备性能试验

1 范围

本标准规定了离子交换设备、过滤设备、热力除氧器等水处理设备性能试验的要求、测量方法和试验报告的内容。

本标准适用于上述水处理设备产品鉴定试验、新安装后或者在用设备技术改造后进行调试和验收时的性能试验，也适用于对在用水处理设备进行使用经济性评估时的性能试验。

2 规范性引用文件

下列文件对于本文件的应用是必不可少的。凡是注日期的引用文件，仅注日期的版本适用于本文件。凡是不注日期的引用文件，其最新版本(包括所有的修改单)适用于本文件。

GB 209 工业用氢氧化钠

GB 320 工业用合成盐酸

GB/T 534 工业硫酸

GB/T 1226 一般压力表

GB/T 1227 精密压力表

GB/T 1576—2008 工业锅炉水质

GB/T 5462 工业盐

GB/T 5757 离子交换树脂含水量测定方法

GB/T 5758 离子交换树脂粒度、有效粒径和均一系数的测定

GB/T 5759 氢氧型阴离子交换树脂含水量测定方法

GB/T 5760 氢氧型阴离子交换树脂交换容量测定方法

GB/T 6904 工业循环冷却水及锅炉用水中 pH 的测定

GB/T 6907 锅炉用水和冷却水分析方法 水样的采集方法

GB/T 6908 锅炉用水和冷却水分析方法 电导率的测定

GB/T 6909 锅炉用水和冷却水分析方法 硬度的测定

GB/T 8144 阳离子交换树脂交换容量测定方法

GB/T 8330 离子交换树脂湿真密度测定方法

GB/T 8331 离子交换树脂湿视密度测定方法

GB/T 11991 离子交换树脂转型膨胀率测定方法

GB/T 11992 氯型强碱性阴离子交换树脂交换容量测定方法

GB/T 12148 锅炉用水和冷却水分析方法 全硅的测定 低含量硅氢氟酸转化法

GB/T 12149 工业循环冷却水和锅炉用水中硅的测定

GB/T 12151 锅炉用水和冷却水分析方法 浊度的测定(福马肼浊度)

GB/T 12152 锅炉用水和冷却水中油含量的测定

GB/T 12157 工业循环冷却水和锅炉用水中溶解氧的测定

GB/T 12598 离子交换树脂渗磨圆球率、磨后圆球率的测定

GB/T 13689 工业循环冷却水和锅炉用水中铜的测定

GB/T 14343 化学纤维 长丝线密度试验方法

GB/T 14415 工业循环冷却水和锅炉用水中固体物质的测定

GB/T 14420 锅炉用水和冷却水分析方法 化学耗氧量的测定 重铬酸钾快速法

GB/T 14424 工业循环冷却水中余氯的测定

GB/T 14427 锅炉用水和冷却水分析方法 铁的测定

GB/T 14640 工业循环冷却水及锅炉用水中钾、钠含量的测定

GB/T 15453 工业循环冷却水和锅炉用水中氯离子的测定

GB/T 18300 自动控制钠离子交换器技术条件

GB 50109 工业用水软化水除盐设计规范

DL/T 502.5 火力发电厂水汽分析方法 第5部分:酸度的测定

DL/T 502.8 火力发电厂水汽分析方法 第8部分:游离二氧化碳的测定(固定法)

DL/T 502.14 火力发电厂水汽分析方法 第14部分:铜的测定(双环己酮草酰二腙分光光度法)

DL/T 502.22 火力发电厂水汽分析方法 第22部分:化学耗氧量的测定(高锰酸钾法)

DL/T 502.25 火力发电厂水汽分析方法 第25部分:全铁的测定(磺基水杨酸分光光度法)

DL/T 5068 火力发电厂化学设计技术规程

FZ/T 54001—1991 丙纶BCF丝

JB/T 2932 水处理设备技术条件

3 术语和定义

下列术语和定义适用于本文件。

3.1

硬度 hardness

水中易于形成沉淀物的金属离子总浓度,通常以水中钙、镁离子的总浓度表示。

3.2

软化水 softened water

除掉大部分或全部钙、镁离子后的水。

3.3

离子交换树脂 ion-exchange resin

采用化学合成方法制成的具有活性基团的高分子共聚物,能与溶液中相同电性的离子相互交换的离子交换剂。

3.4

再生过程 regeneration phase

使失效离子交换树脂恢复交换能力的过程,包括但不限于反洗、再生、置换、正洗等各步骤的过程。

3.5

再生 regeneration

将一定浓度的再生液以一定的流速流过失效的树脂层,使离子交换树脂恢复交换能力的步骤。

3.6

再生剂 regenerant

用于恢复交换剂交换能力的物质。

3.7

再生液 regeneration solution

配制成一定浓度的再生剂溶液。

3.8

再生剂耗量　regeneration level

使离子交换树脂恢复1 mol交换能力所消耗的纯再生剂的克数。

3.8.1

盐耗　salt consumption

钠离子交换树脂每恢复1 mol交换能力所消耗的食盐(以纯NaCl计)的克数。

3.8.2

酸耗　acid consumption

H型离子交换树脂每恢复1 mol交换能力所消耗的盐酸(以纯HCl计)或硫酸(以纯H_2SO_4计)的克数。

3.8.3

碱耗　alkali consumption

OH型离子交换树脂每恢复1 mol交换能力所消耗的氢氧化钠(以纯NaOH计)的克数。

3.9

再生剂比耗　molar amounts of regenerant consumption

再生剂耗量与再生剂摩尔质量之比。

3.10

周期制水量　service cycle water production

交换器再生后,开始投运制水至失效这一周期内所制取的产品水总量。

3.11

再生自耗水率　regeneration self-water consumption ratio

再生过程的耗水总量(其中不包括带中排的逆流再生离子交换器大反洗的耗水)与离子交换树脂的体积比。

3.12

工作交换容量　working exchange capacity

在工作状态下,单位体积树脂所能交换离子的量。

3.13

粒径　particle size

滤料的粒径通常以平均粒径和有效粒径表示。平均粒径d_{50},是指有50%(按称量计)的滤料能通过的筛孔孔径;有效粒径d_{10},表示有10%(按称量计)的滤料能通过的筛孔孔径,常以mm为单位。

3.14

不均匀系数　uneven coefficient

滤料粒度的均匀性常用不均匀系数K_{80}来表示,它是指80%(按称量计)的滤料能通过的筛孔孔径(d_{80})与10%的滤料能通过的筛孔孔径(d_{10})之比。

3.15

线密度　linear density

每米单根纤维在标准大气中调湿后的质量,单位为分特克斯(dtex)。

3.16

热负荷　heat load

单位时间内蒸汽传给水的热量。

3.17

进汽量　inlet steam flow

除氧器进口蒸汽流量,包括排汽损失量。

3.18

进汽压降　inlet steam pressure drop

除氧器进口蒸汽压力与除氧器(除氧头)内工作压力之差。

3.19

除氧水焓增量　deoxygenized water enthalpy increase

除氧器出口水焓与进口水焓之差。

3.20

终温差　final temperature difference

除氧器内饱和蒸汽温度与除氧器出口水温度之差。

3.21

排汽量　outlet steam flow

除氧器排汽口排出的蒸汽量。

3.22

定常参数　steady parameters

除氧器性能试验时,1 h内或相当于十次更换水箱贮水(在试验出力下)所需时间内应保持稳定的参数。

4　总则

4.1　试验大纲

4.1.1　在进行水处理设备性能试验之前,应制定试验大纲。试验大纲应包括以下内容:

a)　试验目的、试验地点、试验时间、试验程序、数据处理及计算方法(包括误差处理原则)等;

b)　试验工况,预备性试验,试验前后需做的设备检查内容和要求;

c)　参加试验的人员分工和职责;

d)　试验用仪器仪表的型号、数量、精度等级、布置位置,以及仪器仪表的校正要求;

e)　明确试验工况的要求、稳定工况的方法,以及允许工况变动的范围;

f)　设备流入液的质量及预处理方法;

g)　对流入液和流出液测定项目、分析方法及其精度要求;

h)　确定取样和记录仪表读数的时间间隔;

i)　试验必需的安全措施。

4.1.2　对于验收试验和鉴定试验,试验双方应对上述试验大纲中每一项内容达成协议。

4.2　试验要求

4.2.1　在正式试验前,应做一次预备性试验。在预备性试验中,应查清设备、控制装置、采样点和仪器仪表的工作性能情况,以保证能记录到正确的试验数据。

4.2.2　在稳定状态建立后,预备性试验至少应经历一次完整的周期,对除氧器要持续一定时间,以确定设备运行是否正常,试验程序是否可行。

4.2.3　在做试验前应检查进行试验的设备是否处于待用状态。如果处于工作状态,应记录以下内容:

a)　设备已运行的时间;

b)　试验前曾经发生过的任何不正常情况。

4.2.4　试验所用的所有控制装置都应预先予以校正。所有的测量仪器、仪表等都应符合相应的标准或技术规范的要求,并按计量检定规程的要求计量有效。

4.2.5　化学测量所用的试剂应保证有效,标准溶液应进行准确标定。

4.2.6 为确保设备性能及求得各参数的平均值，试验应持续一定的时间。

4.3 试验报告的要求

4.3.1 每次性能试验结束后，试验单位应出具完整的试验报告。

4.3.2 试验报告至少应包含以下几方面：

a) 基本信息；

b) 试验概况；

c) 试验设备叙述；

d) 试验数据记录；

e) 试验结果；

f) 结论。

4.3.3 试验基本信息至少应包括以下内容：

a) 试验单位、联系人和联系电话；

b) 设备使用单位或者试验申请单位、联系人和联系电话；

c) 试验的水处理设备；

d) 试验地点；

e) 水源的种类及水质；

f) 出水水质要求；

g) 试验人员；

h) 试验日期。

4.3.4 试验概况至少应包括以下内容：

a) 试验目的；

b) 试验内容和程序；

c) 试验前的准备工作；

d) 试验前和试验中的运行情况；

e) 主要测量参数、测试方法、测点布置(必要时附图)；

f) 试验工况的修正。

4.3.5 试验设备叙述、数据记录、试验结果和结论等的报告内容应根据设备具体情况和性能试验要求确定。

5 离子交换设备性能试验

5.1 试验对象

本标准适用于以下几种型式的离子交换设备及系统：

a) 钠离子交换设备；

b) 阳离子交换设备；

c) 阴离子交换设备；

d) 阳离子交换-除碳器-阴离子交换系统；

e) 阴、阳混合离子交换设备。

试验时可根据水处理流程的需要做单台设备的性能测试，也可几台设备组合起来进行系统测试。

5.2 试验内容及目的

5.2.1 一般要求

5.2.1.1 对一般离子交换设备(以下简称交换器)的试验，至少要有三个周期。对于工作周期需很长时间的深度除盐设备，至少要有一个完整的周期。

5.2.1.2 在试验中，主要通过压差、流量、温度、树脂装填体积、运行周期、交换器内径、再生剂用量等的测量以及水质化学测量，确定交换器的周期制水量、工作交换容量、再生剂耗量和比耗、再生自耗水率等的性能。

5.2.2 压差测量

通过压差测量，反映离子交换树脂床层表面的污染程度及树脂颗粒的破碎程度。树脂层反洗的效果一般可通过测量反洗前后树脂层的压降予以确定。

5.2.3 流量测量

通过流量的测量可确定设备的出力，也可确定再生过程中反洗、再生、置换、正洗等各步骤中交换器内的流体流速。

5.2.4 温度测量

5.2.4.1 试验时应测量水温和再生液的温度，了解温度对再生效果和工作交换容量的影响。

5.2.4.2 在对样品进行化学分析时，对电导率、pH 值等受温度影响的项目应采取温度补偿措施。

5.2.5 树脂装填体积测量

5.2.5.1 通过对树脂堆体积的测量，确定交换器内是否装有适当数量的树脂。

5.2.5.2 通常树脂在第一次工作周期中会有一定量的不可逆膨胀，尤其是弱型离子交换树脂具有这个特性。在这种情况下，要求在设备进行多次运行周期后再做树脂堆体积测量。

5.2.5.3 树脂装填体积不包括压脂层和惰性树脂的体积。

5.2.6 运行周期的测量

交换器在额定出力下，测定并记录从开始投运至失效的连续运行时间，确定制水周期是否符合设计要求。

5.2.7 反洗强度测量

通过对反洗流量和交换器内径的测量，确定适宜的反洗强度，以保证树脂的清洗效果，并避免颗粒树脂流失。

5.2.8 化学测量

5.2.8.1 通过测定经过离子交换后水质的变化，确定交换器的水处理性能。

5.2.8.2 本试验中化学测量指标见表 1。

表 1 各种离子交换系统性能试验中的化学测量指标

离子交换系统	进水化学测量指标	出水化学测量指标
钠离子交换	总硬度 氯离子 浊度 余氯 总铁离子 化学耗氧量（$KMnO_4$ 法）	总硬度 氯离子

表 1（续）

离子交换系统	进水化学测量指标	出水化学测量指标
氢-钠离子交换	总硬度 氯离子 碱度 pH 值 酸度 浊度 余氯 总铁离子 化学耗氧量（$KMnO_4$ 法）	总硬度 氯离子 碱度 pH 值 酸度
氢离子交换 （包括弱酸性阳离子交换和强酸性阳离子交换及其多室床）	总硬度 钠离子 pH 值 碱度 电导率 浊度 余氯 总铁离子 化学耗氧量（$KMnO_4$ 法）	总硬度 钠离子（仅对强阳离子交换要求） pH 值 酸度
除碳器	二氧化碳	二氧化碳
阴离子交换 （包括弱碱性阴离子交换和强碱性阴离子交换及其多室床）	酸度 pH 值 二氧化硅 二氧化碳 余氯 化学耗氧量（$KMnO_4$ 法）	酸度（仅对弱碱阴离子交换要求） pH 值 二氧化硅（仅对强阴离子交换要求） 氯离子（仅对弱碱阴离子交换要求） 电导率
阳、阴离子混合交换（混床）	电导率 二氧化硅 pH 值	电导率 二氧化硅 pH 值
凝结水处理混床	总硬度 钠离子 二氧化硅 电导率 pH 值 总铜离子 总铁离子	总硬度 钠离子 二氧化硅 电导率 pH 值 总铜离子 总铁离子
冷凝水（回水）钠离子交换	总硬度 电导率 总铁离子 pH 值 浊度 油	总硬度 电导率 总铁离子
注：也可根据需要增加其他化学测量指标。		

5.2.9　周期制水量测量

通过对周期制水量测定，确认交换器在进水水质稳定情况下的再生效果。

5.2.10　工作交换容量测定

通过测定交换器中树脂的工作交换容量，对交换器实际运行的经济性及树脂的交换能力进行评估。

5.2.11　再生剂耗量和比耗

通过对再生剂实际耗量和比耗的测定，判断交换器再生的经济性及再生剂用量是否合理。

5.2.12　再生自耗水率

通过再生自耗水率测定，确认交换器再生过程中的耗水量是否符合设计要求，避免再生用水的浪费。

5.2.13　除碳器除碳效率测定

通过除碳器除碳效率的测定，确认离子交换除盐系统中，经过除碳器除碳后水中残留的二氧化碳对阴离子交换性能的影响。

5.3　试验条件

5.3.1　离子交换树脂质量要求

交换器中填装的离子交换树脂应符合相应型号树脂的质量标准。必要时可在试验前按表 2 对树脂进行理化分析，以确认其是否符合设计要求。

表 2　树脂理化分析的测定项目和方法

测定项目[a]	测定方法
全交换容量	GB/T 5760、GB/T 8144、GB/T 11992
含水量	GB/T 5757、GB/T 5759
湿真密度	GB/T 8330
湿视密度	GB/T 8331
转型膨胀率	GB/T 11991
强度	GB/T 12598
粒度	GB/T 5758
[a] 也可根据需要增加其他项目的测定。	

5.3.2　用于垫层的石英砂要求

5.3.2.1　对于下布水采用石英砂垫层的交换器，应对所填装的石英砂进行化学稳定性试验。

5.3.2.2　石英砂的化学稳定性试验按以下方法进行：

取各规格的石英砂 100 g～150 g，加 100 mL～150 mL 5％HCl，保持 20 ℃浸泡 4 h，冲洗至中性，沥干；再加 100 mL～150 mL 5％NaOH 溶液，保持 40 ℃浸泡 4 h 后，用无硅水彻底冲洗干净，沥去水分，烘干；取 50 g 放在 1 000 mL 塑料杯中，加 500 mL 无硅水保持 20 ℃，每 4 h 摇动一次，浸泡 24 h，其水溶液中二氧化硅的增加量不超过 20 μg/L；硬度含量不应有增高。

5.3.3 进水水质要求

离子交换系统的进水水质应符合 JB/T 2932 的要求。

5.3.4 再生剂要求

5.3.4.1 再生剂的质量应符合 GB 209、GB 320、GB/T 534、GB/T 5462 等相应标准的要求。

5.3.4.2 对再生液的浓度应进行测定和调整，以符合 GB 50109 或 DL/T 5068 对再生的要求。

5.4 试验方法

5.4.1 物理测量

5.4.1.1 压差测量

用沿程安装的压力表、压差计对设备及系统各部件按以下要求进行压力和压差测量：

a) 单一设备或几台设备组成的系统的压力损失值，可用压差计或一对配套的、经校准的压力表进行测量。采用一对压力表测量时，两者宜安装在同一高度，以避免对不同静压头的修正，并便于同时读出进、出口压力；

b) 应适当地选择压力表的量程，压力表最大量程一般应是指示平均值的 1.5 倍～2 倍；

c) 按试验大纲确定的参数调整流量，避免不同流量对压差测量值的影响；

d) 进行设备阻力损失的试验，应将压力测点置于设备的进口及出口管道上。

5.4.1.2 流量测量

交换器再生过程中及运行时的流量，可以通过在交换器的各出口管路上安装流量计来测定。对于小型离子交换系统，如果没有安装流量计，也可以将水流从交换器各排出口分别引入参加试验各方一致商定的、既可称量又可测量体积的容器中，同时用秒表计量时间，确定再生各个过程及运行时的流量。

5.4.1.3 温度测量

温度测量可采用充液式玻璃温度计。

5.4.1.4 树脂体积测量

树脂堆体积的测量按如下方法进行：对设备中已再生的树脂反洗 10 min，使树脂床层膨胀至少 50%。打开交换器空气门，静置 5 min～10 min，使树脂自然沉降。然后在大气压力下排水，排水速度以不超过 1 $kg/(s \cdot m^2)$ 为宜，直到设备内液面高于树脂 10 cm 左右，再测量树脂床高度。注意不要震动设备或扰动树脂床。并计算出树脂堆体积，记录数值并标明树脂形态（Na 型、H 型、OH 型）。

5.4.1.5 反洗强度测量

反洗强度测量可通过测定反洗时使树脂层膨胀到规定高度时的反洗流量来确定。

5.4.1.6 自动钠离子交换器的测量

自动钠离子交换器除了进行上述测量外，还应按 GB/T 18300 的要求进行空气止回性能、盐水液位控制性能的测量。

5.4.2 化学测量

5.4.2.1 水样的采集

交换器进水和出水的水样采集，应符合 GB/T 6907 的要求。

5.4.2.2 化学测量方法

交换器的进水和出水按表 1 的要求进行化学测量。各项指标的测定方法见表 3。

表 3 水质各项化学测量指标测定方法

化学测量指标	测 定 方 法
总硬度	GB/T 6909
总碱度	GB/T 1576—2008 附录 H
氯离子	GB/T 15453
余氯	GB/T 14424
pH 值	GB/T 6904
浊度	GB/T 12151
酸度	DL/T 502.5
电导率	GB/T 6908
二氧化碳	DL/T 502.8
二氧化硅	GB/T 12148;GB/T 12149
钠离子	GB/T 14640
总铁离子	DL/T 502.25;测纯水:GB/T 14427
总铜离子	GB/T 13689;DL/T 502.14
化学耗氧量	GB/T 14420;DL/T 502.22
油	GB/T 12152

5.4.3 周期制水量和工作交换容量的测定

5.4.3.1 周期制水量的测定

通过安装在交换器出水管上的流量表，记录交换器开始投运至失效时累计制水的量。一般需进行三个周期的测定，取其平均值。

5.4.3.2 工作交换容量的测定

根据试验时测定的周期制水量、树脂体积、交换器的进水和出水水质，按以下公式计算各类离子交换的工作交换容量。

a) 钠离子交换的工作交换容量按式(1)计算：

$$E=\frac{Q(YD-YD_{\mathrm{C}})}{V_{\mathrm{R}}} \quad \cdots\cdots(1)$$

式中：

E ——树脂的工作交换容量，单位为摩尔每立方米(mol/m^3)；

Q ——周期制水量，单位为立方米(m^3)；

YD ——制水周期中原水的平均硬度，单位为毫摩尔每升(mmol/L)；

YD_C——钠离子交换器出水的残留硬度，单位为毫摩尔每升(mmol/L)；

V_R ——交换器内树脂的填装体积，单位为立方米(m^3)。

b) 氢离子交换的工作交换容量按式(2)计算：

$$E=\frac{Q\Sigma_{Y+}}{V_R}\approx\frac{Q(JD+SD)}{V_R} \qquad (2)$$

式中：

Σ_{Y+}——阳离子交换器进水中阳离子总含量，单位为毫摩尔每升(mmol/L)；

JD ——制水周期中阳离子交换器进水平均碱度，单位为毫摩尔每升(mmol/L)；

SD ——制水周期中阳离子交换器出水平均酸度，单位为毫摩尔每升(mmol/L)。

其余符号意义同式(1)。

c) 氢氧型阴离子交换的工作交换容量按式(3)计算：

$$E=\frac{Q\Sigma_{Y-}}{V_R}\approx\frac{Q(SD+CO_2+SiO_2)}{V_R} \qquad (3)$$

式中：

Σ_{Y-}——交换器进水阴离子总含量，单位为毫摩尔每升(mmol/L)；

SD ——制水周期中阴离子交换器进水平均酸度，单位为毫摩尔每升(mmol/L)；

CO_2——制水周期中阴离子交换器进水二氧化碳平均含量，单位为毫摩尔每升(mmol/L)；

SiO_2——制水周期中阴离子交换器进水二氧化硅平均含量，单位为毫摩尔每升(mmol/L)。

其余符号意义同式(1)。

d) 弱酸型-强酸型阳离子交换串连系统中，弱酸型和强酸型树脂工作交换容量计算如下：

1) 弱酸型阳离子交换树脂工作交换容量按式(4)计算：

$$E\approx\frac{Q(YD_T+\alpha)}{V_{Rr}} \qquad (4)$$

式中：

YD_T ——制水周期中平均进水碳酸盐硬度，单位为毫摩尔每升(mmol/L)；

V_{Rr} ——弱酸型树脂的体积，单位为立方米(m^3)；

α ——弱酸型树脂阳离子交换后，出水中平均碳酸盐硬度残余量，单位为毫摩尔每升(mmol/L)，当 α 值难以测定时，也可按表 4 选取。

其余符号意义同式(1)。

表 4 α 值参考数据

进水水质	硬度/碱度	1.0～<1.5		1.5～2.0	
	YD_T mmol/L	≤2	>2	≤3	>3
α 值 mmol/L		0.15～0.20	0.20～0.30	0.10～0.20	0.20～0.40

2) 强酸型阳离子交换树脂工作交换容量按式(5)计算：

$$E=\frac{Q(JD+SD-YD_T+\alpha)}{V_{Rq}} \qquad (5)$$

式中：

JD ——制水周期中弱型阳离子交换器进水平均碱度，单位为毫摩尔每升(mmol/L)；

SD ——制水周期中强型阳离子交换器出水平均酸度，单位为毫摩尔每升(mmol/L)；

V_{Rq}——强型树脂的体积，单位为立方米(m^3)。

其余符号意义同式(4)。

e) 弱碱型-强碱型阴离子交换串连系统中，弱碱型和强碱型树脂工作交换容量按以下计算：

1) 弱碱型阴离子交换树脂工作交换容量按式(6)计算：

$$E \approx \frac{Q(SD-\beta)}{V_{Rr}} \qquad \cdots\cdots(6)$$

式中：

SD——制水周期中弱型阴离子交换器进水平均酸度，单位为毫摩尔每升(mmol/L)；

V_{Rr}——弱碱型树脂的体积，单位为立方米(m^3)；

β——弱碱型树脂阴离子交换后，出水中平均强酸根阴离子残余量，单位为毫摩尔每升(mmol/L)。β值近似于弱碱型阴离子交换器出水平均酸度，无酸度时可近似按出水氯离子平均含量计(以 mmol/L 为单位)。

其余符号意义同式(1)。

2) 强碱型阴离子交换树脂工作交换容量按式(7)计算：

$$E = \frac{Q(CO_2+SiO_2+\beta)}{V_{Rq}} \qquad \cdots\cdots(7)$$

式中符号意义同式(3)、式(5)和式(6)。

5.4.4 再生剂耗量和比耗的测定

5.4.4.1 盐耗测定

盐耗按式(8)计算：

$$H_Y = \frac{m_{cz}}{Q(YD-YD_C)} \qquad \cdots\cdots(8)$$

式中：

H_Y——盐耗，单位为克每摩尔(g/mol)；

m_{cz}——再生一次所用纯再生剂的量(按 100%计)，单位为克(g)。

其余符号同式(1)。

5.4.4.2 酸耗测定

酸耗按式(9)计算：

$$H_S = \frac{m_{cz}}{Q\Sigma_{Y+}} \approx \frac{m_{cz}}{Q(JD+SD)} \qquad \cdots\cdots(9)$$

式中：

H_S——酸耗，单位为克每摩尔(g/mol)；

其余符号同式(2)和式(8)。

5.4.4.3 碱耗测定

碱耗按式(10)计算：

$$H_J = \frac{m_{cz}}{Q\Sigma_{Y-}} \approx \frac{m_{cz}}{Q(SD+CO_2+SiO_2)} \qquad \cdots\cdots(10)$$

式中：

H_J——碱耗，单位为克每摩尔(g/mol)；

其余符号同式(3)和式(8)。

注：弱酸型-强酸型阳离子交换系统，或者弱碱型-强碱型阴离子交换系统通常采用联合再生，可通过测定交换器进、出水水质，按式(9)和式(10)计算总的酸耗和碱耗。

5.4.4.4 **再生剂比耗计算**

再生剂比耗按式(11)计算：

$$d=\frac{H}{M} \qquad \cdots\cdots (11)$$

式中：

d ——再生剂比耗；

H——再生剂耗量，单位为克每摩尔(g/mol)；

M——再生剂的摩尔质量，单位为克每摩尔(g/mol)。

用食盐(NaCl)作再生剂时 M=58.5 g/mol；用盐酸作再生剂时 M=36.5 g/mol；用氢氧化钠作再生剂时 M=40 g/mol。

5.4.5 **再生自耗水率的测定**

5.4.5.1 按5.4.1.2方法测定再生过程各步骤中的流量(带中排的逆流再生离子交换器不包括大反洗)，同时记录各步骤的实际时间，计算出再生过程总耗水量。

5.4.5.2 再生自耗水率按式(12)计算：

$$Z_{HS}=\frac{Q_H}{V_R} \qquad \cdots\cdots (12)$$

式中：

Z_{HS}——再生自耗水率；

Q_H ——再生过程总耗水量，单位为立方米(m^3)；

V_R ——交换器内树脂的填装体积，单位为立方米(m^3)。

5.4.6 **除碳器除碳效率测定**

5.4.6.1 在除碳器稳定运行状态下，按照DL/T 502.8测定除碳器进水(或阳床出水)和除碳器出水的二氧化碳含量。

5.4.6.2 试验至少应持续至阴离子交换器两个制水周期，以便确定除碳器除碳效率对阴离子交换性能的影响。

5.4.6.3 除碳器除碳效率按式(13)计算：

$$\eta=\frac{CO_{2in}-CO_{2out}}{CO_{2in}}\times 100\% \qquad \cdots\cdots (13)$$

式中：

η ——除碳器除碳效率，单位为质量百分数(%)；

CO_{2in} ——除碳器进水二氧化碳含量，单位为毫克每升(mg/L)；

CO_{2out} ——除碳器出水二氧化碳含量，单位为毫克每升(mg/L)。

5.5 **试验报告**

5.5.1 试验报告应符合总则的要求。

5.5.2 试验设备的叙述至少应包含以下内容：

a) 设备制造单位名称；

b) 设备类型、型号及出厂编号；

c) 设备及系统的设计参数；

d) 交换器的数量、尺寸和布置；

e) 离子交换系统及其布置；

f) 系统管道的尺寸和布置；

g) 各交换器中树脂的型号、体积和层高；

h) 各交换器中树脂垫层材料类型、质量和级配情况；

i) 交换器的再生系统及装置；

j) 交换器所用压缩空气装置的参数；

k) 测量装置的系统图。

5.5.3 试验数据记录至少应包括以下内容：

a) 各个交换器内树脂的实测体积；

b) 运行(包括进水和出水的压力、温度、水质、流量及时间等)；

c) 反洗(包括反洗流量、时间、反洗强度、水质等)；

d) 再生(包括再生方式、再生剂种类、再生剂纯度、再生剂用量、再生流速、再生时间、再生液浓度、再生液温度等)；

e) 置换(包括置换清洗用水、流速、时间等)；

f) 正洗(包括正洗流速、时间、水质等)。

5.5.4 试验结果应包含以下几项性能指标：

a) 系统出力；

b) 制水质量；

c) 运行周期、周期制水量和工作交换容量；

d) 再生剂耗量和比耗；

e) 再生自耗水率；

f) 除碳器除碳效率。

5.5.5 结论中应对被测试的离子交换水处理效果、树脂再生效果以及运行和再生的经济性作出评价。

6 过滤设备的性能试验

6.1 试验对象

本标准适用的过滤设备包括：

a) 压力式机械过滤器,包括单流、双流、多层多介质滤料过滤器；

b) 高效纤维过滤器；

c) 活性炭过滤器；

d) 除铁过滤器。

6.2 试验内容及目的

6.2.1 压差测量

通过压差测量,反映滤料床层的截污情况。通过测量反洗前后滤料床层的压降判断过滤器反洗效果。

6.2.2 流量测量

通过流量的测量确定设备的出力,以及反洗、正洗时的流体流速。

6.2.3 温度测量

测量过滤器在运行和反洗时的水温,了解温度对过滤效果、反洗效果以及对滤料溶出物的影响。

6.2.4 反洗强度测量

通过反洗强度(包括空气擦洗强度)的测量,确定使过滤器达到良好反洗效果所需的反洗水和压缩空气流量。

6.2.5 滤料填装体积的测量

测量各种规格滤料填装的层高和体积,确定填装量是否满足设备设计的要求。

6.2.6 颗粒状滤料粒度和密度的测量

6.2.6.1 滤料填装前测量颗粒滤料粒度,确定过滤材料的粒度是否满足设备设计的要求。

6.2.6.2 多介质过滤器通过测量各类型滤料密度,确定其是否符合设计要求。

6.2.7 纤维束滤料的检查

检查纤维束滤料的质量、规格、数量及其安装是否满足设备设计的要求。

6.2.7.1 纤维束滤料物理性能指标应符合 FZ/T 54001—1991,4.1 的规定。

6.2.7.2 纤维束滤料外观指标应符合 FZ/T 54001—1991,4.2 的规定。

6.2.7.3 纤维束线密度应在 1 110 dtex~4 270 dtex 范围内。

6.2.8 化学测量

通过对进水和出水的化学测量,确定过滤设备的过滤性能。过滤设备性能试验中应进行的化学测量项目和测定方法见表 5。

6.2.9 截污容量测量

通过截污容量测定,确定过滤器滤料的截污能力,并判断过滤器的过滤性能。

表 5 各类过滤设备性能试验中应进行的化学测量项目和测定方法

过滤设备类型	进水化学测量指标	出水化学测量指标	测定方法
压力式机械过滤器	浊度 悬浮物	浊度 悬浮物	GB/T 12151 GB/T 14415
高效纤维过滤器	浊度 悬浮物 COD_{Mn}	浊度 悬浮物 COD_{Mn}	GB/T 12151 GB/T 14415 DL/T 502.22
活性炭过滤器	COD_{Mn} 余氯 浊度 悬浮物	COD_{Mn} 余氯 浊度 悬浮物	DL/T 502.22 GB/T 14424 GB/T 12151 GB/T 14415
除铁过滤器	总铁离子 浊度 悬浮物 pH 值	总铁离子 浊度 悬浮物 pH 值	DL/T 502.25 GB/T 12151 GB/T 14415 GB/T 6904

6.3 测量方法

6.3.1 物理测量

6.3.1.1 压差测量

压差测量按5.4.1.1的要求进行。

6.3.1.2 流量测量

过滤设备的反洗、清洗及运行流量，可以通过在过滤设备的进出口管道上安装流量计来测量。对于没有安装流量计的小型过滤系统，也可以将水流从过滤设备各排出口引入参加试验各方一致商定的、既可称量又可测量体积的容器中，同时用秒表计量时间，确定反洗、清洗及运行的流量。

6.3.1.3 温度测量

温度测量可采用充液式玻璃温度计。

6.3.1.4 反洗强度测量

颗粒滤料的过滤器通过测量反洗时使滤料膨胀到规定高度时的反洗流量来确定反洗强度。

纤维过滤器按设备说明书的规定调节反洗参数，同时测量纤维束滤料反洗水流量和空气擦洗强度。

6.3.1.5 滤料填装层高和体积测量

a) 颗粒滤料通过测量层高计算体积。对于多层多介质滤料的过滤器应分别测量各种规格滤料的层高，分别计算其体积。
b) 纤维束滤料的体积根据运行时压实体积按以下测量：
   1) 胶囊纤维过滤器滤料体积的测量，按纤维束层高和过滤器截面积计算滤层体积，再减去胶囊充水体积；
   2) 活动孔板纤维过滤器滤料体积的测量，按运行时纤维束层高和过滤器截面积计算滤料体积。

6.3.1.6 颗粒状滤料粒度的测量：

滤料粒度的测量包括粒径和不均匀系数。粒径可采用筛分分析法测量，不均匀系数 K_B 按式(14)计算：

$$K_B = \frac{d_{80}}{d_{10}} \qquad \cdots\cdots (14)$$

式中：

d_{80}——有80%(按称量计)滤料能通过的筛孔孔径(常以mm表示)；

d_{10}——有10%(按称量计)滤料能通过的筛孔孔径(常以mm表示)。

6.3.1.7 纤维束滤料线密度的测量

纤维束滤料线密度按GB/T 14343测量，或由设备制造厂提供纤维束线密度测试报告。

6.3.2 化学测量

6.3.2.1 水样的采集

过滤设备进水与出水的水样采集，应符合GB/T 6907的要求。

6.3.2.2 **化学测量项目和测量方法**

过滤设备进水和出水化学测量指标和方法按表5的要求进行。

6.3.3 **截污容量测量**

6.3.3.1 **周期制水量测定**

通过安装在过滤器出水管上的流量表,记录过滤器开始投运至运行终点的周期制水量。至少需进行三个周期的测定,取平均周期制水量测算截污容量。

6.3.3.2 **截污容量测算**

截污容量按式(15)计算:

$$W_J = \frac{Q(XF_J - XF_C)}{V_L} \times 10^{-3} \quad \cdots\cdots\cdots\cdots (15)$$

式中:

W_J ——过滤器截污容量,单位为千克每立方米(kg/m³);

Q ——过滤器周期制水量,单位为立方米(m³);

XF_J ——过滤器进水悬浮物,单位为毫克每升(mg/L);

XF_C ——过滤器出水悬浮物,单位为毫克每升(mg/L);

V_L ——滤料体积,单位为立方米(m³)。

注:悬浮物也可以用浊度代替。

6.4 **试验报告**

6.4.1 试验报告应符合总则的要求。

6.4.2 试验设备的叙述至少应包含以下内容:

a) 过滤设备制造单位名称;
b) 过滤器类型、设备型号及出厂编号;
c) 设备及系统的设计参数;
d) 过滤器的数量、尺寸和布置;
e) 空气擦洗的方式和参数;
f) 系统管道的尺寸和布置;
g) 设备中滤料的种类、规格、粒度和层高;
h) 测量装置的系统图。

6.4.3 试验数据记录至少应包括以下内容:

a) 各过滤器内各种滤料的实测体积、密度等;
b) 运行(包括进水和出水的流量、压力、压差、温度、水质、运行时间等);
c) 反洗(包括反洗流量、时间、空气擦洗的参数、反洗强度、水质等);
d) 清洗(包括流量、时间、压差、水质等)。

6.4.4 试验结果应包含以下几项指标:

a) 过滤器实际出力;
b) 设计流量下的运行起始压差和终点压差;
c) 过滤效果;
d) 反洗强度;
e) 过滤器截污容量。

6.4.5 结论中应对被测试过滤器的过滤效果、截污容量、反洗效果等性能作出评价。

7 热力除氧器性能试验

7.1 试验前的准备

7.1.1 试验前应按照总则要求制定试验大纲，并取得参加试验的各方认可。

7.1.2 试验前试验各方应就下列事项预先达成协议：

a) 试验期间热力除氧器(以下简称除氧器)及与之相关的其他设备的运行方式；

b) 试验期间为避免各种影响或干扰除氧器除氧性能的因素，需采取的临时措施；

c) 试验期间除氧器及相关设备运行参数的允许偏差；

d) 所有参数包括定常参数的建立；

e) 试验中允许代用的运行仪表及其标定和检验方法。

7.1.3 试验各方代表应在试验前对除氧器和所有与之相关的其他设备进行检查，以确认设备运行是否达到试验状态。

7.2 试验内容

除氧器性能试验主要测量和确定下列几项性能指标：

a) 加热负荷；

b) 所需加热蒸汽流量；

c) 终温差；

d) 除氧效果。

7.3 试验要求

7.3.1 在正式试验前应进行预备性试验。当预备性试验完全符合本标准的要求时，经各方同意，其试验数据也可作为正式试验数据的一部分。

7.3.2 试验应力求在事先规定的参数下进行。

7.3.3 试验各方可事先选定某些参数作为定常参数。但下列参数在试验中的稳定时间不得少于30 min：

a) 除氧器进、出口水的压力、温度、流量；

b) 加热蒸汽的压力、温度、流量；

c) 除氧头工作压力、温度；

d) 除氧水箱的工作压力、温度。

7.3.4 试验时压力和温度测点的设置应符合本标准的规定。

7.3.4.1 除氧器进水管、出水管上应分别设置压力和温度的测点。

7.3.4.2 加热蒸汽(即进口蒸汽)的压力和温度的测点应设置在进汽阀与除氧器之间的进汽管道上。

7.3.4.3 除氧头筒体、除氧水箱应分别设置工作压力和温度的测点。

7.3.4.4 传压管和测压孔的设置应符合以下要求：

a) 从测压孔至测量仪表或一次感受元件之间的连接管(传压管)内径应大于8 mm；

b) 为避免传压管中存在汽、水两相介质，在敷设传压管时必须注意能够保证管中完全充满水，或能将水彻底排尽。一般应采用仪表位置低于测压孔的安装方式，从表计至测点连续向上倾斜，确保传压管中充满水。必要时可在靠近测点的同一水平位置或稍高位置设一个特制的凝结装置。在传压管容易凝集气体的部位应装设排气(汽)装置；

c) 在靠近仪表尤其是水银压力计接口处，传压管必须具有水封结构，以防高温汽、水的冲击；

d) 在传压管靠近测压孔处，应装设截止阀；当压力较高时，在靠近仪表接口处应再设一个截止阀；

e) 测压孔的开孔位置应避开有局部阻力件(如阀门、弯头等)和涡流的部位。孔的中心轴线应与介质流动方向或壁面相垂直，孔的边缘不应有毛刺和倒角。

7.3.4.5 温度测点应选择在介质充分流动的区段，避开可能存在的滞流区域，并尽量靠近相应的压力测点。

7.3.5 除氧器取样冷却装置的设置应符合 GB/T 6907 要求。取样点应尽量靠近除氧器水箱的出口。

7.3.6 试验期间应避免各种影响或干扰除氧器除氧性能的因素，并需采取以下临时措施：

a) 取样点之前的系统内不得加入除氧剂；

b) 稳定除氧器排汽量；

c) 试验开始和结束时除氧水箱的水位应一致；

d) 疏水暂不进入除氧器。

7.3.7 至少应进行两次平行试验。每次试验至少进行 4 次溶解氧含量测定，或者采用在线溶解氧测定仪连续测定。每次试验应持续足够长的时间以确保获得准确和一致的结果。

7.3.8 试验期间应每隔 5 min 记录一次给水的温度、流量和蒸汽压力，其他参数每 10 min 读数一次。溶解氧含量测定的取样间隔时间不超过 10 min。

7.3.9 如果发现测得的数据有严重偏差或不一致，应重新进行试验。

7.3.10 在补给水和回流至除氧器的各种水中不得含有游离态气体(即未溶解的气体)。如果有必要可按图 1 所示方法进行检验。开始检验前，容器、捕气器和取样管路中均应注满水，试样应取自管路高点处和管子顶部。

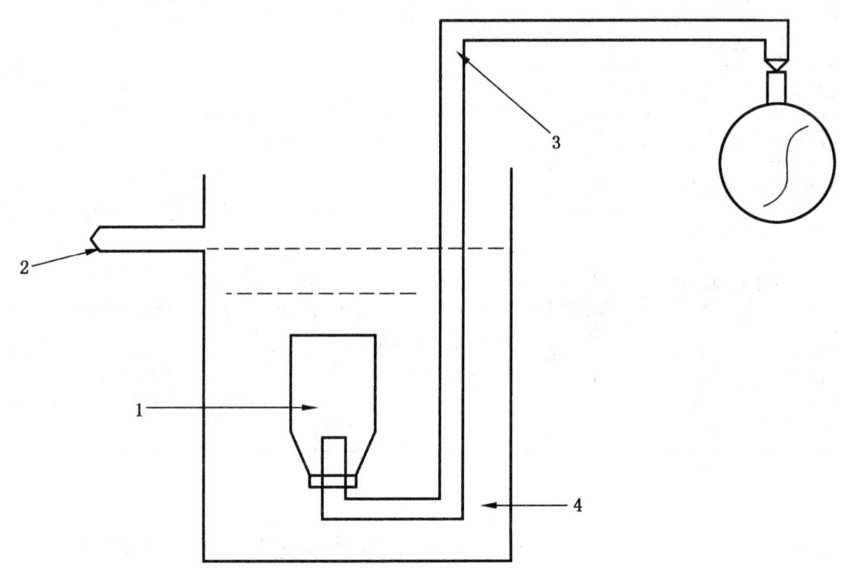

1——捕气器；

2——疏水管；

3——取样管路；

4——容器。

图 1 游离空气检测方法

7.4 试验方法

7.4.1 溶解氧含量测定

7.4.1.1 除氧器出水取样应符合 GB/T 6907 的要求。

7.4.1.2 溶氧量测定按照 GB/T 12157 或 GB/T 1576—2008 中规定的试验方法进行，也可以通过在线溶氧测定仪表测定。

7.4.2 热力和流体性能的测量

7.4.2.1 热力和流体性能的主要测量项目见表 6，测量仪器和仪表应符合相应标准和技术规范的要求。

表 6 热力和流体性能的主要测量项目

项目		符号	测量方法	备注
压力 Pa	当地大气压	p_0	7.4.2.2	1. 当压力表指示为表压时，用实测的当地大气压 p_0 将各表压换算成绝对压力。 2. 进口给水包括补给水、凝结水等（下同）
	除氧器进口给水压力	p_s	7.4.2.2	
	除氧器进口蒸汽压力	p_q		
	除氧器出口水压力	p_s'		
	除氧头工作压力	p_n		
	除氧水箱工作压力	p_x		
温度 ℃	除氧器进口给水温度	t_S	7.4.2.3	t_n 也可根据 p_n，从蒸汽性质表中查得
	除氧器进口蒸汽温度	t_q		
	除氧器出口水温度	t_s'		
	除氧头工作温度	t_n		
	除氧水箱工作温度	t_x		
流量 kg/s	除氧器进口给水流量	W_S		净流量不包括锅炉给水泵再循环流量
	除氧器进口蒸汽流量	W_q		
	除氧器出口水流量	W_S'		
	除氧器出口水净流量	W_S''		
焓 kJ/kg	除氧器进口给水焓	H_S	根据相应的压力和温度查附录 A 求得	
	除氧器进口蒸汽焓	H_q		
	除氧器出口水焓	H_S'		

7.4.2.2 压力测量

大气压力的测量可采用水银玻璃气压计测量；蒸汽压力及进口给水压力按以下要求测量：

a) 当绝对压力低于或等于 0.25 MPa 时，可采用高级无铅玻璃管制作的水银压力计测量。水银压力计的玻璃管内径应不小于 12 mm，且均匀一致，测量时应垂直放置；

b) 当绝对压力高于 0.25 MPa 时，应采用标准弹簧管压力表，其技术要求应符合 GB/T 1226 和 GB/T 1227；

c) 压力测量也可以采用精度等级符合要求的其他压力表、压力变送器及与之相应的二次表作为蒸汽压力及进口给水压力的测量仪表。

7.4.2.3 温度和焓的测量

温度和焓的测量按以下要求进行：

a) 测量低于 100 ℃的进口给水温度，可采用具有 0.1 ℃分刻度的高精度水银玻璃温度计。对高于 100 ℃的蒸汽（或水）的温度及不宜采用水银玻璃温度计的场合，应采用高精度的热电偶或热电阻温度计；

b） 当有两路或两路以上介质在进入除氧器之前相汇合，应在汇合点下游足够远处测量其温度。如果不能保证介质在汇合点下游充分混合，则应在汇合点上游分别测量各路介质的温度，并分别计算各路介质的焓；

c） 当某根管道的介质在进入除氧器前分两路或两路以上的管路输送，应分别测量各路介质的温度，取它们的温度算术平均值或加权平均值作为平均工作温度。对双除氧头的除氧器应分别测定每根管路的介质温度并分别求得焓值。

7.4.2.4 流量测量

除氧器进口和出口给水的流量可采用标准孔板流量计或测量精度不低于1%的超声波流量计等测量；排汽量可采用冷凝法测量。

7.5 测量结果计算

7.5.1 测量结果计算所用的水、汽性质图表应与提出保证值（除氧器热力计算或热平衡计算）所依据的汽水性质图表一致，其中水、汽的焓值可参见附录A。

7.5.2 压力式和大气式除氧器根据测量结果按以下公式计算加热负荷、所需加热蒸汽流量和终温差：

a） 加热负荷按式(16)计算：

$$q = W'_{S}H'_{S} - W_{S} \cdot H_{S} \qquad \cdots\cdots (16)$$

式中：

q ——加热负荷，单位为千焦尔每秒(kJ/s)；

W'_{S} ——出口水流量，单位为千克每秒(kg/s)；

H'_{S} ——出口水焓，单位为千焦尔每千克(kJ/kg)；

W_{S} ——进口给水流量，单位为千克每秒(kg/s)；

H_{S} ——进口给水焓，单位为千焦尔每千克(kJ/kg)。

b） 所需加热蒸汽流量按式(17)计算：

$$W_{q} = \frac{W_{S}(H'_{S} - H_{S})}{\eta(H_{q} - H'_{S})} \qquad \cdots\cdots (17)$$

式中：

W_{q} ——所需加热蒸汽流量，单位为千克每秒(kg/s)；

η ——散热系数；

H_{q} ——进口蒸汽焓，单位为千焦尔每千克(kJ/kg)；

其余符号同式(16)。

c） 终温差按式(18)计算：

$$\Delta t = t_{n} - t'_{S} \qquad \cdots\cdots (18)$$

式中：

Δt ——终温差，单位为摄氏度(℃)；

t_{n} ——除氧器内饱和蒸汽温度，单位为摄氏度(℃)；

t'_{S} ——除氧器出口水温度，单位为摄氏度(℃)。

7.6 试验报告

7.6.1 试验报告应符合总则的要求。

7.6.2 试验设备的叙述至少应包含以下内容：

a） 除氧器制造单位名称；

b） 除氧器类型、型号、产品出厂编号；

c) 设备及系统运行的设计参数；
d) 设备数量、管道尺寸、系统布置；
e) 设备技术特性、运行情况及必要的简图；
f) 除氧器中填料的种类、材质、数量(体积)、层高等；
g) 测量装置的系统图。

7.6.3 试验数据记录至少应包括以下内容：

a) 大气压力、除氧器进水、出水、进口蒸汽、除氧头和除氧水箱等压力及进汽压降；
b) 除氧器进水、出水、进口蒸汽、除氧头和除氧水箱等温度，以及除氧水焓增；
c) 除氧器进水、出水、进口蒸汽等流量及排汽量。

7.6.4 试验结果应包括以下内容：

a) 加热负荷；
b) 所需加热蒸汽流量；
c) 终温差；
d) 除氧器出水含氧量。

7.6.5 结论中应对被测试除氧器的除氧效果和运行经济性作出评价。

附 录 A
（资料性附录）
水、饱和水及饱和蒸汽焓值

A.1 水的焓值见表 A.1。

表 A.1 水的焓值表

温度 ℃	焓 kJ/kg	温度 ℃	焓 kJ/kg	温度 ℃	焓 kJ/kg	温度 ℃	焓 kJ/kg
1	4.784 1	34	142.99	67	280.97	100	419.54
2	8.996 3	35	147.17	68	285.15	101	423.76
3	13.206	36	151.35	69	289.34	102	427.97
4	17.412	37	155.52	70	293.53	103	432.19
5	21.616	38	159.70	71	297.72	104	436.41
6	25.818	39	163.88	72	301.91	105	440.63
7	30.018	40	168.06	73	306.10	106	444.85
8	34.215	41	172.24	74	310.29	107	449.07
9	38.411	42	176.41	75	314.48	108	453.30
10	42.605	43	180.59	76	318.68	109	457.52
11	46.798	44	184.77	77	322.87	110	461.76
12	50.989	45	188.95	78	327.06	111	465.98
13	55.178	46	193.13	79	331.26	112	470.20
14	59.367	47	197.31	80	335.45	113	474.44
15	63.554	48	201.49	81	339.65	114	478.67
16	67.740	49	205.67	82	343.85	115	482.90
17	71.926	50	209.85	83	348.04	116	487.14
18	76.110	51	214.03	84	352.24	117	491.37
19	80.294	52	218.21	85	356.44	118	495.61
20	84.476	53	222.39	86	360.64	119	499.85
21	88.659	54	226.57	87	364.84	120	504.09
22	92.840	55	230.75	88	369.04	121	508.34
23	97.021	56	234.94	89	373.25	122	512.58
24	101.20	57	239.12	90	377.45	123	516.83
25	105.38	58	243.30	91	381.65	124	521.08
26	109.56	59	247.48	92	385.86	125	525.33
27	113.74	60	251.67	93	390.07	126	529.58
28	117.92	61	255.85	94	394.27	127	533.83
29	122.10	62	260.04	95	398.48	128	538.09
30	126.28	63	264.22	96	402.69	129	542.35
31	130.46	64	268.41	97	406.90	130	546.61
32	134.63	65	272.59	98	411.11	131	550.87
33	138.81	66	276.78	99	415.33	132	555.13

表 A.1（续）

温度 ℃	焓 kJ/kg	温度 ℃	焓 kJ/kg	温度 ℃	焓 kJ/kg	温度 ℃	焓 kJ/kg
133	559.40	138	580.76	143	602.17	148	623.65
134	563.67	139	585.04	144	606.46	149	627.95
135	567.93	140	589.32	145	610.76	150	632.26
136	572.21	141	593.60	146	615.05		
137	576.48	142	597.88	147	619.35		

A.2 按压力排序的饱和水、饱和蒸汽焓值见表 A.2。

表 A.2 按压力排序的饱和水、饱和蒸汽焓值表

绝对压力 MPa	温度 ℃	饱和水焓 kJ/kg	饱和蒸汽焓 kJ/kg	绝对压力 MPa	温度 ℃	饱和水焓 kJ/kg	饱和蒸汽焓 kJ/kg
0.001 0	6.982 8	29.34	2 514.4	0.020	60.086 4	251.45	2 609.9
0.001 5	13.035 6	54.71	2 525.5	0.021	61.145 0	255.88	2 611.7
0.002 0	17.512 7	73.46	2 533.6	0.022	62.161 5	260.14	2 613.5
0.002 5	21.096 3	88.45	2 540.2	0.023	63.139 5	264.23	2 615.2
0.003 0	24.099 6	101.00	2 545.6	0.024	64.081 9	268.18	2 616.8
0.003 5	26.693 6	111.85	2 550.4	0.025	64.991 6	271.99	2 618.3
0.004 0	28.982 6	121.41	25 545	0.026	65.870 9	275.67	2 619.9
0.004 5	31.034 8	129.99	2 558.2	0.027	66.722 0	279.24	2 621.3
0.005 0	32.897 6	137.77	2 561.6	0.028	67.546 7	282.69	2 622.7
0.005 5	34.605 2	144.91	2 564.7	0.029	68.346 9	286.05	2 624.1
0.006 0	36.183 2	151.50	2 567.5	0.030	69.124 0	289.30	2 625.4
0.006 5	37.651 2	157.64	2 570.2	0.032	70.614 7	295.55	2 628.0
0.007 0	39.024 6	163.38	2 572.6	0.034	72.028 6	301.48	2 630.4
0.007 5	40.315 6	168.77	2 574.9	0.036	73.374 0	307.12	2 632.6
0.008 0	41.534 3	173.86	2 577.1	0.038	74.657 6	312.50	2 634.8
0.008 5	42.689 1	178.69	2 579.2	0.040	75.885 6	317.65	2 636.9
0.009 0	43.786 7	183.28	2 581.1	0.045	78.743 2	329.64	2 641.7
0.009 5	44.832 9	187.65	2 583.0	0.050	81.345 3	340.56	2 646.0
0.010	45.832 8	191.83	2 584.8	0.055	83.737 5	350.61	2 649.9
0.011	47.709 9	199.68	2 588.1	0.060	85.953 9	359.93	2 653.6
0.012	49.445 8	206.94	2 591.2	0.065	88.020 9	368.62	2 656.9
0.013	51.061 7	213.70	2 594.0	0.070	89.959 1	376.77	2 660.1
0.014	52.574 3	220.02	2 596.7	0.075	91.785 1	384.45	2 663.0
0.015	53.997 1	225.97	2 599.2	0.080	93.512 4	391.72	2 665.8
0.016	55.341 0	231.60	2 601.6	0.085	95.152 0	398.63	2 668.4
0.017	56.614 9	236.93	2 603.8	0.090	96.713 4	405.21	2 670.0
0.018	57.826 4	241.99	2 605.9	0.095	98.204 4	411.49	2 673.2
0.019	58.981 8	246.83	2 607.9	0.10	99.632	417.51	2 675.4

表 A.2（续）

绝对压力 MPa	温度 ℃	饱和水焓 kJ/kg	饱和蒸汽焓 kJ/kg	绝对压力 MPa	温度 ℃	饱和水焓 kJ/kg	饱和蒸汽焓 kJ/kg
0.11	102.317	428.84	2 679.6	0.49	151.084	636.83	2 746.6
0.12	104.808	439.36	2 683.4	0.50	151.844	640.12	2 747.5
0.13	107.133	449.19	2 687.0	0.52	153.327	646.53	2 749.3
0.14	109.315	458.42	2 690.3	0.54	154.765	652.76	2 750.9
0.15	111.372	467.13	2 693.4	0.56	156.161	658.81	2 752.5
0.16	113.320	475.38	2 696.2	0.58	157.518	664.69	2 754.0
0.17	115.170	483.22	2 699.0	0.60	158.838	670.42	2 755.5
0.18	116.933	490.70	2 701.5	0.62	160.123	676.01	2 756.9
0.19	118.617	497.85	2 704.0	0.64	161.376	681.46	2 758.2
0.20	120.231	504.70	2 706.3	0.66	162.598	686.78	2 759.5
0.21	121.780	511.29	2 708.5	0.68	163.791	691.98	2 760.6
0.22	123.270	517.62	2 710.6	0.70	164.956	697.06	2 762.0
0.23	124.705	523.73	2 712.6	0.72	166.095	702.04	2 763.2
0.24	126.091	529.63	2 714.5	0.74	167.209	706.90	2 764.3
0.25	127.430	535.34	2 716.4	0.76	168.300	711.68	2 765.4
0.26	128.727	540.87	2 718.2	0.78	169.368	716.35	2 766.4
0.27	129.984	546.24	2 719.9	0.80	170.415	720.94	2 767.5
0.28	131.203	551.44	2 721.5	0.82	171.441	725.44	2 768.5
0.29	132.388	556.51	2 723.1	0.84	172.448	729.85	2 769.4
0.30	133.540	561.43	2 724.7	0.86	173.436	734.19	2 770.4
0.31	134.661	566.23	2 726.1	0.88	174.405	738.45	2 771.3
0.32	135.754	570.90	2 727.6	0.90	175.358	742.64	2 772.1
0.33	136.819	575.46	2 729.0	0.92	176.294	746.77	2 773.0
0.34	137.858	579.92	2 730.3	0.94	177.214	750.82	2 773.8
0.35	138.873	584.27	2 731.6	0.96	178.119	754.81	2 774.6
0.36	139.865	588.53	2 732.9	0.98	179.009	758.74	2 775.4
0.37	140.835	592.69	2 734.1	1.00	179.884	762.61	2 776.2
0.38	141.784	596.76	2 735.3	1.05	182.015	772.03	2 778.0
0.39	142.713	600.76	2 736.5	1.10	184.067	781.13	2 779.7
0.40	143.623	604.67	2 737.6	1.15	186.048	789.92	2 781.3
0.41	144.515	608.51	2 738.7	1.20	187.961	798.43	2 782.7
0.42	145.390	612.27	2 739.8	1.25	189.814	806.69	2 784.1
0.43	146.248	615.97	2 740.9	1.30	191.609	814.70	2 785.4
0.44	147.090	619.60	2 741.9	1.35	193.350	822.49	2 786.6
0.45	147.917	623.16	2 742.9	1.40	195.042	830.07	2 787.8
0.46	148.729	626.67	2 743.9	1.45	196.688	837.46	2 788.9
0.47	149.528	630.11	2 744.8	1.50	198.289	844.67	2 789.9
0.48	150.313	633.50	2 745.7	1.55	199.850	851.70	2 790.8

表 A.2（续）

绝对压力 MPa	温度 ℃	饱和水焓 kJ/kg	饱和蒸汽焓 kJ/kg	绝对压力 MPa	温度 ℃	饱和水焓 kJ/kg	饱和蒸汽焓 kJ/kg
1.60	201.372	858.56	2 791.7	3.9	248.836	1 080.1	2 800.8
1.65	202.857	865.28	2 792.6	4.0	250.333	1 087.4	2 800.3
1.70	204.307	871.84	2 793.4	4.1	251.800	1 094.6	2 799.9
1.75	205.725	878.28	2 794.1	4.2	253.241	1 101.6	2 799.4
1.80	207.111	884.57	2 794.8	4.3	254.656	1 108.5	2 798.9
1.85	208.468	890.75	2 795.5	4.4	256.045	1 115.4	2 798.3
1.90	209.797	896.81	2 796.1	4.5	257.411	1 122.1	2 797.7
1.95	211.099	902.75	2 796.7	4.6	278.754	1 123.8	2 797.0
2.00	212.375	908.59	2 797.2	4.7	260.074	1 135.8	2 796.4
2.00	212.375	908.59	2 797.2	4.8	261.373	1 141.8	2 795.7
2.05	213.626	914.33	2 797.7	4.9	262.652	1 148.2	2 794.9
2.10	214.855	919.96	2 798.2	5.0	263.911	1 154.5	2 794.2
2.15	216.060	925.50	2 798.6	5.1	265.151	1 160.7	2 793.4
2.20	217.244	930.95	2 799.1	5.2	266.373	1 166.9	2 792.6
2.25	218.408	936.32	2 799.4	5.3	267.576	1 172.9	2 791.7
2.30	219.552	941.60	2 799.8	5.4	268.763	1 178.9	2 790.8
2.35	220.676	946.81	2 800.1	5.5	269.933	1 184.9	2 789.9
2.40	221.783	951.93	2 800.4	5.6	271.086	1 190.8	2 789.0
2.45	222.871	956.98	2 800.7	5.7	272.224	1 196.6	2 788.0
2.50	223.943	961.96	2 800.9	5.8	273.347	1 202.4	2 787.0
2.55	224.998	966.88	2 801.2	5.9	274.456	1 208.1	2 786.0
2.60	226.037	971.72	2 801.4	6.0	275.550	1 213.7	2 785.0
2.65	227.061	976.50	2 801.6	6.1	276.630	1 219.3	2 783.9
2.70	228.071	981.22	2 801.7	6.2	277.697	1 224.8	2 782.9
2.75	229.066	985.88	2 801.9	6.3	278.750	1 230.3	2 781.8
2.80	230.047	990.49	2 802.0	6.4	279.791	1 235.8	2 780.6
2.85	231.014	995.03	2 802.1	6.5	280.820	1 241.1	2 779.5
2.90	231.969	999.53	2 802.2	6.6	281.837	1 246.5	2 778.3
2.95	232.911	1 003.97	2 802.2	6.7	282.842	1 251.8	2 777.1
3.0	233.841	1 008.4	2 802.3	6.8	283.836	1 257.0	2 775.9
3.1	235.666	1 017.0	2 802.3	6.9	284.818	1 262.2	2 774.7
3.2	237.445	1 025.4	2 802.3	7.0	285.790	1 267.4	2 773.5
3.3	239.183	1 033.7	2 802.3	7.1	286.751	1 272.6	2 772.2
3.4	240.881	1 041.8	2 802.1	7.2	287.702	1 277.6	2 770.9
3.5	242.540	1 049.8	2 802.0	7.3	288.643	1 282.7	2 769.6
3.6	244.164	1 057.6	2 801.7	7.4	289.574	1 287.7	2 768.3
3.7	245.754	1 065.2	2 801.4	7.5	290.496	1 292.7	2 766.9
3.8	247.311	1 072.7	2 801.1	7.6	291.408	1 297.6	2 766.5

表 A.2（续）

绝对压力 MPa	温度 ℃	饱和水焓 kJ/kg	饱和蒸汽焓 kJ/kg	绝对压力 MPa	温度 ℃	饱和水焓 kJ/kg	饱和蒸汽焓 kJ/kg
7.7	292.311	1 302.6	2 764.2	10.0	310.961	1 408.0	2 727.7
7.8	293.205	1 307.4	2 762.8	10.2	312.420	1 416.7	2 724.2
7.9	294.091	1 312.3	2 761.3	10.4	313.858	1 425.2	2 720.6
8.0	294.968	1 317.1	2 759.9	10.6	315.274	1 433.7	2 716.9
8.1	295.836	1 321.9	2 758.4	10.8	316.670	1 442.2	2 713.1
8.2	296.697	1 326.6	2 757.0	11.0	318.045	1 450.6	2 709.3
8.3	297.549	1 331.4	2 755.5	11.2	319.402	1 458.9	2 705.4
8.4	298.394	1 336.1	2 754.0	11.4	320.740	1 467.2	2 701.5
8.5	299.231	1 340.7	2 752.5	11.6	322.059	1 475.4	2 697.4
8.6	300.069	1 345.4	2 750.0	11.8	323.361	1 483.6	2 693.3
8.7	300.882	1 350.0	2 749.4	12.0	324.646	1 491.8	2 689.2
8.8	301.097	1 354.6	2 747.8	12.2	325.914	1 499.9	2 684.9
8.9	302.505	1 359.2	2 746.2	12.4	327.165	1 508.0	2 680.6
9.0	303.306	1 363.7	2 744.6	12.6	328.401	1 516.0	2 676.1
9.1	304.100	1 372.8	2 743.0	12.8	329.622	1 524.0	2 671.6
9.2	304.888	1 372.8	2 741.3	13.0	330.827	1 532.0	2 667.0
9.3	305.668	1 377.2	2 739.7	13.2	332.018	1 540.0	2 662.3
9.4	306.443	1 381.7	2 738.0	13.4	333.194	1 547.9	2 657.4
9.5	307.211	1 386.1	2 736.4	13.6	334.357	1 555.8	2 652.5
9.6	307.973	1 390.6	2 734.7	13.8	335.506	1 563.8	2 647.5
9.7	308.729	1 395.0	2 733.0	14.0	336.342	1 571.6	2 642.4
9.8	309.479	1 399.3	2 731.2	14.2	337.764	1 579.5	2 637.1
9.9	310.222	1 403.7	2 729.5	14.4	338.874	1 587.4	2 631.8

A.3 按温度排序的饱和水、饱和蒸汽焓值见表 A.3。

表 A.3 按温度排序的饱和水、饱和蒸汽焓值表

温度 ℃	绝对压力 MPa	饱和水焓 kJ/kg	饱和蒸汽焓 kJ/kg	温度 ℃	绝对压力 MPa	饱和水焓 kJ/kg	饱和蒸汽焓 kJ/kg
0.00	0.000 610 8	−0.04	2 501.6	8	0.001 072 0	33.60	2 516.2
0.01	0.000 611 2	0.00	2 501.6	9	0.001 147 2	37.80	2 518.1
1	0.000 656 6	4.17	2 503.4	10	0.001 227 0	41.99	2 519.9
2	0.000 705 5	8.39	2 505.2	11	0.001 311 6	46.19	2 521.7
3	0.000 757 5	12.60	2 507.1	12	0.001 401 4	50.38	2 523.6
4	0.000 812 9	16.80	2 508.9	13	0.001 496 5	54.57	2 525.4
5	0.000 871 8	21.01	2 510.7	14	0.001 597 3	58.75	2 527.2
6	0.000 934 5	25.21	2 512.6	15	0.001 703 9	62.94	2 529.1
7	0.001 001 2	29.41	2 514.4	16	0.001 816 8	67.13	2 530.9

表 A.3（续）

温度 ℃	绝对压力 MPa	饱和水焓 kJ/kg	饱和蒸汽焓 kJ/kg	温度 ℃	绝对压力 MPa	饱和水焓 kJ/kg	饱和蒸汽焓 kJ/kg
17	0.001 936 2	71.31	2 532.7	55	0.015 741	230.17	2 601.0
18	0.112 062 4	75.50	2 534.5	56	0.016 511	234.35	2 602.7
19	0.002 195 7	79.68	2 536.4	57	0.017 313	238.54	2 604.5
20	0.002 336 6	83.36	2 538.2	58	0.018 147	242.72	2 606.2
21	0.002 485 3	88.04	2 540.0	59	1.019 016	246.91	2 608.0
22	0.002 642 2	92.23	2 541.8	60	0.019 920	251.09	2 609.7
23	0.002 807 6	96.41	2 543.6	61	0.020 861	255.28	2 611.4
24	0.002 982 1	100.59	2 545.5	62	0.021 838	259.46	2 613.2
25	0.003 166 0	104.77	2 547.3	63	0.022 855	263.65	2 614.9
26	0.003 359 7	108.95	2 549.1	64	0.023 912	267.84	2 616.6
27	0.002 563 6	113.13	2 550.9	65	0.025 009	272.03	2 618.4
28	0.003 778 2	117.31	2 552.7	66	0.026 150	276.21	2 620.1
29	0.004 004 0	121.48	2 554.5	67	0.027 334	280.40	2 621.8
30	0.004 241 5	125.66	2 556.4	68	0.028 563	284.59	2 623.5
31	0.004 491 1	129.84	2 558.2	69	0.029 838	288.78	2 625.2
32	0.004 753 4	134.02	2 560.0	70	0.031 162	292.97	2 626.9
33	0.005 028 8	138.20	2 561.8	71	0.032 535	297.16	2 628.6
34	0.005 318 0	142.38	2 565.4	72	0.033 958	301.36	2 630.3
35	0.005 621 6	146.56	2 565.4	73	0.025 434	305.55	2 632.0
36	0.005 940 0	150.74	2 567.2	74	0.036 964	309.74	2 633.7
37	0.006 273 9	154.92	2 569.0	75	0.038 579	313.94	2 635.4
38	0.006 624 0	159.09	2 570.8	76	0.040 191	318.13	2 637.1
39	0.006 990 8	163.27	2 572.6	77	0.041 891	322.33	2 638.7
40	0.007 375 0	167.45	2 574.4	78	0.043 652	326.52	2 640.4
41	0.007 777 3	171.63	2 576.2	79	0.045 474	330.72	2 642.1
42	0.008 198 5	175.81	2 577.9	80	0.047 360	334.92	2 643.8
43	0.008 639 1	179.99	2 579.7	81	0.049 311	339.11	2 645.4
44	0.009 100 1	184.17	2 581.5	82	0.051 329	343.31	2 647.1
45	0.009 582 0	188.35	2 583.3	83	0.053 416	347.51	2 648.7
46	0.010 086	192.53	2 585.1	84	0.055 573	351.72	2 650.4
47	0.010 612	196.71	2 586.9	85	0.057 803	355.92	2 652.0
48	0.011 162	200.89	2 588.6	86	0.060 108	360.12	2 653.6
49	0.011 736	205.07	2 590.4	87	0.062 489	364.32	2 655.3
50	0.012 335	209.26	2 592.2	88	0.064 948	368.53	2 656.9
51	0.012 961	213.44	2 593.9	89	0.067 487	372.73	2 658.5
52	0.013 613	217.62	2 595.7	90	0.070 109	376.94	2 660.1
53	0.014 293	221.80	2 597.5	91	0.072 815	381.15	2 661.7
54	0.015 002	225.99	2 599.2	92	0.075 608	385.36	2 663.4

表 A.3（续）

温度 ℃	绝对压力 MPa	饱和水焓 kJ/kg	饱和蒸汽焓 kJ/kg	温度 ℃	绝对压力 MPa	饱和水焓 kJ/kg	饱和蒸汽焓 kJ/kg
93	0.078 489	389.57	2 665.0	131	0.278 314	550.58	2 721.3
94	0.081 461	393.78	2 666.6	132	0.286 696	554.85	2 722.6
95	0.084 526	397.99	2 668.1	133	0.295 280	559.12	2 723.9
96	0.087 686	402.20	2 669.7	134	0.304 07	563.40	2 725.3
97	0.090 944	406.42	2 671.3	135	0.313 08	567.68	2 726.6
98	0.094 301	410.63	2 672.9	136	0.322 29	571.96	2 727.9
99	0.097 761	414.85	2 674.4	137	0.331 73	576.24	2 729.2
100	0.101 325	419.07	2 676.0	138	0.341 38	580.53	2 730.5
101	0.104 996	423.28	2 677.6	139	0.351 27	584.82	2 731.8
102	0.108 777	427.50	2 679.1	140	0.361 38	589.11	2 733.1
103	0.112 670	431.73	2 680.7	141	0.371 72	593.40	2 734.3
104	0.116 676	435.95	2 682.2	142	0.382 31	597.69	2 735.6
105	0.120 800	440.17	2 683.7	143	0.393 13	601.99	2 736.9
106	0.125 044	444.40	2 685.3	144	0.404 20	606.29	2 738.1
107	0.129 409	448.63	2 686.8	145	0.415 52	610.59	2 739.3
108	0.133 900	452.85	2 688.3	146	0.427 09	614.90	2 740.6
109	0.138 518	457.08	2 689.8	147	0.438 92	619.21	2 741.8
110	0.143 266	461.32	2 691.3	148	0.451 01	623.52	2 743.0
111	0.148 147	465.55	2 692.8	149	0.463 37	627.83	2 744.2
112	0.153 164	469.78	2 694.3	150	0.476 00	632.15	2 745.4
113	0.158 320	474.02	2 695.8	151	0.488 90	636.47	2 746.5
114	0.163 618	478.26	2 697.2	152	0.502 08	640.79	2 747.7
115	0.169 060	482.50	2 698.7	153	0.515 54	645.12	2 748.9
116	0.174 650	486.74	2 700.2	154	0.529 29	649.44	2 750.0
117	0.180 390	490.98	2 701.6	155	0.543 33	653.78	2 751.2
118	0.186 283	495.23	2 703.1	156	0.557 67	658.11	2 752.3
119	0.192 333	499.47	2 704.5	157	0.572 30	662.45	2 753.4
120	0.198 543	503.72	2 706.0	158	0.587 25	666.79	2 754.5
121	0.204 915	507.97	2 707.4	159	0.602 50	671.13	2 755.6
122	0.211 454	512.22	2 708.8	160	0.618 06	675.47	2 756.7
123	0.218 162	516.47	2 710.2	161	0.633 95	679.82	2 757.8
124	0.225 042	520.73	2 711.6	162	0.650 16	684.18	2 758.9
125	0.232 098	524.99	2 713.0	163	0.666 69	688.53	2 759.9
126	0.239 333	529.25	2 714.4	164	0.683 56	692.89	2 761.0
127	0.246 751	533.51	2 715.8	165	0.700 77	697.25	2 762.0
128	0.254 354	537.77	2 717.2	166	0.719 31	701.62	2 763.1
129	0.262 147	542.04	2 718.5	167	0.736 21	705.99	2 764.1
130	0.270 132	546.31	2 719.9	168	0.754 45	710.36	2 765.1

表 A.3（续）

温度 ℃	绝对压力 MPa	饱和水焓 kJ/kg	饱和蒸汽焓 kJ/kg	温度 ℃	绝对压力 MPa	饱和水焓 kJ/kg	饱和蒸汽焓 kJ/kg
169	0.773 06	714.74	2 766.1	207	1.795 95	884.07	2 794.8
170	0.792 02	719.12	2 767.1	208	1.832 63	888.62	2 795.3
171	0.811 35	723.50	2 768.0	209	1.869 89	893.17	2 795.7
172	0.831 06	727.89	2 769.0	210	1.907 74	897.74	2 796.2
173	0.851 14	732.28	2 769.9	211	1.946 18	902.30	2 796.6
174	0.871 60	736.67	2 770.9	212	1.985 22	906.88	2 797.1
175	0.892 44	741.07	2 771.8	213	2.024 86	911.45	2 797.5
176	0.913 68	745.47	2 772.7	214	2.065 11	916.04	2 797.9
177	0.935 32	749.88	2 773.6	215	2.105 98	920.63	2 798.3
178	0.957 36	754.29	2 774.5	216	2.147 48	925.23	2 798.6
179	0.979 80	758.70	2 775.4	217	2.189 61	929.83	2 799.0
180	1.002 66	763.12	2 776.3	218	2.232 37	934.44	2 799.3
181	1.025 94	767.54	2 777.1	219	2.275 77	939.05	2 799.6
182	1.049 64	771.96	2 778.0	220	2.319 83	943.68	2 799.9
183	1.073 77	776.39	2 778.8	221	2.364 54	948.30	2 800.2
184	1.098 33	780.83	2 779.6	222	2.409 92	952.94	2 800.5
185	1.123 33	785.26	2 780.4	223	2.455 96	957.58	2 800.7
186	1.148 78	789.71	2 781.2	224	2.502 69	962.23	2 800.9
187	1.174 67	794.15	2 782.0	225	2.550 09	966.88	2 801.2
188	1.201 03	798.60	2 782.8	226	2.598 19	971.55	2 801.4
189	1.227 84	803.06	2 783.5	227	2.646 98	976.21	2 801.5
190	1.255 12	807.52	2 784.3	228	2.696 48	980.89	2 801.7
191	1.282 88	811.98	2 785.0	229	2.746 68	985.58	2 801.8
192	1.311 11	816.45	2 785.7	230	2.797 60	990.27	2 802.0
193	1.339 83	820.92	2 786.4	231	2.849 25	994.97	2 802.1
194	1.369 03	825.40	2 787.1	232	2.901 63	999.67	2 802.2
195	1.398 73	829.89	2 787.8	233	2.954 75	1 004.4	2 802.2
196	1.289 4	834.37	2 788.4	234	3.008 61	1 009.1	2 802.3
197	1.459 65	838.87	2 789.1	235	3.063 23	1 013.8	2 802.3
198	1.490 87	843.36	2 789.7	236	3.118 60	1 018.6	2 802.3
199	1.522 61	847.87	2 790.3	237	3.174 74	1 023.3	2 802.3
200	1.554 88	852.37	2 790.9	238	3.231 65	1 028.1	2 802.3
201	1.587 68	856.88	2 791.5	239	3.289 35	1 032.8	2 802.3
202	1.621 01	861.40	2 792.1	240	3.347 83	1 037.6	2 802.2
203	1.654 89	865.93	2 792.7	241	3.407 11	1 042.4	2 802.1
204	1.689 32	870.45	2 793.2	242	3.467 19	1 047.2	2 802.0
205	1.724 30	874.99	2 793.8	243	3.528 08	1 052.0	2 801.9
206	1.759 84	879.53	2 794.3	244	3.589 79	1 056.8	2 801.8

表 A.3(续)

温度 ℃	绝对压力 MPa	饱和水焓 kJ/kg	饱和蒸汽焓 kJ/kg	温度 ℃	绝对压力 MPa	饱和水焓 kJ/kg	饱和蒸汽焓 kJ/kg
245	3.652 32	1 061.6	2 801.6	283	6.715 83	1 252.6	2 777.0
246	3.715 68	1 066.4	2 801.4	284	6.816 65	1 257.9	2 775.7
247	3.779 88	1 071.2	2 801.2	285	6.918 63	1 263.2	2 774.5
248	3.844 93	1 076.1	2 801.0	286	7.021 76	1 268.5	2 773.2
249	3.910 84	1 080.9	2 800.7	287	7.126 06	1 273.9	2 771.8
250	3.977 60	1 085.8	2 800.4	288	7.231 54	1 279.2	2 770.5
251	4.045 24	1 090.7	2 800.1	289	7.338 21	1 284.6	2 769.1
252	4.113 75	1 095.5	2 799.8	290	7.446 07	1 290.0	2 767.6
253	4.183 14	1 100.4	2 799.5	291	7.555 14	1 295.4	2 766.2
254	4.253 43	1 105.3	2 799.1	292	7.665 43	1 300.9	2 764.6
255	4.324 62	1 110.2	2 798.7	293	7.776 95	1 306.3	2 763.1
256	4.396 72	1 115.2	2 798.3	294	7.889 69	1 311.8	2 761.5
257	4.469 73	1 120.1	2 797.9	295	8.003 69	1 317.3	2 758.2
258	4.543 67	1 125.0	2 797.4	296	8.118 9	1 322.8	2 758.2
259	4.618 53	1 130.0	2 796.9	297	8.235 5	1 328.3	2 756.4
260	4.694 34	1 134.9	2 796.4	298	8.353 2	1 338.9	2 754.7
261	4.771 09	1 139.9	2 795.9	299	8.472 3	1 339.5	2 752.9
262	4.848 80	1 144.9	2 795.3	300	8.592 7	1 345.1	2 751.0
263	4.927 47	1 149.9	2 794.7	301	8.714 4	1 350.7	2 749.1
264	5.007 11	1 154.9	2 794.1	302	8.837 4	1 356.3	2 747.2
265	5.087 73	1 159.9	2 793.5	303	8.961 7	1 362.0	2 745.2
266	5.169 34	1 165.0	2 792.8	304	9.087 3	1 367.7	2 743.2
267	5.250 94	1 170.0	2 792.1	305	9.214 4	1 373.4	2 741.1
268	5.335 55	1 175.1	2 791.4	306	9.342 7	1 379.2	2 739.0
269	5.420 17	1 180.1	2 790.6	307	9.472 5	1 384.9	2 736.8
270	5.505 81	1 185.2	2 789.9	308	9.603 6	1 390.7	2 734.6
271	5.592 48	1 190.3	2 789.1	309	9.736 1	1 396.5	2 732.3
272	5.680 18	1 195.4	2 788.2	310	9.870 0	1 402.4	2 730.0
273	5.768 93	1 200.6	2 787.4	311	10.005	1 408.3	2 727.6
274	5.858 74	1 205.7	2 786.5	312	10.142	1 414.2	2 725.2
275	5.949 60	1 210.9	2 785.5	313	10.280	1 420.1	2 722.7
276	6.041 54	1 216.0	2 784.6	314	10.420	1 426.1	2 720.2
277	6.134 56	1 221.2	2 783.6	315	10.561	1 432.0	2 717.6
278	6.228 67	1 226.4	2 782.6	316	10.704	1 438.1	2 714.9
279	6.322 87	1 231.6	2 781.5	317	10.848	1 444.2	2 712.2
280	6.420 18	1 236.8	2 780.4	318	10.993	1 450.3	2 709.4
281	6.517 60	1 242.1	2 779.3	319	11.140	1 456.4	2 706.6
282	6.616 15	1 247.3	2 778.1	320	11.289	1 462.6	2 703.7